PKPM 2010

结构分析从入门到精通

李波 江玲 编著

人民邮电出版社
北京

图书在版编目（CIP）数据

PKPM 2010结构分析从入门到精通 / 李波，江玲编著. -- 北京 : 人民邮电出版社，2015.5（2022.2重印）
ISBN 978-7-115-38158-3

Ⅰ. ①P… Ⅱ. ①李… ②江… Ⅲ. ①建筑结构－计算机辅助设计－应用软件 Ⅳ. ①TU311.41

中国版本图书馆CIP数据核字(2015)第000253号

内 容 提 要

本书以最新的 PKPM 2010 版本为基础，以实际工程为主线，从软件基础开始，深入挖掘 PKPM 的核心工具、命令与功能，以及实际的工程设计过程，帮助读者在最短的时间内迅速掌握 PKPM 在工程中的应用，并深刻理解最新规范条文的设计要求。

全书共 10 章，内容包括 PKPM 建筑结构设计入门、结构平面计算机辅助设计 PMCAD、建筑结构有限元分析 SATWE、墙梁柱施工图设计、JCCAD 基础设计、STS 钢-框架结构设计、别墅结构施工图的绘制、教学楼结构施工图的绘制、厂房结构施工图的绘制和四层钢-框架结构设计实例。

随书 DVD 光盘中收录了由一线工程师亲授的 31 段 500 分钟的多媒体语音教学视频，以及书中所有操作案例的源文件和工程文件，帮助读者提高学习效率。

本书紧扣实际工程，又注重软件应用，适合具备计算机基础知识的建筑及结构设计师、工程技术人员自学，也可作为各高等院校及高职高专建筑、结构专业教学的标准教材。

◆ 编　　著　李　波　江　玲
责任编辑　杨　璐
责任印制　程彦红
◆ 人民邮电出版社出版发行　北京市丰台区成寿寺路 11 号
邮编　100164　电子邮件　315@ptpress.com.cn
网址　http://www.ptpress.com.cn
固安县铭成印刷有限公司印刷
◆ 开本：787×1092　1/16
印张：23　　2015 年 5 月第 1 版
字数：596 千字　　2022 年 2 月河北第 20 次印刷

定价：59.80 元（附光盘）

读者服务热线：(010)81055410　印装质量热线：(010)81055316
反盗版热线：(010)81055315
广告经营许可证：京东市监广登字20170147号

前 言

PREFACE

PKPM系列软件是由中国建筑科学研究院开发研制的一套优秀软件产品。除了建筑、结构、设备（给排水、采暖、通风空调、电气）设计于一体的集成化CAD系统以外，目前PKPM还有建筑概预算系列（钢筋计算、工程量计算、工程计价）、施工系列软件（投标系列、安全计算系列、施工技术系列）、施工企业信息化。它以其全方位发展的技术领域确立了在业界独一无二的领先地位，市场占有率达95%以上，可以说，进行结构设计的人员，没有不用PKPM系列软件的。本书所用PKPM软件版本为最新版本2010 V2.1。

内容安排

本书以实际工程为主线，从软件基础开始，深入挖掘PKPM的核心工具、命令与功能，以及实际的工程设计过程，帮助读者在最短的时间内迅速掌握PKPM在工程中的应用，并深刻理解最新规范条文的设计要求。全书共10章，内容大致如下。

第01章：PKPM建筑结构设计入门。包括PKPM的启动与操作界面、结构设计前的准备、结构设计总流程、PKPM的工作方式和主要设计步骤。

第02章：结构平面计算机辅助设计PMCAD。包括PMCAD的基本功能，建筑模型与荷载输入，平面荷载显示校核，画结构平面图。

第03章：建筑结构有限元分析SATWE。包括SATWE简介，SATWE前处理，SATWE结构内力及配筋计算，PM次梁内力与配筋计算，分析结果图形和文本显示。

第04章：墙梁柱施工图设计。包括墙梁柱施工图设计概述、梁施工图、柱平法施工图和剪力墙施工图。

第05章：JCCAD基础设计。包括JCCAD简介及规范规定，地质资料输入，基础人机交互输入，桩基承台及独基沉降计算，基础施工图。

第06章：STS钢-框架结构设计。包括STS简介，STS钢结构-框架设计流程，工具箱使用说明，三维模型与荷载输入，分析计算，绘制施工图。

第07~09章：以别墅、教学楼和三房结构施工图的绘制为实例，详细讲解其各工程概况、建筑图效果预览、结构施工图的绘制和T转DWG图等。

第10章：四层钢-框架结构设计实例。包括三维模型与荷载输入，分析计算，绘制施工图，绘制施工图。

内容特点

- 完善的学习模式

“基础知识+规范讲解+上机练习+实战演练+思考练习”5大环节保障了可学习性。明确每一阶段的学习目的，做到有的放矢。详细讲解操作步骤，多图组合，编号注释，力求让读者即学即会。4套完整工程案例，巩固所学知识点。

- 进阶式讲解模式

全书共10章，每一章都是一个技术专题，从基础入手，逐步进阶到灵活应用。讲解与实战紧密结合，4套完整的结构实例演练，37个实践案例，46个课后思考练习，做到处处有案例，步步有操作，提高读者的应用能力。

- 教学视频与辅助素材

31段500分钟的多媒体语音教学视频，由一线工程师亲授，详细记录了关键知识点讲解，以及大部分上机练习和课后练习的具体操作过程，边学边做，同步提升操作技能。还提供了书中所有操作案例的源文件和工程文件。

本书读者对象

本书紧扣实际工程，又注重软件应用，适合具备计算机基础知识的建筑及结构设计师、工程技术人员自学，也可作为各高等院校及高职高专建筑、结构专业教学的标准教材。

感谢您选择了本书，希望我们的努力对您的工作和学习有所帮助，也希望您把对本书的意见和建议告诉我们。书中难免有疏漏与不足之处，敬请专家与读者批评指正。

编者

目录

CONTENTS

第 01 章

PKPM建筑结构设计入门

随着经济的高速发展，我国建筑钢结构发展迅速。结构形式的多样化和复杂化，设计周期的缩短，对结构分析与设计的效率和质量都提出了很高的要求，结构计算商用软件的出现和推广，是解决这一矛盾的有效途径。现在计算机辅助设计已经成为建筑结构设计领域工作的主流。对于有志于从事结构设计的即将毕业的土木工程专业学生而言，尽快地掌握结构计算软件已经成为一个基本技能。

在学习PKPM软件的应用之前，应已经具有一定的力学和结构知识，只是对软件还不熟悉，对规范的了解还较欠缺，设计经验还很不足。因此，在介绍软件应用的同时，也对其他几个方面给予简单介绍。

通过实例来讲解，对初学者来说，是一种好形式。考虑到这些因素，本书的写作基本是分为三个模块，即软件部分、设计知识、规范部分，这3个方面都围绕实例展开。希望通过这种方式做到实例、设计原理、规范、软件的有机结合。

鉴于此工具书的定位，我们对这4部分的内容处理原则为：

① 软件部分侧重于讲解步骤和例题用到的参数，对于软件的技术条件等请参看PKPM公司的用户手册或技术条件；

② 设计知识部分侧重于讲解结构设计概念和设计经验，对于构造知识由于其内容广泛，本书也不多涉及，这些内容请参看相关构造手册和国标图集；

③ 规范提供部分指出与设计阶段相关的规范条款；

④ 同时，也希望能帮助读者自己去查阅规范，以尽快熟悉相关规范。

1.1 PKPM的启动与操作界面

PKPM软件安装完成后，可用以下方法启动PKPM，启动后显示软件操作界面，如图1-1所示。

- 在桌面上双击PKPM快捷图标，即可启动PKPM。
- 在桌面上右击PKPM快捷图标，在弹出的快捷菜单中选择“打开”，启动PKPM。

① 在屏幕左上角的专业分页上选择“结构”菜单主页。

② 点取菜单左侧的“PMCAD”，使其变蓝，菜单右侧即出现了PMCAD主菜单。

③ 点取对话框左下角的“转网络版”按钮，可在网络版与单机版间切换。

④ 点取主菜单右下角处的“改变目录”按钮，指定用户操作的工作子目录。

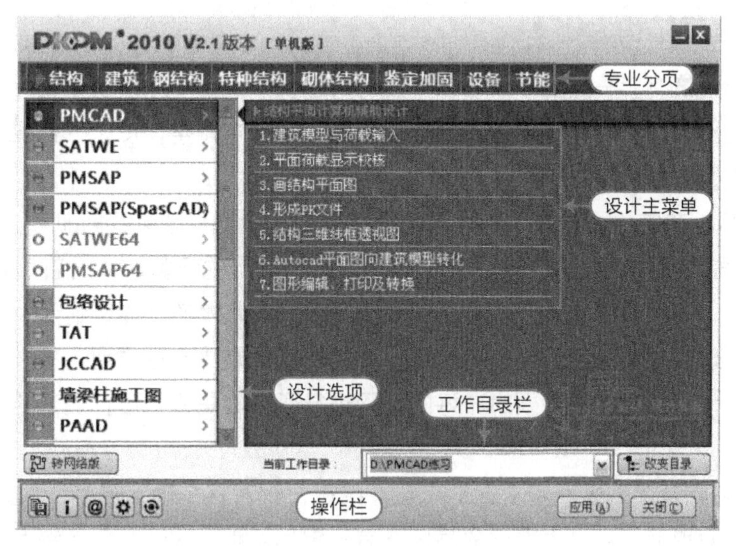

图1-1 PKPM界面

提示

每做一项新的工程，都应建立一个新的子目录，并在新子目录中操作，这样不同工程的数据才不致混淆。

如工作子目录事先已建立好，则可在“改变工作目录”页中直接选择，如尚未建立，可在目录名称下直接键入硬盘驱动器名和工作目录名，如图1-2所示。

图1-2 改变目录

1.2 结构设计前准备知识

在做结构设计之前，首先要具备相关的知识，现在将应掌握的主要知识储备介绍如下。

1.2.1 看懂建筑图

结构设计，就是对建筑物的结构构造进行设计，首先当然要有建筑施工图，还要能看懂建筑施工图，了解建筑师的设计意图及建筑各部分的功能及做法。建筑物是一个复杂物体，所涉及的面也很广，所以在看建筑图的同时，作为一个结构师，需要和建筑，水电，暖通空调，勘察等各专业进行咨询了解各专业的各项指标。在看懂建筑图后，心里应该对整个结构的选型及基本框架有了一个大致的思路了。

1.2.2 建模（以框架结构为例）

当结构师对整个建筑有了一定的了解后，可以考虑建模了。建模就是利用软件，把心中对建筑物的构思在计算机上再现出来，然后再利用软件的计算功能进行适当调整，使之符合现行规范及满足各方面的需要。建模的步骤概述如下。

01 首先要建轴网，根据建筑平面图提供的柱网数据，输开间数据及进深数据即可。

02 然后就是定柱截面及布置柱子。柱截面大小的确定需要一定的经验，作为新手，刚开始无法确定也没什么，随便定一个，慢慢再调整也行。柱子布置也需要结构师对整个建筑的受力合理性有一定的结构理念，柱子布置的合理性对整个建筑的安全与否及造价的高低起决定性作用。不过建筑师在建筑图中基本已经布好了柱网，作为结构师只需要对布好的柱网进行研究其是否合理，适当的时候需要建议建筑更改柱网。

03 当布好了柱网以后就是梁截面及主次梁的布置。梁截面相对容易确定一点，主梁按（1/8~1/12）跨度考虑，次梁可以相对取大一点，主次梁的高度要有一定的差别，这个规范上都有要求。而主次梁的布置就是一门学问，这也是一个涉及安全及造价的一个大的方面。总的原则要求传力明确，次梁传到主梁，主梁传到柱，力求使各部分受力均匀。还有，根据建筑物各部分功能的不同，考虑梁布置及梁高的确定（如住宅，如果在房中间做一道梁，本来层高就只有3m，一道梁去掉几十cm，就不合人意了）。

04 梁布置完后，基本上板也就被划分出来了，悬挑板之类的现在还没有绘制，需以后再加上。

05 梁板柱布置完后就要输入基本的参数，输入原则是“严格按规范执行”。

06 当整个三维线框构架完成，就需要加入荷载及设置各种参数，如板厚、板的受力方式、悬挑板的位置及荷载等。这时候模型也可以讲基本完成了，可以生成三维线框看看效果，很形象地表现出原来在结构师脑中那个虚构的框架。

1.2.3 计算

计算过程就是软件对结构师所建模型进行导荷及配筋的过程，在计算的时候我们需要根据实际情况调整软件的各种参数，以符合实际情况及安全保证。如果先前所建模型不满足要求，就可以通过计算出的各种图形看出。结构师可以通过计算出的受力图、内力图、弯矩图等对结果进行分析，找出模型中的不足并加以调整，反复至验算结果满足要求为止，到这时模型才完全的确定。

1.2.4 绘图

根据电算结果生成施工图，导出到CAD中修改就行了。

当然，软件导出的图纸是不能够指导施工的，需要结构师根据现行制图标准进行修改。结构师在绘图时还需要针对电算的配筋及截面大小进一步的确定，适当加强薄弱环节，使施工图更符合实际情况，毕竟模型不能完完全全与实际相符。最后还需要根据现行各种规范对施工图的每一个细节进行核对，宗旨就是完全符合规范，结构设计本就是一个规范化的事情。

结构施工图包括设计总说明，基础平面布置及基础大样图。如果是桩基础就还有桩位图，柱网布置及柱平面法大样图，每层的梁平法配筋图，每层板配筋图，层面梁板的配筋图，楼梯大样图等，其中根据建筑复杂程度，有几个到几十个节点大样图。

1.3 结构设计总流程

要使用PKPM软件的前提：一是已经安装好PKPM软件，二是有相应的软件加密锁，具备这两个条件后才可以开始使用PKPM软件。

由于PKPM版系列软件中，分成了多个专业模块，且每个模块下又包含多个版块。结合PKPM软件的应用特点，将其按照如图1- 3所示的编排构成。

现在概略讲解一下PKPM结构设计的大致菜单使用流程。

1. 执行PMCAD主菜单1，根据建筑平、立、剖面图输入轴线，进行“正交轴网”命令。

2. 估算（主、次）梁、板、柱等构件截面尺寸，并进行“构件定义”定义梁柱尺寸。

3. 选择各标准层进行梁、柱构件布置，“楼层定义”布置梁柱。

4. 选择“荷载输入”菜单下相应命令，定义各层楼、屋面恒、活荷载。

5. 在相应位置对应输入荷载信息。

6. 根据建筑平、立、剖面图条件，“添加新标准层”后，重复上述步骤。

7. 选择“楼层组装”菜单下命令，根据建筑方案，将各结构标准层和荷载标准层进行组装，形成结构整体模型。

8. 执行PMCAD主菜单2—“平面荷载显示校核”，显示各层输入的楼面荷载、梁间荷载、点荷载，以供校核。

9. 执行SATWE主菜单1，接PM生成SATWE数据。

10. 执行SATWE主菜单1.1—“分析与设计参数补充定义”。

11. 执行SATWE主菜单1.2—“特殊构件补充定义”。
12. 执行SATWE主菜单1.8—“生成SATWE数据文件及数据检查”。
13. 执行SATWE主菜单2—“结构内力和配筋计算”。
14. 执行SATWE主菜单4—“分析结果图形和文本显示”。
15. 执行“墙梁柱平面图”主菜单1-“梁平法施工图”。
16. 执行“墙梁柱平面图”主菜单3-“柱平法施工图”。
17. 执行PMCAD主菜单3—“画结构平面图”。
18. 执行JCCAD 主菜单绘制基础。
19. 执行“图形编辑、打印及转换”命令，将需要的结构图形转换为“DWG”文件。

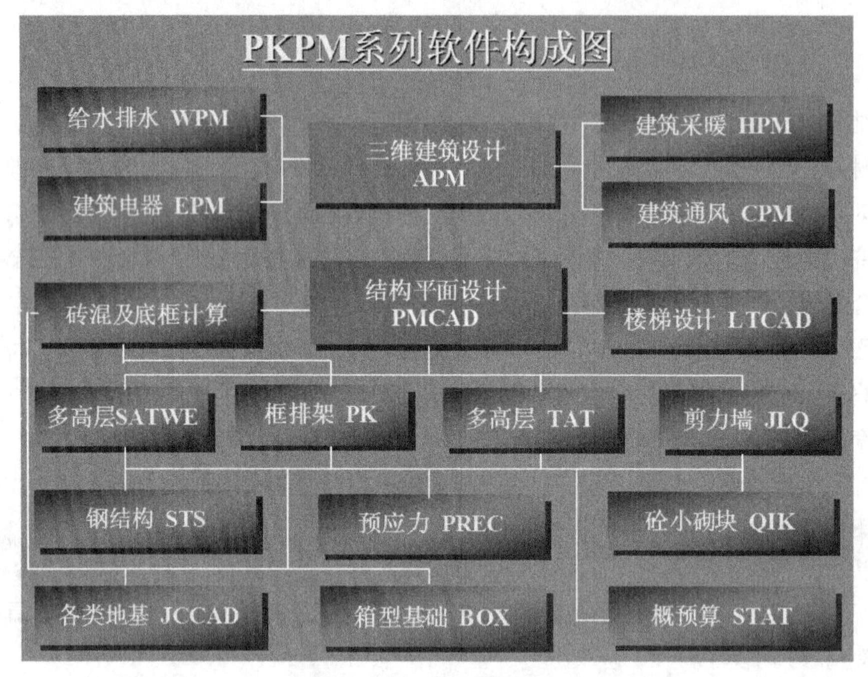

图1-3 PKPM软件构成图

提示

PKPM 文件转换为“.dwg”文件后，再用 CAD、天正软件等进行适当编辑，如添加标注、附注之类的说明。

1.4 PKPM 的基本工作方式

PKPM之所以能够在省部级以上设计院的普及率达到95％以上，说明PKPM软件有其符合我国大多数操作人员的特性。下面从工作界面、输入方式和快捷键3个方面来进行讲解。

1.4.1 PKPM程序界面

在PKPM的任意一模块下，选择相应的程序并双击，从而启动该模块化程序。例如，依次选择“建筑”——“三维建筑设计APM”——“1.建筑模型输入”命令，将弹出如图1- 4所示的工作界面。程序将屏幕划分为上侧的下拉菜单区、右侧的菜单区、左侧的工具栏区、下侧的命令提示区、中部的图形显示区和工具栏图标6个区域。

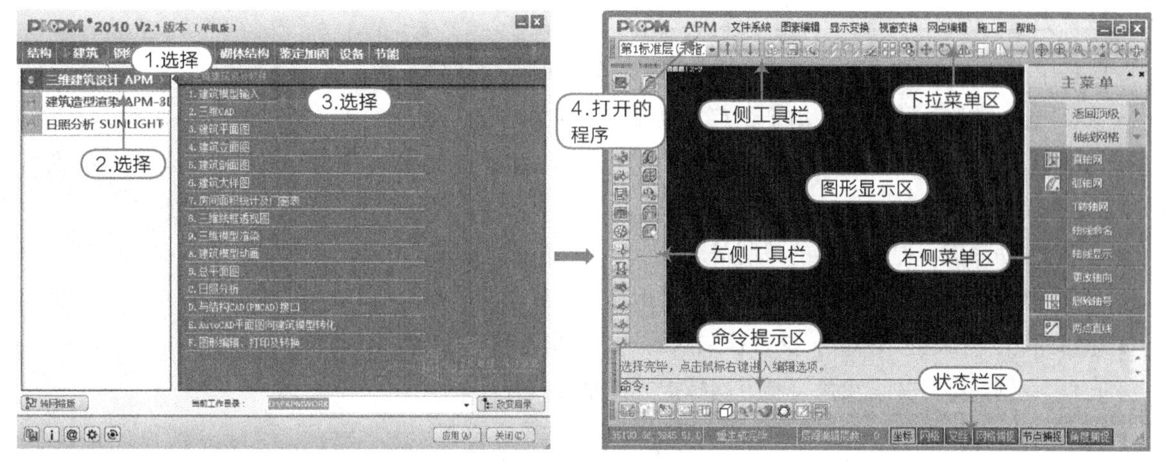

图1-4 各程序界面的组成

提示

在屏幕下侧的命令提示区中，一些数据、选择和命令可以由键盘在此输入，如果用户熟悉命令名，可以在"输入命令"的提示下直接敲入一个命令而不必使用菜单。所有菜单内容均有与之对应的命令名，这些命令名是由名为WORK.ALI的文件支持的，这个文件一般安装在PM目录中，用户可把该文件复制到用户当前的工作目录中自行编辑，以自定义简化命令。在"命令"提示下键入"Alias"，再按Enter键确认，或"Command"，再按Enter键确认，可查阅所有命令，并可选择执行。

1.4.2 PKPM的坐标输入方式

为方便坐标输入，PKPM提供了多种坐标输入方式，如绝对、相对、直角或极坐标方式，各方式输入形式如下。

01 绝对直角坐标输入：!*x*，*yz*或！*x*，*y*。

02 相对直角坐标输入：*x*，*y*，*z*或*x*，*y*。

03 直角坐标过滤输入：以*xyz*字母加数字表示，如：*x*100表示只输入*x*坐标100，*y*和*z*坐标不变。*xy*100，200表示只输入*x*坐标100，*y*坐标200，*z*坐标不变。只输入*xyz*不加数字表示*xyz*坐标均取上次输入值。

04 绝对极坐标输入：!*r*∠*a*。

05 相对极坐标输入：*r*∠*a*。

06 绝对柱坐标输入：!*r*∠*a*，*z*。

07 相对柱坐标输入：*r*∠*a*，*z*。

08 绝对球坐标输入：!*r*∠*a*∠*a*。

09 相对球坐标输入：*r*∠*a*∠*a*。

提示

输入坐标时，几种方式最好配合使用。例如，欲输入一条直线，第一点由绝对坐标（100,200）确定，在"输入第一点"的提示下在提示区键入"！ 100,200"，并按Enter键确认。第二点坐标希望用相对极坐标输入，该点位于第一点300方向，距离第一点1000。这时屏幕上出现的是要求输入第二点的绝对坐标，我们输入"1000∠30"，并按Enter键确认，即完成第二点输入。

1.4.3 PKPM常用快捷键

以下是PKPM中常用的功能热键，用于快速查询输入。

- 鼠标左键：键盘［Enter］，用于确认、输入等。
- 鼠标中键：键盘［Tab］，用于功能转换，在绘图时为输入参考点。
- 鼠标右键：键盘［Esc］，用于否定、放弃、返回菜单等。
- 以下提及［Enter］、［Tab］和[Esc］时，也即表示鼠标的左键、中键和右键，而不再单独说明鼠标键。
- [F1]：帮助热键，提供必要的帮助信息。
- [F2]：坐标显示开关，交替控制光标的坐标值是否显示。
- [Ctrl]+[F2]：点网显示开关，交替控制点网是否在屏幕背景上显示。
- [F3]：点网捕捉开关，交替控制点网捕捉方式是否打开。
- [Ctrl]+[F3]：节点捕捉开关，交替控制节点捕捉方式是否打开。
- [F4]：角度捕捉开关，交替控制角度捕捉方式是否打开。
- [Ctrl]+[F4]：十字准线显示开关，可以打开或关闭十字准线。
- [F5]：重新显示当前图，刷新修改结果。
- [F6]：显示全图，从缩放状态回到全图。
- [F7]：放大一倍显示。
- [F8]：缩小一倍显示。
- [Ctrl]+W：提示用户选窗口放大图形。
- [Ctrl]+R：将当前视图设为全图。
- [F9]：设置点网捕捉值。
- [Ctrl]+[F9]：修改常用角度和距离数据。
- [Ctrl]+[←]：左移显示的图形。
- [Ctrl]+[→]：右移显示的图形。
- [Ctrl]+[↑]：上移显示的图形。
- [Ctrl]+[↓]：下移显示的图形。
- [PageUp]：增加键盘移动光标时的步长。
- [PageDown]：减少键盘移动光标时的步长。
- [O]：在绘图时，令当前光标位置为点网转动基点。
- [S]：在绘图时，选择节点捕捉方式。
- [Ctrl]+A：当重显过程较慢时，中断重显过程。
- [Ctrl]+P：打印或绘出当前屏幕上的图形。
- [U]：在绘图时，后退一步操作。
- [Ins]：在绘图时，由键盘键入光标的（x,y,z）坐标值。

1.5 PKPM的主要设计步骤

综上两节，现在以一个建筑结构例题演示操作全过程，使初学者尽快了解PKPM软件的操作流程，体验结构设计电算化的快速便捷。

1.5.1 建立模型

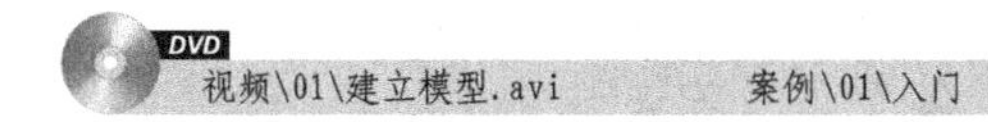

例题：某工程为四层框架结构，各楼层层高为3.3m，顶层为四坡屋顶，屋脊高度为2.4m，平面各网格尺寸均为3600mm×3600mm，柱截面尺寸为300mm×400mm，梁截面为300mm×600mm，基础为柱下独立基础，提供结构平面布置图，如图1-5所示。

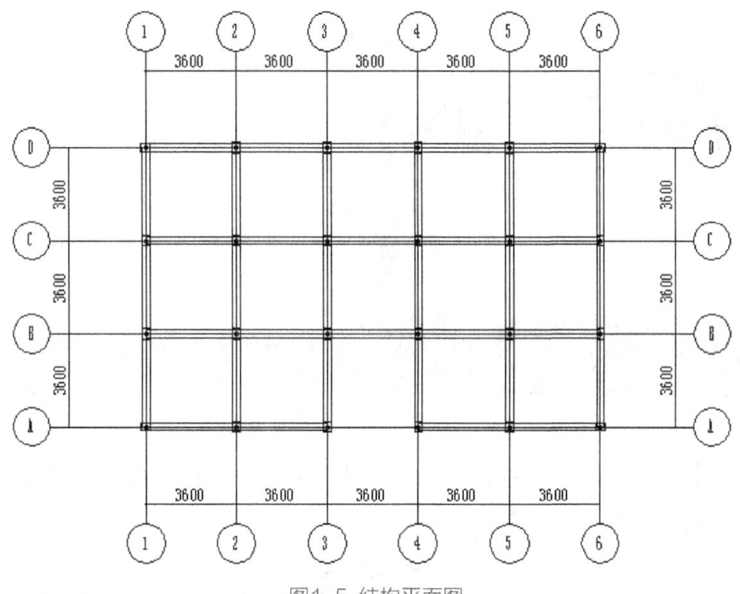

图1-5 结构平面图

> **提示**
>
> 本例题不以逼真的工程设计为目标，尽量简化构件的布置和楼层的设定，尽量地使用程序默认值，以降低参数设置难度和简化操作过程，在本章节中不要拘泥于细节处理，把注意力放在软件使用和操作流程上。

01 双击桌面图标启动PKPM程序，选择“结构”选项，显示软件操作界面。

02 点取“改变目录”按钮，弹出“选择工作目录”对话框，并“新建”一个新工作目录“入门”文件，如图1-6所示。

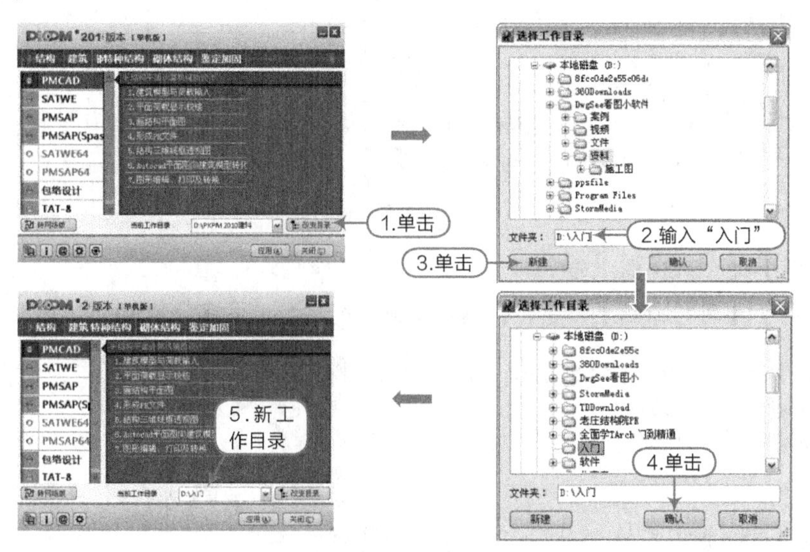

图1-6 新建工作目录

提示

文件名的总字节数不应大于20个英文字符或10个中文字符，且不能有特殊字符。
对于旧文件，程序一般可自动从当前工作子目录搜索到，查不到时，可点取【查找】并人工选取。

03 选择【PMCAD】|【建筑模型与荷载输入】菜单，单击“应用”按钮，进入建立模型状态。

04 在弹出的“请输入pm工程名”对话框中，输入文件名“入门练习”，单击“确定”按钮，启动建模程序，如图1-7所示。

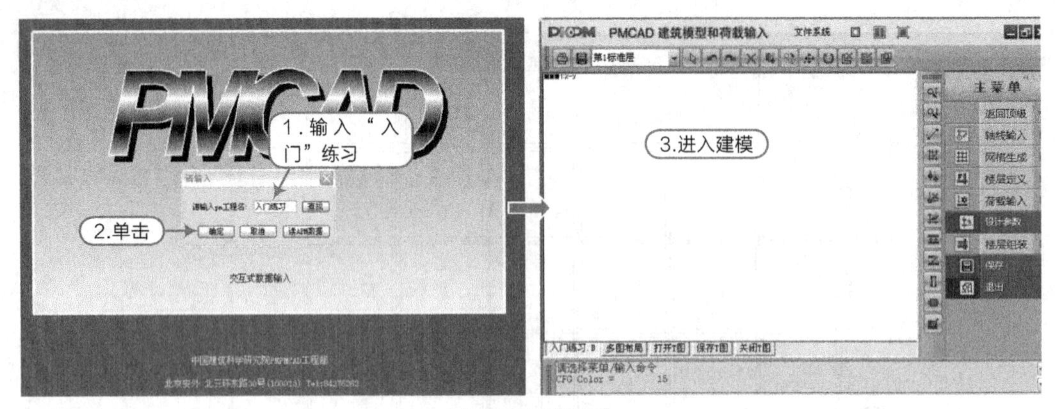

图1-7 新建工程

05 执行【轴线输入】|【正交轴网】命令，然后按照表1-1所示，在对话框中输入正交轴网参数，将正交轴网插入屏幕绘图区合适位置，效果如图1-8所示。

表1-1 轴网数据

上/下开间	3600×5
左/右进深	3600×3

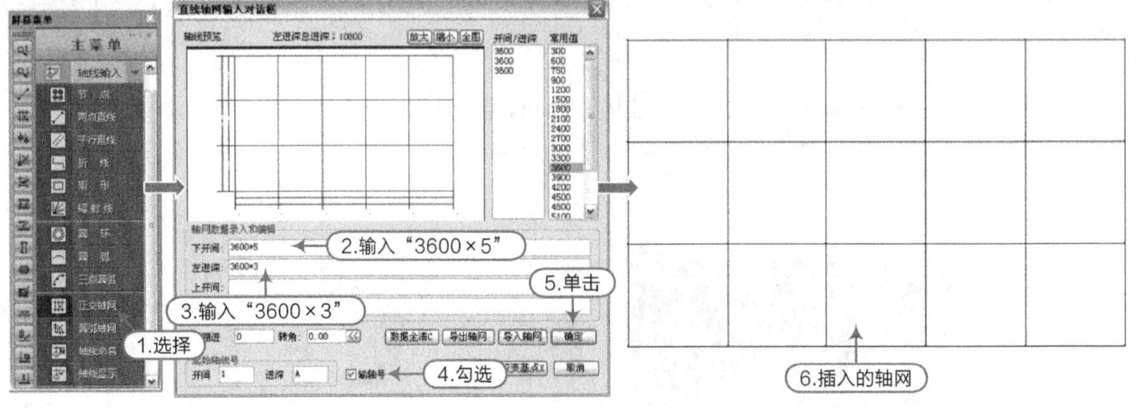

图1-8 轴网的创建

06 执行【网格生成】|【形成网点】命令。

07 执行【轴线输入】|【轴线命名】命令，根据如下命令行提示，命名横纵轴线。

```
轴线名输入：请用光标选择轴线（【Tab】成批输入）：        // 按Tab键
移光标点取起始轴线：                                      // 点取下开间最左侧轴线
移光标去掉不标的轴线(【Esc】没有)：                       // 按Esc键
输入起始轴线名：                                          // 输入“1”后按【Enter】键
移光标点取起始轴线：                                      // 点取左进深最下侧轴线
移光标去掉不标的轴线(【Esc】没有)：                       // 按Esc键
```

08 执行【轴线输入】|【轴线显示】命令，程序自动显示轴网，如图1-9所示。

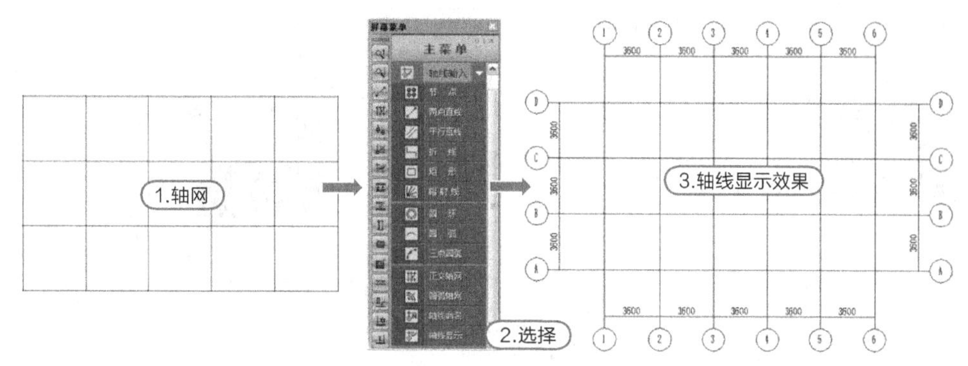

图1-9 轴线显示

09 执行【楼层定义】|【柱布置】命令，在弹出的“柱截面列表”对话框中，单击“新建”按钮，按照表1-2所示创建框架柱，然后布置框架柱，如图1-10所示。

表1-2 框架柱数据

截面类型	矩形截面宽度（mm）	矩形截面高度（mm）	材料类别
1	300	400	6：混凝土

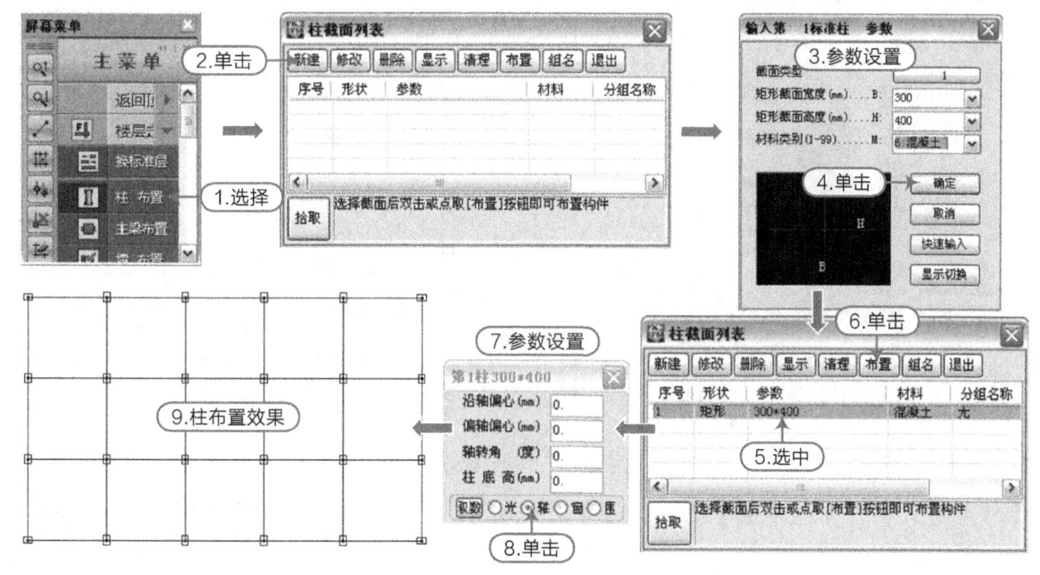

图1-10 柱布置

提示

程序提供了多种布置的方式：光标点选布置、轴线布置、窗口布置及围栏方式布置，各布置方式之间可按“Tab”键进行切换。

10 执行【楼层定义】|【主梁布置】命令，在弹出的“梁截面列表”对话框中，单击“新建”按钮，按照表1-3所示创建框架梁，然后布置框架梁，如图1-11所示。

表1-3 框架梁数据

截面类型	矩形截面宽度（mm）	矩形截面高度（mm）	材料类别
1	300	600	6：混凝土

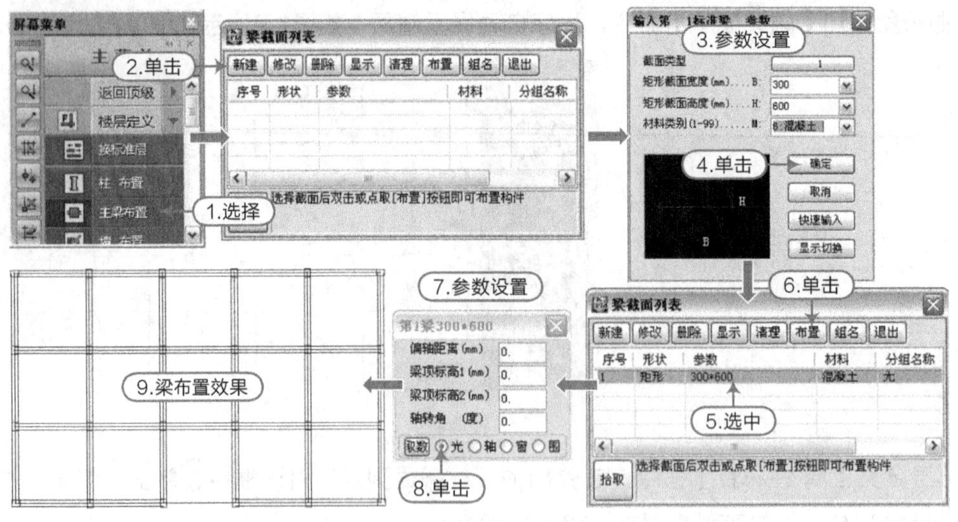

图1-11 梁布置

11 执行【楼层定义】|【楼板生成】命令，在弹出的提示框中单击“确定”按钮，然后执行【楼板生成】|【生成楼板】命令，如图1-12所示。

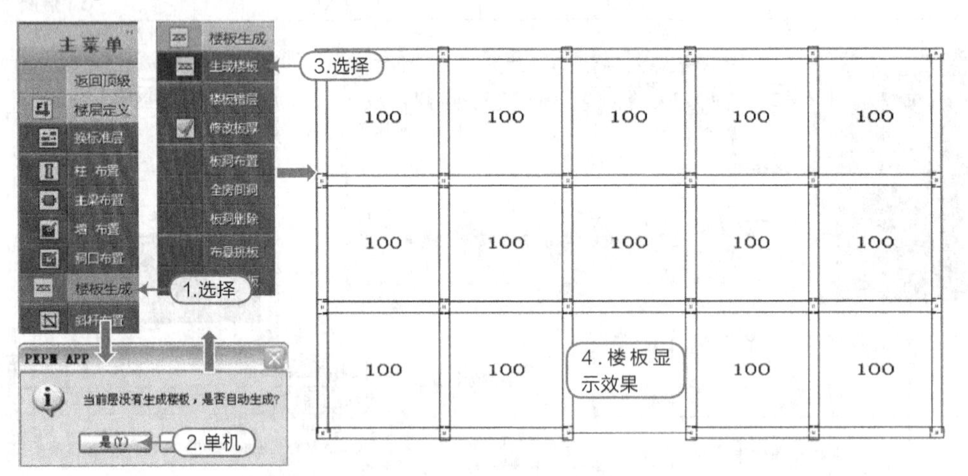

图1-12 生成楼板

12 执行【楼层定义】|【本层信息】命令，在弹出的本层信息对话框中，按照工程信息修改参数，如图1-13所示。

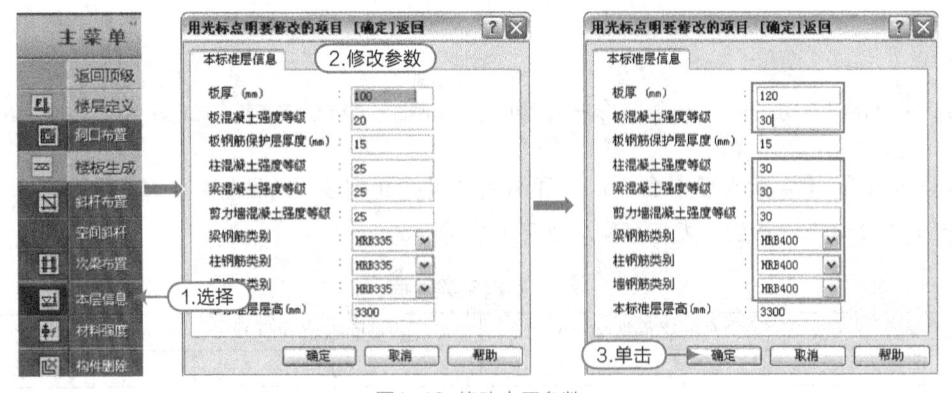

图1-13 修改本层参数

13 执行【荷载输入】|【恒活设置】命令，然后在弹出的对话框中输入恒活数值后单击“确定”按钮即可，如图1-14所示。

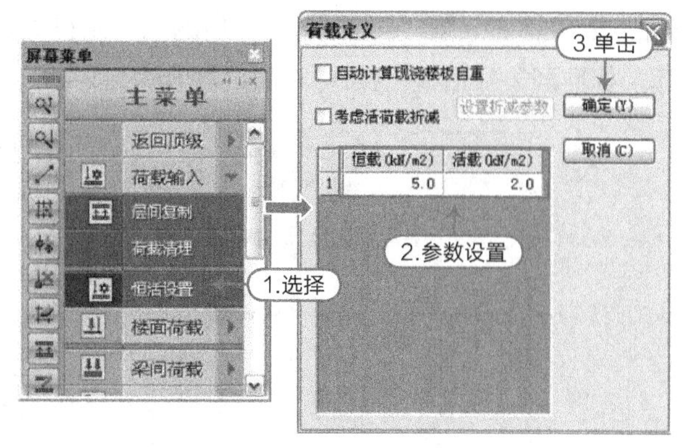

图1-14　楼面恒活设置

提示

在“荷载定义”对话框中，如果勾选“自动计算现浇板自重”选项，则输入的“恒载”值应当减去楼板自重。

14 执行【荷载输入】|【梁间荷载】命令，布置梁间恒荷载如图1-15所示。

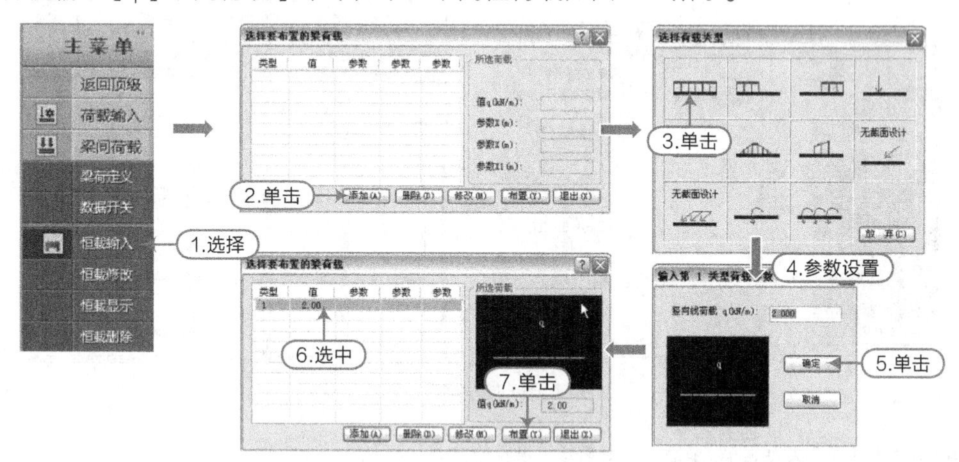

图1-15　梁间恒载布置

提示

执行“梁荷定义”菜单命令，也可以定义梁上荷载，定义完成后，执行“X载输入”菜单命令，布置相应荷载。

15 执行【荷载输入】|【梁间荷载】|【数据开关】命令，显示梁间恒载数据如图1-16所示。

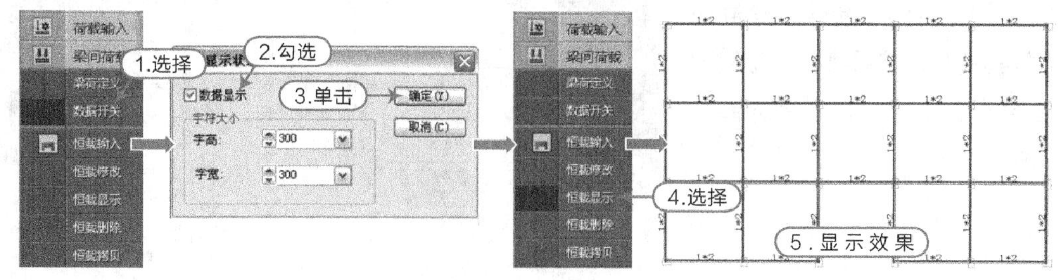

图1-16　梁间恒载显示

提示

根据工程具体要求输入其他荷载，程序同样提供 4 种布置方式，根据需要选择适合的方式，在本例题中，因步骤过程为主要目的，不再输入其他荷载。

16 点取屏幕左上角“第1标准层”后的倒三角符号，在下拉列表中选择“添加新标准层”，弹出“选择/添加标准层”对话框，操作如图1-17所示。

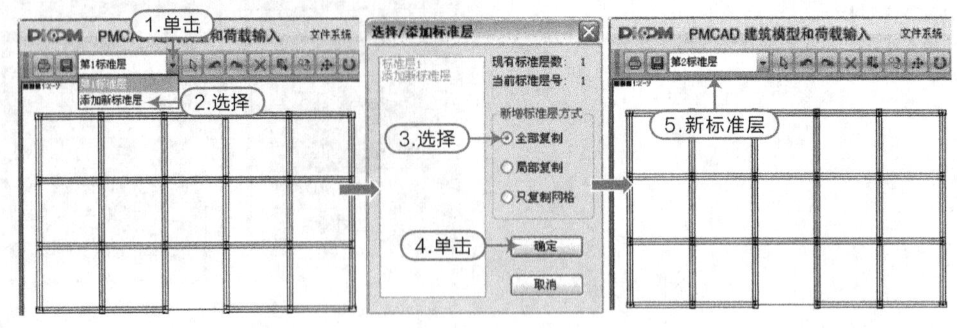

图1-17 添加新标准层

提示

“添加新标准层”命令还可以在屏幕菜单区选择【换标准层】命令执行，如图1-18所示。

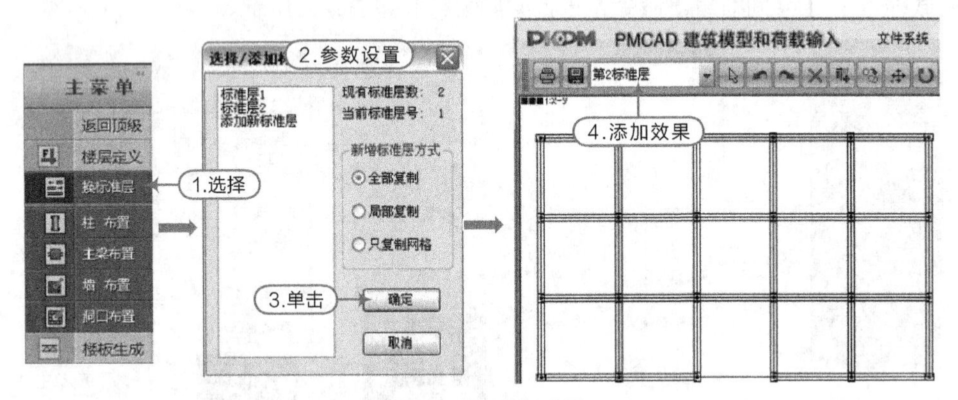

图1-18 添加新标准层

在“选择／添加标准层”对话框中，提供了3种新增标准层的方式：

- 全部复制：用于复制基本相同的标准层。
- 局部复制：用于复制局部楼层相同的标准层。
- 只复制网络：用于复制楼层布置不相同的标准层。

17 现在的“第2标准层”是屋顶层，需要布置坡屋顶屋脊线处的斜梁，执行【轴线输入】|【折线】命令，绘制应布置斜梁的斜轴线，接着执行【楼层定义】|【主梁布置】命令，布置斜梁，如图1-19所示。

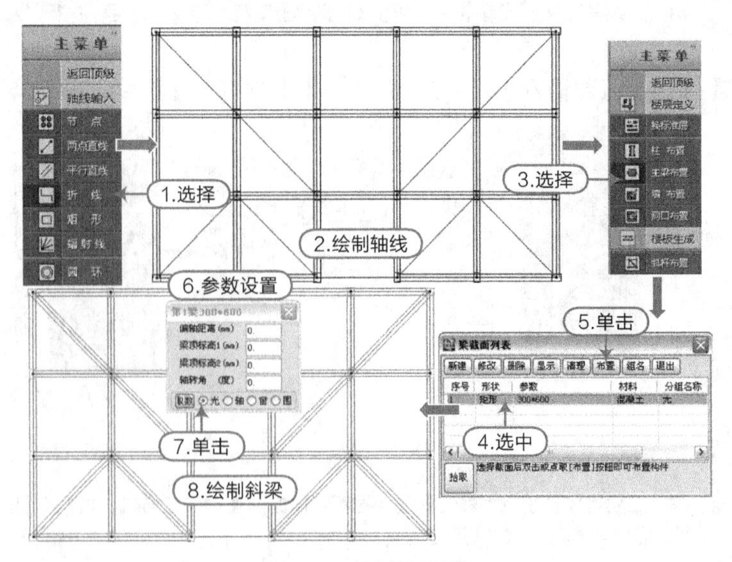

图1-19 绘制屋顶斜梁

18 执行【网格生成】|【上节点高】命令，弹出“设置上节点高”对话框，设置参数后，选择斜梁处的节点，如图1-20所示，生成坡屋顶。

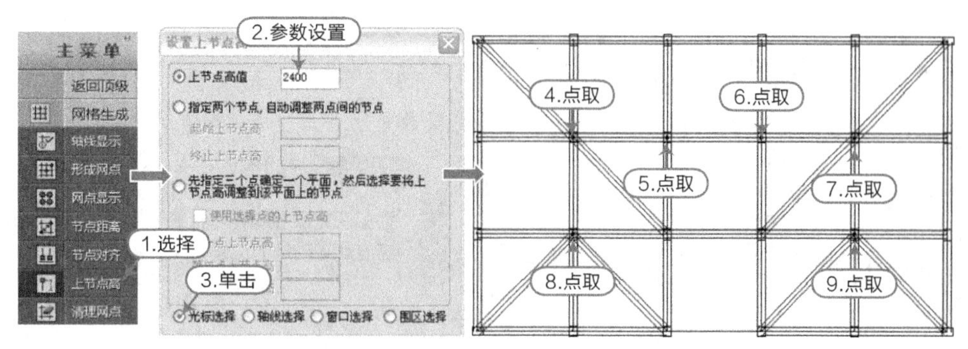

图1-20　生成坡屋顶

19 在工具栏中，选择观察按钮，观察坡屋顶，如图1-21所示。

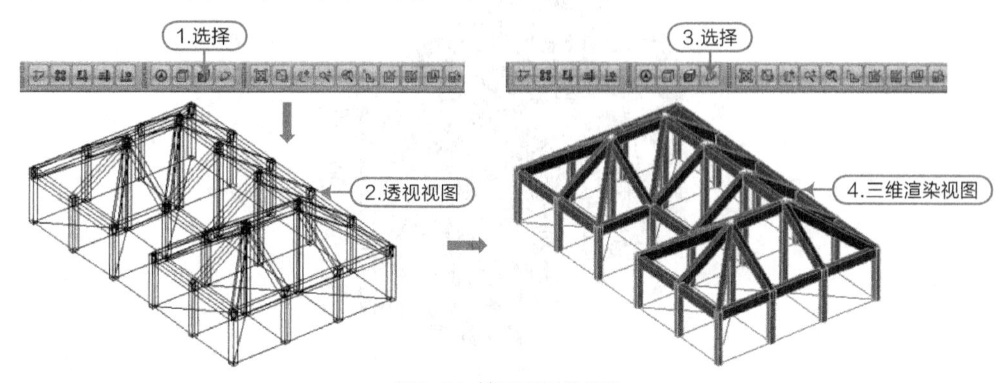

图1-21　坡屋顶三维效果

提示

将坡屋面上活荷载改为0.5，梁上荷载应删除。

20 执行【设计参数】命令，在弹出的对话框中输入参数，本例题全部按默认值输入，最后单击“确定”按钮即可，如图1-22所示。

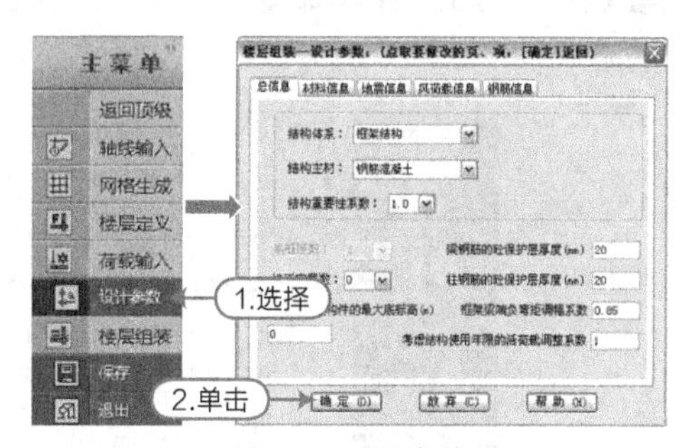

图1-22　设计参数

21 执行【楼层组装】|【楼层组装】命令，在弹出“楼层组装”对话框中按照如下步骤组装楼层，如图1-23所示。

- 选择“复制层数”为1，选取“第1标准层”，“层高”为4000；
- 选择“复制层数”为2，选取“第1标准层”，“层高”为3300；
- 选择“复制层数”为1，选取“第2标准层”，“层高”为3300。

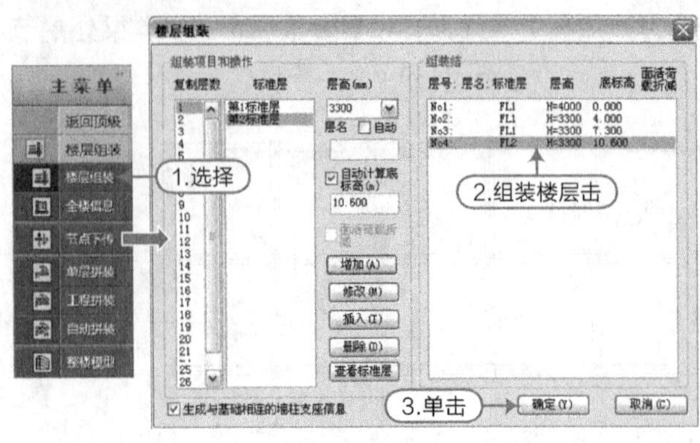

图1-23 楼层组装

提示

为保证首层竖向杆件计算长度的准确性，该楼层底标高应从基础地面算起。

22 执行【楼层组装】|【整楼模型】命令，可查看全楼的结构模型，如图1-24所示。

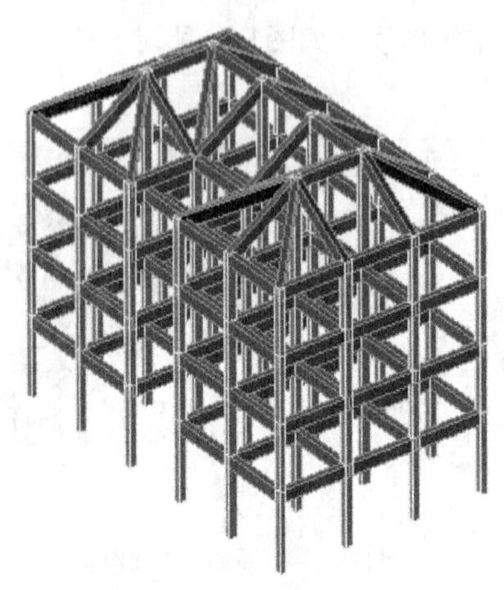

图1-24 整楼模型

23 执行“保存”菜单命令，保存已建立的楼层数据。

24 执行“退出”菜单命令，选择“存盘退出”，再单击“确定”按钮，结果返回到PMCAD界面，如图1-25所示。

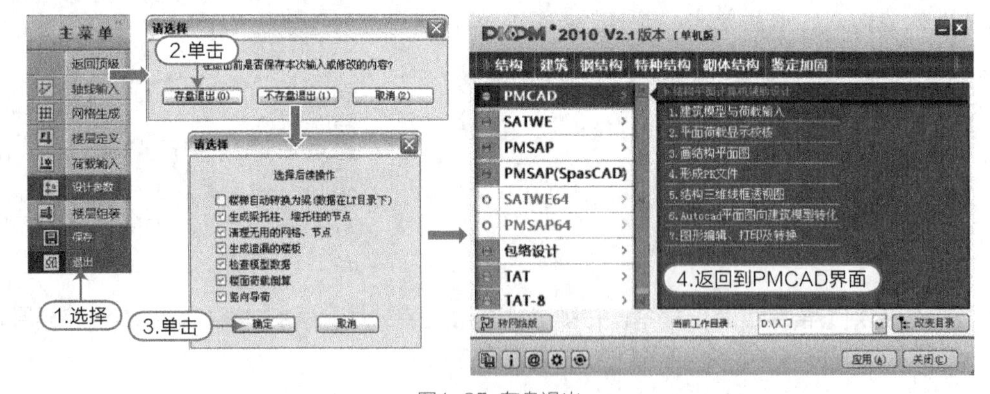

图1-25 存盘退出

1.5.2 计算分析

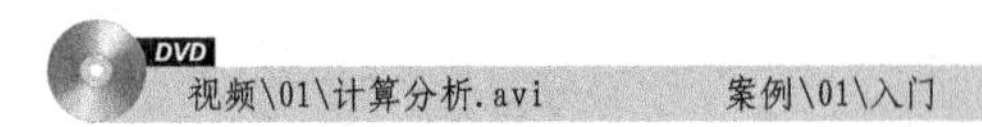

完成PMCAD部分后，进入SATWE计算分析部分，按照如下步骤进行。

01 执行【SATWE】|【接PM生成SATWE数据】菜单，单击“应用”按钮，进入计算分析状态，如图1-26所示。

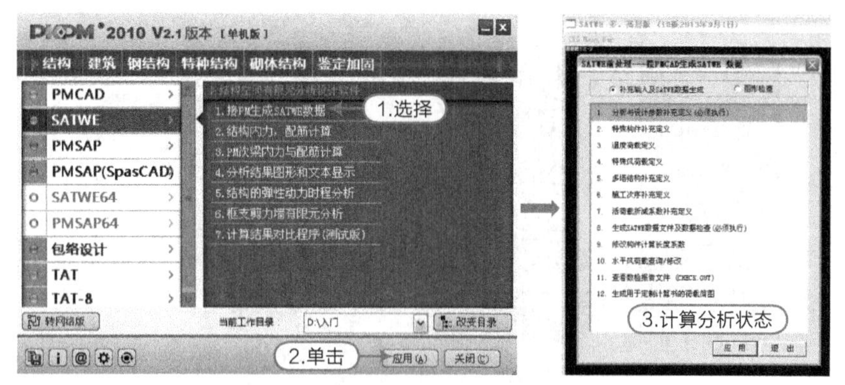

图1-26 进入计算分析前处理菜单

02 选择【分析与设计参数补充定义】选项，单击“应用”按钮，在弹出的“分析和设计参数补充定义”对话框中设置参数（本例题取程序初始值），单击“确定”按钮，如图1-27所示。

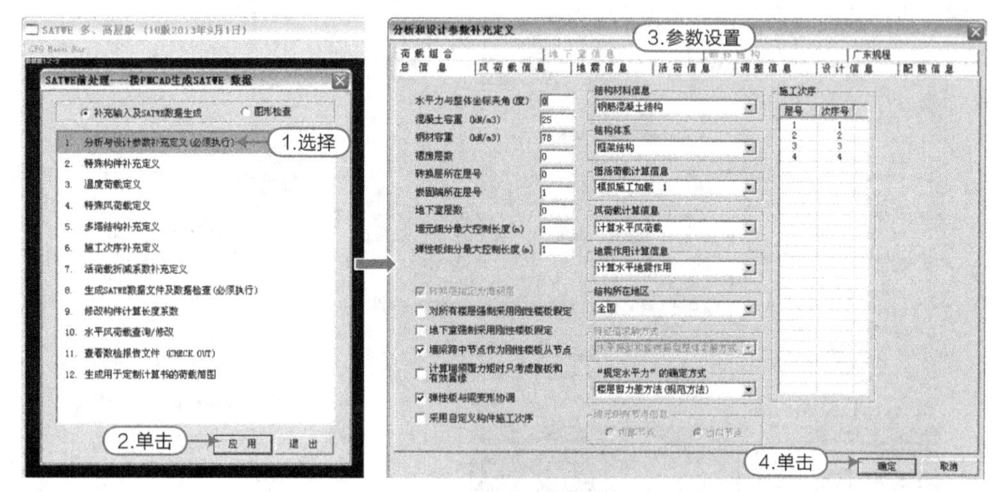

图1-27 参数补充定义

提示

能够看出，在此对话框中某些参数在“PMCAD｜建筑模型与荷载输入|本层信息”和“设计参数”中均有涉及，如果两个命令下的相同参数项矛盾，软件严格执行SATWE参数数据进行计算，因此不可忽略SATWE中任意参数。

03 选择【特殊构件补充定义】选项，单击“应用”按钮，执行【特殊柱】|【角柱】命令，点取结构角柱如图1-28所示。

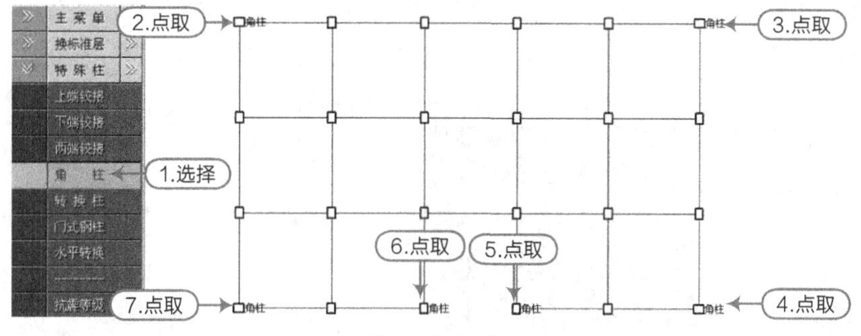

图1-28 角柱

04 在屏幕菜单中，执行“保存”菜单命令后，再执行“退出”菜单命令，返回到计算分析状态，如图1-29所示。

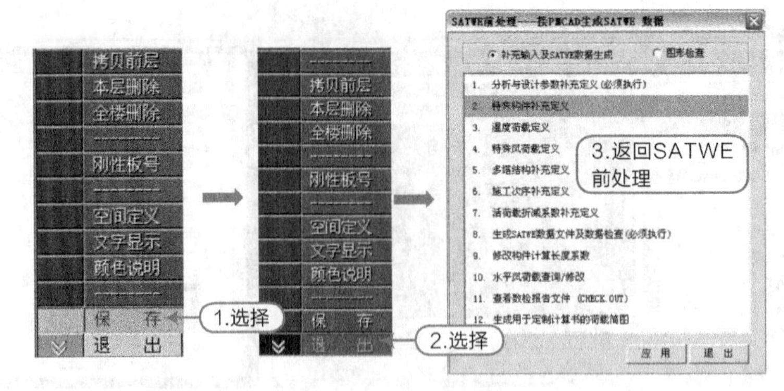

图1-29 保存与退出

05 选择【生成SATWE数据文件及数据检查】选项，单击“应用”按钮，在弹出的对话框中单击“确定”按钮后，程序会自动进行数据生成和数据检查，完成后单击“确定”按钮返回SATWE前处理菜单，单击“退出”按钮完成计算前处理工作，如图1-30所示。

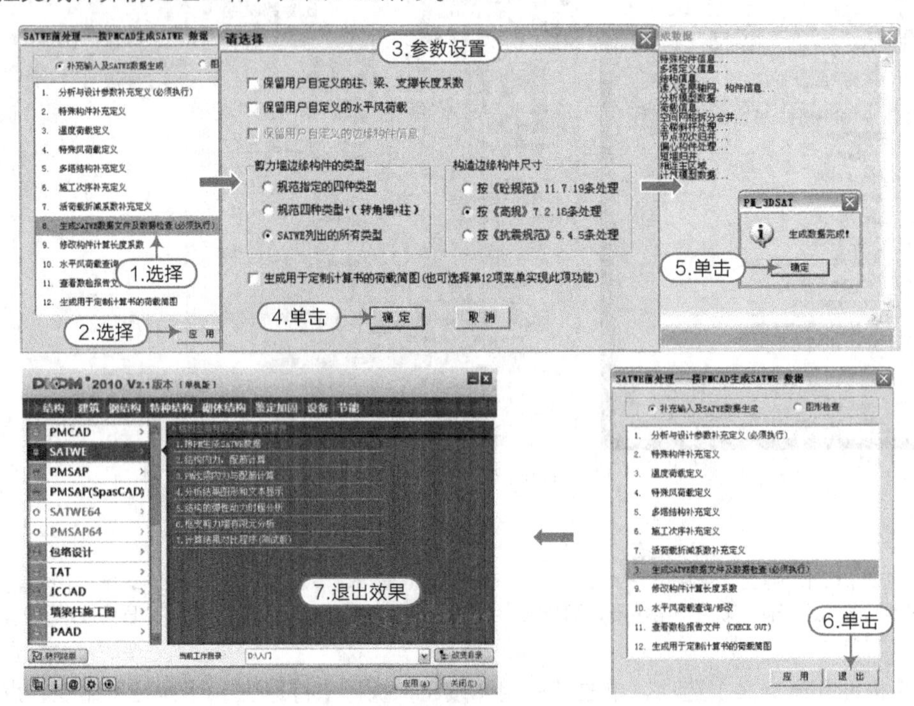

图1-30 生成SATWE数据文件及数据检查

06 执行【SATWE】|【结构内力，配筋计算】菜单命令，单击“应用”按钮，显示“计算控制参数”对话框，设置参数后单击“确定”按钮，程序将自动进行计算，如图1-31所示。

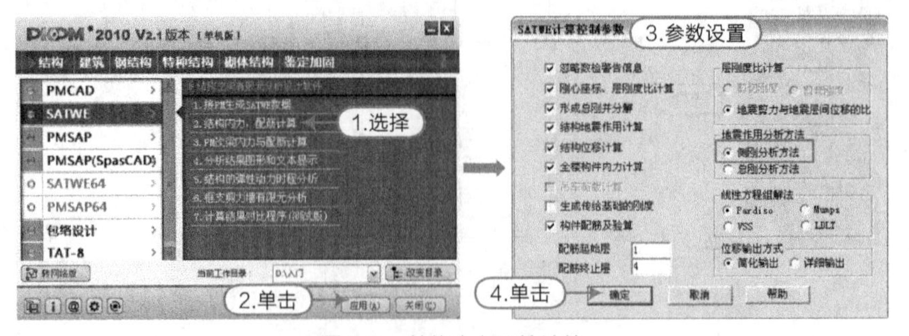

图1-31 结构内力配筋计算

07 选择【分析结果图形和文本显示】选项，单击“应用”按钮，显示“SATWE后处理”对话框，如图1-32所示。

08 查看完之后，单击“退出”按钮回到PKPM主菜单界面。

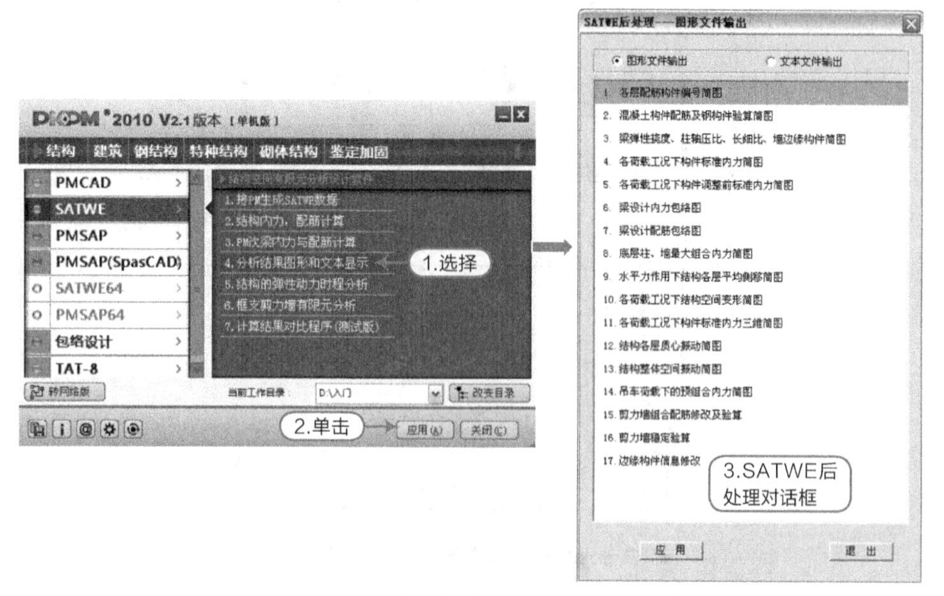

图1-32 分析结果图形和文本显示

1.5.3 绘施工图

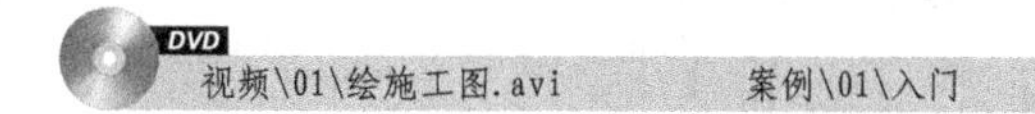

视频\01\绘施工图.avi　　　　案例\01\入门

完成SATWE部分后，开始绘制施工图，包括梁、柱和板。

01 选择【墙梁柱施工图】|【梁平法施工图】菜单，单击“应用”按钮后程序自动弹出“定义钢筋标准层”对话框，单击“确定”按钮，进入梁平法绘制，如图1-33所示。

图1-33 设置钢筋层

02 设置钢筋层后，程序自动绘制出梁的平法施工图，此后，执行【次梁加筋】|【箍筋开关】命令，程序自动在平法施工图上需要的地方按构造要求添加出箍筋绘制效果，之后再进行轴线标注及柱填充。

03 “保存”1层梁平法施工图后，切换至其他层，用同样的方法步骤绘制其余层的梁施工图，结果如图1-34、图1-35、图1-36所示。

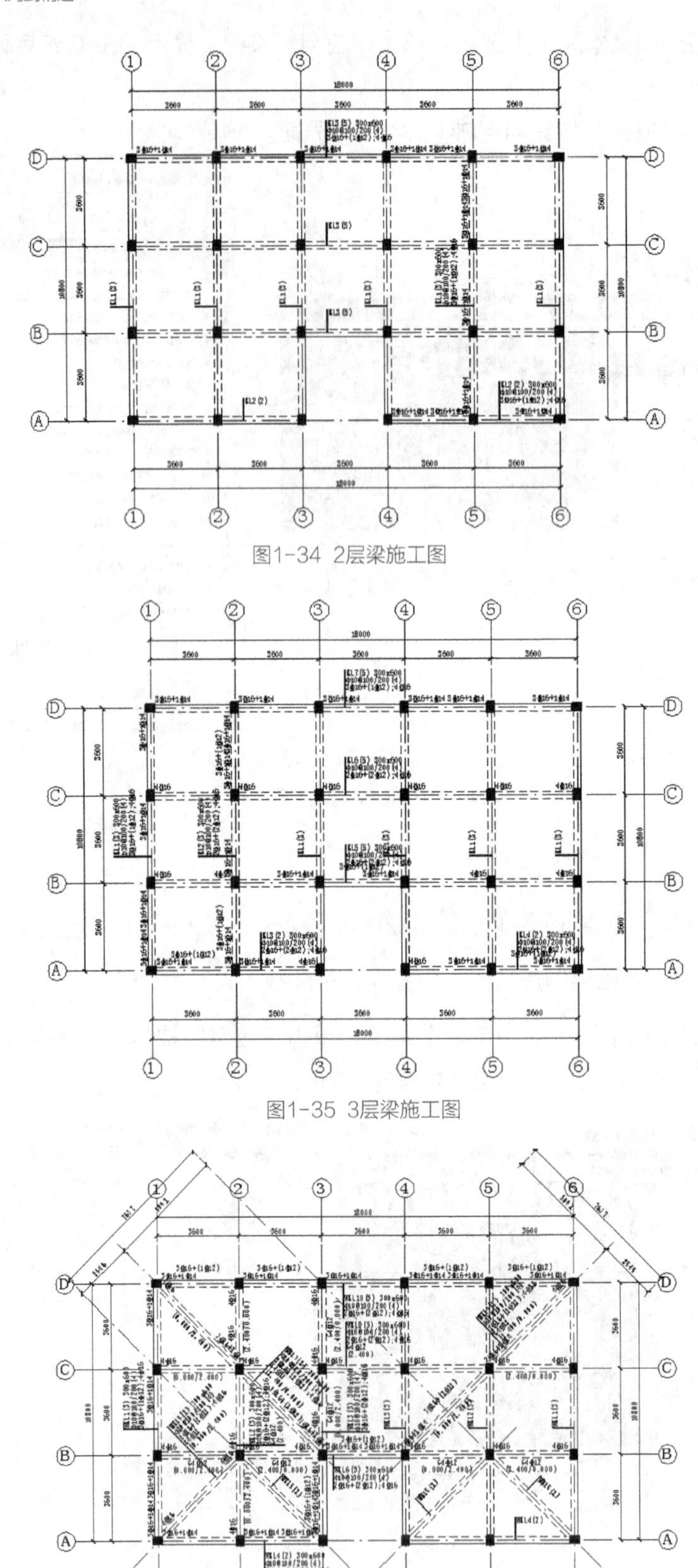

图1-34 2层梁施工图

图1-35 3层梁施工图

图1-36 4层梁施工图

04 “退出”绘制梁后，选择【墙梁柱施工图】|【柱平法施工图】菜单，同样的方法绘制出1层柱的平法柱施工图，如图1-37所示，其他层柱平法施工图自行完成。

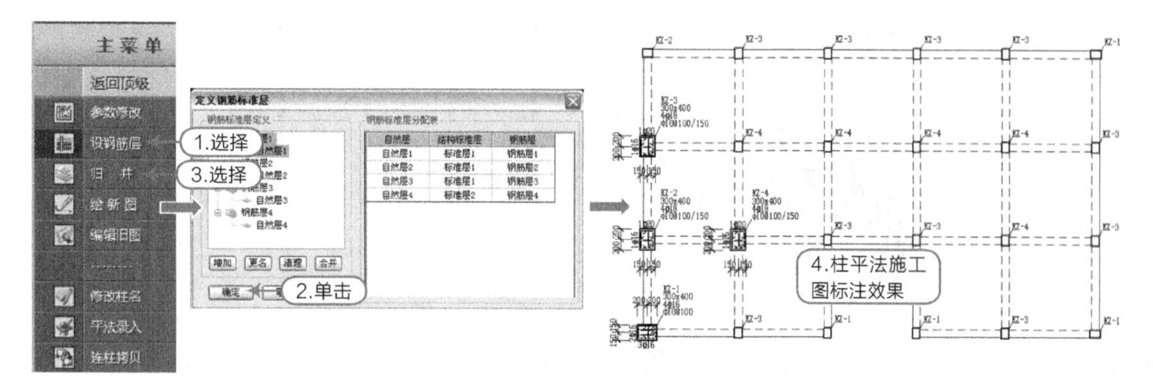

图1-37　1层柱平法施工

提示

程序提供了几种柱平法标注方式，可单击工具栏最右侧的倒三角符号，在下拉列表里选择标注方式，不需任何操作，选择完成后程序自动改变柱的标注方式。图 1- 38 所示为柱的集中标注效果。

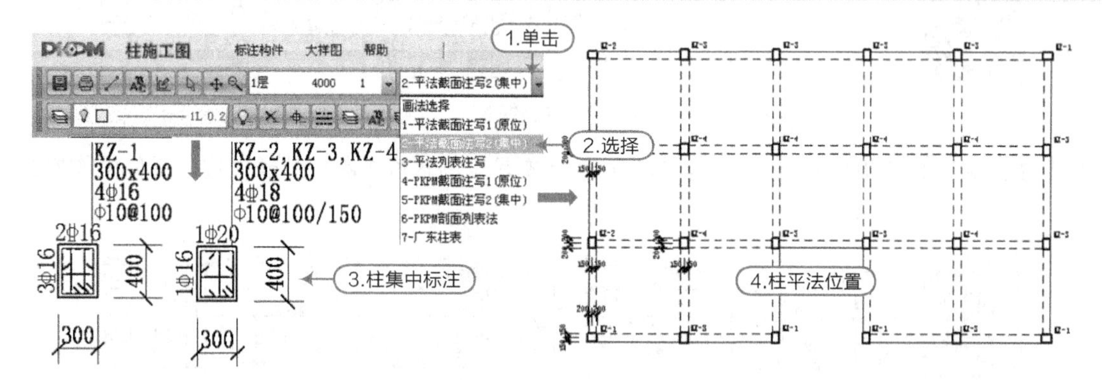

图1-38　柱集中标注

05 柱平法施工图绘制完成后，“保存”文件后“退出”。

06 选择【PMCAD】|【画结构平面图】菜单，单击“应用”按钮，进入板绘制，如图1-39所示。

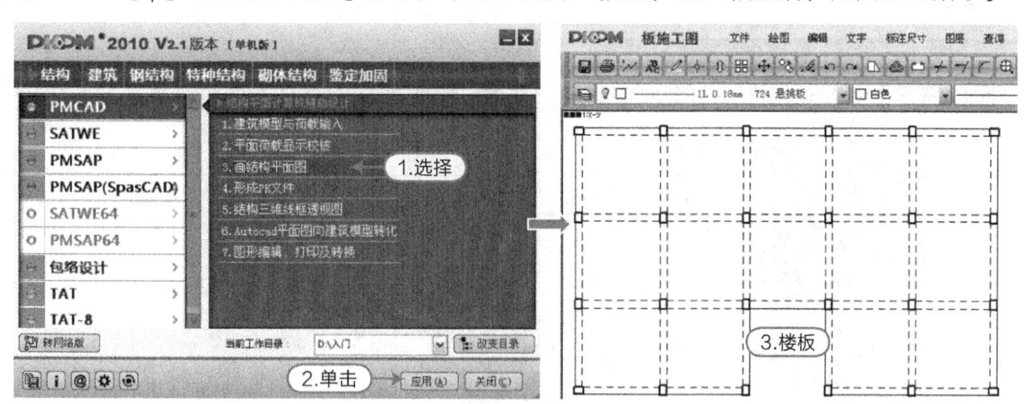

图1-39　进入板绘制

07 执行【楼板计算】|【自动计算】命令，程序自动计算楼板配筋，如图1-40所示。

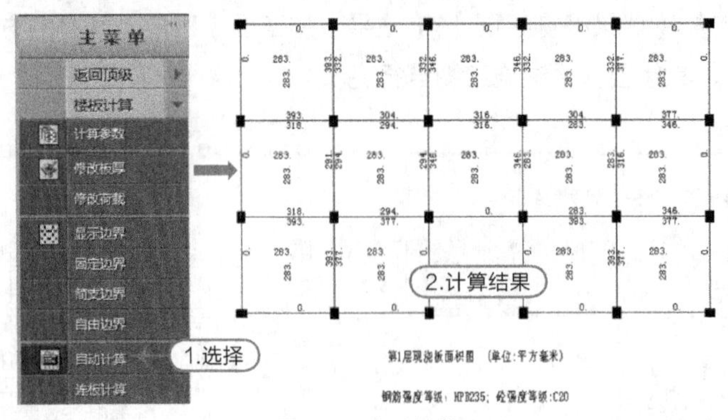

图1-40 自动计算

08 执行【楼板钢筋】|【逐间布筋】命令，以窗选方式框选楼板平面图，如图1-41所示。

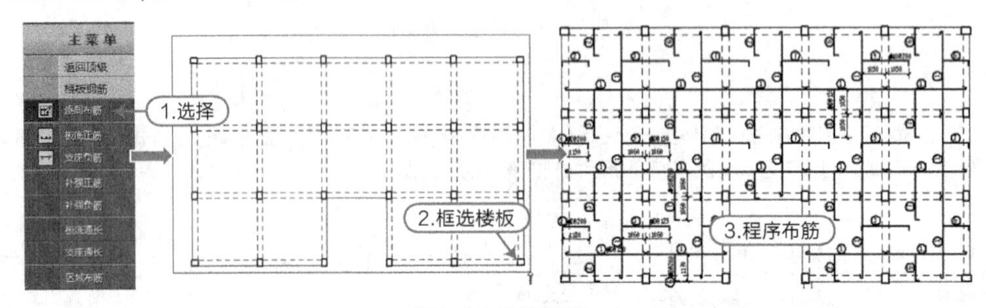

图1-41 布置钢筋

09 执行【楼板钢筋】|【板底通长】命令，根据命令行提示，将板底折断筋通长处理，具体操作如图1-42所示。

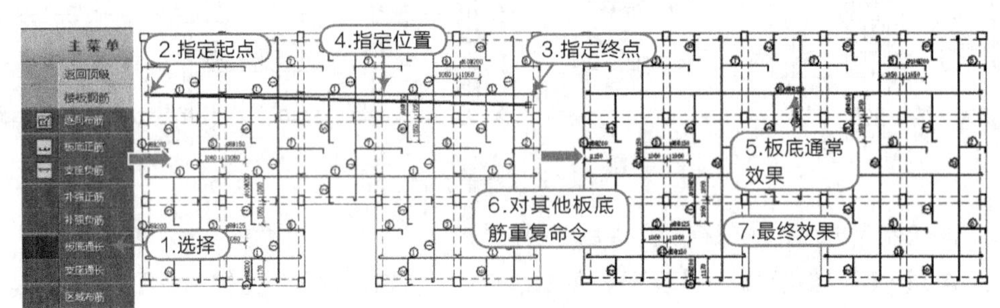

图1-42 板底筋通长

10 执行【画钢筋表】命令，程序自动生成钢筋表，在屏幕绘图区指定点插入即可，如图1-43所示。

主菜单
返回顶级
绘新图
计算参数
绘图参数
楼板计算
预制楼板
楼板钢筋
画钢筋表
楼板剖面

1.选择
2.插入表格

楼板钢筋表

编号	钢筋简图	规格	最短长度	最长长度	根数	总长度	重量
2	1180	ф8@200	1415	1415	171	241965	95.5
3	2120	ф8@125	2330	2330	174	405420	160.0
4	1150	ф8@200	1385	1385	19	26315	10.4
5	2120	ф8@150	2330	2330	100	233000	91.9
6	1170	ф8@200	1405	1405	152	213560	84.3
7	2120	ф10@200	2330	2330	133	309890	191.1
8	2100	ф8@150	2310	2310	25	57750	22.8
9	2100	ф10@200	2310	2310	19	43890	27.1
10	18000	ф8@150	18100	18100	50	900000	355.1
11	7200	ф8@150	7300	7300	75	540000	213.1
12	10800	ф8@150	10900	10900	100	1080000	426.2
总重							1677.3

图1-43 钢筋表

提示

“画钢筋表”的操作前提是有板钢筋编号，如果钢筋没有编号，程序将弹出警告：“钢筋未编号，无法生成钢筋表！”至于检查或修改钢筋编号，则执行【绘图参数】命令，在其弹出的对话框中操作，如图1-44所示。

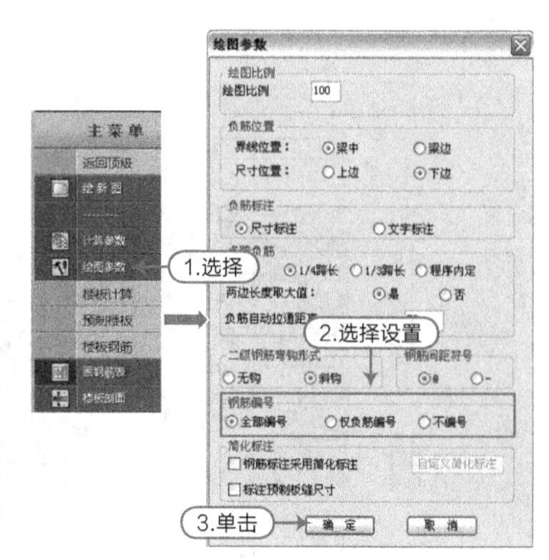

图1-44 钢筋编号

11 在工具栏的最右侧切换楼层，重复上述操作步骤，完成其余自然层的板施工图的绘制，结果如图1-45、图1-46、图1-47所示。

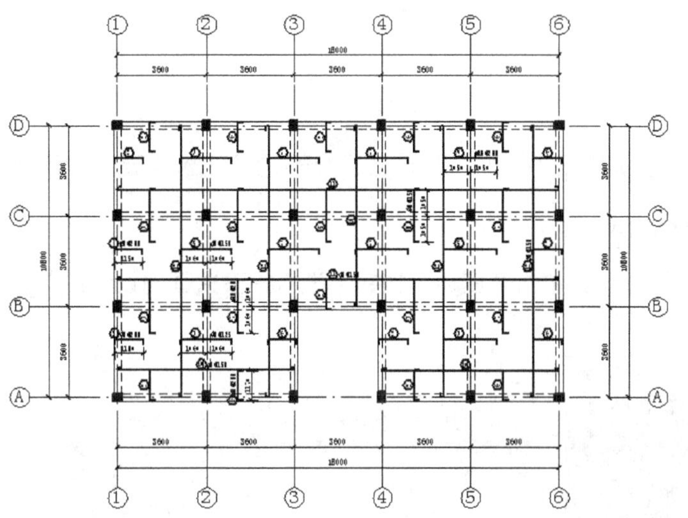

楼板钢筋表

编号	钢筋简图	规格	最短长度	最长长度	根数	总长度	重量
2	1180	φ8@200	1415	1415	171	241965	95.5
3	2120	φ8@125	2330	2330	174	405420	160.0
	1150	φ8@200	1385	1385	19	26315	10.4
5	2120	φ8@150	2330	2330	100	233000	91.9
6	1170	φ8@200	1405	1405	152	213560	84.3
7	2120	φ10@200	2330	2330	133	309890	191.1
8	2100	φ8@150	2310	2310	25	57750	22.8
9	2100	φ10@200	2310	2310	19	43890	27.1
10	7200	φ8@150	7300	7300	75	540000	213.1
11	18000	φ8@150	18100	18100	50	900000	355.1
12	10800	φ8@150	10900	10900	100	1080000	426.2
总重							1677.3

图1-45 2层板施工图

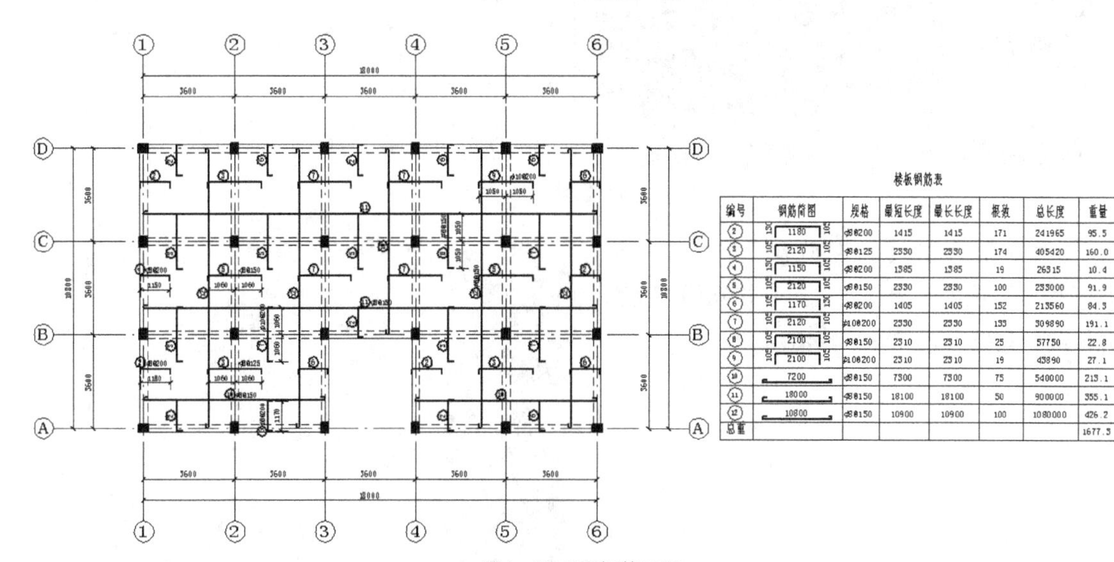

楼板钢筋表

编号	钢筋简图	规格	最短长度	最长长度	根数	总长度	重量
2	1180	φ8@200	1415	1415	171	241965	95.5
3	2120	φ8@125	2330	2330	174	405420	160.0
4	1150	φ8@200	1385	1385	19	26315	10.4
5	2120	φ8@150	2330	2330	100	233000	91.9
6	1170	φ8@200	1405	1405	152	213560	84.3
7	2120	φ10@200	2330	2330	133	309890	191.1
8	2100	φ8@150	2310	2310	25	57750	22.8
9	2100	φ10@200	2310	2310	19	43890	27.1
10	7200	φ8@150	7300	7300	75	540000	213.1
11	18000	φ8@150	18100	18100	50	900000	355.1
12	10800	φ8@150	10900	10900	100	1080000	426.2
总重							1677.3

图1-46 3层板施工图

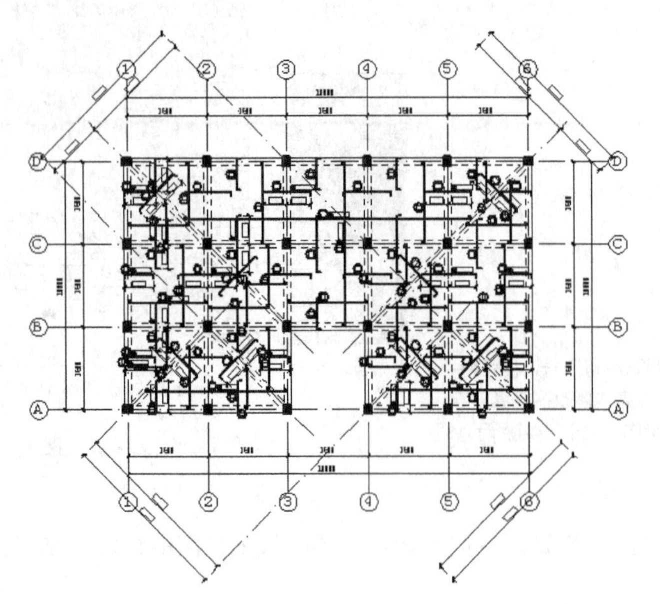

图1-47 4层板施工图

1.5.4 基础设计

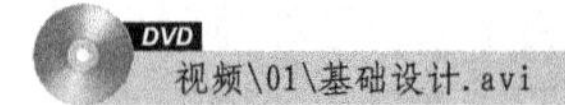

视频\01\基础设计.avi　　　　案例\01\入门

完成施工图的绘制后，接下来进行基础的设计。

01 选择【JCCAD】|【基础人机交互输入】菜单，单击“应用”按钮，进入柱下独基的设计绘制，如图1-48所示。

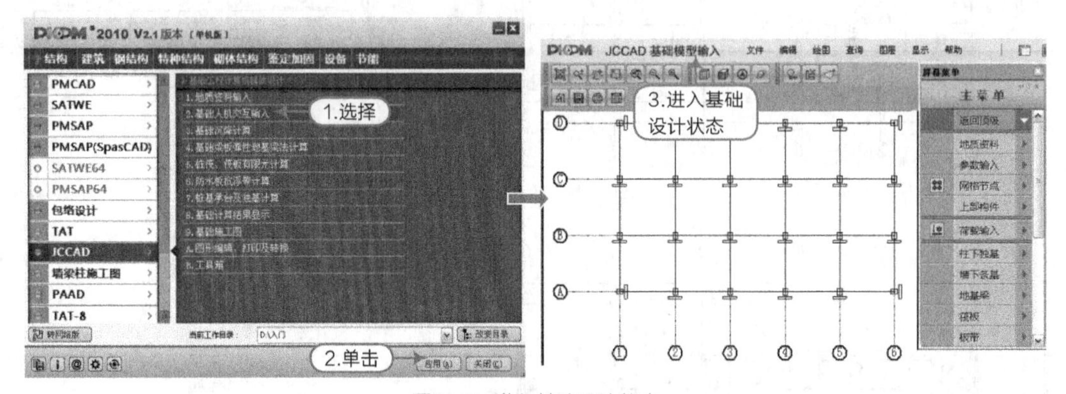

图1-48 进入基础设计状态

02 执行【荷载输入】|【读取荷载】命令，点取“SATWE荷载”选项，单击“确定”按钮即可将荷载数据加载到基础上，如图1-49所示。

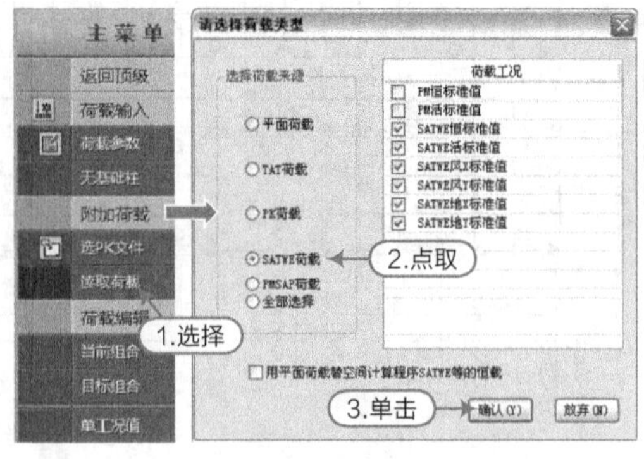

图1-49 读取荷载

03 执行【柱下独基】|【自动生成】命令，操作如图1-50所示。

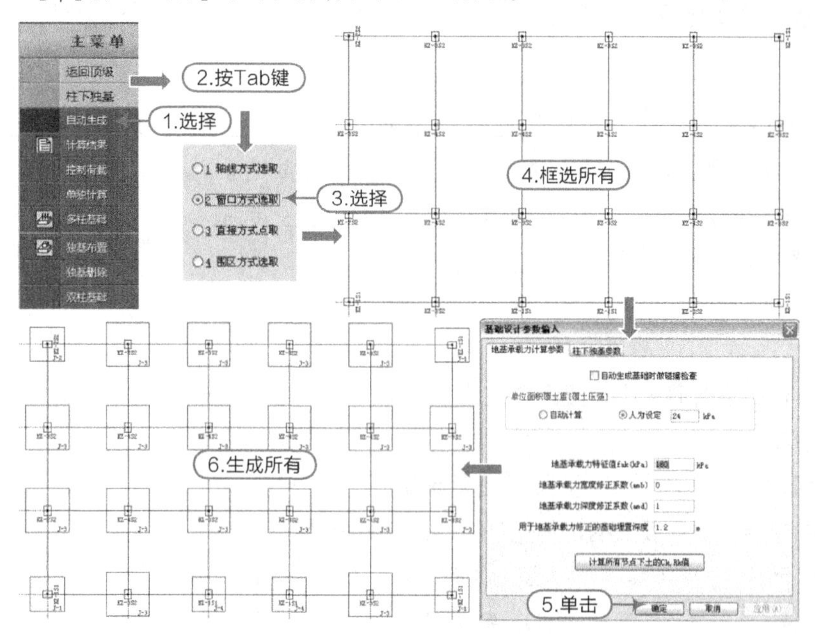

图1-50　自动生成基础

04 执行“保存”命令后，程序自动保存文件，然后执行“退出”命令。

05 选择【JCCAD】|【基础施工图】菜单，单击“应用”按钮，进入柱下独基的施工图绘制，按照如下步骤对基础施工图进行编辑，效果如图1-51所示。

- 在下拉菜单区选择【标注构件】|【独基尺寸】，按照命令行提示逐个点取基础，程序自动标注独基尺寸。
- 在下拉菜单区选择【标注字符】|【独基编号】，按照命令行提示逐个点取基础，程序自动标注独基尺寸。
- 在下拉菜单区选择【标注轴线】|【交互标注】，按照命令行提示标注柱网尺寸。
- 在屏幕菜单单击【基础详图】，选择“在当前图中绘制详图”后，执行【基础详图】|【插入详图】，逐个选择插入图中空白区。
- 在屏幕菜单执行【基础详图】|【钢筋表】，直接将表格插入图中空白区。
- 在下拉菜单区选择【标注构件】|【绘制图框】，将所需图框插入到图中。
- “保存”文件后“退出”。

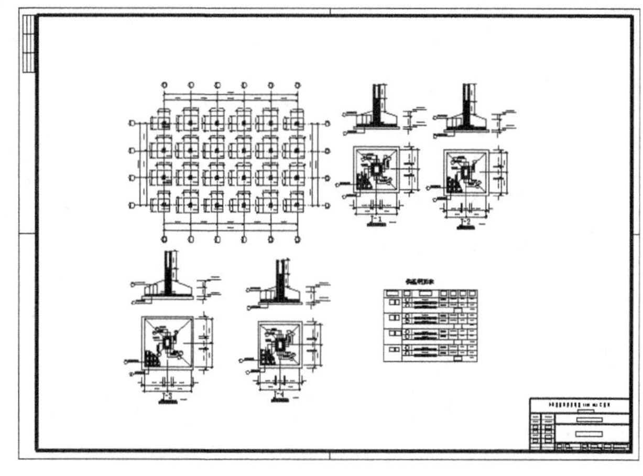
图1-51　基础施工图

1.6 思考与练习

一、填空题

1. 在使用PKPM创建轴网时，需使用________主菜单________________选项________命令。
2. 在执行“整楼模型”前，必须先执行________________命令。
3. 要绘制板施工图应选择________主菜单________________选项。
4. 基础施工图中输入的荷载是________________。

二、选择题

1. 在PKPM中楼面的荷载大小设置命令是（　　）。

   A. 楼面恒载　　B. 楼面活载

   C. 以上两种　　D. 恒活设置

2. 在PKPM中想要查看荷载数据，首先需执行的命令是（　　）。

   A. 恒载显示　　B. 梁荷定义

   C. 活载显示　　D. 数据开关

三、操作题

1. 根据本章所学习的知识，按照表1-4所示数据建立模型。

表1-4 结构数据

上开间	下开间	左/右进深	层高	屋顶	梁截面	柱截面
2800，1400，3×3300，4500	3500，4000，2×3300，4500	7200，2000，7200	3300	平屋顶	300×500	450×500

2. 依次进行“计算分析”“绘施工图”和“基础设计”步骤，完成整个工程的结构设计流程。

第02章

结构平面计算机辅助设计PMCAD

PMCAD是PKPM系列CAD软件的基本组成模块之一，它采用人机交互方式，引导用户逐层地布置各层平面和各层楼面，并具有较强的荷载统计和传导计算功能，可方便地建立整栋建筑的数据结构。

PMCAD建立了整栋建筑的数据结构，使得PMCAD成为PKPM系列结构设计软件的核心，为功能设计提供数据接口。PMCAD是三维建筑设计软件APM与结构设计CAD相连接的必要接口。因此，它在整个系统中起到承前启后的重要作用。

2.1 PMCAD的基本功能

（1）人机交互建立全楼结构模型

人机交互方式引导用户在屏幕上逐层布置柱、梁、墙、洞口、楼板等结构构件，快速搭起全楼的结构构架。

（2）自动导算荷载建立恒活荷载库

① 引导用户人机交互地输入或修改各房间楼面荷载、主梁荷载、次梁荷载、墙间荷载、节点荷载及柱间荷载，并方便用户使用复制、反复修改等功能。

② 可分类详细输出各类荷载，也可综合叠加输出各类荷载。

③ 计算次梁、主梁及承重墙的自重。

④ 对于用户给出的楼面恒、活荷载，程序自动进行楼板到次梁、次梁到框架梁或承重墙的分析计算。所有次梁传到主梁的支座反力，各梁到梁、各梁到节点、各梁到柱传递的力均通过平面交叉梁系计算求得。

（3）为各种计算模型提供计算所需数据文件

① 形成PK按平面杆系或连续梁计算所需的数据文件。

② 为三维空间杆系薄壁柱程序TAT提供计算数据文件接口。

③ 为空间有限元壳元计算程序SATWE提供数据文件接口。

④ 为基础设计CAD模块提供底层结构布置与轴线网格布置，还提供上部结构传下的恒、活荷载。

（4）为上部结构各绘图CAD模块提供结构构件的精确尺寸

如梁柱总图的截面、跨度、挑梁、次梁、轴线号、偏心等，剪力墙的平面与立面模板尺寸，楼梯间布置等。

（5）现浇钢筋混凝土楼板结构计算与配筋设计及结构平面施工图辅助设计

① 楼板配筋画图。

② 自动绘制梁、柱、墙和门窗洞口，柱可为10多种异形柱。

③ 标注轴线，包括弧轴线。

④ 标注尺寸，可对截面尺寸自动标注。

⑤ 标注字符。

⑥ 写中文说明。

⑦ 画预制楼板。

⑧ 对图面不同内容的图层管理，可对任意图层做开闭和删除操作。

⑨ 绘制各种线型图素，任意标注字符。

⑩ 图形的编辑、缩放、修改，如删除、拖动、复制等。

（6）砌体结构辅助设计功能

可进行砌体结构和底框上砖房结构的抗震计算及受压、高厚比、局部承压计算，并可自动生成圈梁及构造柱大样，并进行分类归并。

（7）统计结构工程量

统计工程量，并可以表格形式输出。

2.2 建筑模型与荷载输入

选择【PMCAD】|【建筑模型与荷载输入】选项，是一个工程的开始，在其中输入的数据直接影响到后续操作效果，是结构设计的重中之重，一定不可忽略其中的参数，以保证工程的准确性。在实际工程中，应严格按照规范要求输入各参数。

将介绍需要用到的各命令及各参数含义。图2-1所示为启动“建立模型和荷载输入”主菜单后的工作界面。

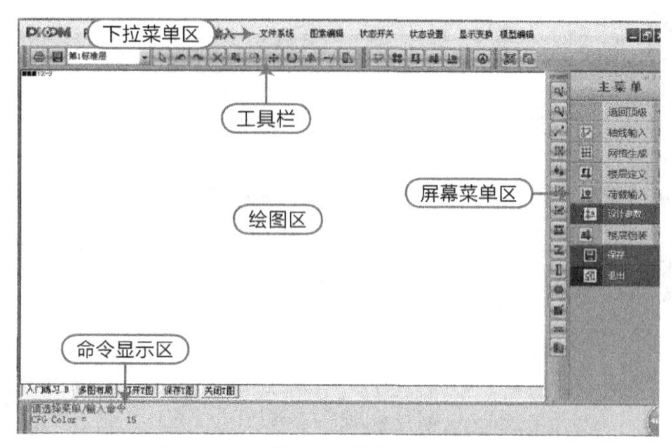

图2-1　建立模型和荷载输入的工作界面

2.2.1 轴线输入

执行方法：屏幕菜单区→【轴线输入】。

轴线输入的子菜单如图2-2所示，使用频率最高的是“正交轴网”“轴线命名”及“轴线显示”菜单。例如，针对已经新建的“PMCAD\PMCAD”工程，绘制并命名表2-1所示为数据的轴网对象，效果如图2-3所示。

提示

程序提供了多种点定位的方式，现在介绍其中最常用的几种。

① 键盘坐标输入方式：

- 绝对直角坐标：！ *x,y,z* 或！ *x,y* 或！ *x* 和！ *y*；
- 相对直角坐标：*x,y,z* 或 *x,y* 或 *x* 和 *y*；
- 绝对极坐标：！ R < A（R 为极距，A 为角度）；
- 相对极坐标：R < A；
- 绝对柱坐标：！ R < A，Z；
- 相对柱坐标：R < A，Z；
- 绝对球坐标：！ R < A < A；
- 相对球坐标：R < A < A。

② 鼠标引导键盘坐标输入方式：用鼠标给出方向角，用键盘输入相对距离。

③ 参考点定位方式：将光标静置在参考点上（不要单击鼠标），按“Tab”键后输入相对参考点的相对坐标值，即可将光标准确定位。

④ 夹点捕捉方式：在绘图状态时，按【S】键，弹出夹点捕捉对话框，选择捕捉方式后，光标自动锁定捕捉夹点。

⑤ 图标提示夹点捕捉方式：当光标接近图素时，光标的形状会发生变化，以提示捕捉到的夹点的属性，例如，光标为矩形表示端点，光标为三角形表示中点等。

表2-1 轴网数据

上/下开间	4500×5
左/右进深	3600×3

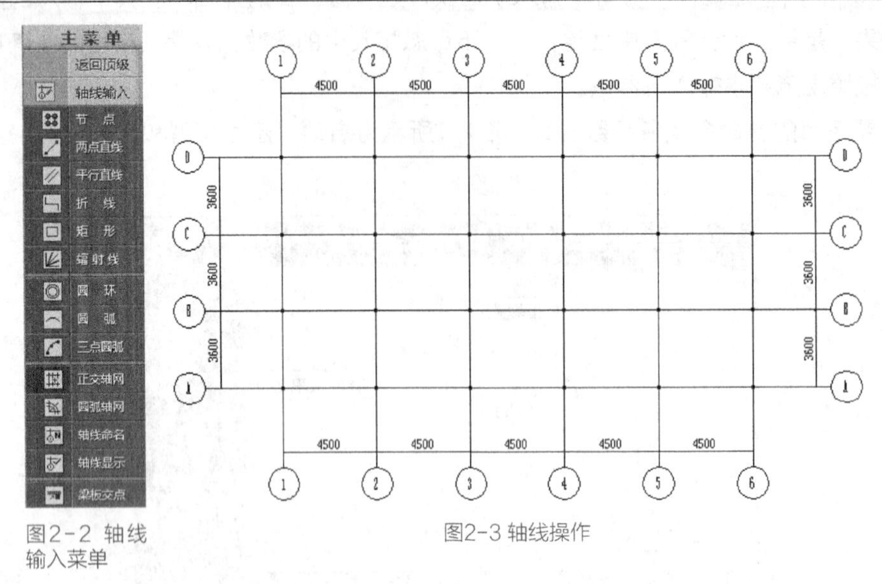

图2-2 轴线输入菜单

图2-3 轴线操作

在“轴线输入”菜单中，部分子菜单的含义如下。

● 节点：在绘图区任意位置加节点，如图2- 4所示。

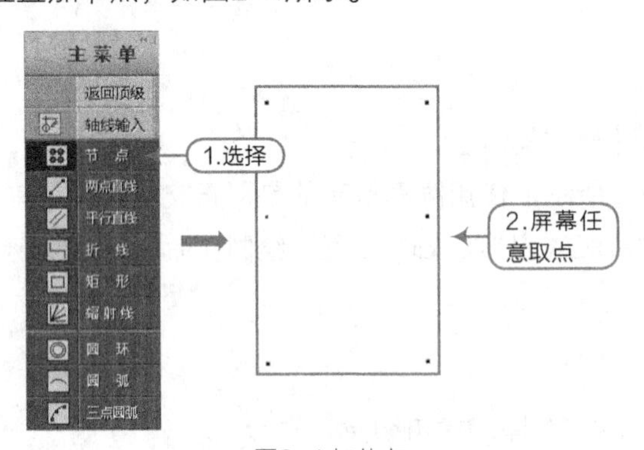

图2-4 加节点

● 两点直线/折线：在绘图区通过定义任意两点绘制一条直线，执行退出命令后程序自动生成网点，如图2-5所示。

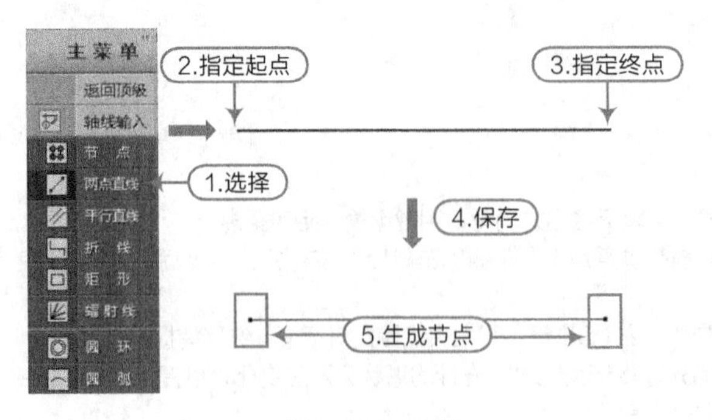

图2-5 两点直线

● 平行直线：在绘图区通过定义两点偏移出绘制一条直线，如图2-6所示。

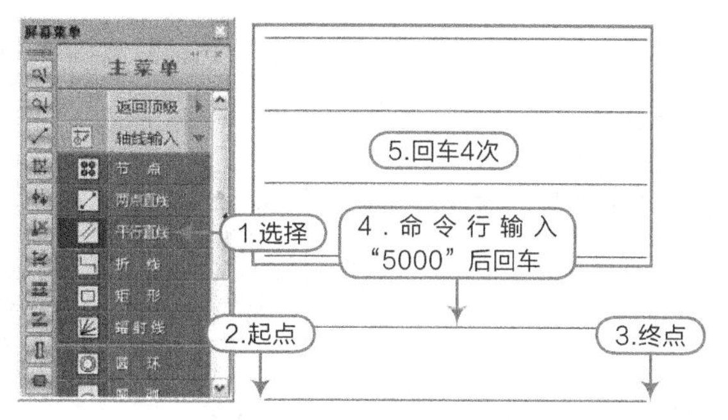

图2-6 平行直线

● 矩形：在绘图区通过定义两个对角点绘制一个矩形，如图2-7所示。

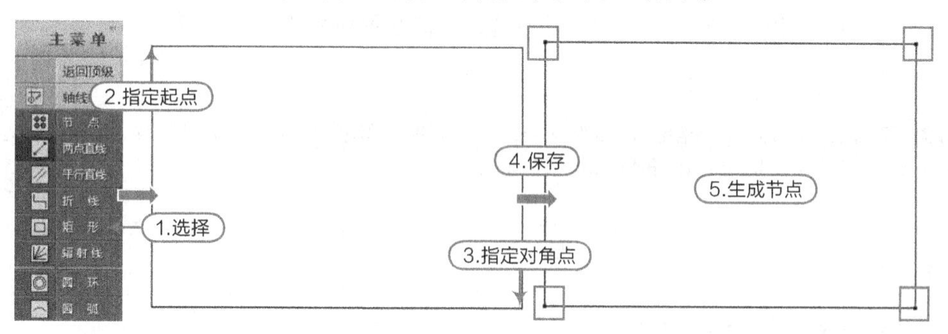

图2-7 矩形

● 正交轴网：通过定义轴网的上下开间和左右进深后，在绘图区插入轴网。

圆弧轴网：通过定义轴网的圆弧开间角和进深值，在绘图区插入轴网，如图2-8所示。

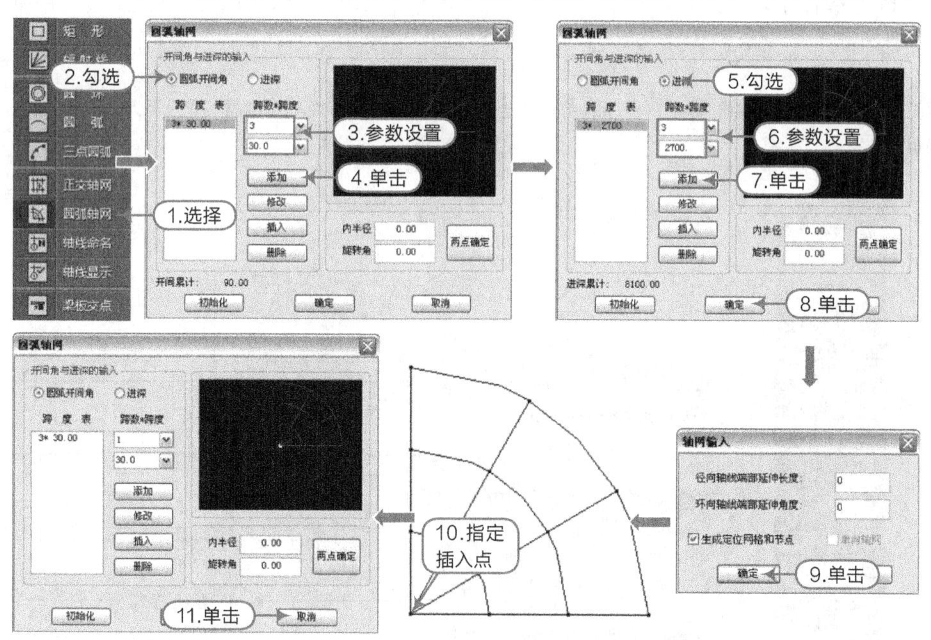

图2-8 圆弧轴网

● 轴线命名：根据命令行提示，选择始终轴线后输入起始轴线名（纵向轴线从左到右从1起始；横向轴线从下到上从A起始），进行轴线命名，如图2-9所示。

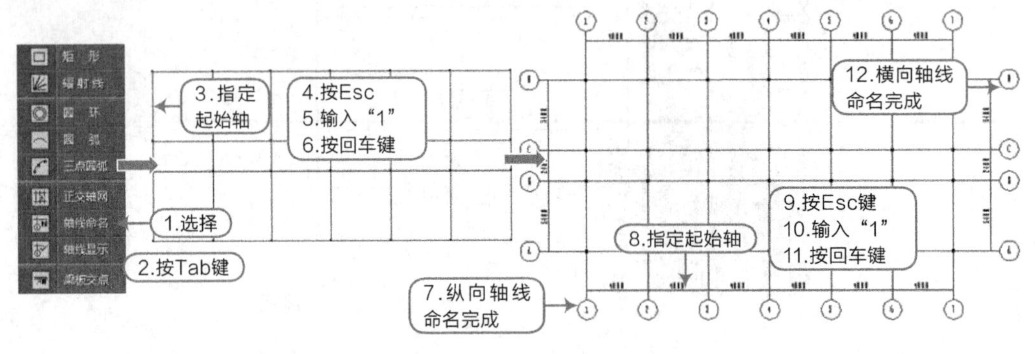

图2-9 轴线命名

- 轴线显示：执行此命令，使已命名的轴线在显示与隐藏两种状态之间切换。

> **提示**
>
> 轴网由网格和网点两元素组成，而网格是完全依附与网点存在的，也就是说只要删除了相应的网点（在下拉菜单区执行【模型编辑】|【删除节点】命令），与之相连的网格也一并删除了。

2.2.2 网格生成

执行方法：屏幕菜单区→【网格生成】。

网格生成的子菜单如图2-10所示，常使用的是“形成网点”和“上节点高”，“上节点高”命令适用于坡屋顶生成屋脊檩梁。图2-11所示为所选节点高变为2400（为了不破坏“第1标准层”，新建一个“第2标准层”执行操作）。

> **提示**
>
> 上节点高即是本层在层高处节点的高度，程序隐含为楼层的层高，改变上节点高，也就改变了该节点处的柱高、墙高和与之相连的梁的坡度。

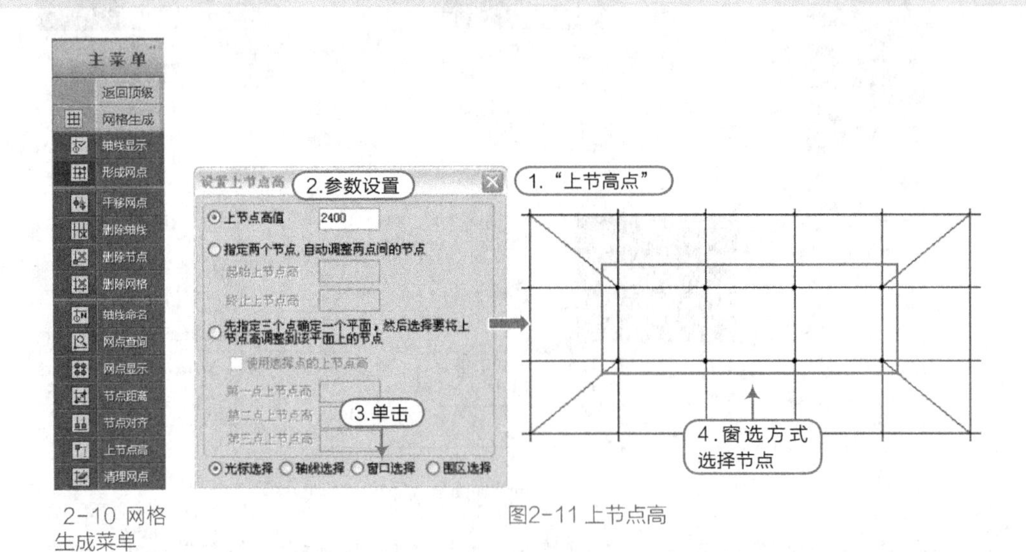

2-10 网格生成菜单

图2-11 上节点高

在“设置上节点高”对话框中，提供了3种方式，介绍如下。

- 指定一个节点：在对话框中选择“上节点高值”后在显亮的文本框中输入数值，然后选择节点即可。

● 指定两个节点：在对话框中选择“指定两个节点，自动调整两点间的节点”，分别输入起始点和终止点的节点高，然后点取第一点和第二点即可，如图2-12所示。

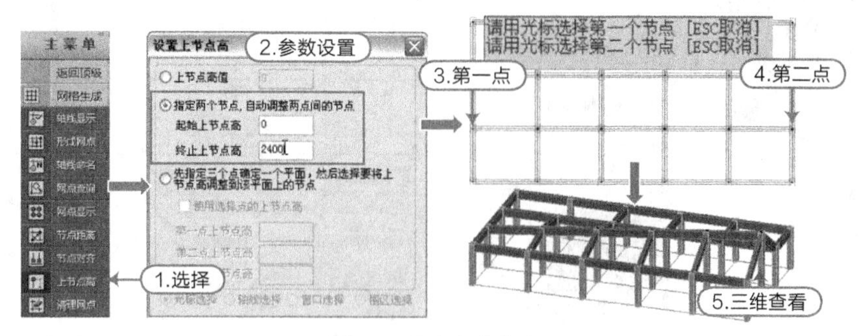

图2-12 两点定节点高

● 指定3个节点：在对话框中选择“指定三个节点，自动调整其他节点”，分别输入3个点的节点高，然后点取第一点、第二点和第三点，再用窗口选择需要升高的范围，程序将按3点确定平面空间位置，将指定范围内的点标高做相应改变，如图2-13所示。

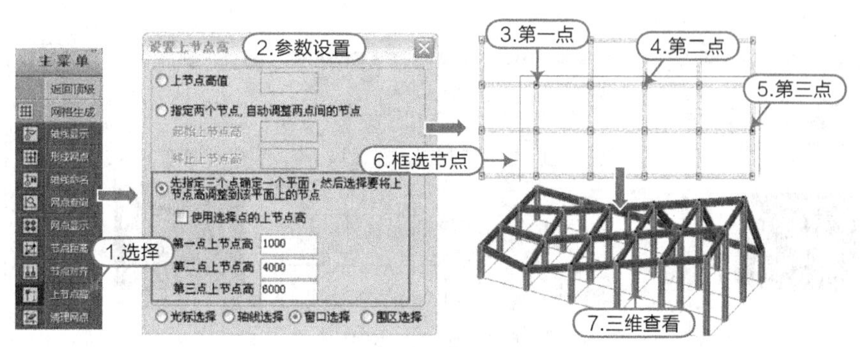

图2-13 三点定节点高

提示

【清理网点】命令也是使用频率较高的命令，可以清理掉多余的节点，避免将来因节点过多导致梁等构件分段太细而增加布置的工作量的问题。

2.2.3　楼层定义

执行方法：屏幕菜单区→【楼层定义】。

楼层定义的子菜单如图2-14所示，大部分命令都能用到，接下来，按照一般操作的先后顺序讲解部分常用命令。

1.柱布置

执行方法：【楼层定义】|【柱布置】。

例如，在“案例\02\PMCAD.文件夹”下的工程中，要布置表2-2所示柱对象，其操作步骤如图2-15所示。

表2-2 框架柱数据

截面类型	矩形截面宽度（mm）	矩形截面高度（mm）	材料类别
1	400	550	6：混凝土

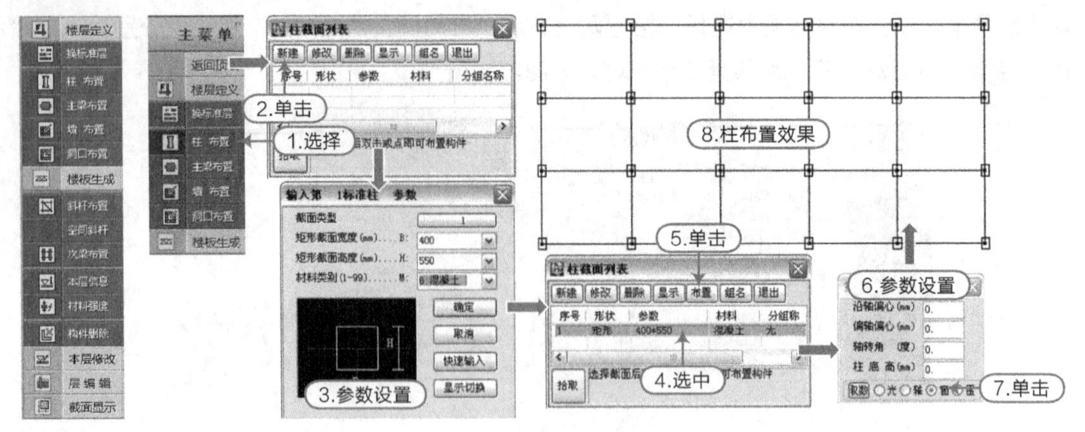

图2-14 楼层定义菜单

图2-15 柱布置

在“标准柱参数”对话框中，各选项的含义如下。

● 截面类型：选择柱截面的类型，可单击其后的按钮，在随后弹出的“截面类型选择”对话框中，选择即可，如图2- 16所示。

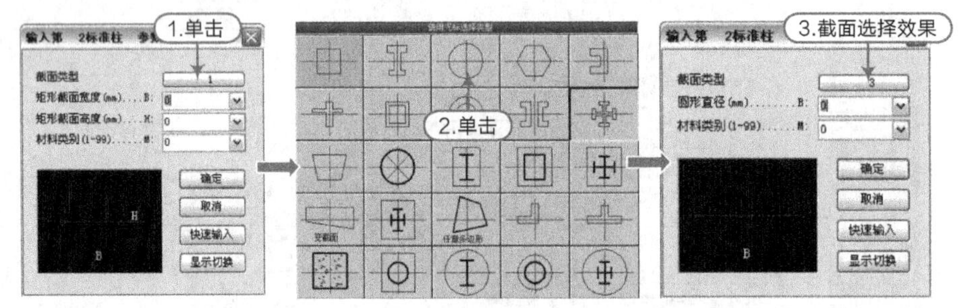

图2-16 柱截面选择

提示

任意截面柱定义：在柱的截面类型中，有一个选项是“任意多边形”，通过这个可以任意绘制出需要的截面柱类型。按照如下操作步骤操作，如图 2-17 所示。

选择【柱布置】命令，在定义截面类型对话框中选择“任意多边形”。

命令行提示：“输入绘制窗口的高度”时，可按回车键或输入任意数值。

在随后弹出的窗口中绘制柱截面形状。

设定柱的定位基点。

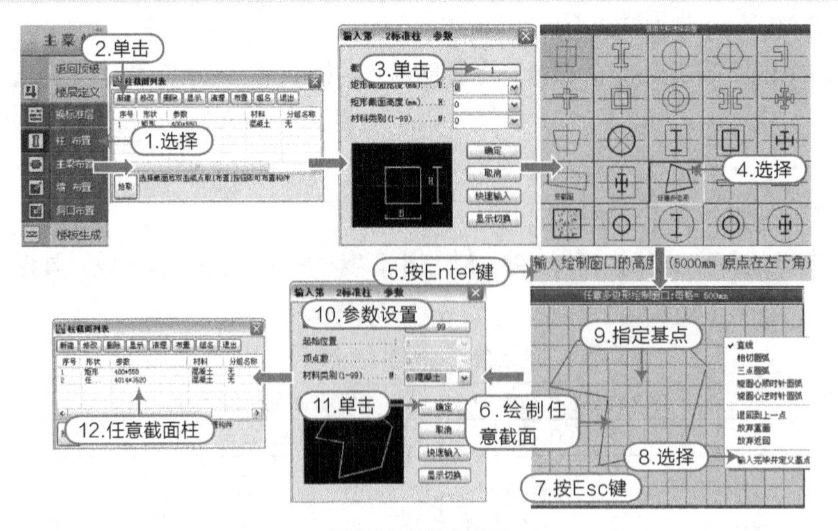

图2-17 任意截面柱

● 截面尺寸：确定柱的大小，对于框架矩形柱$b \times b$有经验公式：$h \geqslant (1/10 \sim 1/15) H_0$；$b \approx h$，其中$H_0$为层净高。

● 材料类别：可单击其后的倒三角符号，选择列表下的材料类别，如图2-18所示，常用的是“6：混凝土”。

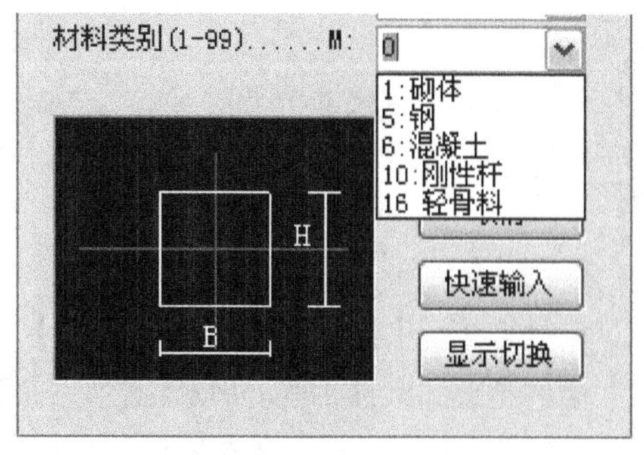

图2-18 材料类别

提示

在布置柱时显示在屏幕的对话框中，在“沿轴偏心”后文本框中输入数值“？”表示沿x方向偏心“？”长的距离（数值为正则向x轴正方向偏；反之则向负方向偏）；在“偏轴偏心”后文本框中输入数值“？”表示沿y方向偏心“？”长的距离（数值为正则向y轴正方向偏；反之则向负方向偏），如图2-19所示。

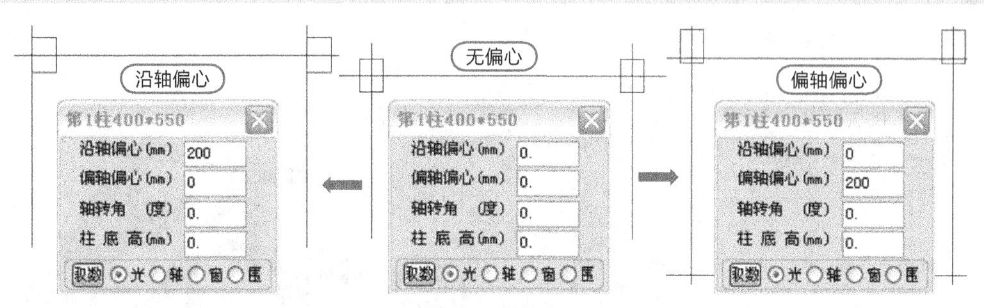

图2-19 柱偏心

2.主梁布置

执行方法：【楼层定义】|【主梁布置】。

例如，接上例，布置表2-3所示数据主梁对象，其操作和“柱布置”相同，如图2-20所示。

表2-3 框架梁数据

截面类型	矩形截面宽度（mm）	矩形截面高度（mm）	材料类别
1	300	600	6：混凝土

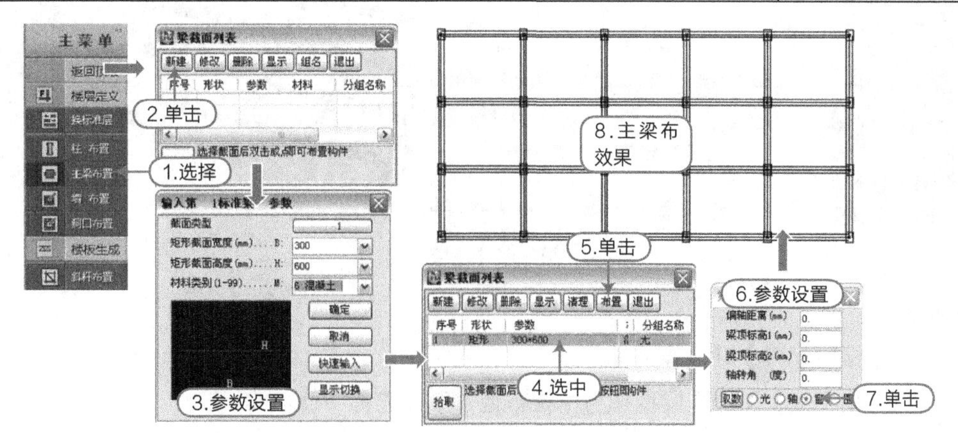

图2-20 主梁布置

提示

主梁截面尺寸$b \times h$的经验公式是：$h \geqslant (1/8 \sim 1/10)\, l_0$；$b = (1/2 \sim 1/3)\, h$，其中$l_0$为主梁的梁间净跨。

3.墙布置

执行方法：【楼层定义】|【墙布置】。

墙的布置和梁柱相同。PMCAD中只布置承重墙和抗侧力墙，框架填充墙不布置，作为荷载加载在梁上。本例题为框架结构，所有墙均为填充墙，所以不布置墙。

4.斜梁布置

坡屋顶和其他各形各状的屋顶的广泛运用，斜梁的灵活准确布置越来越重要，PMCAD提供多种布置斜梁的方式，现介绍如下。

● 输入梁参数方式：布置主梁时，在梁布置参数对话框中将“梁顶标高1”和“梁顶标高2”设置为不同标高，即可生成斜梁。

● 修改梁标高方式：将光标移动到梁上，屏幕动态显示该梁的基本信息，单击鼠标右键，在弹出的构件信息对话框中，修改梁顶标高即可，如图2-21所示。

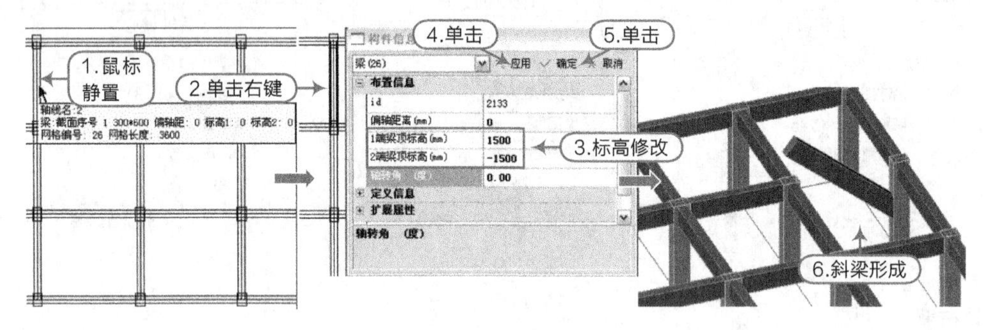

图2-21 修改标高生成斜梁

● 调整梁节点高的方法：利用【上节点高】命令。

错层斜梁方式：利用【楼层定义】|【本层修改】|【错层斜梁】命令，布置斜梁如图2-22所示。

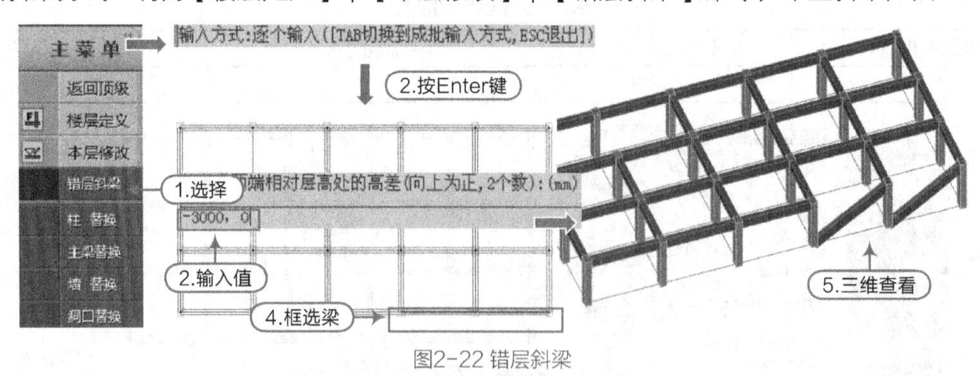

图2-22 错层斜梁

5.次梁布置

执行方法：【楼层定义】|【次梁布置】。

因本例题里结构不大，所有次梁均作为主梁布置，所以无需布置次梁。

6.布层间梁

执行方法：【楼层定义】|【主梁布置】。

例如，接上例，布置表2-4所示数据层间梁对象，其操作如图2-23所示。

表2-4 层间梁数据

截面类型	矩形截面宽度（mm）	矩形截面高度（mm）	材料类别
1	200	400	6：混凝土

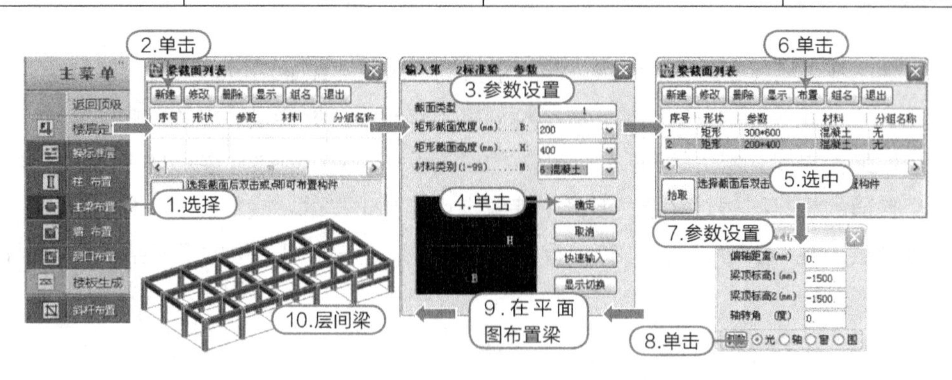

图2-23 层间梁布置

7.构件删除

执行方法：【楼层定义】|【构件删除】。

例如，接上例，按照如图2-24所示操作删除层间梁。

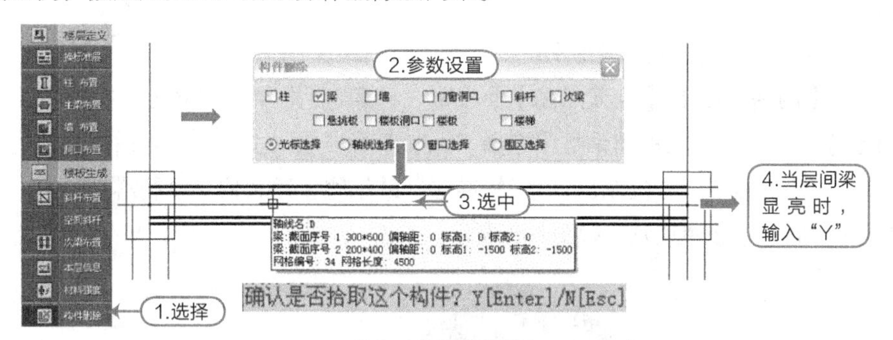

图2-24 层间梁删除

8.本层信息

执行方法：【楼层定义】|【本层信息】。

例如，接上例，按照表2-5所示修改参数，其操作如图2-25所示。

表2-5 本层信息数据

板厚	板、梁、柱、剪力墙砼强度等级	梁、柱、墙钢筋类别
120	30	HRB400

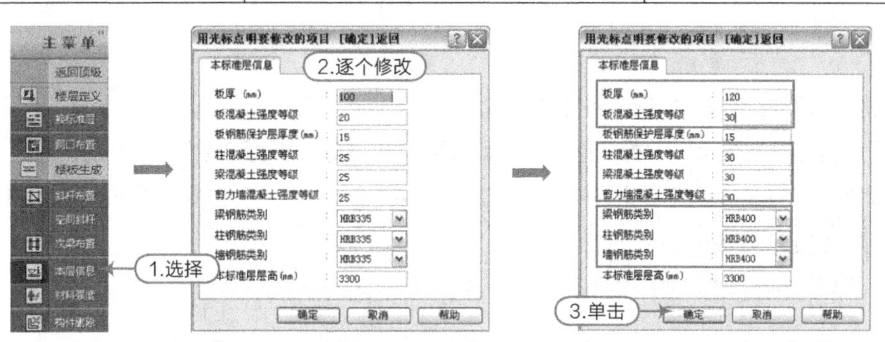

图2-25 本层信息修改

在“本标准层信息”对话框中，各选项的含义如下。

- 板厚：此处应输入该结构楼板标板厚。

提示

板厚的经验公式是：单向板→L/25~L/35；单向连续板→L/35~L/40；双向板→L/40~L/45；轻挑板→L/10~L/12；楼梯跑板→L/30；并且板厚应大于80mm。

● 板、梁、柱、剪力墙混凝土强度等级：混凝土强度等级只要能够满足轴压比就是符合要求的，一般可按照经验取值。一个比较高的框架结构，梁板柱混凝土等级很可能会是这样的：底部几层：柱→C50，梁→C40，板→C30；中间几层：柱→C40，梁→C30，板→C30；顶部几层：柱→C30，梁→C30，板→C30。而一个普通的框架结构，梁板柱混凝土等级则可能是这样的：底部几层：柱→C40，梁→C30，板→C30；顶部几层：柱→C30，梁→C30，板→C30。如果是一个两三层的框架结构：梁板柱统统C30就行。

提示

由于框架结构在工地施工采用现场浇筑梁板，为了施工的方便性和施工完成效果，通常梁板的混凝土等级都是一致的。如果在设计上两者的混凝土强度不一致，施工方应和设计方协商后改为一致。

● 梁、柱、墙钢筋类别：现代框架结构施工要求承重结构采用3级钢。

9.换标准层

执行方法：【楼层定义】|【换标准层】。

例如，在执行【网格生成】|【上节点高】命令时，“第1标准层”轴网定义完成后，执行【楼层定义】|【换标准层】命令，在弹出的对话框中选择“添加新标准层”，此时，对话框右侧的“新增标准层方式”显亮，选择“全部复制”，复制出“第2标准层”的轴网，然后依次绘制斜梁轴线→加高节点→布置主梁→布置柱，最后形成坡屋顶效果如图2-26所示。

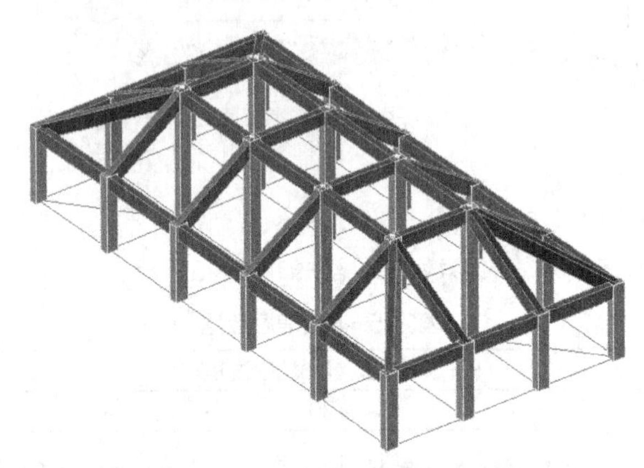

图2-26 坡屋顶效果

在“选择/添加标准层”对话框中，各选项的含义如下。

● 右侧选择栏：可在其中选择“标准层1”“标准层2”或“添加新标准层”。

● 新增标准层方式：此项仅在右侧选中“添加新标准层”时显亮，可选择3种生成新标准层的方式：全部复制、局部复制和仅复制网络。

提示

与添加新标准层相对的命令是删标准层，执行方法为【楼层定义】|【楼层定义】|【删标准层】。例如，事先添加标准层3，然后将其删除，如图2-27所示。

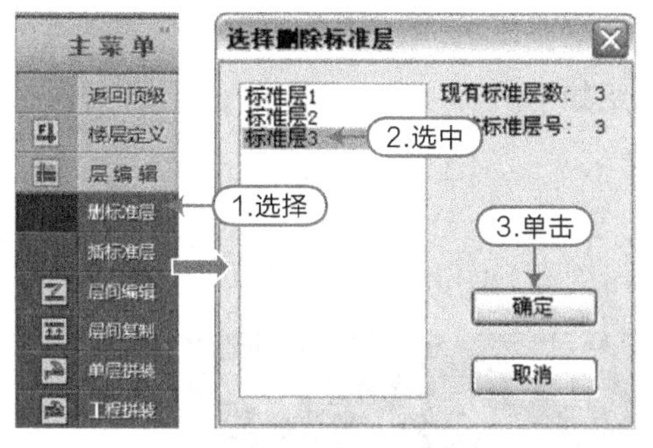

图2-27 删标准层

提示

添加新标准层除了在屏幕菜单中执行【楼层定义】|【换标准层】命令之外，还可以单击工具栏右侧的第1标准层倒三角按钮，在下拉选项中选择“添加新标准层”，之后同样在弹出的“选择/添加标准层”对话框中按照需要操作即可。

在【层编辑】菜单下的子菜单命令【插标准层】也能达到新增标准层的目的。

10.生成楼板

（1）生成楼板操作

执行方法：【楼层定义】|【楼板生成】|【生成楼板】。

执行此命令后程序将自动生成之前设置的120楼板。

（2）布置楼板错层

执行方法：【楼层定义】|【楼板生成】|【楼板错层】。

一般卫生间、厨房和阳台可能需要错层，执行此命令后可在随后弹出的对话框中设置数值，然后选择需要错层的楼板即可。

提示

输入楼板错层的数值为正表示向下错层，反之向上。

（3）布置全房间洞

执行方法：【楼层定义】|【楼板生成】|【全房间洞】。

用于布置楼梯板洞或是电井管洞，执行命令后选择房间即可。

提示

执行【全房间洞】命令，不仅对选择的房间的楼板开洞，并且扣除楼板荷载；如果执行【修改板厚】命令，将板厚修改为0，则相当于全房间楼板开洞，但是楼板荷载保留。

如要删除板洞，执行【楼层定义】|【楼板生成】|【板洞删除】命令。

层间复制操作：

执行方法：【楼层定义】|【楼板生成】|【层间复制】。

执行此命令可将当前标准层上关于楼板的布置部分复制到其他标准层上，如图2-28所示。

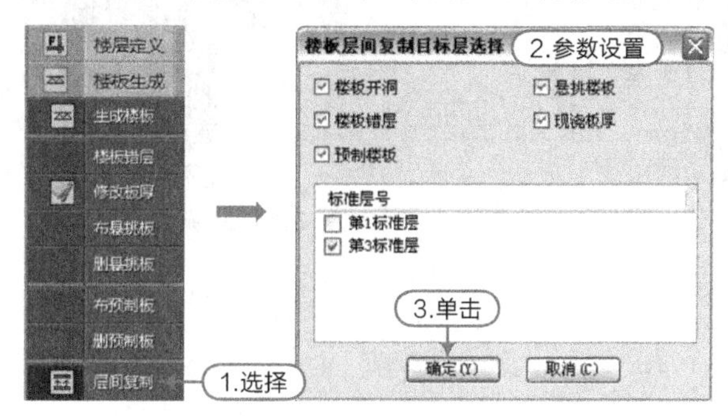

图2-28 层间复制

11.本层修改

单击“本层修改”进入其命令菜单，菜单命令分3个部分，介绍如下。

（1）布置错层斜梁

执行方法：【楼层定义】|【本层修改】|【错层斜梁】。

例如，布置错层斜梁如图2-29所示。

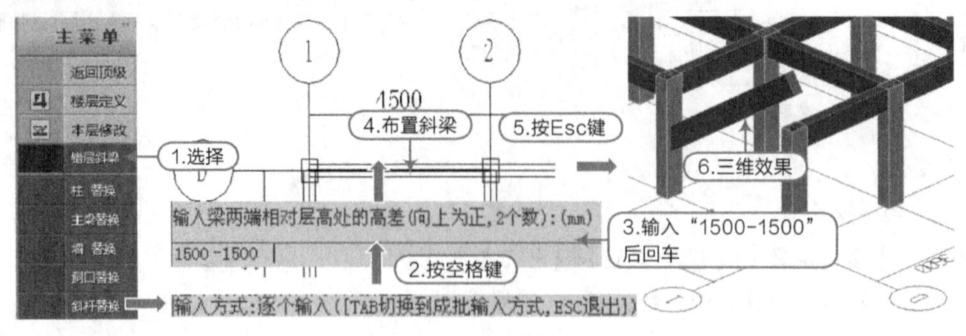

图2-29 错层斜梁

提示

错层斜梁的显著特点是仅将梁的高度改变，而其他与之相连的柱墙高度不变，适用于地下室等特殊场合。

（2）替换已布置的构件

执行方法：【楼层定义】|【本层修改】|【XX替换】。

点取已布置的构件，出现与该构件相对应的对话框，在对话框中修改构件参数。

（3）查改已布置的构件

执行方法：【楼层定义】|【本层修改】|【XX查改】。

12.层编辑

“层编辑”命令菜单如图2-30所示，常用的菜单命令是“层间编辑”。

只需对本层修改，然后构件弹出的选项框下选择相应的选项，就可对其他层也进行同样的修改。

执行方法：【楼层定义】|【层编辑】|【层间编辑】。

例如，要在1~X标准层的同一位置增加一根梁，操作如图2-31所示。

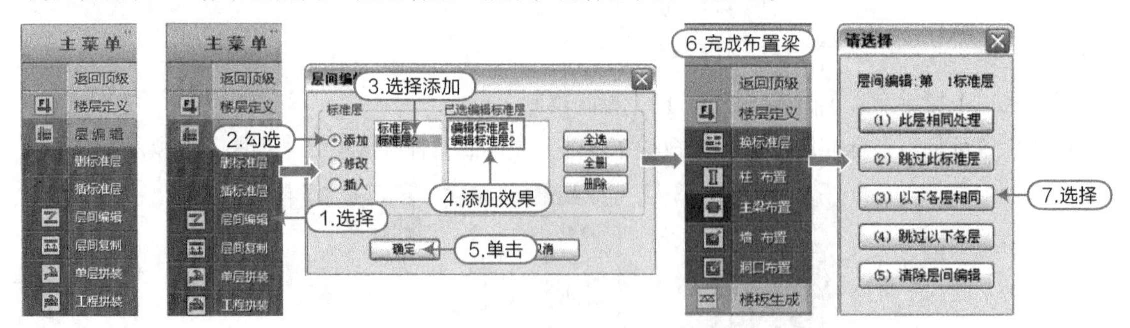

图2-30 层编辑菜单

图2-31 层间编辑操作

13.截面显示

菜单命令如图2-32所示。

执行方法：【楼层定义】|【截面显示】。

例如，显示柱截面如图2-33所示。

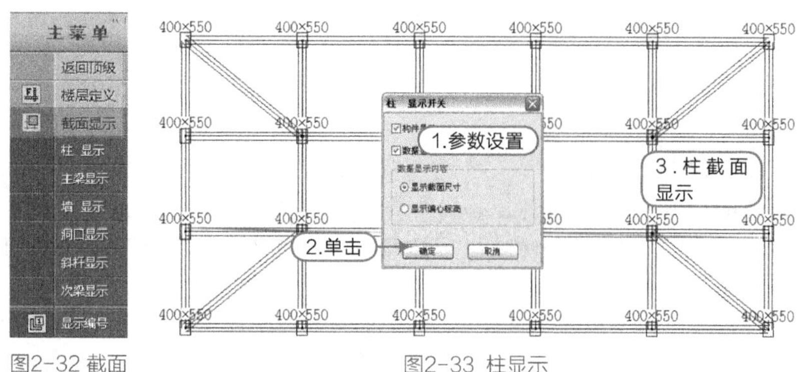

图2-32 截面显示菜单

图2-33 柱显示

14.偏心对齐

利用梁墙柱之间的位置关系，通过对齐方式达到偏心的目的。

执行方法：【楼层定义】|【偏心对齐】|【XXX齐】。

- 柱/梁/墙上下齐：使该构件从上到下各结构标准层都与第一结构标准层的构件对齐。
- 柱与柱齐/梁与梁齐/墙与墙齐：结构标准层中，在同一轴线的同类构件对齐。
- 柱与墙齐/梁与柱齐/墙与梁齐/墙与柱齐/柱与梁齐/梁与墙齐：结构标准层中，一类构件与另一类构件对齐。

提示

A 与 B 齐表示 B 是基准，A 是将要移动的对象，以【柱与梁齐】为例，操作如图 2-34 所示。

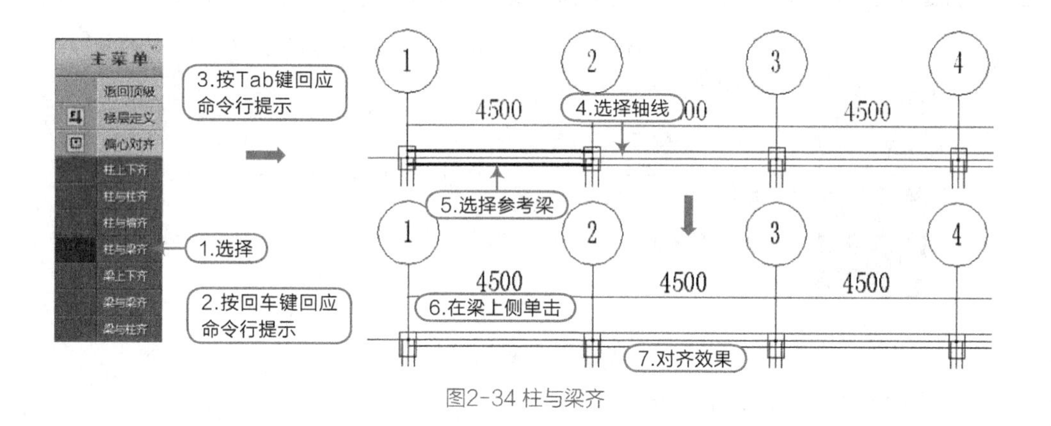

图2-34 柱与梁齐

2.2.4 荷载输入

荷载分为竖向荷载和风荷载，在荷载输入的时候仅输入竖向荷载，风荷载将在参数里设置。竖向荷载又可分为恒荷载和活荷载。

1.恒活设置

此菜单命令输入的是楼板的恒、活荷载。

执行方法：【荷载输入】|【恒活设置】。

输入楼板的恒活荷载，执行此命令，在“荷载定义”对话框中设置数值，如图2-35所示。

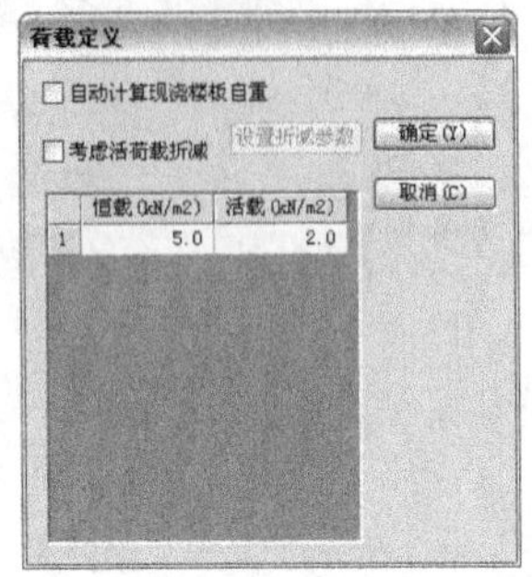

图2-35 “荷载定义”对话框

> **提示**
>
> 在未勾选“自动计算现浇楼板自重”时：楼板恒载值 = 楼板自重 + 楼板附加面层的重；如果勾选了，则楼板恒载值 = 楼板附加面层的重。而楼板活载取值可查阅《荷载规范》4.1条规定。

2.楼面荷载

菜单内容主要包括“楼面恒载”“楼面活载”和“导荷方式”。

执行方法：【荷载输入】|【楼面荷载】。

如果要修改楼板的恒活荷载值，可执行【荷载输入】|【楼面荷载】|【楼面恒/活载】命令，在随后弹出的对话框中输入新荷载值，然后选择需要改荷载的楼板即可，如图2-36所示。

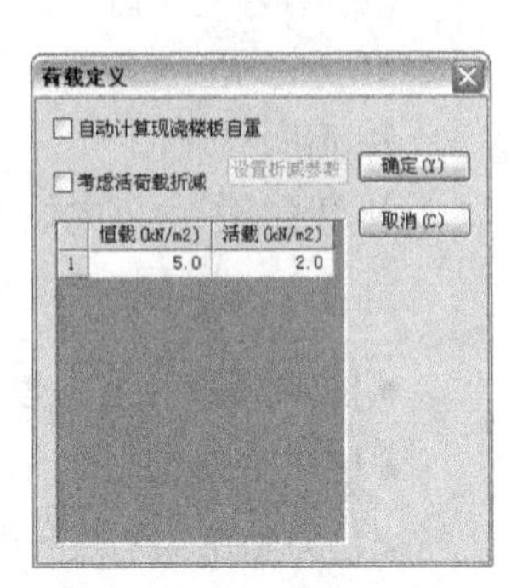

图2-36 恒活设置的对话框

如果要修改楼板的荷载传递方式，则可执行【荷载输入】|【楼面荷载】|【导荷方式】命令，在弹出的对话框中选择适合的导荷方式，后根据命令行提示进行操作即可，如图2-37所示。

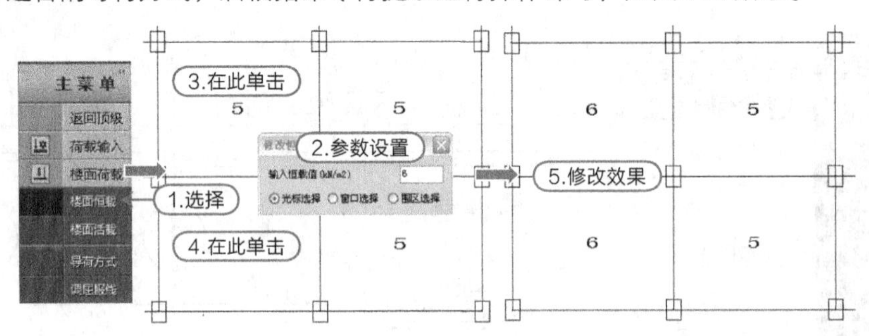

图2-37 楼面恒载修改

图2-38所示是改变导荷方式的操作步骤。

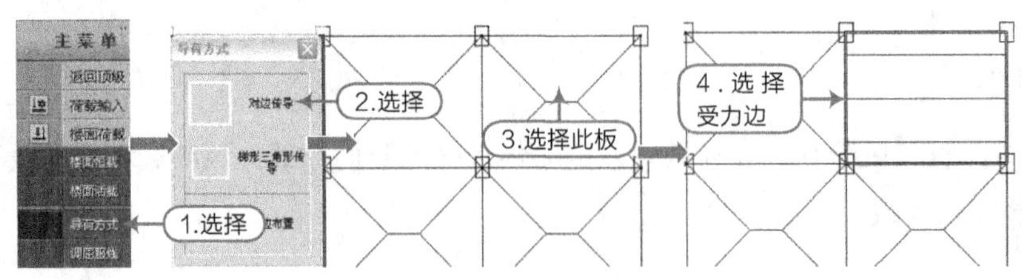

图2-38 改变导荷方式操作

3.梁间荷载

此菜单列表如图2-39所示，在此菜单中，仅将运用频率高的菜单进行讲解。

● 数据开关：布置的荷载数值显现出来，方便检查修改。

执行方法：【荷载输入】|【梁间荷载】|【数据开关】。

执行命令，操作如图2-40所示。

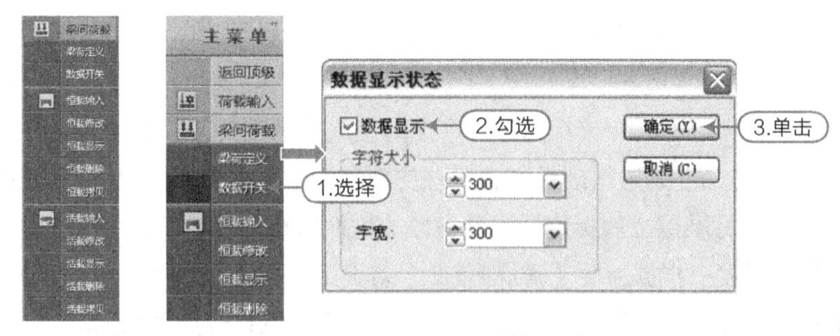

图2-39　梁间荷载菜单

图2-40 数据开关

● 恒载输入：是指其上承受的墙体、门、窗总重；梁的自重程序将自动计算，不必再输入。

执行方法：【荷载输入】|【梁间荷载】|【恒载输入】。

例如，事先计算出梁间的荷载值，然后执行此命令，操作如图2-41所示。

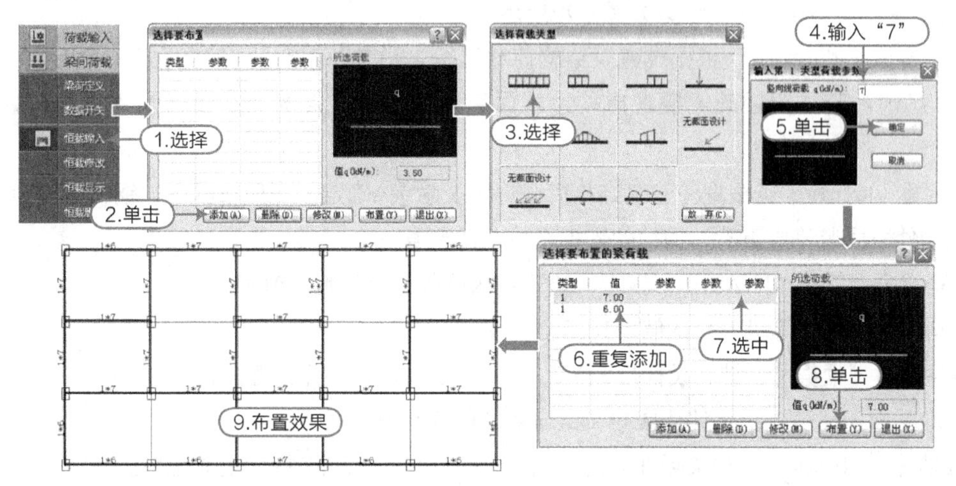

图2-41 布置梁间恒载

> **提示**
>
> 恒载为“7”的是梁上布墙和墙上有门的情况，而恒载为“6”的是梁上有墙并开窗的情况。
> 同样，对“第 2 标准层”也布置荷载。

● 恒载删除：删除已布置的梁间恒载。

执行方法：【荷载输入】|【梁间荷载】|【恒载删除】。

2.2.5 设计参数

执行方法：屏幕菜单区→【设计参数】。

在“设计参数”对话框中，有5页选项卡内容供设置，其内容是结构分析所需的建筑物总体信息、材料信息、地震信息、风荷载信息及钢筋信息，以下按各选项卡分别介绍。

① 总信息：其下所包含的参数如图2-42所示。

● 结构体系：根据工程实际在可选择列表里选择结构类型即可，此例选择“框架结构”。

● 结构主材：根据工程实际在可选择列表选择结构主材即可，此例选择“钢筋混凝土”。

● 结构重要性系数：可选择1.1、1.0、0.9，根据《砼规》3.2.3 条确定。

● 地下室层数：进行TAT、SATWE计算时，对地震力作用、风力作用、地下人防等因素有影响。程序结合地下室层数和层底标高判断楼层是否为地下室，例如，此例设置为0，则层底标高最低的0层判断为地下室。

● 与基础相连构件的最大底标高：该标高是程序自动生成接基础支座信息的控制参数。当在【楼层组装】对话框中选中了左下角“生成与基础相连的墙柱支座信息”，并按“确定”按钮退出该对话框时，程序会自动根据此参数将各标准层上底标高低于此参数的构件所在的节点设置为支座。

● 梁钢筋的砼保护层厚度：根据新版《砼规》8.2.1 条确定，默认值为20mm。

● 柱钢筋的砼保护层厚度：根据新版《砼规》8.2.1 条确定，默认值为20mm。

● 框架梁端负弯矩调幅系数：根据《高层建筑混凝土结构技术规程》（以下简称《高规》）5.2.3条确定（负弯矩调幅系数取值范围是0.7~1.0，一般工程取0.85）。在竖向荷载作用下，可考虑框架梁端塑性变形内力重分布对梁端负弯矩乘以调幅系数进行调幅。

● 考虑结构使用年限的活荷载调整系数：根据新版《高规》5.6.1条确定，默认值为1.0。

② 材料信息：其下所包含的参数如图2-43所示。

● 混凝土容重（kN/m^3）：根据《建筑结构荷载规范》附录A确定。一般情况下，钢筋混凝土结构的容重为25kN//m^3，若采用轻砼或要考虑构件表面装修层重时，混凝土容重可填入适当值，此例填入“25.5”。

● 钢材容重（kN/m^3）：根据《建筑结构荷载规范》附录A确定。一般情况下，钢材容重为78kN/m^3，若要考虑钢构件表面装修层重时，钢材的容重可填入适当值。

● 轻骨料混凝土容重（kN/m^3）：根据《建筑结构荷载规范》附录A确定。

● 轻骨料混凝土密度等级：默认值为1800。

● 钢构件钢材：根据《钢结构设计规范》3.4.1条确定；此例不用设置此值。

钢截面净毛面积比值：钢构件截面净面积与毛面积的比值。

● 主要墙体材料：根据工程实际在可选择列表选择即可，此例选择“混凝土”。

● 砌体容重（kN//m^3）：根据《建筑结构荷载规范》附录A确定。

● 墙水平/竖向分布筋类别：墙指的是承重墙；在此例中，是砌块填充墙，不用设置钢筋，取默认值即可。

墙水平分布筋间距（mm）：可取值100~400。

墙竖向分布筋配筋率（%）：可取值 0.15~1.2。

梁/柱箍筋级别：按照构造及规范要求，选择HPB300钢材即可。

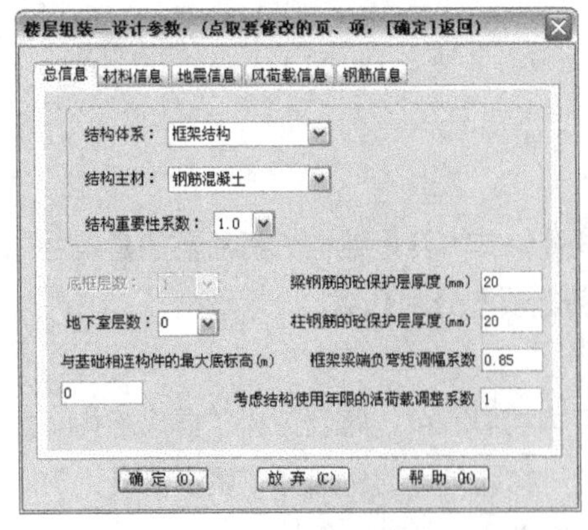

图2-42 总信息选项卡

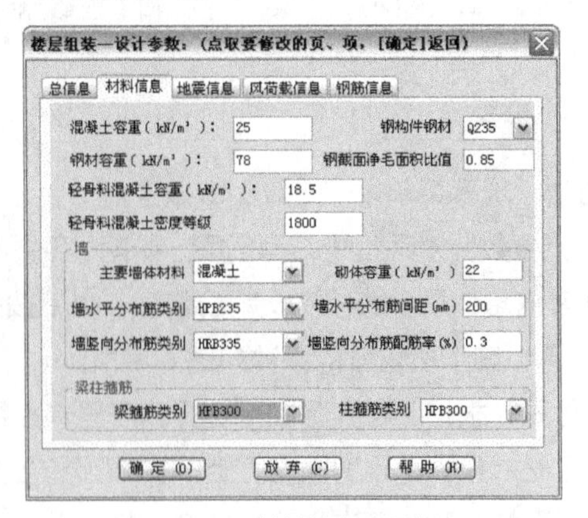

图2-43 材料信息选项卡

③ 地震信息：其下所包含的参数如图2-44所示。

● 设计地震分组：根据《抗规》附录A确定，四川/达州为第1组。

● 地震烈度：根据《抗规》附录A确定，四川/达州地震烈度为6(0.05g)。

● 场地类别：建筑场地的类别划分应以土层等效剪切波速和场地覆盖层厚度为准，根据新版《抗规》4.1.6条和5.1.4条调整，此例为Ⅱ类场地。

● 砼框架抗震等级：主要是为了保证框架结构具有较好的延性，根据对其重要性和延性的要求不同划分抗震等级，根据《抗规》表6.1.2确定，此例为二级。

● 剪力墙/钢框架抗震等级：此例无剪力墙/钢框架。

● 抗震构造措施的抗震等级：根据新版《高规》3.9.7 条调整，此处选择“不改变”。

● 计算振型个数：根据《抗规》5.2.2条说明确定。振型数应至少取 3，由于SATWE中程序按3个振型一页输出，所以振型数最好为3的倍数。当考虑扭转耦联计算时，振型数不应小于9。对于多塔结构振型数应大于 12。但也要特别注意一点：此处指定的振型数不能超过结构固有振型的总数（3×结构层数）。

● 周期折减系数：周期折减的目的是为了充分考虑框架结构和框架—剪力墙结构的填充墙刚度对计算周期的影响。对于框架结构，若填充墙较多，周期折减系数可取0.6~0.7，填充墙较少时可取0.7~0.8，对于框架—剪力墙结构，可取0.8~0.9，纯剪力墙结构的周期可不折减。

④ 风荷载信息：对话框如图2-45所示。

● 修正后的基本风压（kN/m2）：只考虑了《荷载规范》7.1.1-1条的基本风压，地形条件的修正系数 η 程序没考虑，按照表2-6所示，四川/达州基本风压为0.35kN/m^2。

表2-6 四川省基本风压表

城市名	海拔高度(m)	基本风压（kN/m^2）
成都市	506.1	0.3
石渠	4200	0.3
若尔盖	3439.6	0.3
甘孜	3393.5	0.45
都江堰市	706.7	0.35
绵阳市	470.8	0.3
雅安市	627.6	0.3
资阳	357	0.3
康定	2615.7	0.35
汉源	795.9	0.3
九龙	2987.3	0.3
越西	1659	0.3
昭觉	2132.4	0.3
雷波	1474.9	0.3
宜宾市	340.8	0.3
盐源	2545	0.3
西昌市	1590.9	0.3
会理	1787.1	0.3
万源	674	0.3
阆中	382.6	0.3
巴中	358.9	0.3
达县市	310.4	0.35

（续表）

奉节	607.3	0.35
遂宁市	278.2	0.3
南充市	309.3	0.3
梁平	454.6	0.3
万县市	186.7	0.35
内江市	347.1	0.4
涪陵市	273.5	0.3
泸州市	334.8	0.3
叙永	377.5	0.3
德格	3201.2	0.35
色达	3893.9	0.35
道孚	2957.2	0.35
阿坝	3275.1	0.35
马尔康	2664.4	0.35
红原	3491.6	0.35
小金	2369.2	0.35
松潘	2850.7	0.35
新龙	3000	0.35
理塘	3948.9	0.35
稻城	3727.7	0.35
峨眉山	3047.4	0.35
金佛山	1905.9	0.35

● 地面粗糙度类别：分类标准根据《荷载规范》7.2.1条确定，四川/达州为B类。

提示

地面粗糙度可分为A、B、C、D4类：
A类指近海海面和海岛、海岸、湖岸及沙漠地区；
B类指田野、乡村、丛林、丘陵及房屋比较稀疏的乡镇和城市郊区；
C类指有密集建筑群的城市市区；
D类指有密集建筑群且房屋较高的城市市区。

● 沿高度体型分段数：现代多、高层结构立面变化比较大，不同的区段内的体型系数可能不一样，程序限定体型系数最多可分3段取值。

● 各段最高层层高：根据实际情况填写；若体型系数只分一段或两段时，则仅需填写前一段或两段的信息，其余信息可不填。

● 各段体型系数：根据《荷载规范》7.3.1条确定。可以点击辅助计算按钮，弹出确定风荷载体型系数对话框，根据对话框中的提示选择确定具体的风荷载系数。

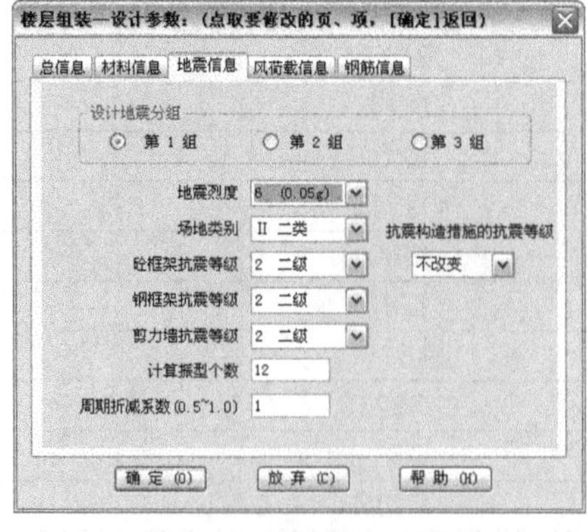

图2-44 地震信息选项卡

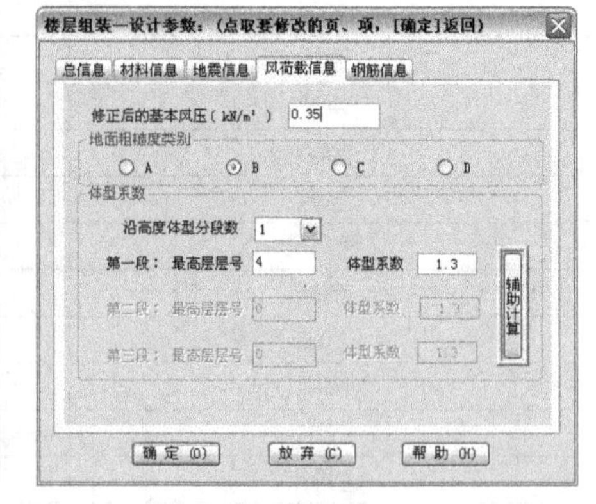

图2-45 风荷载信息选项卡

⑤ 钢筋信息：其下所包含的参数如图2-46所示。

● 钢筋强度设计值：根据新版《砼规》4.2.3条确定。如果用户自行调整了此选项卡中的钢筋强度设计值，后续计算模块将采用修改过的钢筋强度设计值进行计算。

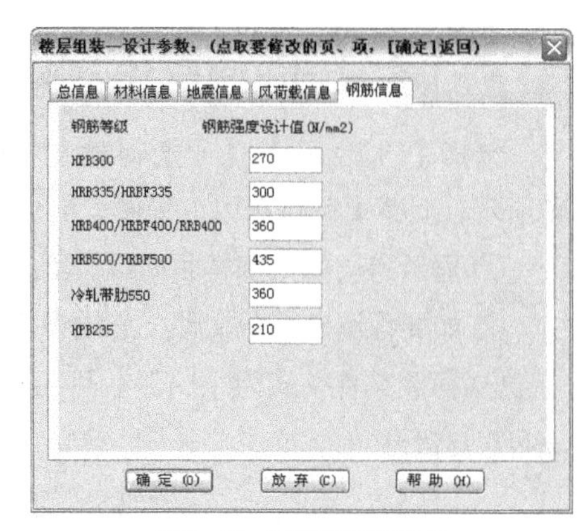

图2-46 钢筋信息选项卡

2.2.6 楼层组装

执行方法：【楼层组装】|【楼层组装】。

例如，在“PMCAD\PMCAD”工程中，定义一四层结构，选择第一层是“第1标准层”，输入“层高”4000，第二到第三层是“第1标准层”，输入“层高”3300，第四层是“第2标准层”，输入“层高”3300，然后执行【楼层组装】|【整楼模型】命令观察楼层组装效果，如图2-47所示。

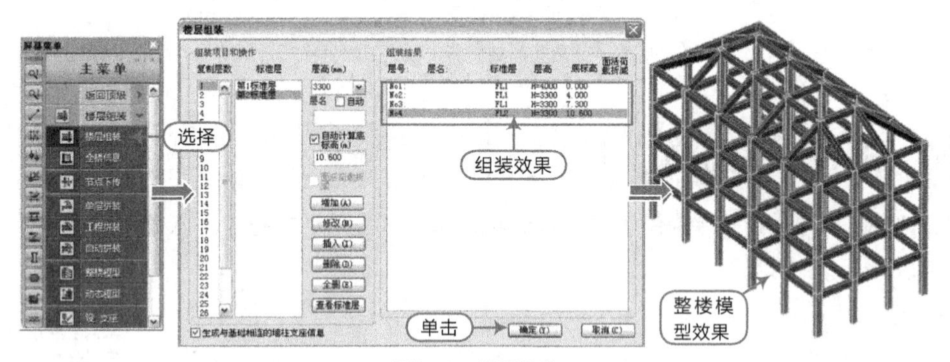

图2-47 楼层组装

提示

软件在工具栏提供了（观察角度）、（平面视图）、（透视视图）和（实时漫游开关）4个视图控件按钮，可方便地切换视图效果。

2.2.7 保存与退出

执行方法：屏幕菜单区→【保存】→【退出】。

例如，在“PMCAD\PMCAD”工程中，完成PMCAD部分后，执行【保存】命令后【退出】，操作如图2-48所示。

图2-48 保存与退出

2.3 平面荷载显示校核

选择【PMCAD】|【平面荷载显示校核】主菜单选项，单击“应用”按钮，进入操作界面，如图2-49所示，此菜单可执行以下操作。

① 显示各层输入的楼面荷载、梁间荷载、节点荷载，以供校核。

② 如要保留各荷载文件，必须为每个文件另取文件名，“指定图名”。

③ 荷载文件格式为“*.T”，可用主菜单【图形编辑、打印及转换】打开文件，或转换为DWG文件用CAD软件打开。

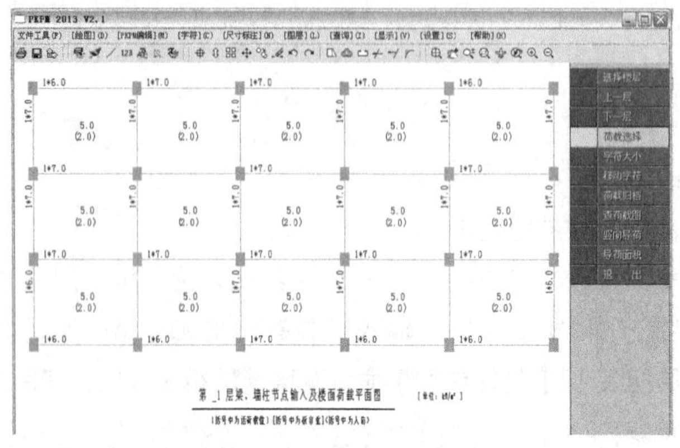

图2-49 平面荷载显示校核的工作界面

2.4 画结构平面图

选择【PMCAD】|【画结构平面图】主菜单选项，单击“应用”按钮，进入第一层结构平面图的绘制状态，如图2-50所示。

提示

因为仅完成建筑模型的创建，虽然能够直接绘制出此建筑的结构平面图，但是，模型未进行 SATWE 检查和梁柱检查校核，因此此处“画结构平面图”的柱菜单选项仅作为讲解画结构平面图的操作步骤，并不是最后的结构平面图成图。
正确的画施工图的顺序应该是梁、柱，然后是板，最后是基础。

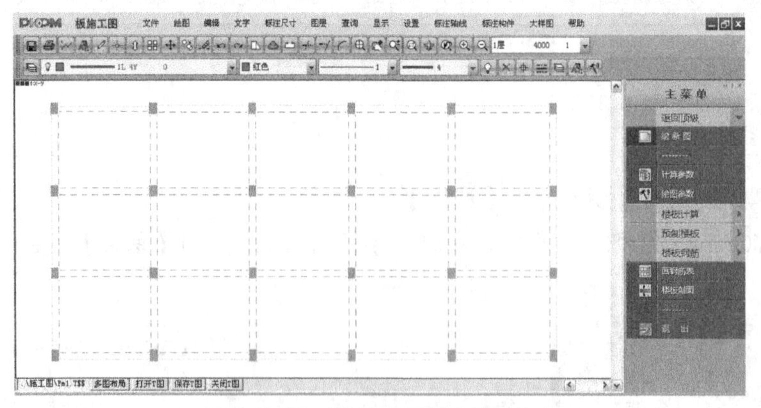

图2-50 第一层结构平面图的绘制状态

2.4.1 计算参数

执行方法：屏幕菜单区→【计算参数】（或者屏幕菜单区→【楼板计算】|【计算参数】）。

选择【计算参数】，弹出对话框下有3个选项卡，如图2-51、图2-52、图2-53所示，可根据工程实际修改参数，修改完成后单击“确定”即可。

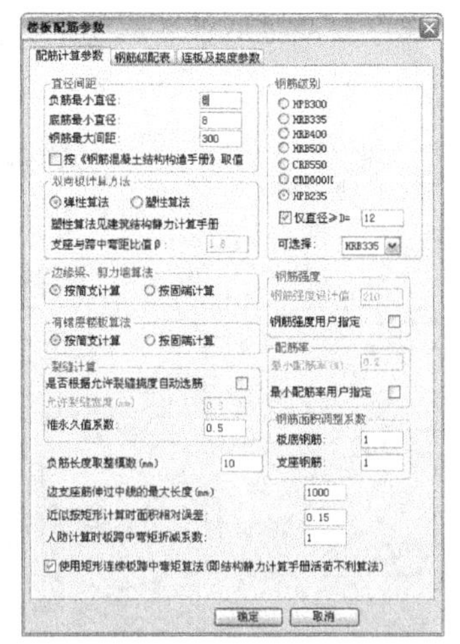

图2-51 配筋计算参数

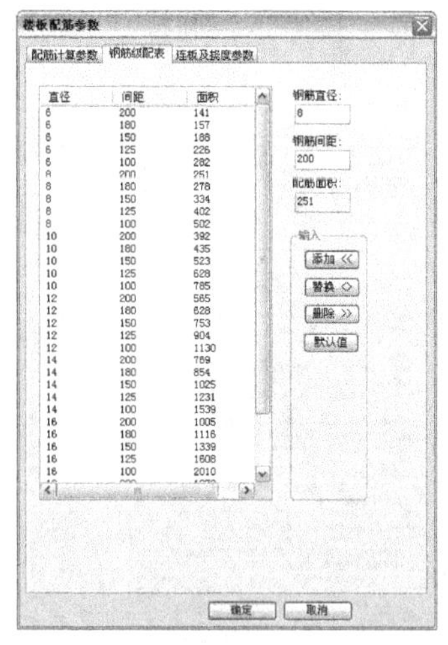

图2-52 钢筋级配表

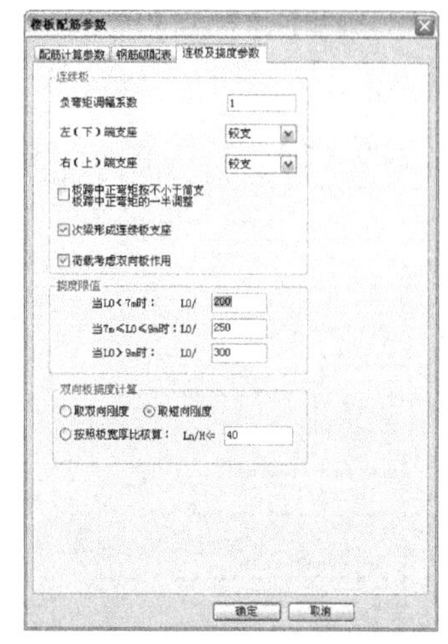

图2-53 连板及挠度参数

2.4.2 绘图参数

执行方法：屏幕菜单区→【绘图参数】。

选择【绘图参数】，弹出对话框如图2-54所示，可根据工程实际修改参数，修改完成后单击“确定”即可。

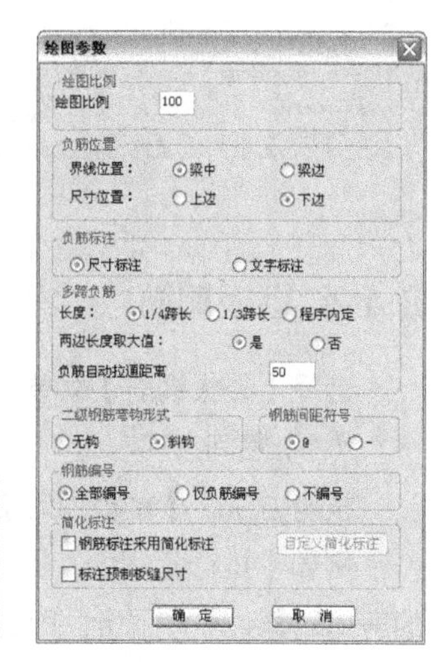

图2-54 绘图参数

> **提示**
>
> “计算参数”对话框中，“钢筋级别”选项应勾选“HPB300”。
> “绘图参数”对话框中，“钢筋编号”选项应勾选“全部编号”，方便以后绘制钢筋表。

2.4.3 楼板计算

选择【楼板计算】菜单，通过子菜单可以进行边界条件的修改、自动计算房间配筋和生成指定房间的计算书等操作。

- 显示边界、固定边界、简支边界、自由边界。

执行方法：【楼板计算】|【显示边界】、【楼板计算】|【固定/简支/自由边界】。

- 自动计算：自动对该层房间计算配筋。

执行方法：【楼板计算】|【自动计算】。

例如，在“PMCAD\PMCAD”工程，执行【自动计算】命令，程序自动对该层房间计算配筋。

● 计算书：选择房间生成板计算过程。

执行方法：【楼板计算】|【计算书】。

例如，执行【计算书】命令，根据命令行提示，选择一个房间，程序自动生成该层房间的计算书，如图2-55所示。

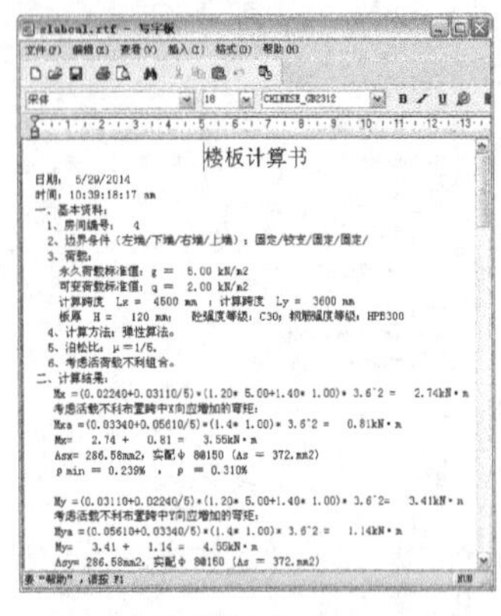
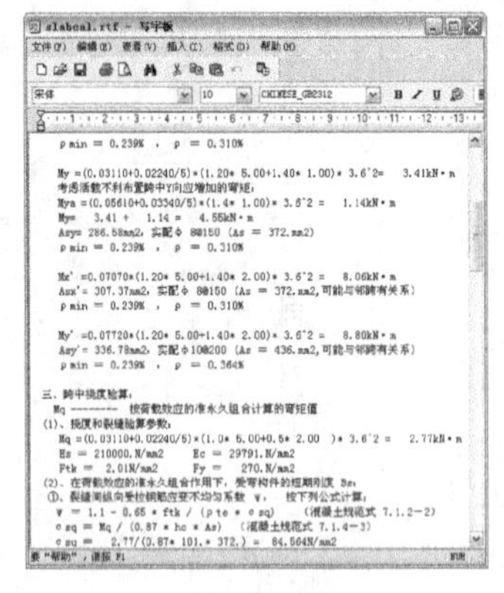
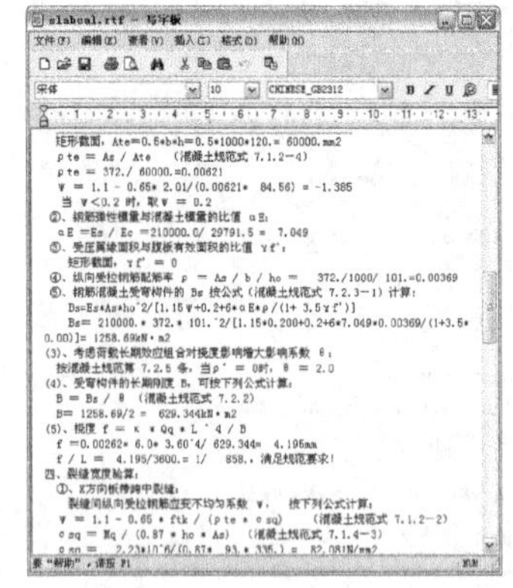
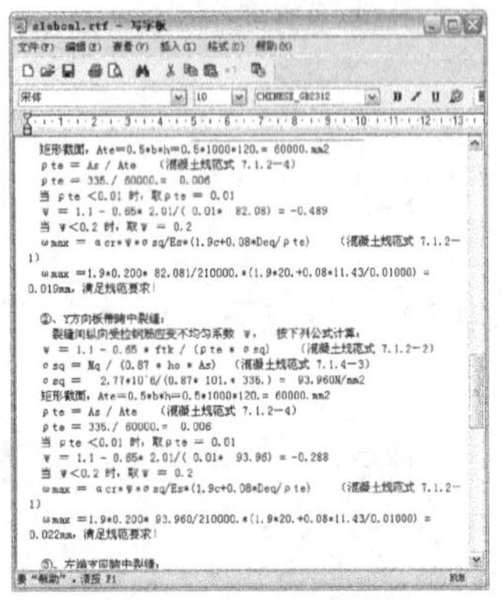
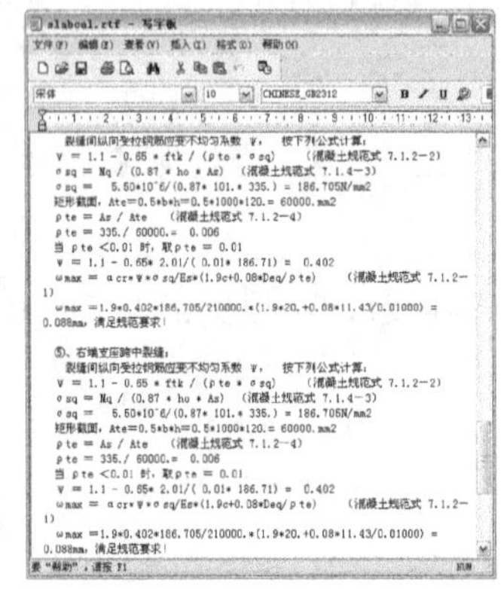
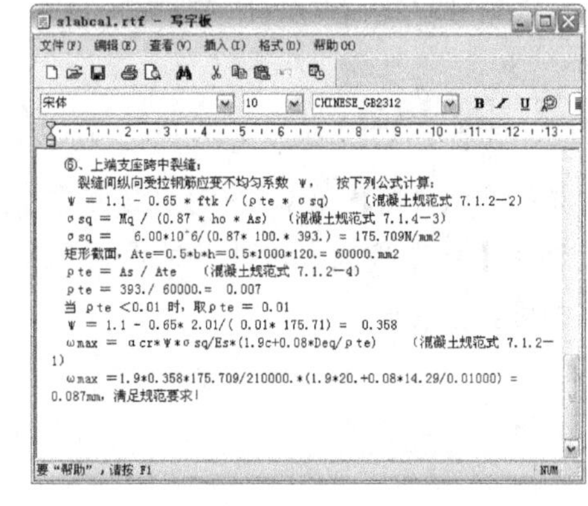

图2-55 计算书

2.4.4 楼板钢筋

选择【楼板钢筋】菜单，可以对该层楼板布置钢筋。

（1）逐间布筋

执行方法：【楼板钢筋】|【逐间布筋】。

例如，执行此命令，根据命令行提示，按“Tab”键转换选择的方式为窗选后，框选第一结构层所有的房间对象，程序就会立即逐个房间布置钢筋，如图2-56所示。

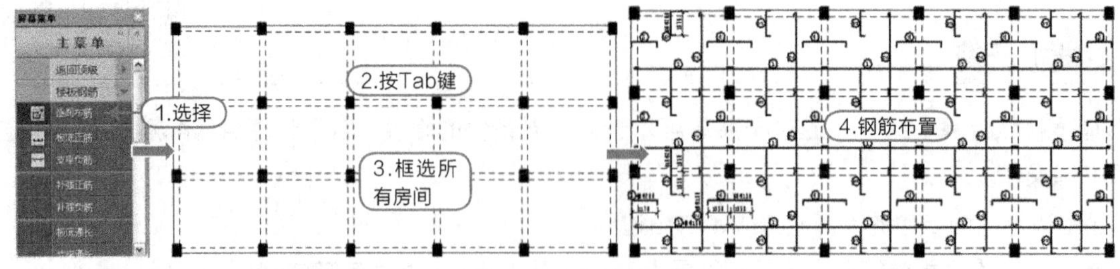

图2-56 逐间布筋

（2）板底通长

执行方法：【楼板钢筋】|【板底通长】。

例如，接上例，执行此命令，根据命令行提示，“选择钢筋起点→选择钢筋终点→指定钢筋位置”，将分段的板底钢筋修改为板底通长筋，如图2-57所示。

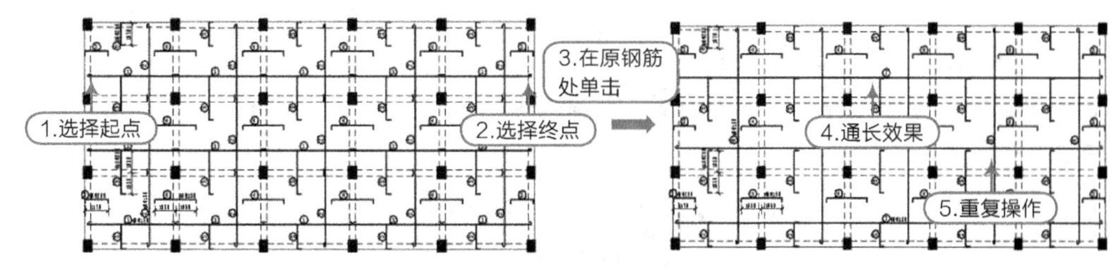

图2-57 板底通长

（3）钢筋表

执行方法：屏幕菜单区→【画钢筋表】。

例如，执行此命令，在绘图区空白区插入钢筋表即可，如图2-58所示。

楼板钢筋表

编号	钢筋简图	规格	最短长度	最长长度	根数	总长度	重量
①	62-4437	Φ8@200	162	4537	57	136126	53.7
②	200-3560	Φ8@200	300	3660	88	182092	71.9
③	130 1290 85	Φ8@200	1505	1505	114	171570	67.7
④	85 2100 85	Φ10@180	2270	2270	104	236080	145.6
⑤	85 2340 85	Φ8@200	2509	2510	120	301126	118.8
⑥	200-3560	Φ8@200	300	3660	88	182114	71.9
⑦	85 2100 85	Φ8@125	2270	2270	232	526640	207.8
⑧	85 1360 130	Φ8@200	1575	1575	230	362250	142.9
⑨	62-4437	Φ8@200	162	4537	76	186870	73.7
⑪	3600	Φ8@200	3699	3700	46	165595	65.3
⑫	85 2340 85	Φ8@150	2510	2510	50	125500	49.5
⑬	85 2480 85	Φ8@100	2650	2650	270	715500	282.3
⑭	85 2100 85	Φ8@150	2270	2270	50	113500	44.8
⑮	13562-17937	Φ8@200	13662	18037	19	298178	117.7
⑯	22500	Φ8@200	22600	22600	19	427500	168.7
⑰	13500	Φ8@200	13600	13600	19	256500	101.2
⑱	10800	Φ8@200	10900	10900	69	745200	294.0
总重							2077.5

图2-58 钢筋表

提示

至此，仅完成了第一结构层的楼板布筋，还应该重复执行“自动计算”“逐间布筋”和“板底通长”命令将其余层绘制完成。

提示

在完成布筋及编辑之后，还要在下拉菜单中执行“标注轴线 | 自动标注”命令，为各层的轴线进行标注。

如果想要柱呈现填充的状态，在下拉菜单中执行“设置 | 构件显示”命令，在弹出的对话框中勾选“柱涂实”，如图 2-59 所示。

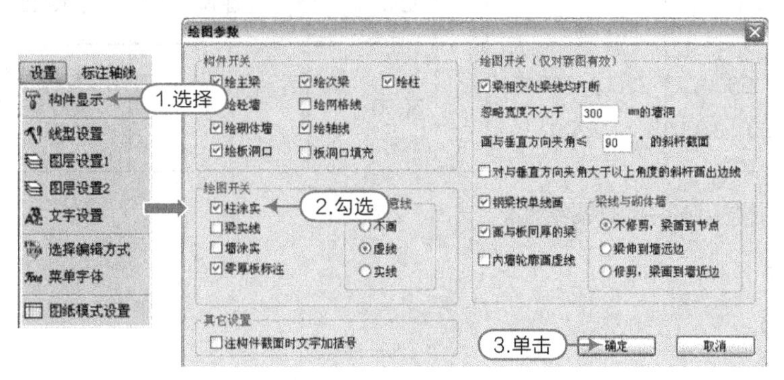

图2-59 柱涂实

2.4.5 绘新图

执行方法：屏幕菜单区→【绘新图】。

假如某一层的结构图绘制错了，执行此命令，系统弹出如图2-60所示对话框，勾选其中一个修改方案即可按要求重绘新图。

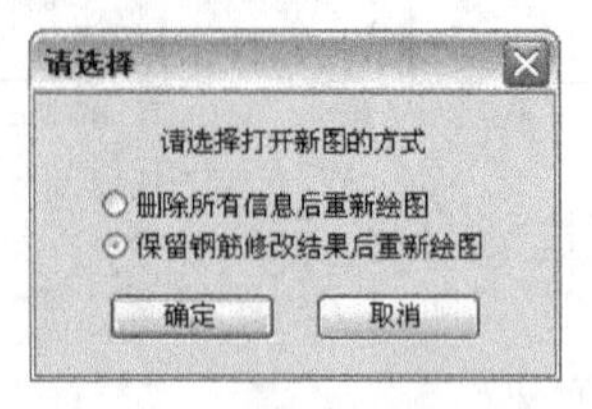

图2-60 绘新图对话框

2.5 思考与练习

一、填空题

1. 要局部修改板厚，应执行____________命令。
2. 要修改梁间荷载，应先执行________命令，接着在执行________命令。
3. 退出“建筑模型与荷载输入”主菜单时，应在弹出的对话框中选择________退出方式。
4. 在结构平面图中，要使柱呈现填充状态，应执行____________命令。

二、选择题

1. “错层斜梁”命令是下列屏幕菜单中（　　）菜单的子菜单命令。

   A. 主梁布置　　B. 次梁布置

   C. 本层修改　　D. 层编辑

2. 在PKPM中只需修改一层，其他层也可同样修改的便捷命令是（　　）。

   A. 层间复制　　B. 层间编辑

   C. 换标准层　　D. 全部复制

三、操作题

1. 某工程为6层框架结构，基础为柱下独立基础，各数据见表2-7。

表2-7 建模数据

上开间	下开间	左/右进深	层高	屋顶	梁截面	柱截面
2400，1500，3×3600，3600	3600，3900，2×3600，3600	7200，2000，7200	3600	2.4	450×500	350×700

2. 完成该工程的楼板结构平面图绘制。

第 03 章

建筑结构有限元分析SATWE

PMCAD部分完成后，接下来进行建筑结构有限元分析，即SATWE部分，这部分十分重要，直接关系到梁柱的施工图绘制和基础施工图的绘制。

3.1 SATWE简介

SATWE是中国建筑科学研究院 PKPM CAD工程部应现代高层建筑发展的要求，专门为高层结构分析与设计而开发的基于壳元理论的三维组合结构有限元分析软件。（Space Analysis of Tall-buildings with Wall-Element软件，SATWE）。其核心是解决剪力墙和楼板的模型化问题，尽可能地减小其模型化误差，提高分析精度，使分析结果能够更好地反映出高层结构的真实受力状态。

3.1.1 SATWE的特点

作为一个数据有限元分析软件，SATWE的特点介绍如下。

① 精度高：软件创建的理论模型科学合理，在计算模型和条件相同的情况下，与Super SAP等国际优秀软件具有一致的精度。

② 前后处理功能强：以PMCAD为其前处理模块，SATWE读取PMCAD生成的几何数据及荷载数据，自动将其转换为空间有限元分析所需要的数据格式，并具有自动导荷及墙元和弹性楼板单元自动划分功能，大大方便了用户的使用。以PK、JLQ等为后处理模块，绘梁柱施工图和剪力墙施工图。

③ 专业功能丰富：从高层、超高层建筑实际出发，充分考虑了高层、超高层建筑结构专业功能需要，这是SAP等通用软件锁不具有的，形成了建筑结构专业软件的特点。

④ 实用性好：能够高效、准确地分析各种复杂的多层、高层和超高层结构，包括多塔、错层、转换层、楼板局部开大洞、板柱结构，以及复杂的工业厂房、体育场馆等。

3.1.2 SATWE的基本功能

SATWE是专门为高层结构分析与设计而开发的基于壳元理论的三维组合结构有限元分析软件，其基本功能如下。

① SATWE采用空间杆单元模拟梁、柱及支撑等杆件。采用在壳元基础上凝聚而成的墙元模拟剪力墙。对于尺寸较大或带洞口的剪力墙，按照子结构的基本思想，由程序自动进行细分，然后用静力凝聚原理将由于墙元的细分而增加的内部自由度消去，从而保证墙元的精度和有限的出口自由度。墙元不仅具有墙所在的平面内刚度，也具有平面外刚度，可以较好地模拟工程中剪力墙的实际受力状态。

② 对于楼板，SATWE给出了4种简化假定，即楼板整体平面内无限刚、分块无限刚、分块无限刚加弹性连接板带和弹性楼板。在应用中，可根据工程实际情况和分析精度要求，选用其中的一种或几种简化假定。

③ SATWE适用于高层和多层钢筋砼框架、框架—剪力墙、剪力墙结构，高层钢结构或钢－混凝土混合结构，以及复杂体型的高层建筑、多塔、错层、转换层及楼板局部开洞等特殊结构型式。

④ SATWE可完成建筑结构在恒、活、风、地震力作用下的内力分析及荷载效应组合计算，对钢筋砼结构还可完成截面配筋计算。

⑤ 可进行上部结构和地下室联合工作分析，并进行地下室设计。

⑥ SATWE所需的几何信息和荷载信息都从PMCAD建立的建筑模型中自动提取生成，并有多塔、错层信息自动生成功能，大大简化了用户操作。

⑦ SATWE完成计算后，可经全楼归并接力PK绘梁、柱施工图，接力JLQ绘剪力墙施工图，并可为各类基础设计软件提供设计荷载。

⑧ 可完成建筑结构在恒荷载、活荷载、风荷载及地震作用下的内力分析、动力时程分析和荷载效应

组合计算；可进行活荷载不利布置计算；可将上部结构与地下室作为一个整体进行分析。

⑨ 对于复杂体型高层建筑结构，可进行耦联抗震分析和动力时程分析；对于高层钢结构建筑，考虑了P—Δ效应；具有模拟施工加载过程的功能。

⑩ 空间杆单元除了可以模拟一般的梁、柱外，还可模拟铰接梁、支撑等杆件；梁、柱及支撑的截面形状不限，可以是各种异形截面。

⑪ 结构材料可以是钢、混凝土、型钢混凝土、钢管混凝土等。

⑫考虑了多塔楼结构、错层结构、转换层及楼板局部开大洞等情况，可以精细地分析这些特殊结构；考虑了梁、柱的偏心及刚域的影响。

3.1.3 SATWE的适用范围

① SATWE的使用限制：

后处理只能绘制矩形梁，以及矩形、圆形和异形截面的钢筋混凝土柱的施工图，对其他截面形式及材料的梁柱及支撑，只给出内力。

② SATWE的使用范围：见表3-1。

表3-1 SATWE的适用范围

序号	内容	应用范围
1	结构层数（高层版）	≤100
2	每层节点数	≤6000
3	每层梁数	≤5000
4	每层柱数	≤5000
5	每层墙数	≤2000
6	每层支撑数	≤2000
7	每层塔数（或刚性楼板块数）	≤10
8	结构总自由度数	不限

③ SATWE（高层版）与SATWE—8（多层版）的区别：

- 多层版限8层及8层以下；
- 多层版没有考虑楼板弹性变形功能；
- 多层版没有动力时程分析、吊车荷载分析功能；
- 多层版没有与FRQ的数据接口。

3.1.4 SATWE的基本操作步骤

执行SATWE部分前，应先对结构设计中SATWE的基本操作步骤熟悉，知道先做什么后做什么，知道哪些需要做，哪些可以做。SATWE的基本操作步骤如下：

- 选择SATWE主菜单1—接PM生成SATWE数据；
- 执行SATWE主菜单1.1— “分析与设计参数补充定义”；
- 执行SATWE主菜单1.2— “特殊构件补充定义”；
- 执行SATWE主菜单1.8— “生成SATWE数据文件及数据检查”；
- 执行SATWE主菜单2— “结构内力和配筋计算”；
- 选择SATWE主菜单4— “分析结果图形和文本显示”。

3.1.5 SATWE与TAT的区别

这两个程序是由中国建筑科学研究院 PKPMCAD 工程部研制和开发的系列软件之一。其共同特点是可与PKPM系列CAD系统连接，与该系统的各功能模块接力运行，可从PMCAD中生成数据文件，从而省略计算数据填表。程序运行后，可接力PK绘制梁、柱施工图，并可为各类基础设计软件提供柱、墙底的组合内力作为各类基础的设计荷载。

TAT程序与TBSA程序采用相同的结构计算模型，即“空间杆—薄壁柱”模型。该程序不仅可以计算钢筋混凝土结构，而且对钢结构中的水平支撑、垂直支撑、斜柱及节点域的剪切变形等均予以考虑。可以对高层建筑结构进行动力时程分析和几何非线性分析。

SATWE程序采用“空间杆—墙元”模型，即采用空间杆单元模拟梁、柱及支撑等杆件，用在壳元基础上凝聚而成的墙元模拟剪力墙。墙元是专用于模拟高层建筑结构中剪力墙的，对于尺寸较大或带洞口的剪力墙，按照子结构的思路，由程序自动进行细分，然后用静力凝聚原理将由于墙元的细分而增加的内部自由度消去，从而保证墙元的精度和有限的出口自由度。这种墙元对于剪力墙洞口（仅考虑矩形洞）的大小及空间位置无限制，具有较好的适应性。墙元不仅具有平面内刚度，也具有平面外刚度，可以较好地模拟工程中剪力墙的实际受力状态。对于楼板，该程序给出了4种简化假定，即楼板整体平面内无限刚性、楼板分块平面内无限刚性、楼板分块平面内无限刚性带有弹性连接板带、弹性楼板，平面外刚度均假定为零。在应用时，可根据工程实际情况和分析精度要求，选用其中的一种或几种。

SATWE是专门为高层建筑结构分析与设计而研制的空间组合结构有限元分析软件，适用于各种复杂体型的高层钢筋混凝土框架、框架—剪力墙、剪力墙、筒体等结构，以及钢—混凝土混合结构和高层钢结构。

相对TAT，SATWE在结构计算上更为普及。

3.2 SATWE前处理

执行方法：SATWE主菜单1：接PM生成SATWE数据。

复制上一章中的PMCAD模型所在文件夹并重命名为“案例\03\SATWE*.*”，在PKPM软件主界面“结构”中选择SATWE主菜单1—接PM生成SATWE数据主菜单，单击“应用”后出现“SATWE前处理—接PMCAD生成SATWE数据”对话框，如图3-1所示。

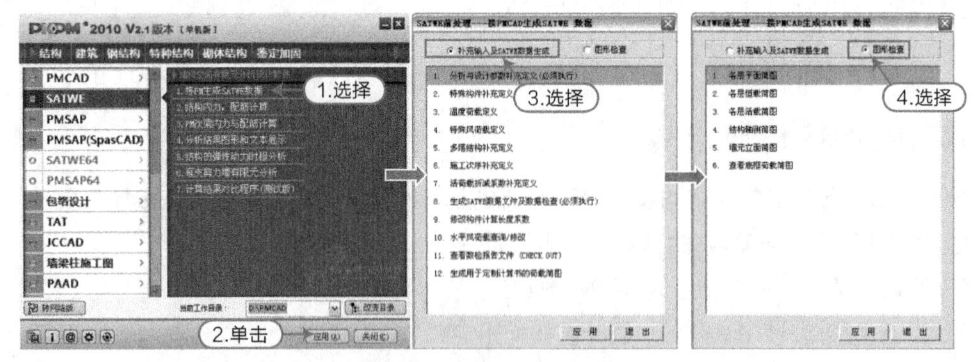

图3-1 进入SATWE前处理

提示

在此书中出现的规范都用简称，对应如下：

抗规——建筑抗震设计规范；　　荷载规范——建筑结构荷载规范；

砼规——混凝土结构设计规范；　　高规——高层建筑混凝土结构技术规程。

3.2.1 分析与设计参数补充定义

执行方法：【补充输入及SATWE数据生成】|【分析与设计参数补充定义】。

例如，执行此命令，弹出对话框，然后在如图3-2所示各个选项卡下，按照相应规范设置参数，下面通过“SATWE”文件夹下的工程，依次讲解这些选项。

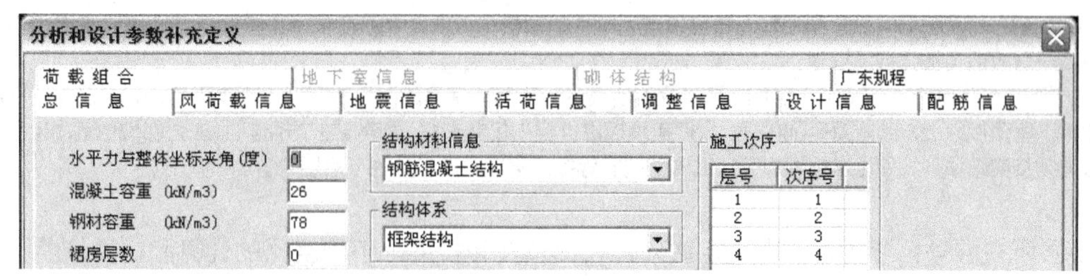

图3-2 分析和设计参数补充定义选项卡

① 在“总信息”选项卡中，设置参数如图3-3所示，各参数介绍如下。

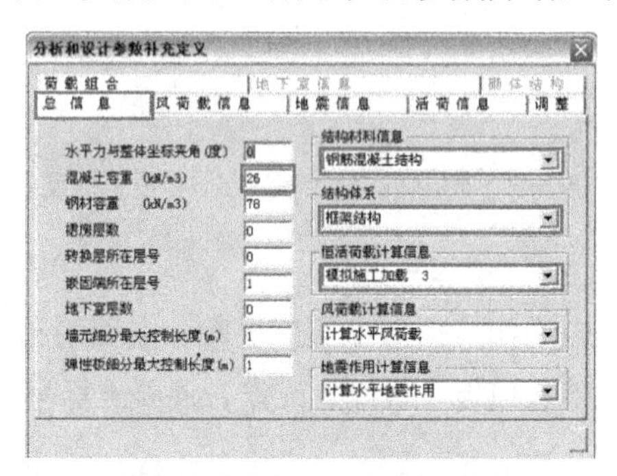

图3-3 总信息选项卡参数设置

● 水平力与整体坐标夹角：根据《抗规》(GB 50011—2001)5.1.1条规定，“一般情况下，应允许在建筑结构的两个主轴方向分别计算水平地震作用并进行抗震验算，各方向的水平地震作用应由该方向的抗侧力构件承担；有斜交抗侧力构件的结构，当相交角度大于15°时，应分别计算各抗侧力构件方向的水平地震作用”。当计算地震夹角大于15°时，给出水平力与整体坐标系的夹角(逆时针为正)，程序改变整体坐标系，但不增加工况数。同时，该参数不仅对地震作用起作用。对风荷载同样起作用。由于事先很难估算结构的最不利地震作用方向，可暂时先取值为0，SATWE计算后在计算书WZQ.OUT中输出结构最不利方向角，如果这个角度与主轴夹角大于±15°，应将该角度输入再次重新计算；此例题取值0。

提示

一般并不建议修改此参数(即使计算结果角度大于15°)，当然，在这方面的调整也必然要进行，建议将“地震作用最不利方向角”数值填写到“地震信息”选项卡下的“斜交抗侧力构件夹角”处。这样做的原因如下：
考虑该角度后，输出结构的整个图形将会旋转一个角度，会给识图带来不便；
构件配筋应按“考虑该角度”和“不考虑该角度”两种情况的计算结果做包络设计；
旋转后的方向不一定是希望的风荷载作用方向。

● 混凝土容重：26，本参数用于程序近似考虑其没有自动计算的结构面层重量。同时由于程序未自动扣除梁板重叠区域的结构荷载，因而该参数主要近似计算竖向构件的面层重量。通常对于框架结构取26；框架—剪力墙结构取27；剪力墙结构取28。

提示

如果结构分析是不想考虑混凝土构件自重荷载，可以填0。

● 钢材容重：一般情况下取78，当考虑饰面设计时可以适当增加。

● 裙房层数：按实际填入，需符合《高规》（JGJ3—2002）4.8.6条和《抗规》（GB 50011—2001）6.1.10条。

提示

《高规》（JGJ 3—2002）4.8.6 条规定：与主楼连为整体的裙楼的抗震等级不应低于主楼的抗震等级，主楼结构在裙房顶部上下各一层应适当加强抗震措施。
同时《抗规》（GB 50011—2001）6.1.10 条条文说明要求：带有大底盘的高层抗震墙（筒体）结构，抗震墙的底部加强部位可取地下室顶板以上 $H/8$，向下延伸一层，大底盘顶板以上至少包括一层。裙房与主楼相连时，加强部位也宜高出裙房一层。
本参数必须按实际填入，使程序根据规范自动调整抗震等级，裙房层数包括地下室层数。

● 转换层所在层号：参数为程序决定底部加强部位及转换层上下刚度比的计算和内力调整提供信息。输入转换层号后，程序可以自动判读框支柱、框支梁及落地剪力墙的抗震等级和相应的内力调整。同时当转换层号大于等于3层时，程序自动对落地剪力墙、框支柱抗震等级增加一级。自动实现0.2V0或0.3V0的调整。按实际填入，此例题为0。

提示

本参数必须按实际填入，转换层层号包括地下室层数。指定转换层层号后，框支梁、柱及转换层的弹性楼板还应在特殊构件定义中指定。

● 嵌固端所在层号：实际工程中均如实输入地下室层数，嵌固均选为底板（输入1），此时计算结果偏安全，同时设计时构造上仍将地下室顶板（板厚，配筋，混凝土标号）满足嵌固要求。

提示

嵌固端确定：
判断地下一层侧向刚度是否大于地上一层侧向刚度 2 倍（一般建筑短向墙长增加有限，较难满足）；
当满足顶板嵌固要求，可指定地下室顶板为嵌固端，此时软件按规范要求对该层柱、梁内力放大，嵌固端以下柱配筋直接按一层柱纵向钢筋计算值的 1.1 倍配置；
满足地下室顶板嵌固要求时，可不将地库建入模型，此时一层与二层的侧向刚度比不宜小于 1.5；
当不满足地下室顶板嵌固时，可指定地下室底板或地下一层、二层为嵌固端，此时软件对指定嵌固端及地下室顶板均按嵌固端的要求包络设计。

● 地下室层数：本参数必须按实际填入，当地下室局部层数不同时，以主楼地下室层数输入；此例题为0。

提示

程序据此信息决定底部加强区范围和内力调整。内力组合计算时，其控制高度扣除了地下室部分；对Ⅰ、Ⅱ、Ⅲ，即抗震结构的底层内力调整系数乘在地下室的上一层；剪力墙的底部加强部位扣除了地下室部分。程序据该参数扣除地下室的风荷载，并对地下室的外围墙体进行土、水压力作用的组合，有人防荷载时考虑水平人防荷载。

● 墙元细分最大控制长度：该参数用于墙元细分形成一系列小壳元时，为确保设计精度而给定的壳元边长限值。该限值对精度有影响但不敏感。对于尺寸较大的剪力墙，可取2.0，对于框支结构和其他的复杂结构、短肢剪力墙等，可取1.0～1.5。

提示

这是剪力墙计算“精度和速度”取舍的一个选择。选择“内部节点”，那么剪力墙侧边的节点将作为内部节点而凝聚掉，但这样速度快，精度稍有降低；作为“外部节点”，那么剪力墙侧边的节点也将作为出口节点，这样墙元的变形协调性好，计算准确，但速度慢。所以程序建议规则的结构可以选择“内部节点”，复杂的结构还是选择“外部节点”进行计算。

● 强制刚性楼板假定：按照需要勾选，如当计算楼层位移比、结构层间位移比和周期比时应勾选；而在计算结构内力与配筋计算时不应勾选。

> **提示**
>
> 对于复杂结构，如不规则坡屋顶、体育馆看台、工业厂房，或者柱、墙不在同一标高，或者没有楼板，楼层开大洞等情况，如果采用强制刚性楼板假定，结构分析会严重失真。对这类结构可以查看位移的 < 详细输出 >，或观察结构的动态变形图，考察结构的扭转效应。
>
> 对于错层或带夹层的结构，总是伴有大量的越层柱，如采用强制刚性楼板假定，所有越层柱将受到楼层约束，造成计算结构失真。

● 地下室强制采用刚性楼板假定：强制地下室楼面板（包括自定义的弹性板）为刚性楼板，即只考虑平面内刚度，不考虑平面外刚度，因此在计算地下室墙柱内力时（板柱结构）必须勾选此项。

● 墙元侧向节点：2010版本改为强制采用“出口节点”，选择出口节点，只把因墙元细分而在其内部形成的节点凝聚掉，四边上的节点均作为出口节点，墙元的变形协调性较好，但计算量大；选择内部节点，墙元仅保留上下两边的节点作为出口节点，墙元的其他节点作为内部节点被凝聚掉，故墙元两侧的变形不协调，精度稍差，但效率高。

> **提示**
>
> 对于多层结构，由于剪力墙较少，可选“出口节点”。
>
> 对于高层结构，由于剪力墙相对较多，可选“内部节点”。

● 结构材料信息：根据该参数确定地震作用和风荷载计算所遵照的规范。不同结构的地震影响系数取值不同，不同结构体系的风振系数不同，结构基本周期也不同，影响风荷计算。程序提供多种结构材料如图3- 4所示，按照实际钢筋混凝土结构。

● 结构体系：规范规定不同体系的结构内力调整及配筋要求不同，程序根据该参数对应规范中相应的调整系数。当结构体系定义为短肢剪力墙时，对墙肢高度和厚度之比小于8的短肢剪力墙，程序对其抗震等级自动提高一级（短肢剪力墙见《高规》7.1.2）。程序提供多种结构材料如图3- 5所示，按照实际结构体系填写。

● 荷载计算信息：选用模拟施工加载3。程序给出4种模拟施工加载方式如图3- 6所示，通常情况下应选择模拟施工加载3。

> **提示**
>
> 一次性加载：整体刚度一次加载，适用于多层结构、有上传荷载的情况。
>
> 模拟施工加载 1：整体刚度分次加载，可提高计算效率，但与实际不相符。
>
> 模拟施工加载 2：整体刚度分次加载，但分析时将竖向构件的刚度放大 10 倍，是一种近似方法，改善模拟施工加载 1 的不合理处，使结构传给基础的荷载比较合理，仅用于框剪结构或框筒结构的基础计算，不得用于上部结构的设计。采用“模拟施工加载 2”后，外围框架柱受力会增大，剪力墙核心筒受力略有减小。
>
> 模拟施工加载 3：分层刚度分次加载，比较接近实际情况。
>
> 建议一般对多、高层建筑首选“模拟施工加载 3”；对钢结构或大型体育场馆类（指没有严格的标准楼层概念）结构应选“一次性加载”，对于长悬臂结构或有吊住柱构，由于一般是采用悬挑脚手架的施工工艺，因此对悬臂部分应采用“一次性加载”设计。

● 风荷载计算信息：这是风荷载计算控制参数，一般应选择计算风荷载，即计算*x*、*y*两个方向的风荷载；而计算“特殊风荷载”和“同时计算普通风荷载和特殊风荷载”是新增的风载计算选项，主要配合特殊风荷载体型系数。

● 地震作用计算信息：包括“不计算地震作用”“计算水平地震作用”“计算水平和规范简化方法竖

向地震作用”和“计算水平和反应谱方法竖向地震作用”几个选项。

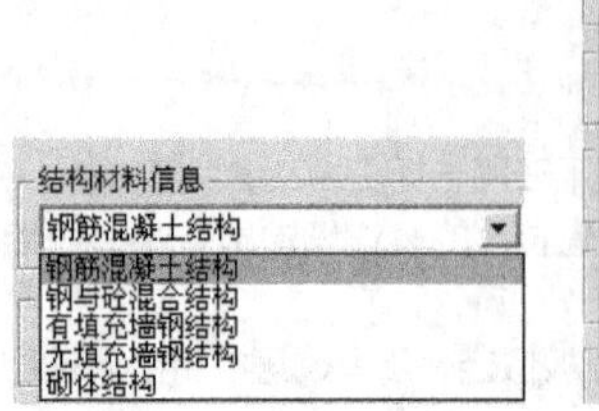

图3-4 结构材料列表

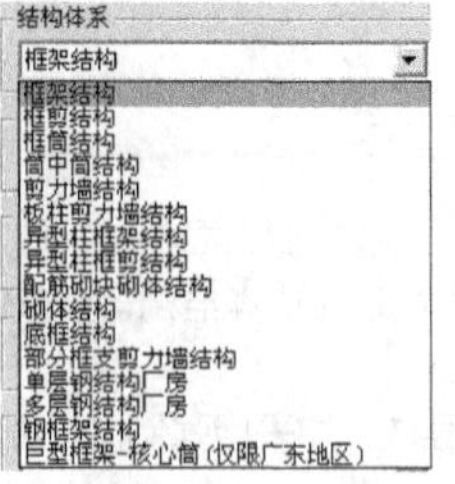

图3-5 结构体系列表

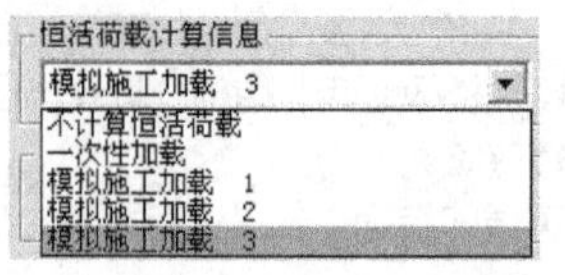

图3-6 恒活荷载计算方式列表

提示

不计算地震作用：对于不进行抗震设防的地区或者抗震设防烈度为 6 度时的部分结构，规范规定可以不进行地震作用计算；在选择“不计算地震作用”后，仍然要在“地震信息”选项卡中指定抗震等级，以满足抗震构造措施的要求。此时，“地震信息”页除抗震等级相关参数外其余项会变灰。

计算水平地震作用：计算 x、y 两个方向的地震作用。

计算水平和规范简化方法竖向地震作用：按《抗规》5.3.1 条规定的简化方法计算竖向地震。

计算水平和反应谱方法竖向地震作用：按竖向振型分解反应谱方法计算竖向地震。《抗规》4.3.14 条规定，跨度大于 24m 的楼盖结构、跨度大于 12m 的转换结构和连体结构，悬挑长度大于 5m 的悬挑结构，结构竖向地震作用效应标准值宜采用时程分析方法或振型分解反应谱方法进行计算。采用振型分解反应谱法计算竖向地震作用时，程序输出每个振型的竖向地震力，以及楼层的地震反力和竖向作用力，并输出竖向地震作用系数和有效质量系数。

- 结构所在地区：分为“全国”“上海”和“广东”。
- “规定水平力”的确定方式：一般选楼层剪力差法（规范方法）。

② 风荷载：在“风荷载信息”选项卡中，设置参数如图3-7所示，各参数介绍如下。

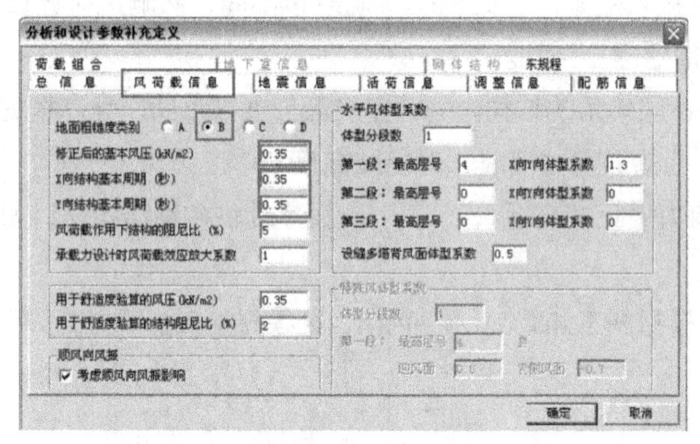

图3-7 风荷载信息选项卡参数设置

● 地面粗糙度类别：根据具体情况选择，可查《荷载规范》（GB 5009—2001）、《高规》（JGJ 3—2002）3.2.3条，四川/达州为B类。

提示

地面粗糙度类别：

A 类：近海海面，海岛、海岸、湖岸及沙漠地区；

B 类：指田野、乡村、丛林、丘陵及中小城镇和大城市郊区；

C 类：指有密集建筑群的城市市区；

D 类：指有密集建筑群且房屋较高的城市市区。

● 修正后的基本风压：按《荷载规范》（GB 5009—2001）7.1.2条规定（一般按照50年一遇的风压采用，但不得低于0.3kN/m^2。对于高层建筑、高耸结构及对风荷载敏感的结构，基本风压应适当提高）确定，四川/达州为0.35。

提示

对于门式刚架，规程（CECS 102—2002）规定基本风压按荷载规范的规定值乘以 1.05。
《高规》(JGJ 3—2002) 3.2.2 条条文说明，房屋高度大于 60m 时，按照 100 年一遇风压值采用。
对于平面、立面不规则的结构（如空旷结构、大悬挑结构、体育场馆、较大面积的错层结构、需要计算屋面风荷载的结构等），应考虑特殊风荷载的输入，目的是更真实反应结构受力的情况。
顶层女儿墙高度大于 1m 时应修正顶层风载，在程序给出的风荷上加上女儿墙风荷。

● 结构基本周期：目的是计算风荷载的风振系数。《荷载规范》（GB 5009—2001）7.4.1条：对于高度大于30m且高宽比大于1.5的房屋和基本周期大于0.25s的各种高耸结构及大跨度屋盖结构，均应考虑风压脉动对结构顺风向的风振的影响；分两次计算，目的是计算风荷载的风振系数，《高规》（JGJ 3—2002）3.2.6条给出近似值：规则框架x=(0.08~0.10)x；框剪结构、框筒结构x=（0.06~0.08）x；剪力墙、筒中筒结构x=(0.05~0.06)x，此工程为0.35，其中x为结构层数。

提示

首先按默认值试算，然后将试算的结构基本周期结果填入，作为本结构的基本周期，并与近似计算值相比较。

● 风荷载作用下结构的阻尼比：5%。

提示

不同的结构有不同的阻尼比，设计者应区别对待：钢筋混凝土结构：0.05；小于 12 层钢结构：0.03；大于 12 层钢结构：0.035；钢结构：0.05。

● 承载力设计时风荷载效应放大系数：建议高层建筑填写1.1（根据《高规》4.2.2条规定，对于风荷载比较敏感的高层建筑，承载力设计时应按基本风压的1.1倍采用）。

● 用于舒适度验算的风压：根据《高规》3.7.6条，在高层混凝土建筑大于150m时按10年一遇。

● 考虑风振影响：大于30m且高宽比大于1.5的房屋和基本自震周期T_1大于0.25s的高耸结构及大跨度屋盖结构，均需勾选此项（《荷载规范》7.4.1）。

● 体型分段数：一般情况下分段数为1。高层立面复杂时，可考虑体型系数分段。程序自动扣除地下室高度，不必将地下室单独分段。

● 体型分段最高层号：结构最高层号，当体型分段数为1时，即结构最高层号。

● 体型系数：按《荷载规范》7.3节和《高规》（JGJ 3—2002）3.2.5条填入，此例题为1.3。

提示

《高规》(JGJ 3—2002) 3.2.5 条：
圆形和椭圆形平面，Us=0.8；
正多边形及三角形平面，Us=0.8+1.2/(n 的平方根)，其中 n 为正多边形边数；
矩形、鼓形、十字形平面，Us=1.3；
下列建筑的风荷载体形系数 Us=1.4：
V 形、Y 形、弧形、双十字形、井字形平面，L 形和槽形平面，高宽比 H/B_{max} 大于 4、长宽比 L/B_{max} 不大于 1.5 的矩形、鼓形平面；
需更细致进行风荷载计算的场合，按附录 A 采用。
《荷载规范》(GB 5009—2001) 7.3.2 条和《高规》(JGJ 3—2002) 3.2.7 条：
多栋高层建筑间距较近时，宜考虑风力相互干扰的群体效应。根据国内学者的研究，当相邻建筑物的间距小于 3.5 倍的迎风面宽度且两建筑物中心线的连线与风向成 45 度角时，群楼效应明显，其增大系数一般为 1.25~1.5，最大到 1.8。

● 设缝多塔被风面体型系数：0.5，应用于设缝多塔结构。由于遮挡造成的风荷载折减值通过该系数来指定。当缝很小时，可取0.5。

③ 在“地震信息”选项卡中，设置参数如图3-8所示，各参数介绍如下。

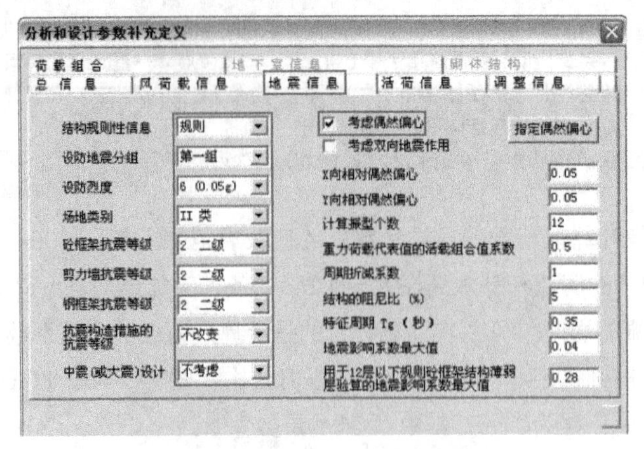

图3-8 地震信息选项卡参数设置

提示

《抗规》3.1.2 条规定，“抗震设防烈度为 6 度时，除本规范有具体规定外，对乙丙丁类建筑可不进行地震作用计算。”

《抗规》5.1.6 条规定，“6 度时的建筑（不规则建筑及建造于Ⅳ类场地上较高的高层建筑除外），以及生土房屋和木结构房屋等，应允许不进行截面抗震验算，但应符合有关的抗震措施要求。”；“6 度时不规则建筑及建造于Ⅳ类场地上较高的高层建筑，7 度和 7 度以上的建筑结构（生土房屋和木结构房屋等除外），应进行多遇地震作用下的截面抗震验算。”

《抗规》5.1.1 条规定，“8、9 度时的大跨度和长悬臂结构及 9 度时的高层建筑，应计算竖向地震作用。”

《高规》4.3.2 条规定，“8 度、9 度抗震设计时，高层建筑中的大跨度和长悬臂结构应考虑竖向地震作用；”“9 度抗震设计时应计算竖向地震作用。”

《高规》10.2.6 条规定，“8 度抗震设计时转换构件尚应考虑竖向地震的影响。”

《高规》10.5.2 条规定，“8 度抗震设计时，连体结构的连接体应考虑竖向地震的影响。”

注意事项：8（9）度地区大跨度结构一般指跨度不小于 24m（18m），长悬臂构件指悬臂板不小于 2（1.5）m，悬臂梁不小于 6（4.5）m。

● 规则性信息：《抗规》（GB 50011—2001）3.4.2条规定了不规则的类型，此例题为规则。

提示

平面不规则的类型：扭转不规则（位移比超标）、凹凸不规则（结构平面凹进大于 30%）、楼板局部不连续（楼板的尺寸和平面刚度急剧变化）。

竖向不规则的类型：侧向刚度不规则（刚度比超标、立面收进超过 25%）、竖向抗侧力构件不连续（带转换层结构）、楼层承载力突变（层间受剪承载力小于相邻上一楼层的 80%）。

● 设计地震分组、设防烈度、场地类别：查《抗规》可知道，四川/达州为第一组、6（0.05g）、Ⅱ类。表3-2中所列为四川省各主要城镇抗震设防烈度、地震加速度、地震分组。

提示

应注意场地类别自地质勘查报告中查得后应按照《抗规》（GB 50011—2001）4.1.6 条复核。

四川省各主要城镇抗震设防烈度、地震加速度、地震分组

序号	抗震设防烈度和设计基本地震加速度	设计地震分组
1	抗震设防烈度不低于9度，设计地震基本加速度值不小于0.40g	第二组：康定，西昌
2	抗震设防烈度为8度，设计地震基本加速度值为0.30g	第二组：冕宁

（续表）

3	抗震设防烈度为8度，设计地震基本加速度值为0.20g	第一组：茂县，汶川，宝兴 第二组：松潘，平武，北川（震前），都江堰，道孚，泸定，甘孜，炉霍，喜德，普格，宁南，理塘， 第三组：九寨沟，德昌，石棉
4	抗震设防烈度为7度，设计地震基本加速度值为0.15g	第二组：巴塘，德格，马边，雷波，天全，芦山，丹巴，安县，青川，江油，绵竹，什邡，彭州，理县，剑阁 第三组：荥经，汉源，昭觉，布拖，甘洛，越西，雅江，九龙，木里，盐源，会东，新龙
5	抗震设防烈度为7度，设计地震基本加速度值为0.10g	第一组：自贡（自流井，大安，贡井，沿滩） 第二组：乐山（市中，沙湾），宜宾，宜宾县，峨边，沐川，屏山，得荣，马尔康，峨眉山，雅安，广元（3个市辖区），中江，德阳，罗江，绵阳（2个市辖区） 第三组：攀枝花（3个市辖区），若尔盖，色达，壤塘，石渠，白玉，盐边，米易，乡城，稻城，名山，美姑，金阳，小金，会理，黑水，金川，洪雅，夹江，邛崃，蒲江，彭山，丹棱，眉山，青神，郫县，大邑，崇州，成都（8个市辖区+温江），双流，新津，金堂，广汉，乐山（金口河，五通桥）
6	抗震设防烈度为6度，设计地震基本加速度值为0.05g	第一组：泸州（3个市辖区），内江（2个市辖区），宣汉，达州，达县，大竹，邻水，渠县，广安，华蓥，隆昌，富顺，南溪，兴文，叙永，古蔺，资阳，资中，通江，万源，巴中，阆中，仪陇，西充，南部，射洪，大英，乐至 第二组：梓潼，筠连，井研，阿坝，南江，苍溪，旺苍，盐亭，三台，简阳，泸县，江安，长宁，高县，珙县，仁寿，威远 第三组：红原，犍为，荣县，梓潼，筠连，井研，阿坝

● 框架抗震等级、剪力墙抗震等级、钢框架抗震等级：按规范要求填写，按照《抗规》（GB 50011—2001）6.1.2条或《高规》（JGJ 3—2002）4.8条的规定，本例为二级。

提示

抗震等级确定应注意如下几点：
框架－剪力墙结构，当框架承受的地震倾覆力矩大于结构总地震倾覆力矩的 50% 时，框架部分的抗震等级按框架结构确定；
裙房与主楼相连，除应按裙房本身确定外，不应低于主楼的抗震等级（主楼为带转换层高层结构时，裙房的抗震等级按主楼的高度，框架－剪力墙结构的剪力墙查表）。
当地下室顶板作为上部结构的嵌固部位时，地下一层的抗震等级应与上部结构相同，地下一层以下可根据情况采用 3 级或 4 级。
无上部结构的地下室或地下室中无上部结构的部分，可根据情况采用 3 级或 4 级。
乙类建筑时，应按照提高一度的设防烈度查表确定抗震等级。
《高规》（JGJ 3—2002）10.6.2 条条文说明：抗震设计时，转换层不宜设置在底盘屋面的上层塔楼内，否则，应采取增大构件内力，提高抗震等级等有效的抗震措施。

● 抗震构造措施的抗震等级：该项主要针对抗震措施的抗震等级与抗震构造措施的抗震等级不一致时设定。抗震措施即注意事项的第一条，由抗震设防标准确定；抗震构造措施需根据特殊情况（《抗规》3.3.2、3.3.3）进行调整，否则应选择不改变。

提示

当转换层≥ 3 及以上时，其框支柱、剪力墙底部加强部的抗震墙等级宜按《抗规》6.1.2 条或《高规》4.8 条查的抗震等级提高一级采用，已为特一级时可不调整。

● 中震（或大震）设计：不选；属于结构性能设计的范围，目前规范没有规定。

提示

程序处理的原则为：地震影响系数按中震（大震）采用；地震分项系数为 1.0；取消强柱弱梁、强剪弱弯调整；材料强度取标准值;不同于中震（大震）弹性设计,这时应采用中震（大震）的地震影响系数,将抗震等级改为 4 级（不进行相关调整）。

● 斜交抗侧力构件方向附加地震数及相应角度：这里填入的参数主要是针对非正交的平面不规则结构中，除了两个正交方向外，还要补充计算的方向角数。注意该参数仅对地震作用计算有关，与风荷载计算无关，根据《抗规》（GB 50011—2001）5.1.1条规定：当计算地震夹角大于15° 时，应计算抗侧力构件方向的水平地震作用。抗侧力构件方向一般就是结构的较大侧向刚度方向，也就是地震力作用不利方向，所以在此应输入沿平面布置中局部柱网的主轴方向。同时，输入时应选择对称的多方向地震。

提示

相应角度：就是除 0° 、90° 这两个角度外需要计算的其他角度，个数要与“斜交抗侧力构件方向附加地震数”相同，且不得大于 90° 和小于 0° 。这样程序计算的就是填入的角度再加上 0° 和 90° 这些方向的地震力。

● 考虑偶然偏心：勾选，《抗规》（GB 50011—2001）5.2.3条对平面规则的结构采用增大边榀结构地震内力的方式考虑该扭转影响，这对高层建筑不尽合理。根据《高规》（JGJ 3—2002）3.3.3条，由于施工、使用、地震地面运动的扭转分量等因素所引起的偶然偏心的不利影响，计算单向地震作用时，应考虑偶然偏心（5%）的影响。同时，《高规》（JGJ 3—2002）3.3.3条条文说明规定，当计算双向地震作用时，可不考虑质量的偶然偏心影响。当设计者同时指定考虑偶然偏心和双向地震作用时，程序仅对无偏心的地震作用效 应进行双向地震作用，无论左偏心还是右偏心，均不做双向地震作用计算。因此，无论是否考虑双向地震作用，均应勾选本参数。

提示

位移比超过 1.2 时，则考虑双向地震作用，不考虑偶然偏心。位移比不超过 1.2 时，则考虑偶然偏心，不考虑双向地震作用。

● 双向地震作用：《抗规》（GB 50011—2001）5.1.1条和《高规》（JGJ 3—2002）3.3.2条规定质量和刚度明显不对称的结构应计入双向地震作用的影响。位移比超过1.2时，必须考虑双向地震作用，此例题不勾选。

提示

程序隐含“考虑双向地震作用”是不考虑偶然偏心的，自动按二者最不利计算，因此，所有结构计算均可选上考虑双向地震作用。

● 计算振型个数：《抗规》（GB 50011—2001）5.2.2条条文说明规定，振型个数一般取振型参与质量达到总质量的90%所需的振型数，同时《高规》（JGJ 3—2002）3.3.10条规定不考虑扭转耦联振动的结构，规则结构取3，当建筑较高、结构沿竖向刚度不均匀时可取5~6；《高规》（JGJ 3—2002）3.3.11条规定，考虑扭转耦联振动的结构，一般情况可取9~15，多塔结构每个塔楼的振型数不小于9个。此例题为3×4=12个。

提示

目前 SATWE 软件对所有结构均考虑扭转耦联振动计算。因此在同时满足地震作用有效质量系数要大于等于 0.9 且不小于 3 个，振型数应为 3 的倍数时，振型数按以下原则选取。
当结构按侧刚计算时，单塔楼考虑耦联时应大于等于 9；复杂结构应大于等于 15；多塔结构的振型个数应大于等于 9 倍的塔楼数（注意各振型的贡献由于扭转分量的影响而不服从随频率增加面递减的规律）。
当结构按总刚计算时，采用的振型数不宜小于按侧刚计算的 2 倍，存在长梁或跨层柱时应注意低阶振型可能是局部振型，其阶数低，但对地震作用的贡献却较小。

● 活载折减系数：按照《抗规》（GB 50011—2001）5.1.3条和《高规》（JGJ 3—2002）3.3.6条执行，此例题为0.5。

提示

楼面活荷载按照实际情况计算时取 1.0；按等效均布活荷载计算时，藏书库、档案库、库房取 0.8；硬钩吊车悬吊物重力取 0.3，软钩吊车悬吊物重力取 0；其他情况取 0.5。

● 周期折减系数：周期折减的目的是为了充分考虑非承重填充墙刚度对结构自振周期的影响，因为周期小的结构，其刚度较大，相应吸收的地震力也较大。若不做周期折减，则结构偏于不安全。《高规》（JGJ 3—2002）3.3.17条规定，当非承重墙体为实心砖墙时，可按下列规定取值：框架结构0.6~0.7；框架－剪力墙结构0.7~0.8剪力墙结构0.9~1.0。此例题为1。

提示

当结构的第一自振周期 $T_1 \leq T_g$ 时，不需进行周期折减，因为此时地震影响系数由程序自动取结构自振周期与特征周期的较大值进行计算。

● 结构阻尼比：《抗规》（GB 50011—2001）5.1.5条规定：除有专门规定的外，建筑结构的阻尼比取0.05；《抗规》（GB 50011—2001）8.2.2条、《高层民用钢结构规程》（JGJ 99—98）4.3.3条规定，钢结构在多遇地震下的阻尼比，不超过12层的钢结构可采用0.035，超过12层的钢结构可采用0.02，罕遇地震分析，阻尼比采用0.05。此例题为5%。

● 特征周期：场地特征周期根据设计地震分组确定；水平地震影响系数由设防烈度确定；按照《抗规》（GB 50011—2001）5.1.4条确定，此例题为0.35。

● 用于12层以下规则砼框架结构薄弱层验算的地震影响系数最大值：根据《抗规》5.4.1—1确定，此处程序默认值即可。

> **提示**
>
> 钢结构、砌体结没有抗震等级。

④ 在“活荷信息”选项卡中，设置参数如图3-9所示，各参数介绍如下。

● 柱墙设计时活荷载：按照《荷载规范》（GB 5009—2001）4.1.2条规定，设计楼面梁、墙柱、基础时，楼面活荷载应乘以规定的折减系数。其中楼面梁的活荷载折减是在PM楼面荷载导算过程中完成，而竖向荷载折减在SATWE荷载信息中规定。

> **提示**
>
> 如果要求高，楼面梁的和竖向构件的内力和配筋应按照折减和不折减分别计算两次。
> 通常情况下，民用建筑可以折算，工业厂房不折算。建议楼面梁在PM导算时不考虑楼面梁荷载折减，SATWE计算时考虑墙、柱及基础活荷载的折算，应当注意根据不同建筑功能修改活荷载折减系数。

● 考虑结构使用年限的活荷载调整系数：根据《高规》2010版5.6.1条，对于使用年限为100年时取1.1（注：新《高规》对恒+活+风的荷载组合上考虑了持久设计与短暂设计的区别，新增了活荷载调整系数）。

● 其他参数默认。

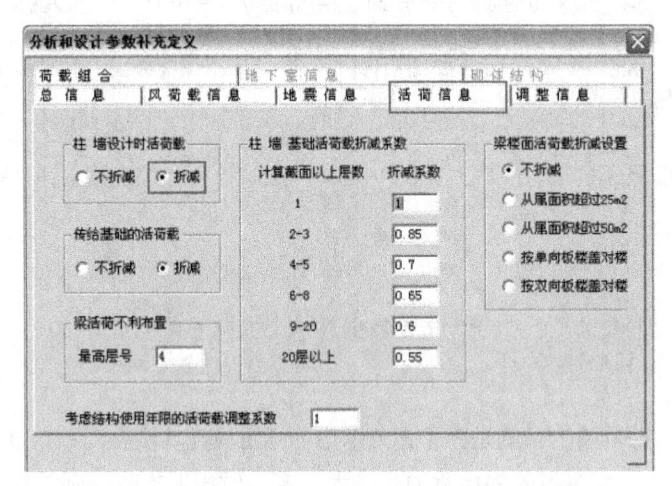

图3-9 活荷信息选项卡参数设置

⑤ 在“调整信息”选项卡中，设置参数如图3-10所示，各参数介绍如下。

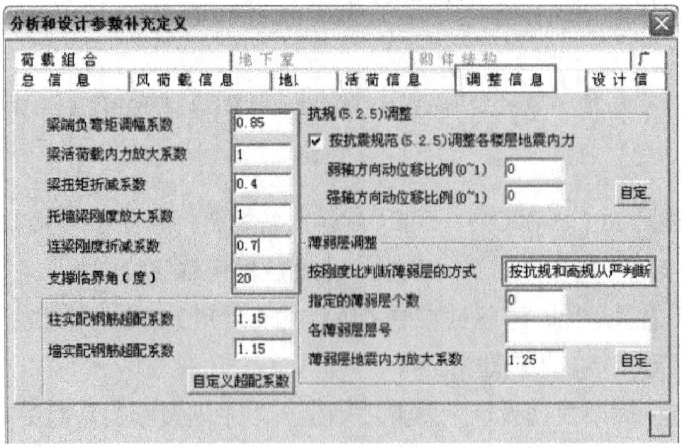

图3-10 调整信息选项卡参数设置

● 梁端负弯矩调幅系数：0.85，《高规》（JGJ 3—2002）5.2.3条规定竖向荷载作用下，可考虑框架梁端塑性变形内力重分布，其调幅系数为：现浇框架梁取0.8~0.9；装配整体式框架梁取0.7~0.8。

● 梁活荷载内力放大系数：1.0，在活荷载信息中考虑活荷载最不利布置时可填写1.0，如若未考虑活荷载不利布置建议取值1.1~1.2（一般工程建议该系数取值1.1~1.2，如已输入梁活荷载不利布置楼层数，则应填1，初始值为1.0）。

● 梁扭矩折减系数：0.4，《高规》（JGJ 3—2002）5.2.4条规定对于现浇楼板结构，应考虑楼板对梁抗扭的约束作用。程序通过对梁的扭矩进行折减达到减少梁的扭转变形和扭矩计算值，折减系数为0.4~1.0，一般取0.4。对不与刚性楼板相连或圆弧梁，此系数不起作用。

提示

《高规》5.2.4 条规定，高层建筑结构楼面梁受扭计算中应考虑楼盖对梁的约束作用。当计算中未考虑楼盖对梁扭转的约束作用时，梁的扭转变形和扭矩计算值往往过大，因此应对现浇楼板的梁扭矩折减。

● 托墙梁刚度放大系数：由于SATWE程序计算框支梁和梁上的剪力墙分别采用梁元和墙元两种不同的计算模型，造成剪力墙下边缘与转换大梁的中性轴变形协调，而与转换大梁的上边缘变形不协调，或者说，计算模型的刚度偏柔了，为了真实反映转换梁刚度，使用该放大系数。一般取1，当为了使设计保持一定的富裕度，也可小考虑或不考虑该系数。

● 实配钢筋超配系数：该项针对9度抗震设防烈度的各类框架和一级抗震的框架结构，其余情况可忽略该项，取默认值。

● 拖墙梁刚度放大系数：该项主要考虑板对梁刚度的贡献，选取此项即梁刚度按《砼规》5.2.4自动计算不同板厚对梁刚度的贡献，可不勾选此项。

● 薄弱层地震内力放大系数：1.25。

● 框支柱调整系数上限：程序默认5,可参看《高规》10.2.17条。

● 调整与框支柱相连的梁内力：勾选，《高规》（JGJ 3—2002）10.2.7条规定，框支柱按$0.3V_0$调整后，应相应调整框支柱的弯矩及柱端梁（不包括转换梁）的剪力和弯矩，框支柱轴力可不调整。

● 部分框支剪力墙结构底部加强区剪力墙抗震等级自动提高一级（《高规》表3.3.9、表3.9.4）；程序默认勾选。

● 连梁刚度折减系数：0.7，《抗规》（GB 50011—2001）6.2.13条规定，折减系数不宜小于0.5，当连梁内力由风荷载控制时，不宜折减；《高规》（JGJ 3—2002）5.2.1条条文说明指出，设防烈度低（6、7度）时可少折减（0.7），抗震烈度高时可多折减（0.5），折减系数不宜小于0.5，以保证连梁承受竖向荷载的能力。

提示

程序通过该参数考虑连梁进入塑性状态后的连梁刚度。一般工程取 0.7（并不小于 0.55），位移由风载控制时取≥ 0.8。该系数仅对地震作用下的连梁刚度进行折减，风荷载作用时不折减，与老版本 PKPM 不同，《高规》2010 中 5.2.1 条规定不宜小于 0.5。

● 梁刚度放大系数按2010规范取值：勾选。

● 按《抗规》5.2.5条调整各楼层地震内力：建议初步计算时不勾选此项方便判断各项指标，如若勾选软件会自动按《抗规》5.2.5条条文说明将不满足剪重比的楼层及以上所有楼层地震剪力进行放大。该项与同界面中的地震作用调整功能类似，但地震作用调整只能将全楼地震作用放大（注意：两项均选时是否重复放大，尚不明确）。

提示

剪重比：主要为控制各楼层最小地震剪力，确保结构安全性，见《抗规》5.2.5 条，《高规》3.3.13 条。这个要求如同最小配筋率的要求，算出来的地震剪力如果达不到规范的最低要求，就要人为提高，并按这个最低要求完成后续的计算。
剪重比不满足时的调整方法如下所述。
程序调整：在 SATWE 的“调整信息”中勾选“按抗震规范 5.2.5 调整各楼层地震内力”后，SATWE 按抗规 5.2.5 自动将楼层最小地震剪力系数直接乘以该层及以上重力荷载代表值之和，用以调整该楼层地震剪力，以满足剪重比要求。
人工调整，可按下列 3 种情况进行调整：
当地震剪力偏小而层间侧移角又偏大时，说明结构过柔，宜适当加大墙、柱截面，提高刚度；
当地震剪力偏大而层间侧移角又偏小时，说明结构过刚，宜适当减小墙、柱截面，降低刚度以取得合适的经济技术指标；
当地震剪力偏小而层间侧移角又恰当时，可在 SATWE 的“调整信息”中的“全楼地震作用放大系数”中输入大于 1 的系数增大地震作用，以满足剪重比要求。

● 在内力与位移计算时，中梁刚度放大系数：2，现浇楼面和装配整体式楼面可考虑翼缘作用对梁的刚度予以放大。一般情况下，装配式楼板取1.0；装配整体式楼板取1.3；现浇楼板取2.0。程序自动处理边梁、独立梁及与弹性楼板相连梁的刚度不放大。另外，该系数对连梁不起作用。《抗规》（GB 50011—2001）5.2.5条为强制性条文，必须执行。应注意的是6度区没有剪重比控制指标要求，宜按 λ =0.008控制。该内容可在计算结果文本信息中查看。

● 指定的薄弱层（加强层）个数及其层号：根据具体情况选择，程序只是根据层间侧向刚度的比值来确定薄弱层，没有根据受剪承载力的比值确定薄弱层。通常情况下，如框支结构、刚度、承载力削弱层应人工定义为薄弱层。

● 全楼地震作用放大系数：一般情况下可以不用考虑“全楼地震力放大系数”，特殊情况如采用弹性动力时程分析时，计算出的楼层剪力大于振型分解法计算出的楼层剪力时，可填入此参数。

● 顶塔楼地震作用放大起算层号：起算层号按突出屋面部分最低层号填写，若无顶塔楼或不调整顶塔楼的内力，可将起算层号填为0（注：该系数仅放大顶塔楼的内力，并不改变位移）。计算振型为9~15及以上时，内力放大系数宜取1.0（不调整）；计算振型为3时，可取1.5。《抗规》（GB 50011—2001）5.2.4条：当采用底部剪力法计算地震剪力时，突出屋面的屋顶间、女儿墙、烟囱等的地震作用效应，宜乘以增大系数3；采用振型分解法时，可将突出屋面部分作为一个质点。如果振型数取得足够多（按前述振型数），可不考虑顶塔楼地震作用放大，否则，应考虑鞭梢效应。根据SATWE用户手册，计算振型数与放大系数的关系为：振型数小于12大于9时，取放大系数小于3.0；振型数小于15大于12时，取放大系数小于1.5。

● $0.2V_0$调整的起始层号和终止层号：按实填入，仅用于框—剪结构和钢框架—支撑（剪力墙）结构体系，可将起始层号填入负值（–m），表示取消程序内部对调整系数上限2.0限制。$0.2V_0$调整也可以人工干预，实现分段、分塔$0.2V_0$的调整。具体方法为在前处理程序中选取“用户指定$0.2V_0$调整系数”（SatInput.02V），按约定格式输入要修改的各层具体调整系数。对框支剪力墙结构，当在特殊构件定义中指定框支柱后，程序自动按照《高规》（JGJ 3—2002）10.2.7条实现$0.2V_0$或者$0.3V_0$的调整。对于柱少剪力墙多的框架剪力墙结构，$0.2V_0$调整一般只用于主体结构，一旦结构内收则不往上调整。$0.2V_0$调整的放大系数只针对框架梁柱的弯矩和剪力，不调整轴力。

⑥ 在“设计信息”选项卡中，设置参数如图3-11所示，各参数介绍如下。

● 结构重要性系数：1.0，《混凝土结构设计规范》（GB 50010—2002）3.2.1、3.2.3条，《高规》（JGJ 3—2002）4.7.1条，对安全等级为一级或实际使用年限为100年及以上的结构构件，不应小于1.1；对安全等级为二级或使用年限为50年的结构构件，不应小于1.0；对安全等级为三级或设计使用年限为5年及以下的结构构件，不应小于0.9；在抗震设计中，不考虑结构构件的重要性系数。

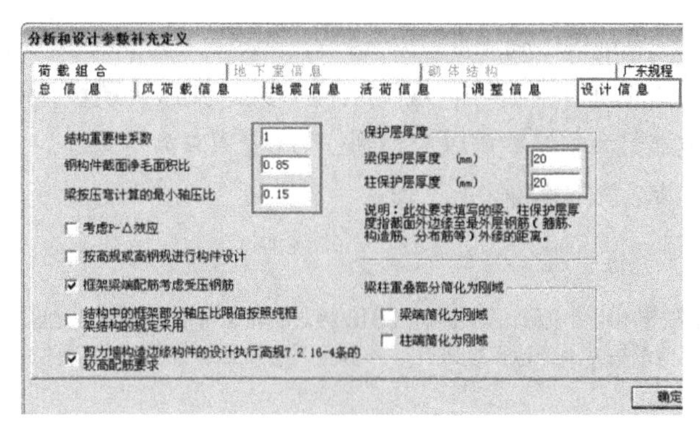

图3-11 设计信息选项卡参数设置

● 梁、柱保护层厚度：20，20；新规范规定，保护层厚度是截面外边缘到最外层钢筋外缘的距离，20足够。

提示

程序的保护层厚度是指构件外表面到钢筋中心的距离，与规范要求的边到边距离不同，设计人员应引起注意，如净保护层厚度为 Cover，则一排钢筋的合理作用点到截面外缘的距离为 Cover + 12.5。因此，梁单排布筋实际保护层厚度为 Cover + 12.5mm；梁双排布筋实际保护层厚度为 Cover + 12.5 + 25mm。

当梁柱实配钢筋直径大于 25mm 时，应复核保护层厚度不小于钢筋直径。

设置钢筋保护层厚度时还应考虑构件工作环境，如在地下室、露天或其他恶劣环境中的构件应按规范要求加大保护层厚度。

● 考虑P—Δ效应：《高规》（JGJ 3—2002）5.4节给出由结构刚重比确定是否考虑重力二阶效应的原则；《高层民用钢结构》（JGJ 99—98）5.2.11条给出对于无支撑结构和层间位移角大于1/1000的有支撑结构，应考虑P—Δ效应，具体应用中由程序计算（Wmass.out）确定是否勾选。

● 梁柱重叠部分简化为刚域：不选，《高规》（JGJ 3—2002）5.3.4条：在内力和位移计算中，可以考虑框架或壁式框架梁柱节点区的刚域，一般情况下可不考虑刚域的有利作用，作为安全储备。但异形柱框架结构应加以考虑；对于转换层及以下的部位，当框支柱尺寸巨大时，可考虑刚域影响。刚域与刚性梁不同，刚性梁具有独立的位移，但本身不变形。

提示

程序对刚域的假定包括：不计自重；外荷载按梁两端节点间距计算，截面设计按扣除刚域后的长度计算。

● 按高规或高钢规进行构件计算：是否选择按高规或高钢规进行构件计算的区别在于，荷载组合和构件计算适用的规范不同；符合高层条件的建筑应勾选，多层建筑不勾选；《高规》（JGJ 3—2002）1.0.2条给出混凝土高层建筑的适用范围为10层及以上或高度28m以上的民用建筑结构；《高层民用钢结构规程》（JGJ 99—98）1.0.2条没有给出使用高度的下限，多层钢结构也可按照高钢规进行构件计算。

● 钢柱计算长度系数按有侧移：《钢结构规范》（GB 50017—2003）5.3.3条给出钢柱的计算长度按照钢结构规范附录D执行，主要考虑的因素为支撑的侧移刚度。一般选择有侧移，也可考虑以下原则：楼层最大杆间位移小于1/1000（强支撑）时，按无侧移；楼层最大杆间位移大于1/1000且小于1/300（弱支撑）时，取1.0；楼层最大杆间位移大于1/300（弱支撑、无支撑）时，按有侧移计算。

提示

不选择此项，SATWE 执行《砼规》7.3.11-2 条，按表 7.3.11-2 取用混凝土柱计算长度，对相交楼盖底层柱计算长度取 1.0H，上层柱取 1.25H。

选择此项，SATWE 自动判断水平弯矩占总弯矩的比值，如大于 75%，混凝土柱计算长度执行《砼规》7.3.11-3 条的计算公式（7.3.11-1/-2），否则，同上一条。

● 剪力墙构造边缘构件的设计执行高规7.2.16—4条：勾选。

● 框架梁端配筋考虑受压钢筋：《高规》规6.3.3条，梁端支座抗震设计时，如果受压钢筋配筋率不小于受拉钢筋的一半时，梁端最大配筋率可以放宽到2.75%（原来为2.5%），当选择该项时，同时执行这一条，否则还是按最大配筋率2.5%来控制。

提示

选择该项参数，原来只对地震作用组合进行该项控制，2010 版对所有组合下的框架梁支座进行相对受压区高度验算，一级抗震 x 小于等于 $0.25h_0$，其他都是 x 小于等于 $0.35h_0$，不满足时会按此限值重新计算受拉及受压钢筋。

● 结构中的框架部分轴压比限值按照纯框架结构的规定采用：一般不选，少墙框架等应选择此项。

● 柱配筋计算原则：具体应用宜按单偏压计算，并对计算结果按双偏压校核。对于异形柱框架结构中的异形柱和特殊构件定义的角柱，程序自动按照双偏压计算。

提示

单偏压计算只考虑平面内的弯矩和轴力，在同一组设计内力中，当两个方向的弯矩都很大时，可能配筋不足。双偏压计算同时考虑平面内和平面外的弯矩和相应的轴力，但结果不唯一。
程序按照双偏压计算时，按照第一组组合内力进行计算，初步给定角筋和腹筋，从第二组组合内力起，验算初步配筋，并按照先角筋后腹筋或按弯矩比例增大的方式给出配筋结果。
程序计算没有考虑配筋优化，故配筋可能偏大。
对单偏压和双偏压计算结果应进行认真复核，因为两种计算方式都有可能出现不合理的计算结果，如发现错误应予以调整。

⑦ 在“配筋信息”选项卡中，设置参数如图3-12所示，各参数介绍如下。

● 梁柱及边缘构件箍筋强度：通常情况下，根据梁柱受剪承载力和配箍特征值的大小，以及保证混凝土对钢筋的结合性能选择钢筋品种。对于框支梁柱及约束边缘构件宜采用HRB400钢筋，对于一般框架梁柱和构造边缘构件选择HPB300钢筋。

● 梁柱及边缘构件主筋强度：SATWE进行构件计算时，按照本参数取得主筋的强度，不同于PM模型输入时的钢筋型号选择，后者用于出图时的钢筋符号表示。输入时必须将二者对应起来。

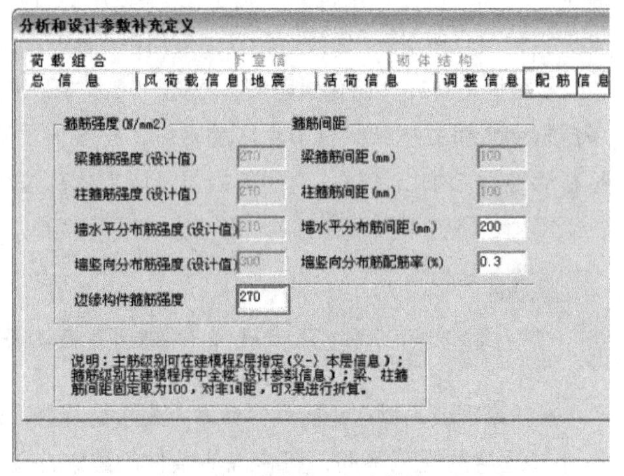

图3-12 配筋信息选项卡参数设置

提示

通常情况下，应按如下原则选择钢筋：
受力较大的构件，如大跨度的梁、板构件，框支梁、柱构件，约束边缘构件等，宜采用 HRB400 钢筋；
小跨度的梁，普通框架柱及混凝土墙的构造边缘构件宜采用 HRB335 钢筋；
地下室钢筋混凝土外墙，通常情况下由裂缝控制，宜采用 HRB335 钢筋；
楼板应采用 HRB400 钢筋，楼梯等根据跨度、荷载大小采用 HRB400 钢筋或 HRB335 钢筋。

● 墙分布筋强度：一般情况下，墙的竖向分布筋由规范规定的最小配筋率确定，故宜选择HPB300钢筋，以降低钢筋成本；一般部位的混凝土墙的水平分布筋，HPB235钢筋也能够满足墙受剪承载力的要求。对于复杂高层和筒体结构的特殊部位，因受力复杂，以考虑HRB400钢筋作为墙分布筋。混凝土墙的水平分布筋和竖向分布筋应采用同一品种，且都应符合最小配筋率的要求。

● 梁、柱箍筋间距：100，通常情况下为100，当抗震设计时，本参数为加密区的间距。

提示

《砼规》（GB 50010—2002）10.2.10 条规定了非抗震设计时梁箍筋最大间距要求，根据梁的高度和剪压比大小取 100~400；10.3.2 条规定了非抗震设计时柱箍筋最大间距要求为 Min（400、柱短边尺寸、15 倍柱纵筋最小直径）。
《抗规》（GB 50011—2001）6.3.3、6.3.8 条和《高规》（JGJ 3—2002）6.3.2、6.4.3 条规定了抗震设计时梁、柱箍筋加密区的最大间距要求。当个别梁构件因高度（$h/4$）或个别梁柱因其纵筋最小直径（$6d$ 或 $8d$）造成箍筋加密区间距小于 100 时，应在画图时人工修改以满足规范要求。

● 墙水平分布筋间距及竖向分布筋配筋率：200、0.25%，《砼规》（GB 50010—2002）6.4.3条、《高规》（JGJ 3—2002）7.2.18条及《高规》（JGJ 3—2002）10.2.15条规定。

提示

《砼规》（GB 50010—2002）6.4.3 条、《高规》（JGJ 3—2002）7.2.18 条及《高规》（JGJ 3—2002）10.2.15 条规定：一、二、三级混凝土竖向和横向分布钢筋的最小配筋率均不应小于 0.25%，四级抗震时不应小于 0.2%，钢筋最大间距不大于 300，最小直径不应小于 8；部分框支剪力墙结构的底部加强部位，竖向和横向分布钢筋的最小配筋率均不应小于 0.3%（非抗震设计时不应小于 0.25%），钢筋间距不大于 200。
《砼规》（GB50010—2002）6.5.2 条、《高规》（JGJ 3—2002）8.2.1 条：框架－抗震墙结构的抗震墙的竖向和横向分布钢筋配筋率，抗震设计时均不应小于 0.25%，非抗震设计时均不应小于 0.2%。
《高规》（JGJ 3—2002）4.9.2 条规定：抗震等级为特一级的筒体、剪力墙一般部位的水平和竖向分布钢筋的最小配筋率应取为 0.35%，底部加强部位应取为 0.4%。
《高规》（JGJ 3—2002）7.2.20 条：房屋顶层剪力墙及长矩形平面房屋的楼梯间和电梯间剪力墙、端开间的纵向剪力墙、端山墙的水平及竖向分布筋的最小配筋率不应小于 0.25%，钢筋间距不大于 200。
《高规》（JGJ 3—2002）10.4.5 条：错层处平面外受力的剪力墙，其截面厚度抗震设计时不应小于 250（非抗震设计时 200），抗震等级提高一级。错层处剪力墙的混凝土强度等级不小于 C30，水平和竖向分布筋的配筋率，非抗震设计时不小于 0.3%，抗震设计时不小于 0.5%。

● 结构底部需要单独指定墙竖向分布筋的层数及其配筋率：参数用于设定不同部位的混凝土墙分布筋的配筋率，可按照上述规范要求调整；顶层加强部位最高层号，0.3%。

● 其他：板配筋宜采用HRB400钢筋，并可采用塑性方法计算板配筋；另外，除受力钢筋外的其他构造钢筋、分布钢筋宜采用HPB300钢筋。

● 在“荷载组合”选项卡如图3-13所示中：各参数一般按默认值计算。

● 荷载分项系数：恒载→1.2（1.35）；活载（含吊车荷载）→1.4；风荷载→1.4（按照《荷载规范》（GB 5009—2001）3.2.5条、《高规》（JGJ 3—2002）5.6.2条规定执行）。

● 活荷载组合值系数：0.7。

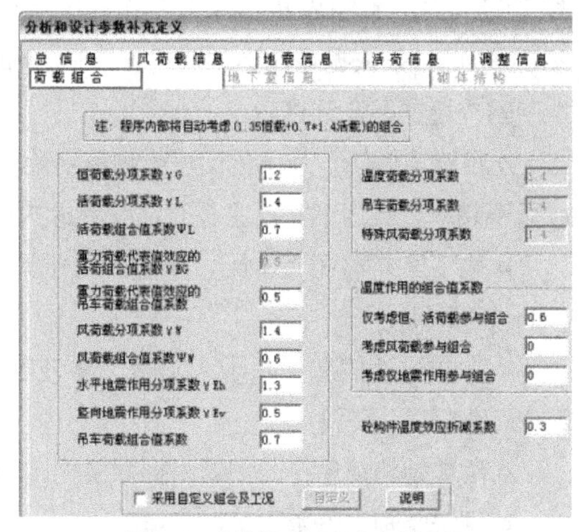

图3-13 荷载组合选项卡参数设置

● 活载重力代表值系数：0.5；《抗规》（GB 50011—2001）5.1.3条、《高规》（JGJ 3—2002）3.3.6条规定了活载重力代表值系数，雪荷载及一般民用建筑楼面等效均布活荷载取0.5，屋面活荷载和软钩吊车荷载取0，硬钩吊车取0.3，藏书库、档案库为0.8，按实际情况计算的楼面活荷载取1.0。

●地震作用分项系数：水平地震作用：1.3；竖向地震作用：0.5（按《高规》（JGJ 3—2002）5.6.4条执行）。

●特殊风荷载分项系数：1.4，按《荷载规范》（GB 5009—2001）3.2.5条执行。

●温度荷载分项系数：1.2，参照《金属与石材幕墙工程技术规范》（JGJ 133—2001）5.1.6条的规定，取1.2，同时温差效应组合值系数取0.8。

●采用自定义组合及工况：不勾选，直接按规范要求执行，一般不采用另外的组合。

提示

《荷载规范》（GB 5009—2001）4.1.1、4.3.1、6.1.5 条：一般的民用建筑、工业建筑活荷载及屋面雪荷载的组合值系数为 0.7。
《荷载规范》（GB 5009—2001）4.4 节规定了屋面积灰荷载的组合值系数为 0.9 或 1.0（高炉临近建筑的屋面积灰荷载）。
《荷载规范》（GB 5009—2001）5.4 节规定了吊车荷载的组合值系数，除硬钩吊车和工作级别 A8 的软钩吊车为 0.95 外，其他软钩吊车的荷载组合值系数均为 0.7。
《荷载规范》（GB 5009—2001）7.1.4 条规定，风荷载的组合值系数为 0.6。
《高规》（JGJ 3—2002）5.6.1 条：无地震作用组合时，当永久荷载起控制作用时，楼面活荷载和风荷载的组合值系数取 0.7（书库、档案库、通风机房、电梯机房取 0.9）和 0.0；当可变荷载起控制作用时，应分别取 1.0 和 0.6 或者 0.7（书库、档案库、通风机房、电梯机房取 0.9）和 1.0。
《高规》（JGJ 3—2002）5.6.3 条：有地震作用组合时，风荷载的组合值系数取 0.2。

⑧ 地下室信息：虽然，此例题没有地下室，但是以后的建筑会有，在此也进行说明。

●回填土对地下室约束的相对刚度比：该参数通过填入与地下室侧移刚度的相对刚度比模拟基础回填土对结构约束作用。填0认为回填土对结构没有约束作用，上部结构嵌固于基础上；若该参数大于5，则认为地下室基本上没有侧移，上部结构在地下一层顶嵌固（但竖向变形没有约束）。

提示

若填入负数（$-m$），则相当于地下室 $-m$ 层顶的顶板嵌固，这时根据《抗规》（GB 50011—2001）6.1.14 条的规定，应保证地下室的剪切刚度大于一层剪切刚度的 2 倍。
若地下室不考虑嵌固作用，地下室信息中回填土对地下室约束的相对刚度比一般为 3，模拟约束作用为 70%~80%。

●外墙分布筋保护层厚度：根据《地下工程防水规范》（GB 50108—2008）4.1.7条的规定，结构混凝土迎水面的钢筋保护层厚度不小于50mm，当不考虑结构防水时，应按照《砼规》（GB 50010—2002）9.2.1条依据环境类别选用，并适当加大（可按相应环境类别柱的保护层厚度选用）。该参数用于地下室外墙的配筋计算。

●扣除地面以下几层的回填土约束：此参数指从第几层地下室考虑基础回填土对结构的约束作用，一般可不扣除，当地下室不完整时，可考虑扣除相应的地下室层数。

●地下室外墙侧土水压力参数：用于计算地下室外墙的土压力，应按实填写，室外地面附加荷载取4.0～10.0kN/m^2。

●人防设计信息：用于人防地下室外维护结构计算，根据《人防地下室设计规范》（GB 50038—2005）按实际填写。

●砌体结构信息：此例题为框架结构，砌体结构信息捎带讲解。

●砌块类别、容重：均按实填写。

●底部框架层数：按实填写。

●底框结构空间分析方法：通常情况下选择规范算法，以满足规范要求；对一些特殊的复杂砌体结构，可以选取有限元整体算法计算结构中的局部梁柱构件内力。

●配筋砌块砌体结构：勾选后，程序按相应的规范进行分析和构件设计。

3.2.2 生成SATWE数据文件及数据检查

执行方法：【补充输入及SATWE数据生成】|【生成SATWE数据文件及数据检查】。

完成各项参数设置后，执行此命令，程序自动生成SATWE数据文件，操作如图3-14所示。如果出现错误，则可查看数据检查报告CHECK.OUT，完成修改后再次执行“生成SATWE数据文件及数据检查”，数据检查通过，则SATWE前处理完成。

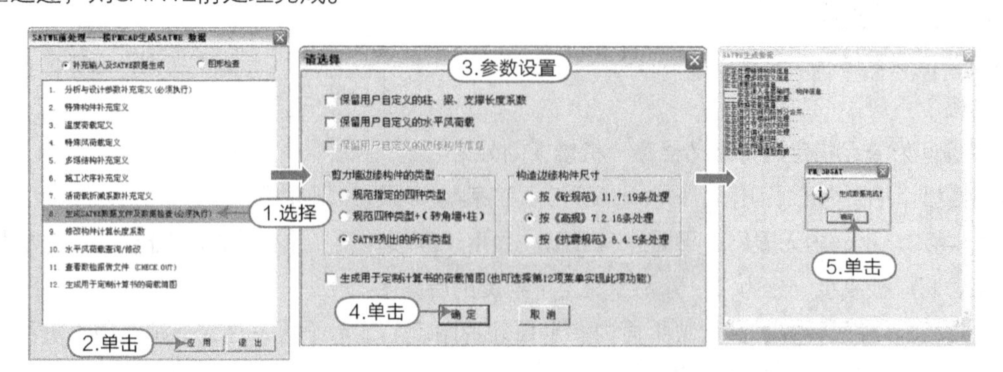

图3-14 生成SATWE数据文件及数据检查

3.2.3 特殊构件补充定义

执行方法：【补充输入及SATWE数据生成】|【特殊构件补充定义】。

特殊构件包括特殊梁、特殊柱等，本例题暂时仅需要设置角柱。

1.特殊梁

● 不调幅梁：程序自动对梁两端的支撑情况判断，当梁两端的支座均为混凝土墙或柱时，隐含定义为调幅梁，否则为不调幅梁。

> **提示**
>
> 通常情况下框架梁一般支座弯矩大，实际配筋困难，而且是实际塑性铰形成的点，所以应该进行调幅。多跨连续梁一般荷载较小，调幅的意义不大。对于梁端内力较大的多跨连续梁，按照规范规定，也可以调幅，实际操作时可灵活掌握。

● 连梁：按照《高规》（JGJ 3—2002）7.1.8条，根据跨高跨比确定连梁（<5）或框架梁（≥5），连梁可以进行刚度折减，框架梁不折减，但框架梁考虑刚度放大。

● 转换梁：根据实际情况指定转换梁，注意转换次梁和托柱梁也应指定为框支梁，使得程序可以自动对其调整抗震等级并进行内力调整。

● 铰接梁（一端铰接、两端铰接）：根据计算结果可以将个别超筋或配筋率大的梁端定义为铰接梁，并在设计图纸中规定相应的构造措施。

● 滑动支座梁、门式钢梁、耗能梁、组合梁根据实际情况指定；梁的抗震等级、材料强度、刚度系数、扭转系数、调幅系数根据需要单独调整个别梁的相关参数。

> **提示**
>
> 程序不能自动搜索转换梁等特殊梁，必须由设计人员指定。
> 值得注意的是，程序可以根据规范的有关规定，对某些特殊结构的特殊构件自动提高抗震等级，但人工设定优先于程序设定，所以设计人员单独定义构件抗震等级后，程序不再自动提高这些构件的抗震等级。
> 特殊构件定义、设置及显示颜色参看 SATWE 用户手册。

2.特殊柱

● 角柱、框支柱：根据柱的布置位置判断并定义角柱、框支柱，程序根据指定自动进行相关的内力调整和抗震等级的调整。

● 其他如铰接柱（上端、下端）、门式钢柱根据实际情况指定；柱的抗震等级、材料强度、剪力系数（广东规范）根据需要单独调整个别柱的相关参数。

3.特殊墙、特殊支撑

根据需要指定或修改相关参数。

4.弹性板

程序以房间为单元指定进行定义程序，将楼板划分为4类。

● 刚性楼板，平面内无限刚，平面外刚度为0。程序默认楼板为刚性楼板。

● 弹性楼板3，平面内无限刚，平面外有限刚。适用于厚板转换。厚板转换PM建模时，与板柱结构一样布置虚梁，将厚板高度一分为二，分别加在上下楼层的层高上。

● 弹性楼板6，壳元计算真实反映平面内、平面外的刚度。适用于板—柱或板柱—剪力墙结构，按照《高规》（JGJ 3—2002）5.3.3条的要求执行。

● 弹性膜，应用应力膜单元真实反映板平面内、外的刚度，同时忽略平面外刚度。适用于转换层、楼板开大洞、楼板弱连接的情况。

提示

未设定弹性楼板程序默认为刚性楼板，假定楼板平面内无限刚，楼板平面外刚度为 0，刚性板假定使用于大多数常规工程。
弹性楼板设定是以房间为单元进行的，用光标点取房间内的任意点，房间内显示一个带数字的圆圈（数字为板厚），表示该板已设定为弹性楼板。
强制刚性楼板仅用于位移比的计算，构件设计则不应选择强制刚性楼板，因此需要进行两次计算。

3.2.4 温度荷载定义

执行方法：【补充输入及SATWE数据生成】|【温度荷载定义】。

执行此命令如图3-15所示，超长结构需进行温度荷载定义，计算结构的温度荷载，应指定相应楼层为弹性楼板（为了计算梁板内力），然后根据30年一遇的夏季最高日平均气温与夏季空调设计温度（26）的差，以及30年一遇的冬季最低日平均气温与冬季采暖设计温度（18）的差确定最高升温和最低降温值，升温为正，降温为负，不考虑季节性温度变化温差。

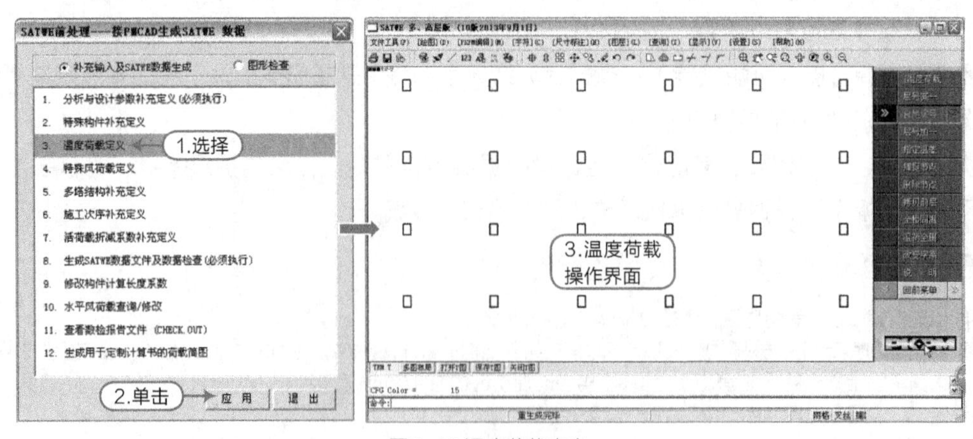

图3-15 温度荷载定义

3.2.5 特殊风荷载定义

执行方法：【补充输入及SATWE数据生成】|【特殊风荷载定义】。

所谓特殊风荷载是指风荷载作用不是水平方向的，例如，竖向风荷载。例如，点击【定义梁】，弹出输入梁风荷载对话框，输入竖向风荷载，布置到梁上，如图3-16所示。

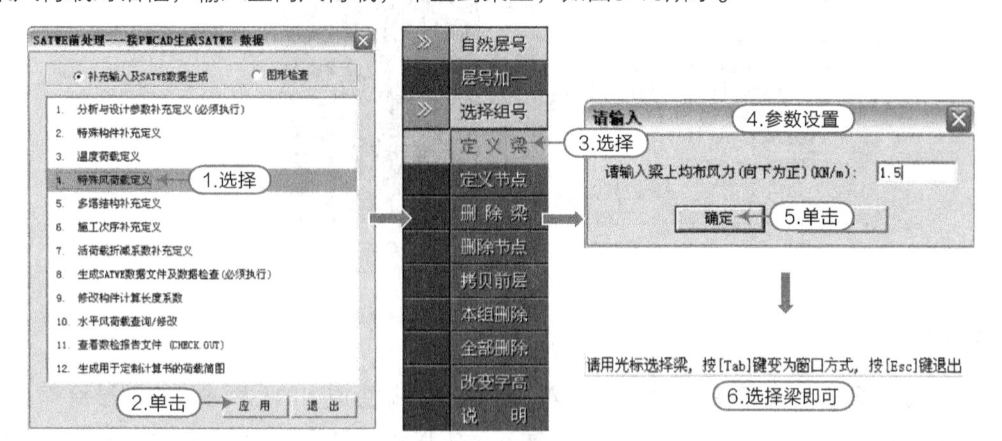

图3-16 特殊风荷载定义

提示

特殊风荷载仅能布置在梁和节点上，不能布置在楼板上，需要时可以将板荷载折算到梁或节点上。
另一种特殊风荷载用于排架厂房，为上部门式刚架的框架结构设置风荷载。

3.2.6 多塔结构补充定义

执行方法：【补充输入及SATWE数据生成】|【多塔结构补充定义】。

① 多塔的计算方式：多塔结构应采用拆分建模和整体建模分别计算，对于后者，必须定义为多塔。

② 多塔结构定义：设缝多塔应进行遮挡定义。折线围区可以重叠，但同一构件不能同时属于两个不同的区域。最好是从最高楼层编起。

3.2.7 修改构件计算长度系数

执行方法：【补充输入及SATWE数据生成】|【修改构件计算长度系数】。

执行命令如图3-17所示，一般不需要修改。当程序给出的计算长度系数不符合规范要求，明显不合理时，可修改梁（平面外）、柱、支撑的计算长度系数。

3.2.8 水平风荷载查询与修改

执行方法：【补充输入及SATWE数据生成】|【水平风荷载查询与修改】。

一般不需要修改。当程序给出的水平风荷载不符合规范要求，明显不合理时，可修改。

提示

“水平风荷载查询与修改”和“修改构件计算长度系数”两项的参数修改后，应直接退出前处理菜单进行后续计算，不要再执行第 1、8 项，否则修改的参数全部丢失。

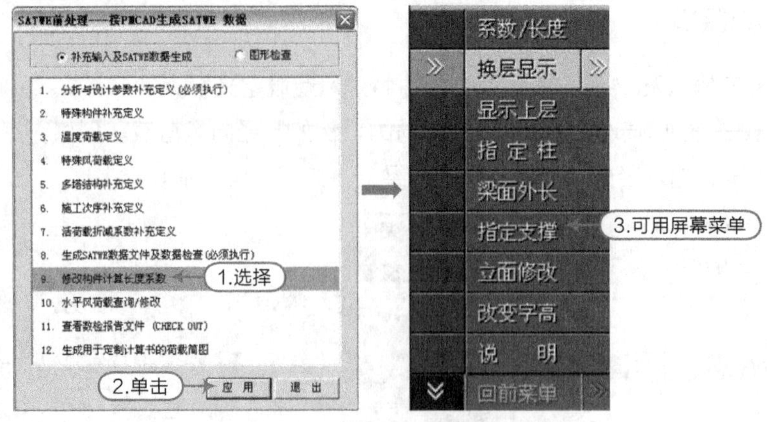

图3-17 修改构件计算长度系数

3.2.9 图形检查

执行方法：执行SATWE主菜单1→【补充输入及SATWE数据生成】的后两项、【图形检查】。

SATWE前处理的最后两项和“图形检查”，是有关工程图形和数据文件检查与修改的，在数据传递和检查出错时，应仔细检查有关的图形和数据文件，以便发现问题及时修改，如图3-18所示。

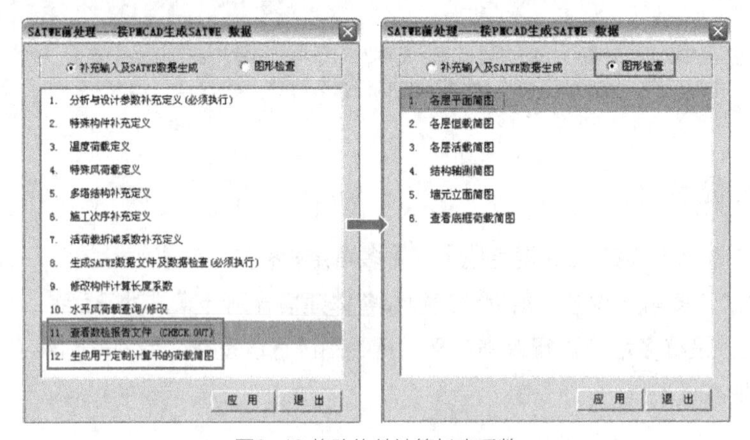

图3-18 修改构件计算长度系数

3.3 SATWE结构内力及配筋计算

执行方法：SATWE主菜单 2：结构内力，配筋计算。

选择SATWE主菜单 2 -结构内力，配筋计算主菜单，单击“应用”后出现“SATWE计算控制参数”对话框如图 3 - 19所示，大部分按照程序默认，小部分按规范和工程实际设置参数后，仅需要单击“确定”按钮，程序即可自动计算。

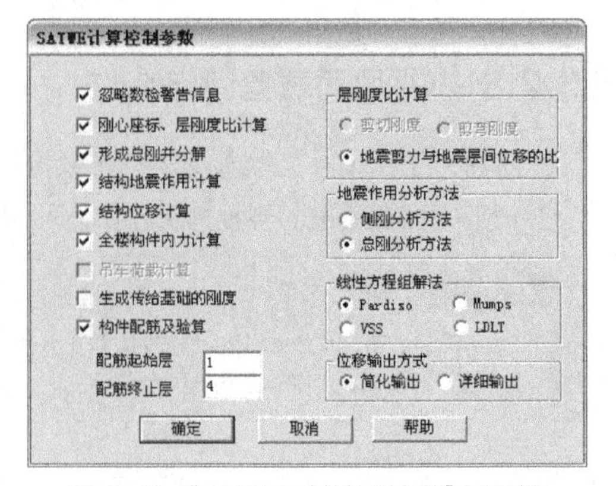

图 3-19 “SATWE计算控制参数”对话框

在“SATWE计算控制参数”对话框中，部分需要注意的参数含义如下。

- 吊车荷载计算：当设计工业厂房需要考虑吊车作业时应选择此项，并应在PMCAD建模时输入吊车荷载，程序初始值为不选择。
- 生成传给基础的刚度：当基础设计需要考虑上部结构刚度影响时，选择此项，否则不选。
- 层刚度比计算：有以下3种方法，剪切刚度，是《高规》附录E0.1规定的，主要用于底部大空间为一层的转换层结构刚度比计算，以及地下室嵌固部位的刚度比计算；剪弯刚度，是《高规》附录E0.2规定的，主要用于底部大空间层数大于一层的转换层结构刚度比计算；地震力与地震层间位移的比值，是《抗规》3.4.2、3.4.3条和《高规》4.3.5条规定的，适用于没有转换结构的大多数常规建筑，也可用于地下室嵌固部位的刚度比计算，这是程序默认的层刚度比计算方法。

提示

一般来讲，常规工程选择第三种方法计算刚度比，对复杂高层建筑，建议多用几种方法计算刚度比，从严控制。

- 地震作用分析方法：程序提供了侧刚分析方法和总刚分析方法两种地震作用分析方法。“侧刚计算方法”的优点是分析效率高，由于浓缩以后的侧刚自由度很少，所以计算速度快。但其应用范围是有限的，当定义有弹性楼板或有不与楼板相连的构件时，其计算是近似的，会有一定的误差。“总刚计算方法”适用于分析有弹性楼板或楼板开大洞的复杂建筑结构，不足之处是计算量大，因而速度稍慢。但是对于没有定义弹性板或没有不与楼板相连构件的工程，“侧刚计算方法”和“总刚计算方法”的计算结果是一致的。

3.4 PM次梁内力与配筋计算

执行方法：SATWE主菜单3：PM次梁内力与配筋计算。

在PM模型输入时，一般都将次梁作为主梁输入，所以此项不用进行操作。

3.5 分析结果图形和文本显示

执行方法：SATWE主菜单4：分析结果图形和文本显示。

选择SATWE主菜单4—分析结果图形和文本显示主菜单，显示“SATWE后处理”对话框，分为“图形文件输出”和“文本文件输出”两页，如图3-20所示。图形文件输出共有17个选项，通过平面图和三维彩色云斑图显示计算分析结果；“文本文件输出”共有13个计算结果文件，详细提供了计算结果数据。

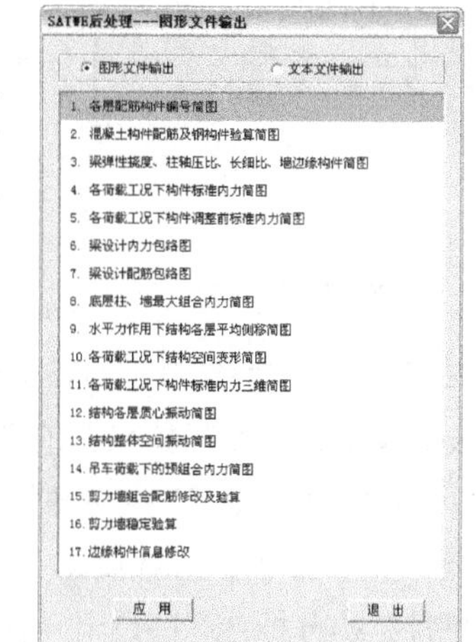

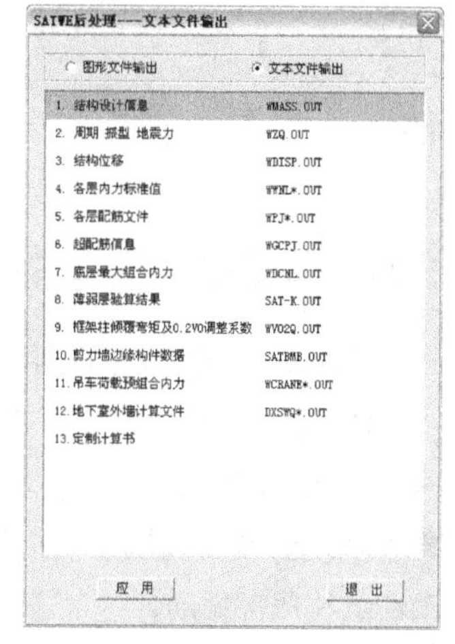

图3-20 分析结果图形和文本显示

3.5.1 图形文件的输出

执行方法：【图形文件输出】|【XXXX】。

例如，在“图形文件输出”页面下的17个选项中，选择“9.水平力作用下各层平均侧移简图”，给出图形文件如图3-21所示的。

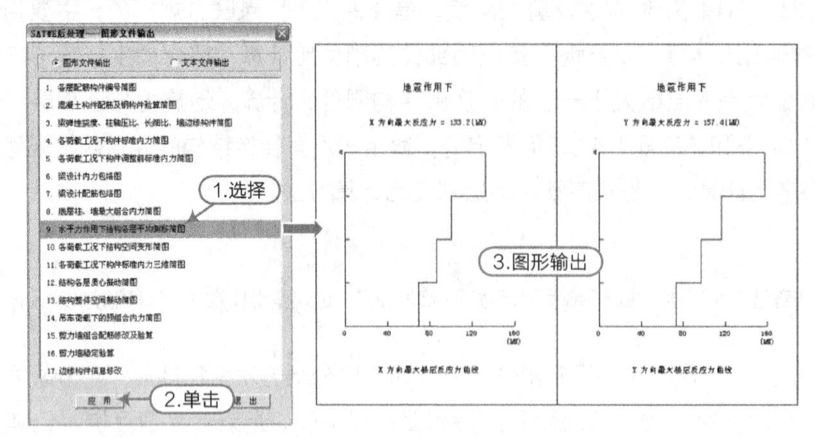

图3-21 图形文件输出

3.5.2 文本文件的输出

执行方法：【文本文件输出】|【XXXX】。

例如，在“文本文件输出”页面下的13个选项中，选择“7.底层最大组合内力”，给出文本文件如图3-22所示。

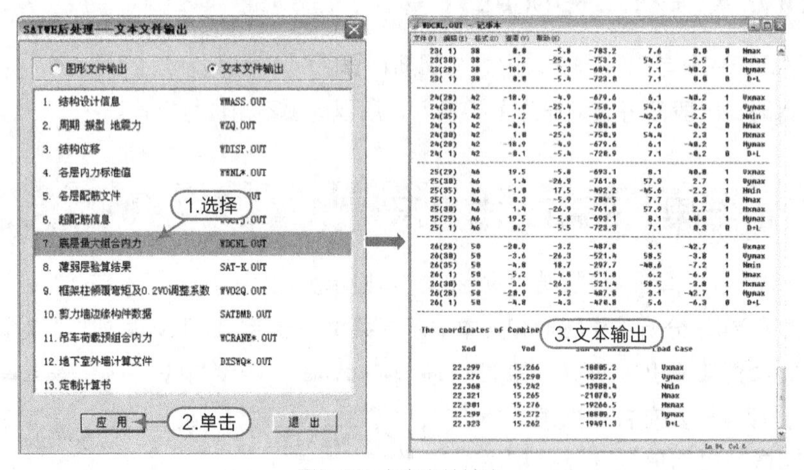

图3-22 文本文件输出

3.5.3 计算控制参数的分析与调整

SATWE输出的计算结果可以分为4类：计算书、动态图形、静态图形和校验数据，现将后3项讲解。

① 动态图形：通过三维线框模型、三维实体模型的动态图，显示反映结构的计算分析结果，主要有：“10.各荷载工况下结构空间变形简图”“13.结构整体空间振动简图”，通过三维动态图形，可以形象直观地查看到建模错误，荷载传导不正确，参数设置不正确，结构设计不合理等，引起的构件病态振动和结构局部振动，这对宏观把握结构分析合理性是十分有益的。

② 静态图形：通过平面图、立面图、立体图的数据，显示结构计算分析结果，主要有“构件编号

图、配筋图、轴压比图、各种荷载工况下的内力图”等。设计人员除了查阅各项内力计算数值外，特别要注意构件计算结果是否满足规范，如轴压比、剪压比、剪跨比、跨高比、高厚比（剪力墙）及长细比（柱）等，构件配筋参数包括纵筋、箍筋、分布钢筋、配筋率及有无超筋等。

提示

“8. 底层柱、墙最大组合内力简图”中数据仅用于上部荷载传导正确性校核，不能用于基础设计，该程序已不再维护，建议不要使用。

③ 柱双偏压验算方法：如SATWE整体分析时采用单偏压计算，建议应进行双偏压验算。方法是：执行SATWE软件第4项“分析结果图形和文本显示”，选择“14.柱钢筋修改及双偏压验算”，进入柱双偏压验算图形界面，点取【钢筋验算】，显示钢筋验算对话框。通过“添加”（或“全部添加”）选项，将左侧“楼层列”中需要验算的楼层号转移到右侧（验算层），点击“确认”，即对选择楼层的全部柱钢筋进行双偏压验算，如钢筋用红色字体显示，表示双偏压验算不满足要求，可以用【修改钢筋】命令将柱钢筋逐步加大，再进行验算，直至柱钢筋标注字体都为白色，全部满足双偏压验算为止。

3.5.4 结构设计计算书的内容

在SATWE输出的计算结果中，计算书通过数字和文字等数据形式反应计算分析结果，设计人员应认真核对计算结果，对不满足规范要求的控制参数进行分析和必要的调整。下面对计算控制参数的分析与调整做详细说明。

提示

梁弹性挠度、柱轴压比、墙边缘构件简图：本图形文件信息需要分析与调整的主要包括墙、柱“轴压比”。
结构设计信息 WMASS.OUT：本文本信息需要分析与调整的主要包括“刚度比”“刚重比”和“层间受剪承载力之比”。
周期振型地震力 WZQ.OUT：本文本信息需要分析与调整的主要包括“周期比”“剪重比”及“有效质量系数”。计算中应注意当地震作用最大的方向大于 15° 时，应将该数值回填 SATWE“总信息”的“水平力与整体坐标夹角”选项并重新计算。结构基本周期可先保留程序默认值（程序默认值是按《高规》附录 B 公式 B.0.2 计算的），待计算后将 WZQ.OUT 中的第一振型的周期重新填入计算。
结构位移 WDISP.OUT：本文本信息需要分析与调整的主要包括“层间位移角”和“楼层位移比”。这两个量值都必须是在刚楼板假定下得出的，弹性楼板条件下得到的值将没有意义。层间位移角计算时只需考虑结构自身的扭转耦联，无需考虑偶然偏心和双向地震；楼层位移比计算时需要考虑偶然偏心，但不考虑双向地震。

梁弹性挠度、柱轴压比、墙边缘构件简图如图3-23所示。

① 轴压比：在WPJC*（*为结构层号）中，墙柱构件边白色数字为柱轴压比，绿色数字为墙肢轴压比，若柱、墙肢的轴压比超限，则以红色数字显示。

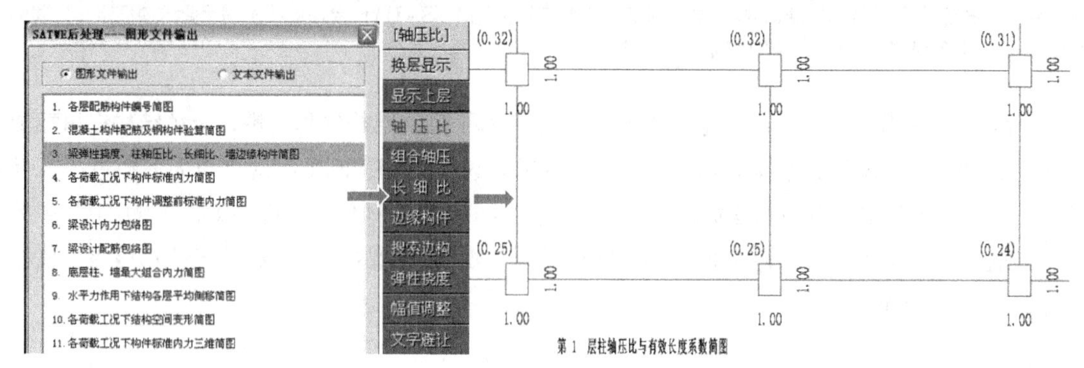

图3-23 轴压比

提示

不满足时的调整方法：增大该墙、柱截面或提高该楼层墙、柱混凝土强度。

结构设计信息WMASS.OUT如图3-24所示。

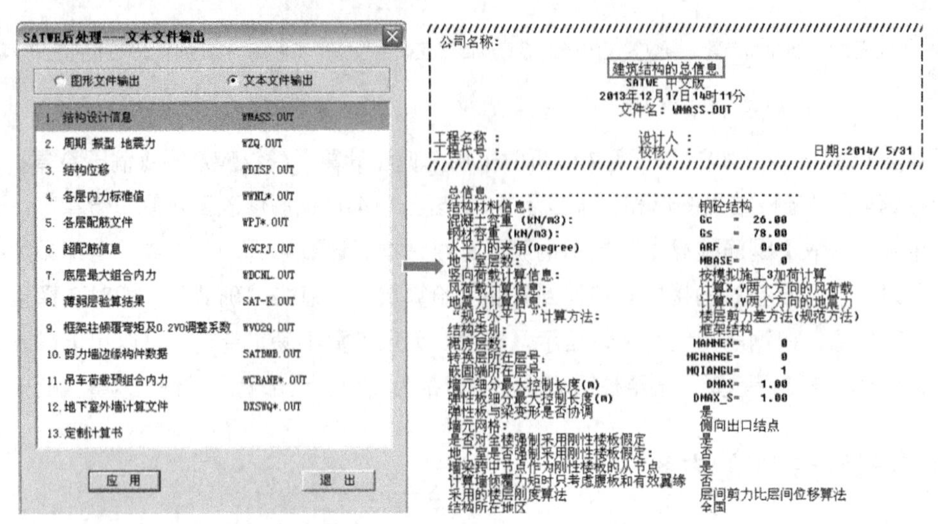

图3-24 总信息

② 刚度比：剪切刚度主要用于底部大空间为一层的转换结构（如一层框支）及地下室嵌固条件的判定。判断地下室嵌固时，依据《高规》5.3.7条，地下室其上一层的计算信息中Ratx，Raty结果不应大于0.5。剪弯刚度主要用于底部大空间为多层的转换结构（如二层以上框支），通常工程都采用地震剪力与地震层间位移比。在各层刚心、偏心率、相邻层侧移刚度比等计算信息中，Ratx1，Raty1结果大于等于1，即满足规范要求。

- 《高规》5.1.14条规定，“对竖向不规则的高层建筑结构，包括某楼层抗侧刚度小于其上一层的70%或小于其上相邻三层侧向刚度平均值的80％，其薄弱层对应于地震作用标准值的地震剪力应乘以1.15的增大系数”。
- 《高规》附录E.0.2条规定，“当转换层设置在3层及3层以上时，其楼层侧向刚度尚不应小于相邻上部楼层侧向刚度的60％。”
- 《抗规》附录E.2.1条规定，筒体结构“转换层上下层的侧向刚度比不宜大于2。”

提示

控制刚度比主要为控制结构竖向规则性，以免竖向刚度突变，形成薄弱层。不满足时的调整方法：应适当加强本层墙柱、梁的刚度，适当削弱上部相关楼层墙柱、梁的刚度。如实在不便调整，SATWE 会自动将不满足要求楼层定义为薄弱层，并按《高规》5.1.14 条将该楼层地震剪力放大 1.15 倍。

③ 刚重比：《高规》5.4.4条规定。控制刚重比主要为了控制结构的稳定性，避免结构在风载或地震力的作用下整体失稳、滑移、倾覆。刚重比不满足要求，说明结构的刚度相对于重力荷载过小，但刚重比过分大，则说明结构的经济技术指标较差。在文本文档“结构设计信息（WMASS、OUT）”中的＜结构整体稳定验算结果＞项下，程序根据所选的结构类型和规范规定的公式自动进行计算校核，直接给出刚重比是否符合要求的结论。

提示

不满足要求时需改变结构布置，加强墙、柱等竖向构件的刚度，若过分大时，也宜适当减少墙柱等竖向构件的截面面积。

④ 层间受剪承载力比：控制层间受剪承载力之比主要为了控制竖向不规则性，以免竖向楼层受剪承载力突变，形成薄弱层；楼层抗剪承载力及承载力比值“Ratio_Bu:X,Y”在A级高度时均不宜小于0.8，不应小于0.65；在B级高度时均不应小于0.75。

● 《抗规》3.4.3条规定，“平面规则而竖向不规则的建筑结构楼层承载力突变时，薄弱层抗侧力结构的受剪承载力不应小于相邻上一楼层的65％。”

● 《高规》4.4.3条规定，“A级高度高层建筑的楼层层间抗侧力结构的受剪承载力不宜小于其上一层受剪承载力的80％，不应小于其上一层受剪承载力的65％；B级高度高层建筑的楼层层间抗侧力结构的受剪承载力不应小于其上一层受剪承载力的75％。”

● 《高规》5.4.14条规定，“对竖向不规则的高层建筑结构，结构楼层层间抗侧力结构的承载力小于其上一层的80％，其薄弱层对应于地震作用标准值的地震剪力应乘以1.15的增大系数。”

提示

不满足时的调整方法：应适当加强本层构件的刚度，如提高混凝土强度或加大柱截面，以提高本层墙柱等抗侧力构件的承载力。如实在不便调整，需在 SATWE 的“调整信息”中的“指定薄弱层个数”中填入该楼层层号，SATWE 将按《高规》5.1.14 将该楼层地震剪力放大 1.15 倍。

周期振型地震力WZQ.OUT如图3-25所示。

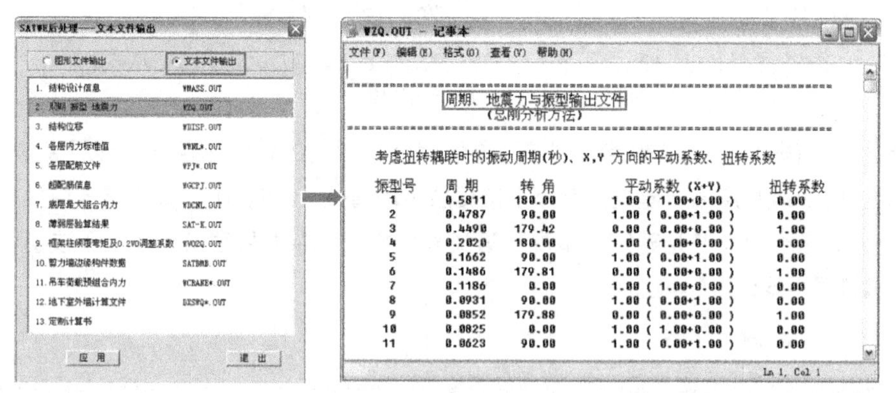

振型号	周 期	转 角	平动系数 (X+Y)	扭转系数
1	0.5811	180.00	1.00 (1.00+0.00)	0.00
2	0.4787	90.00	1.00 (0.00+1.00)	0.00
3	0.4490	179.42	0.00 (0.00+0.00)	1.00
4	0.2020	180.00	1.00 (1.00+0.00)	0.00
5	0.1662	90.00	1.00 (0.00+1.00)	0.00
6	0.1486	179.81	0.00 (0.00+0.00)	1.00
7	0.1186	0.00	1.00 (1.00+0.00)	0.00
8	0.0931	90.00	1.00 (0.00+1.00)	0.00
9	0.0852	179.88	0.00 (0.00+0.00)	1.00
10	0.0825	0.00	1.00 (1.00+0.00)	0.00
11	0.0623	90.00	1.00 (0.00+1.00)	0.00

图3-25　周期振型地震力

⑤ 周期比：控制周期比主要为了控制结构平面规则性，以避免产生过大的偏心而导致结构产生较大的扭转效应。《高规》4.3.5条规定，结扭转为主的第一自振周期T_t，与平动为主的第一自振周期T_1之比，A级高度高层建筑不应大于0.9，B级高度高层建筑、混合结构高层建筑及本规程第10章所指的复杂高层建筑不应大于0.85。

提示

周期比不满足时，应加强结构外围墙柱、梁的刚度，适当削弱结构中间墙柱的刚度。

⑥ 剪重比及有效质量系数：《抗规》5.2.5条和《高规》3.3.13条规定。查看FloorTowerFyVy（分塔剪重比）（整层剪重比）MyStaticFy，WZQ.OUT中按照《抗规》5.2.5条规定已得出最小剪重比数值（如3.2％）。后面紧跟着有效质量系数需大于90％。剪重比不满足规范要求，说明结构的刚度相对于水平地震剪力过小；但剪重比过分大，则说明结构的经济技术指标较差。

提示

不满足时的调整方法如下。
当剪重比偏小且与规范限值相差较大时，宜调整增强竖向构件，加强墙、柱等竖向构件的刚度。

提示

当剪重比偏小但达到规范限值的 80%以上时，可按下列方法之一进行调整：

- 在 SATWE 的“调整信息”中勾选“按抗震规范 5.2.5 调整各楼层地震内力”，SATWE 按《抗规》5.2.5 条自动将楼层最小地震剪力系数直接乘以该层及以上重力荷载代表值之和，用以调整该楼层地震剪力，以满足剪重比要求；
- 在 SATWE 的“调整信息”中的“全楼地震作用放大系数”中输入大于 1 的系数，增大地震作用，以满足剪重比要求；
- 在 SATWE 的“地震信息”中的“周期折减系数”中适当减小系数，增大地震作用，以满足剪重比要求。

当有效质量系数小于 90%时，应增加振型组合数以满足大于 90%的要求，振型组合数应不大于结构自由度数（结构层数的 3 倍）。

结构位移WDISP.OUT如图3-26所示。

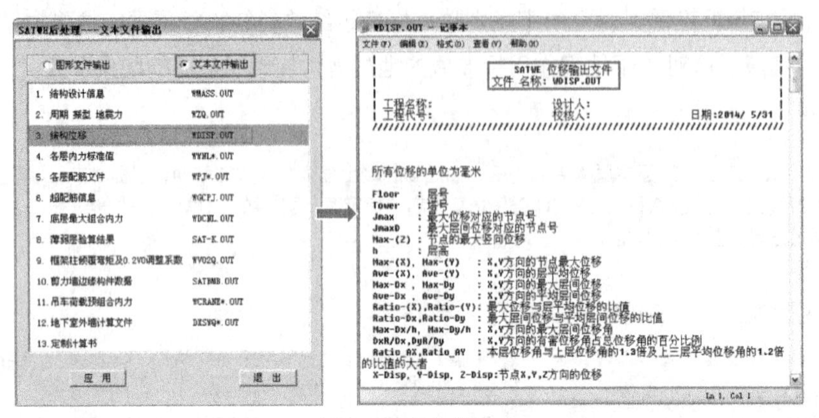

图3-26 结构位移

⑦ 位移比：《高规》4.3.5条规定，“在考虑偶然偏心影响的地震作用下，楼层竖向构件的最大水平位移和层间位移，A级高度高层建筑不宜大于该楼层平均值的1.2倍，不应大于该楼层平均值的1.5倍；B级高度高层建筑、混合结构高层建筑及本规程第10章所指的复杂高层建筑不宜大于该楼层平均值的1.2倍，不应大于该楼层平均值得1.4倍。”

提示

规范规定位移比按刚性板假定计算，如果在结构模型中设定了弹性板或楼板开大洞，应计算两次。第一次抗震计算时选择<对所有楼层强制采用刚性楼板假定>，按规范要求的条件计算位移比；第二次应在位移比满足要求后，不选择该项，以弹性楼板假定进行配筋等计算。

层间最大位移与层高之比（层间位移角）：《抗规》5.5.1条和《高规》4.6.3条规定，“按弹性方法计算的楼层层间最大位移与层高之比宜符合规定。”

提示

位移比不满足规范要求，说明结构的刚心偏离质心的距离较大，扭转效应过大，结构抗侧力构件布置不合理。

不满足时的调整方法（通过调整改变结构平面布置，减小结构刚心与质心的偏心距）如下。

由于位移比是在刚性楼板假定下计算的，结构最大水平位移与层间位移往往出现在结构的边角部位，因此应注意调整结构外围对应位置抗侧力构件的刚度，减小结构刚心与质心的偏心距。同时在设计中，应在构造措施上对楼板的刚度予以保证。

对于位移比不满足规范要求的楼层，也可利用程序的节点搜索功能在 SATWE 的“分析结果图形和文本显示”中的“各层配筋构件编号简图”中，快速找到位移最大的节点，加强该节点对应的墙、柱等构件的刚度。

3.6 思考与练习

一、填空题

1. 在“总信息”参数设置对话框中“水平力与整体坐标系夹角”参数是为了确定____方向角。

2. 程序提供了__________ “荷载计算信息”，通常执行_____________荷载加载方式。
3. 规范规定“地面粗糙度类别”分为________、________、________、________4类。
4. “结构不规则”应从_____________、_____________方面判断。

二、问答题

1. 结构平面不规则的判定依据。
2. 结构竖向不规则的判定依据。
3. 梁柱的保护层厚度应如何考虑?
4. 结构的合理性分析应查看哪7个方面?

三、操作题

继续上一章PMCAD操作题，为该6层框架结构工程进行SATWE的计算，对不符合规范要求的地方调整修正。

第 04 章

墙梁柱施工图设计

SATWE部分完成后，就可以进行相关结构施工图设计了。PKPM软件的功能完善性，使得这本应十分复杂的最重要的部分操作变得十分简单。

4.1 墙梁柱施工图设计概述

要学习墙梁柱施工图设计，首先要了解墙梁柱施工图的表示方法：《混凝土结构施工图平面整体表示方法制图规则和构造样图》，简称“平法”图集。

下面分别介绍梁柱的平法施工图标注含义。

① 梁平法施工图：可以在梁平面布置图上，分别在不同编号的梁中各选一根梁，在其上注写截面尺寸和配筋具体数值方式来表达梁平法施工图。

● 梁编号的规定：梁编号由梁类型代号、序号、跨数及有无悬挑代号几项组成，见表4-1。

表4-1 梁编号

梁类型	代号	序号	跨数及有无悬挑
楼层框架梁	KL	××	（××）、（××A）、（××B）
屋面框架梁	WKL	××	（××）、（××A）、（××B）
框支梁	KZL	××	（××）、（××A）、（××B）
非框架梁	L	××	（××）、（××A）、（××B）
悬挑梁	XL	××	/
井字梁	JZL	××	（××）、（××A）、（××B）

例如，KL7（4）表示是7号楼层框架梁，4跨，无悬挑梁；

KL7（4A）表示是7号楼层框架梁，4跨且一端有悬挑梁；

KL7（4B）表示是7号楼层框架梁，4跨且两端有悬挑梁。

● 梁平面注写：梁集中标注表达梁的通用数值；梁原位标注表达梁的特殊数值，如图4-1所示。

提示

施工时，原位标注与集中标注冲突时，优先取值原位标注。

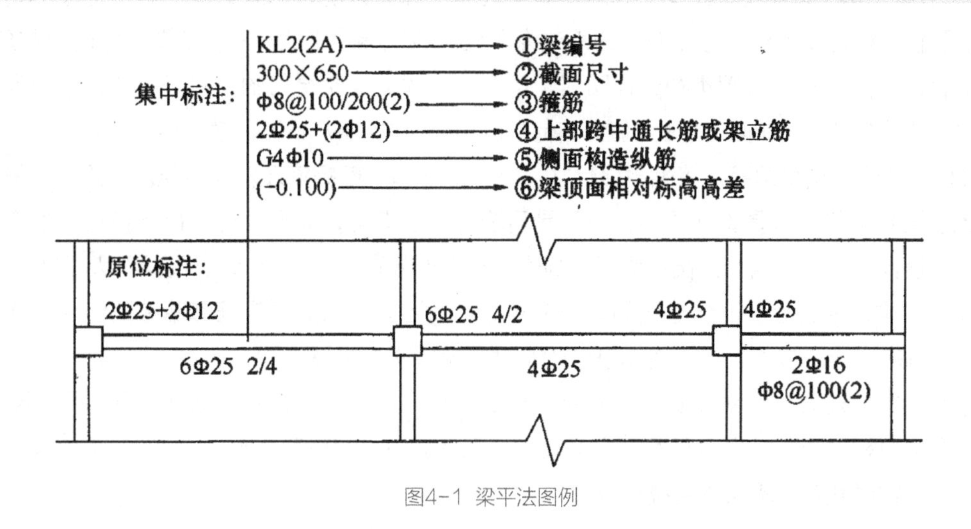

图4-1 梁平法图例

例如，在图4-1中，集中标注处标注含义为：编号为2号的框架梁，2跨，有一端悬挑；梁截面尺寸$b\times h$为300×650；梁两端箍筋直径为8，加密区间距100，非加密区间距为200，箍筋为双肢箍；上部跨中布置2根直径25的通长筋，2根直径12的架立筋；侧面按构造要求布置4跟直径为10的纵筋；梁顶面相对于结构层楼面标高低0.1m。

再以图中间跨为例，原位标注处标注含义为：梁左支座上部布置6根直径25的纵筋，分两排布置，第一排4根，第二排2根；梁右支座上部布置4根直径25的纵筋；梁下部布置4根直径25的纵筋。

② 柱平法施工图：柱的平法注写方式也分为集中标注和原位标注，如图4-2所示。

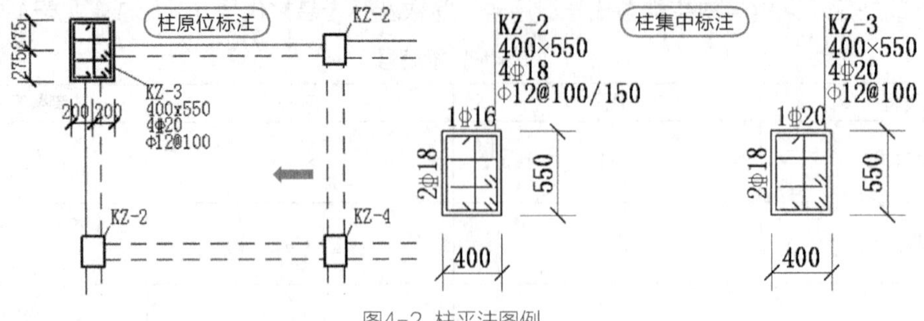

图4-2 柱平法图例

例如，在图4-2中，柱平法标注—原位标注含义为：编号为3的框架柱；柱截面尺寸$b\times h$为400×550；柱角钢筋直径为20；柱箍筋直径为12，间距100；

再以KZ—2的集中标注为例，柱平法标注—集中标注含义为：编号为2的框架柱；柱截面尺寸$b\times h$为400×550；柱角钢筋直径为18；柱箍筋直径为12，加密区间距100，非加密区间距为150；柱内侧截面宽度方向布置1根直径16的纵筋；柱内侧截面高度方向布置2根直径18的纵筋。

③ 剪力墙平法制图规则。

● 墙身标注方法：墙身编号；墙身厚度（括号内还要标注钢筋的排数）；墙身起止标高；墙身纵筋水平筋及箍筋数值；对于墙身钢筋排数的说明（非抗震的要求大于160的应配置双排，小于160的宜配置双排，也就是双排配置）（抗震的小于400的配置双排，大于400小于700的配置三排，大于700的配置四排）。

● 墙柱标注方法：墙柱编号；墙柱起止标高；墙柱截面尺寸；墙柱纵筋及箍筋数值（包括约束边缘柱子的加强区范围的箍筋或者拉筋数值）；对于墙柱截面尺寸的说明，约束边缘和构造边缘的端柱及非约束边缘暗柱和扶壁柱都要标注尺寸（对于约束边缘端柱，除了标注中的尺寸，还要注意向墙肢延伸300的要求），其他的不用标注，按图集构造详图取，但有的时候设计会给出的；对于构造详图中尺寸的给定说明，暗柱类要求延伸≥bw和400的最大值，其他柱的延伸要求≥bw和300的最大值。

● 墙梁标注方法：墙梁编号；墙梁截面尺寸；墙梁上部和下部钢筋及箍筋数值。这里对钢筋的一些说明，墙梁的侧面构造筋一般是不标注的，也就是用墙身钢筋即可，如果设计给出就按设计的来做，另外有一点，如果设计未给出，当墙梁高度大于700时，要求构造筋不小于10mm，间距不大于200mm，构造筋的拉筋同梁的构造筋直径及两倍箍筋间距的要求。最后还有加强交叉钢筋和暗撑的说明，当梁宽度大于200小于400时应设置交叉钢筋，当梁宽大于400时应设置交叉暗撑。

● 墙身洞口的标注方法：洞口宽及高均不大于800时，应在上下两侧配置不小于2根直径为12的钢筋，且要求配筋面积不小于被洞口截断的钢筋面积的50%；而当洞口宽大大于800时，应要设置暗梁，这个暗梁只需标注钢筋数值，暗梁高度统一取400。

● 对于圆形洞口，当在连梁上开洞时，要求在1/3跨中且高度不大于1/3梁高处，需要标注上下左右侧的加强钢筋数值；当不在连梁上，而洞口尺寸小于700时，应在上下左右侧标注加强钢筋；若洞口尺寸大于700时，就应按六边形布置。

4.2 梁施工图

执行方法：墙梁柱施工图设计主菜单1：梁平法施工图。

在“案例\03\SATWE*.*”，在PKPM软件主界面“结构”中，选择墙梁柱施工图设计主菜单1—梁平法施工图，单击“应用”后进入梁平法施工绘制界面，如图4-3所示。

图4-3 开始梁施工图设计

4.2.1 连续梁的生成与归并

执行方法：屏幕菜单区→【归并】。

连续梁生成和归并的基本过程大致如下。

- 划分钢筋标准层，确定哪几个楼层可以用一张施工图表示。
- 根据建模时布置的梁位置生成连续梁，判断连续梁的性质属于框架梁还是非框架梁。
- 在同一个标准层内对几何条件（包括性质、跨数、跨度、截面形状与大小等）相同的连续梁归类，相同的程序称作“几何标准连续梁类别”相同，找出几何标准连续梁类别总数。
- 对属于同一几何标准连续梁类别的连续梁，预配钢筋，根据预配的钢筋和用户给出的钢筋归并系数进行归并分组。
- 为分组后的连续梁命名，在组内所有连续梁的计算配筋面积中取大，配出实配钢筋。

例如，在PKPM软件主界面中选择梁平法施工图并单击“应用”按钮后，在梁平法施工图设计的截面中，弹出“定义钢筋标准层”对话框，如图4-4所示，此时单击“确定”按钮，然后在当前屏幕菜单中选择“归并”命令，程序自动归并钢筋并生成梁平法施工图，如图4-5所示。

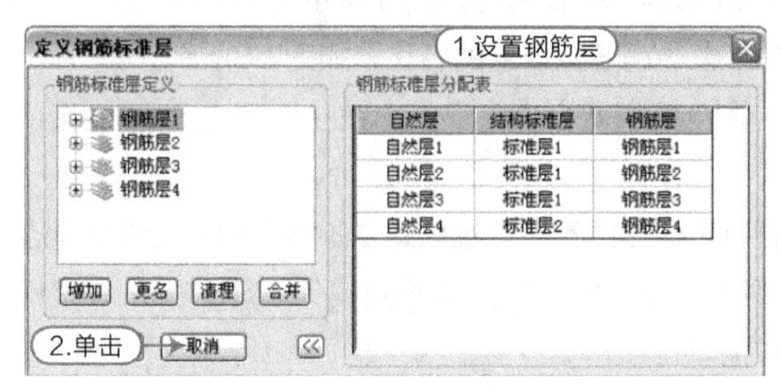

图4-4 设置钢筋层

提示

钢筋层用于构件归并和图纸生成，每一钢筋层出一张施工图。
钢筋层由若干构件布置相同，受力特点类似的自然层组成。
程序自动生成钢筋层，允许修改。
钢筋层与标准层的区别是：不要求荷载相同，考虑上下层关系，尤其是屋顶。
梁柱墙有独立钢筋层。

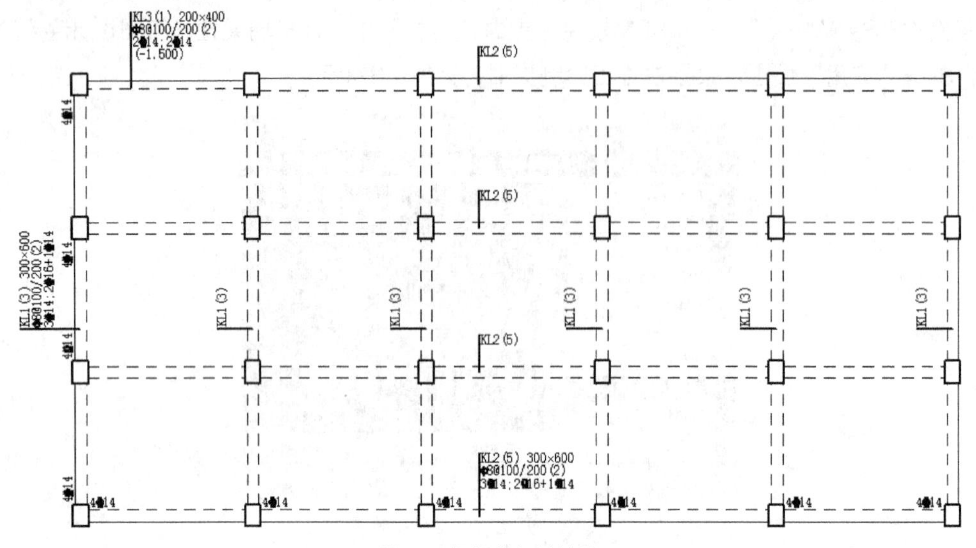

图4-5 梁钢筋归并结果

提示

在施工图编辑过程中，也可以随时通过右侧菜单的“设钢筋层”命令来调整钢筋标准层的定义，如图 4-6 所示。对话框中，左侧的定义树表示当前的钢筋层定义情况，点击任意钢筋层左侧的号，可以查看该钢筋层包含的所有自然层；右侧的分配表表示各自然层所属的结构标准层和钢筋标准层。

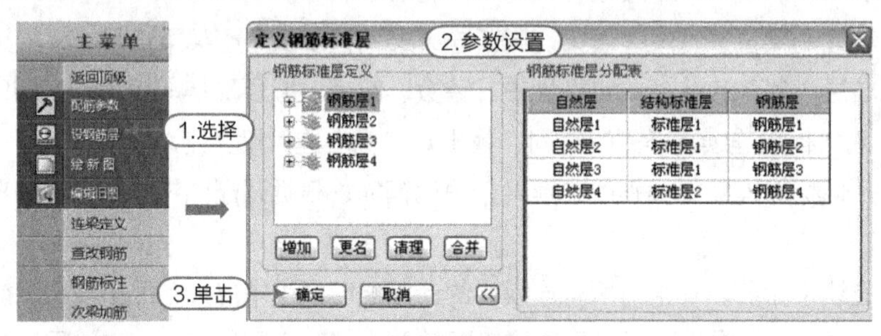

图4-6 屏幕菜单设钢筋层

在“定义钢筋标准层”对话框中，各按钮功能含义如下。

● 增加：按钮可以增加一个空的钢筋标准层，如图4-7所示。

● 更名：按钮用于修改当前选中的钢筋标准层的名称，如图4-8所示。

● 合并：按钮可以将选中的多个钢筋层合并为一个（按住[Ctrl]或[Shift]键可以选中多个钢筋层），如图4-9所示。

● 清理：由于含有自然层的钢筋标准层不能直接删除（不然会出现没有钢筋层定义的自然层），所以想删除一个钢筋层只能先把该钢筋层包含的自然层都移到其他钢筋层去，将该钢筋层清空，再使用“清理”按钮，清除空的钢筋层，如图4-10所示。

图4-7 增加　　图4-8 更名

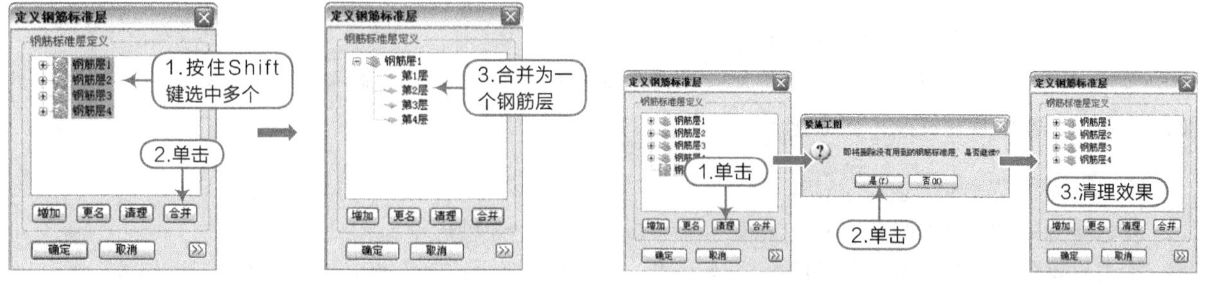

图4-9 合并　　图4-10 清理

4.2.2 梁配筋参数设置

执行方法：屏幕菜单区→【配筋参数】。

例如，执行“配筋参数”命令，操作如图4-11所示。

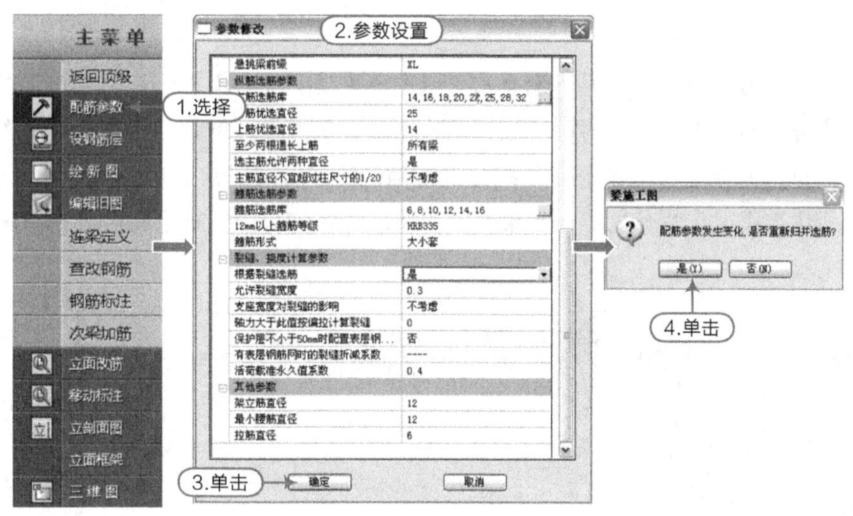

图4-11 配筋参数修改

在“参数修改”对话框中，部分参数解释如下。

● 根据裂缝选筋：如果选择“是”，并在其后“允许裂缝宽度”处输入数值，程序将自动调整钢筋用量，不仅满足构造计算要求，且满足控制裂缝宽度的要求。

● 梁名称前缀：修改梁名称前缀必须遵循规则，梁名称前缀不能为空；梁名称前缀不能包含空格和特殊字符如“<>()@+*/”；梁名称前缀的最后一个字符不能为数字；不同种类梁的前缀不能相同。

● 支座宽度对裂缝的影响：如果选择为“考虑”，程序自动考虑此影响，对支座处弯矩加以折减，可以减少实配钢筋。

● 归并系数：归并系数是控制归并过程的重要参数。归并系数越大，则归并出的连梁种类数越少。归并系数的取值范围是0~1，缺省为0.2。如果归并系数取0，则只有实配钢筋完全相同的连续梁才被分为一组，如果归并系数取1，则只要几何条件相同的连续梁就会被归并为一组。

- 架立筋直径：按《砼规》的10.2.15条规定确定架立筋直径。
- 主筋直径不宜超过柱尺寸的1/20：《砼规》11.3.7条和《抗规》6.3.3、6.3.4条都有规定。如果选择了此项，程序将根据连续梁各跨支座中最小的柱截面控制梁上部钢筋，但是，有时会造成梁上部钢筋直径小而根数多的不合理情况。

4.2.3 连梁定义

执行方法：屏幕菜单区→【连梁定义】。

例如，选择“连梁定义”菜单，显示连梁二级菜单命令，如图4-12所示，通过这些菜单可以完成连梁的命名，跨数显示与修改，支座显示与修改等。

提示

软件会根据连续梁的支座特点对连续梁进行性质判断并命名。连续梁性质判断规则如下。

① 判断是否为框架梁。如果连续梁的支座中存在框架柱，则此连续梁被认定为框架梁；否则，被认定为非框架梁。

② 判断是否为框架梁。如果连续梁的支座中存在框架柱或剪力墙等竖向构件，则此连续梁被认定为框架梁；否则，被认定为非框架梁。

③ 判断框架梁是否为框支、底框梁。如果框架梁上存在梁托柱或托混凝土剪力墙的情况，则此梁被认定为框支梁。如果框架梁位于底框层，且其梁上有砌体墙，则此梁被认定为底框梁。非框架梁不会做框支、底框梁的判断。

④ 判断框架梁是否为屋面框架梁。如果梁上不存在墙、柱等构件，则此梁被认定为屋面框架梁。非框架梁不会做屋面梁的判断。

如果对系统自动生成的连续梁结果不满意，可以进行手工的连续梁拆分和合并。可以使用屏幕菜单【连梁定义】|【连梁拆分】命令中对已经生成的连续梁进行拆分。例如，点击命令后在图上选择要拆分的连续梁，然后选择从哪个节点拆分。系统会进行确认提示：“确定要拆分所选连续梁吗?”。选择“是”即可拆分所选连续梁。拆分后第一根梁会沿用原来的名称，第二根梁将会被重新编号并命名，如图4-13所示。

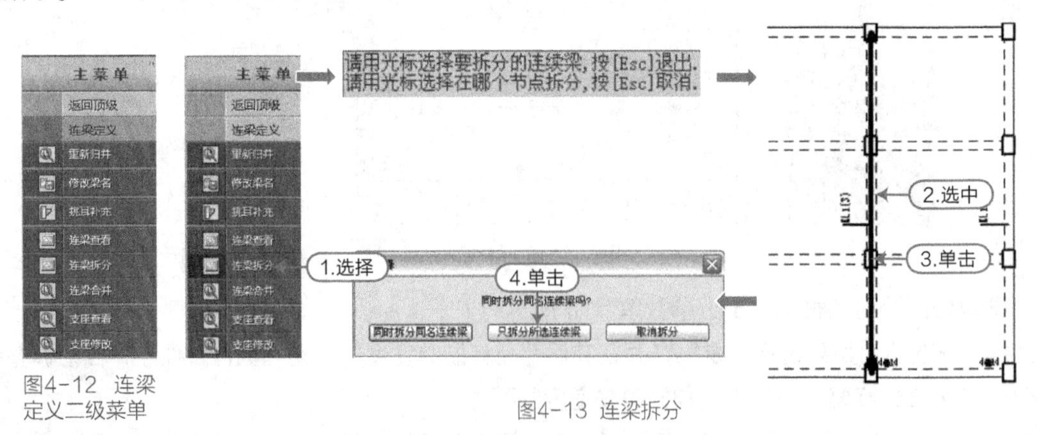

图4-12 连梁定义二级菜单

图4-13 连梁拆分

提示

虽然程序可自动判断梁的跨数和支座属性，但由于实际工程毕竟有差异，需要设计者仔细校对和修改。
一般来说，将“△”支座改为“○”连同后梁构造是偏于安全的。支座调整后，程序会自动调整梁钢筋并重新归并。

4.2.4 钢筋查询和修改

1.平面查改钢筋

执行方法：屏幕菜单区→【查改钢筋】。

例如，选择“查改钢筋”菜单，显示其下二级菜单命令，如图4-14所示，通过这些菜单可以进行钢筋修改。

2.立面查改钢筋

执行方法：屏幕菜单区→【立面改筋】。

执行此菜单命令可在梁的立面图中显示和修改钢筋。

3.钢筋标注方式

执行方法：屏幕菜单区→【钢筋标注】。

选择“钢筋标注”菜单，显示其下二级菜单命令，如图4-15所示，通过这些菜单可以进行钢筋标注的修改。

图4-14 查改钢筋二级菜单

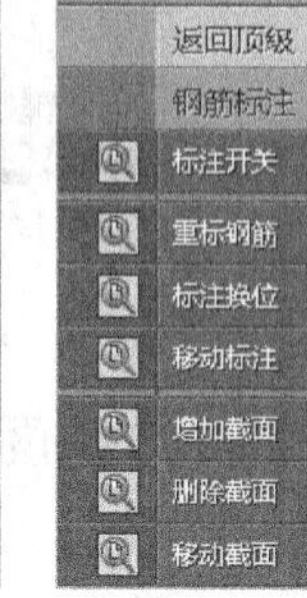

图4-15 钢筋标注二级菜单

4.双击原位修改钢筋

在图中双击钢筋标注字符，在光标处弹出钢筋修改对话框，直接修改即可，如图4-16所示。

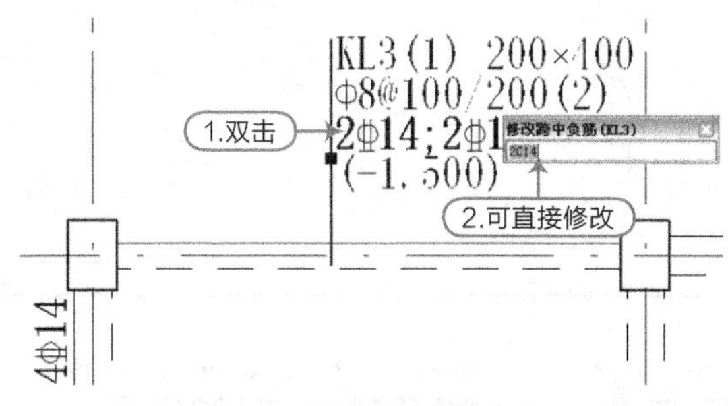

图4-16 钢筋标注在位修改

5.动态查询梁参数

将光标静置在梁的轴线上，即会弹出浮动框显示梁的截面和配筋数据，如图4-17所示。

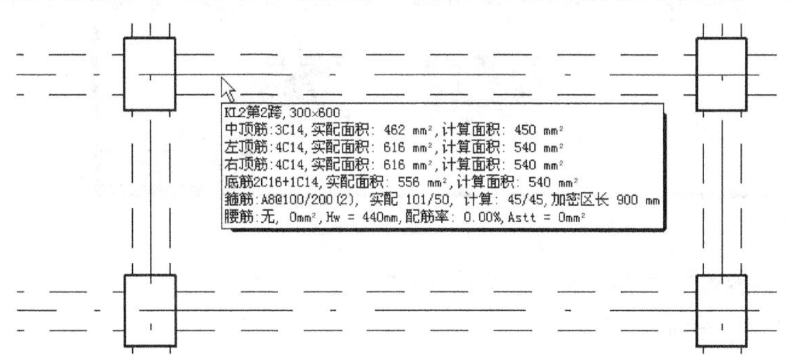

图4-17 动态查询

4.2.5 移动标注

执行方法：屏幕菜单区→【移动标注】。

例如，在“案例\01\入门*.*”工程下的“屋框梁平面施工图”中，梁的平法标注有时可能会太密集，导致数字重叠，看不清，这时可执行移动标注命令，稍微移动钢筋标注，使文字相互避让开，如图4-18所示。

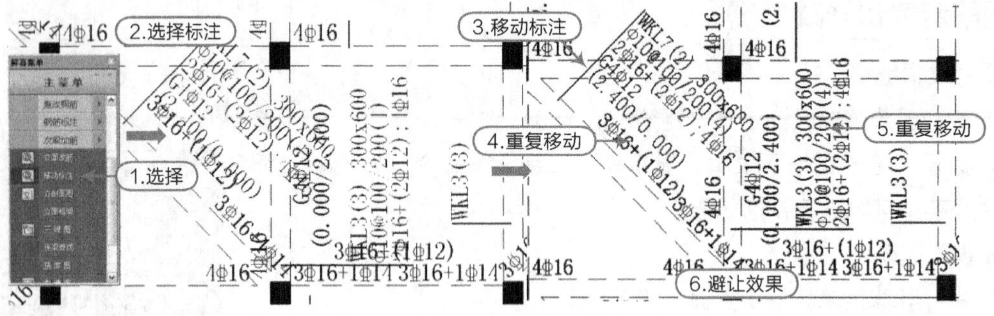

图4-18 移动标注

4.2.6 立剖面图

执行方法：屏幕菜单区→【立剖面图】。

例如，在“案例\03\SATWE.文件夹”工程中，执行“立剖面图”命令，操作如图4-19所示。

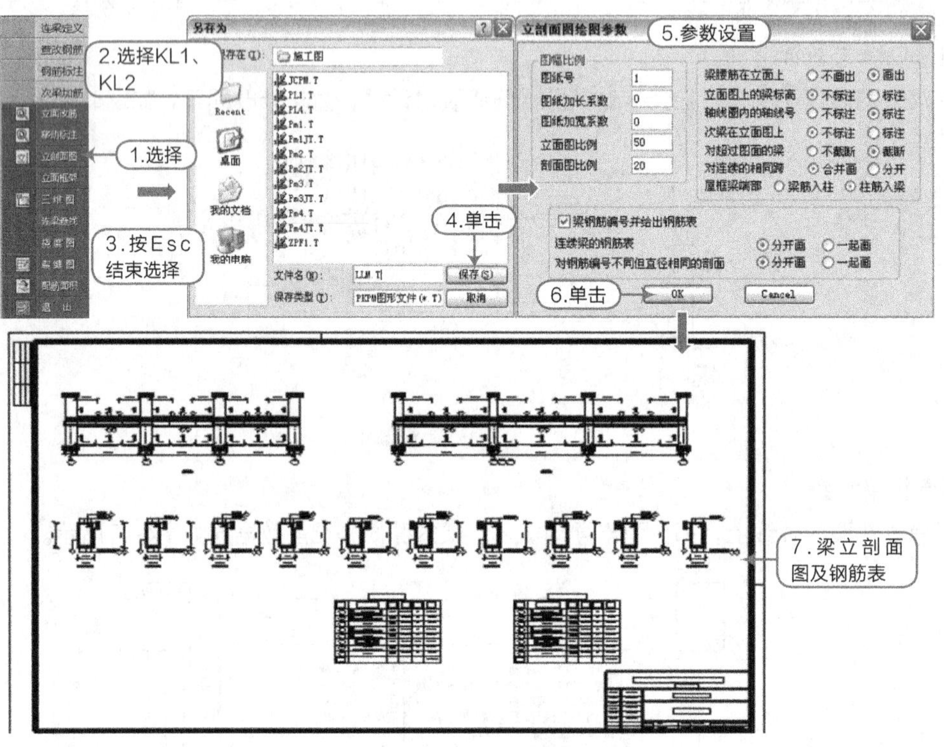

图4-19 移动标注

在“立剖面图绘图参数”对话框中，各参数含义如下。

- 图纸号：指用几号图纸画图。
- 图纸加长系数/图纸加宽系数：和“图纸号”参数一起确定了图幅大小。
- 立面图比例/剖面图比例：分别指定画立面图和剖面图时采用的比例尺。
- 右侧参数：选项指定了一些具体图素的画法，各选项的含义都比较清晰，这里不一一说明了。

4.2.7 三维图

执行方法：屏幕菜单区→【三维图】。

例如，执行“三维图”命令，选择梁即可生成三维渲染图，如图4-20所示。

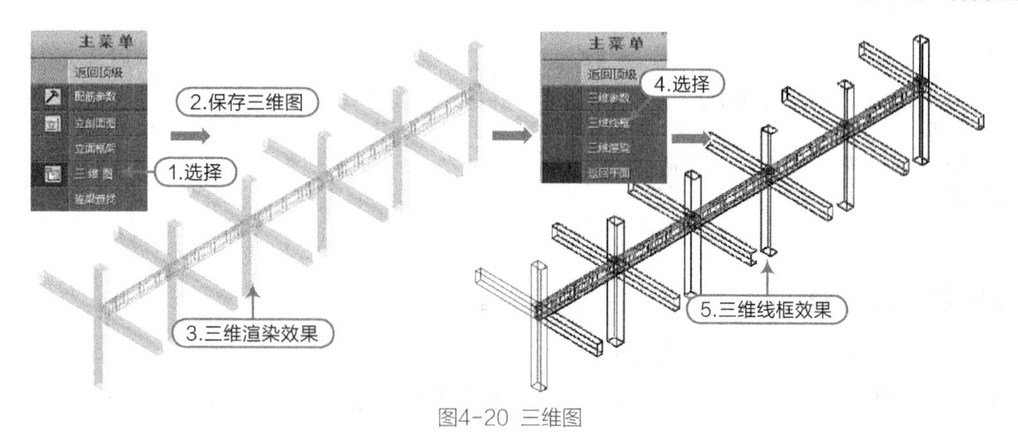

图4-20　三维图

4.2.8 梁挠度图

执行方法：屏幕菜单区→【挠度图】。

例如，执行“挠度图”命令，在弹出的对话框中设置挠度参数后，如图4-21所示，将生成挠度图；如果挠度在某一处超限，则该处的挠度值会显红，十分便于观察及修改。

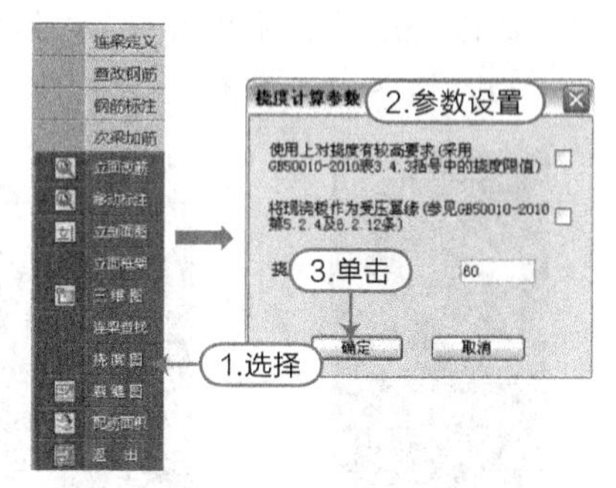

图4-21　“挠度计算参数”对话框

在“挠度计算参数”对话框中，部分计算参数含义如下。

● 使用上对挠度有较高要求：参看《砼规》表3.3.2括号内数值和注释的第2项。

● 将现浇板作为受压翼缘：参看《砼规》7.2.3条，T形、I形及倒L形截面受弯构件翼缘计算。

提示

如果梁挠度超限，可采取如下方法调整：
加大梁的截面；
梁加柱子板加梁，把跨度降下来；
增加配筋，不过效果不明显；
施工措施方向，采用预先起拱的施工方法，挠度可以按照扣除起拱值来计算。

4.2.9 梁裂缝图

执行方法：屏幕菜单区→【裂缝图】。

例如，执行“裂缝图”命令，在弹出的对话框中设置裂缝参数后，将生成挠度图，如图4-22所示；如果裂缝在某一处超限，则该处的裂缝值会显红，十分便于观察及修改。

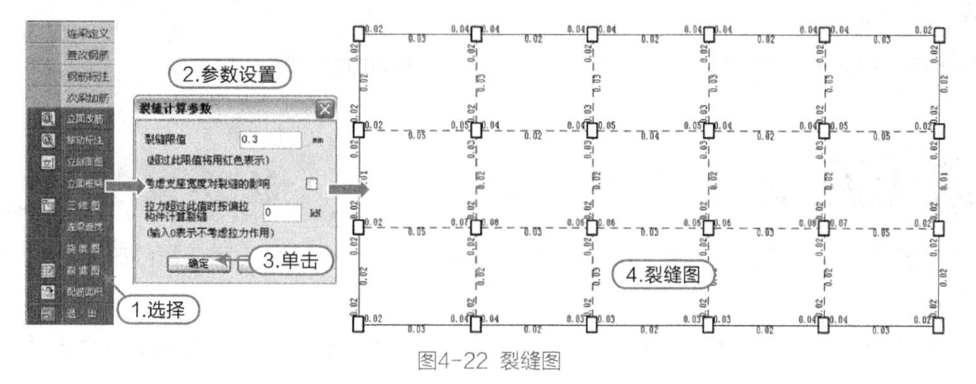

图4-22　裂缝图

提示

如果梁裂缝超限，可采取如下方法调整：
提高混凝土等级；
可以加大钢筋直径或减小钢筋直径增加钢筋根数；
加大梁高度。

4.2.10 配筋面积查询

执行方法：屏幕菜单区→【配筋面积】。

例如，执行“配筋面积”命令，程序自动切换到配筋面积操作截面。图4-23所示为配筋面积下的菜单。

4.2.11 绘新图

执行方法：屏幕菜单区→【绘新图】。

例如，执行“绘新图”命令，在弹出的对话框选择绘新图方式，如图4-24所示，程序重新绘制。

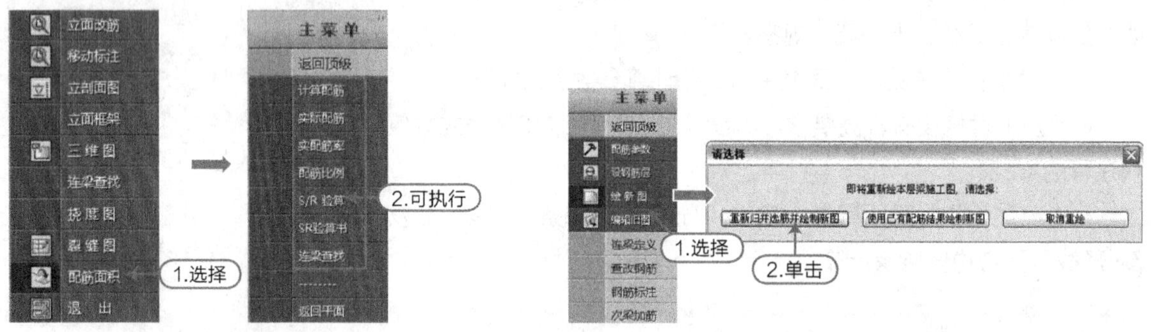

图4-23 配筋面积子菜单

图4-24 绘新图

在“请选择”对话框中，有3个按钮选项供选择，分别解释如下。

● 重新选筋并绘制新图：单击此按钮，系统会删除本层所有已有数据，重新归并选筋后重新绘图，此选项比较适合模型更改或重新进行有限元分析后的施工图更新。

● 使用已有配筋结果绘制新图：单击此按钮，系统只删除施工图目录中本层的施工图，然后重新绘图。绘图时使用数据库中保存的钢筋数据，不会重新选筋归并。此选项适合模型和分析数据没变，但是钢筋标注和尺寸标注的修改比较混乱，需要重新出图的情况。

● 取消重绘：此按钮选项与点右上角小叉一样，都是不做任何实质性操作，只是关掉窗口，取消命令。

提示

软件还提供了“编辑旧图”的命令，可以通过此命令反复打开修改编辑过的施工图。

4.3 柱施工图

柱施工图模块在保留以前版本施工图操作风格的基础上，对程序进行了全面的改写，主要改进包括以下几个方面。

① 合并柱全楼归并和施工图绘制模块，柱钢筋归并和施工图绘制在一个界面下一次完成，程序集成化程度更高。

② 柱全楼归并程序更加灵活方便。增加钢筋标准层的设置，并明确概念：对同一个钢筋标准层钢筋，程序对每个连续柱列将自动取其中包含的各层中配筋的较大值；不同结构标准层或自然层可以归并为同一个钢筋标准层；在新的钢筋标准层概念下，定义了多少个钢筋标准层，就应该画多少层柱的平法施工图。

③ 总结归纳各地的施工图绘制方法，提供多达7种的画法（包括平法截面注写、平法列表注写、PKPM截面注写1（原位标注）、PKPM截面注写2（集中标注）、PKPM剖面列表法、广东柱表、传统的立剖面画法）可以满足不同地区、不同施工图绘制方法的需求。

④ 增加读取旧图的功能，对已经生成的柱施工图可反复打开继续画图，每次打开程序能够自动读取图中已有的钢筋信息（纵筋、箍筋等）和钢筋的标注位置等信息，可继续在其上工作。

⑤ 增加各种截面柱的配筋，包括绘制矩形、圆形、十字、T形、L形等截面的柱，并可以绘制PMCAD中建模生成的各种截面柱。

⑥ 增加柱三维线框图和渲染图，用户可以更加直观地查看柱钢筋的绑扎和搭接等情况。

⑦ 增加了柱钢筋的计算钢筋面积和实配钢筋面积的显示，便于用户进行数据校核。

⑧ 和其他的施工图模块保持了相同的操作界面及操作风格。

执行方法：墙梁柱施工图设计主菜单3：柱平法施工图。

在PKPM软件主界面“结构”中，选择墙梁柱施工图设计主菜单3—柱平法施工图，如图4-25所示，单击“应用”后，程序自动打开第一标准层柱平法施工图。

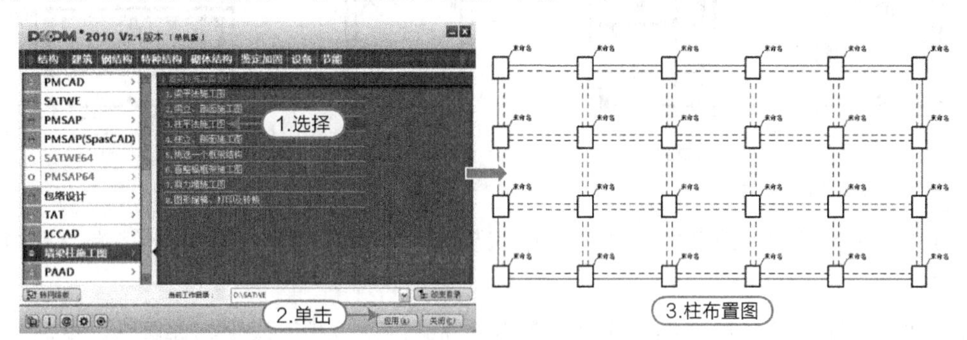

图4-25 分析和设计参数补充定义选项卡

4.3.1 柱施工图参数设置

执行方法：屏幕菜单区→【参数修改】。

柱钢筋的归并和选筋，是柱施工图最重要的功能。程序归并选筋时，自动根据用户设定的各种归并参数，并参照相应的规范条文对整个工程的柱进行归并选筋。例如，执行此命令，在弹出的对话框中，按照相应规范设置参数，如图4-26所示。

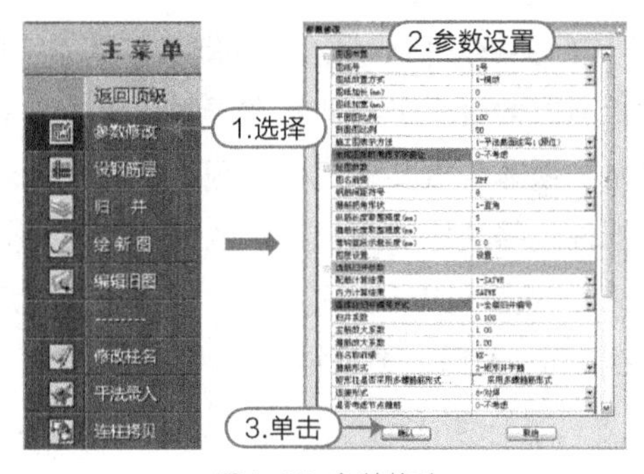

图4-26 参数修改

在“参数修改”对话框中，需要特别注意的参数解释如下。

● 绘图参数：设置柱平面图的绘制参数。

● 计算结果：如果当前工程采用不同的计算程序（TAT、SATWE、PMSAP）进行过计算分析，用户可以选择不同的结果进行归并选筋，程序默认的计算结果采用当前子目录中最新的一次计算分析结果。

● 归并系数：归并系数是对不同连续柱列作归并的一个系数。主要指两根连续柱列之间所有层柱的实配钢筋（主要指纵筋，每层有上、下两个截面）占全部纵筋的比例。该值的范围0~1。如果该系数为0，则要求编号相同的一组柱所有的实配钢筋数据完全相同。如果归并系数取1，则只要几何条件相同的柱就会被归并为相同编号。

● 主筋放大系数：只能输入≥1.0的数，如果输入的系数<1.0，程序自动取为1.0。程序在选择纵筋时，会把读到的计算配筋面积X放大系数后再进行实配钢筋的选取。

● 箍筋放大系数：只能输入≥1.0的数，如果输入的系数<1.0，程序自动取为1.0。程序在选择箍筋时，会把读到的计算配筋面积X放大系数后再进行实配钢筋的选取。

● 柱名称前缀：程序默认的名称前缀为KZ—，可以根据施工图的具体情况修改。

● 箍筋形式：对于矩形截面柱共有4种箍筋形式供选择，如图4-27所示，程序默认的是矩形井字箍。对其他非矩形、圆形的异形截面柱这里的选择不起作用，程序将自动判断应该采取的箍筋形式，一般多为矩形箍和拉筋井字箍。

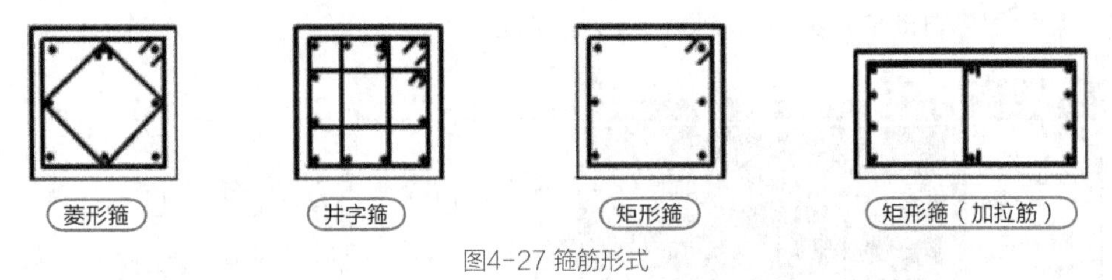

图4-27 箍筋形式

● 矩形柱是否采用多螺箍筋形式：当在方框中选择对勾时，表示矩形柱按照多螺箍筋的形式配置箍筋。

● 连接形式：程序提供12种连接形式，主要用于立面画法，用于表现相邻层纵向钢筋之间的连接关系。

● 是否包括边框柱配筋：可以控制在柱施工图中是否包括剪力墙边框柱的配筋，如果不包括，则剪力墙边框柱就不参加归并及施工图的绘制，这种情况下的边框柱应该在剪力墙施工图程序中进行设计；如果包括边框柱配筋，则程序读取的计算配筋包括与柱相连的边缘构件的配筋，应用时应注意。

● 归并是否考虑柱偏心：若选择“考虑”项，则归并时偏心信息不同的柱会归并为不同的柱。

● 每个截面是否只选一种直径的纵筋：如果需要每个不同编号的柱子只有一种直径的纵筋，选择“是”选项。

● 设归并钢筋标准层：可以设定归并钢筋标准层。程序默认的钢筋标准层数与结构标准层数一致。也可以修改钢筋标准层数多于结构标准层数或少于结构标准层数，如设定多个结构标准层为同一个钢筋标准层。设归并钢筋标准层对用户是一项非常重要的工作，因为在新版本新的钢筋标准层概念下，原则上对每一个钢筋标准层都应该画一张柱的平法施工图，设置的钢筋标准层越多，应该画的图纸就越多。另外，设置的钢筋标准层少时，虽然画的施工图可以简化减少，但由于程序将一个钢筋标准层内所有各层柱的实配钢筋归并取大，使其完全相同，有时会造成钢筋使用量偏大。

提示

将多个结构标准层归为一个钢筋标准层时，注意：这多个结构标准层中的柱截面布置应该相同，否则程序将提示不能够将这多个结构标准层归并为同一钢筋标准层。

● 是否考虑优选钢筋直径：如果选择“是”，程序可以根据用户在[纵筋库]和[箍筋库]中输入的数据顺序优先选用排在前面的钢筋直径进行配筋。

● 优选影响系数：与归并系数类似，用户可以根据需要设定。

● 纵筋库：可以根据工程的实际情况，设定允许选用的钢筋直径，程序可以根据用户输入的数据顺序优先选用排在前面的钢筋直径，如20，18，25，16，…。20mm的直径就是程序最优先考虑的钢筋直径。

● 箍筋库：可以设定允许选用的箍筋直径，程序可以根据用户输入的数据顺序优先选用排在前面的箍筋直径，如8，10，12，6，14，…。8mm的直径就是程序最优先考虑的箍筋直径。

提示

参数修改中的归并参数修改后，程序会自动提示用户是否重新执行［归并］命令。由于重新归并后配筋将有变化，程序将刷新当前层图形，钢筋标注内容将按照程序默认的位置重新标注。
参数修改如果只修改了“绘图参数”（如比例、画法等），用户应执行［绘新图］命令刷新当前层图形，以便修改生效。

4.3.2 设钢筋层

执行方法：屏幕菜单区→【设钢筋层】。

执行“设钢筋层”命令，在弹出的对话框中，按照程序的默认情况设钢筋层，如图4-28所示。

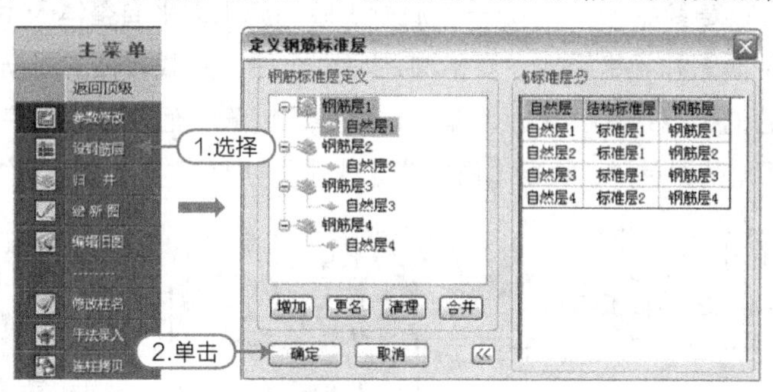

图4-28 设钢筋层

4.3.3 柱归并

执行方法：屏幕菜单区→【归并】。

执行“归并”命令，程序按照设置的钢筋层归并钢筋并生成柱平法施工图，如图4-29所示。

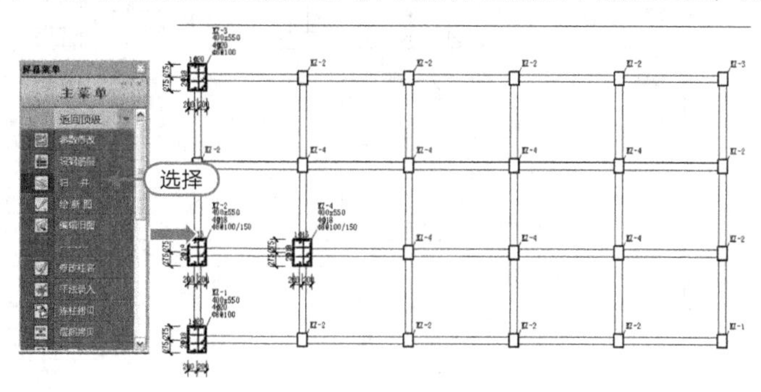

图4-29 柱归并

4.3.4 施工图表示方法

程序提供几种柱的截面平法施工图表示方法，除上例中的截面原位标注外，还有其他标注方法，如图4-30所示。

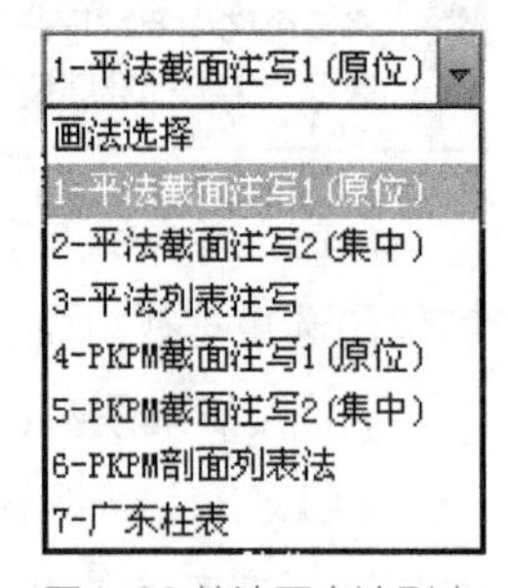

图4-30 柱注写方法列表

1.柱的表示方法

程序提供了截面注写、列表注写等方法表示柱施工图。

① 2—平法截面注写2（集中）：例如，切换柱平法表示，用此表示方法，如图4-31所示。

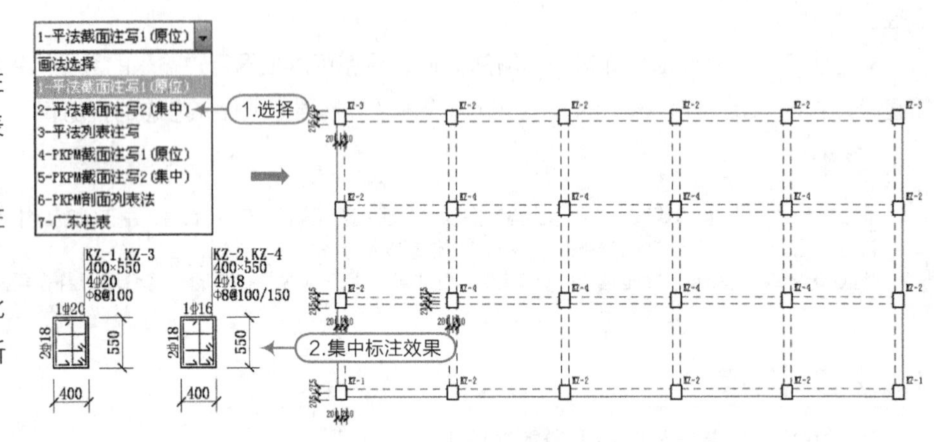

图4-31 平法截面集中标注

② 3—平法列表注写：是参照《03G101—1 混凝土结构施工图平面整体表示方法制图规则和构造详图》图集绘制，该法由平面图和表格组成，表格中注写每一种归并截面柱的配筋结果，包括该柱各钢筋标准层的结果，注写了它的标高范围、尺寸、偏心、角筋、纵筋、箍筋等。程序还增加了L形、T形和十字形截面的表示方法。适用范围更广，执行【画柱表】|【平法柱表】命令，操作如图4-32所示。

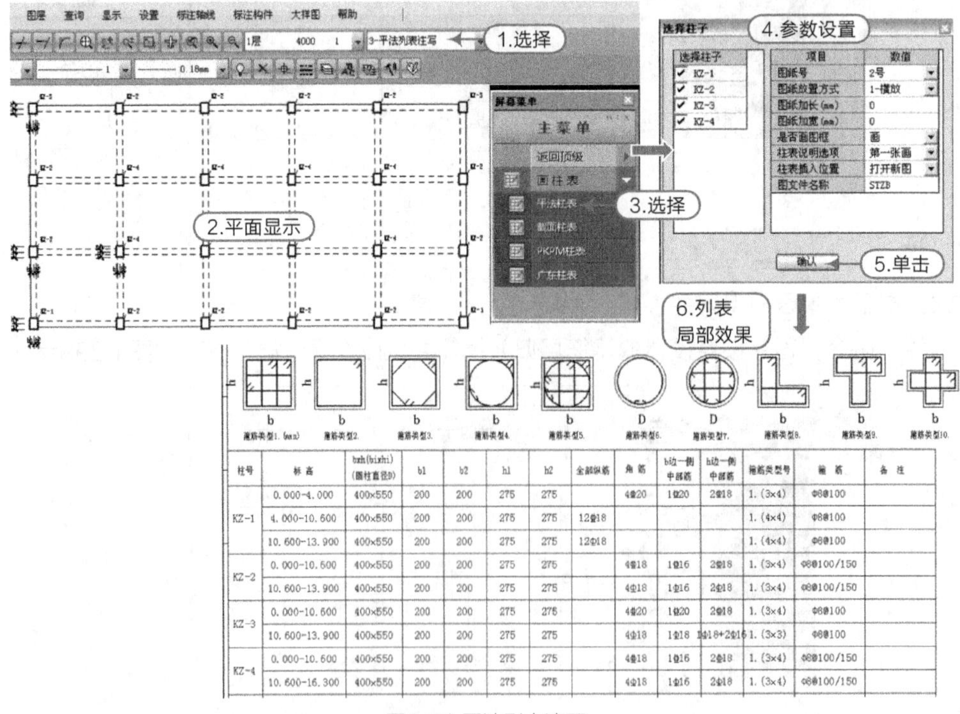

柱号	标高	b×h(bi×hi)(圆柱直径D)	b1	b2	h1	h2	全部纵筋	角筋	b边一侧中部筋	h边一侧中部筋	箍筋类型号	箍筋	备注
KZ-1	0.000-4.000	400×550	200	200	275	275		4Φ20	1Φ20	2Φ18	1.(3×4)	Φ8@100	
	4.000-10.600	400×550	200	200	275	275	12Φ18				1.(4×4)	Φ8@100	
	10.600-13.900	400×550	200	200	275	275	12Φ18				1.(4×4)	Φ8@100	
KZ-2	0.000-10.600	400×550	200	200	275	275		4Φ18	1Φ16	2Φ18	1.(3×4)	Φ8@100/150	
	10.600-13.900	400×550	200	200	275	275		4Φ18	1Φ16	2Φ18	1.(3×4)	Φ8@100/150	
KZ-3	0.000-10.600	400×550	200	200	275	275		4Φ20	1Φ20	2Φ18	1.(3×4)	Φ8@100	
	10.600-13.900	400×550	200	200	275	275		4Φ18	1Φ18	1Φ18+2Φ16	1.(3×3)	Φ8@100	
KZ-4	0.000-10.600	400×550	200	200	275	275		4Φ18	1Φ16	2Φ18	1.(3×4)	Φ8@100/150	
	10.600-16.300	400×550	200	200	275	275		4Φ18	1Φ16	2Φ18	1.(3×4)	Φ8@100/150	

图4-32 平法列表注写

③ 4-PKPM截面注写1（原位）：将传统的柱剖面详图和平法截面注写方式结合起来，在同一个编号的柱中选择其中一个截面，用比平面图放大的比例直接在平面图上柱原位放大绘制详图，如图4-33所示。

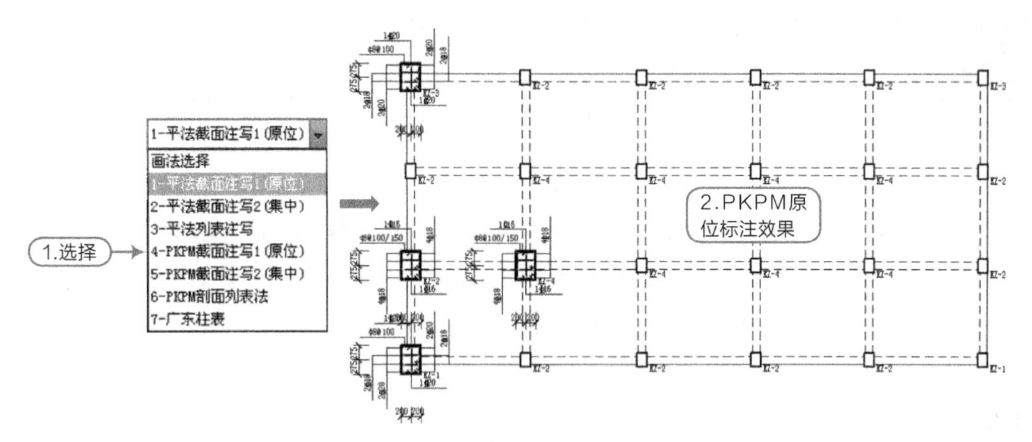

图4-33 PKPM截面原位标注

④ 5-PKPM截面注写2（集中）：在平面图上柱原位只标注柱编号和柱与轴线的定位尺寸，并将当前层的各柱剖面大样集中起来绘制在平面图侧方，图纸看起来简洁，并便于柱详图与平面图的相互对照，如图4-34所示。

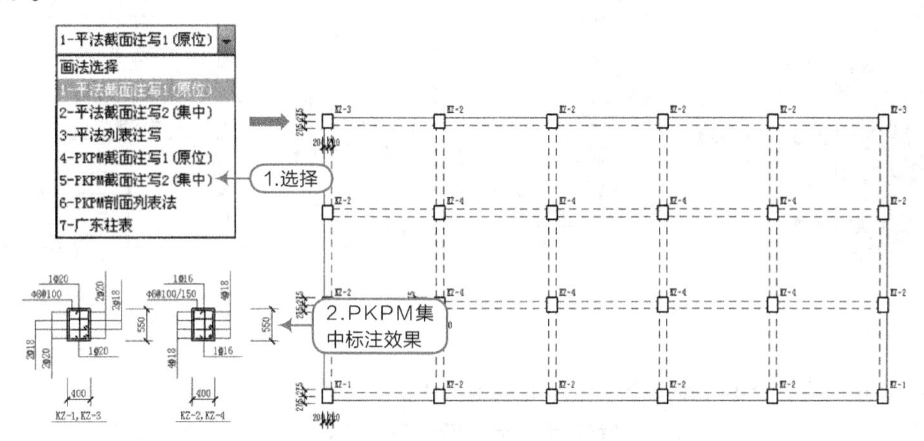

图4-34 PKPM截面集中标注

⑤ 6-PKPM剖面列表法：PKPM柱表表示法，是将柱剖面大样画在表格中排列出图的一种方法。表格中每个竖向列是一根纵向连续柱各钢筋标准层的剖面大样图，横向各行为自下到上的各钢筋标准层的内容，包括标高范围和大样。平面图上只标注柱名称。这种方法平面标注图和大样图可以分别管理，图纸标注清晰。

⑥ 7-广东柱表：是广东省设计单位广泛采用的一种柱施工图表示方法，表中每一行数据包括了柱所在的自然层号、集和信息、纵筋信息、箍筋信息等内容，并且配以柱施工图说明，表达方式简洁明了，也便于施工人员看图。

提示

若柱的标注方式为列表标注，应在屏幕菜单中执行【画柱表】菜单选项，选择列表子菜单，画出相应的柱列表标注方式。图4-35所示为平法柱表表示。

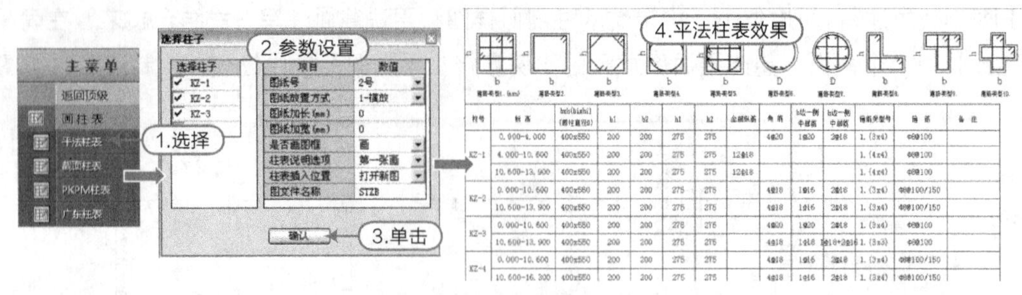

图4-35 柱平法列表标注

⑦ 尽管平法表示法在设计院的应用越来越广，但是仍有不少设计人员使用传统的柱立剖面图画法，因为这种表示方法直观，便于施工人员看图。这种方式需要人机交互地画出每一根柱的立面和大样。新版中对立剖面画法进行了改进，还增加了三维线框图和渲染图，能够很真实地表示出钢筋的绑扎和搭接等情况。

2.立剖面图

执行方法：屏幕菜单→【立剖面图】。

例如，执行命令，根据命令行提示，操作如图4-36所示。

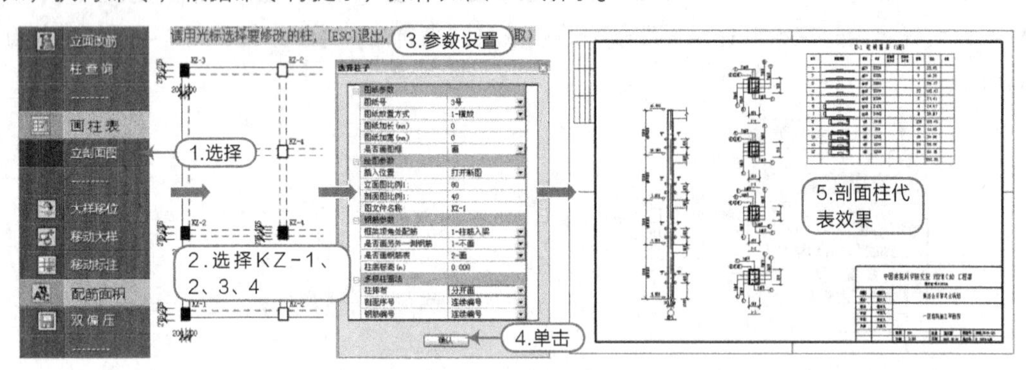

图4-36 立剖面柱

3.三维渲染柱图

执行方法：屏幕菜单→【三维线框】、【三维渲染】。

例如，在立剖面图界面，执行“三维线框”命令后执行“三维渲染”命令，如图4-37所示。

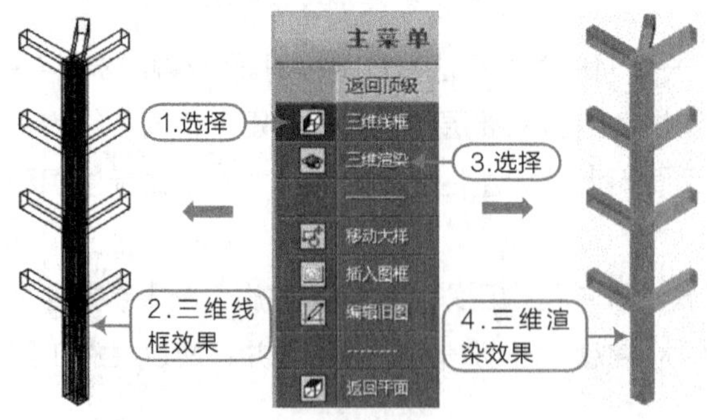

图4-37 三维渲染

4.3.5 柱施工图编辑

和梁施工图相似，在柱的施工图中，程序同样提供了多种方式对已生成的柱施工图进行修改、标注、移动和查询显示操作。

（1）修改柱名

可以根据需要指定框架柱的名称，对于配筋相同的同一组柱子可以一同修改柱子的名称。

（2）平法录入

可以利用对话框的方式修改柱钢筋，在对话框中不仅可以修改当前层柱的钢筋，也可以修改其他层的钢筋。另外，该对话框包含了该柱的其他信息，如几何信息、计算数据和绘图。

执行方法：屏幕菜单→【平法录入】。

例如，执行此命令，在如图4-38所示对话框修改柱钢筋。

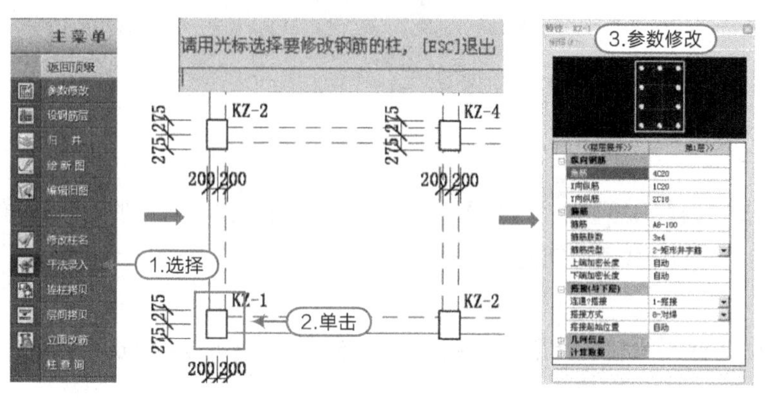

图4-38 修改柱钢筋

在“特性：XX编辑”对话框中，参数含义如下。

● 纵筋的修改：对于矩形柱，纵向钢筋分为3部分，角筋、*X*向纵筋、*Y*向纵筋；圆柱和其他异型柱，只输入全部纵筋，程序会根据截面的形状自动布置纵筋。

● 箍筋的修改：矩形柱可以修改箍筋的肢数，圆柱和其他异型柱不能修改箍筋肢数，程序根据截面的形状自动布置箍筋。

● 箍筋加密区长度：箍筋加密区长度包括上下端的加密区长度，程序默认的箍筋加密区长度数值为“自动”，程序自动计算，计算原则参见前面有关章节的介绍。

● 纵筋与下层纵筋的搭接起始位置：程序默认的数值是“自动”，用户可以根据实际工程情况进行修改。

● 绘图参数：可以单独修改某根柱的施工图表示方法和绘图比例。

（3）连柱拷贝

选择要拷贝的参考柱和目标柱后，程序将根据用户对话框中的选项，拷贝相应选项的数据。两根柱只有同层之间数据可以相互拷贝。

执行方法：屏幕菜单→【连柱拷贝】。

例如，执行此命令，在如图4-39所示对话框中选择内容进行复制。

（4）层间拷贝

执行方法：屏幕菜单→【层间拷贝】。

例如，执行此命令，选择复制的原始层号（可以是当前层，也可以是其他层，程序默认是当前层），然后选择拷贝的目标层（可以是一层，也可以是多层）。在如图4-40所示对话框中点选“确认”后，根据选项（如只选择纵筋或箍筋，或纵筋+箍筋等），自动将同一个柱原始层号的钢筋数据拷贝到相应的目标层。

（5）立面改筋

在全部柱子的立面线框图上显示柱子的配筋信息，准许用户进行修改配筋的操作方式。包括修改钢筋、钢筋拷贝、重新归并、移动大样、插入图框和返回平面菜单，如图4-41所示。

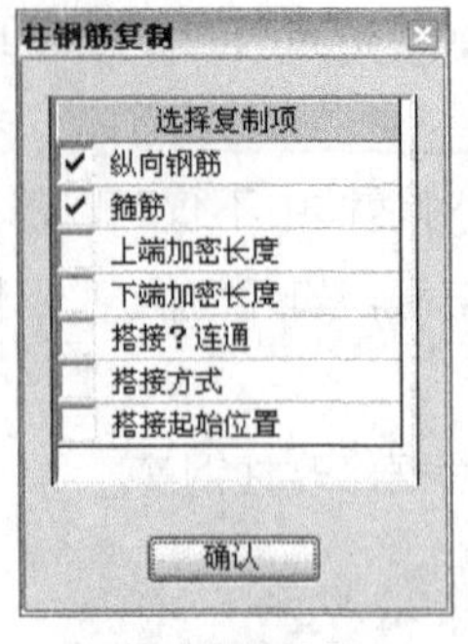

图4-39 连柱拷贝

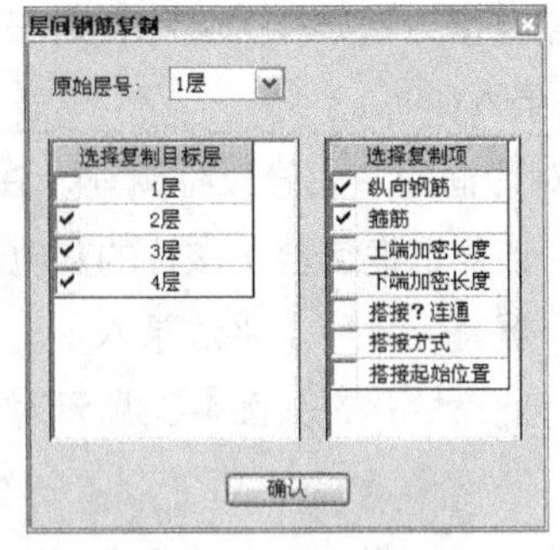

图4-40 层间拷贝

图4-41 立面改筋子菜单

（6）柱查询

此功能可以快速定位柱子在平面中的位置，点击柱查询菜单，在出现的对话框中单击需要定位的柱名称，软件会用高亮闪动的方式显示查询到的柱子。

（7）大样移位

效果为将某个柱的截面尺寸和配筋具体数值注写与同类柱（归并为同一种的柱）中的一个柱对调换位。

执行方法：屏幕菜单→【大样移位】。

例如，执行此命令，根据命令行提示进行操作，如图4-42所示。

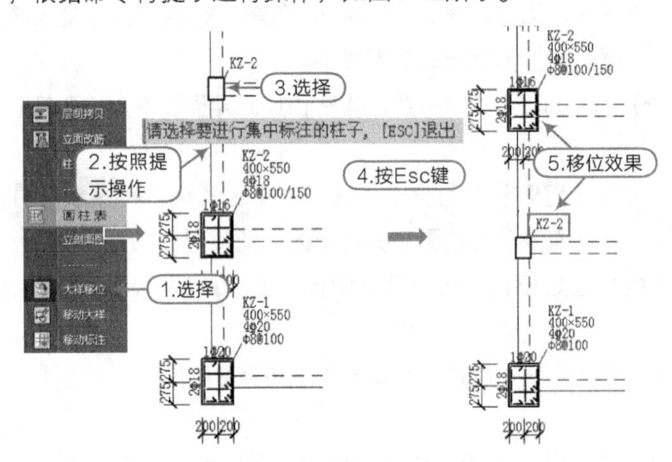

图4-42 大样移位

4.4 剪力墙施工图

在PKPM结构设计软件中的“施工图设计”包含“剪力墙施工图”，可用于绘制钢筋混凝土结构的剪力墙施工图。执行剪力墙施工图模块时，应插入S—4软件锁。在使用时，可指定依据整体分析软件SATWE、TAT或PMSAP的计算分析结果选配钢筋。如果使用SATWE计算结果，程序将读取Border_M.SAT和JLQPJ.SAT文件的内容。使用TAT或PMSAP结果时，上述两个文件的后缀（扩展名）相应替换为.TAT和.SAP。如果在SATWE中应用了“剪力墙组合配筋修改及验算”并在剪力墙施工图程序中指定使用该种结果，则用Border_3M.SAT替代Border_M.SAT。

4.4.1 剪力墙施工图概述

首先用PMCAD程序输入工程模型及荷载等信息，再用PKPM系列软件中任一种多、高层结构整体分析软件（SATWE、TAT或PMSAP）进行计算。由墙施工图程序读取指定层的配筋面积计算结果，按使用者设定的钢筋规格进行选筋，并通过归并整理与智能分析生成墙内配筋。可对程序选配的钢筋进行调整。程序提供“截面注写图”和“平面图+大样”两种剪力墙的施工图表示方式，可随时在“截面注写图”和“平面图+大样”方式间切换。

（1）一般流程

该程序通常的使用流程示意如图4-43所示。

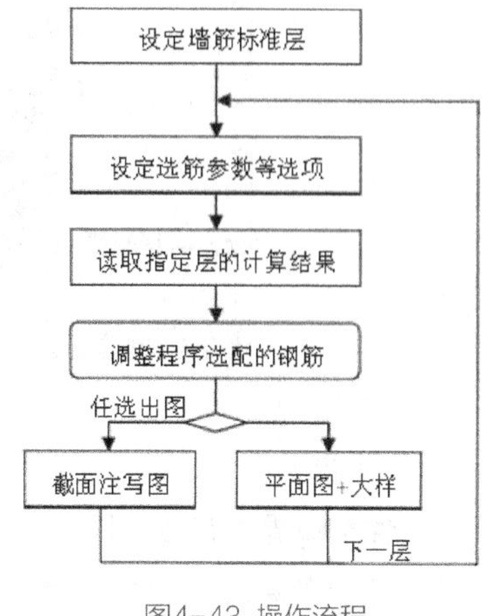

图4-43 操作流程

提示

在 PMCAD 中输入工程模型、未经结构计算的情况下，也可以利用“墙施工图”程序中的输入功能画施工图，这样构件的配筋和细部尺寸需完全由使用者逐项输入。推荐的用法仍是以整体分析的结果为基础画施工图。

（2）施工图辅助设计的主要内容

- 相交剪力墙交点处的墙柱配筋，包括与柱相连的剪力墙端柱配筋、若干剪力墙相交处的翼墙和转角墙配筋。
- 剪力墙洞口处的暗柱配筋。
- 剪力墙的墙体（也叫分布筋）配筋。
- 剪力墙上下洞口之间的连梁（也叫墙梁）配筋。

提示

以上设计程序均可自动完成，也可以人工干预，修改配筋截面的形式、钢筋的根数、直径及间距。

（3）施工图形式

软件提供两种表达方法的剪力墙结构施工图。

- 剪力墙结构平面图、节点大样图与墙梁（连梁）钢筋表：在剪力墙结构平面图上画出墙体模板尺寸，标注详图索引，标注墙竖剖面索引，标注剪力墙分布筋和墙梁编号；在节点大样图中画出剪力墙端柱、暗柱、翼墙和转角墙的形式、受力钢筋与构造钢筋。墙梁钢筋用图表方式表达，也可将大样图和墙梁表附在平面图中。
- 剪力墙截面注写施工图：参照“平法”图集，在各个墙钢筋标准层的平面布置图上，于同名的墙柱、墙身或墙梁中选择一个直接注写截面尺寸和配筋具体数值（对墙柱还要在原位绘制配筋详图），其他位置上只标注构件名称。

（4）主菜单

执行方法：墙梁柱施工图设计主菜单7：剪力墙施工图。

在PKPM软件主界面“结构”中，选择墙梁柱施工图设计主菜单7—剪力墙施工图，如图4- 44所示，单击“应用”后，程序进入剪力墙施工图绘图环境。

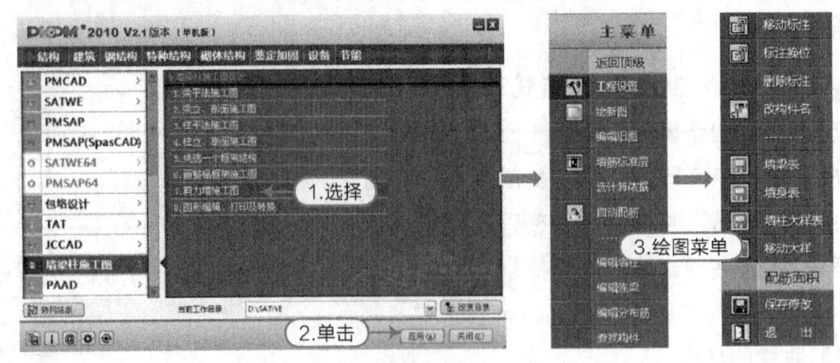

图4-44 进入剪力墙施工图绘制

（5）界面

软件菜单界面布置如图4-45所示。

“下拉菜单及工具栏”为各施工图模块的通用功能。对于图中的线条、文字等图素均可执行针对图形本身的画图、编辑操作，此类操作不会改变构件的布置、配筋记录等设计数据。熟练的使用者可在命令行（提示区）输入CFG图形平台系统的命令。关于这部分的说明请参阅图形编辑、打印及转换程序TCAD的相关内容。本书主要介绍右侧菜单的使用。

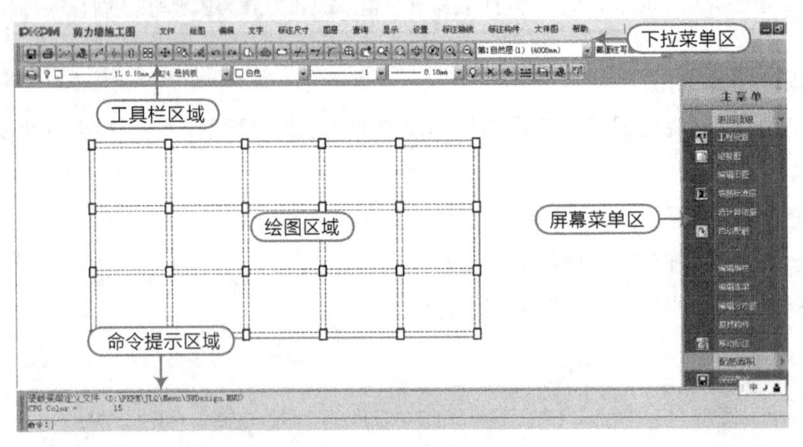

图4-45 软件菜单界面

（6）相关名词：墙柱、阴影区、核心区、墙梁

端柱的核心区指按柱输入的构件范围，通常是突出墙面的。对翼墙柱，程序中将阴影区内各相交墙肢公共的部分称为“核心区”。程序中所称“墙肢”一般指核心区以外的墙体，如图4-46所示。

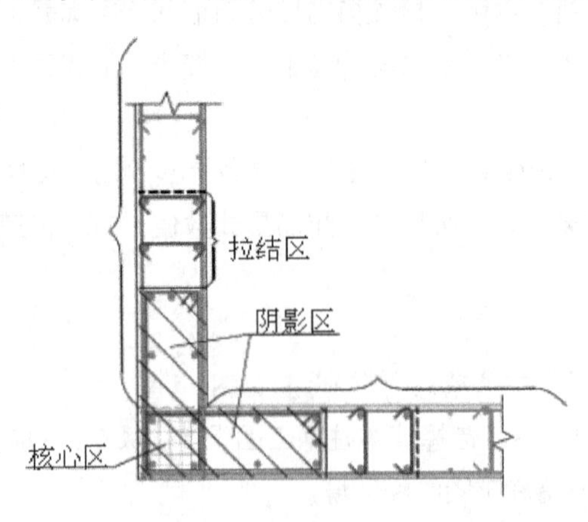

图4-46 拉结区、阴影区和核心区示意

4.4.2 工程设置

执行方法：屏幕菜单区→【工程设置】。

例如，执行此命令，弹出的对话框中包括显示内容、绘图设置、选筋设置、构件归并范围、构件名称5个选项卡。

> **提示**
>
> 除特别说明处之外，"工程设置"的相关设置结果均保存在当前工程的工作子目录中。
> 可在操作过程中的任意阶段设置参数，当程序显示"命令："提示符时即可执行。一般仅影响设置后配筋、画图的结果，而不改变已有的图形。

（1）显示内容

可按需要选择施工图中显示的内容，选项卡下的内容如图4-47所示。

在"显示内容"选项卡下，部分选项含义如下。

● 配筋量：表示在平面图中（包括截面注写方式的平面图）是否显示指定类别的构件名称和尺寸及配筋的详细数据。

● 柱与墙的分界线：指如图4-48所示中圈定位置以虚线表示的与墙相连的柱和墙之间的界线。可按绘图习惯确定是否要画此类线条。

● 涂实边缘构件：在截面注写图中，将涂实未做详细注写的各边缘构件；在平面图中则是对所有边缘构件涂实。

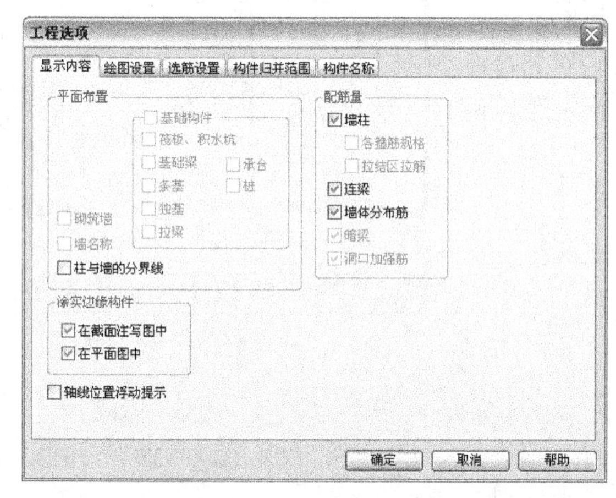

图4-47 显示内容选项卡

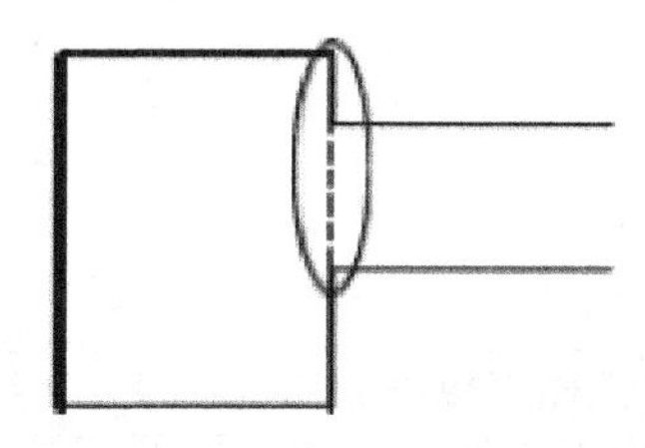

图4-48 柱与墙的分界线

> **提示**
>
> 此种涂实的结果在按"灰度矢量"打印后会比下拉菜单中"设置→构件显示（绘图参数）→墙、柱涂黑"的颜色更深。

● 轴线位置浮动提示：对已命名的轴线在可见区域内示意轴号。此类轴号示意内容仅用于临时显示，不保存在图形文件中。

（2）绘图设置

可按各自绘图习惯选择用TrueType字体或矢量字体表示钢筋等级符号，选项卡下的内容如图4-49所示。

在"绘图设置"选项卡下，部分选项含义如下。

● 包含各层连梁（分布筋）：此开关决定是否在同一张图上显示多层的内容，使用者可根据设计习惯选择。

● 标注各类墙柱的统一数字编号：程序用连续编排的数字编号替代各墙柱的名称。在画平面图（包括截面注写方式的平面图）之前可以设定要求在生成图形时考虑文字避让，这样程序会尽量考虑由构件引出的文字互不重叠，但选中该项则生成图形时较慢。

● 大样图估算尺寸：指画墙柱大样表时每个大样所占的图纸面积。

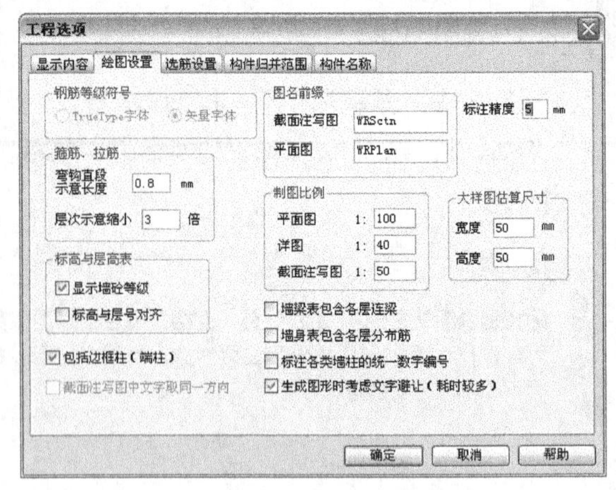

图4-49 绘图设置选项卡

提示

用下拉菜单的“文字 | 点取修改”命令中“特殊字符”输入的钢筋符号只能按矢量字体输出。

（3）选筋设置

选筋的常用规格和间距按墙柱纵筋、墙柱箍筋、水平分布筋、竖向分布筋、墙梁纵筋、墙梁箍筋6类分别设置。程序根据计算结果选配钢筋时将按这里的设置确定所选钢筋的规格，选项卡下的内容如图4- 50所示。

在“选筋设置”选项卡下，部分选项含义如下。

● 规格/间距：表中列出的是选配时优先选用的数值。

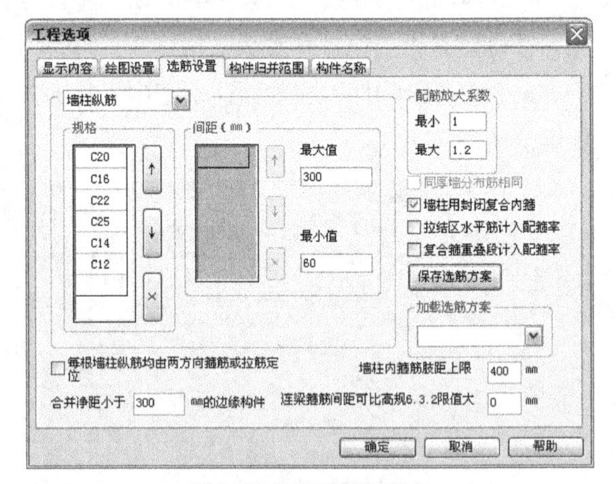

图4-50 选筋设置选项卡

提示

“规格”表中反映的是钢筋的等级和直径，用A ~ F依次代表不同型号钢筋，依次对应HPB300、HRB335、HRB400、HRB500、CRB550、HPB235，在图形区显示为相应的钢筋符号。

“纵筋”的间距由“最大值”和“最小值”限定，不用“间距”表中的数值。

“箍筋”或“分布筋”间距则只用表中数值，不考虑“最大值”和“最小值”。

可在表中选定某一格，用表侧的“↑”和“↓”调整次序，用“×”删除所选行。

如需增加备选项可点在表格尾部的空行处。

选筋时，程序按表中排列的先后次序，优先考虑用表中靠前者。

● 同厚墙分布筋相同：选择此项，程序在设计配筋时，在本层的同厚墙中找计算结果最大的一段，据此配置分布筋。

● 墙柱用封闭复合内箍：选择此项，则墙柱内的小箍筋优先考虑使用封闭形状。现行规范对计算复合箍的体积配箍率时是否扣除重叠部分暂未做明确规定。程序中提供相应选项，由使用者掌握。

● 每根墙柱纵筋均由两方向箍筋或拉筋定位：通常用于抗震等级较高的情况。如选中此开关则不再按默认的“隔一拉一”处理，而是对每根纵筋均在两方向定位。

● 选筋方案：包括本页上除“边缘构件合并净距”之外的全部内容，均保存在CFG目录下的“墙选筋方案库.MDB”文件中。保存时可指定方案名称，在做其他工程墙配筋设计时可用“加载选筋方案”调出已保存的设置。

（4）构件归并范围

该选项卡下内容如图4-51所示，同类构件的外形尺寸相同，需配的钢筋面积（计算配筋和构造配筋中的较大值）差别在本页参数指定的归并范围内时，按同一编号设相同配筋。构件的归并仅限于同一钢筋标准层平面范围内。一般地说，不同墙钢筋标准层之间相同编号的构件配筋很可能不同。洞边暗柱、拉结区的“取整长度”常用数值为50mm，程序中考虑此项时通常将相应长度加大以达到指定取整值的整倍数。如使用默认的数值0，则不考虑取整。程序中设有“同一墙段水平、竖直分布筋规格、间距相同”选项，可适应部分设计者的习惯。如选中这一开关，程序将取两方向的配筋中的较大值设为分布筋规格。

（5）构件名称

该选项卡下内容如图4-52所示，表示构件类别的代号默认值参照“平面整体表示法”图集设定。如选中“在名称中加注G或Y以区分构造边缘构件和约束边缘构件”，则这一标志字母将写在类别代号前面。可在“构件名模式”中选择将楼层号嵌入构件名称，即以类似于AZ1—2或1AZ—2的形式为构件命名。使用者可根据自己的绘图习惯选择并设置间隔符。默认在楼层号与表示类别的代号间不加间隔符，而在编号前加“—”隔开。加注的楼层号是自然层号。

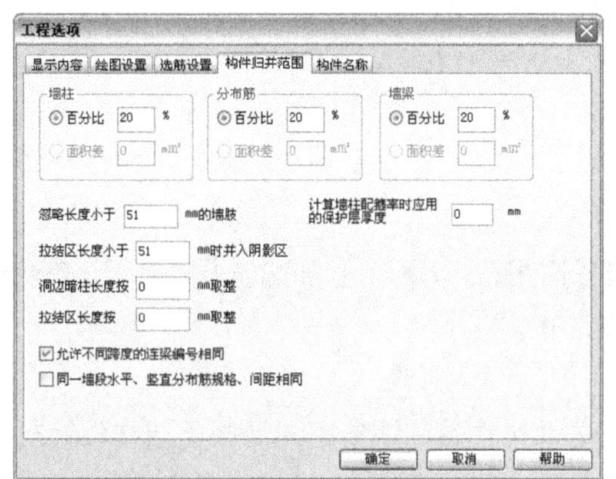

图4-51 构件归并范围选项卡

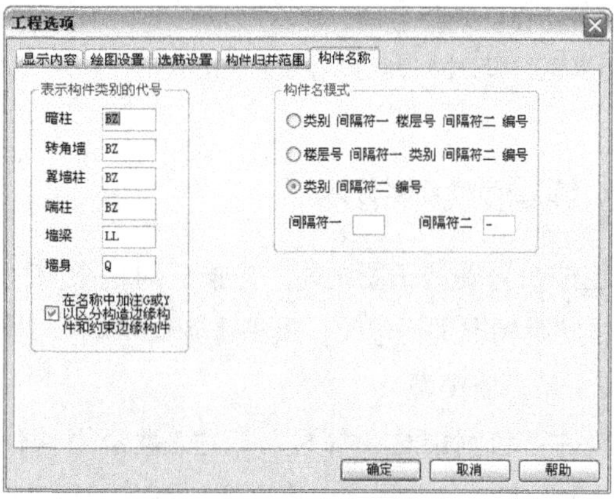

图4-52 构件名称选项卡

4.4.3 绘新图

执行方法：屏幕菜单区→【绘新图】。

例如，执行此命令，弹出的对话框如图4-53所示，选择其一进行后续操作即可。

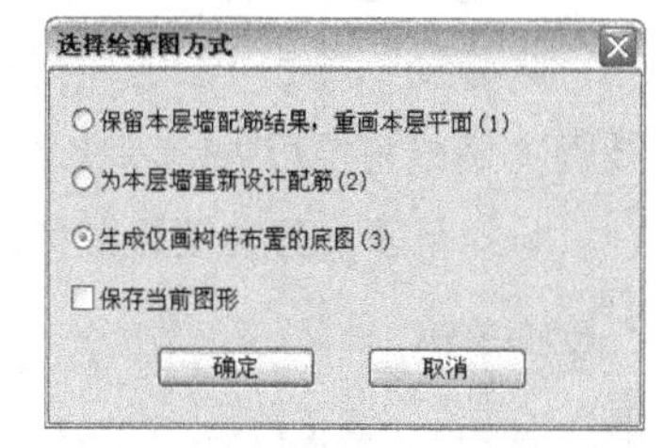

图4-53 绘新图对话框

4.4.4 读取剪力墙钢筋

① 选择剪力墙施工图绘图类型。

执行方法：工具栏→截面注写图倒三角按钮。

例如，单击倒三角按钮，选择“截面注写图”方式绘制剪力墙施工图。

② 定义钢筋标准层。

执行方法：屏幕菜单区→【墙筋标准层】。

例如，执行此命令，弹出的对话框如图4-54所示，同梁柱的定义钢筋层操作一样。

图4-54 墙筋标准层定义对话框

③ 选定配筋结果。

执行方法：屏幕菜单区→【选计算依据】。

例如，执行此命令，确定剪力墙钢筋的数据来源，即计算分析软件的名称。

④ 确定读入当前一个楼层还是多个楼层的剪力墙钢筋数据，生成剪力墙截面注写图。

提示

剪力墙截面注写方式适用于较大比例尺出图。

4.4.5 编辑剪力墙钢筋

在生成剪力墙施工图之前，应该查对校核剪力墙各构件的计算配筋量和配筋方式是否正确合理，并根据工程实际情况进行修改，最终得到满意的剪力墙施工图。

（1）剪力墙类型

● 墙柱：包括端柱、翼柱、暗柱3类边缘构件。边缘构件名称请参阅《混凝土结构设计规范》之11.7.18和11.7.19条。程序中将端柱、翼墙和转角墙统称为“节点墙柱”；各墙肢厚度和端柱中的柱尺寸依照PMCAD中输入的数据，用户在本模块可调整墙肢长度。本程序中暗柱专指剪力墙洞边暗柱。单片墙尽端的边缘构件按暗柱的要求设计，在编辑时用节点墙柱的对话框修改；墙柱的配筋结果可与结构分析模块中的“边缘构件”图相对照。

● 墙梁：将上下层洞口间的墙称为墙梁，也称连梁。程序中缺省配筋形式为上下对称配筋，箍筋为双肢箍；墙梁跨度应大于200mm（对跨度小于200mm的洞口不予考虑）。程序根据计算结果确定墙梁高。

● 分布筋：剪力墙边缘构件以外的墙体部分布置的水平分布筋和垂直分布筋。

提示

程序根据墙厚确定分布筋的排数：墙厚不大于400㎜时设两排，大于400㎜而不大于700㎜设3排，700㎜以上设4排。默认配筋排布方式是各排分布筋规格相同，可设置为“两侧不同”（分别设置最外侧两排的分布筋规格，中间各排采用“中排”规格）或“两侧相同”（最外侧的两排分布筋规格相同，中间各排采用“中排”规格）。相关规定见《高规》7.2.3条。

（2）查找构件

执行方法：屏幕菜单→【查找构件】。

执行此命令时，按提示输入要查找的构件名称（对字母按大小写都可以），程序将闪动显示找到的相关构件文字，可按任意键结束闪动。可用此功能搜索指定名称的构件，然后选定适当的标注位置做"标注换位"，使图面文字布置尽量均匀。

（3）命令修改方式

执行方法：屏幕菜单→【编辑墙柱】、【编辑连梁】、【编辑分布筋】。

执行命令，弹出相应对话框，对计算配筋进行修改。图4-55所示为编辑墙柱命令的对话框。

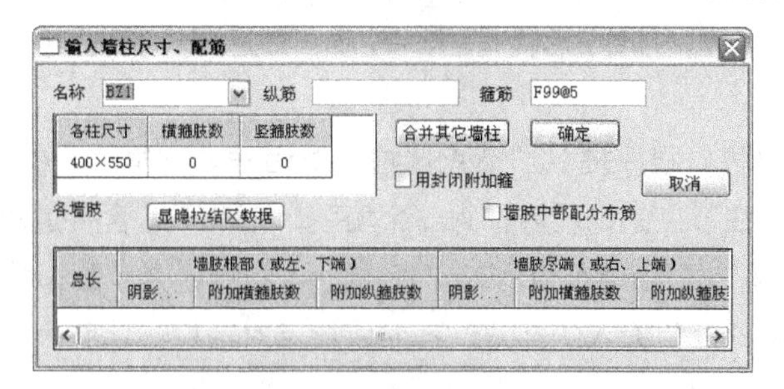

图4-55 编辑墙柱对话框

（4）双击修改方式

双击剪力墙构件的钢筋标注，弹出构件编辑的对话框。

（5）鼠标右键快捷修改方式

将光标指向需要修改的构件，单击鼠标右键，弹出构件编辑对话框，进行构件参数编辑修改。

（6）标注的编辑修改

用于对剪力墙标注字符的修改，包括移位、换位、删除等操作。

- 移动标注：可用于调整图面文字布置。在点取引出的墙内构件配筋或名称文字后，可看到该文字随光标移动，点左键确认移动结果。当墙柱的箍筋形式较复杂时，程序提供了箍筋的层次示意图。此种图形也可用"移动标注"功能调整位置。如果要移动示意图中某一道箍筋的位置，请使用下拉菜单的"编辑→移动"命令。
- 标注换位：用于"截面注写图"方式。可在多个同名的构件中指定选取哪一个做详细注写；对于标准号相同的（尺寸和配筋完全一样而且同名的）多个构件，程序在平面图中只选一个详细写出各种尺寸、配筋数据，其余只标构件名。如果希望标注的位置与程序选择的不同，可使用此功能。点选要详细注写的构件名，程序将注写内容及详图标注于指定的构件位置；可用此命令调整图面布置，使各部分图形疏密适中。
- 删除标注：可删除多余的构件标注内容，包括该构件的配筋示意。点选不需要的文字标注，程序将成组的文字和引出线一同删去。如需删除尺寸标注，请用下拉菜单中的"编辑｜删除"命令或工具栏上的"删除"按钮。

4.4.6 墙内构件编辑

对于已按计算结果读入的构件配筋，可做进一步编辑。

1.墙柱一般编辑操作

执行方法：右侧菜单→【编辑墙柱】。

按程序提示拾取所关注的构件，编辑其尺寸及配筋。

执行方法："命令："输入行。

在提示区末行显示"命令："提示符时，双击由构件引出的文字，调出相应的对话框。

执行方法：右侧菜单→【复制墙柱】。

在墙柱文字上或其轮廓范围内点右键，选择“复制墙柱”，程序将随光标移动显示所选构件的轮廓。在移动到目标位置后，点左键确认。

执行方法：右侧菜单→【镜像】、【旋转】。

可以在复制过程中点右键，在弹出的菜单上选择“镜像”或“旋转”以实现更灵活地复制。如选择“继续”则忽略这一次右键操作，按原形状平移构件轮廓；如选择“退出”则取消此次复制操作。

2.节点墙柱

对多道墙相交位置的墙柱，程序提供“节点墙柱”对话框。这里所说的“节点”与PM建模程序中的概念相同。交汇于构件所在节点的每段墙称为一个墙肢，通常不包含各道段墙的公共区域。阴影区即《混凝土结构设计规范》所称“配箍特征值为λv的区域”，拉结区是“配箍特征值为λv/2的区域”。如果所选位置不包含建模时按“柱”输入的部分，程序将显示对话框。墙肢表以上的部分反映整个构件的属性，表格中每一行代表一个墙肢。

3.多节点墙柱

对常见的多墙在一个节点上交汇形成的墙柱，只需要关注墙肢表中“墙肢根部”的数据即可。当墙柱中包含多个节点时，墙两端的阴影区数据分别见于“左、下端”和“右、上端”两组单元格中。这种情况多见于短肢剪力墙结构。现在程序中可处理多个节点连成的较复杂墙柱，如图4-56所示。

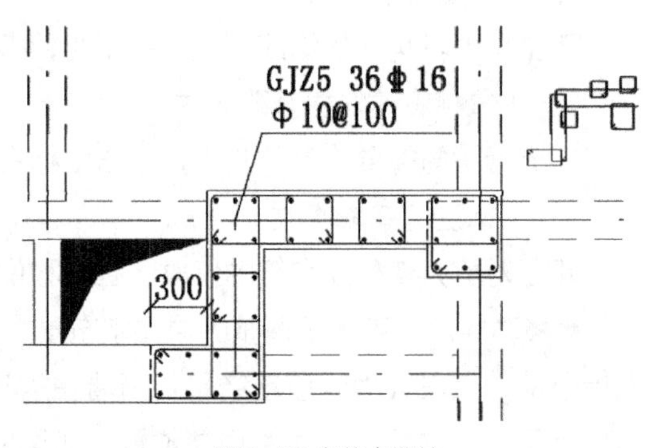

图4-56 多节点墙柱

4.4.7 剪力墙平面图

执行方法：工具栏→截面注写图倒三角按钮。

例如，单击倒三角按钮，切换剪力墙绘制方式为“平面图”，在显示的剪力墙平面图中仅显示剪力墙构件标注。需要执行【墙梁表】、【墙身表】、【墙柱大样表】等屏幕菜单命令，将剪力墙参数表格和详图拖放到图中合适位置形成完整的剪力墙平面图。

4.5 思考与练习

一、填空题

1. 非承重墙是不承重的，可以到顶也可不到顶，对房间内部只起分隔、限制空间及装饰作用，在软件中______、______、______属于非承重墙。

2. 梁是按照______进行定位的，“梁顶标高”是指相对于梁的顶面与________的距离。

3. 轴线命名的方法有______、______、______3种方式。

4. 各种类型的梁有不同的代号，请按要求写出各类型梁的代号：框架梁－___，层面框架梁－___，框支梁－___，非框架梁－___，悬挑梁－___，井字梁－___。

二、选择题

1. 钢筋的保护层指的是从构件界面外边缘到（　　）外皮距离。

A. 钢筋主筋　　B. 腰筋

C. 最外侧钢筋　　D. 拉筋

2. 梁钢筋中看三维图显示应执行（　　）命令。

A. 立剖面图　　B. 立面框架

C. 三维图　　D. 立面改筋

三、操作题

继续上一章的操作题，为该6层框架结构工程绘制梁柱施工图。

第05章

JCCAD基础设计

新的基础软件JCCAD，是将原DOS操作系统下的3个软件JCCAD、EF、ZJ合并，重新编写而成的。原来3个软件的交互输入菜单与绘制平面图菜单分别合并，功能相同的菜单相互共用，这样可以使软件处理复杂多类型的联合基础，同时也使设计人员更为方便地进行各类基础方案的比较和对同一类基础（如筏板基础）采用不同计算方法的比较。

5.1 JCCAD简介及规范规定

5.1.1 JCCAD简介

基础设计软件JCCAD是PKPM系统中功能最为纷繁复杂的模块，“JCCAD”主菜单可完成柱下独立基础、墙下条形基础、弹性地基梁、带肋筏板、柱下平板、墙下筏板、柱下独立桩基承台基础、桩筏基础、桩格梁基础及单桩的设计工作。同时软件还可完成由上述多种基础组合起来的大型混合基础设计，而且一次处理的筏板块数可达10块。软件可处理的独基包括倒锥型、阶梯型、现浇或预制杯口基础、单柱、双柱或多柱基础；条基包括砖、毛石、钢筋混凝土条基（可带下卧梁）、灰土及混凝土基础；筏板基础的梁肋可朝上或朝下；桩基包括预制混凝土方桩、圆桩、钢管桩、水下冲（钻）孔桩、沉管灌注桩、干作业法桩和各种形状的单桩或多桩承台。

基础设计软件JCCAD以基于二维、三维图形平台的人机交互技术建立模型，界面友好，操作顺畅。它接力上部结构模型建立基础模型、接力上部结构计算生成基础设计的上部荷载，充分发挥了系统协同工作、集成化的优势；它系统地建立了一套设计计算体系，科学严谨地遵照各种相关的设计规范，适应复杂多样的多种基础形式，提供全面的解决方案；它不仅为最终的基础模型提供完整的计算结果，还注重在交互设计过程中提供辅助计算工具，以保证设计方案的经济合理；它使设计计算结果与施工图设计密切集成，基于自主图形平台的施工图设计软件经历十多年的用户实践、成熟实用。

其主要功能特点概括说明如下。

① 适应多种类型基础的设计。

② 接力上部结构模型。

③ 接力上部结构计算生成的荷载。

④ 将读入的各荷载工况标准值按照不同的设计需要生成各种类型荷载组合，考虑上部结构刚度的计算。

⑤ 提供多样化、全面的计算功能满足不同需要。

⑥ 设计功能自动化、灵活化，完整的计算体系。

⑦ 辅助计算设计。

⑧ 提供大量简单实用的计算模式。

⑨ 导入AutoCAD各种基础平面图辅助建模。

⑩ 施工图辅助设计。

⑪ 地质资料的输入。

⑫ 基础计算工具箱。

图5-1所示表示的是PKPM基础设计的内容。

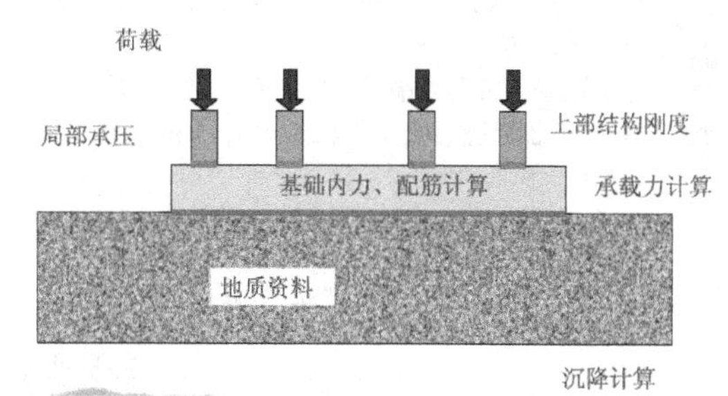

图5-1 基础设计内容

提示

统一标高：地质资料，基础底标高，一层荷载作用点必须在统一坐标系。
地质资料中各孔点图层要一致，以保证能够通过插值得到任意一点的图层信息；孔点的个别图层厚度可以为0。
土名称仅作为一个代码存在，允许名称相同参数不同的情况。

5.1.2 规范规定

新规范版本JCCAD程序与原程序相比做了较大改动，现将主要改动介绍如下。

（1）荷载组合

按新《荷载规范》要求，程序按不同计算需要，生成3类荷载组合，即基本组合，标准组合和准永久组合。

- 基本组合：用于确定基础内力和配筋计算。如基础或桩台高度、支挡结构截面、计算基础或支挡结构内力、确定配筋和验算材料强度等。在新规范版本中放弃简化公式，采用活荷载轮次作为第一活荷载的荷载组合方式。
- 标准组合：用于地基承载力计算。
- 准永久组合：用于地基变形计算（沉降），与原规范版本相同。

提示

荷载选用原则：墙下条形基础可采用 PM 荷载或砖混荷载；柱下独基和桩承台采用尽量多的荷载组合；筏板和基础梁选相同工况荷载组合。
独立基础底面积的计算类似于压弯正截面计算，由轴力和弯矩两个因素决定，所以不能按最大轴力计算。由于各程序的计算假定不同，荷载的分布有差别。如果选取全部荷载则计算结果偏大。
PMCAD 荷载可用于砖混结构及初设计。其特点是模拟人工倒荷，没有弯矩。
TAT，SATWE，PMSAP 荷载是上部结构计算结果，可用于所有情况。
程序能自动区分是否地震组合，并进行承载力放大。
PK 荷载只能用于独基。

（2）地基承载力计算

按标准组合（标准荷载）设计（原规范设计荷载）；去掉修正以后的地基承载力大于1.1地基承载力特征值；墙下条形基础避免基础底面重复计入（强制性条文）；独基与条基重叠时，计算独基可考虑部分线荷载；按土的抗剪强度指标计算地基承载力特征值的方法。

提示

柱下独立基础结果比较：没偏心荷载减少得多；有偏心荷载减少得少。
用新规范计算的柱下独立基础底面边长与原规范相比减少了 11% 左右：中柱比边柱减少得多；PM 荷载计算比用 TAT 荷载计算减少得多。
由于底面积减少，造成基础配筋量减少。
墙下条形基础结果比较：基础宽度较大时，基础底面重叠对基础的影响较大。用新规范计算的柱下独立基础底面边长与原规范相比：
不考虑基础底面重叠时：减少了 19% 左右；
考虑基础底面重叠时：减少了 4%~15%。

（3）基础沉降计算

计算公式不变，计算深度确定公式中的Δz表格有变动，见表5-1。

表5-1 计算深度公式中的Δz确定

b（m）	≤2	2<b≤4	4<b≤8	>8
Δz（m）	0.3	0.6	0.8	1.0

（4）基础配筋计算

- 混凝土：钢筋的物理特性标都有所改变。
- 独立基础受弯配筋计算公式略有调整。

（5）配筋率的调整

- 独立基础（墙下钢筋混凝土条基）：底板配筋直径不小于 10mm，间距不大于200mm。
- 筏板和基础梁：抗弯最小配筋率提高到 0.2%和45ft/fy中的较大值；基础梁的腰筋单侧不小于0.1%

的体积配筋率，配置在梁肋部分。

（6）插筋长度

按新规范要求钢筋搭接长度计算插筋伸出基础的长度。柱子插筋是根据锚固长度计算确定的。如果柱插筋锚固长度大于基础高度，则柱插筋要弯到基础底板中。

（7）冲切计算

新规范版本按规范GB 50007—2002 8.2.7条（P.61）的公式进行抗冲切计算，并考虑受冲切承载力截面高度影响系数β hp 。

● 独立基础及柱对承台的冲切：按公式（$F_L \le 0.7\beta_{hp} f t b_{mb} 0$；$bm=(b_t-b_b)/2$；$F_L=P s_A$）进行抗冲切计算得到最小高度。

● 桩对承台冲切：按公式（$Fl \le 2\beta_{ox}(b_c+a_{0y})+\beta_{oy}(h_c+a_{0x})\beta_{hpftb0}$；$Fl=F-\sum_N i$；$\beta_{ox}=0.84/(\lambda_{ox}+0.2)$；$\beta_{oy}=0.84/(\lambda_{oy}+0.2)$）计算。

● 柱对平板的冲切：按计算公式计算。

（8）局部承压计算

新规范版本增加了局部承压计算。程序可进行柱对独基，桩承台，基础梁及桩对承台的局部承压计算；按照GB 50007—2002中8.2.7的第4条要求和7.8.1和7.8.2的方法进行柱对基础的局部承压计算。

5.2 地质资料输入

执行方法：JCCAD设计主菜单1：地质资料输入。

在“案例\04\SATWE.文件夹”，在PKPM软件主界面“结构”中，选择JCCAD主菜单1—地质资料输入，单击“应用”后进入界面，如图5-2所示。

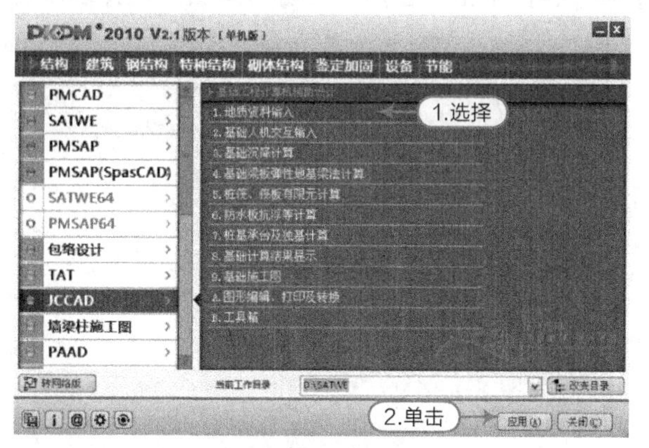

图5-2 进入JCCAD地质资料

5.2.1 概述

地质资料是建筑物周围场地地基状况的描述，是基础设计的重要信息。如果要进行沉降计算，就必须有地质资料数据。通常情况下，在进行桩基础的设计时也需要地质资料数据。在使用JCCAD软件进行基础设计时，用户必须提供建筑物场地的各个勘测孔的平面坐标、竖向土层标高和各个土层的物理力学指标等信息，此等信息应在地质资料文件（内定后缀为.dz）中描述清楚。地质资料文件可通过人机交互方式生成，也可用文本编辑工具直接填写。本节说明人机交互方式生成的方法，而用文本编辑工具直接填写的文件格式见附录A。

JCCAD可以将用户提供的勘测孔的平面位置自动生成平面控制网格，并以形函数插值方法自动求得基础设计所需的任意处的竖向各土层的标高和物理力学指标，并可形象地观察平面上任意一点和任意竖向剖面的土层分布和土层的物理力学参数。

由于用途不同，对土的物理力学指标要求也不同。因此，可以将JCCAD地质资料分成两类：有桩地质资料和无桩地质资料。有桩地质资料需要每层土的压缩模量、重度、土层厚度、状态参数、内摩擦角和粘聚力6个参数；而无桩地质资料只需每层土的压缩模量、重度、土层厚度3个参数。

地质资料输入的步骤一般应为如下所述。

① 归纳出能够包容大多数孔点的土层的分布情况的“标准孔点”土层，并点击【标准孔点】菜单，再根据实际的勘测报告修改各土层物理力学指标承载力等参数进行输入。

② 点击【输入孔点】菜单，将“标准孔点土层”布置到各个孔点。

③ 进入【动态编辑】菜单，对各个孔点已经布置土层的物理力学指标、承载力、土层厚度、顶层土标高、孔点坐标、水头标高等参数进行细部调节。也可以通过添加、删除土层补充修改各个孔点的土层布置信息。 因程序数据结构的需要，程序要求各个孔点的土层从上到下的土层分布必须一致，在实际情况中，当某孔点没有某种土层时，需将这种土层的厚度设为 0 厚度来处理，因此，孔点的土层布置信息中，会有 0 厚度土层存在，程序允许对 0 厚度土层进行编辑。

④ 对地质资料输入的结果的正确性，可以通过【点柱状图】、【土剖面图】、【画等高线】、【孔点剖面】菜单进行校核。

⑤ 重复前两个步骤，完成地质资料输入的全部工作。

5.2.2 菜单功能介绍

点取【地质资料输入】菜单项，单击“应用”后屏幕弹出“选择地质资料文件”对话框，如图5-3所示。

图5-3 “选择地质资料文件”对话框

● 如果建立新的地质资料文件，应该在对话框的“文件名”项内，输入地质资料的文件名，并点取“打开”按钮，进行地质资料的输入工作。

● 如果编辑已有的地质资料文件，可以在文件列表框中，选择要编辑的文件，并点取“打开”按钮。屏幕显示地质勘探孔点的相对位置和由这些孔点组成的三角单元控制网格。即可利用地质资料输入的相关菜单观察地质情况，进行补充和修改已有的地质资料。

提示

如果希望采用其他工程已形成好的地质资料文件，请将该文件拷贝到当前工作目录下调用，以防工程数据备份时缺失数据。

当在“选择地质资料文件”对话框中键入文件名后，屏幕显示交互生成地质资料文件状态，其右侧菜单区的子菜单如图5-4所示。

● 土参数：用于设定各类土的物理力学指标。

执行方法：屏幕菜单区→【土参数】。

例如，选择“土参数”菜单，弹出“默认土参数表”对话框，如图5-5所示，根据自己实际的土质情况对默认参数修改，特别是需要用到的那些土层的参数。

主菜单
返回顶级
土　参数
标准孔点
导入孔位
输入孔点
复制孔点
删除孔点
单点编辑
动态编辑
点柱状图
土剖面图
孔点剖面
画等高线
三维显示
退　出

图5-4　地质资料输入菜单命令

默认土层参数表

土层类型	压缩模量	重度	内摩擦角	黏聚力	状态参数	状态参数含义
(单位)	(MPa)	(kN/m3)	(°)	(kPa)		
1填土	10.00	20.00	15.00	0.00	1.00	(定性/-IL)
2淤泥	2.00	16.00	0.00	5.00	1.00	(定性/-IL)
3淤泥质土	3.00	16.00	2.00	5.00	1.00	(定性/-IL)
4黏性土	10.00	18.00	5.00	10.00	0.50	(液性指数)
5红黏土	10.00	18.00	5.00	0.00	0.20	(含水比)
6粉土	10.00	20.00	15.00	2.00	0.20	(孔隙比e)
71粉砂	12.00	20.00	15.00	0.00	25.00	(标贯击数)
72细砂	31.50	20.00	15.00	0.00	25.00	(标贯击数)
73中砂	35.00	20.00	15.00	0.00	25.00	(标贯击数)
74粗砂	39.50	20.00	15.00	0.00	25.00	(标贯击数)
75砾砂	40.00	20.00	15.00	0.00	25.00	(重型动力触探击数)
76角砾	45.00	20.00	15.00	0.00	25.00	(重型动力触探击数)
77圆砾	45.00	20.00	15.00	0.00	25.00	(重型动力触探击数)
78碎石	50.00	20.00	15.00	0.00	25.00	(重型动力触探击数)

确定　取消

图5-5　土参数对话框

提示

程序对各种类别的土进行了分类，并约定了类别号。
无桩基础只需压缩模量参数，不需要修改其他参数。
所有土层的压缩模量不得为零。

● 标准孔点：用于生成土层参数表——描述建筑物场地地基土的总体分层信息，作为地质资料输入生成各个勘察孔柱状图的地基土分层数据的模板。

执行方法：屏幕菜单区→【标准孔点】。

例如，选择“标准孔点”菜单，屏幕弹出“土层参数表”，表中列出了已有的或初始化的土层的参数表，如图5-6所示。

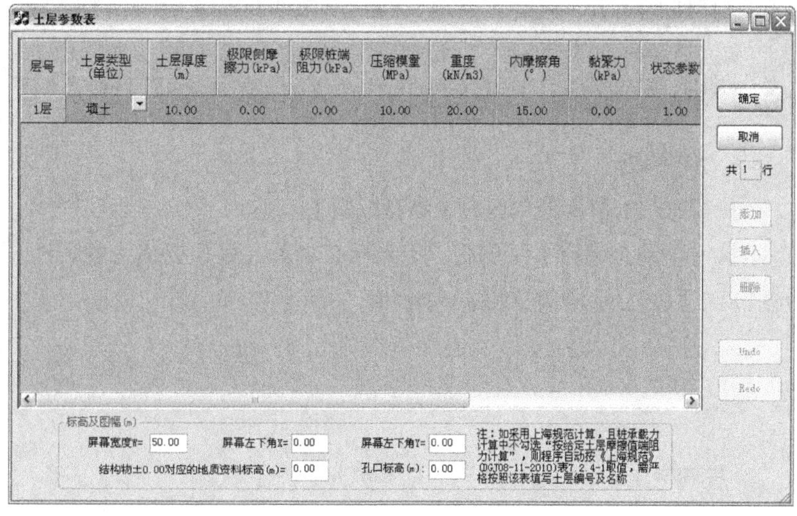

图5-6　土层参数表

提示

地质资料中的标高可以按相对与上部结构模型中一致的坐标系输入，也可按地质报告的绝对高程输入。当选择前一种输入方法时，应该将地质报告中的绝对高程数值换算成与上部结构模型一致的建筑标高；当选择后一种输入方法时，地质资料输入中的所有标高必须按绝对高程输入，并在“±0.00 绝对标高”填入上部结构模型中 ±0.00 标高对应的绝对高程。“土层参数表”中参数都可修改，其中由“默认土参数表”确定的参数值也可修改，且其值修改后不会改变“默认土参数表”中相应值，只对当前土层参数表起作用。标高及图幅框内的“孔口标高”项的值，用于计算各层土的层底标高。第一层土的底标高为孔口标高减去第一层土的厚度；其他层土的底标高为相邻上层土的底标高减去该层土的厚度。允许同一土名称多次在土层参数表中出现。

● 输入孔点：可用光标依次输入各孔点的相对位置（相对于屏幕左下角点）。

执行方法：屏幕菜单区→【输入孔点】。

例如，选择“标准孔点”菜单命令，按照命令行提示，逐一输入所有勘测孔点的相对位置后，程序自动将各个孔点用互不重叠的三角形网格连接起来。

提示

在平面上输入孔点时可导入参照图形。一般地质勘测报告中都包含 AutoCAD 格式的钻孔平面图（DWG 图）。可导入该图作为底图，用来参照输入孔点位置，这样做可大大方便孔点位置的定位。操作方法：首先应在【图形编辑修改】菜单下把 AutoCAD 格式的钻孔平面图（DWG 图）转换成为 PKPM 图形平台的同名的 .T 图形。进入地质资料输入菜单后，点击上部下拉菜单中的【文件】|【插入图形】，将转换好的钻孔平面图插入到当前显示图中，屏幕上会弹出“图块插入参数”对话框，程序要求导入图形的比例必须是 1 ：1，如果原图不是这个比例，需要修改缩放比例。如在下面菜单里第一行给出的 x，y 方向尺寸 491.8 和 299.3，通过调整 x 和 y 方向缩放比例 0.1，变成 49.18 和 29.93。

● 复制孔点：屏幕菜单区中【复制孔点】命令用于土层参数相同勘察点的土层设置。也可以将对应的土层厚度相近的孔点用该菜单进行输入，然后再编辑孔点参数。

● 删除孔点：用于删除多余的勘测点。

● 单点编辑。

执行方法：屏幕菜单区→【单点编辑】。

执行【单点编辑】菜单后，光标点取要修改的孔点，在弹出的“孔点土层参数表”对话框中修改，设置参数即可。

提示

每执行【单点编辑】菜单一次，只能选取一个孔位进行土层参数修改。若要修改另一个孔位，则必须再次执行【单点编辑】菜单。如果某土层物理参数修改后的结果适用于其他所有孔点，那么可用“用于所有点”控件打勾来操作完成。

● 动态编辑。

执行方法：屏幕菜单区→【动态编辑】。

执行【动态编辑】菜单后，用光标在屏幕上点取要编辑的孔点，单击鼠标右键完成孔点拾取，显示屏幕右侧菜单如图5-7所示。

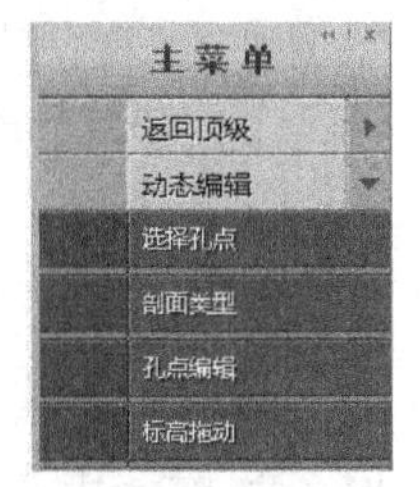

图 5－7　动态编辑后续菜单

提示

剖面类型：程序提供两种显示土层分布图的方式：孔点柱状图、孔点剖面图，可以通过【剖面类型】进行切换。

孔点编辑：执行命令进入孔点编辑状态，将鼠标移动到要编辑的土层上，土层会动态加亮显示，表示当前操作是对土层操作，如土层添加、土层参数编辑、土层删除。

标高拖动：执行命令，程序进入孔点土层标高拖动修改状态，这时可以拾取土层的顶标高进行拖动来修改土层的厚度。当鼠标移动到土层顶标高时，程序会动态加亮显示土层顶标高，并显示出其标高值，点击鼠标左键确认拖动当前的选中状态，移动鼠标，程序自动显示地质资料输入当前鼠标的位置对应的标高，当再次点击鼠标"左"键时，就完成了土层标高的拖动操作。

● 点柱状图。

执行方法：屏幕菜单区→【点柱状图】。

选择【点柱状图】菜单后，用光标连续点取平面位置的点，按"Esc"键完成选择后，屏幕上显示这些点的土层柱状图如图5-8所示。

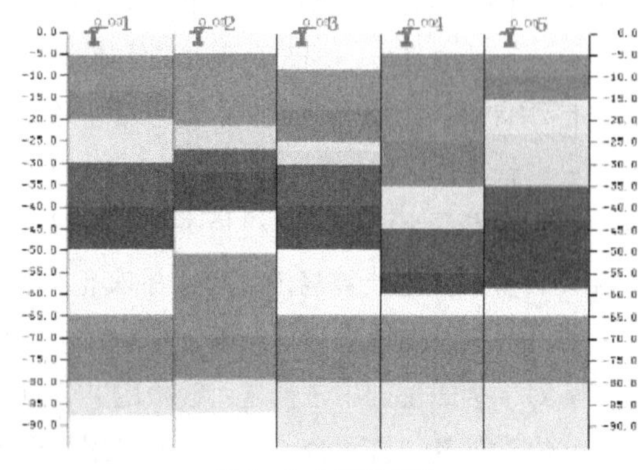

图5-8　土层柱状图

提示

点土层柱状图时，取点为非孔点时提示区中虽然会显示"特征点未选中"，但点取仍有效。该点的参数取周围节点的差值结果。

● 土剖面图：用于观看场地上任意剖面的地基土剖面图。

执行方法：屏幕菜单区→【土剖面图】。

选择【土剖面图】菜单后，用光标点取一个剖面后，则屏幕显示此剖面的地基土剖面图如图5-9所示。

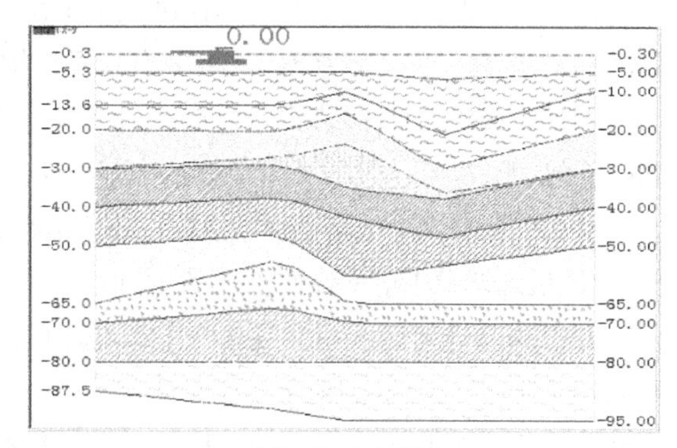

图5-9　土剖面图

5.3　基础人机交互输入

执行方法：JCCAD设计主菜单2：基础人机交互输入。

在"案例\03\SATWE.文件夹"，在PKPM软件主界面"结构"中，选择JCCAD主菜单2—基础人机交互输入，单击"应用"后进入界面，如图5-10所示。

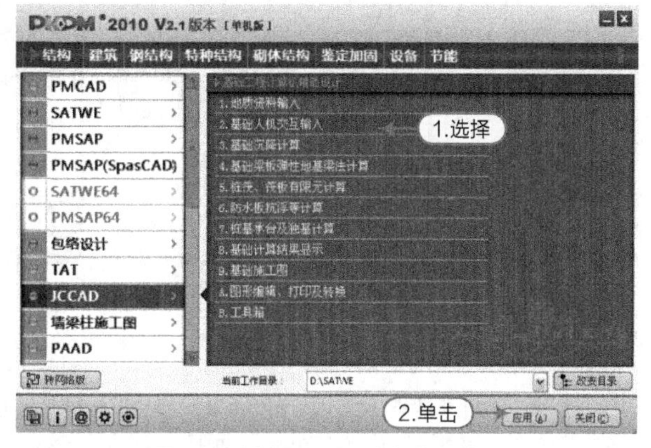

图5-10　进入JCCAD人机交互输入

5.3.1 概述

① 本菜单根据用户提供的上部结构、荷载及相关地基资料的数据，完成以下计算与设计。

● 人机交互布置各类基础，主要有柱下独立基础、墙下条形基础、桩承台基础、钢筋混凝土弹性地基梁基础、筏板基础、梁板基础、桩筏基础等。

● 柱下独立基础、墙下条形基础和桩承台的设计是根据用户给定的设计参数和上部结构计算传下的荷载，自动计算，给出截面尺寸、配筋等。在人工干预修改后，程序可进行基础验算、碰撞检查。

● 桩长计算。

● 钢筋混凝土地基梁、筏板基础、桩筏基础是由用户指定截面尺寸，并布置在基础平面上。这类基础的配筋计算和其他验算需由JCCAD的其他菜单完成。

● 可对柱下独基、墙下条基、桩承台进行碰撞检查，并根据需要自动生成双柱或多柱基础。

● 对平板式基础中进行柱对筏板的冲切计算，上部结构内筒对筏板的冲切、剪切计算。

● 柱对独基、桩承台、基础梁和桩对承台的局部承压计算。

● 可由人工定义和布置拉梁和圈梁，基础的柱插筋、填充墙、平板基础上的柱墩等，以便最后汇总生成画基础施工图所需的全部数据。

② 本菜单运行的必要条件如下所述。

● 已完成上部结构的模型、荷载数据的输入。程序可以接以下建模程序生成的模型数据和荷载数据：PMCAD、砌体结构、钢结构STS和复杂空间结构建模及分析。

● 如果要读取上部结构分析传来的荷载，还应该运行相应的程序的内力计算部分。这些程序包括PK、SATWE、TAT、PMSAP、砌体结构等程序。

● 如果要自动生成基础插筋数据，还应运行画柱施工图程序。

③ 进入本菜单前的操作。

进入菜单【基础人机交互输入】，屏幕显示上部结构与基础相连的各层轴网及其柱墙支撑布置，并弹出“存在基础模型数据文件”对话框，如图5- 11所示（此对话框的出现是建立在已经进行过此命令并保存之后的前提下），选择一种读取基础数据的方法后，屏幕上显示出【基础人机交互输入】的主菜单，如图5-12所示。

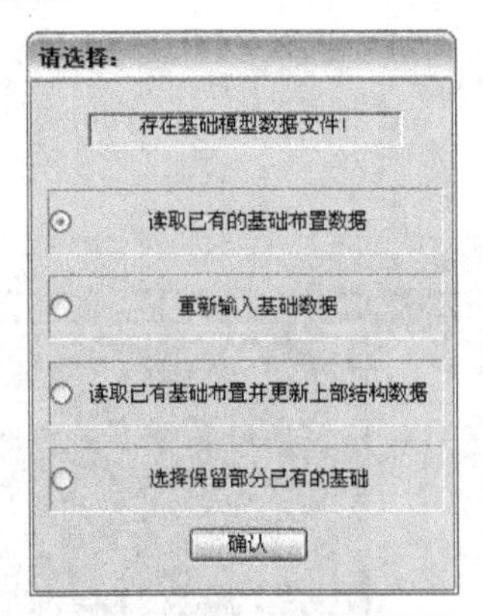

图5-11 基础集中前操作对话框

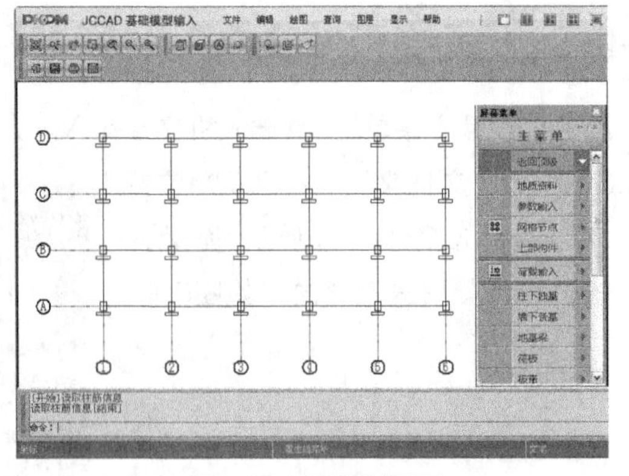

图5-12 基础绘制界面

提示

选择“读取旧数据文件”项，则程序将原有的基础数据和上部结构数据都读出。
选择“选择保留部分已有的基础”项则在原对话框右侧弹出“请选择需要读取的基础信息”副对话框，以供选择基础信息，如图所示。

5.3.2 地质资料

【地质数据】菜单用于将JCCAD主界面【1地质资料输入】菜单中，输入的勘察孔位置与实际结构平面位置对位。

执行方法：屏幕菜单区→【地质资料】。

例如，选择【地质资料】菜单，显示二级菜单命令，如图5-13所示。

> **提示**
>
> 点取【打开资料】菜单项，选择地质资料数据文件（如果已经执行过该菜单，可以略过该操作）。屏幕同时显示上部结构的网点和地质资料中孔点位置。当在【地质资料输入】菜单中生成勘察孔所用坐标系与结构平面坐标系不一致时，会出现两者对不上的情况，此时用户可以通过【平移对位】和【旋转对位】菜单，按照屏幕下方命令行的提示，将勘察孔点网络平移或转动到结构平面坐标系下实际位置上。

5.3.3 参数输入

【参数输入】命令用于设置各类基础的设计参数，以适合当前工程的基础设计。

执行方法：【参数输入】。

例如，选择【参数输入】菜单，显示二级菜单命令，如图5-14所示，可根据当前工程基础类型，修改相应的参数。

图5-13　地质资料子菜单

图5-14　参数输入子菜单

> **提示**
>
> 一般来说，新输入的工程都要先执行【参数输入】菜单，并按工程的实际情况调整参数的数值。如不运行上述菜单，程序自动取其默认值。

（1）基本参数

菜单定义了各类基础的公共参数，在设计各种类型的基础时，还将伴有相关的参数定义，放在各类基础设计菜单之下。

执行方法：【参数输入】|【基本参数】。

例如，选择【参数输入】菜单，显示对话框如图5-15所示，根据当前工程基础类型，修改相应的参数。

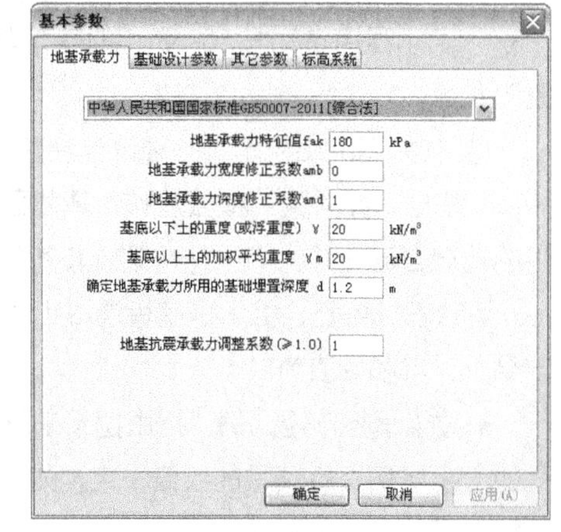

图5-15　基本参数对话框

在如图5-15所示“基本参数”对话框中，程序给出“地基承载力”“基础设计参数”“其他参数”和“标高系统”4项选项。下面依次介绍此4项选项参数信息。

① 在“地基承载力”选项卡下，部分参数含义如下。

- 列表框：点击列表框，弹出可供选择的5种计算地基承载力的方法，如图5-16所示。

图5-16 列表框选项

● 地基承载力特征值$_{fak}$(kPa)：应由《地质勘察报告》给出，程序初始值为180。

● 承载力修正用基础埋置深度x(m)：此参数不能为负值，该参数初始值为1.2m。一般自室外地面标高算起。在填方整平地区，可自填土地面标高算起，但填土在上部结构施工后完成时，应从天然地面标高算起；对于有地下室的情况，采用筏板基础时，应自室外地面标高算起，其他情况如独基、条基、梁式基础从室内地面标高算起。

提示

对于无地下室的建筑或有地下室但是没采用筏板基础的建筑，基础埋深示意图如图 5-17 所示。

图5-17 地基埋置深度

● 自动计算覆土重：覆土重指和基础及其基底上回填土的平均重度，仅对独基和条基计算起作用。"√"表示程序自动按20kN/m^{3}的基础与土的平均重度计算；去掉"√"则对话框显示"单位面积覆土重"参数。

② 在如图5-18所示"基础设计参数"选项卡下，各参数含义如下。

● 基础归并系数：指独基和条基截面尺寸归并时的控制参数，程序将基础宽度相对差异在归并系数之内的基础自动归并为同一种基础。其初始值为0.2。

● 独基、条基、桩承台底板混凝土强度等级：指浅基础的混凝土强度等级（不包括柱、墙、筏板和基础梁），其初始值为20。

● 拉梁承担弯矩比例：指由拉梁来承受独立基础或桩承台沿梁方向上的弯矩，以减小独基底面积。承受的大小比例由所填写的数值决定，如填0.5就是承受50%，填1就是承受100%。其初始值为0，即拉梁不承担弯矩。

● 结构重要性系数：对所有部位的混凝土构件有效，应按《砼规》3.3.2条采用，但不应小于1.0。其初始值为1.0。

③ 在如图5-19所示"其他参数"选项卡下，部分参数含义如下。

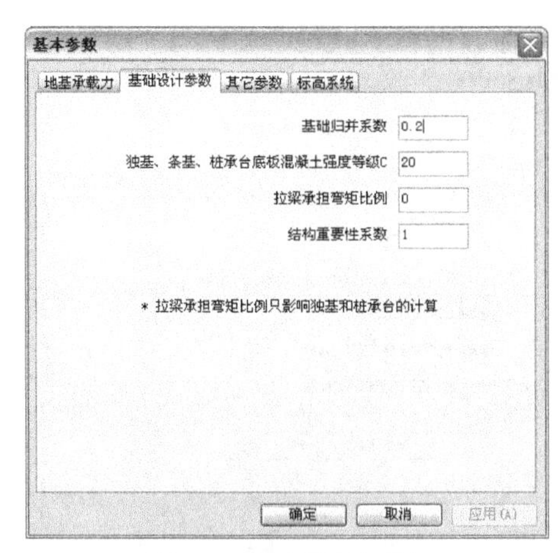

图5-18 基础设计选项卡

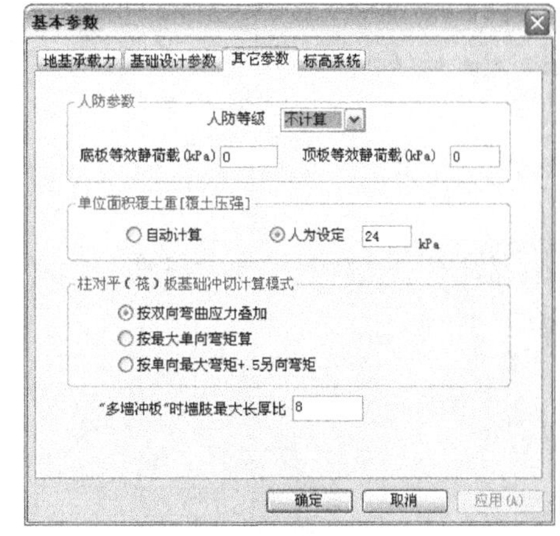

图5-19 其他参数选项卡

● 人防等级：可不计算，或者选择人防等级为4－6B级核武器或常规武器中的某一级别。

● 底板等效静荷载、顶板等效静荷载：选择了“人防等级”后，对话框会自动显示在该人防等级下，无桩无地下水时的等效静荷载。用户可以根据工程的需要，调整等效静荷载的数值。

提示

对于筏板基础，如采用【5 桩筏筏板有限元计算】的计算方法，则“底板等效静荷载、顶板等效静荷载”的数值还可在【5 桩筏筏板有限元计算】|【模型参数】菜单项中修改，但“人防等级”参数必须在此设定；如采用【3 基础梁板弹性地基梁法计算】的计算方法，则只有在此输入。

④ 在如图5-20所示“标高系统”选项卡下，部分参数含义如下。

● 室外地面标高：其初始值为－0.3m，此参数用于计算弹性地基梁覆土重（室外部分）及筏板基础地基承载力修正。

● 抗浮设防水位（m）/正常水位：该值只对梁元法起作用，应由《勘查报告》提供。程序用该值计算水浮力，影响筏板重心和地基反力的计算结果。

提示

当《勘查报告》未提供此参数，可按照如下所列情况综合考虑：
当有长期水位观测资料时，场地抗浮设防水位可采用实测最高水位；
当无长期水位观测资料或资料缺乏时，按勘察期间实测最高水位并结合地形地貌、地下水补给、排泄条件等因素综合确定；
场地有承压水且与潜水有水力联系时，应实测承压水位并考虑其对抗浮设防水位的影响；
在填海造陆区，宜取海水最高潮水位；
当大面积填土高于原有地面时，应按填土完成后的地下水位变化情况考虑；
对一、二级阶地，可按勘察期间实测平均水位增加 1~3m；对台地可按勘察期间实测平均水位增加 2~4m；雨季勘察时取小值，旱季勘察时取大值；
施工期间的抗浮设防水位可按 1~2 个水文年度的最高水位确定。

（2）个别参数

此菜单功能用于对【基本参数】统一设置的基础参数个别修改，这样不同的区域可以用不同的参数进行基础设计。

执行方法：【参数输入】|【个别参数】。

例如，选择【个别参数】菜单，选择节点后弹出对话框如图5-21所示，根据具体参数，修改该处基础的参数。

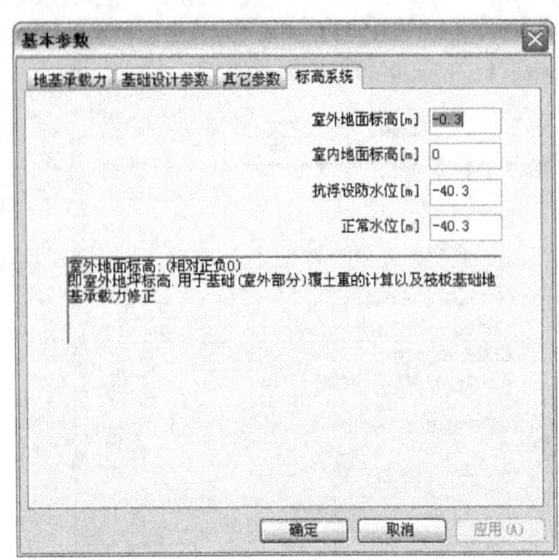

图5-20 标高系统选项卡

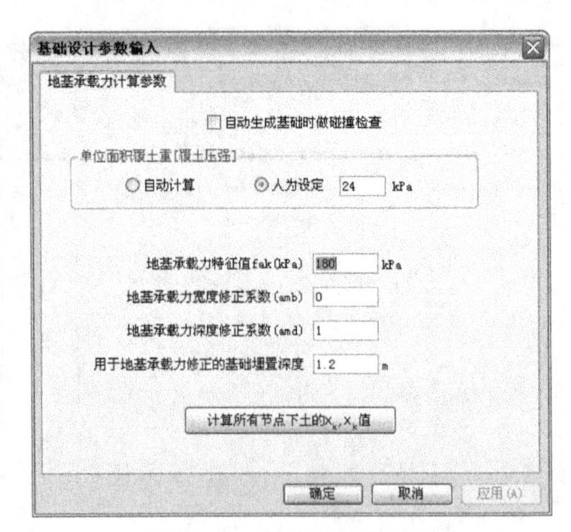

图5-21 个别参数对话框

提示

计算所有节点下土的 C_k,R_k:C_k 表示黏聚力标准值,R_k 表示内摩擦角标准值。点击“计算所有节点下土的 C_k,R_k 值”按钮后，则自动计算所有网格节点的粘聚力标准值和内摩擦角标准值。

（3）参数输出

执行方法：【参数输入】|【参数输出】。

例如，执行【参数输出】菜单命令，弹出“基础基本参数.txt”文件，如图5-22所示，可查看本节相关参数，并可将此文本文件打印输出。

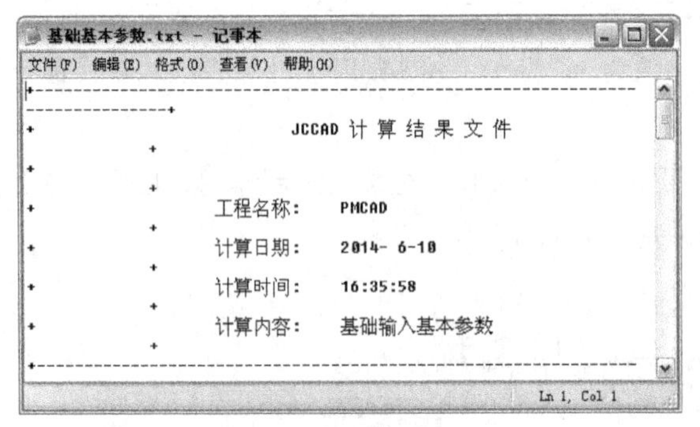

图5-22 参数输出文件

提示

文件所列的参数为总体参数，当个别节点的参数与总体参数不一致时，以相应计算结果文件中所列参数为准。

5.3.4 网格节点

此菜单通过其下子菜单如图5-23所示，可用于增加、编辑PMCAD传下的平面网格、轴线和节点，以满足基础布置的需要。例如，弹性地基梁挑出部位的网格、筏板加厚区域部位的网格、删除没有用的网格对筏板基础的有限元划分很重要。

图5-23 网格节点子菜单

提示

【网格节点】菜单调用应在【荷载输入】和“基础布置”之前，否则可能会导致荷载或基础构件错位。由于在基础中进行网格输入时，必须保持从上部结构传来的网格节点编号不变，因此有许多限制条件，所以建议有些网格可以在上部建模程序中预先布置完善，程序可将 PMCAD 中与基础相联的各层网格全部传下来，并合并为统一的网点。

（1）加节点

执行方法：【网格节点】→【加节点】。

例如，执行【加节点】菜单命令，在基础平面网格上增加节点，既可在屏幕下方命令行中输入节点坐标（即可精确增加所需节点），也可利用屏幕上已有的点进行定位。

（2）加网格

执行方法：【网格节点】→【加网格】。

执行【加网格】菜单命令，在基础平面网格上增加网格，按照屏幕下方命令行提示操作即可增加所需网格，如图5-24所示。

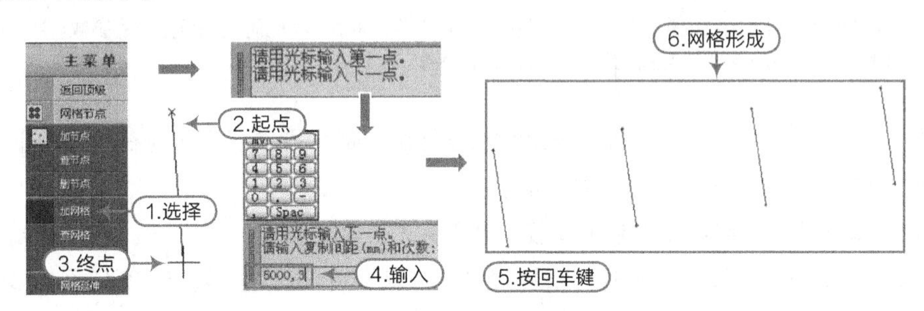

图5-24 加网格

（3）网格延伸

执行方法：【网格节点】→【网格延伸】。

执行【网格延伸】菜单命令，可将原有轴线上的端网格线向外延伸指定长度。一般专用于弹性地基梁的悬挑部位网格的输入。

（4）删节点

执行方法：【网格节点】→【删节点】。

删除一些不需要的节点，在删除节点时会同时删除或合并一些网格，如图5-25所示。

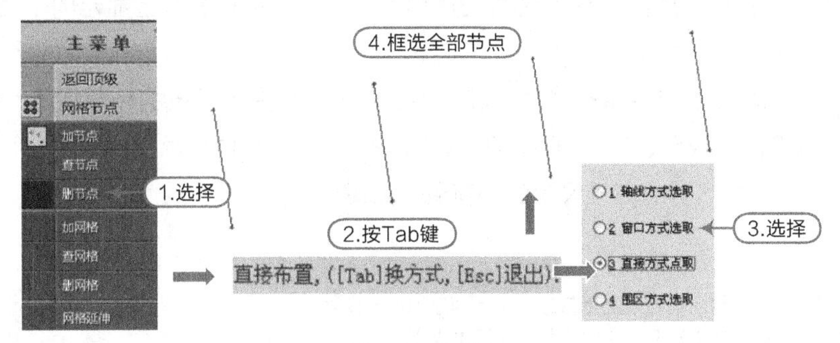

图5-25 删节点

提示

程序按以下原则来判断节点是否可以删除。

有柱的节点（包括有墙的网格）不能删除，该条优先其他判断条件。

当只有两根同轴线网格与要删除节点相连时，则该节点删除，并且两个网格合并为一个网格。

当只有两根不同轴线网格与要删除节点相连时，则该节点删除，并且同时删除相连的网格线。

当要删除节点是某轴线最外端节点时，先删除该轴线外端网格，然后再用其他条件判断是否可以删除。

5.3.5 荷载输入

执行方法：屏幕菜单区→【荷载输入】。

例如，在屏幕菜单中单击【荷载输入】，显示其下子菜单如图5-26所示。

在“荷载输入”下的子菜单中，各菜单介绍如下。

① 荷载参数：本菜单用于输入荷载分项系数、组合系数等参数。执行后，弹出“请输入荷载组合参数”对话框，如图5-27所示，内含其隐含值。

图5-26 “荷载输入”子菜单

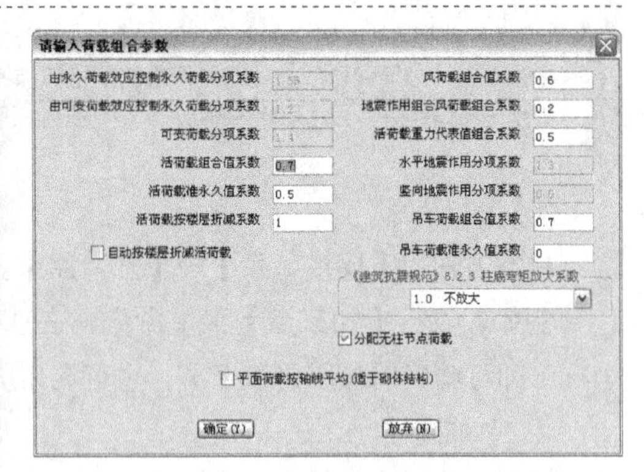

图5-27 荷载参数对话框

提示

这些参数的隐含值按规范的相应内容确定。白色输入框的值是用户必须根据工程的用途进行修改的参数。灰色的数值是规范指定值，一般不修改。若用户要修改灰色的数值可双击该值，将其变成白色的输入框再修改。

② 无基础柱：通常情况下构造柱下面不需设置独立基础，但个别情况下可能在构造柱下有较大的荷载。因此需要指定哪些构造柱下不用设置独立基础。

③ 附加荷载：本菜单用于用户输入附加荷载，允许输入点荷载和均布线荷载。附加荷载包括恒载效应标准值和活载效应标准值，可以单独进行荷载组合参与基础的计算或验算。若读取了上部结构荷载，如PK荷载、TAT荷载、SATWE荷载、平面荷载等，则附加荷载会与上部结构传下来的荷载工况进行同工况叠加，然后再进行荷载组合。

提示

一般来说，框架结构首层的填充墙或设备重荷，在上部结构建模时没有输入。当这些荷载是作用在基础上时，就应按附加荷载输入。对独立基础来说，如果在独基上设置了连梁，且连梁上有填充墙，则应将填充墙的荷载以节点荷载方式输入，而不要作为均布荷载输入。

④ 选PK文件：若要读取PK荷载，需要先点取【选PK文件】菜单。可单击对话框中左边的“选择PK文件”按钮，在选取PK程序生成的“柱底内力文件*.jcn”后，接着在屏幕上显示的平面布置图中，点取该榀框架所对应的轴线。

⑤ 读取荷载：该菜单用于选择本模块采用哪一种上部结构传递给基础的荷载来源。程序可读取PM导荷和砖混荷载（都称平面荷载）、TAT、PK、SATWE、PMSAP等多种来源上部结构分析程序传来的与基础相连的柱、墙、支撑内力，作为基础设计的外荷载，如图5-28所示。

提示

对话框的右面荷载列表中只显示运行过的上部结构设计程序的标准荷载。
要读取 PK 荷载，必须先进行【选 PK 文件】菜单的相关操作。
如果工程计算基础时不计算地震荷载组合，则可在右面的列表框中将地震荷载作用标准值前面的“√”去掉。

⑥ 荷载编辑：利用如图5- 29所示子菜单查询或修改附加荷载和上部结构传下的各工况荷载标准值。

⑦ 当前组合：本菜单用于当用户选择某种荷载组合后，程序在图形区显示出该组合的荷载图，便于用户查询或打印。前面带*的荷载组合是当前组合，如图5-30所示。

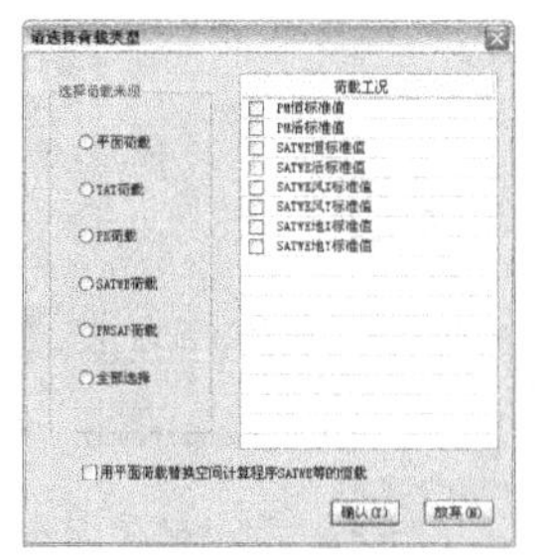

图5-28 读取荷载对话框

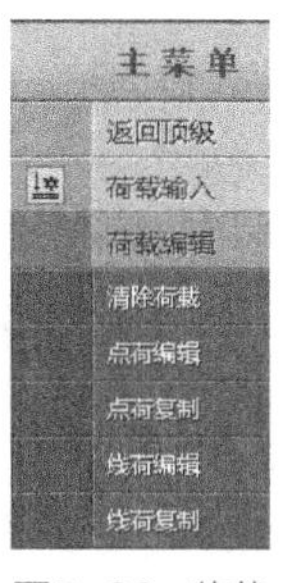

图5-29 荷载编辑子菜单

图5-30 当前组合文件

⑧ 目标组合：用于显示具备某些特征的荷载图。执行命令后，弹出如图5-31所示的对话框。

⑨ 单工况值：用于在当前屏幕显示读取的荷载单工况值，方便手工校核。

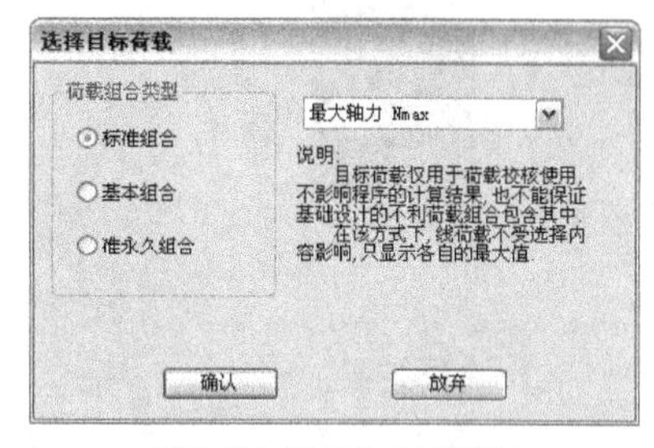

图5-31 目标组合对话框

5.3.6 上部构件

菜单用于输入基础上的一些附加构件，以便程序自动生成相关基础或者绘制相应施工图之用。

执行方法：屏幕菜单区→【上部构件】。

例如，在屏幕菜单中选择“上部构件”菜单，显示其下子菜单如图5-32所示。

在“上部构件”的子菜单中，构件菜单命令下均有相应的布置和删除构件功能的子菜单，以框架柱筋为例，图5-33所示为【上部构件】子菜单【框架柱筋】的主菜单列图。

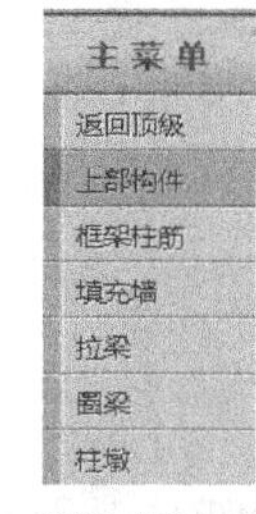

图5-32 上部构件子菜单

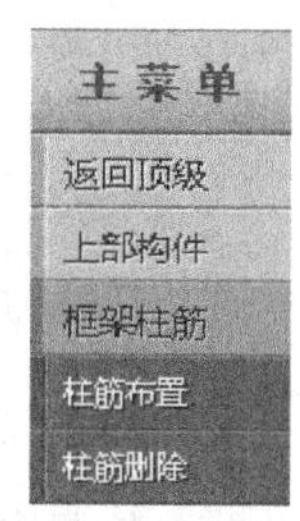

图5-33 上部构件子菜单的子菜单

5.3.7 柱下独基

柱下独立基础是一种分离式的浅基础。它承受一根或多根柱传来的荷载，基础之间可用拉梁连接在一起以增加其整体性。本菜单用于独立基础设计，根据设置的设计参数和输入的多种荷载自动计算独基尺寸、自动配筋，并可人工干预。

执行方法：屏幕菜单区→【柱下独基】。

例如，执行【柱下独基】菜单命令，显示其下二级菜单，如图5-34所示。

提示

当选中的柱上没有荷载作用（即柱所在节点上无任何节点荷载）时，执行程序【自动生成】菜单，程序将无法生成柱下独基，如需要则可用【独基布置】菜单交互生成。

若设计的基础为混合基础，如在“自动生成”前布置了地基梁，程序不再自动生成位于地基梁端柱下的独基。

主 菜 单
返回顶级
柱下独基
自动生成
计算结果
控制荷载
单独计算
多柱基础
独基布置
独基删除
双柱基础

图5-34 柱下独基子菜单

① 自动生成：用于独基自动设计。

执行方法：【柱下独基】|【自动生成】。

例如，执行此菜单命令，按Tab键以窗口方式选择柱，如图5-35所示。

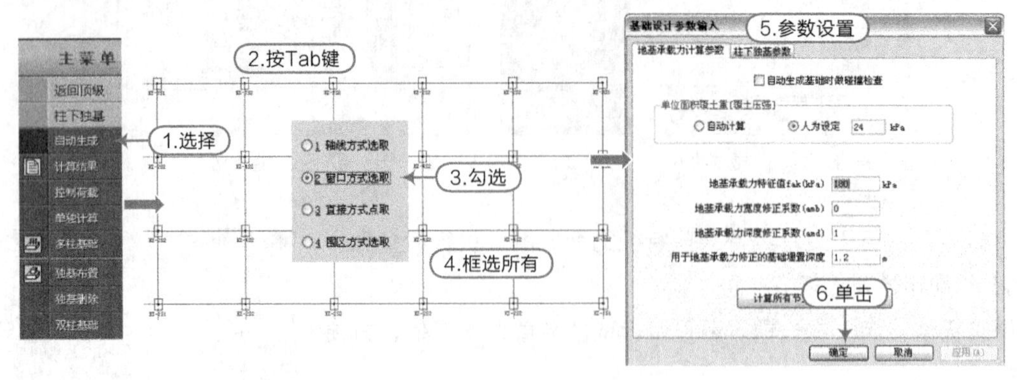

图5-35 自动生成

② 计算结果。

执行方法：【柱下独基】|【计算结果】。

例如，执行此菜单命令，生成文件如图5-36所示。

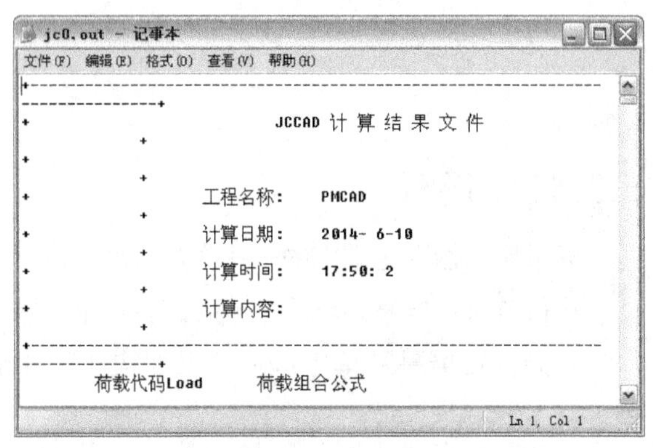

图5-36 计算结果

> **提示**
>
> 独基计算结果文件JC0.OUT文件是固定名文件，再次计算将被覆盖，所以要保留该文件，可另存为其他文件名中。
>
> 该文件必须在执行【自动生成】菜单后再打开才有效，否则有可能是其他工程或本工程的其他条件下的结果。
>
> 程序默认计算结果文件简略输出，如果想要更多的输出结果，可以在图形管理中的显示内容进行选择。

③ 独基布置：用于修改自动生成的独基或用户自定义的独基尺寸及布置。

执行方法：【柱下独基】|【独基布置】。

例如，执行此菜单命令，程序弹出多个基础类型数据的对话框，选取某独立柱基后，选择对话框上侧的功能按钮，如“修改”，操作如图5-37所示。

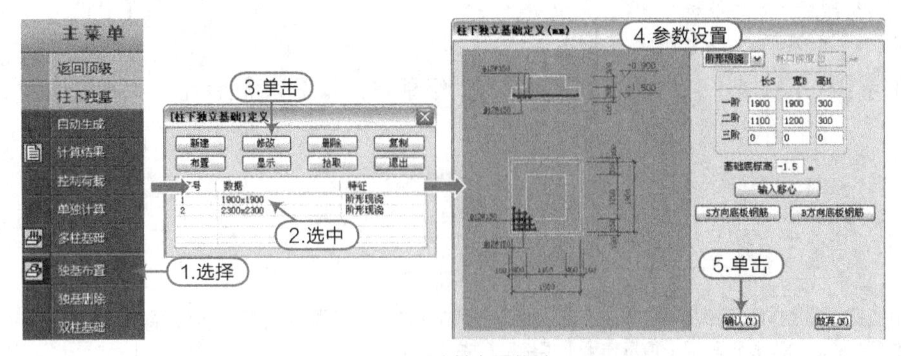

图5-37 独基布置修改

> **提示**
>
> 柱下独基有 8 种类型：锥形现浇、锥形杯口、阶形现浇、阶形杯口、锥形短柱、锥形高杯口、阶形短柱、阶形高杯口。
> 在独基类别列表中，某类独基以其长宽尺寸显示，其排列次序与基础平面图中柱下独基类号“J-*”是一致的。
> 在已有的独基上也可进行独基布置，这样已有的独基被新的独基代替。
> 【定义类别】和【独基布置】两个菜单也可用于人工设计独基。
> 在对话框中，若某类独基被删除后，则程序也删除其相应的柱下独基（即基础平面图上相应的柱下独基也消失）。如删除所有独基类别，则等同于删除所有柱下独基。
> 短柱或高杯口基础的短柱内的钢筋，程序没有计算，需用户另外补充。
> 若独基间设置了拉梁，则此拉梁也需用户补充计算。

④ 独基删除：用于删除基础平面图上某些柱下独基。

执行方法：【柱下独基】|【计算结果】。

选择命令后，在基础平面图上用“围区布置”“窗口布置”“轴线布置”“直接布置”等方式选取柱下独基即可删除。

5.3.8 局部承压

执行方法：屏幕菜单区→【局部承压】。

执行“局部承压”菜单，利用如图5-38所示二级菜单可进行柱对独基、承台、基础梁，桩对承台的局部承压计算。

① 局压柱：用于柱对独基、承台、基础梁的局部承压计算。

执行方法：【局部承压】|【局压柱】。

例如，执行“局压柱”命令，基础平面图中与承台接触的柱上显示局部承压计算结果（其值>1.0时为绿色数字，表示满足局部承压要求；不满足时为红色数字），同时弹出“局部承压_柱.TXT”文件，如图5-39所示。

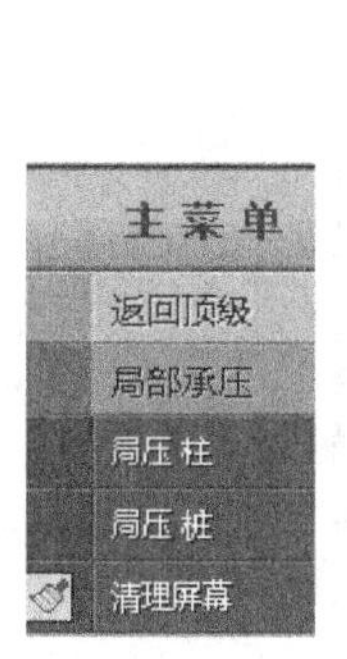

图5-38　“局部承压”子菜单

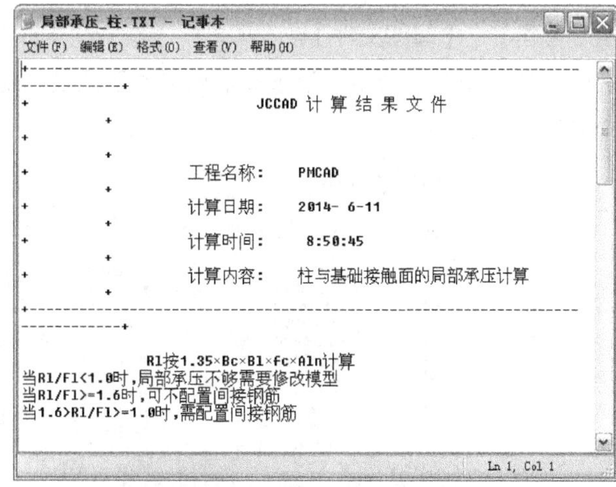

图5-39　“局压柱计算”文件

② 局压桩：用于桩对承台的局部承压计算。

执行方法：【局部承压】|【局压桩】。

5.3.9 图形管理

执行方法：屏幕菜单区→【图形管理】。

【图形管理】菜单是【基础人机交互输入】菜单中，有关图形显示和绘制的管理工具，包括各类基础视图选项、图形缩放、三维实体显示、绘制等内容，其下子菜单如图5-40所示。

① 显示内容：菜单用于设置各类基础视图选项等信息，从而控制显示的内容。

执行方法：【图形管理】|【显示内容】。

选择菜单后，弹出如图5-41所示“基础输入显示开关”对话框，勾选某类基础的复选框，即可显示该类基础。

图5-40 图形管理子菜单

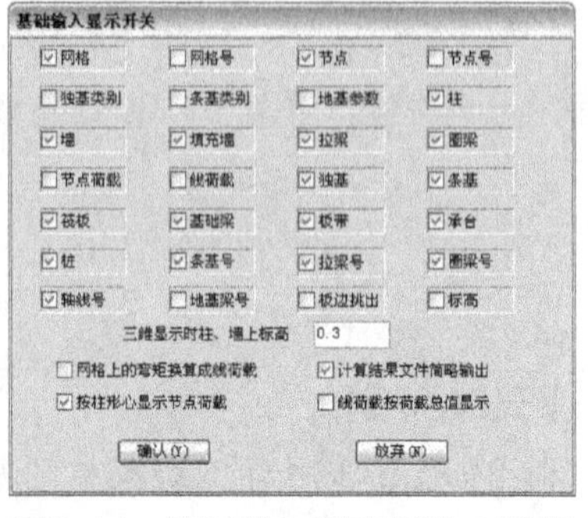

图5-41 “基础输入显示开关”对话框

提示

选项只能控制已有的图层，而对没有该图层的内容不起作用。

② 写图文件：菜单用于将基础设计用的节点、网格编号图、各组荷载组合图存图，并可将当前图形转存FCustomz.T文件中。

执行方法：【图形管理】|【写图文件】。

选择菜单后，在弹出的如图5-42所示“请选择输出文件及图名”对话框中列出了所有荷载组合，勾选某选项，即可形成相关图形T文件。

图5-42 “请选择输出文件及图名”对话框

③ 设字大小：菜单用于改变图形中标准的字符的大小。只有在重新标字符时才起作用。单位为毫米（mm）。

④ 二维显示/三维显示/变换视角/ OPGL方式：菜单功能对应于左上侧的按钮功能键，一一对应如下：二维显示/三维显示/变换视角\OPGL方式→ / / / 。

提示

操作时，可用 [Ctrl]+ 按住鼠标中滚轮移动来变换三维观察的方位和视角，按住鼠标中滚轮平移图形，上下滚动鼠标中滚轮缩放图形。

5.3.10 其他菜单介绍

① 墙下条基。墙下条形基础是按单位长度线荷载进行计算的浅基础，因此适用于砖混结构的基础设计。

执行方法：屏幕菜单区→【墙下条基】。

例如，选择“墙下条基”命令，显示其下二级菜单如图5-43所示，通过这些菜单，可实现下列功能。

图5-43　墙下条基子菜单

● 程序可以根据用户输入的参数和荷载信息自动生成墙下条基。条基的截面尺寸和布置可以进行人为调整。

● 人工交互调整完毕后，当存在平行、两端对齐且距离很近的两个墙体时，程序可以通过碰撞检查自动生成双墙基础。

● 墙下条形基础自动设计内容包括：地基承载力计算、底面积重叠影响计算、素混凝土基础的抗剪计算、钢筋混凝土基础的底板配筋计算及沉降计算。

② 桩基础—承台桩\非承台桩：在程序中，将墙下或柱下条形承台桩、十字交叉条形承台桩、筏形承台桩和箱形承台桩都视为非承台桩。这些承台桩的承台视为地基梁和筏板。所以在布桩前，必须先在墙下或柱下条形承台、十字交叉条形承台处布置地基梁，即为条形承台梁。其地基梁布置可通过地基梁菜单完成。同样必须先在筏形承台和箱形承台处布置筏板或地基梁，即为筏板承台或条形承台梁。在菜单项【承台桩】中，解决了对承台板和其下的桩作为一个整体进行布置的问题，而在【非承台桩】菜单项中，要解决的是对桩的布置问题。通过对桩的布置，形成柱下单根桩基础、桩梁基础、桩墙基础、桩筏基础和桩箱基础，同时可进行沉降试算和显示桩数量图。

执行方法：屏幕菜单区→【非承台桩】/【承台桩】。

③ 板带：通过【板带布置】菜单，无需定义参数，就可在网格线上布置板带；通过【板带删除】，可将已布置的板带删除。

④ 地基梁：地基梁（也称基础梁或柱下条形基础）是整体式基础。设计过程是由用户定义基础尺寸，然后采用弹性地基梁或倒楼盖方法进行基础计算，从而判断基础截面是否合理。基础尺寸选择时，不但要满足承载力的要求，更重要的是要保证基础的内力和配筋要合理。

⑤ 筏板：本菜单用于布置筏板基础，并进行有关筏板计算，可以完成如下功能。

● 定义并布置筏板、子筏板、修改板边挑出尺寸、定义布置相应荷载。

● 进行柱或者桩对筏板的冲切计算，并输出计算书。

● 进行筏板上墙体对筏板的冲剪计算，并输出计算书。

5.4 桩基承台及独基沉降计算

执行方法：JCCAD设计主菜单7：桩基承台及独基沉降计算。

在“案例\04\SATWE.文件夹”，在PKPM软件主界面“结构”中，选择JCCAD主菜单7—桩基承台及独基沉降计算，单击“应用”后进入界面，如图5-44所示。

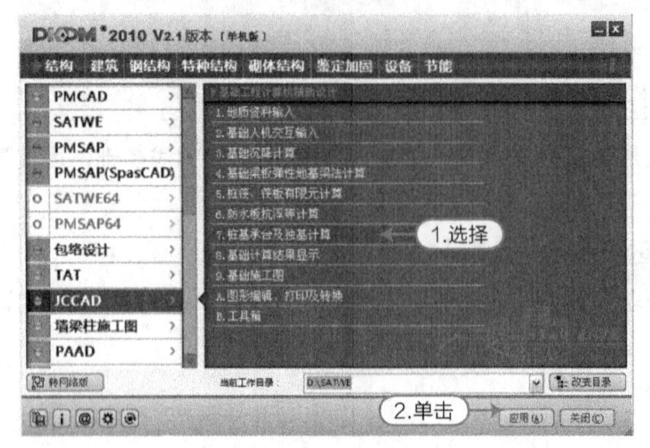

图5-44 进入桩基承台及独基计算

5.4.1 概述

本主菜单可从前面JCCAD的【基础人机交互输入】选取的荷载中，挑选多种荷载工况下对承台和桩进行受弯、受剪、受冲切计算与配筋，给出基础配筋、沉降等计算结果，并输出计算结果的文本及图形文件。程序计算承台类型包括标准承台、异型承台、剪力墙下承台等各类承台。沉降计算中还可以进行多类型基础沉降相互影响的计算，如筏板与桩承台基础沉降相互影响的计算等内容。屏幕菜单包含“计算参数”“钢筋级配”“承台计算”“结果显示”和“单个验算”5个菜单项。

① 计算参数：运行此菜单屏幕弹出“计算参数”对话框。

在对话框中，部分参数含义介绍如下。

● 沉降计算考虑筏板影响：程序不仅能够考虑桩承台之间的相互影响，且能考虑其他相邻基础形式产生的沉降对桩承台沉降的影响。勾选后表示桩承台沉降计算时考虑筏板沉降的影响。

● 考虑相互影响的距离：程序可由此参数的填写来考虑是否考虑沉降相互影响，以及考虑相互影响后的计算距离。默认为20m，一般来讲沉降的相互影响距离考虑到隔跨就较为合适了。填0时表示不考虑相互影响。

● 覆土重没输时，计算覆土重的回填土标高（m）：此参数的设置影响到桩反力计算。如果在基础人机交互中未计算覆土重，在此处可以填入相关参数来考虑覆土重。

● 沉降计算调整系数：《上海独基规范》中利用Mindlin方法计算沉降时提供了沉降经验系数，《地基规范》及《桩基规范》没有给出相应的系数，由于经验系数是有地区性的，因此JCCAD计算沉降时，提供了一个可以修改的参数。

● 沉降计算修正系数：程序将根据此参数修正沉降值，使其最终结果符合经验值。

● 桩与承台连接：一般为铰接。

● 承台钢筋级别及混凝土钢筋级别：这两个参数影响到承台的受弯计算。“承台受拉区构造配筋率”：《桩基规范》规定承台配筋率为0.15%。

● 承台混凝土保护层厚度：当有混凝土垫层时，不应小于50mm，无垫层时不应小于70mm；此外尚不应小于桩头嵌入承台内的长度。

● 桩承载力按共同作用调整：参数的含义为是否采用桩土共同作用方式进行计算。影响共同作用的因素有桩距、桩长、承台大小、桩排列等，有关技术依据参见《桩基规范》5.2.5条。

② 钢筋级配。点取该菜单屏幕弹出一张钢筋直径、间距级配表，承台配筋时将从此级配表中选择配筋，用户对此表级配如不满意可进行修改。

③ 承台计算。运行时首先选择荷载。荷载选择包括了【直接计算】和【基础人机交互输入】中读入的上部结构计算分析程序传下的荷载，以SATWE为例，当用户选择【直接计算】，程序将只计算用户手工输入的“附加荷载”；如果用户选择【SATWE荷载】，程序将计算叠加了“附加荷载”的“SATWE荷载”。荷载选择后，程序根据计算信息的内容进行自动计算，计算结果见【结果显示】。

④ 结果显示。执行【结果显示】菜单后，屏幕显示“计算结果输出”的弹出式菜单，其内容为计算结果图形和文件。左侧是总信息和荷载组合类型选项，根据左侧的选项右侧出现不同内容的计算结果输出。

⑤ 单个验算。功能是对指定的承台及荷载进行计算，并显示计算过程及结果，以便用户进行校核。使用方法是用光标可以直接点取、轴线点取和窗口点取等方式，点取要计算的承台，并显示其计算结果。

5.4.2 独基沉降计算

执行方法：屏幕菜单区→【承台计算】|【沉降计算】。

程序计算时选择相应的荷载组合及对应的算法，并读取输入的地质资料进行沉降计算，文本结果如图5-45所示，图形表示如图5-46所示。

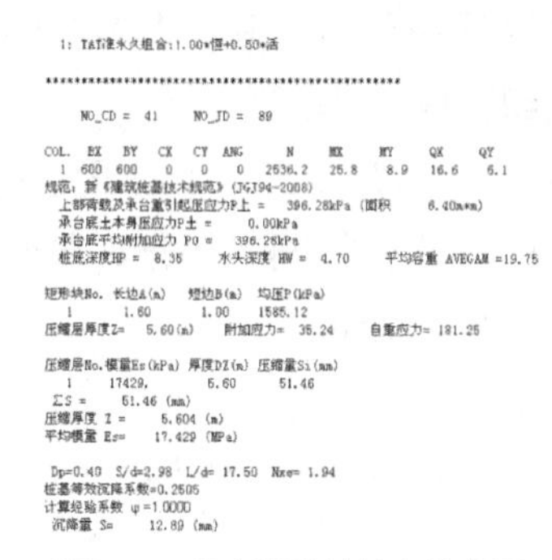

```
1: TAT准永久组合:1.00*恒+0.50*活
**************************************************
    NO_CD =  41     NO_JD =  89
COL.  BX   BY   CX   CY  ANG      N     MX     MY    QK    QY
  1  600  600    0    0    0  2536.2   25.8    8.9  16.6   6.1
规范：新《建筑桩基技术规范》(JGJ94-2008)
  上部荷载及承台重引起压应力P上 =   396.28kPa (面积     6.40m*m)
  承台底土本身压应力P土 =      0.00kPa
  承台底平均附加应力 P0 =   396.28kPa
  桩底深度HP =  8.35     水头深度 HW =  4.70     平均容重 AVEGAM =19.75
矩形块No. 长边A(m)   短边B(m)  均压P(kPa)
  1       1.60       1.00    1585.12
压缩层厚度Z=   5.60(m)     附加应力=  35.24      自重应力= 181.25
压缩层No.模量Es(kPa) 厚度DZ(m) 压缩量Si(mm)
  1     17429.        5.60       51.46
 ΣS =      51.46 (mm)
压缩厚度 Z =      5.604 (m)
平均模量 Es=     17.429 (MPa)
 Dp=0.40  S/d=2.98  L/d= 17.50  Nxe= 1.94
桩基等效沉降系数=0.2505
计算经验系数 ψ=1.0000
 沉降量 S=      12.89 (mm)
```

图5-45　承台沉降计算文件截图

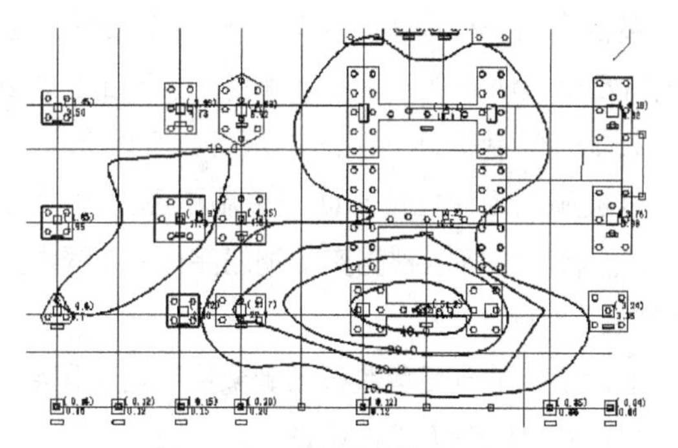

图5-46　承台沉降计算图形表示

提示

JCCAD 沉降计算的规范选用：目前规范中计算桩基沉降的方法众多，程序提供了桩承台沉降计算的多种算法，如图 5-47 所示。一般来讲，当桩中心距不大于 6 倍桩径的桩基采用等效作用法或实体深基法进行沉降计算，当计算单桩、单排桩、疏桩基础时采用 Mindlin 法进行沉降计算；《上海地基规范》仅采用 Mindlin 应力公式法进行桩沉降计算。

桩承台沉降计算方法

- 1、新桩基规范(JGJ94-2008)-Mindlin 法
- 2、新桩基规范(JGJ94-2008)-等效作用法
- 3、规范GB50007-2010 Mindlin 法
- 4、规范GB50007-2010 实体深基法
- 5、上海规范DGJ-11-2010
- 6、建筑桩基技术规范 JGJ94-94

图5-47　桩承台沉降计算方法列表

提示

当一个工程中即有筏板又有桩承台时，在计算考虑相互影响的沉降时，用户首先进入【桩筏、筏板有限元计算】程序中进行筏板基础的沉降计算，然后进入【桩基承台及独基沉降计算】中进行整体计算，程序便可以正确考虑相互影响后的沉降值。

5.5 基础施工图

执行方法：JCCAD设计主菜单9：基础施工图。

在“案例\03\SATWE.文件夹”，在PKPM软件主界面“结构”中，选择JCCAD主菜单9—基础施工图，单击“应用”后进入界面，如图5-48所示。

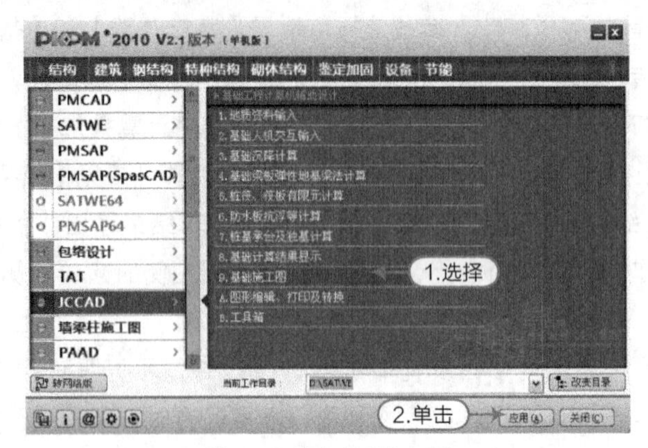

图5-48 进入基础施工图

5.5.1 概述

基础施工图程序可以承接基础建模程序中构件数据绘制基础平面施工图，也可以承接JCCAD软件基础计算程序绘制基础梁平法施工图、基础梁立剖面施工图、筏板施工图、基础大样图（桩承台独立基础墙下条基）、桩位平面图等施工图。程序将基础施工图的各个模块（基础平面施工图、基础梁平法、筏板、基础详图）整合在同一程序中，实现在一张施工图上绘制平面图、平法图、基础详图功能，减少了用户有时逐一进出各个模块的操作，并且采用了全新的菜单组织，程序界面更友好。

屏幕右侧的菜单是绘制基础施工图的入口，可以完成基础梁平法施工图、立剖面施工图、独基条基桩承台大样图、筏板施工图、桩位平面图等施工图的绘制工作。可以采用连梁改筋、单梁改筋、分类改筋等修改基础梁钢筋标注，可以根据实配钢筋完成基础梁的裂缝验算功能。

（1）参数设置

【参数设置】将基础平面图参数和基础梁平法施工图参数整合在同一对话框中。

执行方法：屏幕菜单区→【工程设置】。

当点取【参数设置】菜单后，程序弹出修改参数对话框，如图5-49所示，在完成参数修改并按“确定”按钮退出即可。

（2）绘新图

用来重新绘制一张新图，如果有旧图存在时，新生成的图会覆盖旧图。

（3）编辑旧图

打开旧的基础施工图文件，程序承接上次绘图的图形信息和钢筋信息，继续完成绘图工作。

（4）写图名

点取此命令，写当前图的基础梁施工图名称。

（5）梁筋标注

菜单的功能是为用各种计算方法（梁元法、板元法）计算出的所有地基梁（包括板上肋梁）选择钢筋、修改钢筋，并根据04G101—3《混凝土结构施工图平面整体表示方法制图规则和构造详图》绘出基础梁的平法施工图，对于墙下筏板基础暗梁无需执行此项。

（6）基准标高

选择此命令写当前图中基础梁跨的基准标高，这个标高是当前施工图中布置的标高相同的多数基础梁的标高，少数不同的基础梁标高在原位标注中标注，标注值为相对基准标高的差值。

（7）修改标注

选择菜单项后，程序显示其下二级菜单，菜单如图5-50所示。

图5-49　修改参数对话框

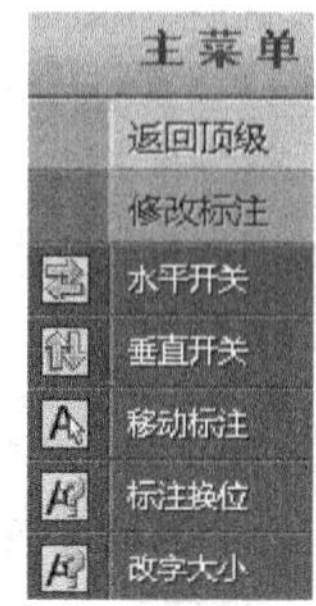

图5-50　修改标注子菜单

提示

【水平开关】：关闭水平方向上的梁的集中标注和原位标注信息。

【垂直开关】：关闭垂直方向上的梁的集中标注和原位标注信息。

【移动标注】：用鼠标移动集中标注和原位标注的字符，调整字符位置。

【改字大小】：批量修改集中标注和原位标注字符的字体大小。

（8）地梁改筋

选择【地梁改筋】菜单后，程序显示其下二级菜单，菜单如图5-51所示。

（9）选画梁图

当选择菜单项后，程序进行连梁立剖面图的绘制，并出现如图5-52所示菜单。

图5-51　地梁改筋子菜单

主菜单

返回顶级

选梁画图

参数修改

选画梁图

移动图块

移动标注

图5-52　选画梁图子菜单

5.5.2 基础平面图

例如，接上【2 基础人机交互输入】主菜单命令后，执行【9 基础施工图】主菜单，执行屏幕菜单中的【参数设置】→【基础详图】→【绘图参数】→【插入详图】→【钢筋表】命令，并在下拉菜单区执行命令标注基础，具体操作如下。

（1）执行方法：屏幕菜单区→【参数设置】。

选择【参数设置】菜单命令，在弹出的对话框中，设置相关参数，如图5-53所示。

图5-53　设置参数对话框

（2）执行方法：下拉菜单区→【标注构件】|【独基尺寸】。

选择【独基尺寸】命令后，统一在独基的左上角单击，使尺寸标注在左侧和上侧，如图5-54所示。

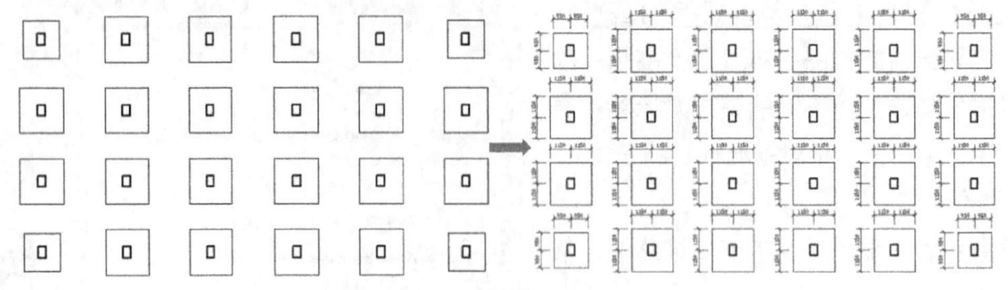

图5-54 独基尺寸标注

（3）执行方法：下拉菜单区→【标注字符】|【独基编号】。

选择【独基编号】命令后，在弹出的对话框中选择“自动标注”，程序即可将所有独基编号。图5-55所示为编号样式。

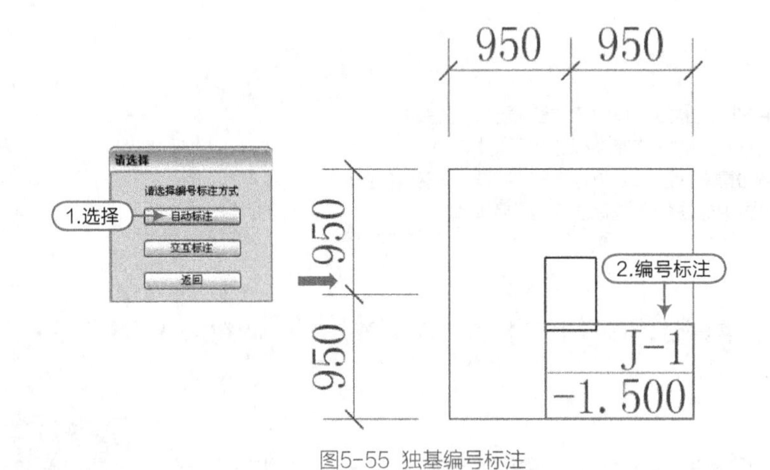

图5-55 独基编号标注

（4）执行方法：下拉菜单区→【标注轴线】|【自动标注】。

选择【标注轴线】命令下的【自动标注】后，在弹出的对话框中选择所有选项，再单击“确定”按钮即可完成轴线的标注，如图5-56所示。

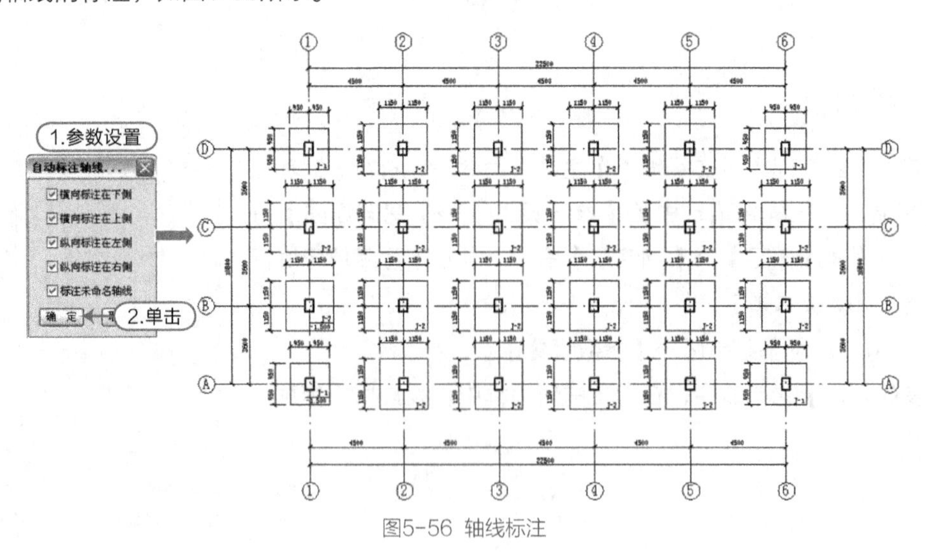

图5-56 轴线标注

5.5.3 基础详图

执行方法：屏幕菜单→【基础详图】。

执行【基础详图】菜单命令，选择“在当前图中绘制详图”选项，进入基础详图的二级屏幕菜单，如图5-57所示。

（1）绘图参数

执行方法：【基础详图】|【绘图参数】。

执行【绘图参数】命令，设置基础详图的绘图参数，如图5-58所示。

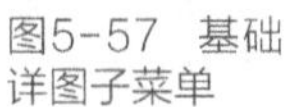
图5-57　基础详图子菜单

图5-58 详图绘图参数对话框

（2）插入详图

执行方法：【基础详图】|【插入详图】。

执行【插入详图】命令，选择列表里的基础详图编号，逐个插入，如图5-59所示。

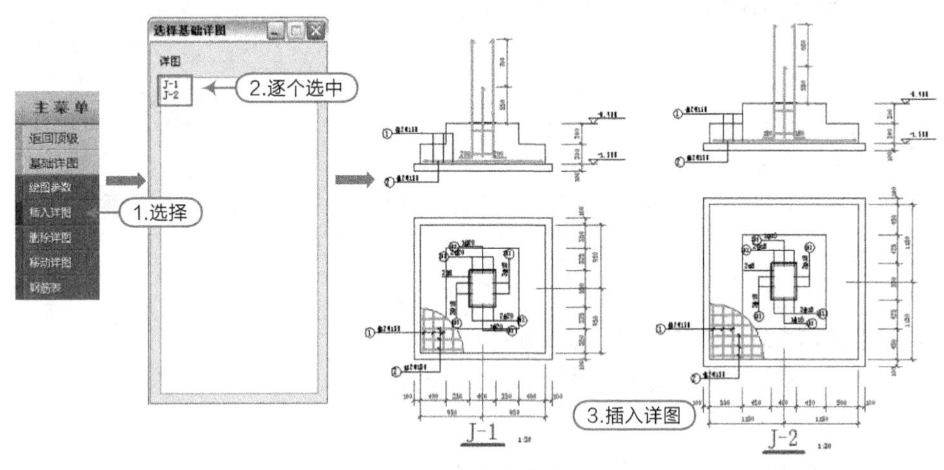

图5-59 插入详图

（3）钢筋表

执行方法：【基础详图】|【钢筋表】。

执行【钢筋表】命令，插入表格即可，如图5-60所示。

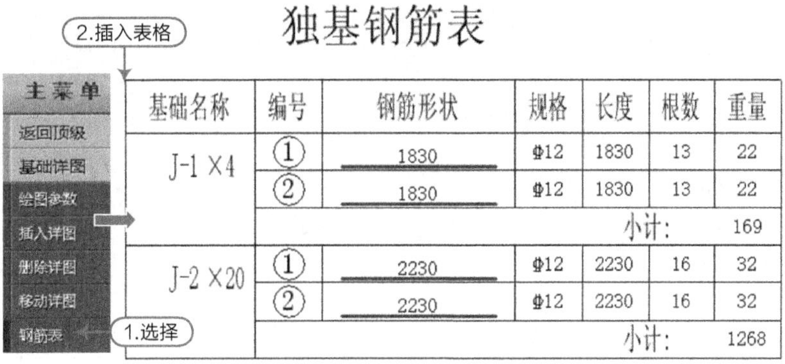

2.插入表格

独基钢筋表

基础名称	编号	钢筋形状	规格	长度	根数	重量
J-1 ×4	①	1830	Φ12	1830	13	22
	②	1830	Φ12	1830	13	22
	小计:					169
J-2 ×20	①	2230	Φ12	2230	16	32
	②	2230	Φ12	2230	16	32
	小计:					1268

主菜单　返回顶级　基础详图　绘图参数　插入详图　删除详图　移动详图　钢筋表　1.选择

图5-60 插入钢筋表

（4）绘制图框

执行方法：下拉菜单区→【标注构件】|【绘制图框】。

执行【绘制图框】命令，插入图框即可，如图5-61所示。

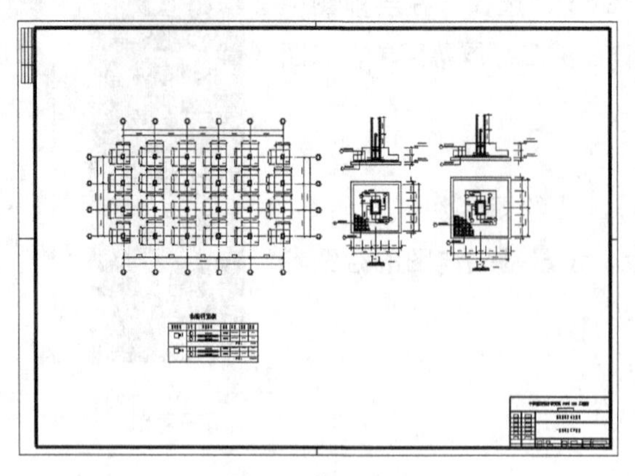

图5-61 插入图框

5.6 思考与练习

一、填空题

1. 地质资料来源：________________________。
2. 想要查看基础三维图，可执行____________命令。
3. 在“个别节点的参数”和“总体参数”冲突时，应当按照______命令显示的参数进行操作。

二、问答题

1. 如果基础“自动生成”失败，应该怎么做?
2. 如果轴线“自动标注”无法实现，该怎么进行轴线标注操作?
3. 基础里的柱应该怎么填充?
4. 怎样正确删除基础详图?

三、操作题

继续上一章操作题，为该6层框架结构工程绘制基础施工图。

第06章

STS钢-框架结构设计

自进入20世纪90年代以来，我国钢结构建筑的发展十分迅速，特别是一些代表城市标志性高层建筑的建成，为钢结构在我国的发展揭开了新的一页。轻钢结构的发展则更是如火如荼，特别在工业厂房的建设中则更为迅猛。从钢结构制造加施工企业数量的大幅增长就可窥见一斑，如上海市的钢结构制造和施工单位已由原来的几十家一下子发展到现在的400多家，单上海的宝钢地区就有近百家的钢结构制造厂。大好形势下，如何因势利导，抓好设计和施工质量，这是当前一个十分迫切的问题。

所谓轻钢结构通常是指由下列钢材所构成的结构：①冷弯薄壁型钢结构；②热轧轻型钢结构；③焊接或高频焊接轻型钢结构；④轻型钢管结构；⑤板壁较薄的焊接组合梁及焊接组合柱而构成的结构。

6.1 STS简介

现在就轻钢结构的优点、材料选择和设计中的注意点等做一概略介绍，使对轻钢结构有一个比较全面的了解。

1. 适用范围

这种结构由于其用度广、优势明显，已大量应用于单层工业厂房、多层工业厂房、办公楼及高层建筑中的非承重构件等。对单层工业厂房而言，通常以H型钢，采用焊接连接作为梁柱，以C形或Z形轻钢板做檩条，屋盖系统或楼面系统用压型彩色钢板做面层，上面可浇混凝土，压型钢板既可作为钢筋，必要时也可以再配钢筋。墙面围护也可采用单层或夹层压型钢板，夹层板内部可充填各种保温层。

2. 主要优点

① 施工周期短：轻钢结构的最大优点是所有构件均可以由工厂制作现场拼接安装，对一般规模较小的工业厂房仅需45d至2个月，而若采用钢筋混凝土建筑则要8～12个月。

② 综合经济效益好：由于施工周期短，可以提前投入使用，提前获取投资效益；更由于采用色彩鲜艳的彩色压型钢板，美观华丽，改善了周边环境的动态感；因为建筑物本身的自重轻，一般情况下不需要做桩基，可以节省投资；由于采用了聚苯乙烯泡沫夹心板或单板加保温棉等措施后，使保温、隔热和隔音等效果良好。彩色钢板是以镀锌为基板又用硅酮作为表面，经两除两烘加工而成，耐久性也较好。根据目前我国的市场价格，轻钢结构的造价已经低于钢筋混凝土结构，当厂房的跨度越大时，其优势更为明显，这也是它赖以竞争的一大优势。

③ 抗震性能好：由于钢结构属于柔性结构、自重轻，因而能有效地降低地震响应及灾害影响程度，极有利于抗震。我国是一个多地震区国家，在地震区建筑中应多多推广应用钢结构，必可大大减少地震灾害和人员伤亡。唐山地震的惨痛教训应予记起。目前，天津市已正式启动轻钢结构住宅。

④ 宜于拆卸搬迁：一旦业主对所造厂址不满意或外界环境发生意想不到的变化，则整个建筑可在很短时间内拆迁，损失极小，而所有这些是钢筋混凝土建筑所无法具备的。

3.材料选择和设计中的注意事项

轻钢结构作为普通钢结构的衍生结构，其基本计算理论和后者基本相同。

详细情况可参见上海市标准DB J08—68—97《轻型钢结构设计规程》和中国工程建设标准化协会标准CECS 102—98《门式钢架轻型房屋钢结构技术规程》，这里仅着重强调几点。

① 在用材上应优先采用“H”形钢，它受力合理，拼接方便，加工容易。对于承重结构宜用Q235钢和低合金钢中的16Mn、15MnV或15MnV钢，但需注意Q235—A钢的含碳量不作为交货条件，可焊性无保证，故不宜采用作焊接结构。

② 对于板厚大于25mm的梁翼缘与柱，现场焊接的梁柱节点不宜用Q235—B.F，应尽量选用Q235—B或Q235—B.b，对于特别重要结构宜选用Q235—C或Q235—D。

③ 对厚度为17～40mm的Q235钢的设计指标比现行GBJ 17—88《钢结构设计规范》中的规定值提高5MPa（上海标准），焊缝强度也做了相应调整。

④ 考虑了技术进步因素，将主要受力构件的壁厚调小了，即在现行GBJ 18—97《冷弯薄壁型钢结构技术规范》中的主要受力构件的壁厚不小于2mm调整为不小于1.5mm，框架梁柱构件不小于3mm。

⑤ 在风荷载作用下，门式刚架的侧移按GBJ 18—87《冷弯薄壁型钢结构技术规范》规定为柱顶高度的1/150。但在这2个规程中均做了细化规定并做相应调整，但具体数值不尽相同。设计者在使用时宜予以注意。

⑥ 在设计刚架、屋架和檩条等时，应考虑由风吸力作用所引起构件内力变化的不利影响。此时永久荷载分项系数取为1.0。这一规定主要是考虑到当设计的刚架、屋架、檩条在屋面材料较轻的情况下，若受风吸力作用，构件内力将会变号，会出现拉杆变为压杆的情况。在内力变号时，永久荷载起减载作用，将永久荷载分项系数取为1.2，则会造成结构可靠度的降低，导致不安全因素。

6.2 STS钢结构-框架设计流程

先概括钢框架设计的主要流程及设计要点。

1. 三维模型输入

进入PKPM“钢结构”——“框架”——“三维模型与荷载输入”模块，开始进行建模。

① 轴线输入。

② 楼层定义。

③ 柱布置、主梁布置（可一边定义截面，一边布置构件）。

④ 本层信息定义（主要是板厚）。

⑤ 偏心对齐（原布置图有相应要求时使用）。

⑥ 荷载定义（初步定义楼面恒、活荷载）。

⑦ 楼层组装（根据图纸实际情况，将标准层、荷载层和层高组合起来形成完整的模型）。

⑧ 设计参数（定义相关参数）。

提示

本步骤注意要点如下所述。

① 梁柱截面初步定义：对于工字钢梁，翼缘宽度一般为150~250（可根据实际要求增大），腹板高度可按1/15~1/20跨度取值，荷载较小时可酌情减小。

② 钢框架柱种类较多，总体来说，初步估计截面根据长细比来估算，初步满足 $50 < \lambda < 150$，长细比一般不能超过300（长细比为计算长度与回转半径的比值），且梁截面应满足节点连接的要求。

③ 注意洞口次梁一般都在本菜单内输入完成。

④ 设计参数相关：注意不能有未填项！

⑤ 结构形式：框架。

⑥ 主材：钢。

⑦ 钢构件钢材：Q235或Q345。

⑧ 钢截面净毛面积比值：0.85。

⑨ 计算振型个数：层数×3。

⑩ 沿高度体型分段系数，一般无高度方向急剧变化的选择1。

2. 输入次梁楼板

① 楼板开洞（一般只开全房间洞）。

② 次梁布置（如未在上一个菜单完成）。

③ 组合楼盖。

④ 压板布置（一般选择预设的压板型号）。

⑤ 修改板厚。

⑥ 设悬挑板（如有，且压板需延伸过去）。

⑦ 楼板错层。

提示

本步骤注意要点如下所述。
① 板跨度按布置完次梁后的跨度计算。
② 压板选择基本原则：板跨不能大于压型钢板的最大简支跨度。
③ 楼梯位置板厚修改为 0（不能开洞）。
④ 板厚定义原则同混凝土结构（短跨的 1/30~1/40）。

3. 输入荷载数据

（1）楼面荷载

- 楼面恒载。
- 楼面活载。

（2）梁间荷载

- 梁间恒载。
- 梁间活载。

提示

本步骤注意要点如下所述。
① 楼面恒载为楼面附加荷载（做法）+ 楼板自重。
② 楼面活载为根据楼面功能在规范中查询所得数据，单位均为“kN/m^2”。
③ 梁间恒载为梁上构件（如墙、拦板、栏杆、女儿墙等）在梁上施加的线荷载（如墙荷载未给出，则需按墙厚 × 墙高 × 容重的公式来折算，并减去开洞折减掉的荷载）。
④ 梁间活载一般为设置拦板、栏杆、女儿墙等处由于被倚靠产生的线荷载 单位均为“kN/m”。
⑤ 荷载根据平面布置输入完成后，进入下一步计算导算时暂时不用进行活荷载折减。

4. SAT-8计算

进入“结构”——“SAT—8”模块或进入“钢结构”——“框架”——“TAT、SATWE或PMSAP计算”，开始进行计算。

（1）接PM生成SATWE数据

- 分析与设计参数补充定义。
- 特殊构件补充定义（主要为次梁处改铰接）。
- 生成SATWE数据文件数据检查。

提示

本步骤注意要点如下所述。
① 注意调整结构材料信息（有 / 无填充墙的钢框架结构）。
② 设计信息中，选取“梁柱重叠部分简化为刚域”和“按高规或高钢规进行构件设计”。
③ 地震信息中，可勾选“考虑双向地震力”或“5% 偶然偏心”。
④ 选择活荷载折减。
⑤ 调整信息中，梁端负弯矩调幅系数改为 1。

（2）结构分析与内力计算

- 选用剪切刚度/侧刚分析方法。
- 构件配筋设计与验算（直接点击计算）。

（3）分析结果图形与文本显示

- 图形文件输出：各层配筋构件编号简图；各层配筋图；内力包络图。
- 文本文件输出：超配筋信息。

提示

完成的结果中，要求各层配筋图不显红，超配筋信息中无超限提示。
内力包络图用于查找单个节点的内力（弯矩 / 剪力），节点号可按三维建模中的节点号查询，注意建模完成后应清理无意义节点。

5. 全楼连接节点设计

进入“钢结构”——“框架”——“接SATWE计算结果生成数据”模块，开始进行计算。

① 设计参数定义。

② 全楼节点设计（自动完成）。

提示

本步骤注意要点如下所述。
① 设计参数定义中，柱段层数 3，柱段长度 12000mm 连接板厚度，一般 8 以下的不用。
② 节点连接形式固接一般第一种，铰接一般第二种。其余参数根据工程实际要求定义。

6. 画三维框架节点施工图

选择单个节点或全部节点，直接生成施工图。

6.3 工具箱使用说明

工具箱为独立的计算模块，与任何其他模块不互相关联。

檩条、墙梁计算，为试算和验算功能，在所提供的设计条件能通过计算后，可以保存并生成施工图。

钢框架节点计算工具通过输入单个节点的计算数据，验算节点（内力可以在SATWE中人工读取，本版本图形结构不完全，无法直接绘图）。

抗风柱计算，输入设计参数和荷载参数，选择截面，验算通过后能够在檩条、墙梁计算和施工图模块中绘制相应的施工图。

6.4 三维模型与荷载输入

DVD　视频\06\三维模型与荷载输入.avi　　案例\06\钢框架

在PKPM软件主界面“钢结构”页中选择“框架”的第一项“三维模型与荷载输入”，进入三维钢框架结构设计状态。

① 创建“c:\钢结构”为当前工作目录，如图6-1所示。

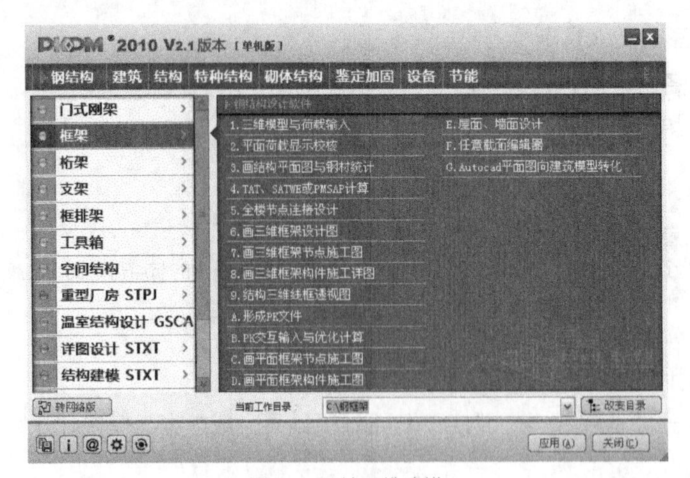

图6-1 开始三维建模

② 在弹出的“钢结构”界面中，输入“STS—KJ”为新建工程，如图6-2所示。

图6-2 新建工程

③ 单击“确定”按钮，进入交互式数据输入主界面，如图6-3所示。

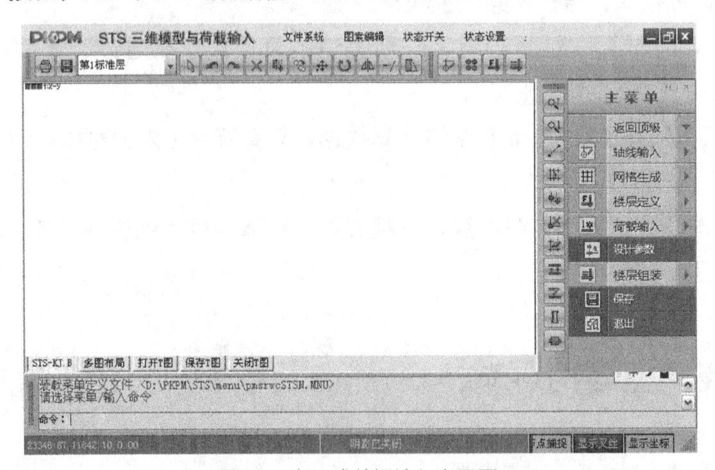

图6-3 交互式数据输入主界面

6.4.1 建立网格

执行方法：屏幕菜单区→【轴线输入】|【正交轴网】。

① 执行【正交轴网】菜单命令，进入“直线轴网输入”对话框，如图6-4所示，按照建筑平面图输入轴网。

提示

轴网数据为：上下开间为 4500×8，左右进深为 6000×3。

② 执行【轴线命名】菜单命令，其操作与结构模块中“PMCAD建筑模型与荷载输入”操作相同，不再叙述，效果如图6-5所示。

③ 执行【轴线显示】命令，将轴号在显示与隐藏之间切换。

图6-4 “直线轴网输入”对话框

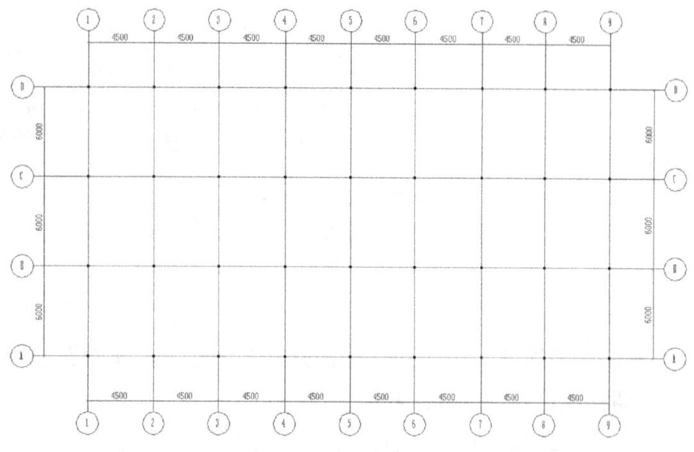

图6-5 轴网命名效果

6.4.2 楼层定义

执行方法：屏幕菜单区→【楼层定义】。

楼层轴网定义完后，执行【楼层定义】菜单命令，进入楼层定义的主界面，如图6-6所示。

1. 钢柱布置

执行方法：【楼层定义】|【柱布置】。

① 执行此命令，弹出“柱截面定义”对话框，定义钢柱，如图6-7所示。

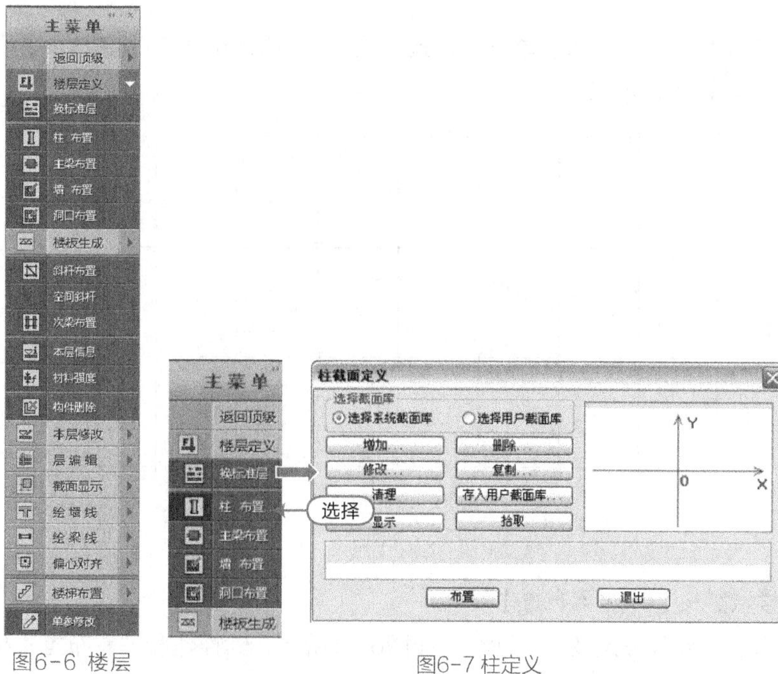

图6-6 楼层定义菜单

图6-7 柱定义

② 单击“增加”按钮，弹出“截面类型”选择对话框，如图6-8所示，选择“变截面”。

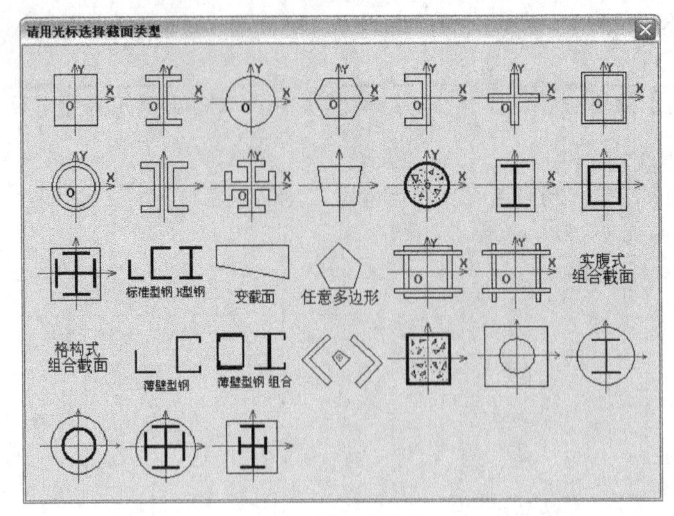

图6-8 选择变截面

③ 在随后弹出的“变截面参数”对话框中，如图6-9所示，设置变截面柱的参数，此处取程序初始值。

在“变截面参数”对话框中，部分选项解释如下。

● 材料：单击此文本框后的倒三角按钮，在程序提供“5：钢”和“6：混凝土”两种材料中选择柱的材料。

● 变截面形式：单击此文本框后的倒三角按钮，可选择“1-矩形截面”“2—H形截面”和“3—箱形截面”，选择完成后程序自动给出相应截面形式的参数设置框。

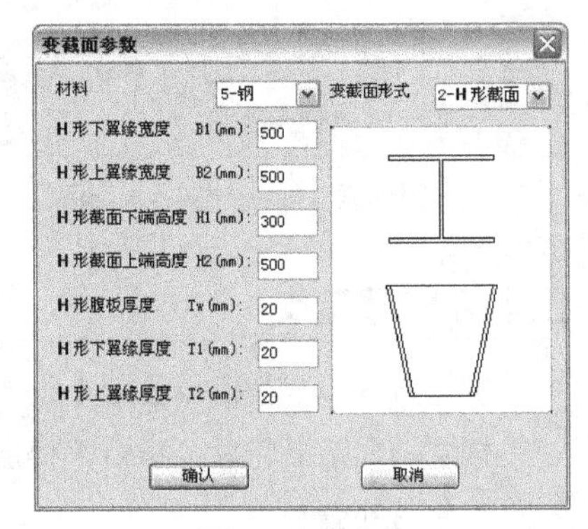

图6-9 设置参数

④ 单击“确定”按钮，完成变截面柱的定义，返回“柱截面定义”对话框，此时对话框中，显示定义好的柱截面。

⑤ 选中此柱，使其呈现灰色，然后单击“布置”按钮，随后弹出柱布置偏心参数，然后在轴网的交点处布置此H形钢柱，如图6-10所示。

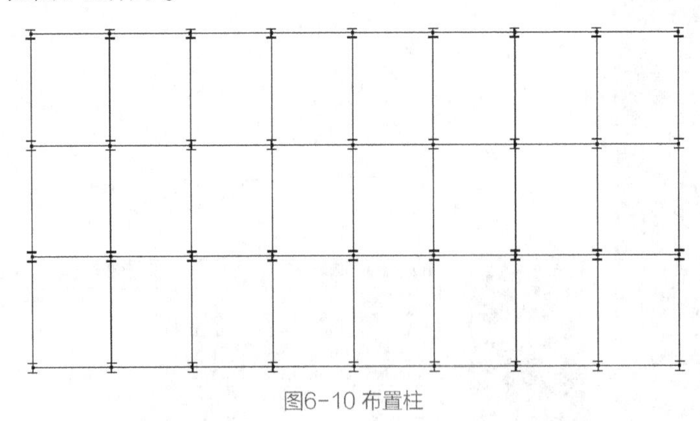

图6-10 布置柱

2. 钢梁布置

执行方法：【楼层定义】|【主梁布置】。

执行此命令，弹出“梁截面定义”对话框，如图6-11所示，其操作和“柱布置”相同，不再赘述，取程序初始值，布置钢梁，如图6-12所示。

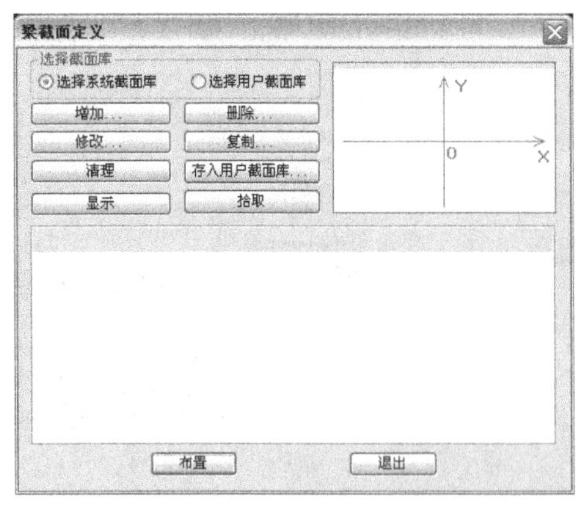

图6-11 “梁截面定义”对话框

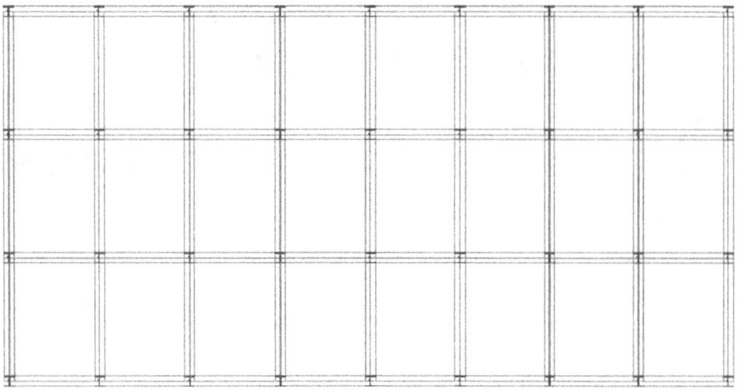

图6-12 钢梁布置

3. 布支撑

执行方法：【楼层定义】|【斜杆布置】。

斜杆为钢结构中抗侧力构件，一般称为支撑。

① 执行【斜杆布置】命令，弹出“斜杆截面定义”对话框，如图6-13所示。

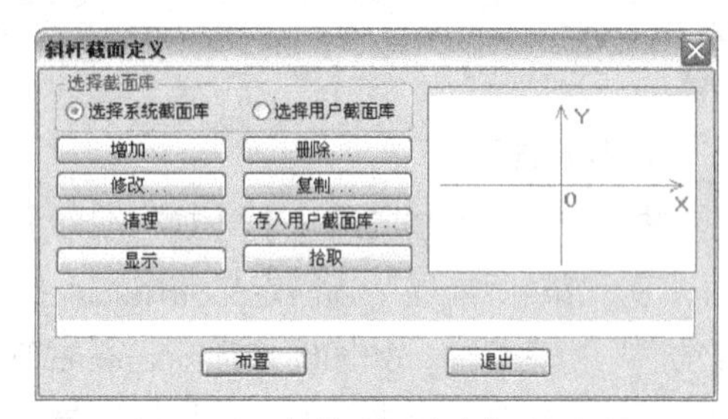

图6-13 “斜杆截面定义”对话框

② 单击“增加”按钮，弹出截面类型选择的对话框，选择圆管截面类型，如图6-14所示。

③ 在“截面参数”对话框中，如图6-15所示，按照圆管外径220，内径150设置圆钢管参数，完成支撑的定义。

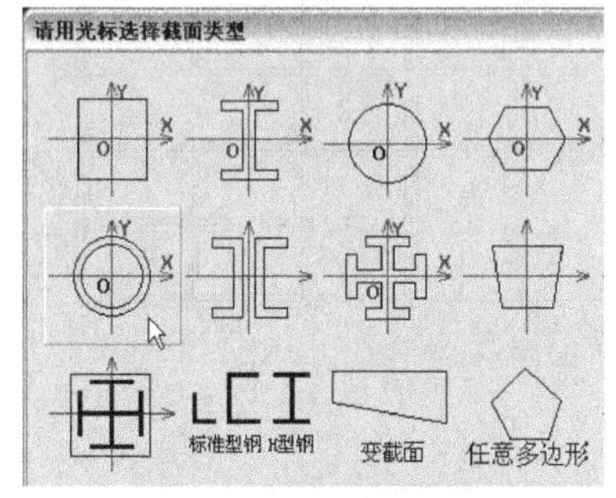

图6-14 选择圆管截面

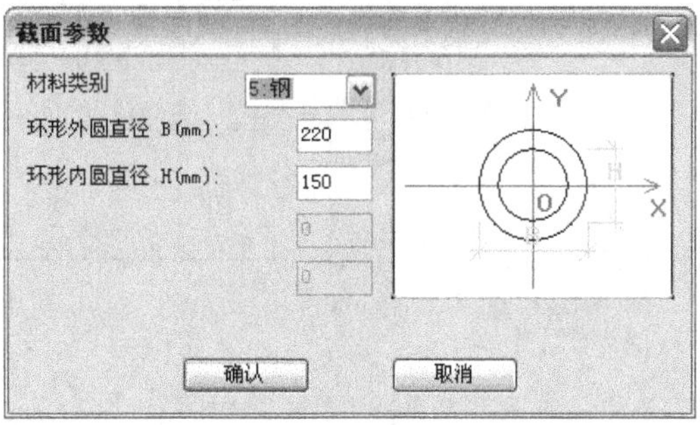

图6-15 “截面参数”对话框

④ 选中此支撑，单击“布置”按钮，弹出斜杆布置参数对话框，设置参数后，在“透视视图”的环境中，按照命令行提示，布置支撑，如图6-16所示。

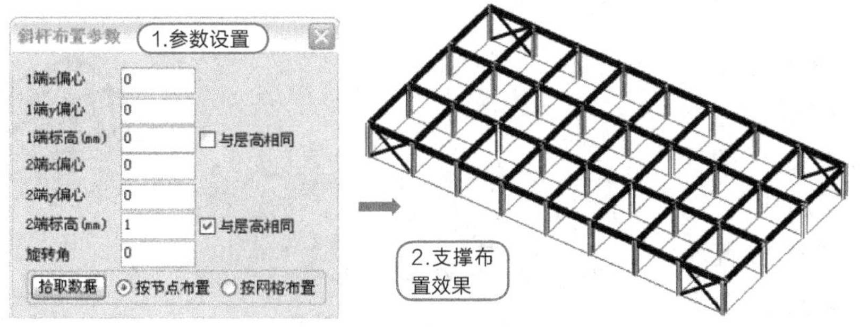

图6-16 支撑布置

4. 本层信息

执行方法：【楼层定义】|【本层信息】。

① 执行此命令，弹出对话框，“本标准层信息”选项卡如图6-17所示。

② 用光标点明要修改的项目，根据建筑设定完成参数设置后，单击“确定”按钮即可。

图6-17 本层信息

提示

在钢－框架结构中，梁和柱是钢材料的，其混凝土强度及钢筋类别不必修改，板是现浇混凝土楼板，设置其板厚为100，板混凝土等级为30。

5. 换标准层

执行方法：【楼层定义】|【换标准层】。

① “第1标准层”轴网定义完成后，执行【楼层定义】|【换标准层】命令，在弹出的“选择/添加标准层”对话框中，如图6-18所示，在右侧选择“添加新标准层”，此时对话框右侧的“新增标准层方式”显亮，选择“局部复制”，选择“第2标准层”上有构件布置的轴线，以此得到“第2标准层”，如图6-19所示。

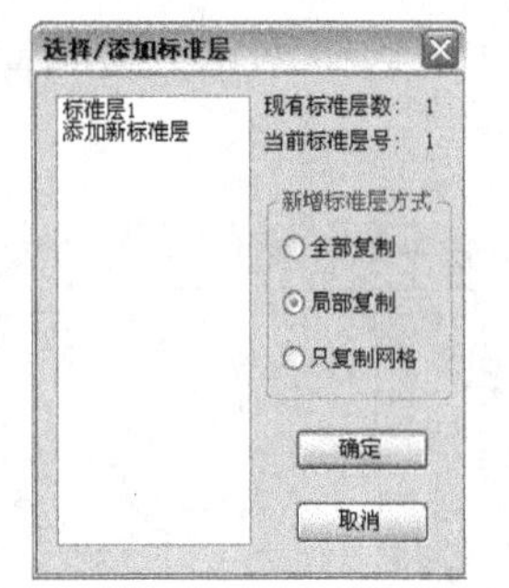

图6-18 “选择/添加标准层”对话框

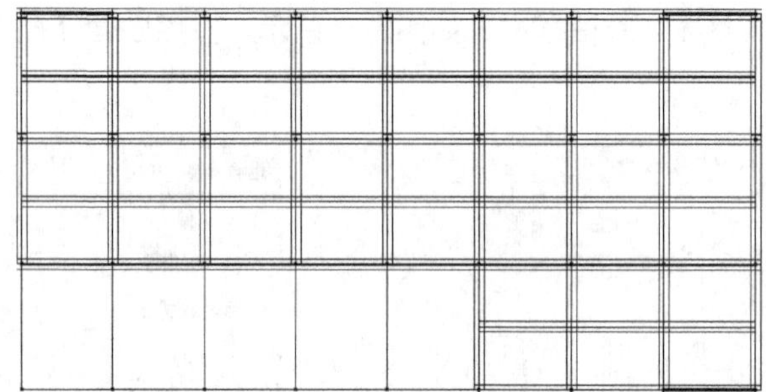

图6-19 第2标准层

提示

在“选择／添加标准层”对话框中，部分选项的含义如下。

• 右侧选择栏：可在其中选择“标准层1”或“添加新标准层”。

• 新增标准层方式：此项仅在右侧选中“添加新标准层”时显亮，可选择“全部复制”“局部复制”和“只复制网络”3种生成新标准层的方式。

② 执行【构件删除】命令，在弹出的“构件删除”对话框中选择“斜杆”，如图6-20所示，然后删除斜杆。

③ 执行【斜杆布置】命令，重新布置支撑圆管220×180，如图6-21所示。

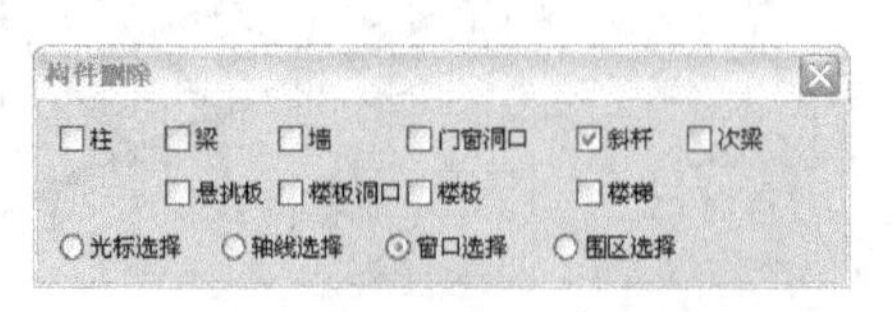

图6-20 “构件删除”对话框

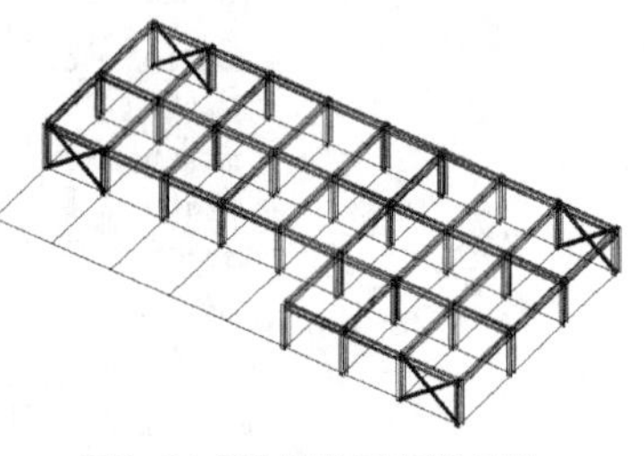

图6-21 第2标准层支撑布置

④ 再次执行【换标准层】命令，选择“全部复制”，复制“第2标准层”，得到“第3标准层”。

⑤ 在“第3标准层”中，执行【网格生成】|【上节点高】命令，在弹出的“设置上节点高”对话框中，如图6-22所示，设置上节点高参数为2400，选择轴线上的节点，形成坡屋顶，如图6-23所示。

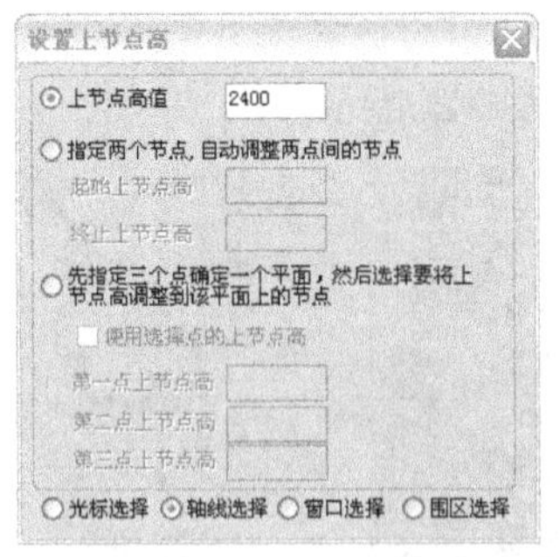

图6-22 “设置上节点高”对话框

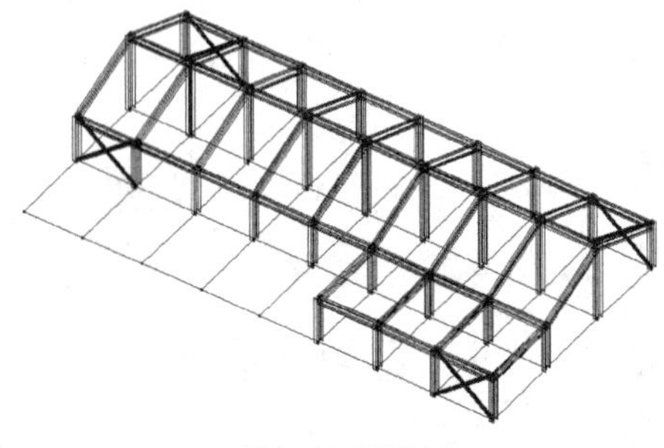
图6-23 坡屋顶

⑥ 执行【斜杆布置】命令，在弹出的“斜杆布置参数”对话框中设置节点1和2均“与层高相同”，如图6-24所示，布置屋顶斜杆220×180，如图6-25所示。

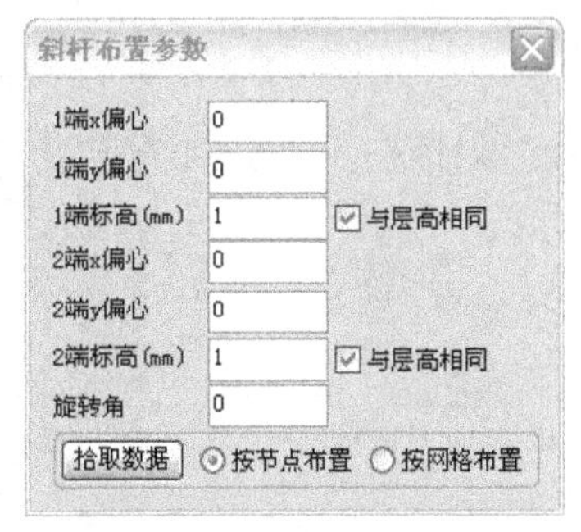

图6-24 设置斜杆布置

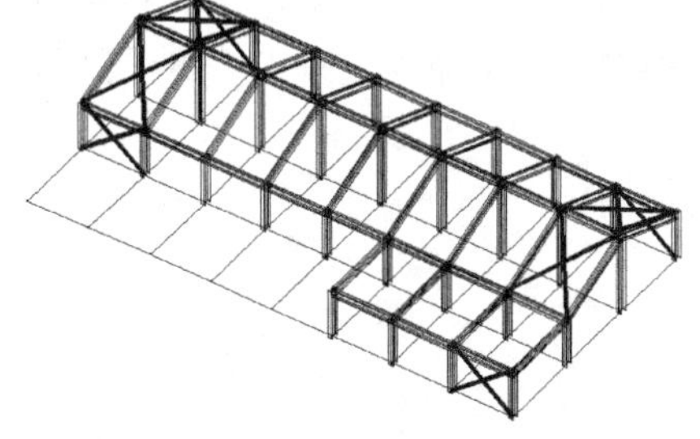
图6-25 屋顶支撑布置

6. 生成楼板

（1）生成楼板操作

执行方法：【楼层定义】|【楼板生成】|【生成楼板】。

执行此命令后程序将自动生成之前设置的100楼板。

（2）布置楼板错层

执行方法：【楼层定义】|【楼板生成】|【楼板错层】。

在钢框架结构中，不必楼层错层，但对一般的其他建筑结构，卫生间、厨房和阳台可能需要错层，执行此命令后，可在随后弹出的“楼板错层”对话框中，设置数值，然后选择需要错层的楼板即可。

7. 本层修改

单击“本层修改”进入其命令菜单，菜单命令分3个部分，介绍如下。

（1）布置错层斜梁

执行方法：【楼层定义】|【本层修改】|【错层斜梁】。

错层斜梁的显著特点是仅将梁的高度改变，而其他与之相连的柱墙高度不变，适用与地下室等特殊场合。

（2）替换已布置的构件

执行方法：【楼层定义】|【本层修改】|【XX替换】。

点取已布置的构件，出现与该构件相对应的对话框，在对话框中修改构件参数。

（3）查改已布置的构件

执行方法：【楼层定义】|【本层修改】|【XX查改】。

8. 层间编辑

执行方法：【楼层定义】|【层编辑】|【层间编辑】。

例如，要在1~X标准层的同一位置增加一根梁，操作如图6-26所示。

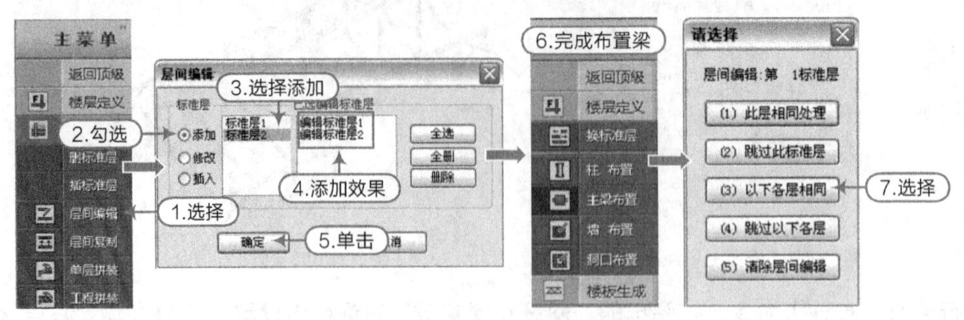

图6-26 层间编辑操作示意

9. 截面显示

执行方法：【楼层定义】|【截面显示】|【XX显示】。

例如，执行【斜杆显示】命令，弹出“斜杆显示开关”对话框，如图6-27所示，显示其截面。

图6-27 “斜杆显示开关”对话框

6.4.3 荷载输入

执行方法：【荷载输入】|【恒活设置】。

① 欲输入“第1标准层”和“第2标准层”楼板的恒活荷载，执行此命令，在“荷载定义”对话框中设置数值，如图6-28所示。

② 切换至“第3标准层”，执行【恒活设置】命令，设置荷载，如图6-29所示。

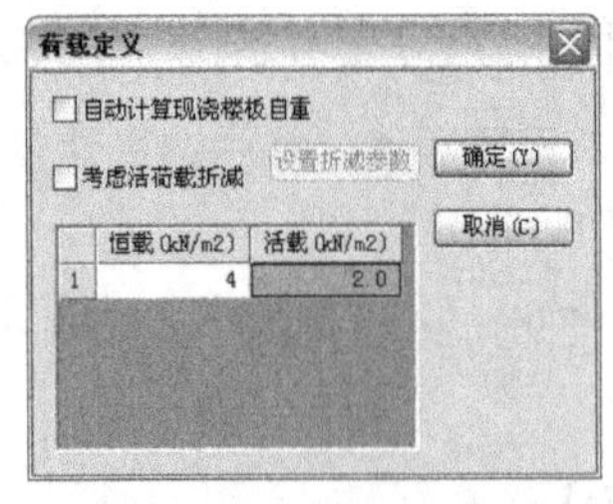

图6-28 第1、2标准层荷载定义

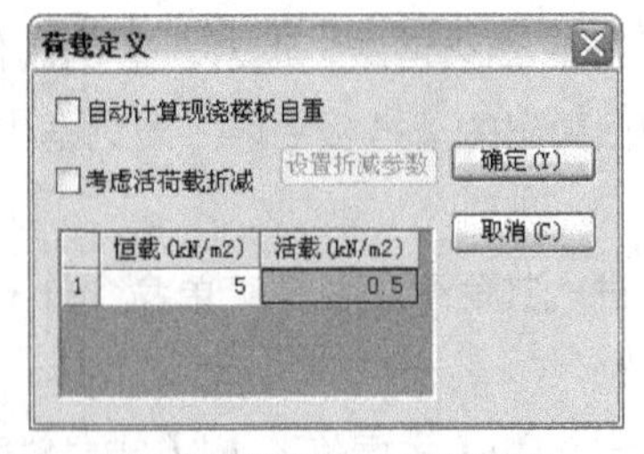

图6-29 第3标准层荷载定义

提示

本例采用现浇混凝土楼板，如果采用带压型钢板的组合楼板，参考 STS 用户手册。

6.4.4 设计参数

执行方法：屏幕菜单区→【设计参数】。

执行此命令，弹出“楼层组装—设计参数”对话框，如图6-30所示，在“设计参数”对话框中，有5页选项卡内容供设置，其内容同结构一样，不再重复介绍。

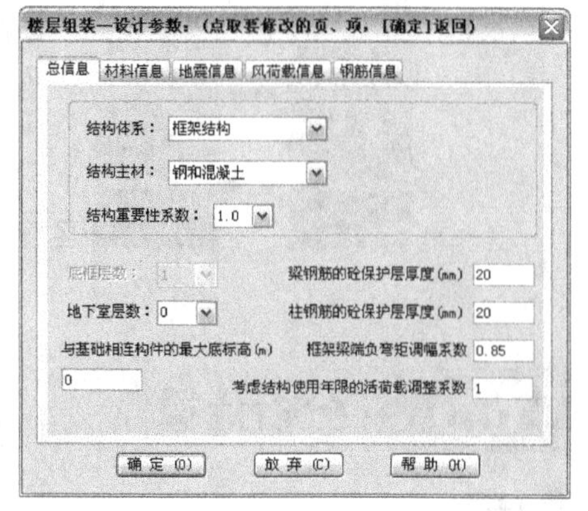

图6-30　“楼层组装—设计参数”对话框

提示

在此处，“结构主材”选择“钢和混凝土”，“结构体系”选择“框架结构”，抗震设防烈度为 7 度，设计地震分组为一组，混凝土容重设置为 26。

6.4.5 楼层组装

执行方法：【楼层组装】|【楼层组装】。

① 执行此命令，弹出“楼层组装”对话框，输入各楼层组装信息，组装成4层楼，如图6-31所示。

② 执行【楼层组装】|【整楼模型】命令观察楼层组装效果。

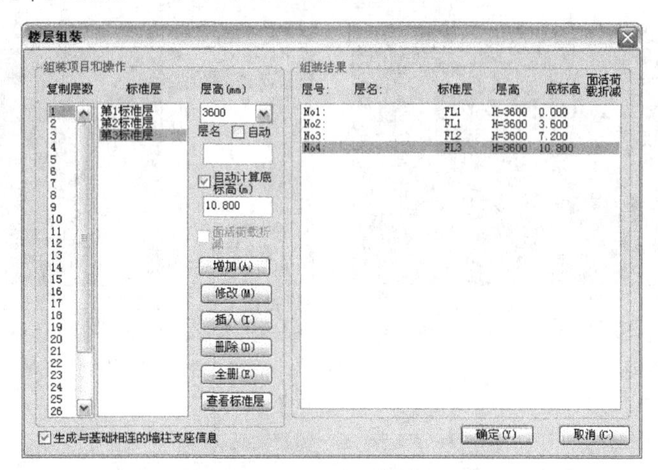

图6-31　楼层组装

6.4.6 保存与退出

执行方法：屏幕菜单区→【保存】→【退出】。

完成建模和荷载输入后，执行【保存】命令，程序将模型保存后，再执行【退出】菜单命令，操作如图6-32所示。

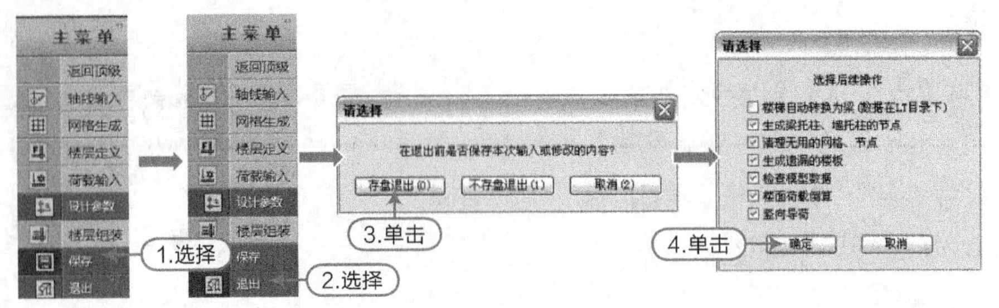

图6-32 保存与退出

6.5 分析计算

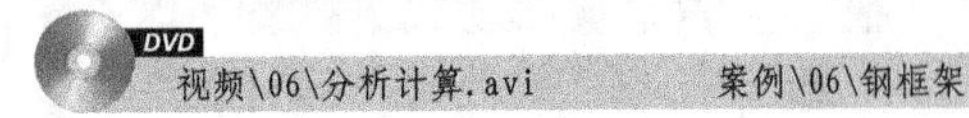
视频\06\分析计算.avi　　　　案例\06\钢框架

进行钢框架结构分析计算，可以选择“结构”页面的“SATWE-8”或“SATWE”，用SATWE软件进行计算，如图6-33所示；也可以选择“钢结构”页面下“框架”的“TAT、SATWE或PMSAP计算”项进行计算，如图6-34所示。

钢结构计算分析过程与混凝土结构类似，不再赘述。

提示

查看计算结果文件，发现“文本文件输出”下的第 6 项“超配筋信息”中，有超配筋现象，如图 6-35 所示，应返回建模修改模型参数。

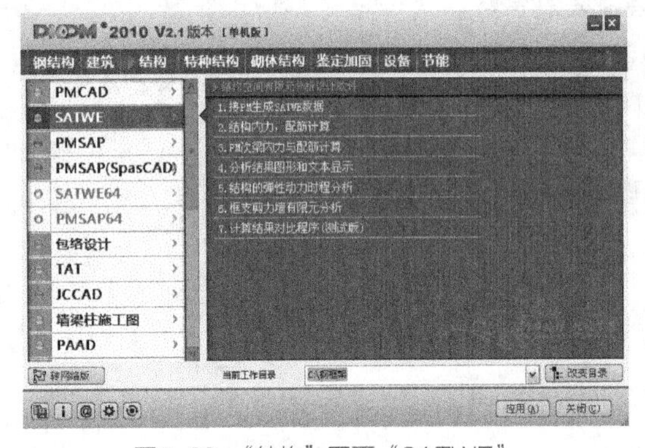

图6-33 “结构”页面“SATWE”

图6-34 “钢结构”页面“TAT、SATWE或PMSAP计算”

```
WGCPJ.OUT - 记事本
文件(F) 编辑(E) 格式(O) 查看(V) 帮助(H)

   ------------------------------------------------
   |            第  4 层配筋、验算                |
   ------------------------------------------------
** 高厚比超限, h/tw=    56.80 > h/tw_max=    48.00
N-C=   6 (22)B*H*U*T*D*F*Hr(mm)=    10*  600*  250*   16*  250*   16*  600
           Cx=  1.97 Cy=   1.02 Lc=   3.60(m) Nfc= 3 Rsc=  235
------------------------------------------------------------
** 宽厚比超限, b/tf=    15.31 > b/tf_max=    12.00
N-C=  15 (22)B*H*U*T*D*F*Hr(mm)=    10*  300*  500*   16*  500*   16*  300
           Cx=  1.19 Cy=   1.14 Lc=   6.00(m) Nfc= 3 Rsc=  235
------------------------------------------------------------

   ------------------------------------------------
   |            第  3 层配筋、验算                |
   ------------------------------------------------
** 高厚比超限, h/tw=    56.80 > h/tw_max=    48.00
                                                Ln 7, Col 60
```

图6-35 超配筋信息

提示

修改三维钢框架模型的钢梁柱及支撑的尺寸参数，修改完成后，再执行 SATWE 模块，直到所有核查参数都合格。

6.6 绘制施工图

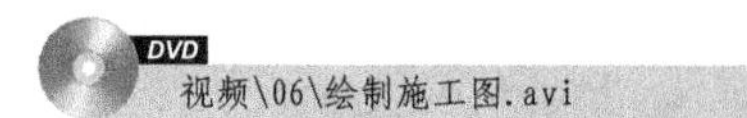

视频\06\绘制施工图.avi　　　　案例\06\钢框架

绘制钢框架结构施工图，需要进行节点的设计与出图，构件的设计与出图，以及构件施工图。

6.6.1 节点设计

执行方法：钢结构页面→框架→【5.全楼节点连接设计】。

① 选择“5.全楼节点连接设计”主菜单，单击“应用”按钮，如图6-36所示，弹出“STS连接设计主菜单”对话框，如图6-37所示。

② 在“STS连接设计主菜单”对话框中执行【2.设计参数定义】菜单选项按钮，弹出“设置节点连接设计参数”对话框，如图6-38所示。

③ 对话框中参数设置页面很多，不一一介绍，取程序初始值即可，单击“确定”按钮，返回到“STS连接设计主菜单”对话框。

④ 在“STS连接设计主菜单”对话框中单击【3.全楼节点设计】菜单选项按钮，程序自动对全楼节点进行计算和归并。计算完成后，“STS连接设计主菜单”对话框中的全部菜单都显示出来，如图6-39所示。

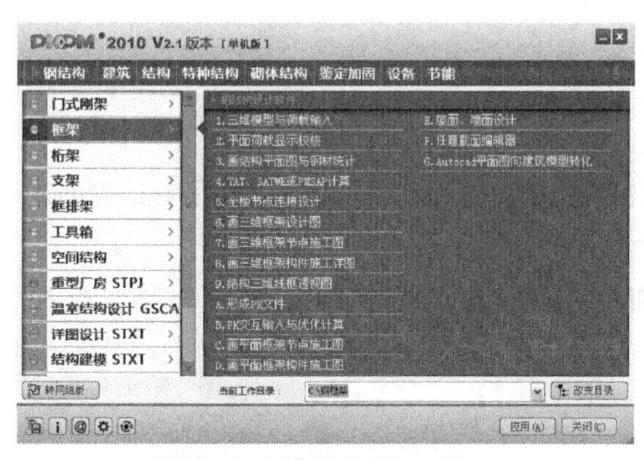

图6- 36　开始节点设计

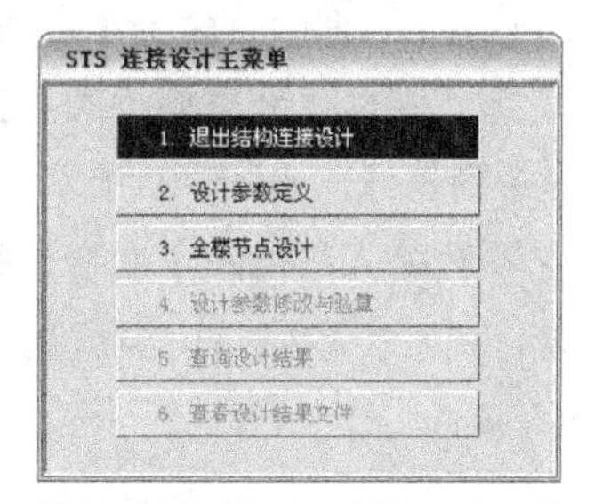

图6-37　“STS连接设计主菜单”对话框

图6-38　“设置节点连接设计参数”对话框

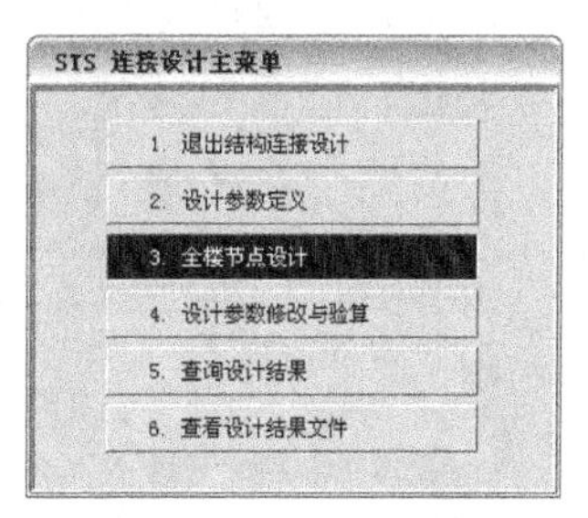

图6-39　全楼节点设计效果

⑤ 在“STS连接设计主菜单”对话框中单击【4.设计参数修改与验算】菜单选项按钮，程序以平面图的形式显示构件和节点编号，并提供多种节点修改方式，如图6-40所示。因篇幅所限，本例不做修改，直接执行“回前菜单”命令，返回“STS连接设计主菜单”对话框。

⑥ 在“STS连接设计主菜单”对话框中第5、6项为计算书查询显示，可自行查看。

⑦ 在“STS连接设计主菜单”对话框中单击【1.退出结构连接设计】菜单选项按钮，返回到“钢结构—框架”主界面。

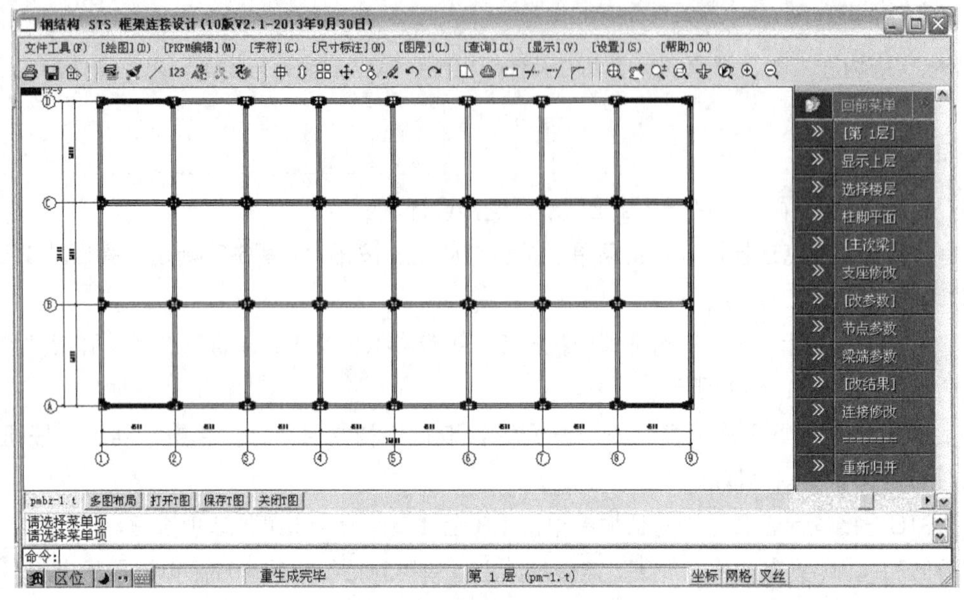

图6-40 节点修改平面图

6.6.2 节点施工图出图

执行方法：钢结构页面→框架→【7.画三维框架节点施工图】。

① 选择“7.画三维框架节点施工图”主菜单，单击“应用”按钮，随后弹出“绘制三维钢框架节点施工图”菜单命令列表框，如图6-41所示。

② 执行【2.参数输入与修改】命令，随后弹出“定义绘图参数”对话框，直接单击“确定”按钮取程序初始值即可，如图6-42所示，完成后“绘制三维钢框架节点施工图”列表中其他选项显示出来，表示可以进行操作。

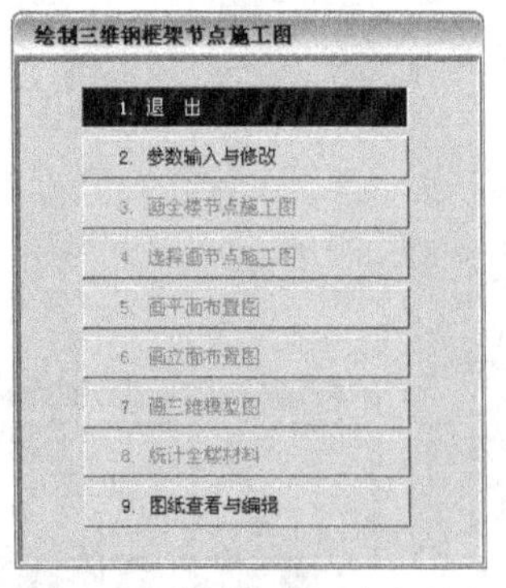

图6-41 “绘制三维钢框架节点施工图”对话框

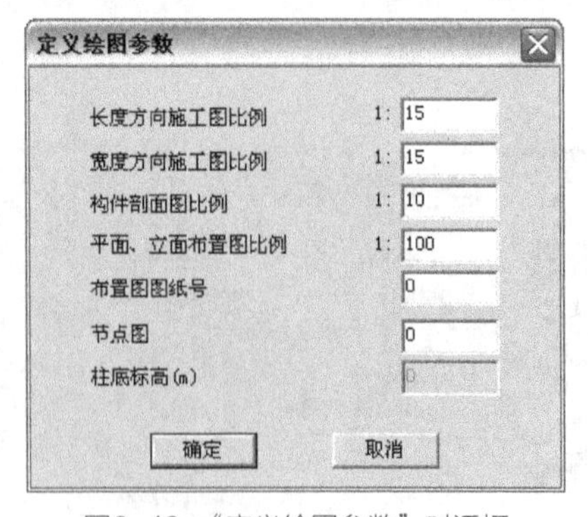

图6-42 “定义绘图参数”对话框

③ 在“绘制三维钢框架节点施工图”中执行【3.画全楼节点施工图】命令，在弹出的“施工图出图选择”对话框中，如图6-43所示，单击“确定”按钮，然后程序自动进行节点施工图的绘制。

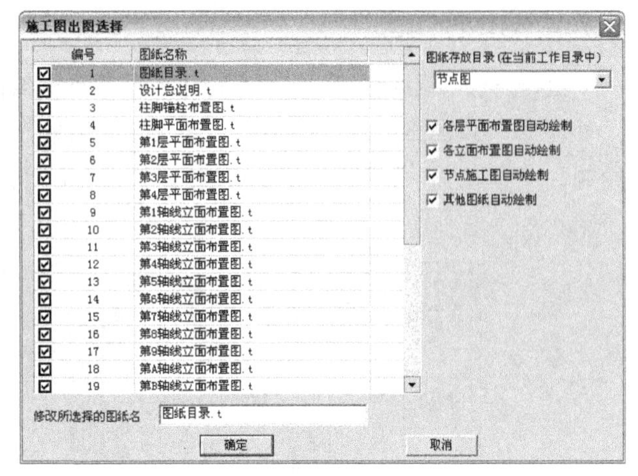

图6-43 “施工图出图选择”对话框

④ 程序自动生成施工图纸后，呈现节点施工图的操作界面，在其左侧的菜单中，执行“选择图纸”命令，弹出“选择图纸”对话框，如图6-44所示，选择对话框中第28项，程序自动显示此平面图，如图6-45所示。

⑤ 选择其他施工平面图，生成节点施工图。

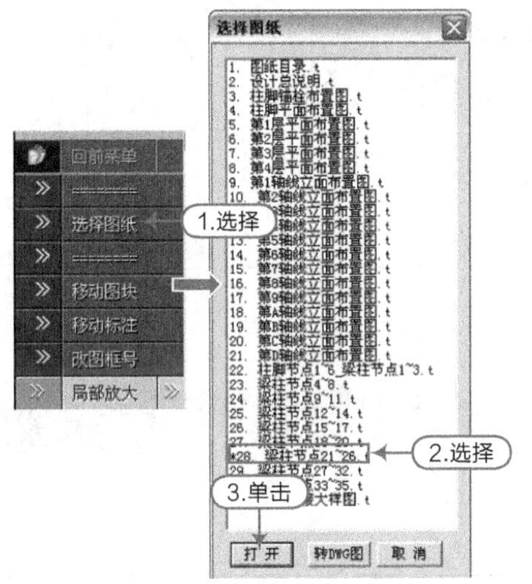

图6-44 选择图纸

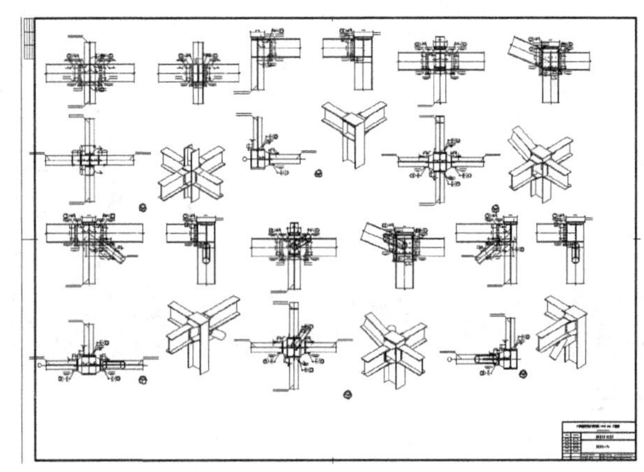

图6-45 节点施工图

6.6.3 框架设计

执行方法：钢结构页面→框架→【6.画三维框架设计图】。

主菜单【画三维框架设计图】和“全楼节点连接设计”的操作步骤差不多，不再详述，生成构件框架图如图6-46所示。

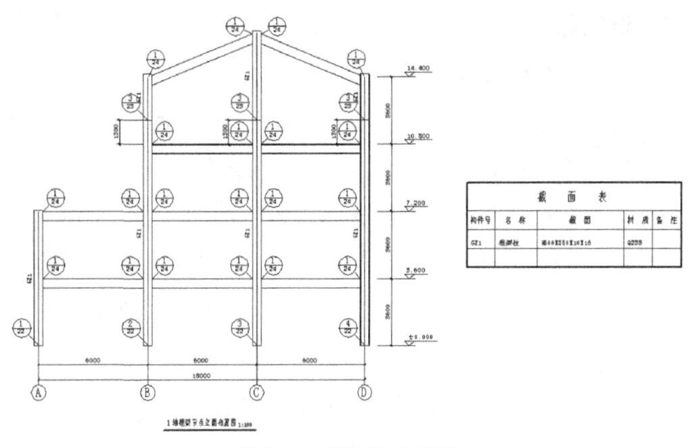

图6-46 钢框架立面图

6.6.4 构件施工图

执行方法：钢结构页面→框架→【8. 画三维框架构件施工详图】。

选择“8. 画三维框架构件施工详图”主菜单，单击“应用”按钮，开始三维框架构件施工详图的绘制，操作与“7.画三维框架节点施工图”大同小异，不再详述，仅给出几张施工图做代表，如图6-47所示。

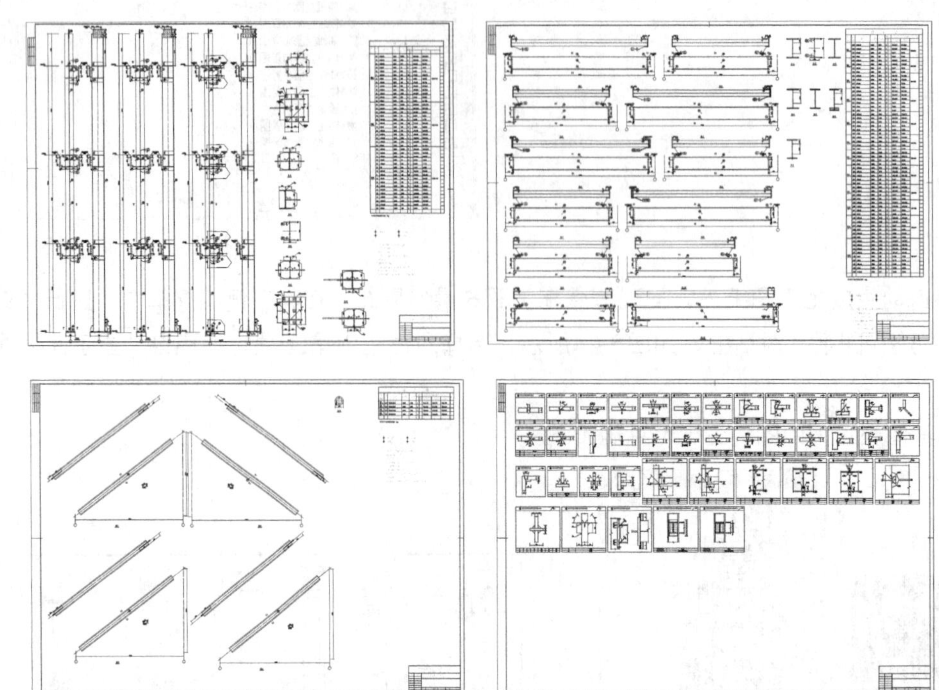

图6-47 钢框架构件施工图

6.7 思考与练习

一、填空题

1. 轻钢结构的优点有__________、__________、__________、__________。
2. 梁柱截面初步定义方法：______________________________。
3. 钢结构—框架设计流程为______________________________。

二、选择题

1. 布置支撑的命令为（　　）。

A. 错层斜梁　　B. 上节点高

C. 斜杆布置　　D. 次梁布置

2. 钢框架施工图的设计最开始应执行（　　）命令。

A. 框架设计　　B. 节点设计

C. 节点施工图绘制　　D. 框架施工图绘制

三、操作题

按照如下提示，完成钢框架的施工图绘制。

1. 工程概况

（1）工程名称：北京某商场多层钢框架结构设计；

（2）建筑面积：10560m^2；

（3）结构型式：钢框架结构；

（4）总层数为5层，无地下室；

（5）抗震设防烈度8度，近震；

（6）建筑场地Ⅱ类，基本风压W_0=0.45kN/M^2，基本雪压 S_0=0.4kN/M^2；

（7）地面粗糙度B类，属甲类建筑；

（8）层高：首层4.2m，标准层3.6m；

（9）钢材等级：Q235、Q345型钢或焊接工字型；

（10）基础型式：柱下独立基础；

（11）地质条件：天然地基，以粉质黏土为持力层，基础埋深2.0m，地基承载力的特征值kPaF_{ak}为250；

（12）建筑物等级：二级；

（13）耐火等级：二级。

2. 结构布置及计算简图

根据房屋使用功能及建筑设计的要求，结构体系选为钢框架支撑体系，横向为框架结构体系，纵向为支撑体系。框架梁柱均选用工形截面，采用Q235钢。框架柱与框架梁刚接，主梁与次梁铰接。楼板为压型钢板现浇混凝土组合楼板，选用Q235钢，压型钢板型号为YX-75-230-690，其上浇80mm厚C20混凝土。柱脚采用埋入式柱脚，柱下为钢筋混凝土独立基础。

（1）构件截面尺寸

① 框架梁的截面尺寸：

主梁：h_b=（1/15~1/12）l；

次梁：h_b=（1/20~1/15）l；

故横向框架梁选用：HM　588×300×12×20；

纵向框架主梁选用：HM　488×300×11×18；

纵向框架次梁选用：HM　488×300×11×18。

② 框架柱的截面尺寸：

框架柱选用：HM　400×400×13×21。

（2）平面图

给出首层平面钢框架布置图，如图6-48所示。

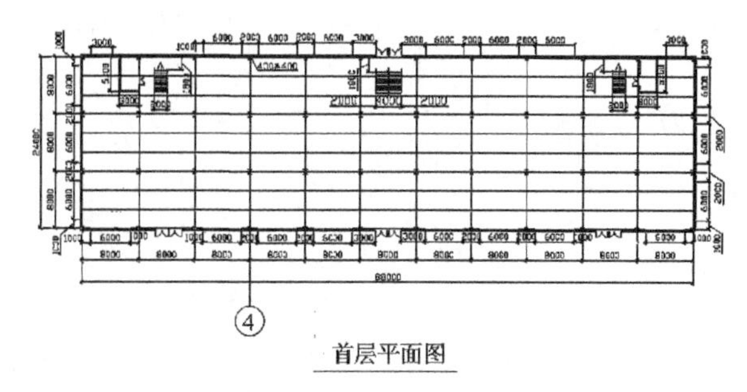

图6-48 钢框架首层平面图

第07章

别墅结构施工图的绘制

现在以一个例题演示操作结构施工图绘制的详尽全过程，对PKPM的结构施工图绘制从头到尾地串联起来。

7.1 工程概况及建筑图效果

本章以一个别墅建筑为例。

在做任意一个工程之前，首先要了解工程的的具体情况及环境状况，任何一个结构工程都不可能独立于建筑功能和环境、地质等因素而存在，罗列此结构工程的相关信息如下。

1. 工程概况

别墅为二层框架结构，设址于四川省达州市。首层层高为4.0m，二层层高为3.3m，四坡屋顶，屋脊高度为1.7m，室内外高差为-0.75m。建筑设计使用年限为50年。基础为柱下独立基础。

2. 设计资料

● 工程地质条件。根据《地质勘察报告》，别墅所在场地类别为Ⅱ类。场地范围内地下水位为-12.0m，地下水对一般建筑材料无侵蚀作用，不考虑土的液化。土质构成自地表向下，见表7-1。

表7-1 土质构成

土质名	厚度（m）	承载力特征值（f_{ak}）（kPa）	天然重度（kN/m³）
填土层	0.5	80	17.0
黏土	2~5	240	18.8
轻亚黏土	3~6	220	18.0
卵石层	2~9	300	20.2

● 气象资料。基本风压：W_0=0.35kN/m²，地面粗糙度为C类。

基本雪压：无。

● 抗震设防烈度。抗震设防烈度为6度，设计基本地震加速度为0.01g，建筑场地土类别为二类，场地特征周期为0.35，框架抗震等级为二级，设计地震分组为第一组。

3. 建筑图

给出“建筑设计总说明”如图7-1所示，“首层平面图”如图7-2所示，“二层平面图”如图7-3所示，“屋顶平面图”如图7-4所示，“正立面图”如图7-5所示，“背立面图”如图7-6所示，“右立面图”如图7-7所示，“左立面图”如图7-8所示，“楼梯详图”如图7-9所示。

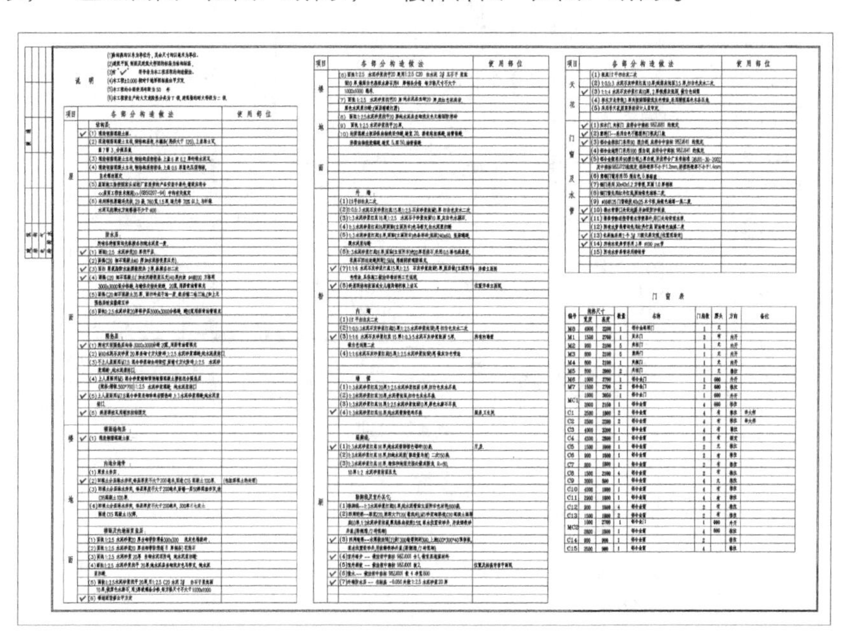

图7-1 建筑设计总说明

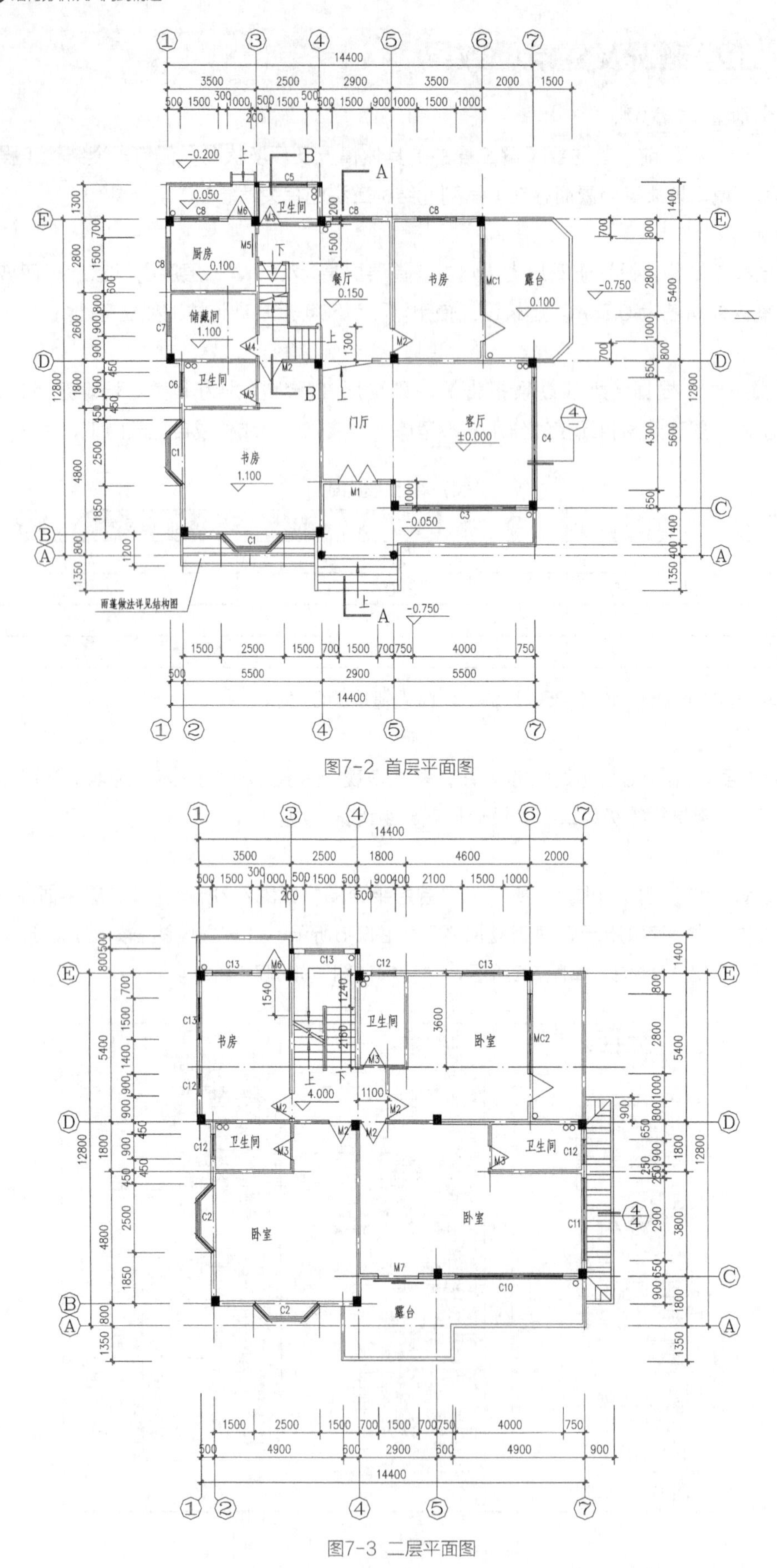

图7-2 首层平面图

图7-3 二层平面图

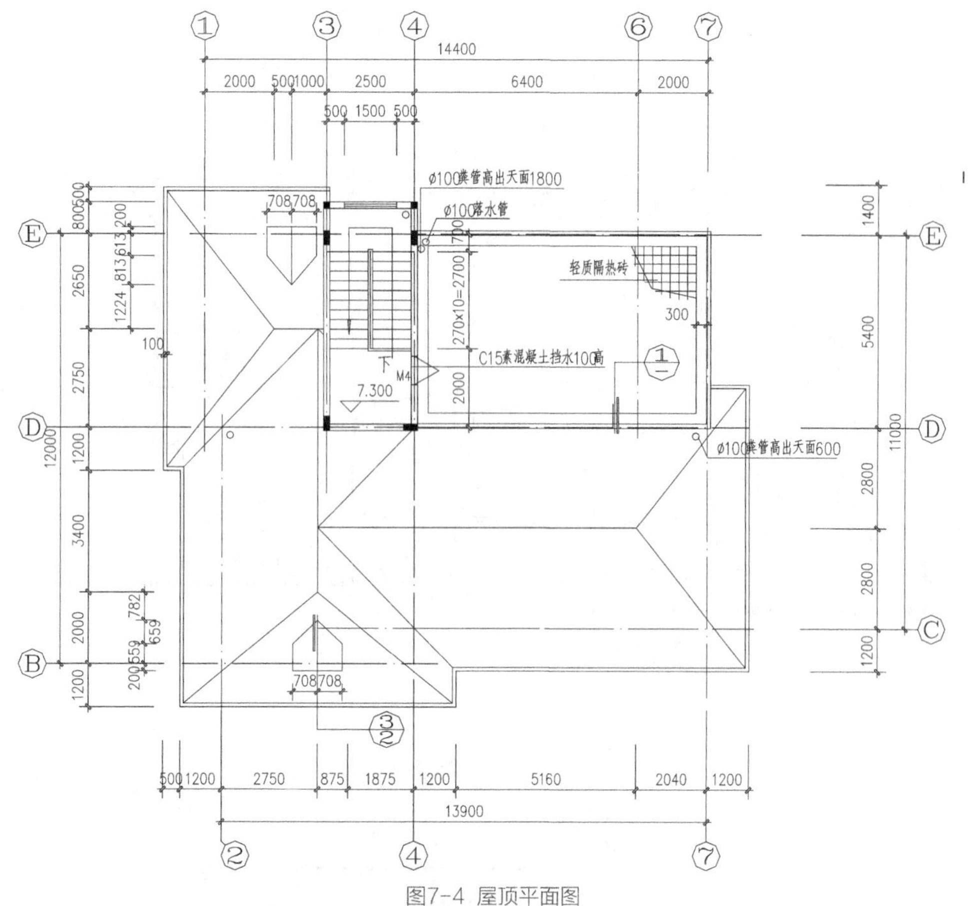

图7-4 屋顶平面图

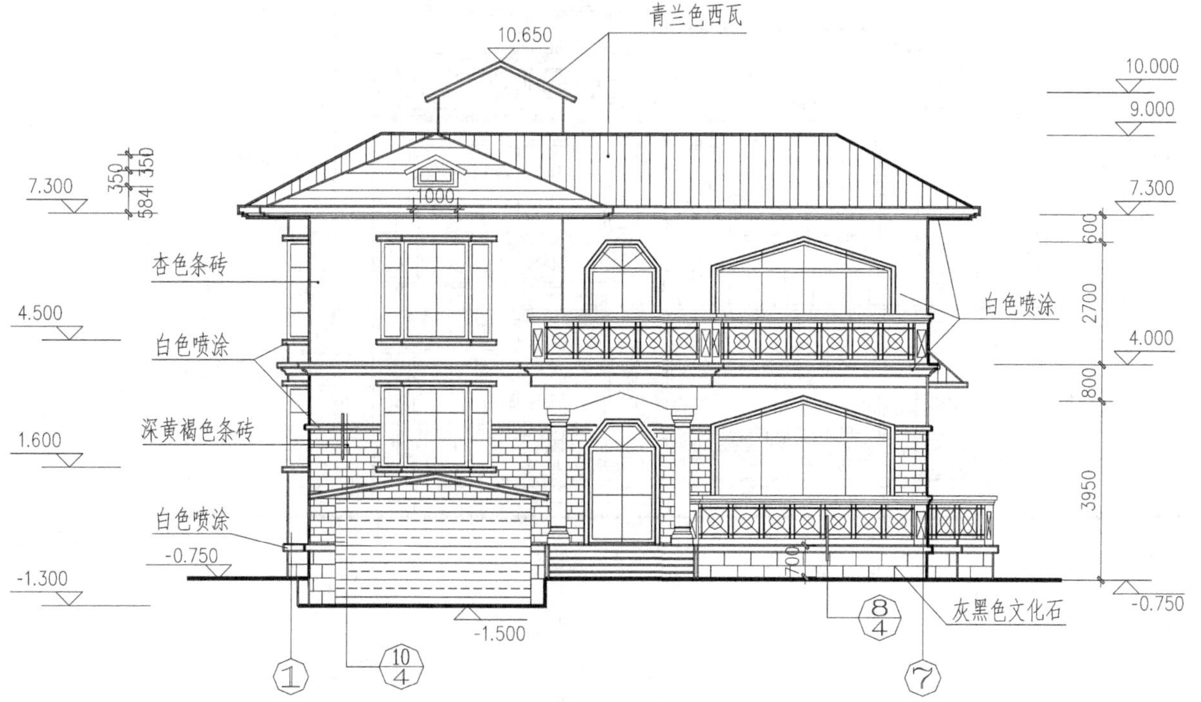

图7-5 正立面图

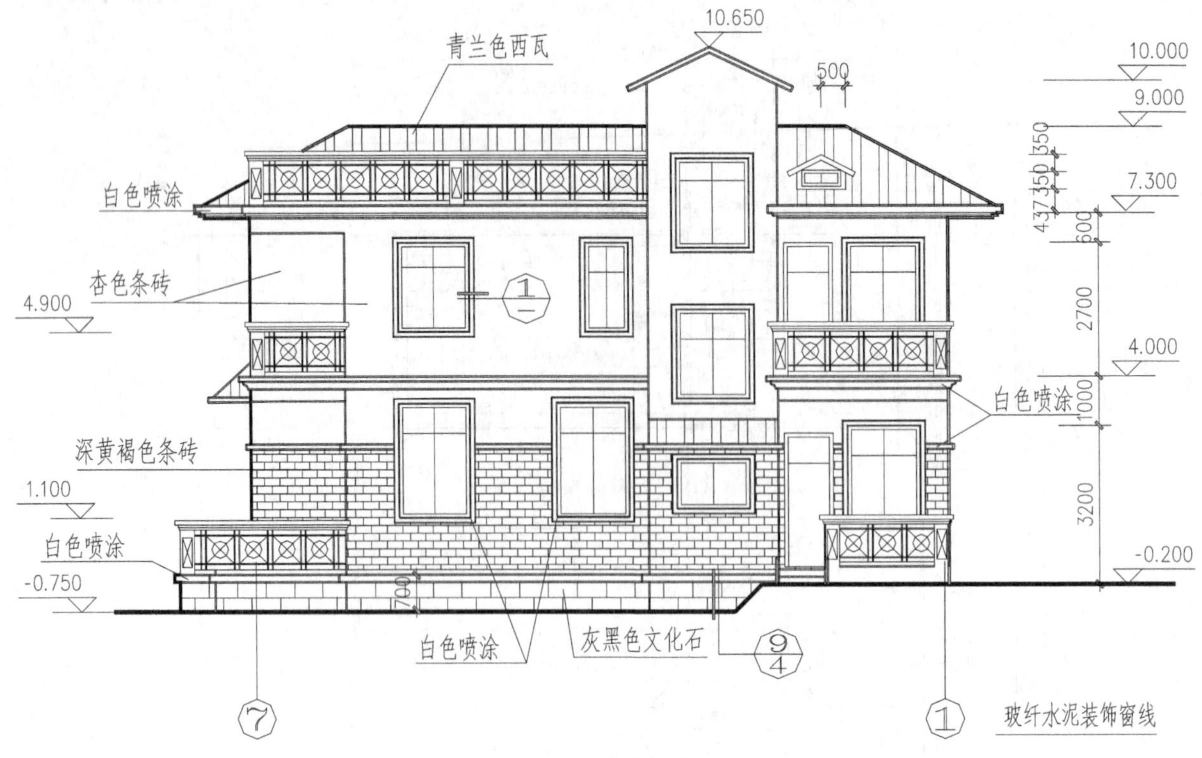

图7-6 背立面图

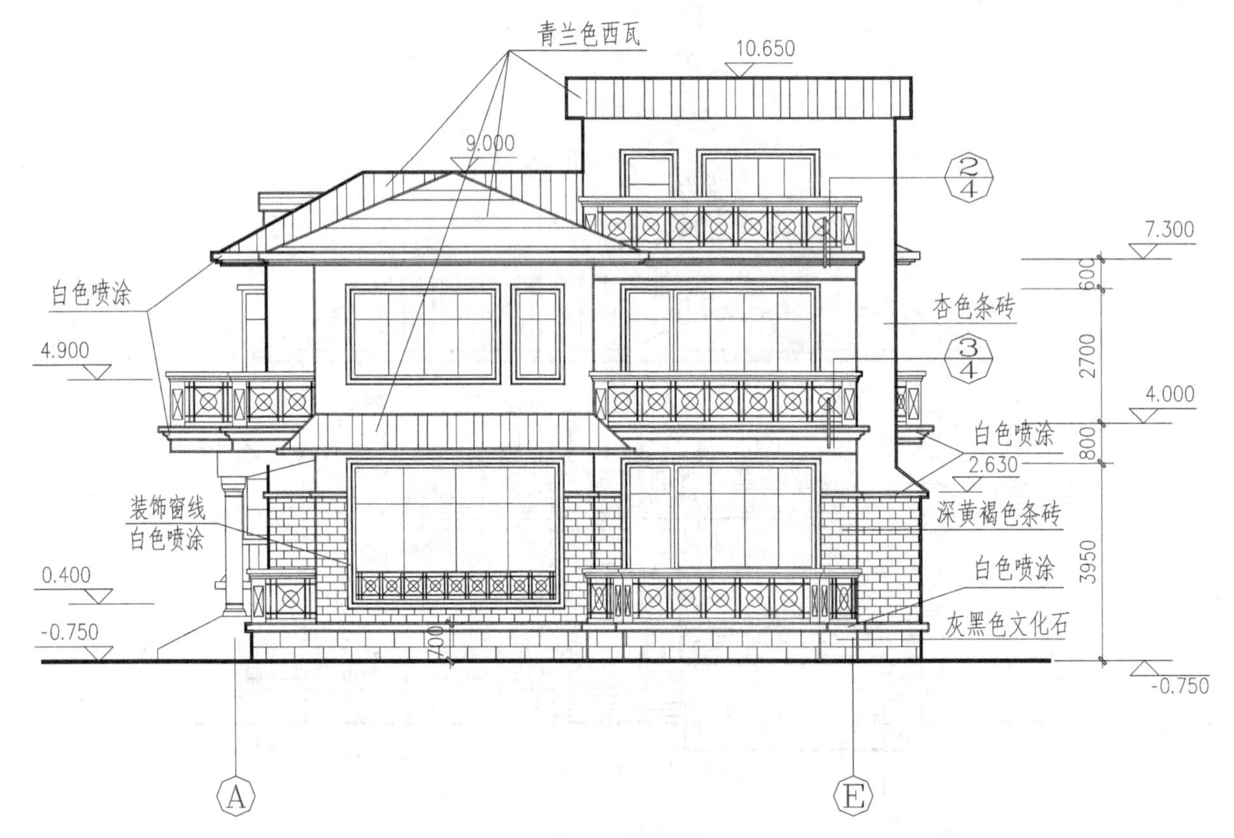

图7-7 右立面图

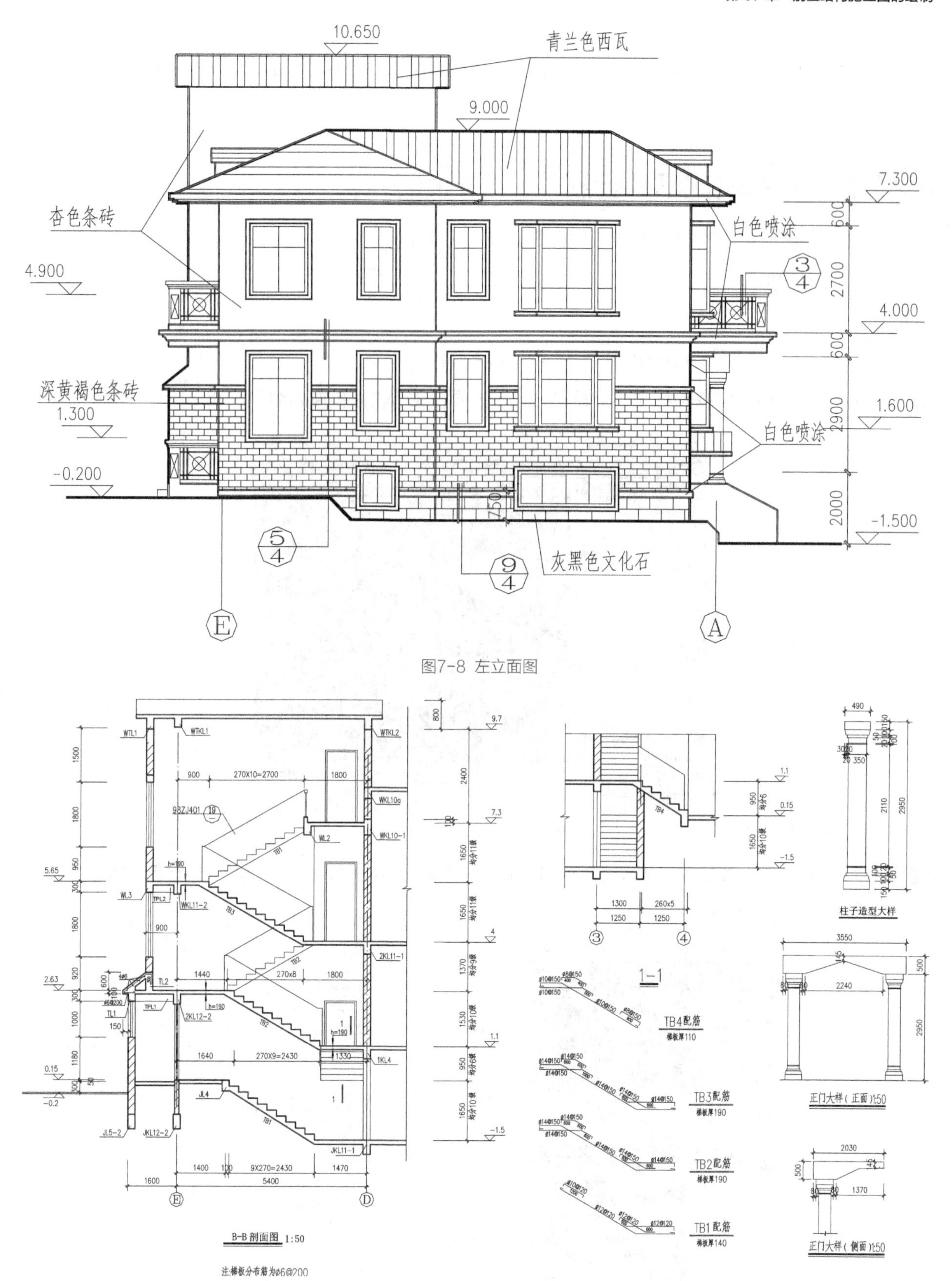

图7-8 左立面图

图7-9 楼梯详图

4. 材料

梁、板、柱的混凝土均选用C30，梁、柱主筋选用HRB400，箍筋选用HPB300，板受力钢筋选用HRB335。

7.2 结构施工图的绘制

现在开始PKPM结构施工图的绘制，首先建立施工图模型。

7.2.1 建立模型

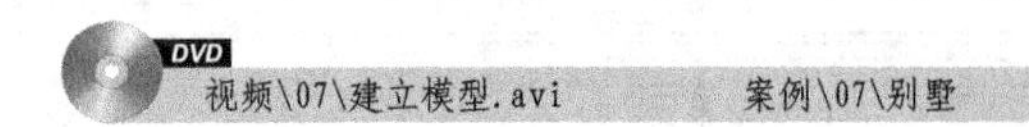

01 双击桌面图标启动PKPM程序，选择“结构”选项，显示软件界面如图7-10所示。

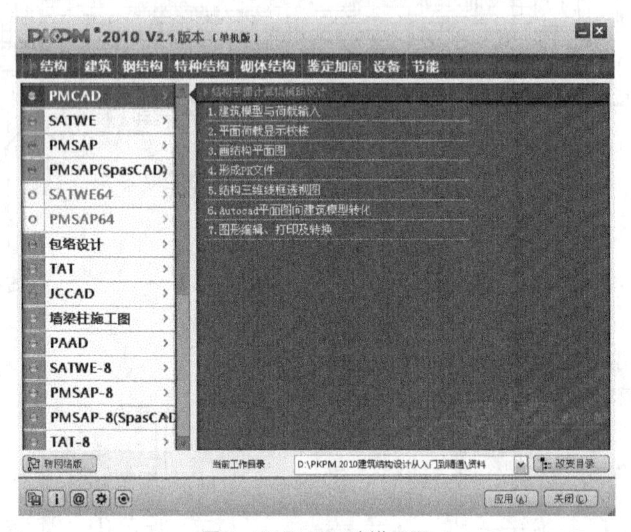

图7-10 PKPM建模界面

02 单击“改变目录”按钮，弹出“选择工作目录”对话框，并“新建”一个新工作目录“别墅”文件，如图7-11所示。

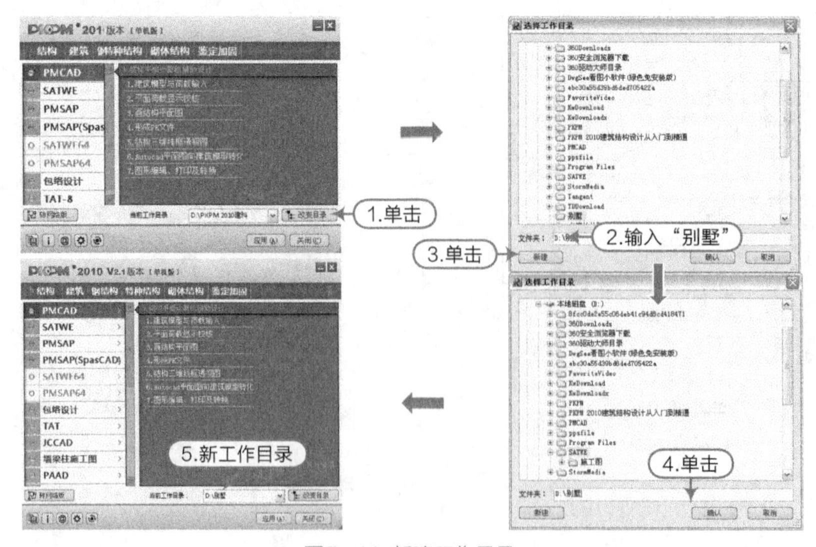

图7- 11 新建工作目录

03 选择【PMCAD】|【建筑模型与荷载输入】菜单，单击“应用”按钮，进入建立工程状态，如图7-12所示。

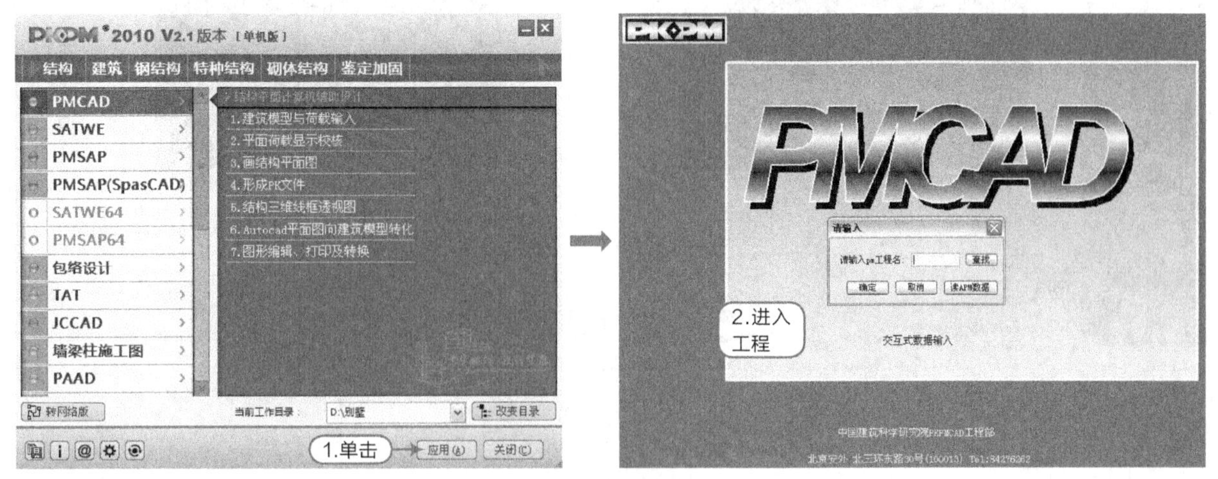

图7-12 “应用”进入

04 在弹出的“请输入”对话框中，输入文件名“别墅”，单击“确定”按钮，启动建模程序，如图7-13所示。

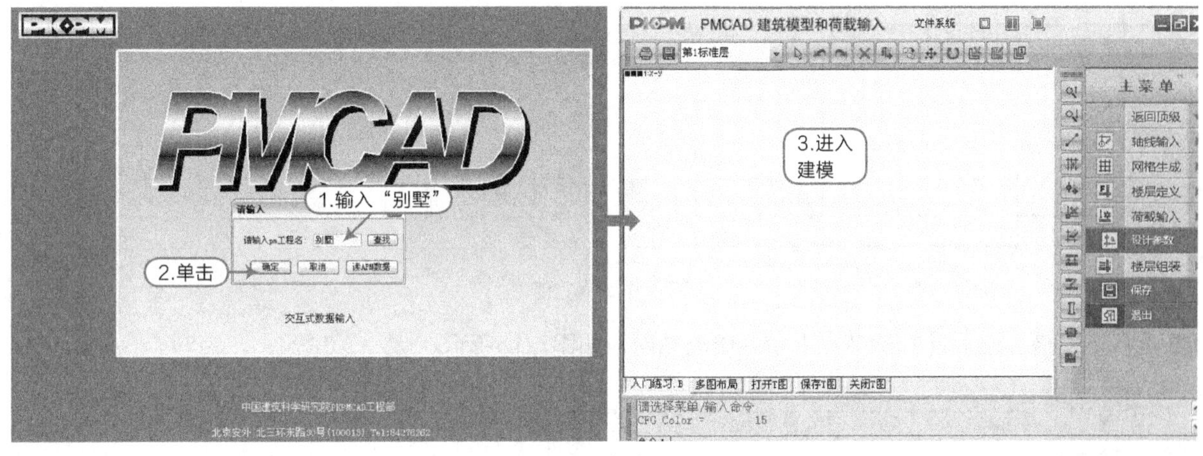

图7-13 新建工程

05 执行【轴线输入】|【正交轴网】命令，然后按照表7-2所示，在对话框中输入正交轴网参数，将正交轴网插入到屏幕绘图区合适位置，效果如图7-14所示。

表7-2 轴网数据

上开间	3500，2500，2900，3500，2000
下开间	500，5500，2900，5500
右进深	1800，5600，5400
左进深	800，6600，5400

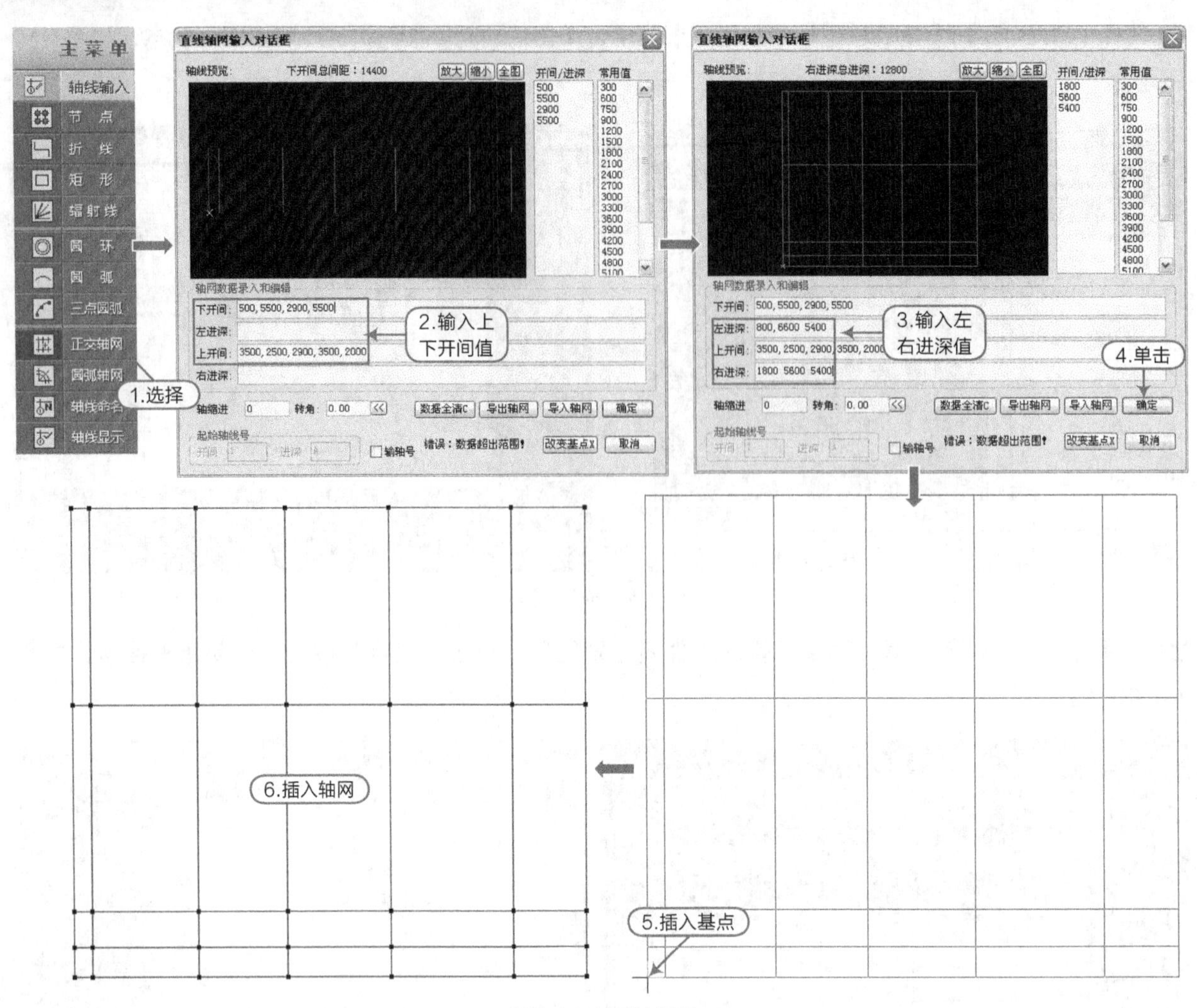

图7-14 轴网的创建

06 执行【网格生成】|【删除节点】命令修改轴网，如图7-15所示。

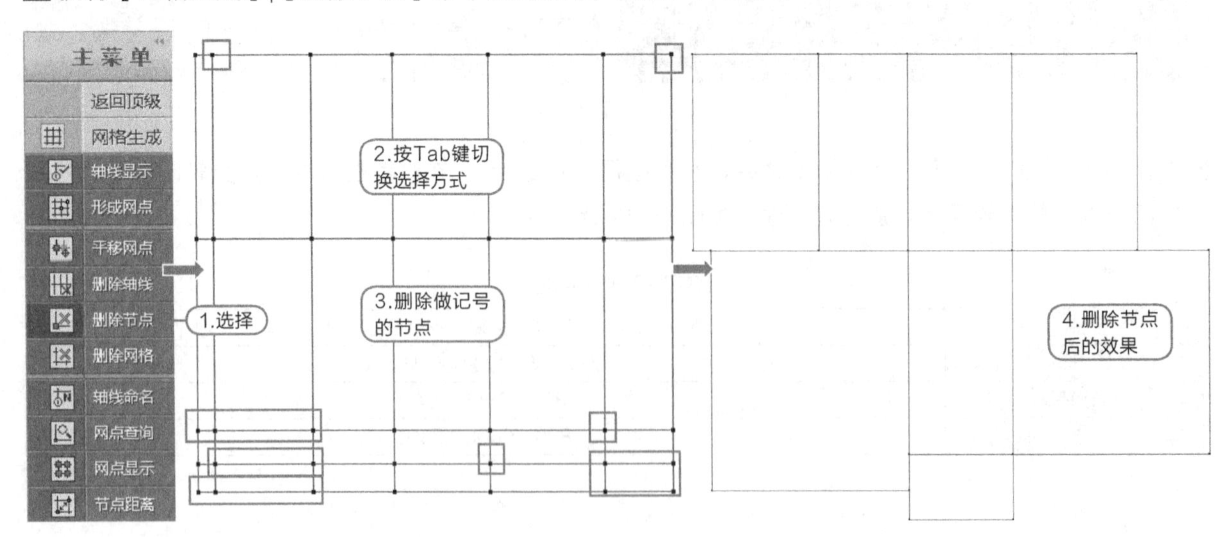

图7-15 删除节点

07 执行【轴线输入】|【平行直线】命令，按照命令行提示操作，如图7-16所示。

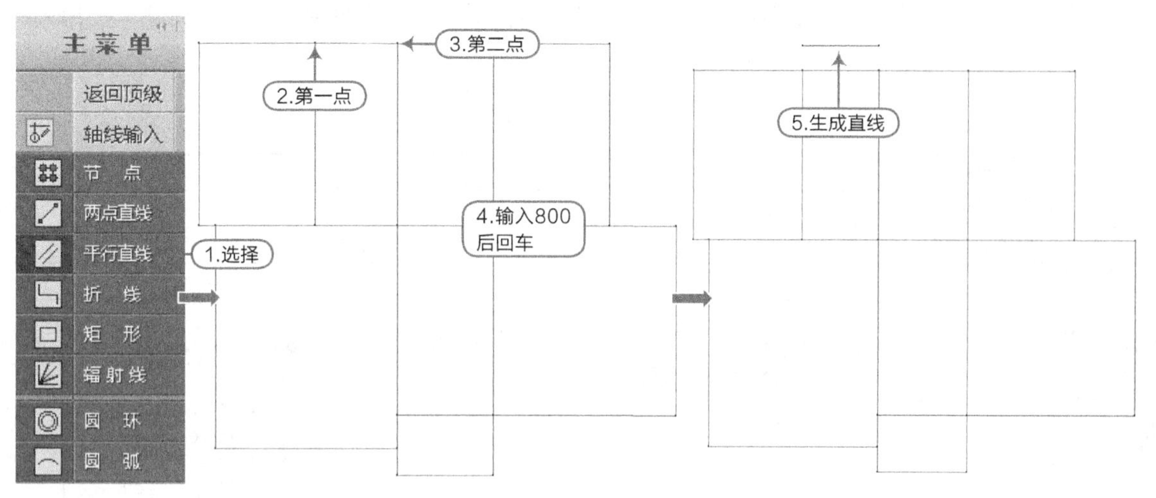

图7-16　平行直线

08 执行【轴线输入】|【两点直线】命令，操作如图7-17所示。

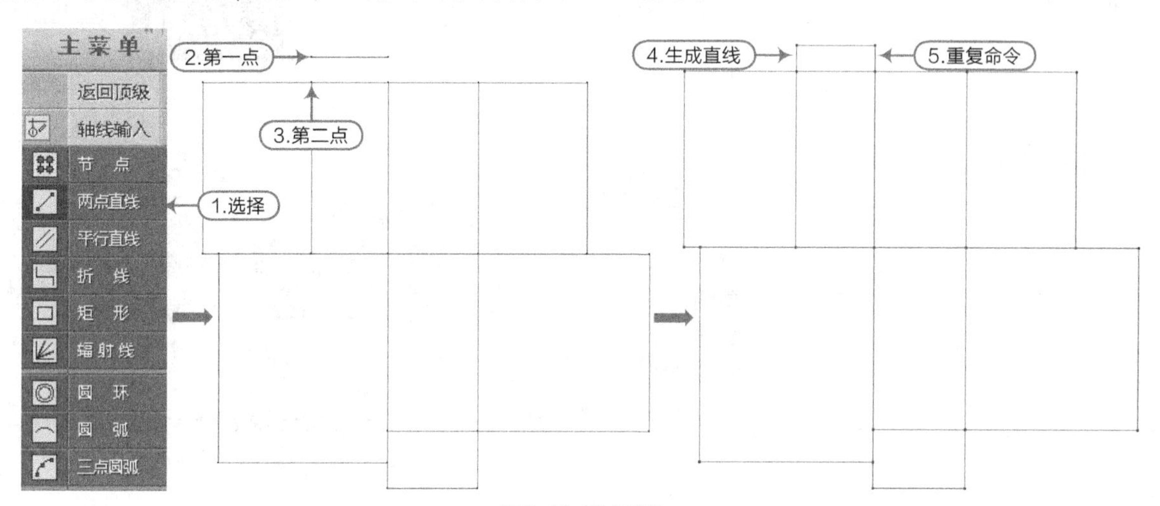

图7-17　两点直线

09 执行【轴线输入】|【轴线命名】命令，按照命令行提示操作，如图7-18所示。

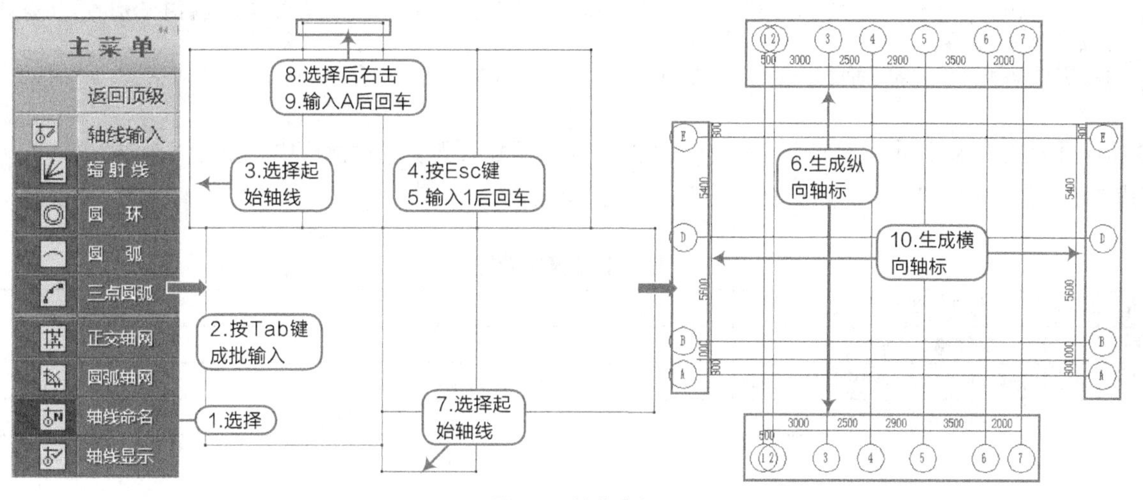

图7-18　轴线命名

10 执行【轴线输入】|【轴线显示】命令，使轴标在显示与隐藏之间切换。

11 执行【楼层定义】|【柱布置】命令，在弹出的"柱截面列表"对话框中，单击"新建"按钮，按照表7-3所示创建框架柱，然后如图7-19所示布置框架柱。

表7-3 框架柱数据

截面类型	1
矩形截面宽度（mm）	300
矩形截面高度（mm）	350
材料类别	6：混凝土

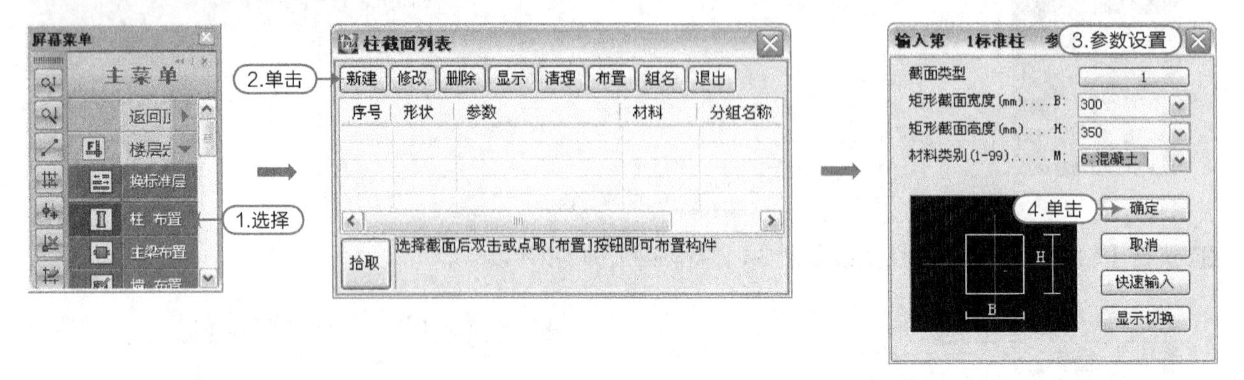

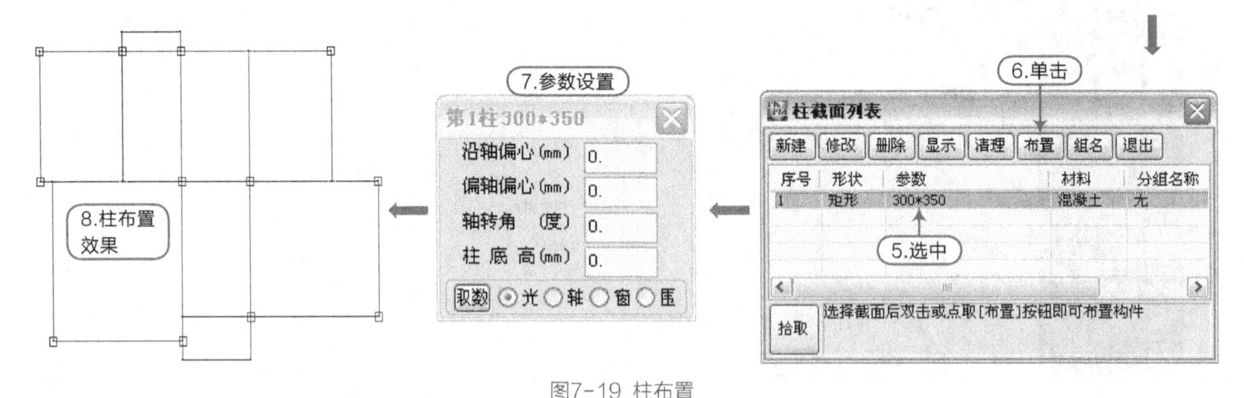

图7-19 柱布置

提示

框柱尺寸由建筑平面图上柱的大小得出，其大小不一定符合结构要求，在 SATWE 验算后，若有不合适的，再返回 PMCAD 进行调整。

框柱的位置同样根据别墅平面图框柱的位置相应布置。

12 执行【楼层定义】|【主梁布置】命令，在弹出的"梁截面列表"对话框中，单击"新建"按钮，按照表7-4所示创建框架梁，然后布置框架梁，如图7-20所示。

表7-4 框架梁数据

截面类型	1
矩形截面宽度（mm）	400
矩形截面高度（mm）	700
材料类别	6：混凝土

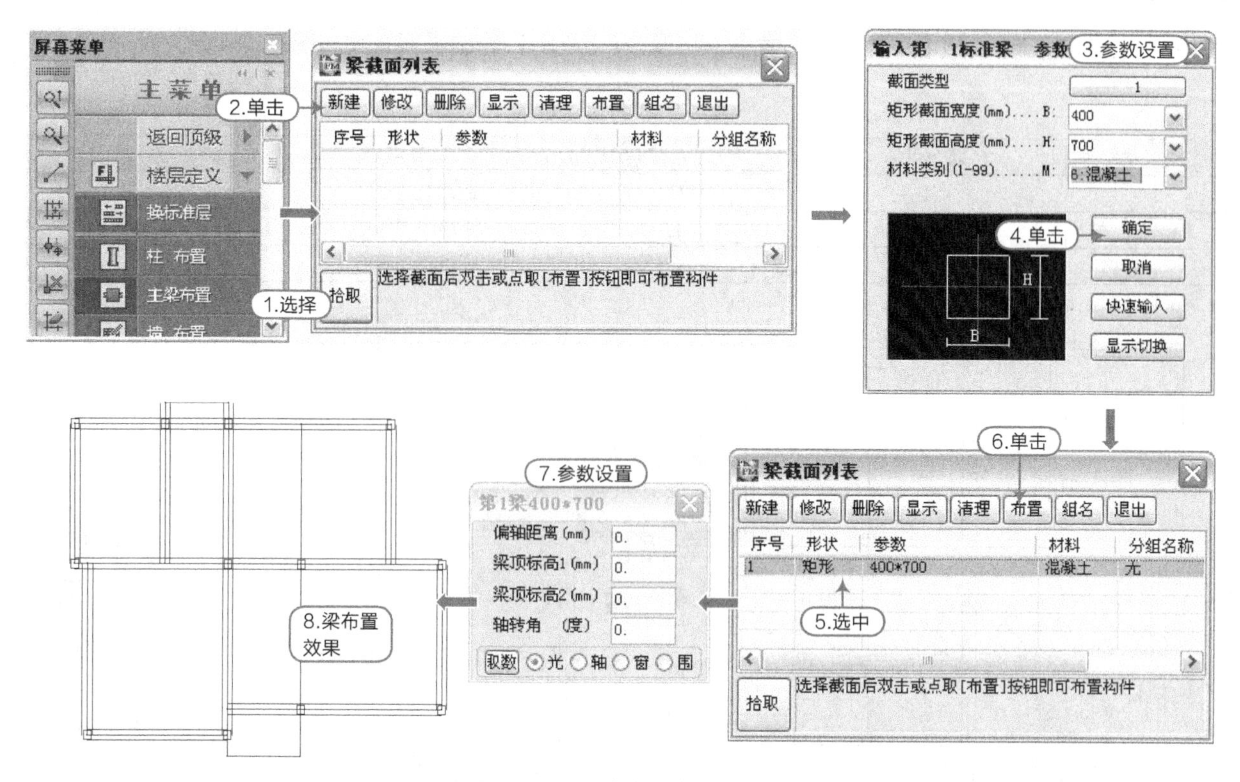

图7-20 框架梁布置

> **提示**
>
> 框架梁的尺寸数据是从别墅建筑图中剖面图中得来，同框架柱一样的，如果以后计算结果表明尺寸不适合，再返回修改。框架梁的布置根据别墅二层平面图墙体的位置相应布置。

13 执行【轴线输入】|【平行直线】命令，按照二层平面图绘制有墙处的轴线，如图7-21所示。

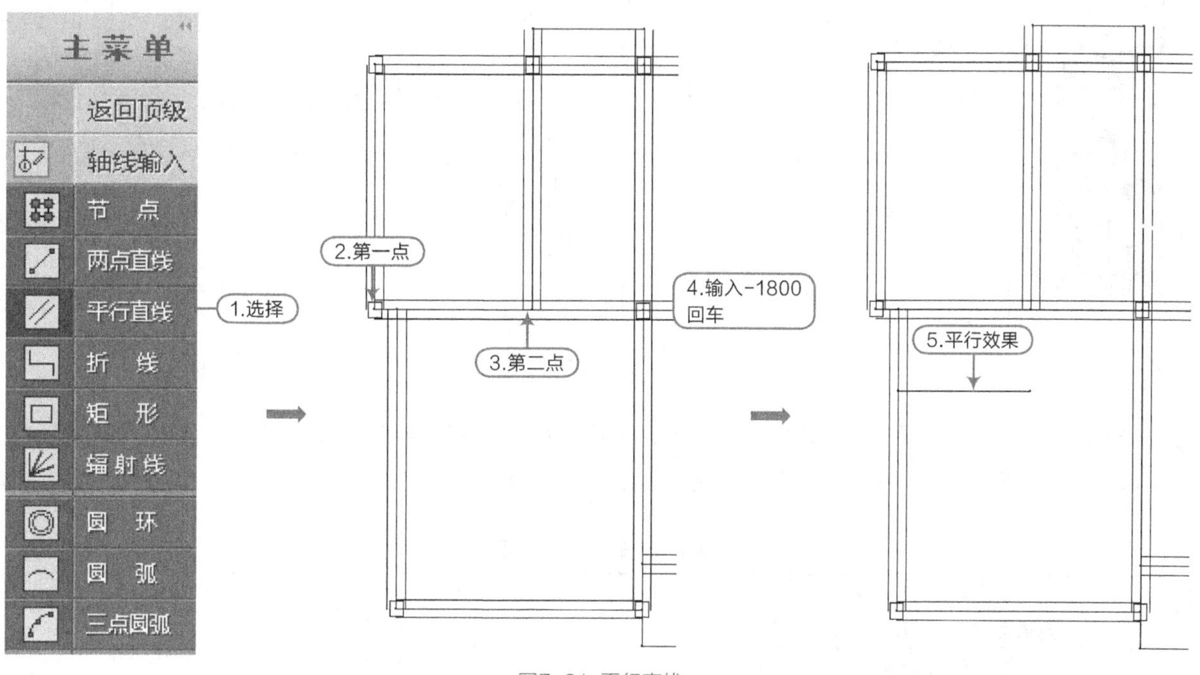

图7-21 平行直线

14 再执行【轴线输入】|【平行直线】命令，按照表7-5所示，绘制平行直线如图7-22所示。

表7-5 平行直线数据

编号	第一点	第二点方向	第二点	平行距离
1	点1	右	距点1：1800	-3600
2	点2	上	距点2：1800	1100
3	点3	下	距点3：1800	-3500

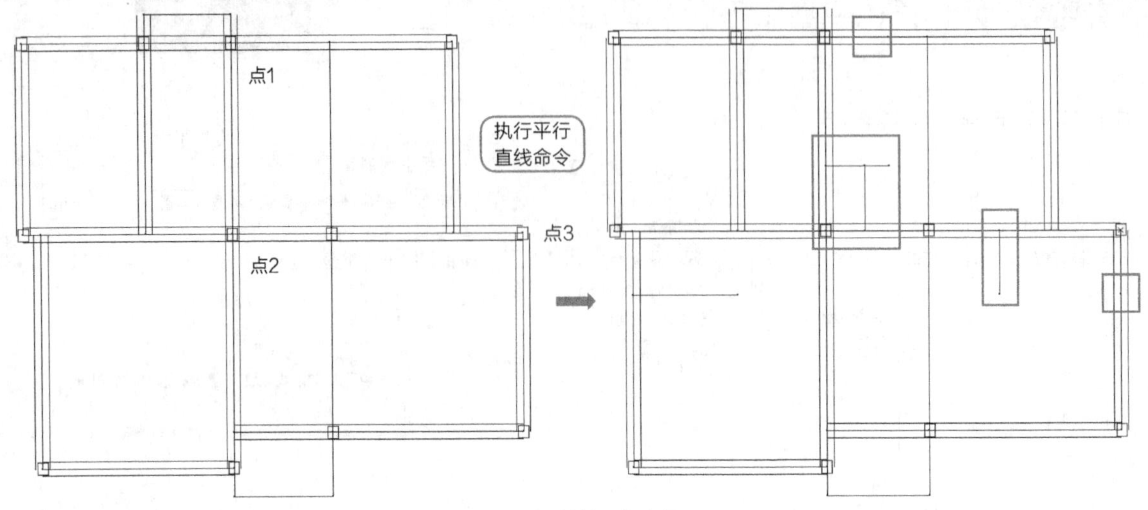

图7-22 继续平行直线

15 执行【轴线输入】|【两点直线】命令，连接节点形成直线，如图7-23所示。

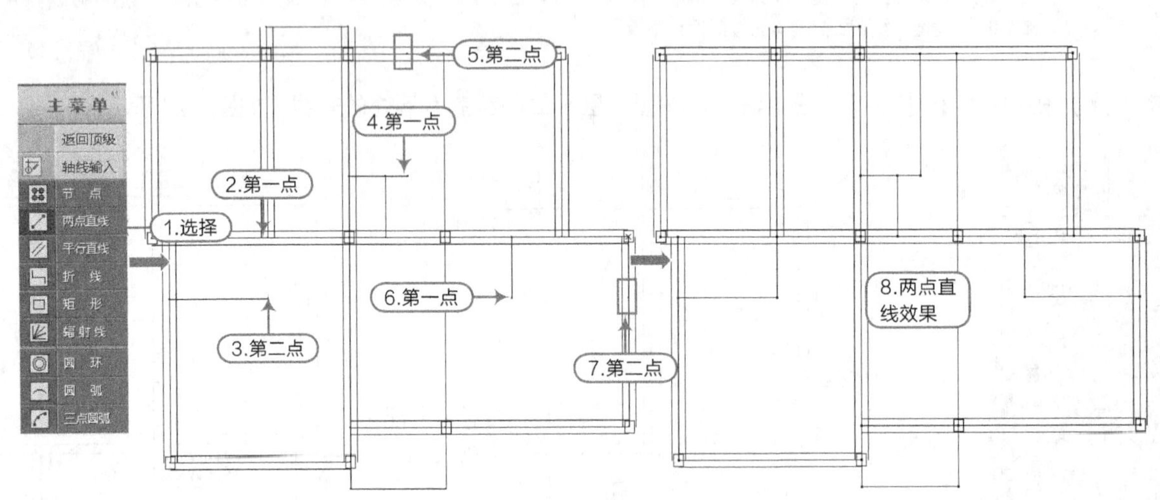

图7-23 两点直线

16 重复执行【楼层定义】|【主梁布置】命令，在弹出的“梁截面列表”对话框中，单击“新建”按钮，按照表7-6所示创建非框架梁，然后如图7-24所示布置梁。

表7-6 非框架梁数据

截面类型	1
矩形截面宽度（mm）	400
矩形截面高度（mm）	600
材料类别	6：混凝土

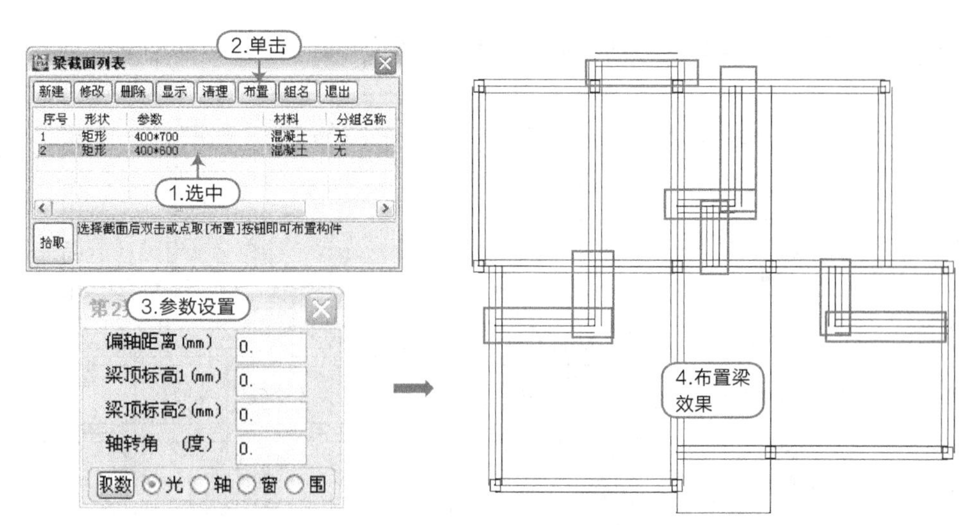

图7-24 非框架梁布置

提示

平面图有墙的地方，在相应位置一定要布置梁。
如果布置了墙下非框架梁之后，围成的楼地板跨度较大，还应再布置次梁以分割板跨。

17 现在，再次布置次梁，按照次梁需要搭在主梁上和平分板的原则绘制梁轴线，然后布置400×600的梁即可，如图7-25所示。

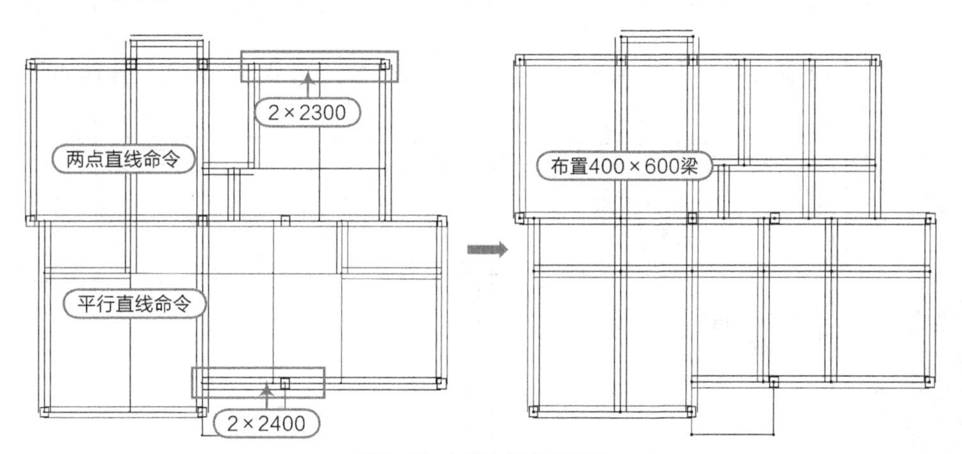

图7-25 布置次梁分割楼板

18 观察别墅的平面图与所绘制的结构模型，很明显，之前布置的结构柱与建筑布置柱在偏心上有所出入，以建筑柱为准，逐个修改柱的偏心布置，如图7-26所示。

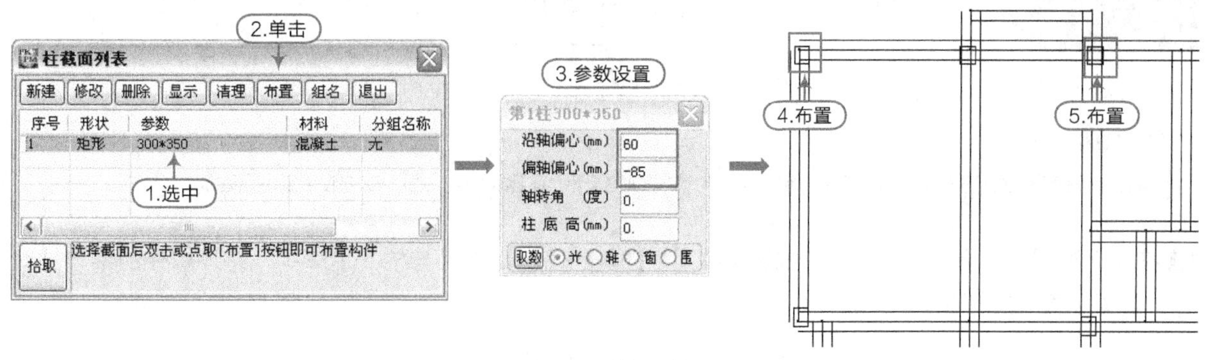

图7-26 重新布柱

19 重复【柱布置】命令，按照如图7-27所示重复布置其他偏心柱。

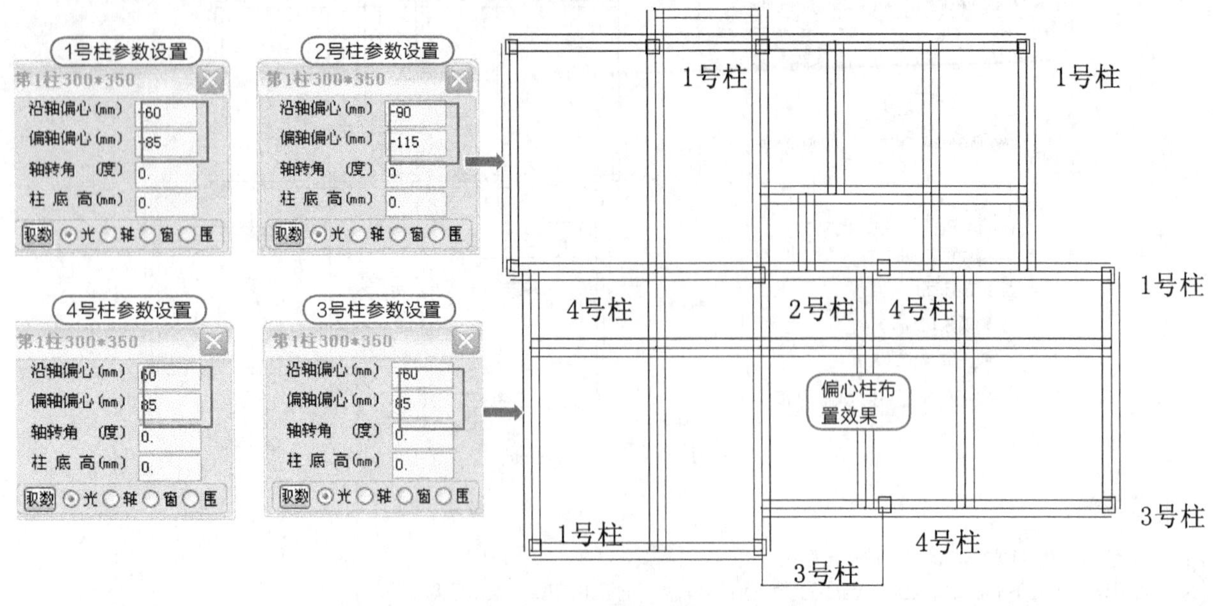

图7-27 继续重新布柱

提示

要重新布柱，只需要再次执行“柱布置”命令即可，不必删除原柱，程序会自动替换。

20 执行【楼层定义】|【偏心对齐】|【梁与柱齐】命令，将外墙处的梁与柱对齐，操作如图7-28所示。

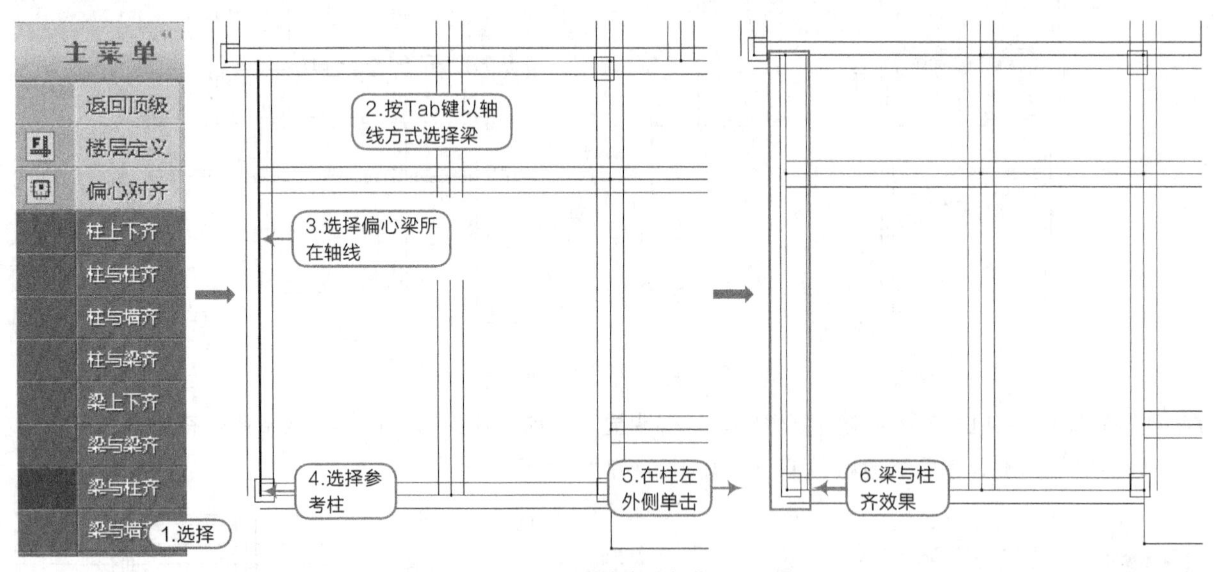

图7-28 梁与柱齐操作

提示

将梁与柱齐是建筑的美观考虑，在不影响结构受力情况的前提下，在建筑外观方面，结构应尽量满足建筑。

21 按照上述操作步骤，重复执行【楼层定义】|【偏心对齐】|【梁与柱齐】命令，将外墙处的梁与柱对齐，效果如图7-29所示。

提示

以光标的方式选择参考柱时，一定要选中柱所在的节点，否则选不上。

22 执行【楼层定义】|【本层信息】命令，在弹出的提示框中按照如图7-30所示设置参数，然后单击“确定”按钮，完成本层信息修改。

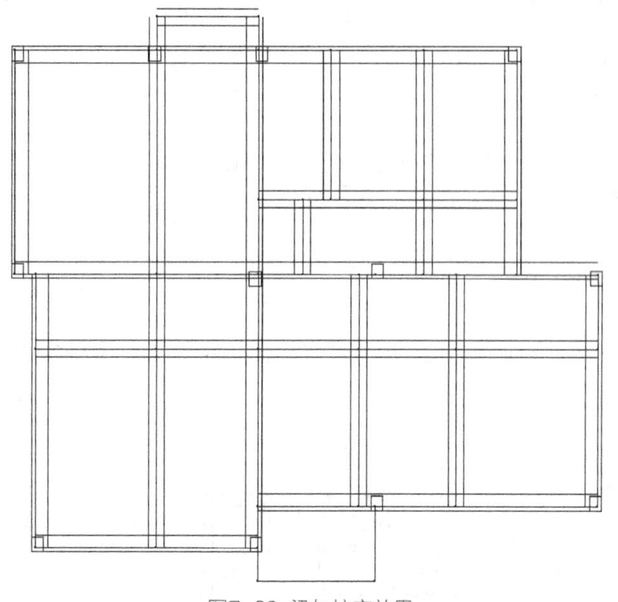

图7-29 梁与柱齐效果

图7-30 本层信息设置

23 针对楼梯间的处理，如图7-31所示。

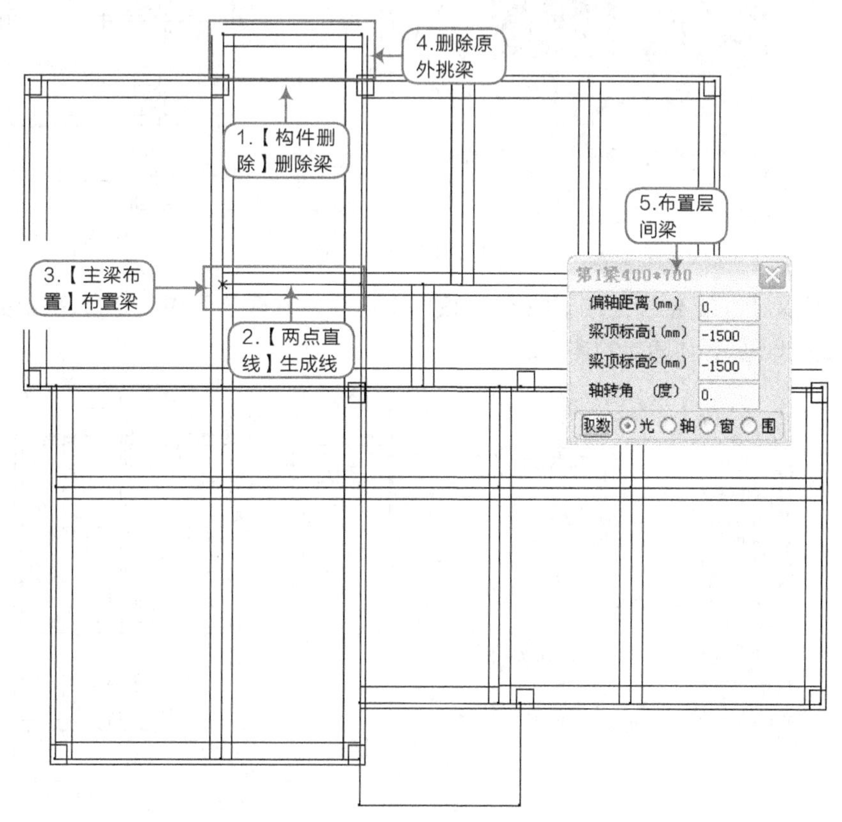

图7-31 楼梯处结构处理

24 现在绘制建筑二层的露台结构，如图7-32所示。

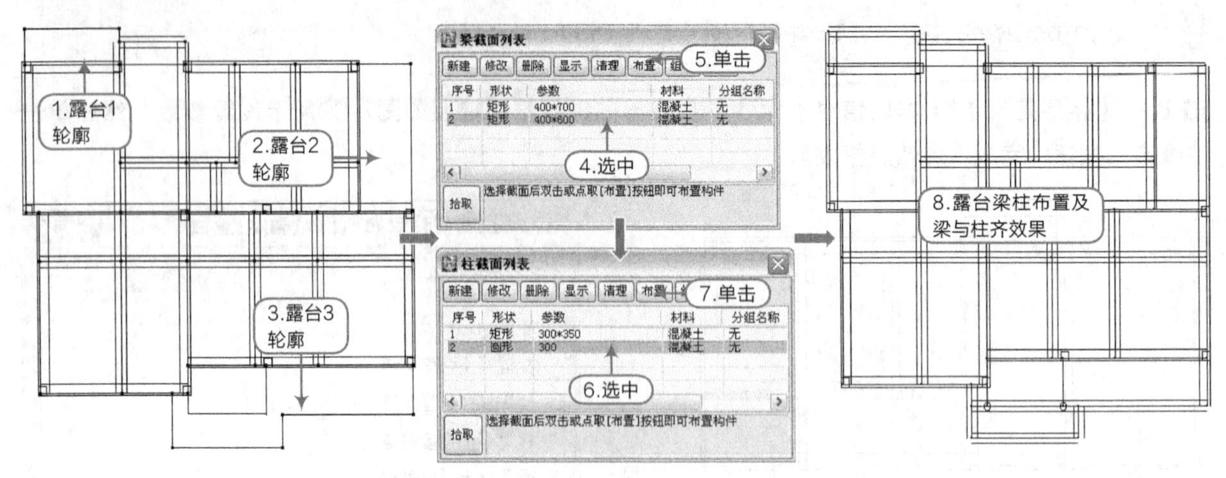

图7-32 露台绘制

25 执行【楼层定义】|【楼板生成】命令，在弹出的提示框中单击“确定”按钮，然后执行【楼板生成】|【生成楼板】命令，如图7-33所示。

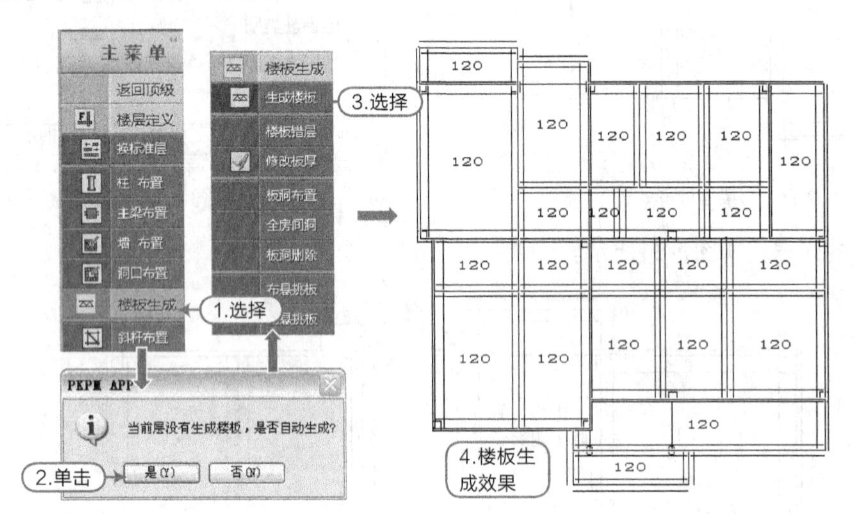

图7-33 生成楼板

26 执行【楼层定义】|【楼板生成】|【修改板厚】命令，在建筑图中，楼梯间梯段位置的板厚改为0，露台板厚修改为100，如图7-34所示。

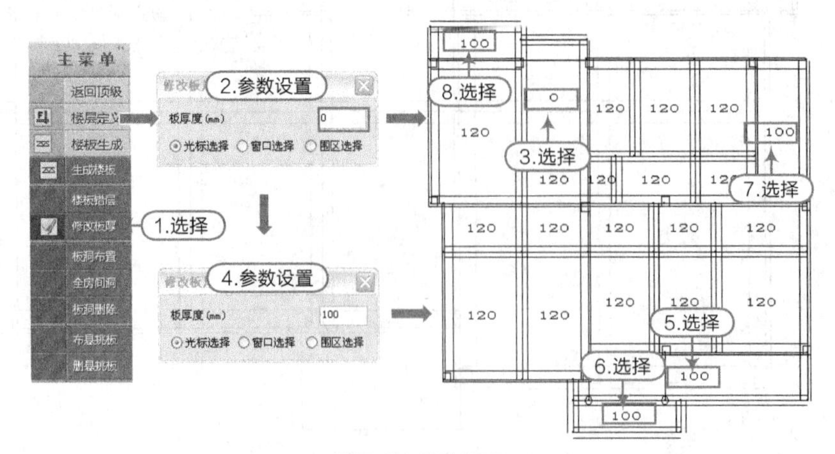

图7-34 修改板厚

提示

将楼梯板厚修改为 0，主要是考虑楼梯荷载计算时的方便。在楼梯间荷载输入时，可以有两种处理方法，一是将楼梯板厚改为 0，然后将楼梯荷载折算为楼面荷载，在输入楼面荷载时，楼梯间处荷载适当加大即可；二是将楼梯处理为全房间洞，然后将其荷载折算为线荷载作用在梁上，此处采用第一种方法。

27 执行【楼层定义】|【楼板生成】|【楼板错层】命令，使卫生间和露台处向下错层20，如图7-35所示。

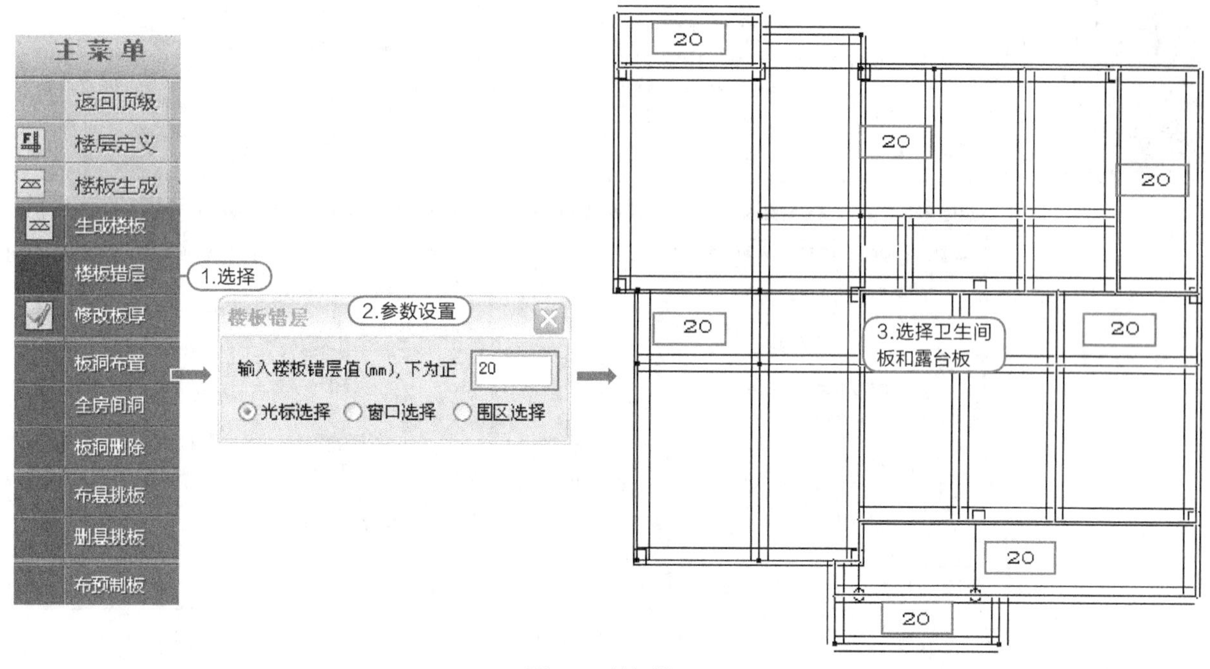

图7-35 楼板错层

28 在工具栏右侧视图控件栏，单击“透视视图”和“实时漫游开关”按钮，查看别墅结构三维图，如图7-36所示。

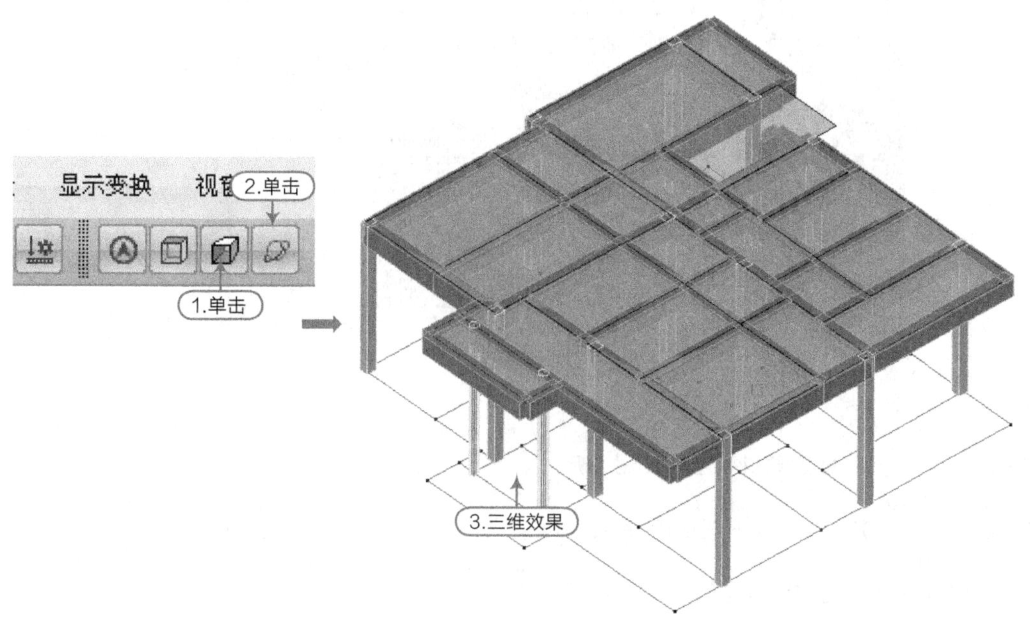

图7-36 三维效果查看

29 执行屏幕菜单→【设计参数】命令，按照如图7-37所示设置参数。

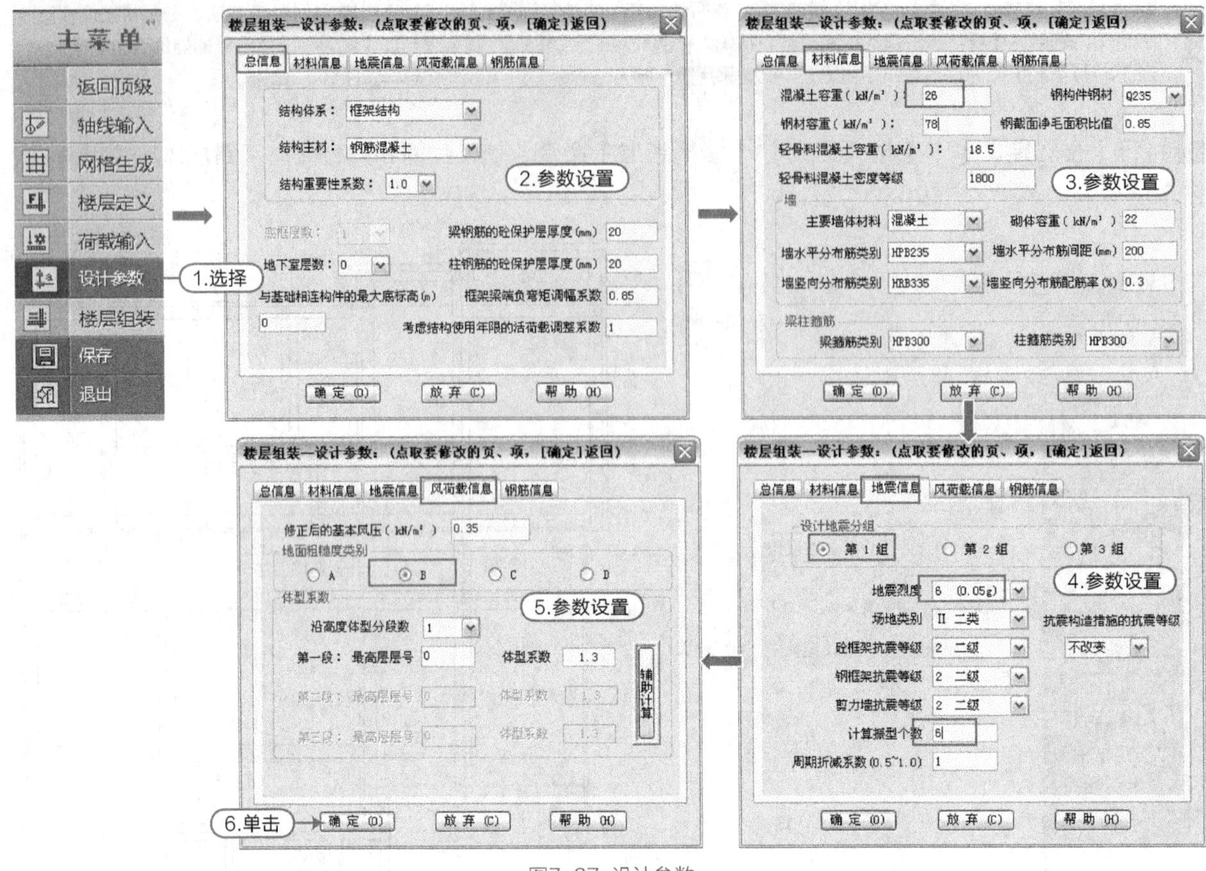

图7-37 设计参数

30 执行【荷载输入】|【恒活设置】命令，然后在弹出的“荷载定义”对话框中输入恒活数值后单击确定即可，如图7-38所示。

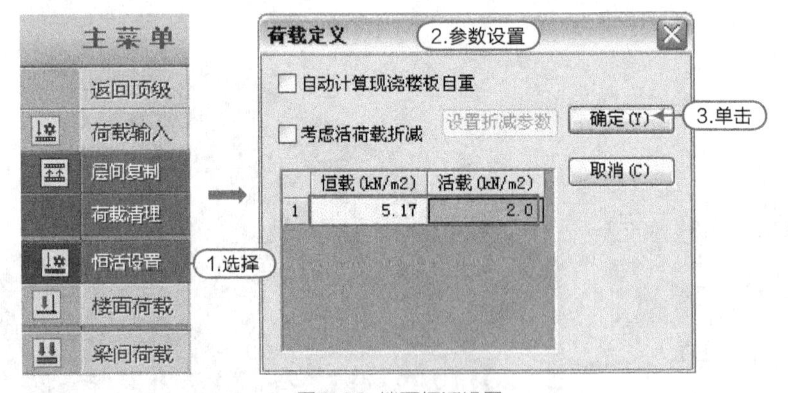

图7-38 楼面恒活设置

提示

楼面恒载（5.17）计算（楼面做法来自建筑设计总说明）：
120厚结构层：0.12×25=3；
楼面面层：（0.02+0.02+0.02+0.02+0.02）×20=2.0；
10厚抹灰层：0.01×17=0.17。
楼面活载（2.0）取值：按照荷载规范规定。

31 执行【荷载输入】|【楼面荷载】|【楼面恒载】命令，修改楼梯恒荷载，如图7-39所示。

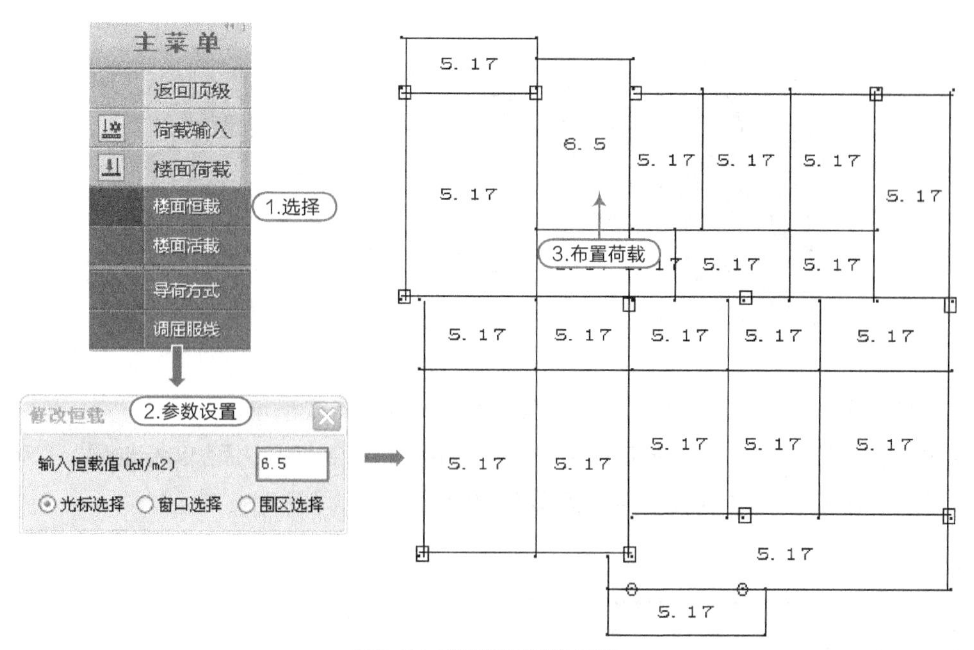

图7-39　楼梯间折算楼面恒载

> **提示**
>
> 楼梯间楼面恒载（6.5）计算（几何关系确定）：
> 5.17/cosθ=5.17/（4/5）=6.46 ≈ 6.5。

32 执行【荷载输入】|【梁荷定义】命令，定义梁间恒荷载如图7-40所示。

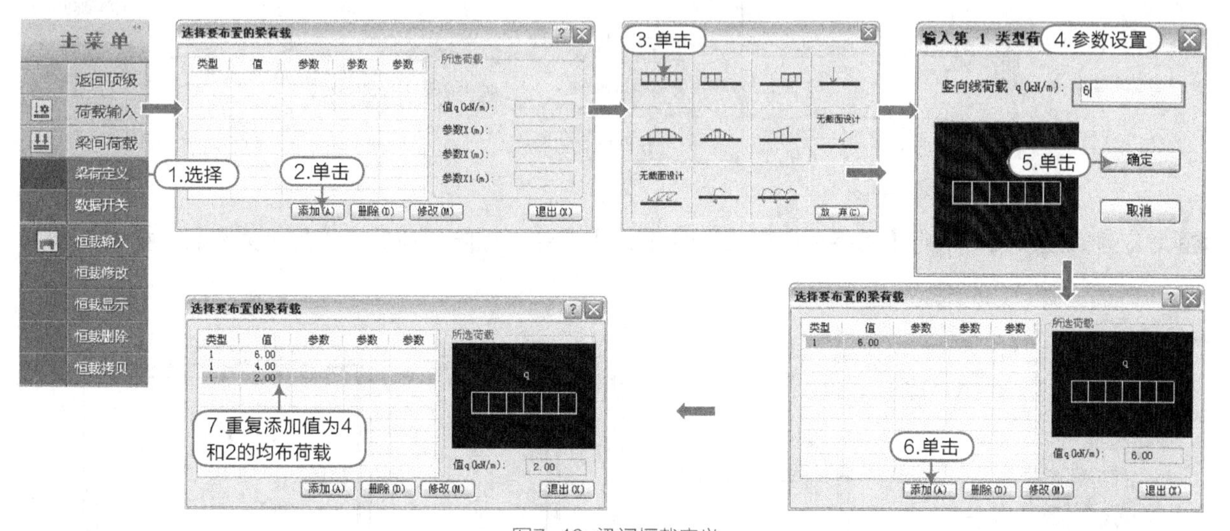

图7-40　梁间恒载定义

> **提示**
>
> 梁间线恒载计算：
> 180 填充墙处梁：10×0.18×3.3=5.94 ≈ 6；
> 120 填充墙处梁：10×0.12×3.3 ≈ 4；
> 露台处梁上无墙，仅有一点栏杆，荷载取 2。

33 执行【荷载输入】|【梁间荷载】|【数据开关】命令，显示梁间恒载数据，如图7-41所示。

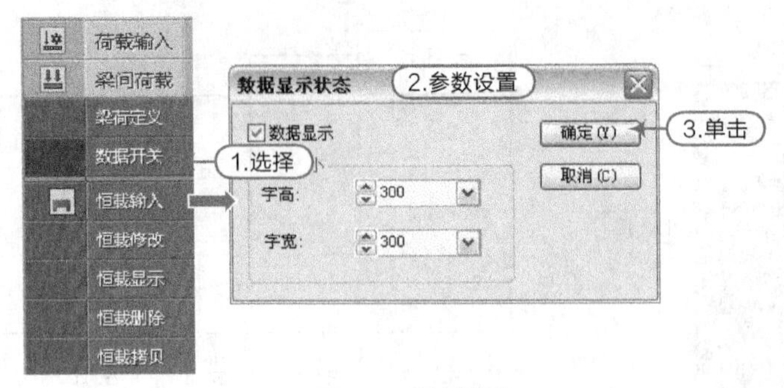

图7-41 数据开关

34 执行【荷载输入】|【梁间荷载】命令，布置梁间恒荷载如图7-42所示。

35 点取屏幕左上角“第1标准层”后的倒三角符号，在下拉列表中选择“添加新标准层”，弹出“选择/添加新标准层”对话框，添加标准层，操作如图7-43所示。

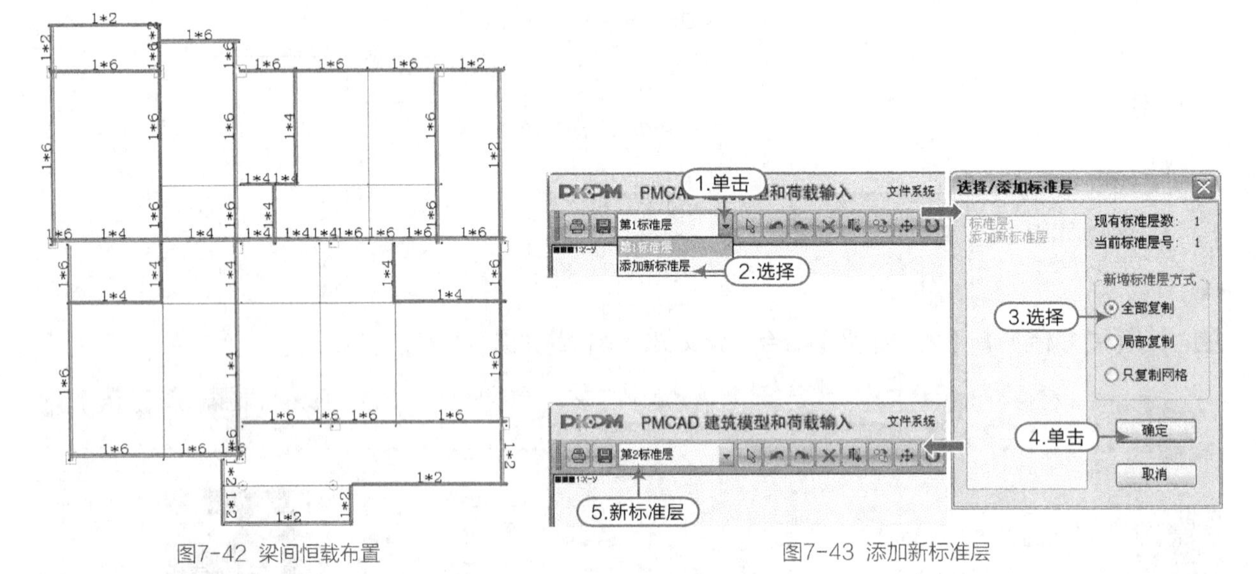

图7-42 梁间恒载布置　　图7-43 添加新标准层

36 对应建筑屋顶图，执行【网格生成】|【删除节点】命令，删除屋顶处不用的相关节点，如图7-44所示。

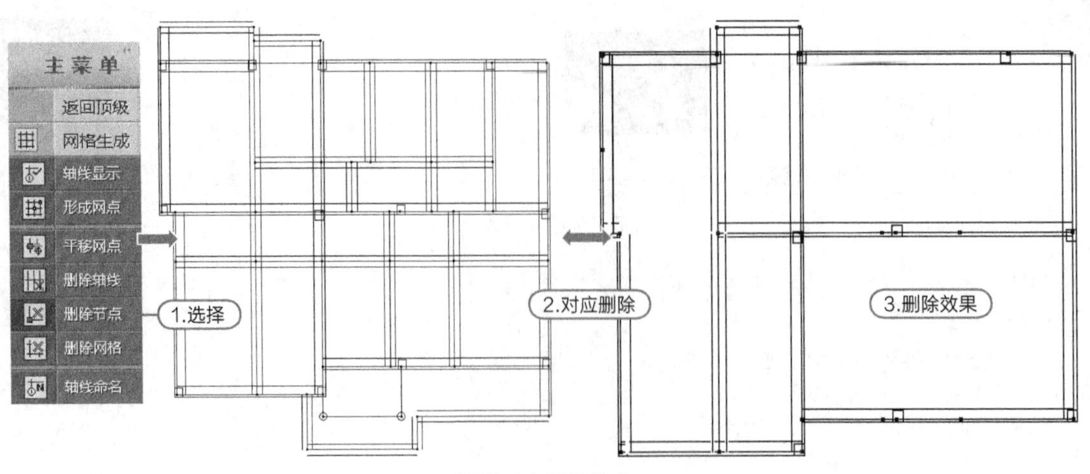

图7-44 删除节点

37 布置坡屋顶屋脊线处的斜梁，执行【轴线输入】下相关命令，绘制应布置斜梁处的斜轴线，再删除一些节点，如图7-45所示。

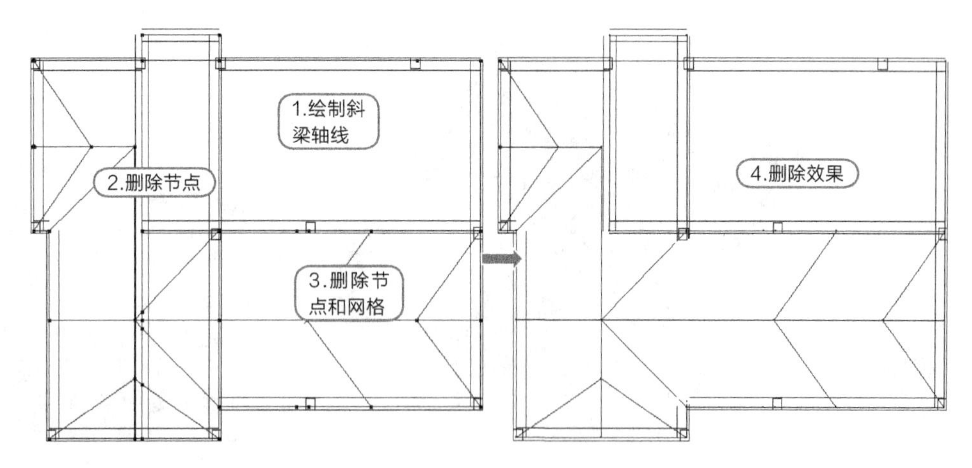

图7-45 绘制斜梁轴线

38 执行【楼层定义】|【主梁布置】命令，布置斜梁，操作如图7-46所示。

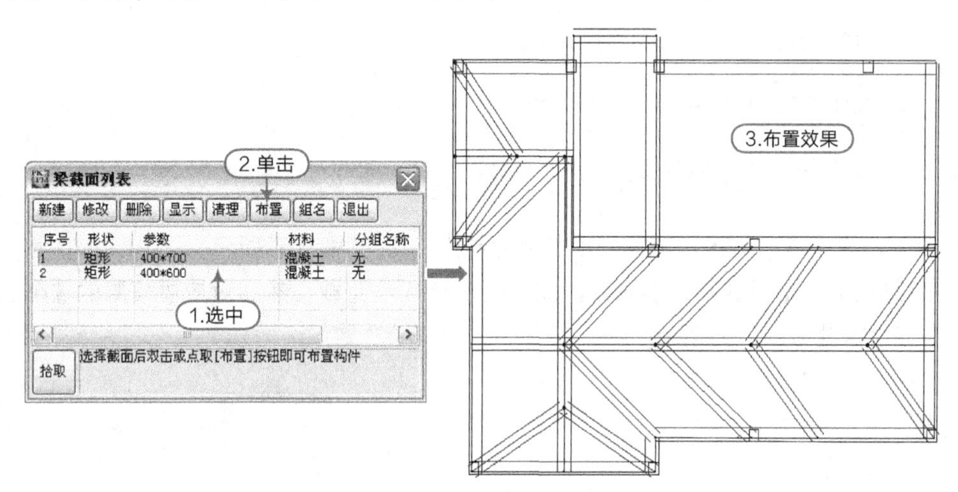

图7-46 绘制屋顶斜梁

39 执行【网格生成】|【上节点高】命令，弹出"设置上节点高"对话框，设置参数后，如图7-47所示选择斜梁处的点，生成坡屋顶。

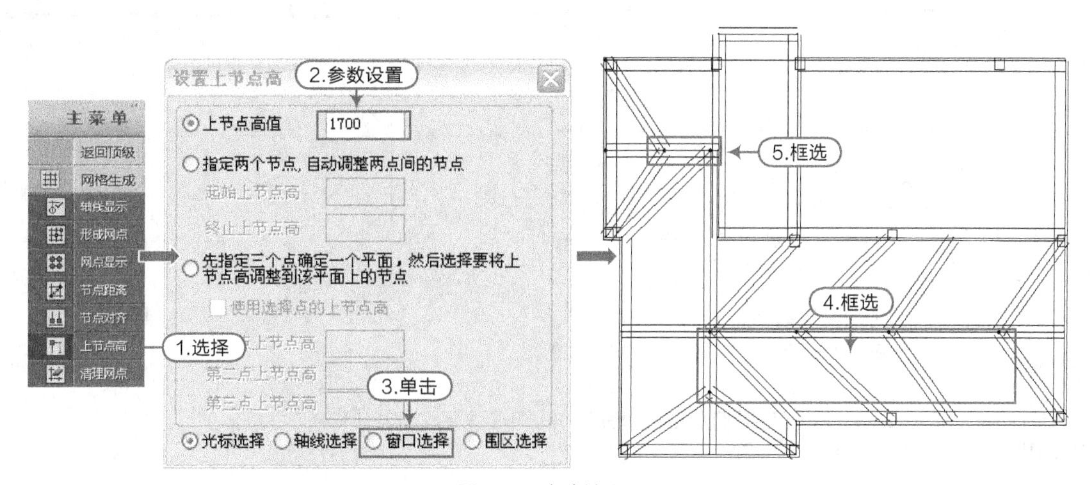

图7-47 生成坡屋顶

40 在工具栏中，选择三维观察按钮，观察坡屋顶，如图7-48所示。

41 执行【荷载输入】|【恒活设置】命令，设置屋顶恒活荷载分别为6.5和0.5，如图7-49所示。

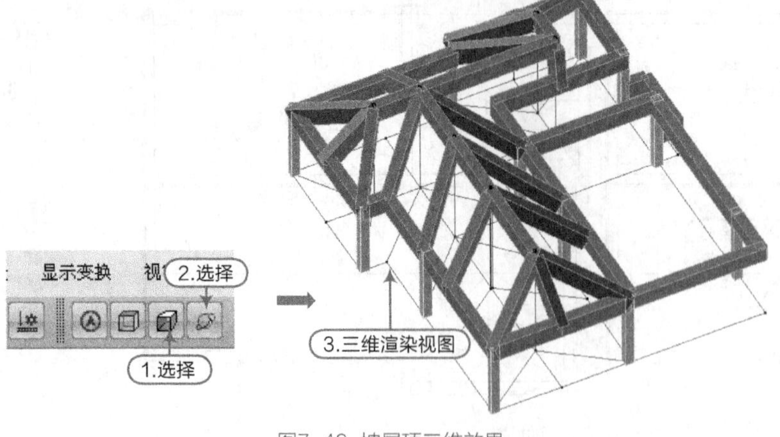

图7-48 坡屋顶三维效果

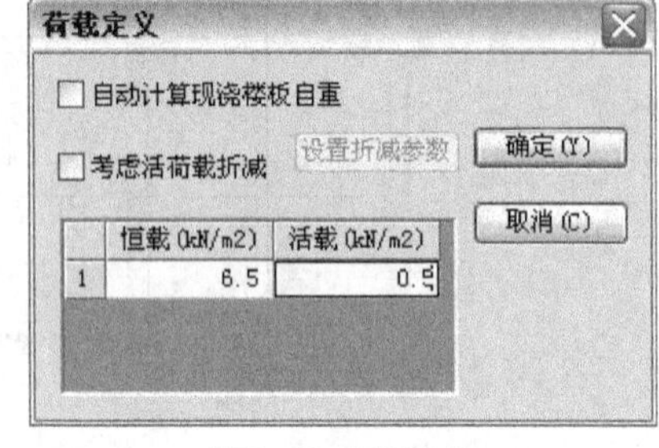

图7-49 恒活设置

提示

屋面恒载（6.5）计算（屋面做法来自建筑设计总说明）：
120 厚结构层：0.12×25=3；
防水层：（0.02+0.04+0.04+0.035+0.02）×20=3.1；
隔热层：0.02×20=0.4。
楼面活载（0.5）取值：按照《荷载规范》规定，不上人屋面的活荷载为0.5，上人屋面的活荷载为2.5。

42 执行【楼面活载】命令，修改上人屋面处的活荷载为2.5，如图7-50所示。

43 执行【梁间荷载】|【恒载删除】命令，删除全部梁间恒荷载，然后对应屋顶层的墙体布置，再添加荷载值后布置恒荷载如图7-51所示。

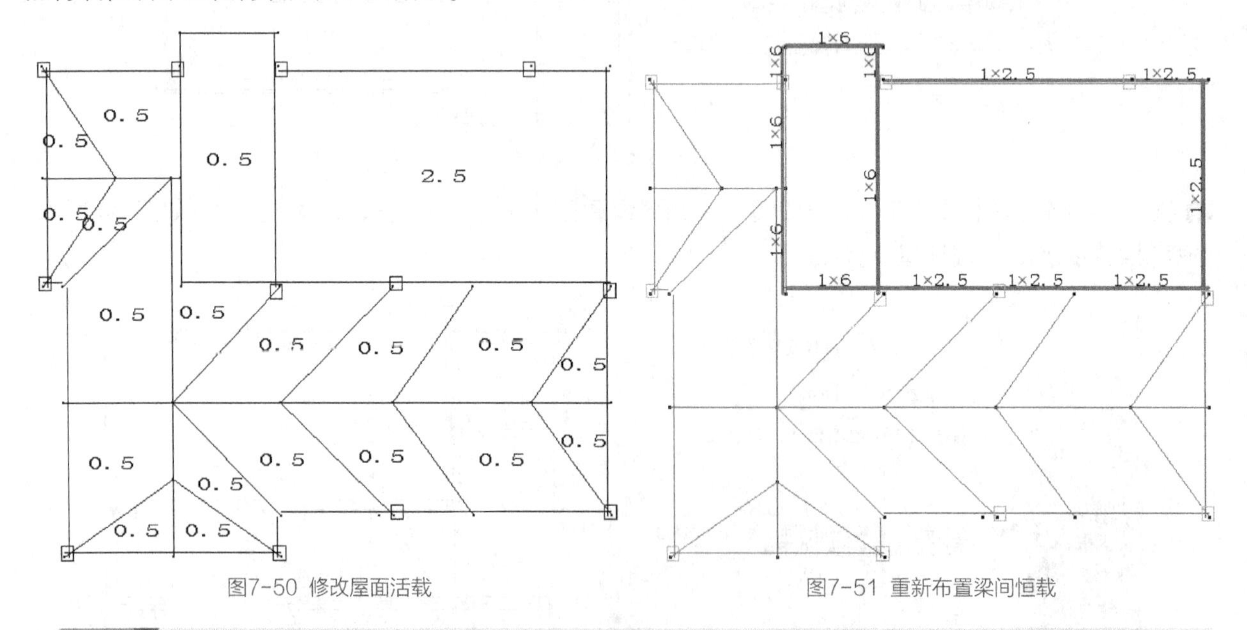

图7-50 修改屋面活载　　图7-51 重新布置梁间恒载

提示

上人屋面梁间恒载（2.5）计算（仅四周有女儿墙，墙尺寸来源于屋顶平面图索引1）：
180 厚墙：10×0.18×1.25=2.25 ≈ 2.5。

44 再次执行【添加标准层】命令，局部复制楼梯间为第3标准层，如图7-52所示。

45 执行【清理网点】命令，删除不必要的节点和网格，如图7-53所示。

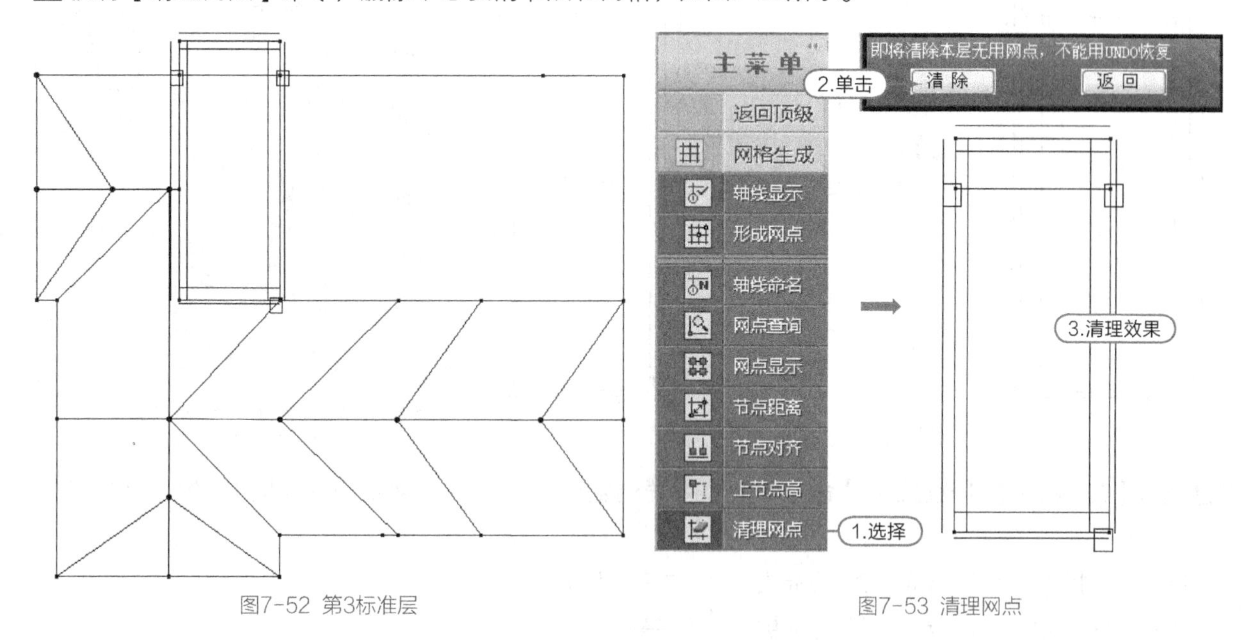

图7-52 第3标准层　　图7-53 清理网点

46 执行【柱布置】命令，在结构二层梁上起柱，支撑楼梯间，如图7-54所示。

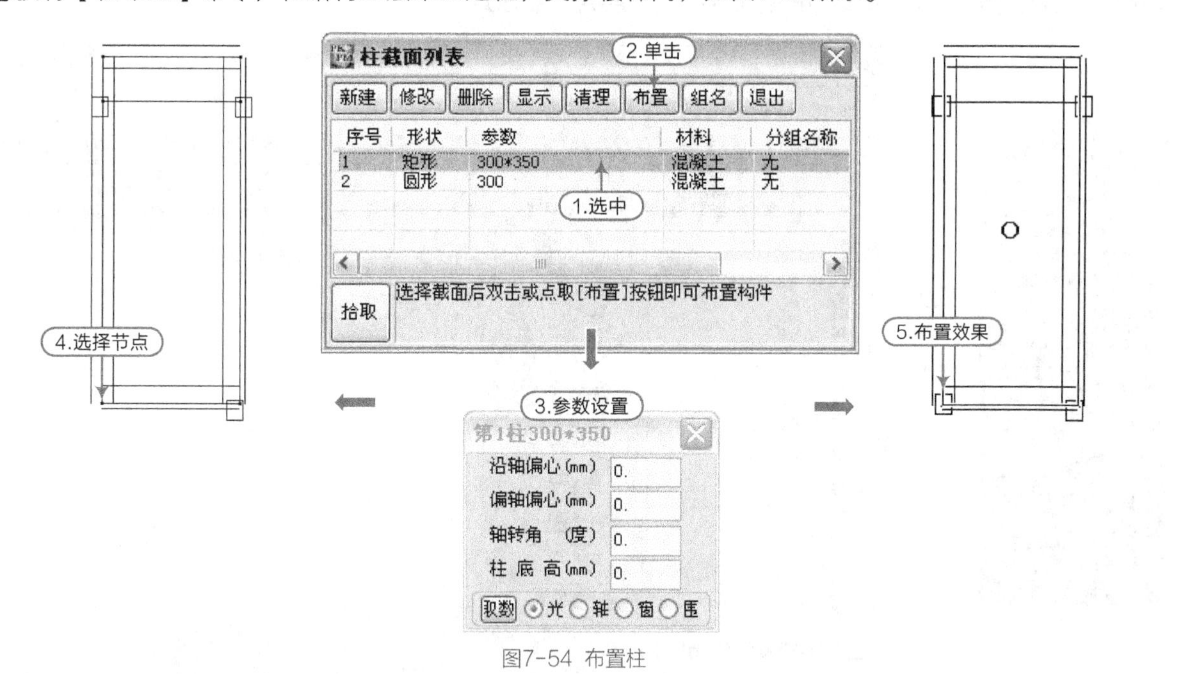

图7-54 布置柱

提示

在建筑平面图中，能看到其实楼梯间顶的柱截面尺寸为180×400，但是在此不做修改。

47 执行【楼层定义】|【楼板生成】|【修改板厚】命令，在弹出的“修改板厚”对话框中输入“120”，选择楼梯处的板，修改梯顶板厚为120，如图7-55所示。

48 执行【恒活设置】命令，设置梯顶屋顶的恒活荷载值，如图7-56所示。

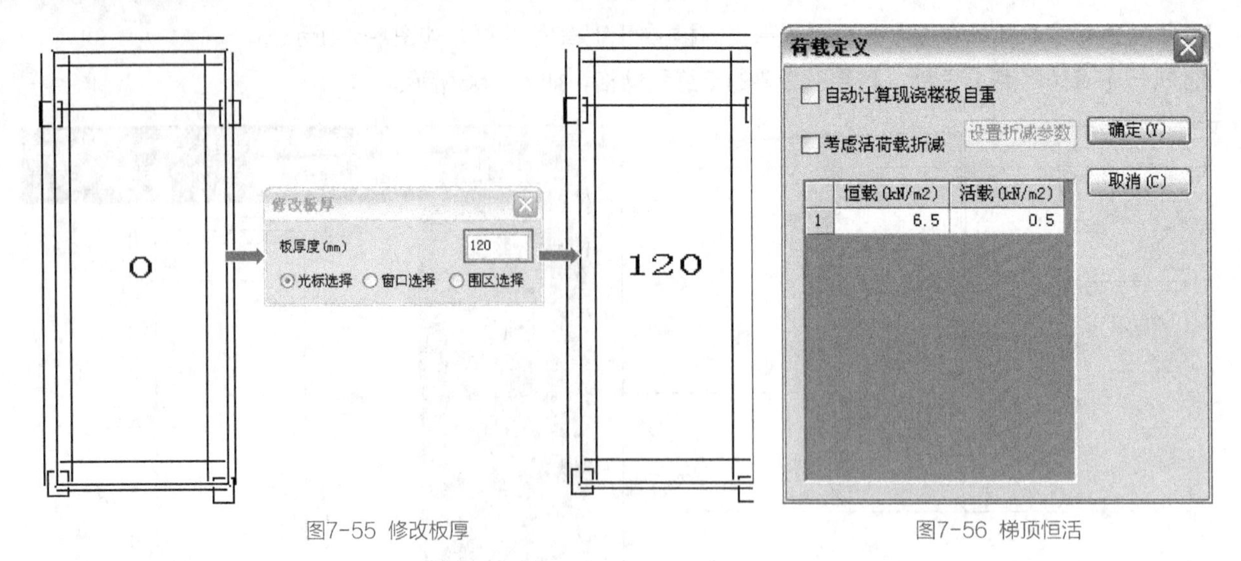

图7-55 修改板厚　　图7-56 梯顶恒活

49 执行【楼层组装】|【楼层组装】命令，在弹出“楼层组装”对话框中，按照如下步骤组装楼层，如图7-57所示。

- 选择“复制层数”为1，选取“第1标准层”，“层高”为6000。
- 选择“复制层数”为1，选取“第2标准层”，“层高”为3300。
- 选择“复制层数”为1，选取“第3标准层”，“层高”为3300。

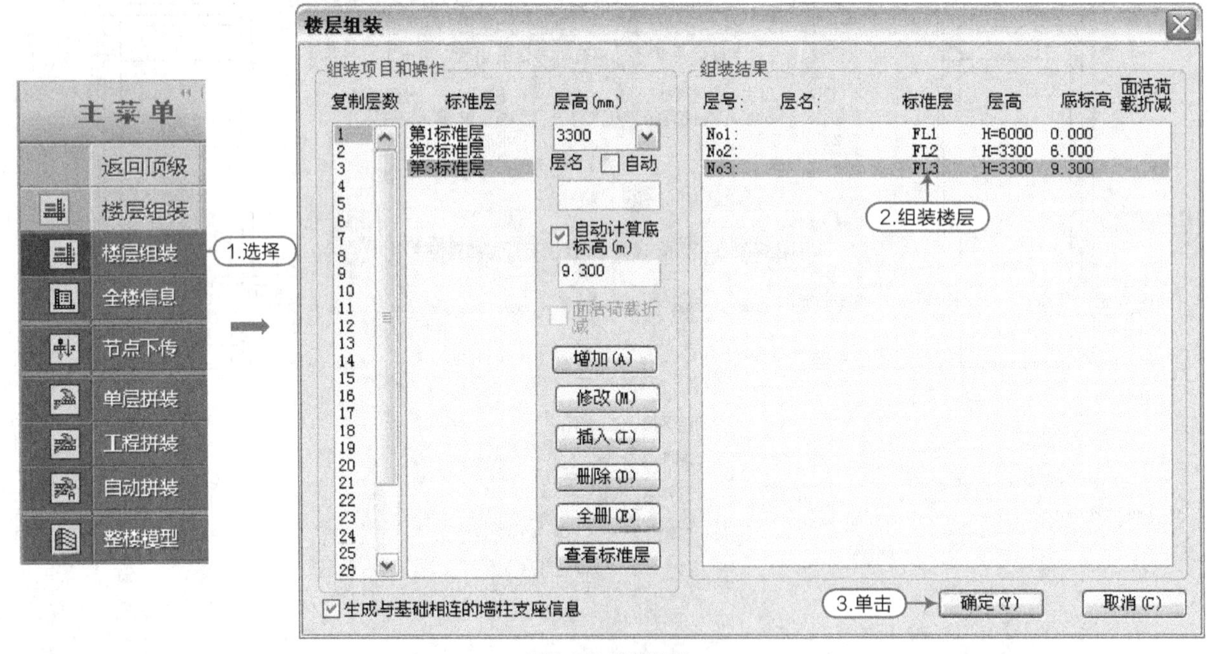

图7-57 楼层组装

提示

为保证首层竖向杆件计算长度的准确性，该楼层底标高应从基础地面算起，所以在本例题中，首层结构层层高是4000+750+1250=6000mm。

50 执行【楼层组装】|【整楼模型】命令，可查看全楼的结构模型。

51 执行“保存”命令，保存已建立的楼层数据。

52 执行“退出”命令，选择“存盘退出”，再单击“确定”按钮，结果返回到PMCAD界面，如图7-58所示。

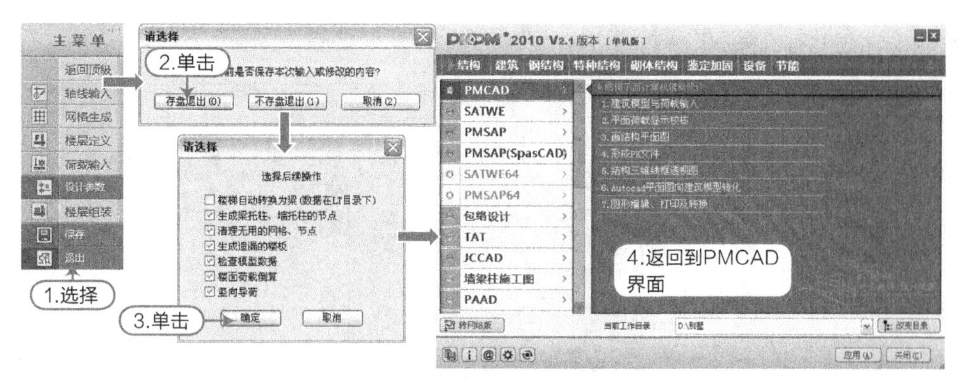

图7-58 存盘退出

7.2.2 计算分析

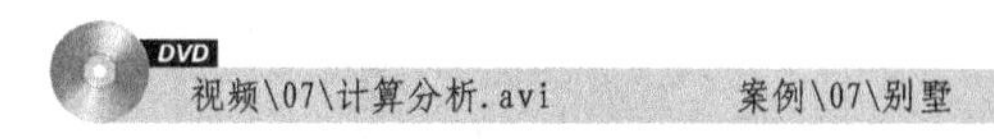

接上，完成PMCAD部分后，进入SATWE计算分析部分。

01 执行【SATWE】|【接PM生成SATWE数据】菜单，单击“应用”按钮，进入计算分析状态，如图7-59所示。

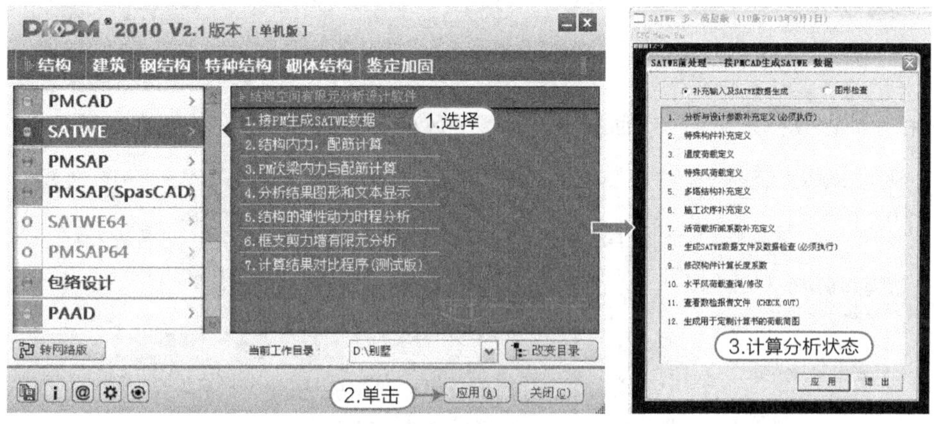

图7-59 进入计算分析状态

02 选择【分析与设计参数补充定义】选项，单击“应用”按钮，在弹出的“分析和设计参数补充定义”对话框中设置参数，每个选项卡下的参数设置完成后单击“确定”按钮即可，如图7-60所示。

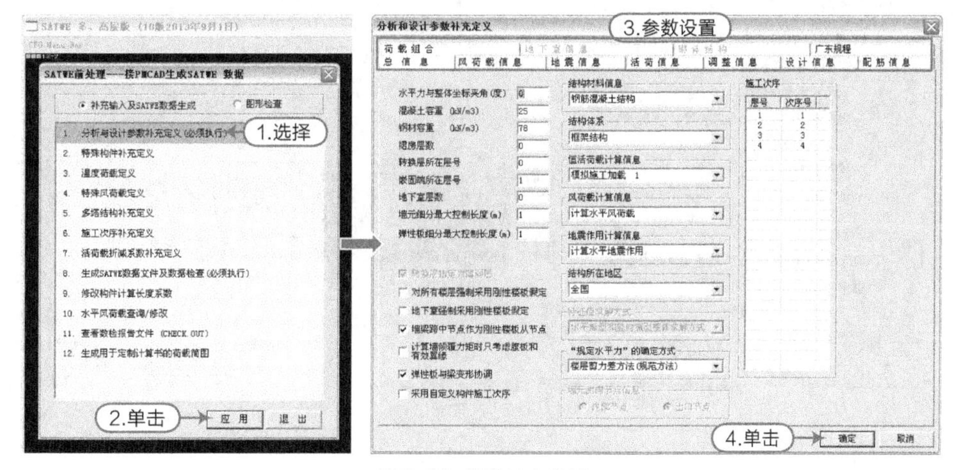

图7-60 参数补充定义

03 在“分析和设计参数补充定义”对话框中，设置“总信息”参数，如图7-61所示。

分析和设计参数补充定义

荷载组合 | 地下室信息 | 砌体结构 | 广东规程
总信息 | 风荷载信息 | 地震信息 | 活荷信息 | 调整信息 | 设计信息 | 配筋信息

水平力与整体坐标夹角(度) 0
混凝土容重 (kN/m3) 26
钢材容重 (kN/m3) 78
裙房层数 0
转换层所在层号 0
嵌固端所在层号 1
地下室层数 0
墙元细分最大控制长度(m) 1
弹性板细分最大控制长度(m) 1

转换层指定为薄弱层
对所有楼层强制采用刚性楼板假定
地下室强制采用刚性楼板假定
墙梁跨中节点作为刚性楼板从节点
计算墙倾覆力矩时只考虑腹板和有效翼缘
弹性板与梁变形协调
采用自定义构件施工次序

结构材料信息：钢筋混凝土结构
结构体系：框架结构
恒活荷载计算信息：模拟施工加载 3
风荷载计算信息：计算水平风荷载
地震作用计算信息：计算水平地震作用
结构所在地区：全国
特征值求解方式：水平振型和竖向振型整体求解方式
“规定水平力”的确定方式：楼层剪力差方法(规范方法)
墙元侧向节点信息：内部节点 出口节点

施工次序

层号	次序号
1	1
2	2

确定 取消

图7-61 总信息

04 在“分析和设计参数补充定义”对话框中，设置“风荷载信息”参数，如图7-62所示。

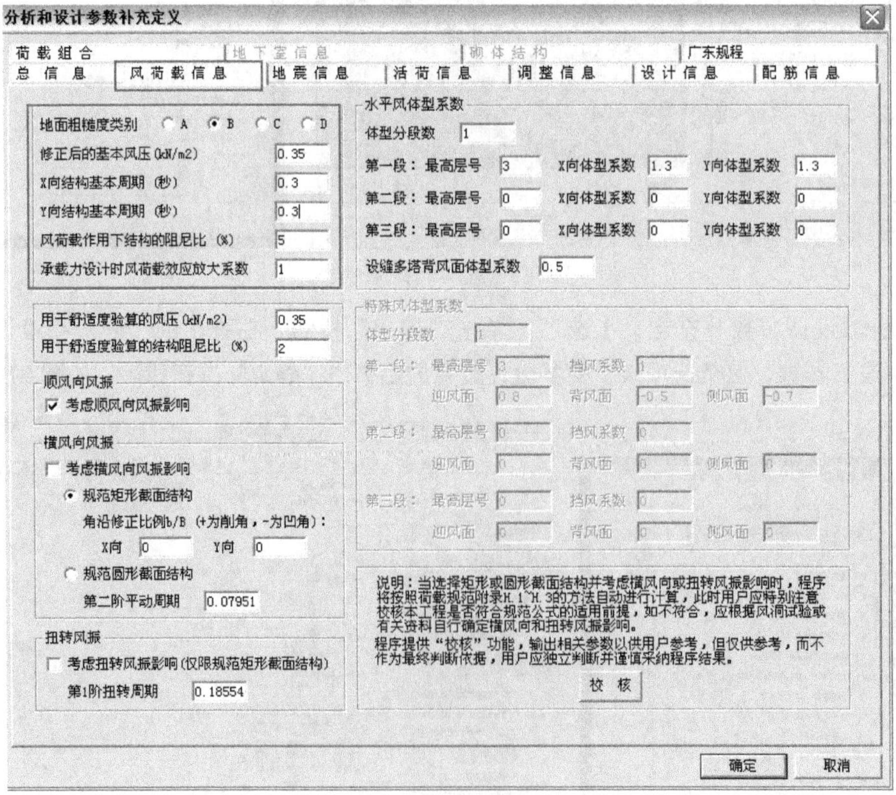

分析和设计参数补充定义

荷载组合 | 地下室信息 | 砌体结构 | 广东规程
总信息 | 风荷载信息 | 地震信息 | 活荷信息 | 调整信息 | 设计信息 | 配筋信息

地面粗糙度类别 A B C D
修正后的基本风压(kN/m2) 0.35
X向结构基本周期(秒) 0.3
Y向结构基本周期(秒) 0.3
风荷载作用下结构的阻尼比(%) 5
承载力设计时风荷载效应放大系数 1

用于舒适度验算的风压(kN/m2) 0.35
用于舒适度验算的结构阻尼比(%) 2

顺风向风振
考虑顺风向风振影响

横风向风振
考虑横风向风振影响
规范矩形截面结构
角沿修正比例b/B (+为削角，-为凹角)：
X向 0 Y向 0
规范圆形截面结构
第二阶平动周期 0.07951

扭转风振
考虑扭转风振影响(仅限规范矩形截面结构)
第1阶扭转周期 0.18554

水平风体型系数
体型分段数 1
第一段：最高层号 3 X向体型系数 1.3 Y向体型系数 1.3
第二段：最高层号 0 X向体型系数 0 Y向体型系数 0
第三段：最高层号 0 X向体型系数 0 Y向体型系数 0
设缝多塔背风面体型系数 0.5

特殊风体型系数
体型分段数 1
第一段：最高层号 3 挡风系数 1
迎风面 0.8 背风面 -0.5 侧风面 -0.7
第二段：最高层号 0 挡风系数 0
迎风面 0 背风面 0 侧风面 0
第三段：最高层号 0 挡风系数 0
迎风面 0 背风面 0 侧风面 0

说明：当选择矩形或圆形截面结构并考虑横风向或扭转风振影响时，程序将按照荷载规范附录H.1~H.3的方法自动进行计算，此时用户应特别注意校核本工程是否符合规范公式的适用前提，如不符合，应根据风洞试验或有关资料自行确定横风向和扭转风振影响。
程序提供“校核”功能，输出相关参数以供用户参考，但仅供参考，而不作为最终判断依据，用户应独立判断并谨慎采纳程序结果。
校核

确定 取消

图7-62 风荷载信息

05 在“分析和设计参数补充定义”对话框中，设置“地震信息”参数，如图7-63所示。

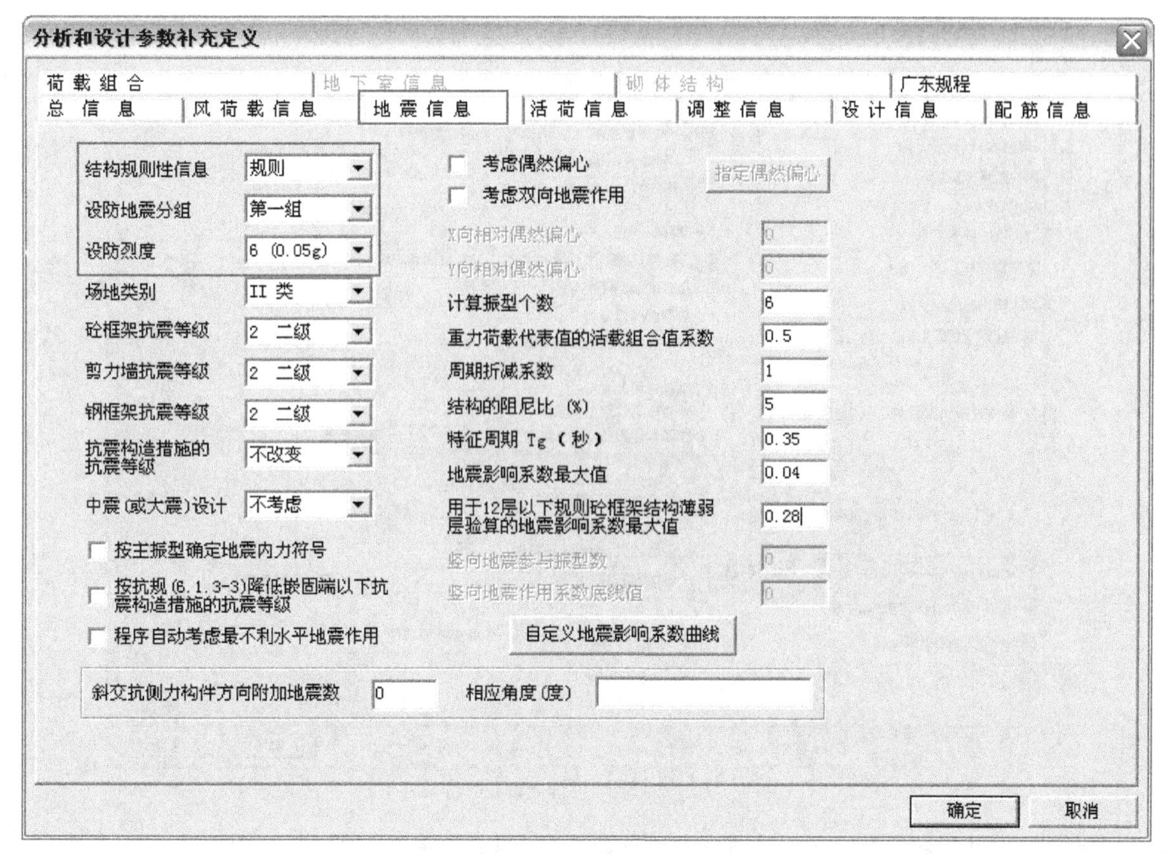

图7-63 地震信息

06 在“分析和设计参数补充定义”对话框中，设置“活荷信息”参数，如图7-64所示。

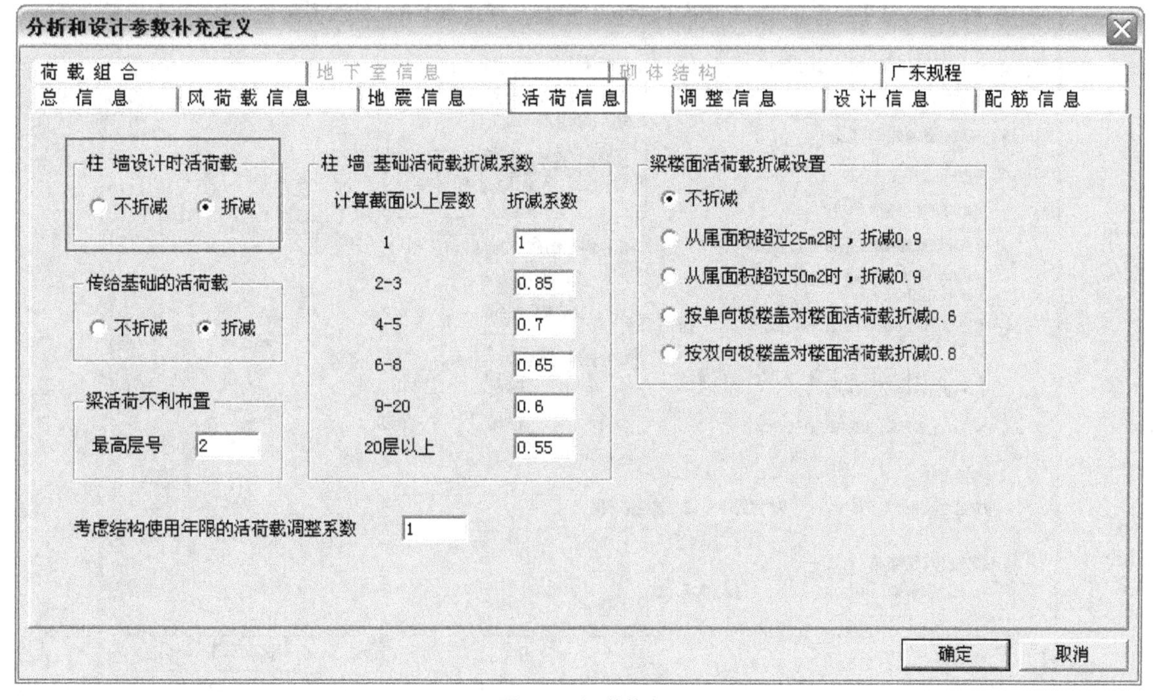

图7-64 活荷信息

07 在“分析和设计参数补充定义”对话框中，设置“调整信息”参数，如图7-65所示。

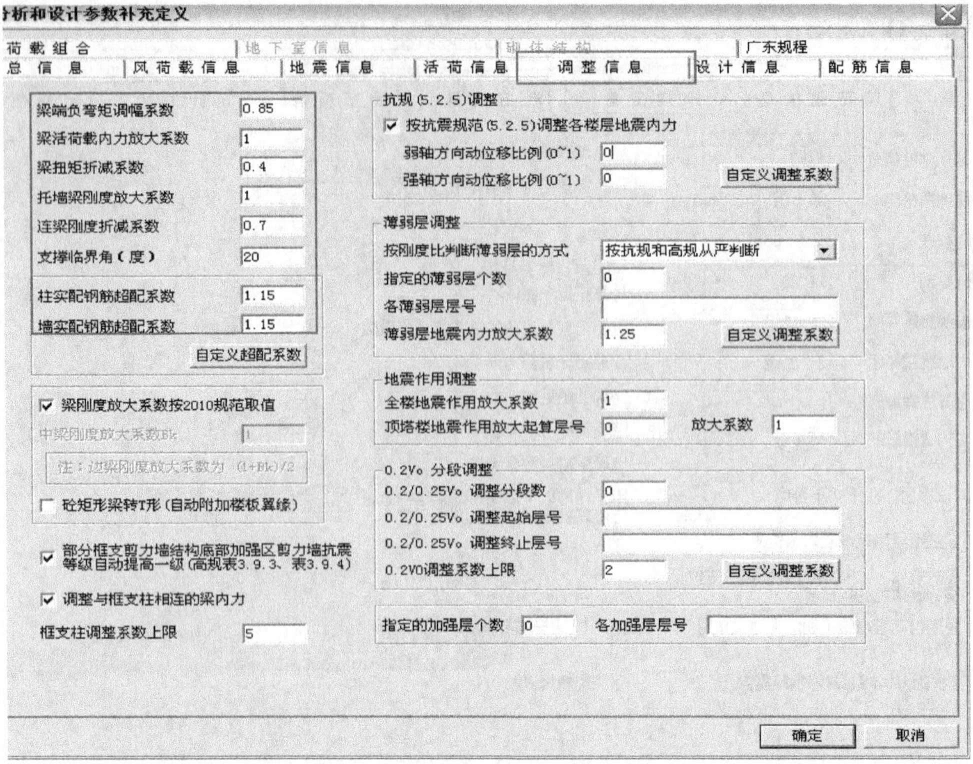

分析和设计参数补充定义

荷 载 组 合 | 地 下 室 信 息 | 砌 体 结 构 | 广东规程
总 信 息 | 风 荷 载 信 息 | 地 震 信 息 | 活 荷 信 息 | 调 整 信 息 | 设 计 信 息 | 配 筋 信 息

梁端负弯矩调幅系数 0.85
梁活荷载内力放大系数 1
梁扭矩折减系数 0.4
托墙梁刚度放大系数 1
连梁刚度折减系数 0.7
支撑临界角（度） 20
柱实配钢筋超配系数 1.15
墙实配钢筋超配系数 1.15
自定义超配系数

☑ 梁刚度放大系数按2010规范取值
中梁刚度放大系数Bk 1
注：边梁刚度放大系数为 (1+Bk)/2
☐ 砼矩形梁转T形(自动附加楼板翼缘)

☑ 部分框支剪力墙结构底部加强区剪力墙抗震等级自动提高一级(高规表3.9.3、表3.9.4)
☑ 调整与框支柱相连的梁内力
框支柱调整系数上限 5

抗规(5.2.5)调整
☑ 按抗震规范(5.2.5)调整各楼层地震内力
弱轴方向动位移比例(0~1) 0
强轴方向动位移比例(0~1) 0
自定义调整系数

薄弱层调整
按刚度比判断薄弱层的方式 按抗规和高规从严判断
指定的薄弱层个数 0
各薄弱层层号
薄弱层地震内力放大系数 1.25
自定义调整系数

地震作用调整
全楼地震作用放大系数 1
顶塔楼地震作用放大起算层号 0 放大系数 1

0.2Vo 分段调整
0.2/0.25Vo 调整分段数 0
0.2/0.25Vo 调整起始层号
0.2/0.25Vo 调整终止层号
0.2VO调整系数上限 2
自定义调整系数

指定的加强层个数 0 各加强层层号

确定 取消

图7-65 调整信息

08 在“分析和设计参数补充定义”对话框中，设置“设计信息”参数，如图7-66所示。

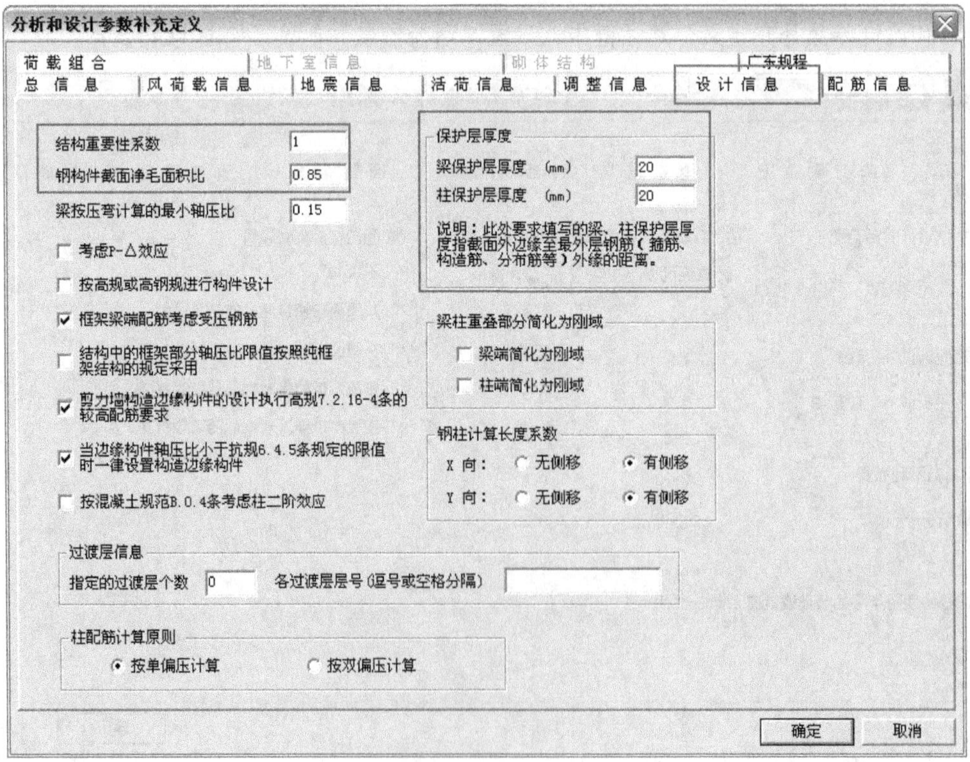

分析和设计参数补充定义

荷 载 组 合 | 地 下 室 信 息 | 砌 体 结 构 | 广东规程
总 信 息 | 风 荷 载 信 息 | 地 震 信 息 | 活 荷 信 息 | 调 整 信 息 | 设 计 信 息 | 配 筋 信 息

结构重要性系数 1
钢构件截面净毛面积比 0.85
梁按压弯计算的最小轴压比 0.15
☐ 考虑P-Δ效应
☐ 按高规或高钢规进行构件设计
☑ 框架梁端配筋考虑受压钢筋
☐ 结构中的框架部分轴压比限值按照纯框架结构的规定采用
☑ 剪力墙构造边缘构件的设计执行高规7.2.16-4条的较高配筋要求
☑ 当边缘构件轴压比小于抗规6.4.5条规定的限值时一律设置构造边缘构件
☐ 按混凝土规范B.0.4条考虑柱二阶效应

保护层厚度
梁保护层厚度 (mm) 20
柱保护层厚度 (mm) 20
说明：此处要求填写的梁、柱保护层厚度指截面外边缘至最外层钢筋（箍筋、构造筋、分布筋等）外缘的距离。

梁柱重叠部分简化为刚域
☐ 梁端简化为刚域
☐ 柱端简化为刚域

钢柱计算长度系数
X 向： ○ 无侧移 ◉ 有侧移
Y 向： ○ 无侧移 ◉ 有侧移

过渡层信息
指定的过渡层个数 0 各过渡层层号(逗号或空格分隔)

柱配筋计算原则
◉ 按单偏压计算 ○ 按双偏压计算

确定 取消

图7-66 设计信息

09 在“分析和设计参数补充定义”对话框中，设置“配筋信息”参数，如图7-67所示。

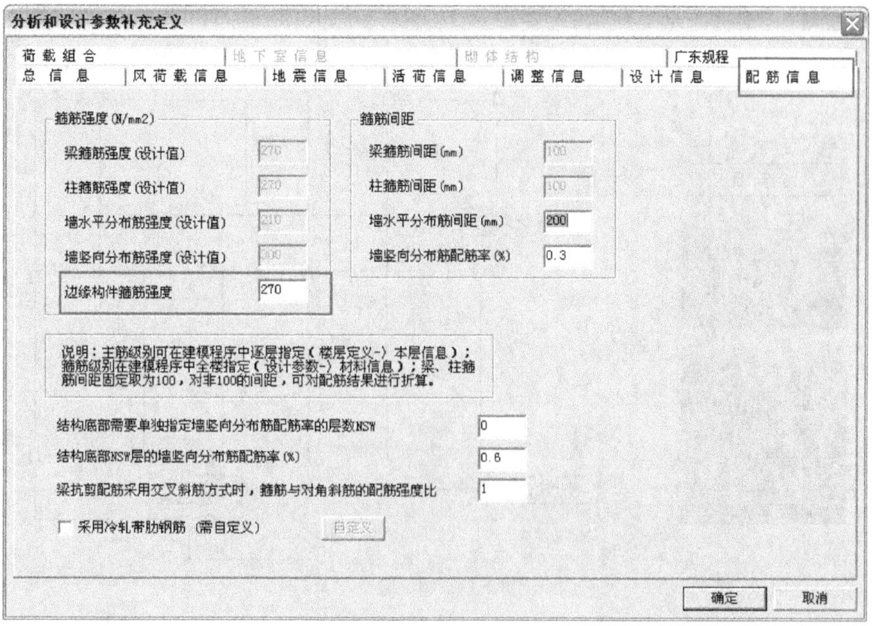

分析和设计参数补充定义

荷载组合 | 地下室信息 | 砌体结构 | 广东规程
总信息 | 风荷载信息 | 地震信息 | 活荷信息 | 调整信息 | 设计信息 | 配筋信息

箍筋强度(N/mm2)
梁箍筋强度(设计值) 270
柱箍筋强度(设计值) 270
墙水平分布筋强度(设计值) 210
墙竖向分布筋强度(设计值) 300
边缘构件箍筋强度 270

箍筋间距
梁箍筋间距(mm) 100
柱箍筋间距(mm) 100
墙水平分布筋间距(mm) 200
墙竖向分布筋配筋率(%) 0.3

说明：主筋级别可在建模程序中逐层指定（楼层定义-〉本层信息）；箍筋级别在建模程序中全楼指定（设计参数-〉材料信息）；梁、柱箍筋间距固定取为100，对非100的间距，可对配筋结果进行折算。

结构底部需要单独指定墙竖向分布筋配筋率的层数NSW 0
结构底部NSW层的墙竖向分布筋配筋率(%) 0.6
梁抗剪配筋采用交叉斜筋方式时，箍筋与对角斜筋的配筋强度比 1
采用冷轧带肋钢筋 (需自定义)　自定义

确定　取消

图7-67　配筋信息

10 在“分析和设计参数补充定义”对话框中，设置“荷载组合”参数，如图7-68所示。

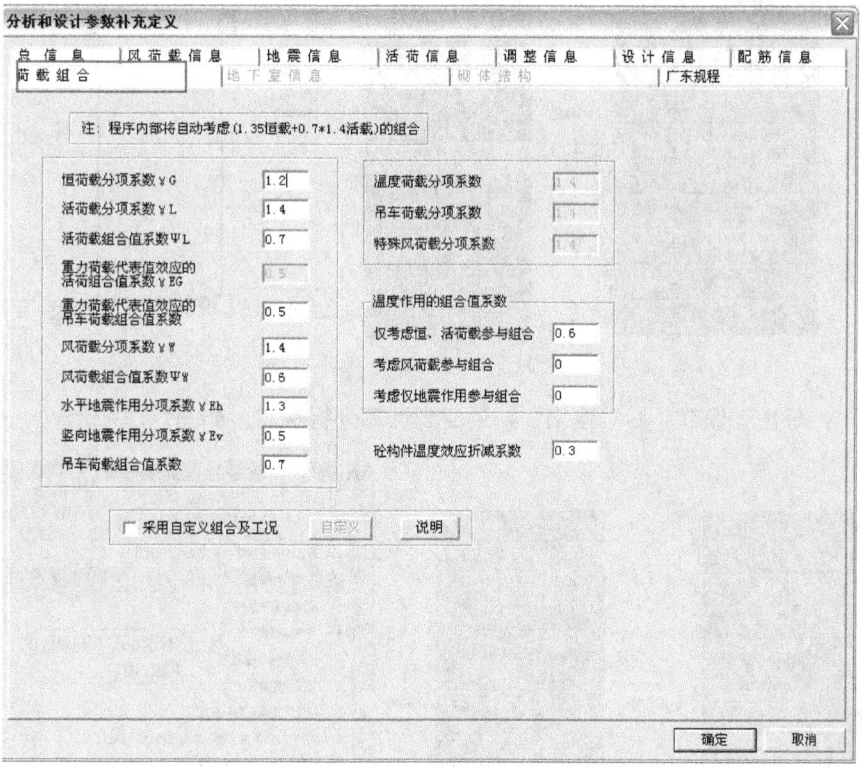

分析和设计参数补充定义

总信息 | 风荷载信息 | 地震信息 | 活荷信息 | 调整信息 | 设计信息 | 配筋信息
荷载组合 | 地下室信息 | 砌体结构 | 广东规程

注：程序内部将自动考虑(1.35恒载+0.7*1.4活载)的组合

恒荷载分项系数γG 1.2
活荷载分项系数γL 1.4
活荷载组合值系数ΨL 0.7
重力荷载代表值效应的活荷组合值系数γEG 0.5
重力荷载代表值效应的吊车荷载组合值系数 0.5
风荷载分项系数γW 1.4
风荷载组合值系数ΨW 0.6
水平地震作用分项系数γEh 1.3
竖向地震作用分项系数γEv 0.5
吊车荷载组合值系数 0.7

温度荷载分项系数 1.4
吊车荷载分项系数 1.4
特殊风荷载分项系数 1.4

温度作用的组合值系数
仅考虑恒、活荷载参与组合 0.6
考虑风荷载参与组合 0
考虑仅地震作用参与组合 0

砼构件温度效应折减系数 0.3

采用自定义组合及工况　自定义　说明

确定　取消

图7-68　荷载组合

提示

软件严格执行 SATWE 参数数据进行计算，因此不可因为在 PMCAD 中执行过“设计参数”命令，而忽略 SATWE 中某一参数。

11 选择【特殊构件补充定义】选项，单击“应用”按钮，执行【特殊柱】|【角柱】命令，点取结构角柱如图7-69所示。

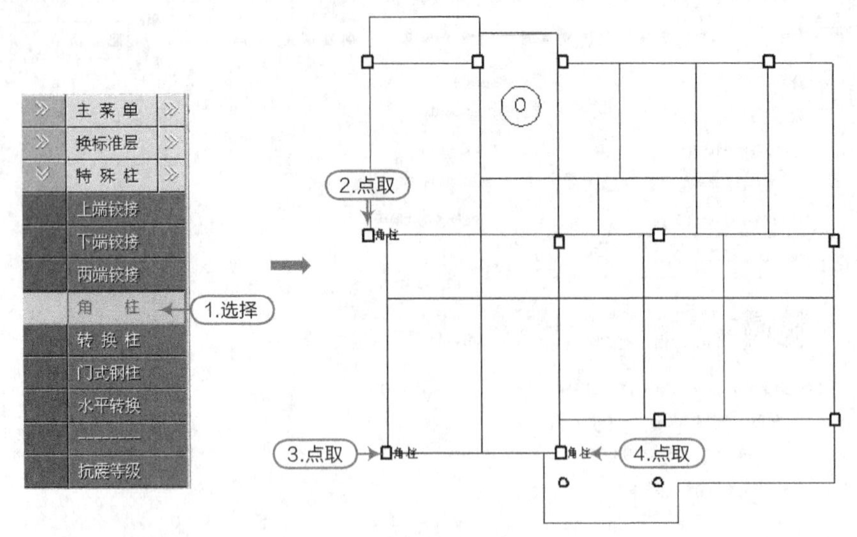

图7-69 角柱定义

12 同样的方法，对第3标准层执行角柱的定义，如图7-70所示。

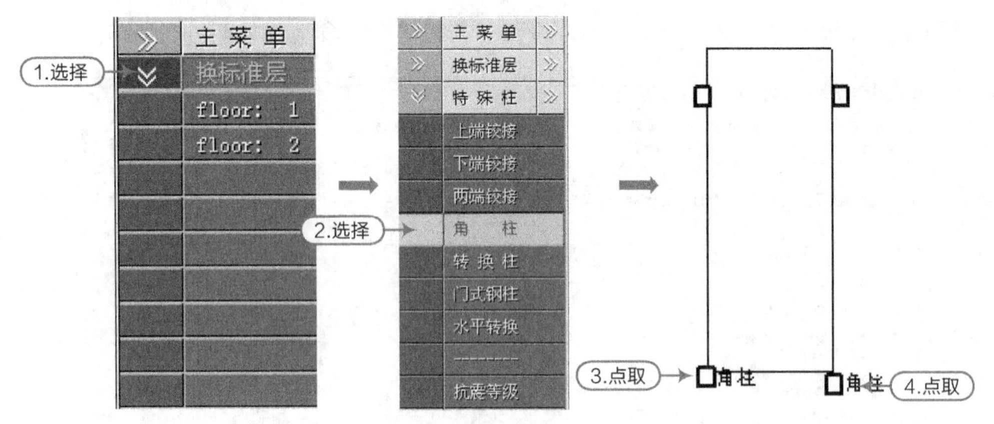

图7-70 标准层3角柱定义

13 在屏幕菜单中，单击“保存”后“退出”，返回到计算分析状态，如图7-71所示。

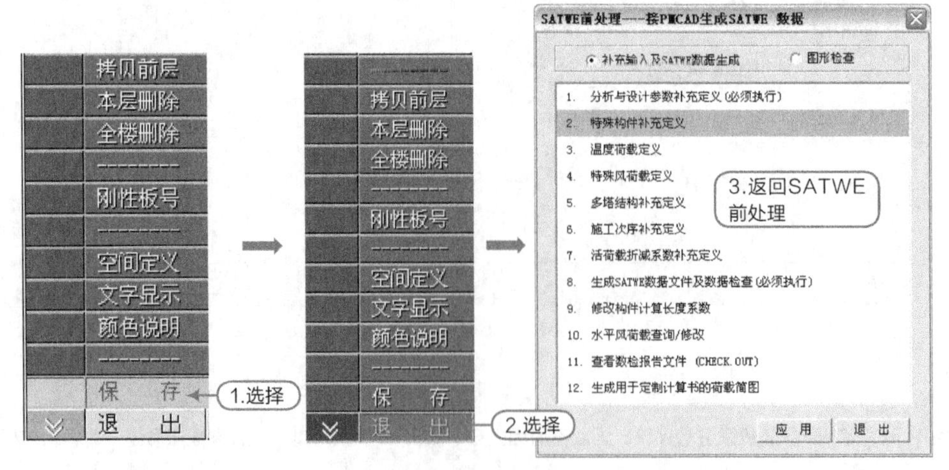

图7-71 保存与退出

14 选择【生成SATWE数据文件及数据检查】选项，单击“应用”按钮，在弹出的对话框中单击“确定”按钮后，程序会自动进行数据生成和数据检查，如图7-72所示。

> **提示**
>
> 在“CHECK.OUT”文件中，提示“错误 0 个；警告 1 个”，表示不很合理的地方有 1 处，但是没有错误的地方，而那 1 处警告部位，仅需要尽可能修改即可，并不是强制性修改的地方。
> 在此结构中，角度超过 45° 而出现警告，下面试着进行纠正。

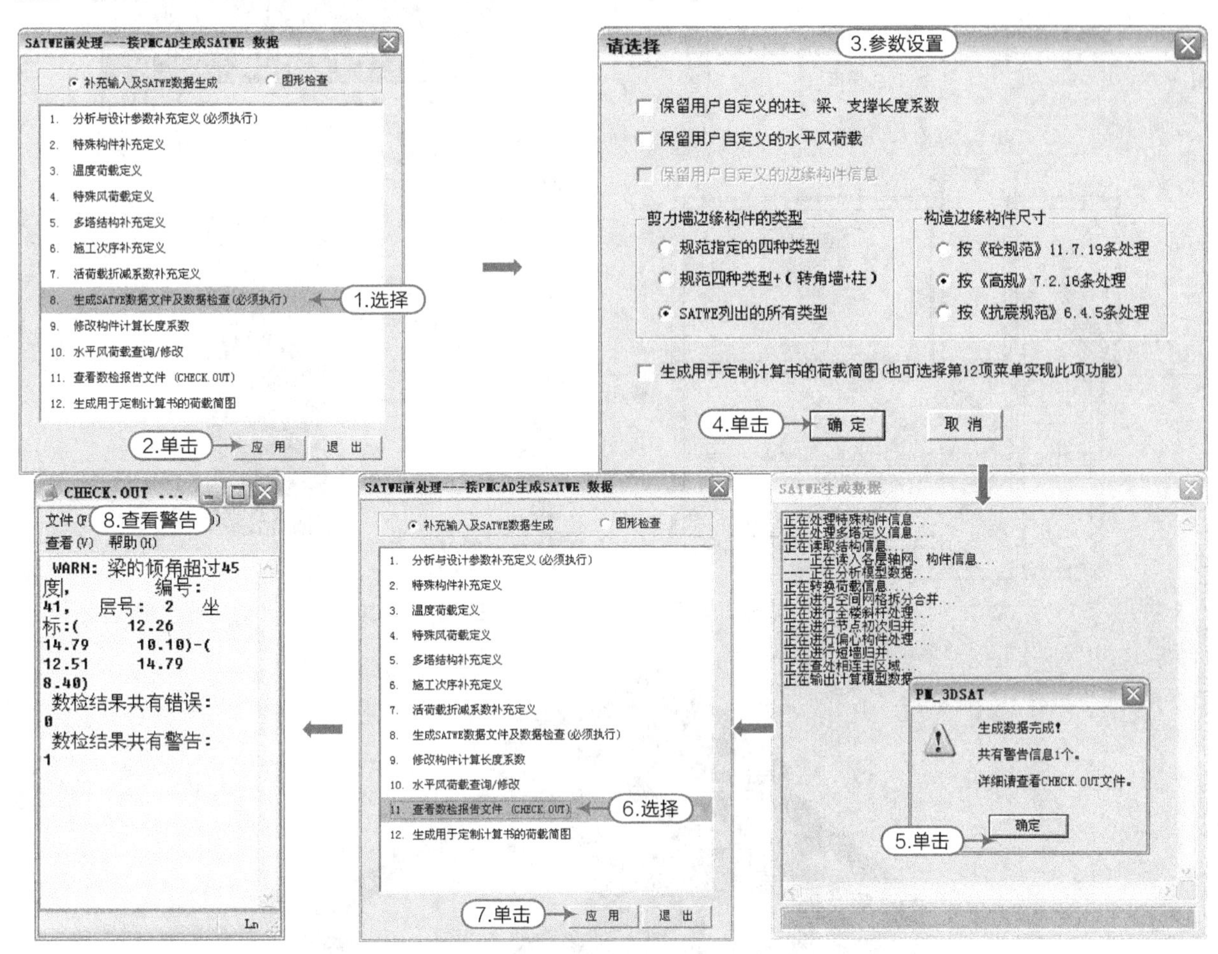

图7-72 生成SATWE数据文件及数据检查

15 根据“CHECK.OUT”文件，返回PMCAD修改第2标准层中警告梁的信息，查看出现警告的梁具体在图中位置，执行【楼层定义】|【截面显示】|【显示编号】命令，如图7-73所示。

> **提示**
>
> 45 号梁的倾角超过 45° ，那么要减小梁的倾角，有两个途径：降低高度或增加长度。由于坡屋顶屋脊高度确定为 1700，那么仅剩“增加长度”这个办法可以一试，落实在操作上就是增加屋脊顶点与 45 号梁的远端点的距离。

16 将相关屋脊线向背离45号梁远端移动36mm，可用【两点直线】|【平行直线】|【删除节点】等命令。

17 然后，执行【上节点高】命令，做出坡屋顶效果，如图7-74所示。

18 最后，重复执行【生成楼板】命令。

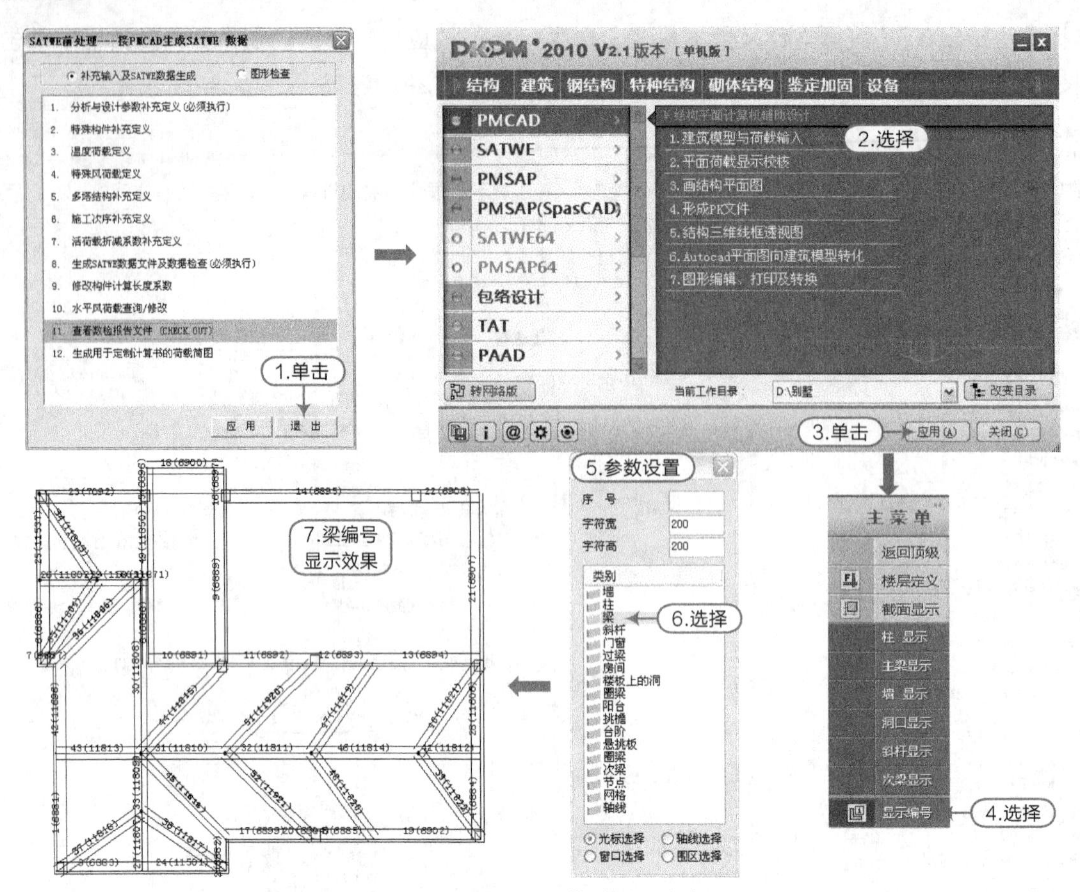

图7-73 返回PMCAD第2标准层之查看

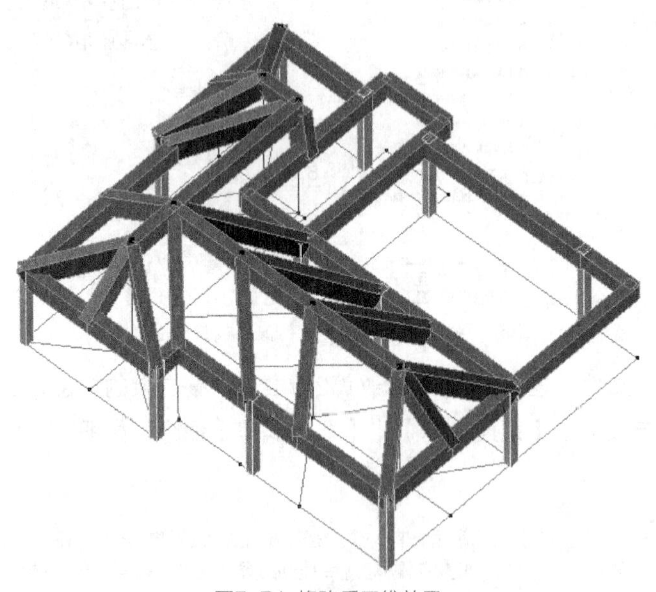

图7-74 修改后三维效果

19 “存盘退出”PMCAD，再次执行SATWE主菜单1中的命令，包括第1项和第8项，检查若还不合适，继续修改或者可以同建筑设计方协商，配合建筑图修改解决。

提示

在任何的设计中，都不要怕出错，只有“错”过，才能知道怎么“对”。

20 执行【SATWE】|【结构内力，配筋计算】菜单，单击“应用”按钮，显示“计算控制参数”对话框，设置参数后单击“确定”按钮后，程序将自动进行计算，如图7-75所示。

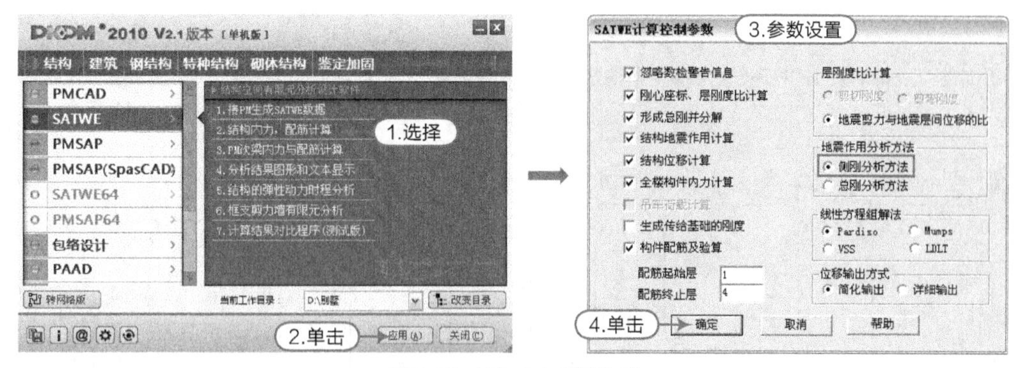

图7-75　结构内力配筋计算

21 选择【分析结果图形和文本显示】选项，单击“应用”按钮，显示“SATWE后处理”对话框，如图7-76所示。

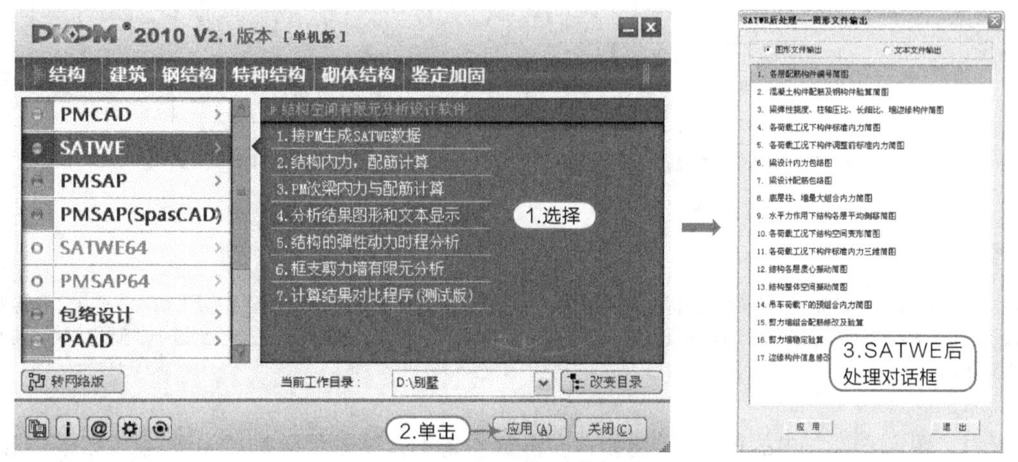

图7-76　分析结果图形和文本显示

22 首先查看“图形文件”中的第1项，查看其质心与重心关系，首层质重心关系如图7-77所示。

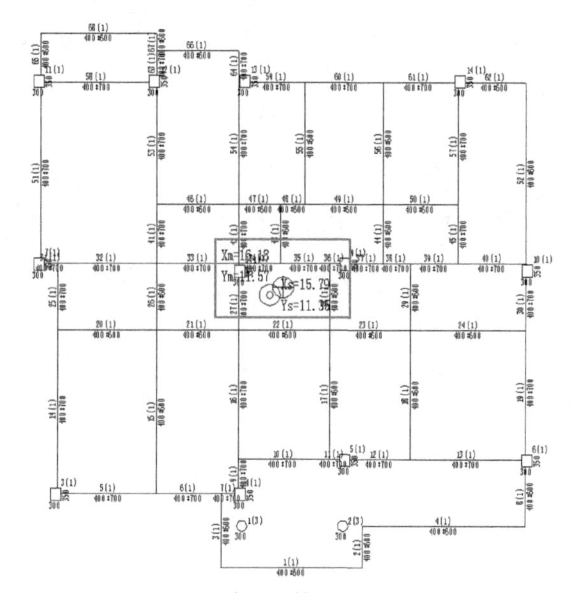

图7-77　各层配筋构件编号简图

23 首先查看“图形文件”中的第3项，图形显示其“轴压比”，如图7-78所示，“弹性挠度”如图7-79所示。

> **提示**
>
> 如果轴压比显红，说明该处的柱不符合要求，解决方法是“增大该墙、柱截面或提高该楼层墙、柱混凝土强度”。

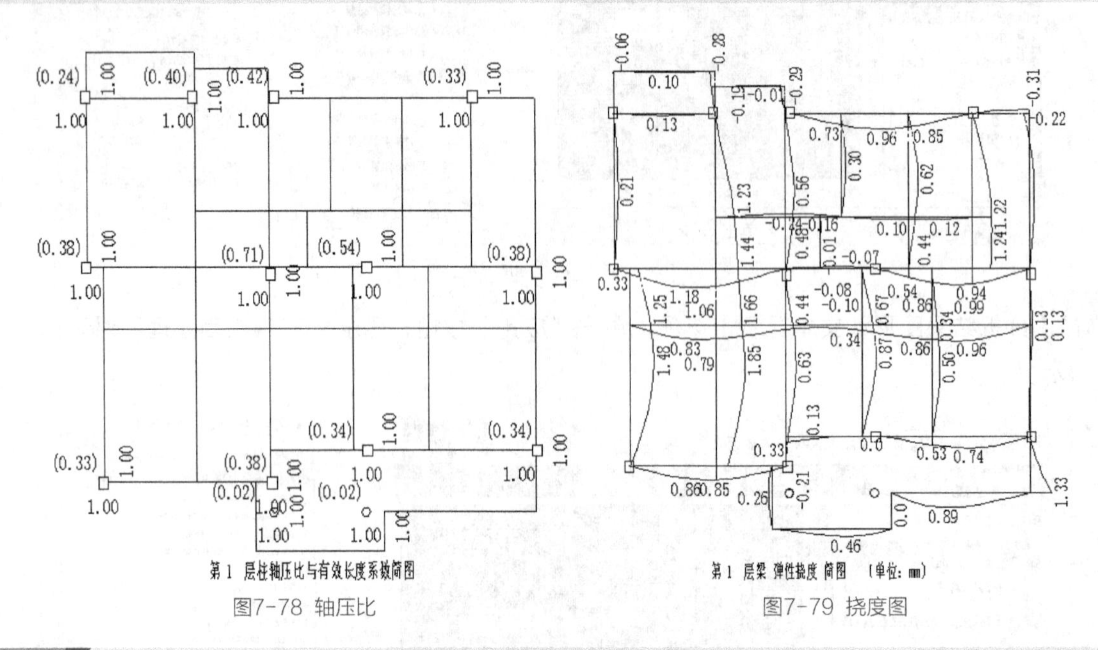

图7-78 轴压比

图7-79 挠度图

> **提示**
>
> 轴压比主要为限制结构的轴压比，保证结构的延性要求，规范对墙肢和柱均有相应限值要求，见《抗规》6.3.7和6.4.6条，《高规》6.4.2和7.2.14条条文说明。轴压比不满足要求，结构的延性要求无法保证。轴压比过小，则说明结构的经济技术指标较差。

24 然后查看“图形文件”中的第4项，例如，在恒载作用下，图形显示其“梁弯矩”如图7- 80所示，“梁剪力”如图7-81所示，“柱底内力”如图7-82所示，“柱顶内力”如图7-83所示。

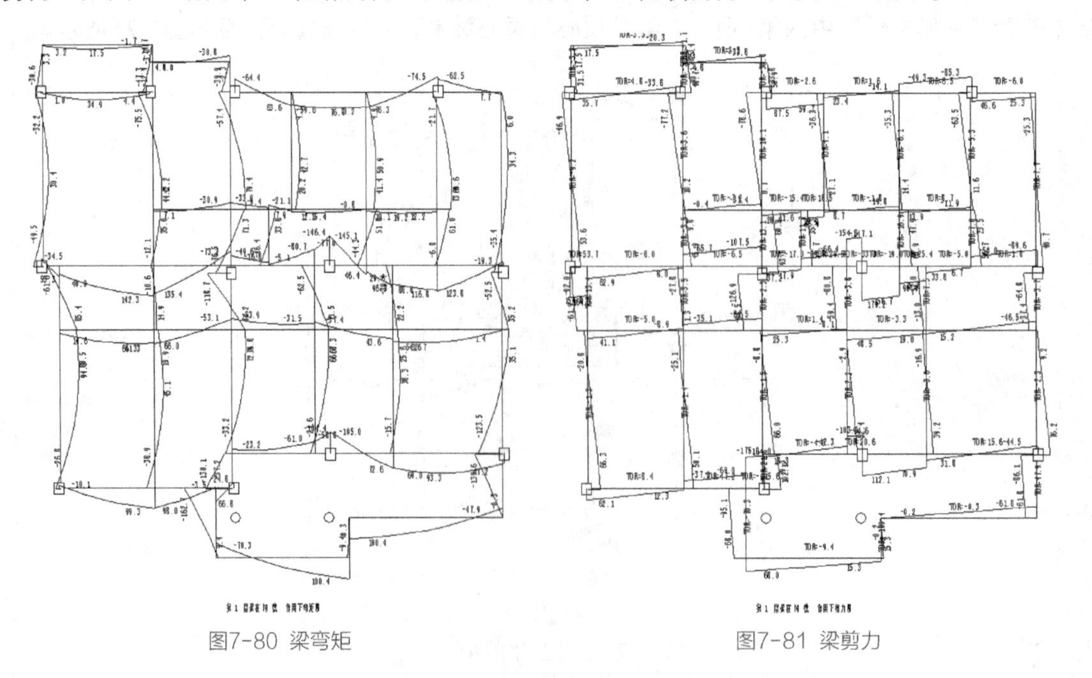

图7-80 梁弯矩

图7-81 梁剪力

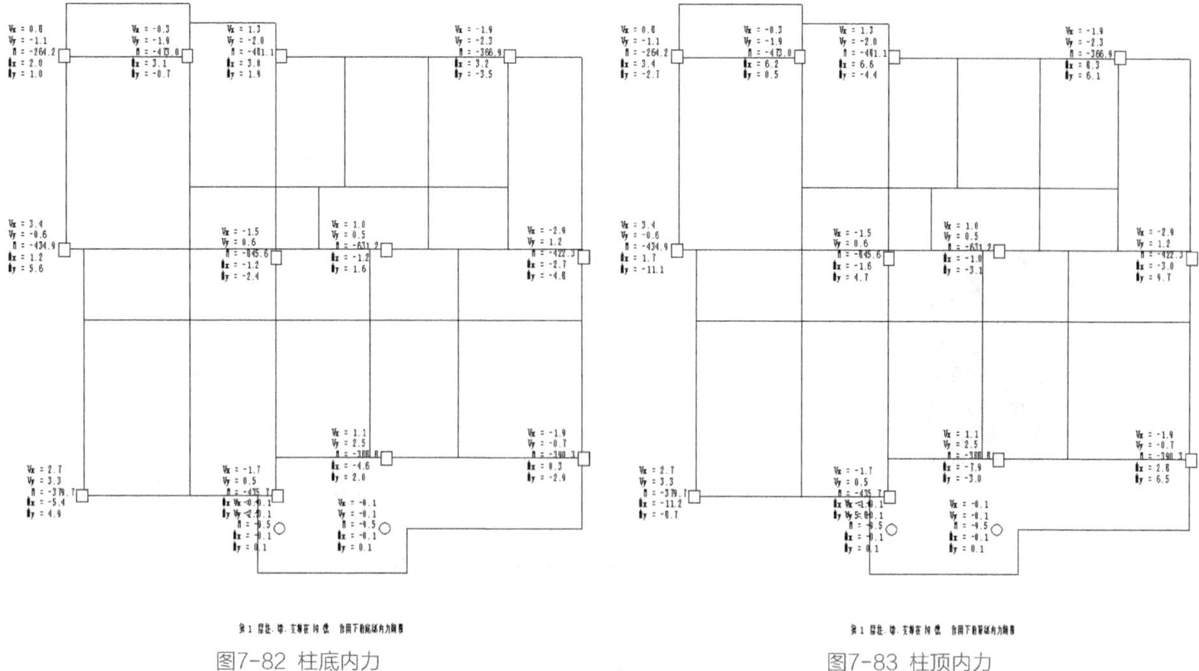

图7-82 柱底内力　　　图7-83 柱顶内力

提示

如果觉得图上数字太小，不易辨认，可在屏幕菜单中执行【改变字高】命令设置字高。

25 然后查看“图形文件”中的第9项，具体可查看地震作用下和风荷载信息下的“层剪力”“倾覆弯矩”“层位移”和“层位移角”。以地震作用为例，给出层剪力图、层位移图及层位移角图如图7-84、图7-85、图7-86所示。

提示

《抗规》规定，框架结构最大层间位移角限值弹性层间为1/550，由层间位移角图，1/1340和1/1637均小于1/550，所以层间位移角满足要求。

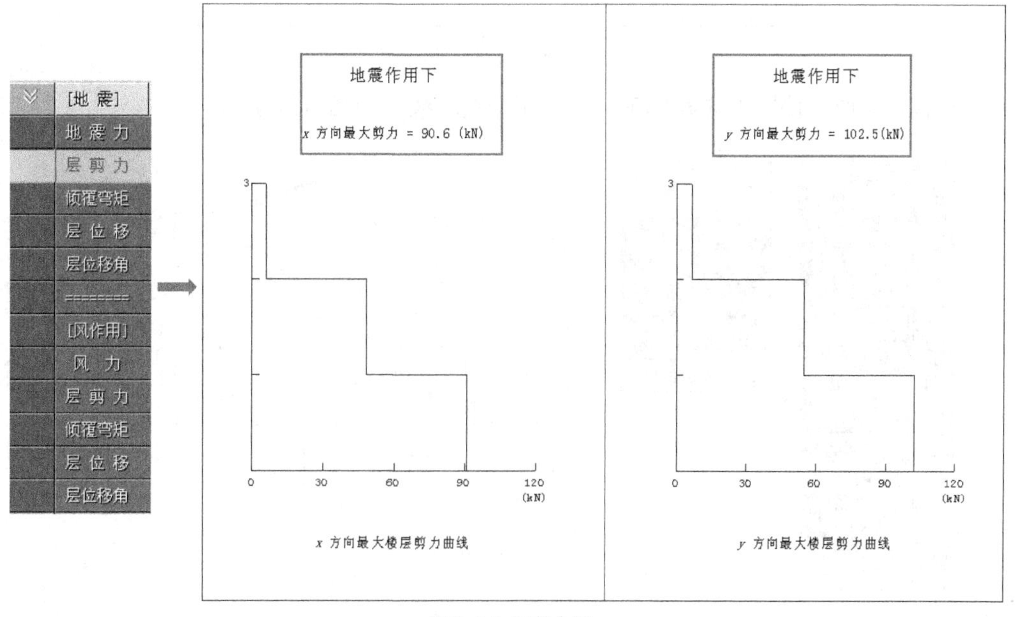

图7-84 层剪力图

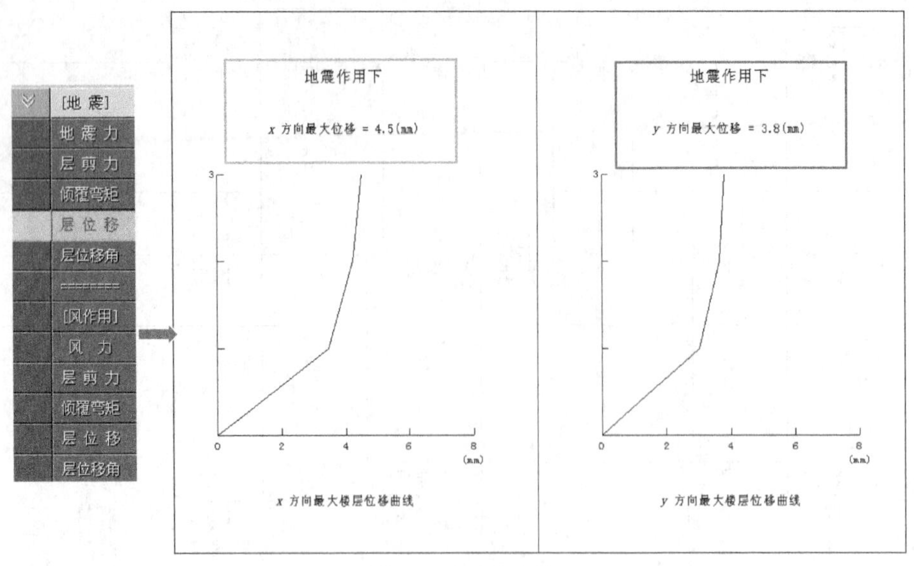

图7-85 层位移简图

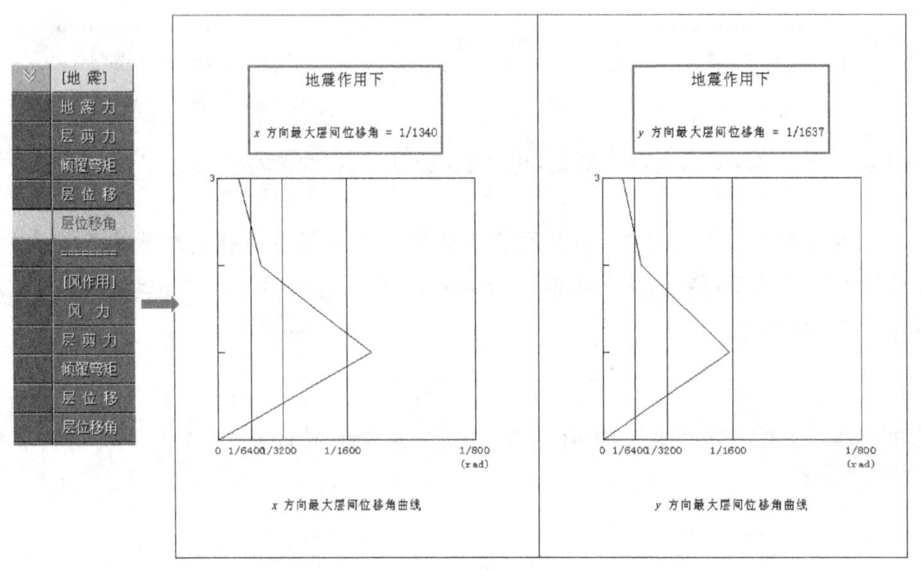

图7-86 层位移角图

26 然后还应查看“图形文件”中的第13项，选择振型图观察，如图7-87所示。

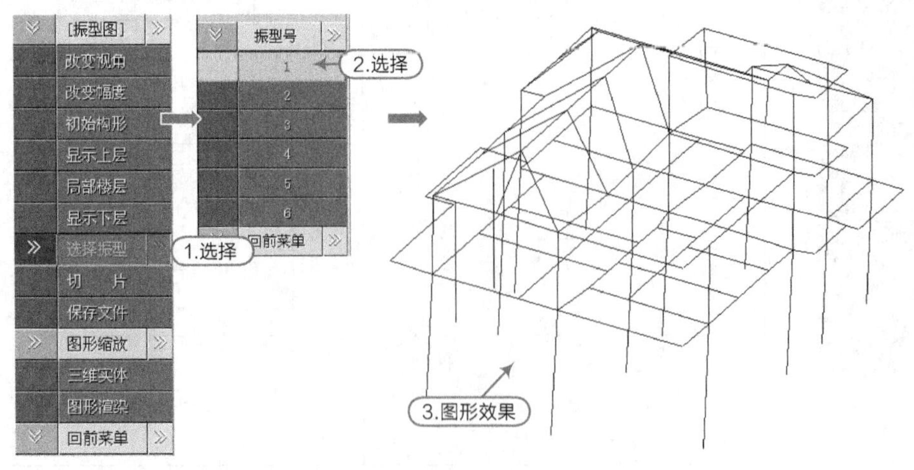

图7-87 振型图查看

27 在“文本文件输出”中，应查看第1项，应注意的数值如图7-88所示。

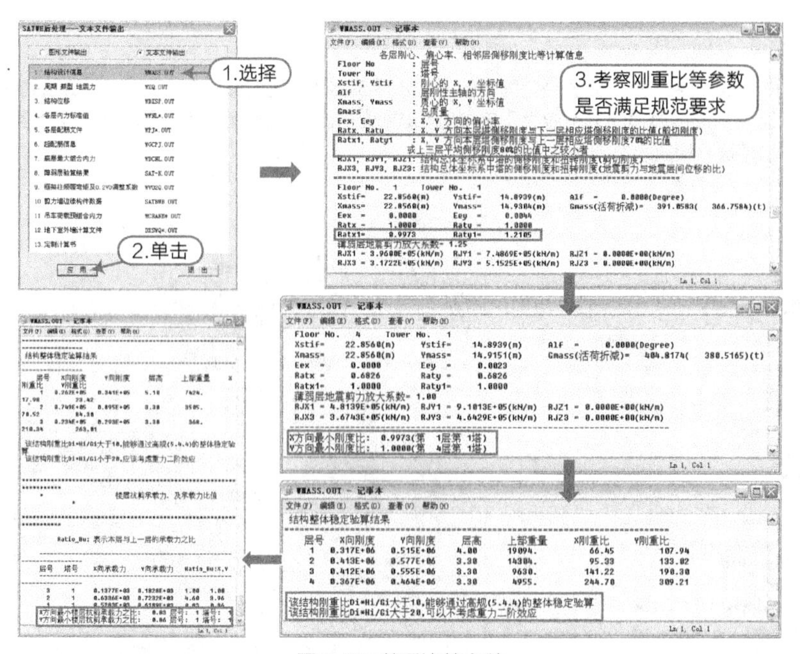

图7-88　剪重比等参数

28 在“文本文件输出”中，还应查看第2项，应注意的数值如图7-89所示。

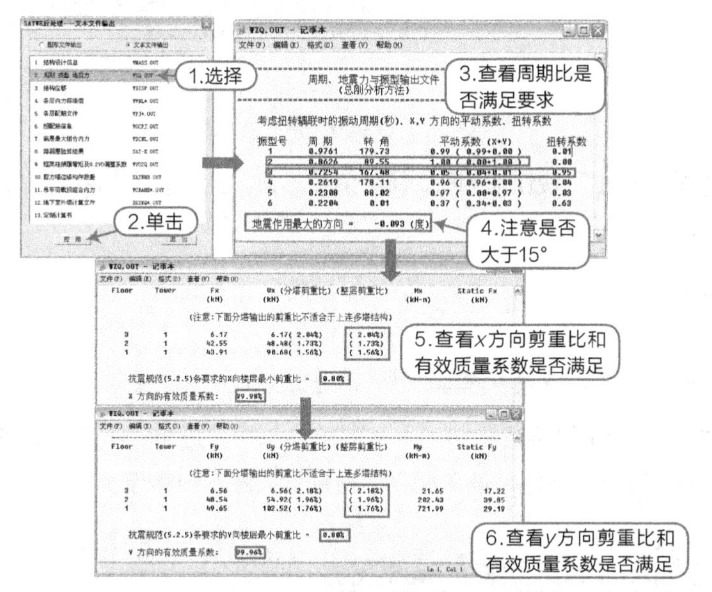

图7-89　周期、振型、地震力

提示

《高规》3.4.5条规定，结构扭转为主的第一自振周期 T_t 与平动为主的第一自振周期 T_1 之比为周期比，A级高度建筑不应大于0.9s，B级高度建筑、混合结构建筑不应大于0.85s。本别墅中，T_t=0.7204s，T_1=0.8656s，则 T_t/ T_1=0.8409。

地震作用最大的方向:这项系数关系到SATWE主菜单1中第一项“总信息”选项卡中“水平力与整体坐标夹角”参数的设置。

剪重比主要为限制各楼层的最小水平地震剪力，确保周期较长的结构的安全，《抗规》5.2.5条和《高规》3.3.13条有规定（图示），易得出：1、2、3层x、y向水平地震作用下，剪重比均符合要求。

如果计算时只取了几个振型，那么这几个振型的有效质量之和与总质量之比即为有效质量系数。此系数是判断结构振型数取得够不够的重要指标，当此系数大于90%时，表示振型数、地震作用满足规范要求，否则应增加振型数直到满足此系数大于90%。

29 在“文本文件输出”中，之后要查看第3项，应注意的项如图7-90所示。

> **提示**
>
> 新《高规》(2010)的3.4.5条规定，楼层竖向构件的最大水平位移和层间位移，A、B级高度高层建筑均不宜大于该楼层平均值的1.2倍；且A级高度高层建筑不应大于该楼层平均值的1.5倍，B级高度高层建筑、混合结构高层建筑及复杂高层建筑，不应大于该楼层平均值的1.4倍。

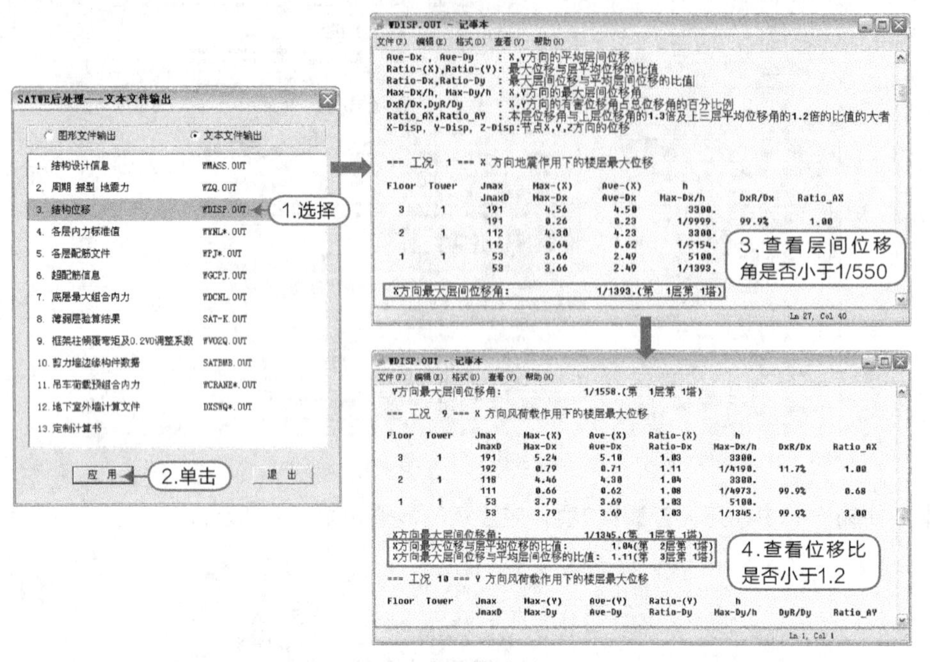

图7-90 结构位移

30 查看完之后，单击“退出”按钮回到PKPM主菜单界面，此时，有错的地方返回相应位置修改，没错则开始绘制施工图。

7.2.3 绘梁施工图

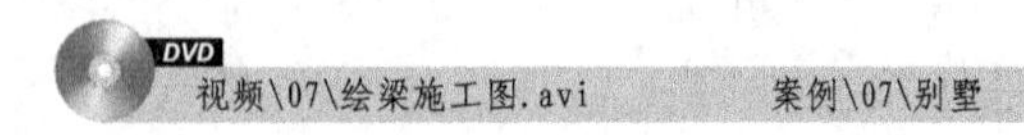

01 选择【墙梁柱施工图】|【梁平法施工图】主菜单，单击“应用”按钮后程序自动弹出“定义钢筋标准层”对话框，单击“确定”按钮，进入梁平法绘制，如图7-91所示。

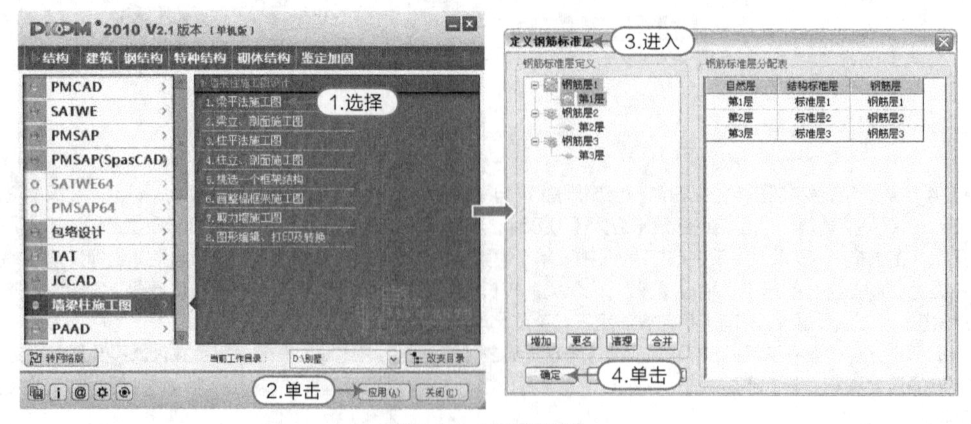

图7-91 设置钢筋层

02 设置钢筋层后，程序自动绘制出梁的平法施工图，如图7-92所示。

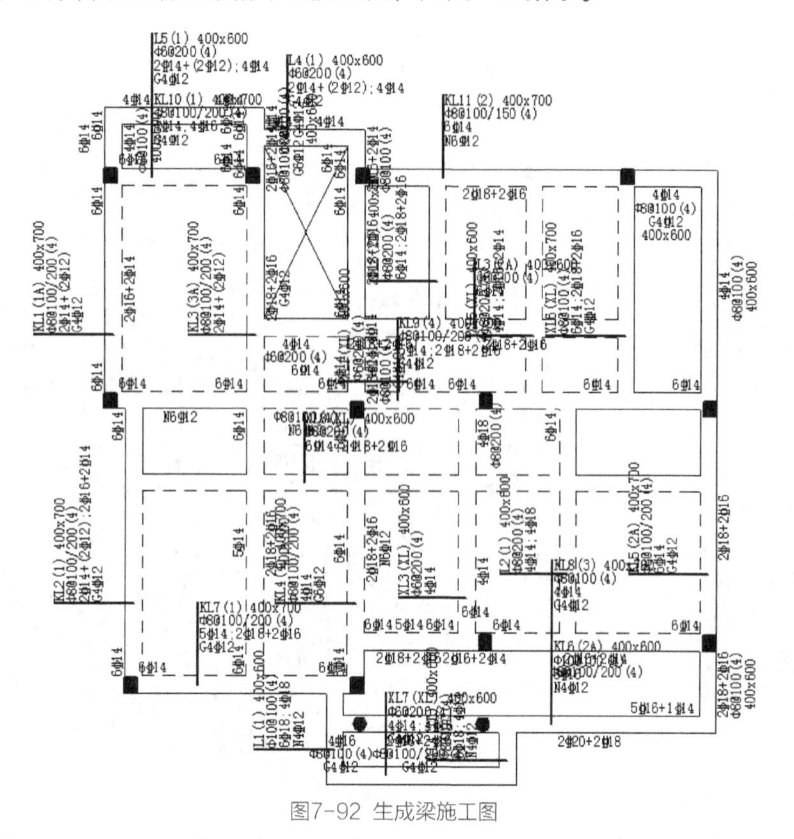

图7-92 生成梁施工图

03 执行【次梁加筋】|【箍筋开关】命令，程序自动在平法施工图上需要的地方按构造要求绘制出箍筋，如图7-93所示。

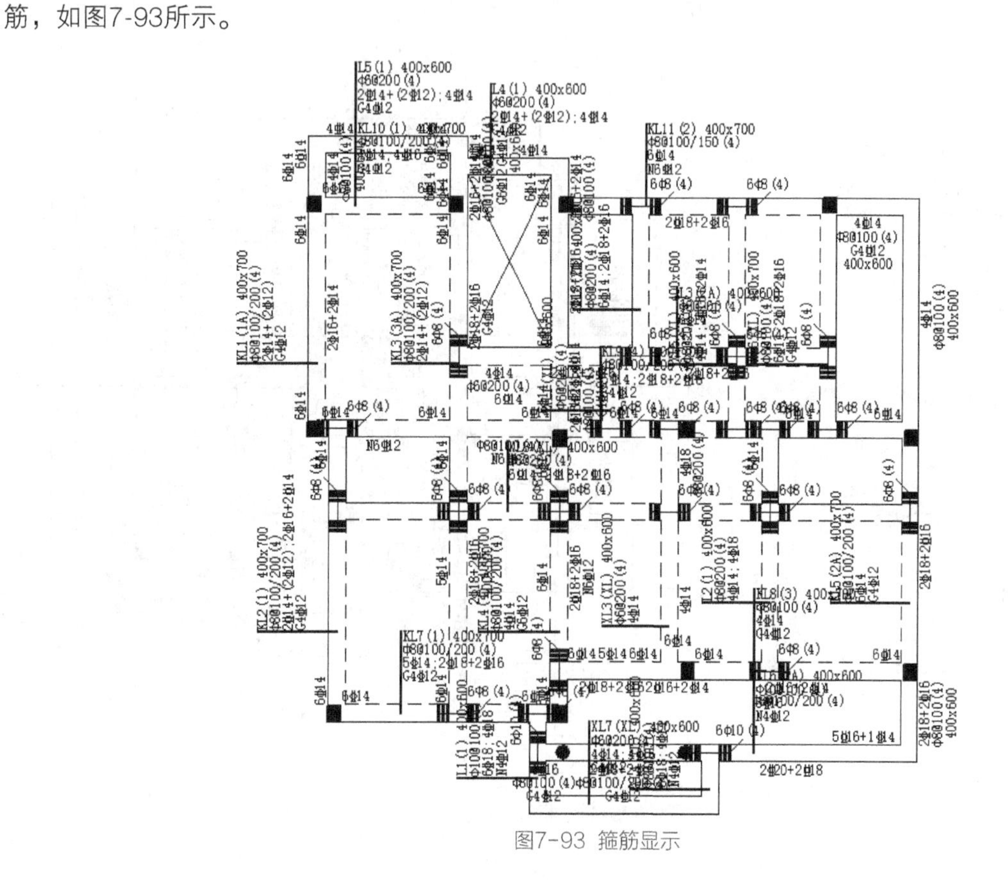

图7-93 箍筋显示

04 执行【移动标注】命令，将重叠的钢筋标注移开，如图7-94所示。

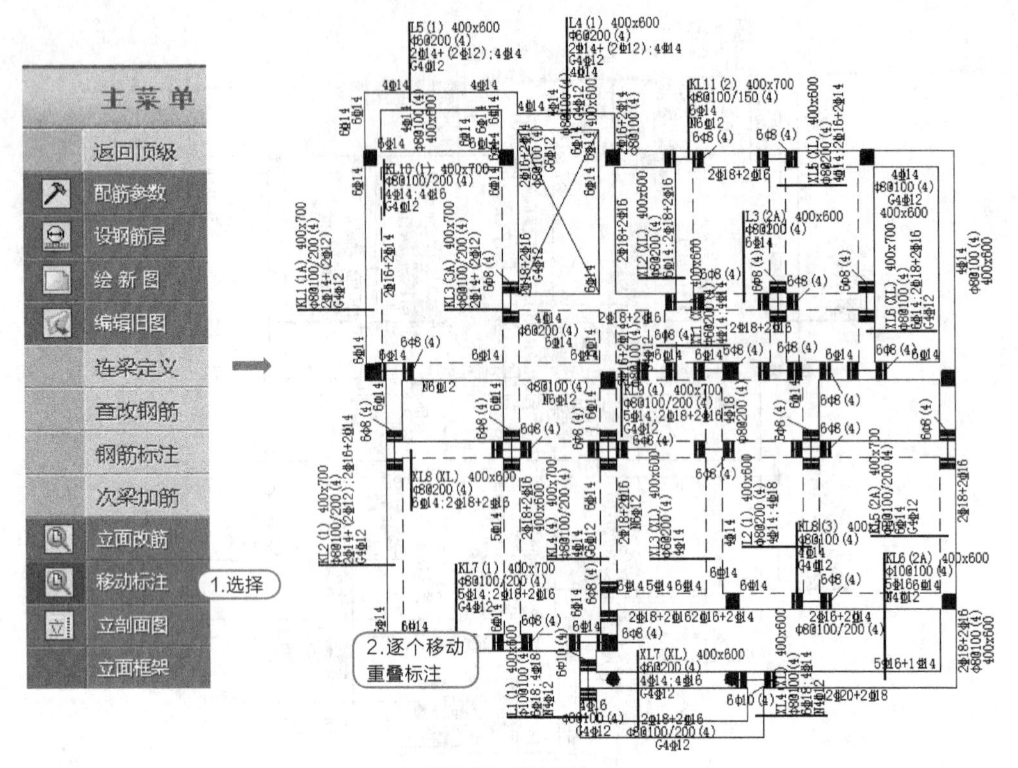

图7-94 移动标注

05 在下拉菜单区执行【标注轴线】|【自动标注】命令，勾选所有选项，程序自动标注轴线，如图7-95所示。

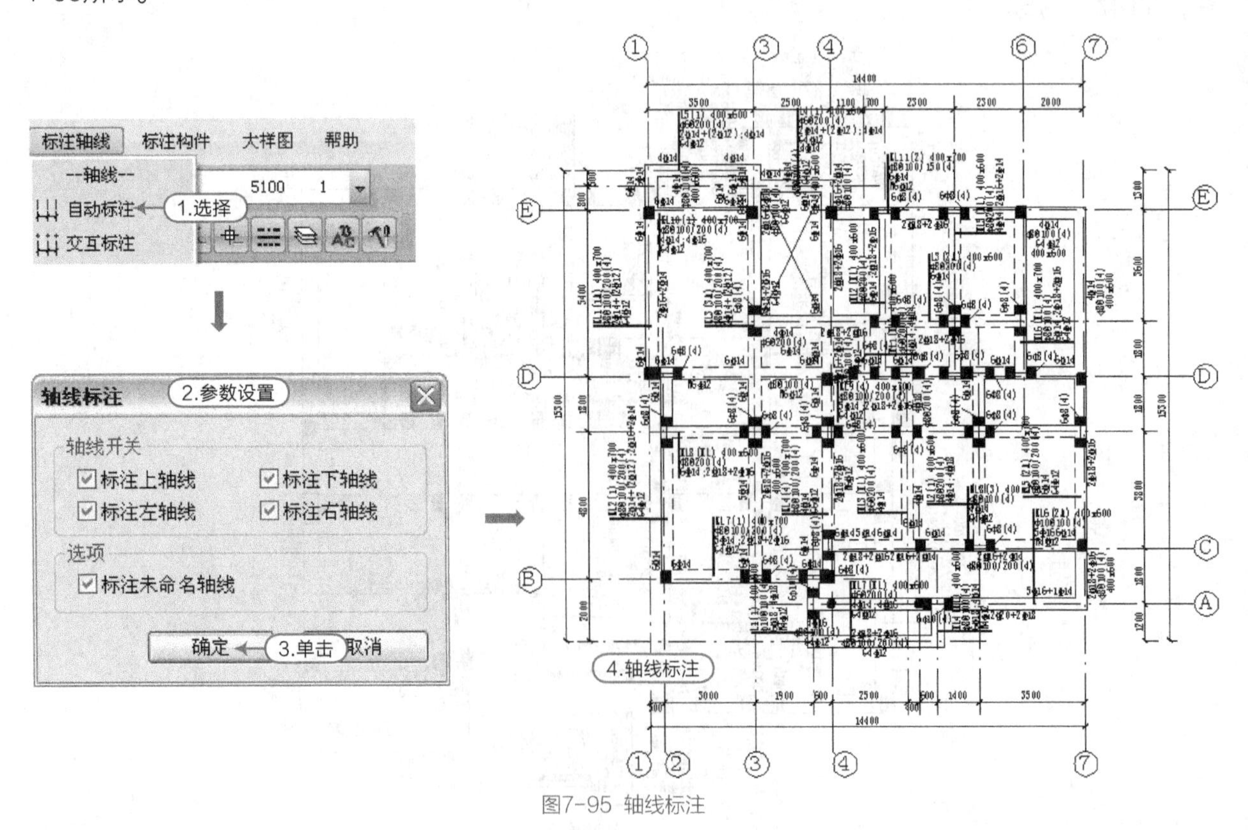

图7-95 轴线标注

06 “保存”1层梁平法施工图后，切换至其他层，用同样的方法步骤绘制其余层的梁施工图，结果如图7-96、图7-97所示。

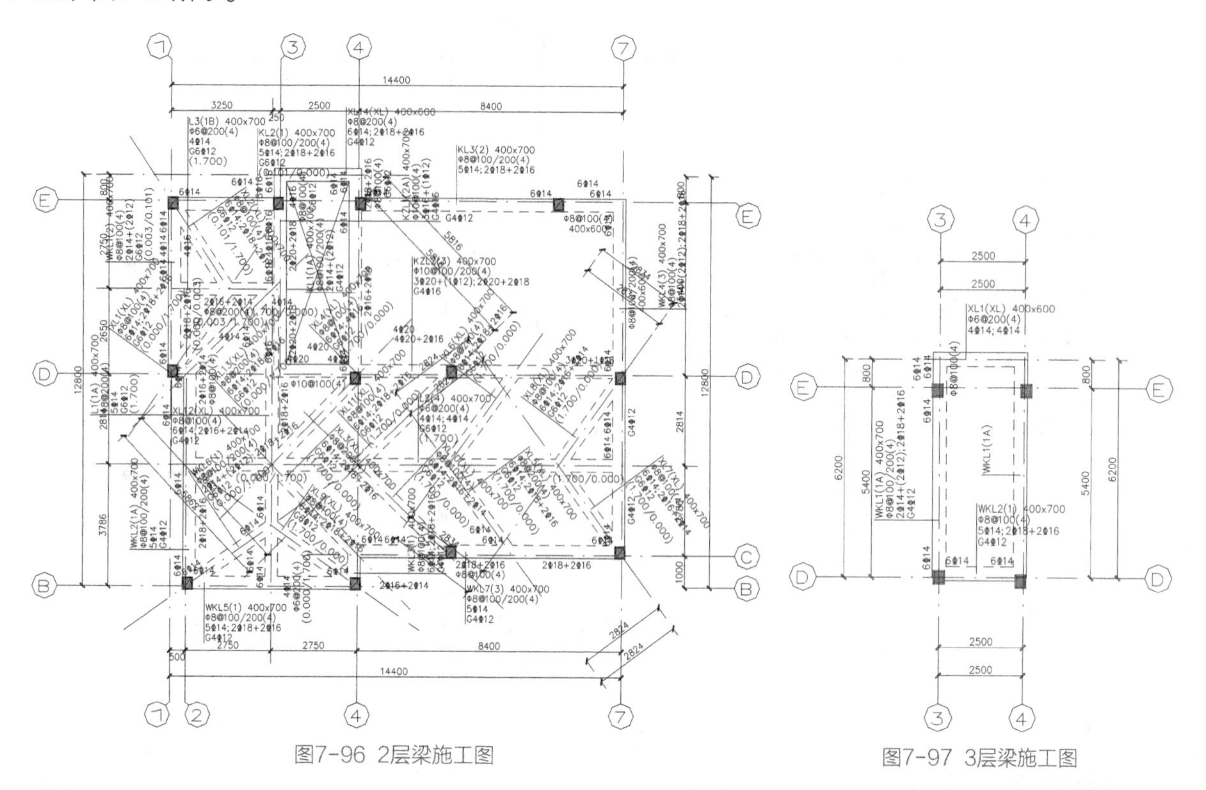

图7-96 2层梁施工图　　图7-97 3层梁施工图

> **提示**
>
> 在顶层梁平面图中柱应是不显示填充的。

07 执行【挠度图】命令，查看各层梁施工图的挠度有无超限。图7-98所示为1层梁挠度图。

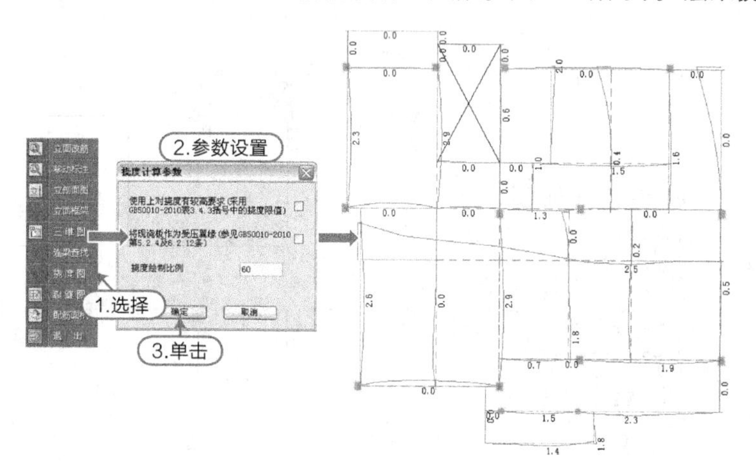

4.生成挠度图 → 第1层梁挠度图

图7-98 1层梁挠度图

> **提示**
>
> 如果挠度超限，程序将显红超限的数值。处理挠度超限的方法是：
>
> 结构图处理：加大梁的截面；梁加柱子，把跨度降下来；
>
> 施工处理：增加配筋；采用预先起拱的施工方法，挠度可以按照扣除起拱值来计算。

08 执行【裂缝图】命令，查看梁施工图的裂缝有无超限。图7-99所示为1层梁裂缝图。

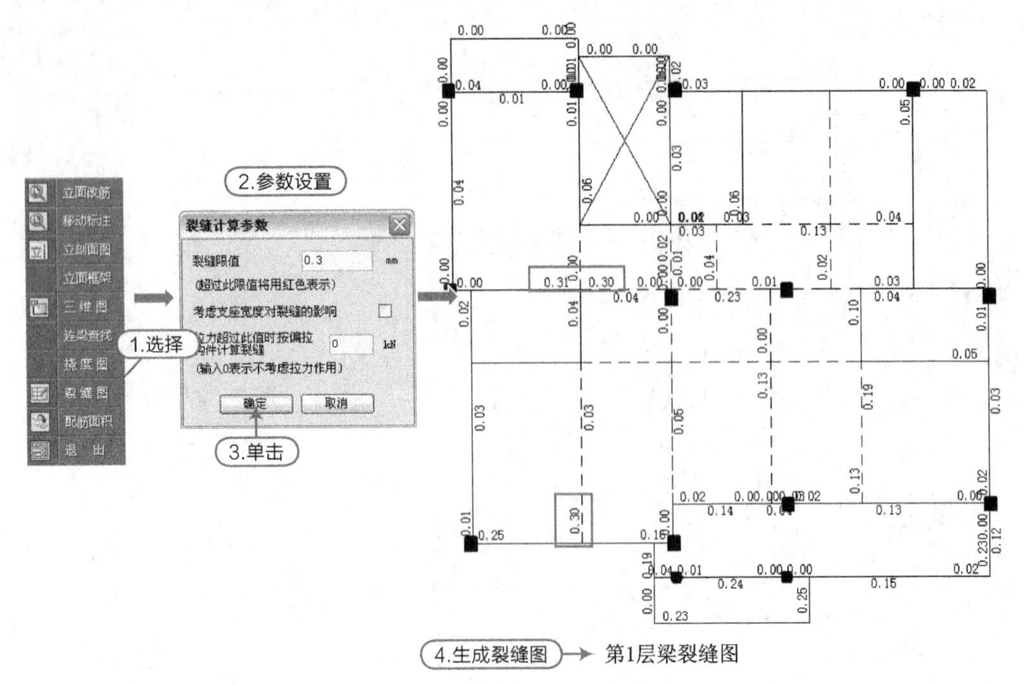

图7-99 1层梁裂缝图

提示

裂缝值超限处理：

- 程序调整：在【裂缝计算参数】命令对话框中勾选“考虑支座宽度对裂缝的影响”项，如图 7-100 所示；
- 人工调整：减小钢筋直径，增加钢筋根数，增加钢筋与混凝土的受力接触面积；调整钢筋强度；增大梁截面；增大保护层厚度也是行之有效的解决办法。

如果调整后裂缝还超限的话，看看超过多少，因为 PKPM 的裂缝计算不太准确，是从柱中算的，实际应该从柱边，所以可先看裂缝超多少，如果在 10% 以内就不用理会，例如，限值 0.3mm，实际 0.33mm 是符合要求的。

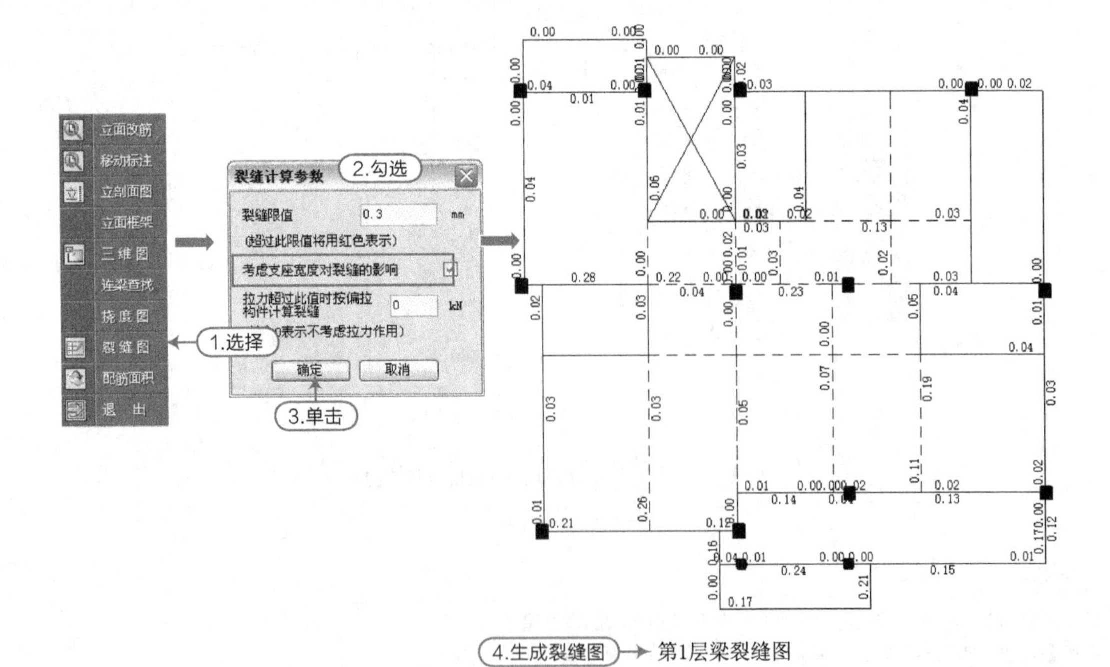

图7-100 处理梁裂缝超限

7.2.4 绘柱施工图

01 “退出”绘制梁后，选择【墙梁柱施工图】|【柱平法施工图】菜单，同样的方法绘制出1层柱的平法施工图，如图7-101所示。

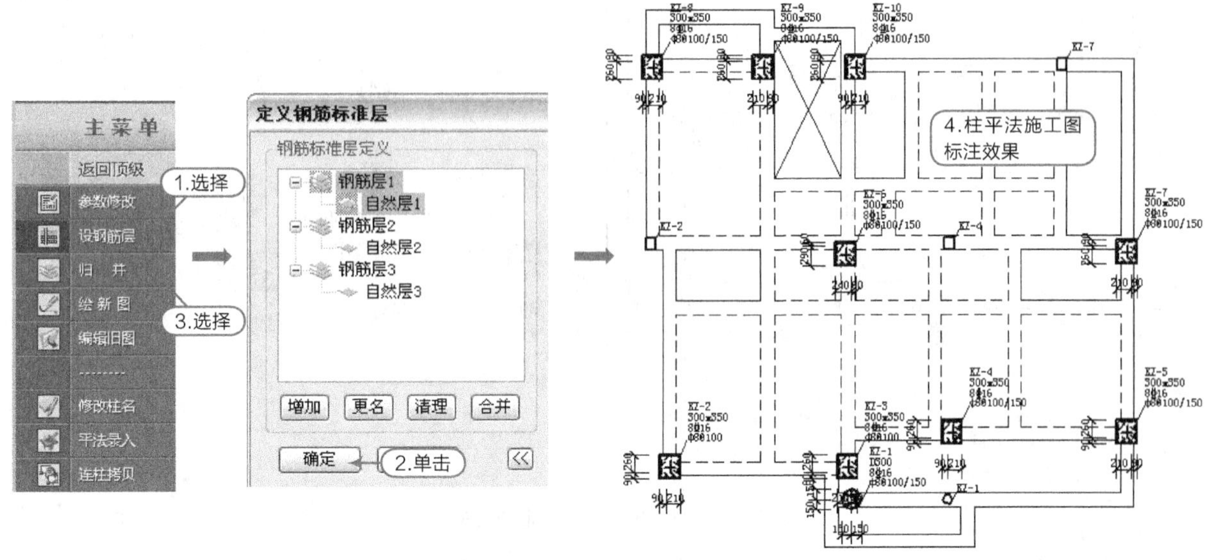

图7-101 1层柱平法施工

> **提示**
>
> 程序提供了几种柱平法标注方式，可单击工具栏最右侧的倒三角符号，在下拉列表里选择标注方式，不需任何操作，选择完成后程序自动改变柱的标注方式。图 7-102 所示为柱的集中标注效果。

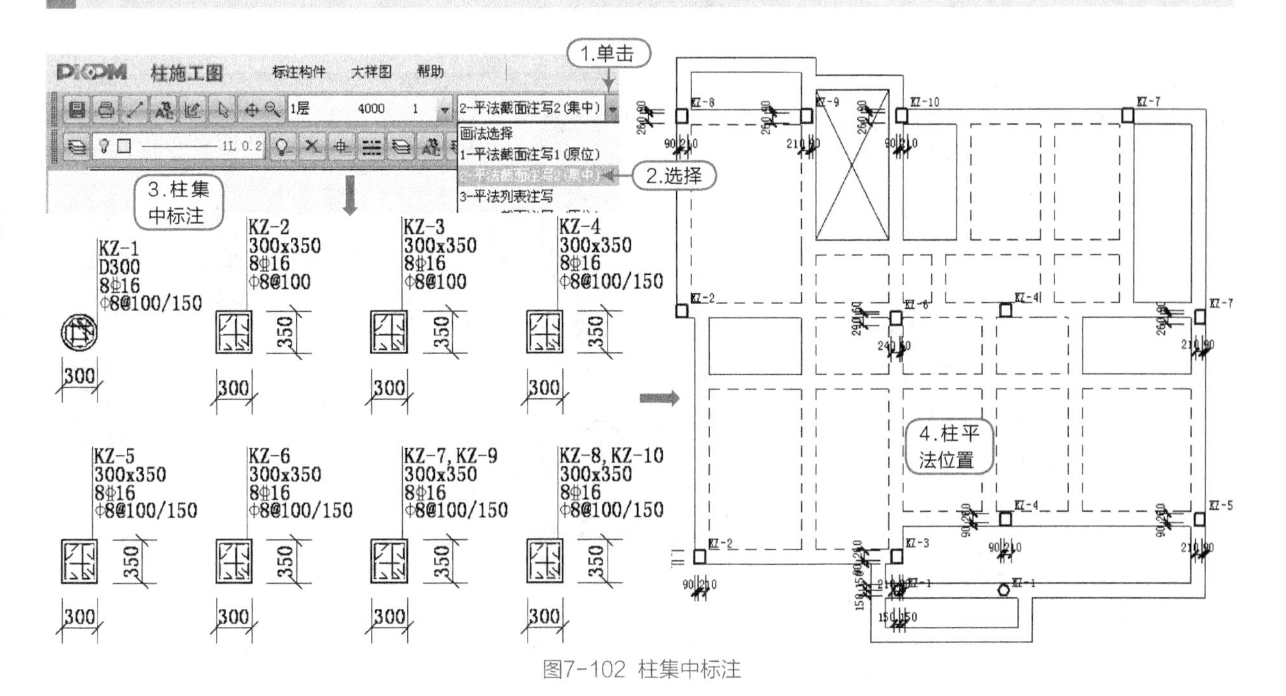

图7-102 柱集中标注

02 下拉菜单中执行【标注轴线】|【自动标注】命令，标注1层柱施工图如图7-103所示。

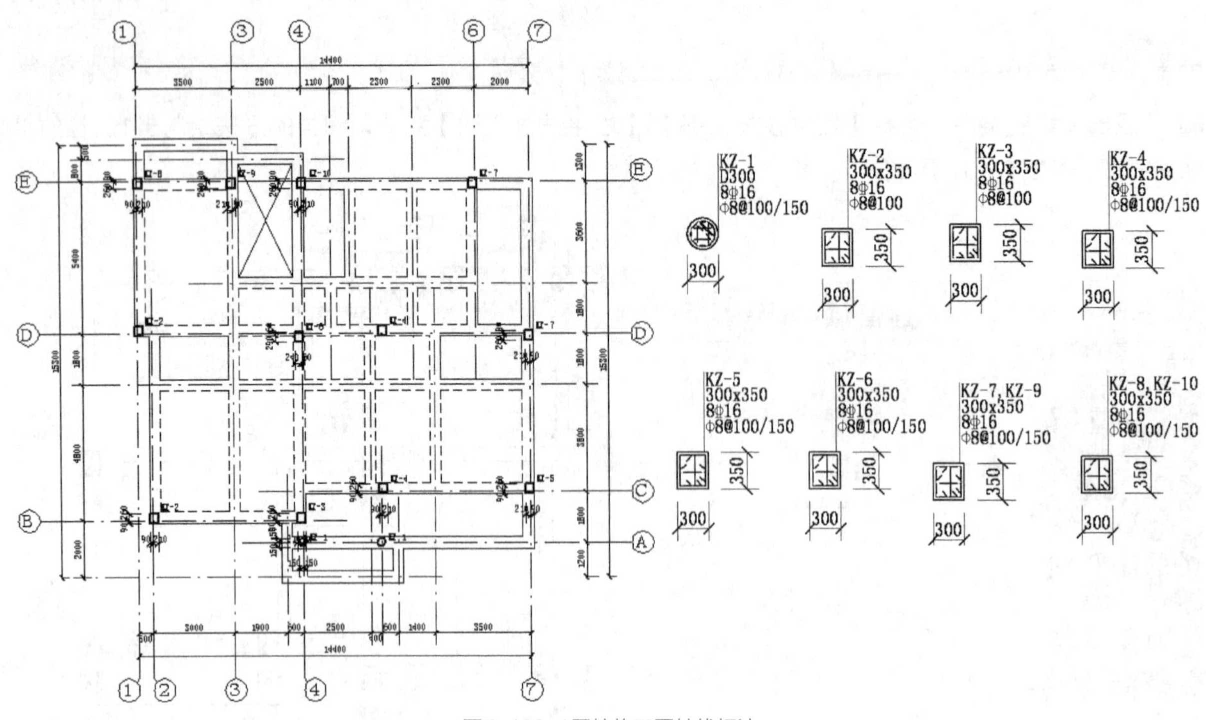

图7-103 1层柱施工图轴线标注

03 在下拉菜单中执行【设置】|【构件显示】，将1、2层柱填充。

04 同样绘制出其他层柱的施工图，如图7-104、图7-105所示。

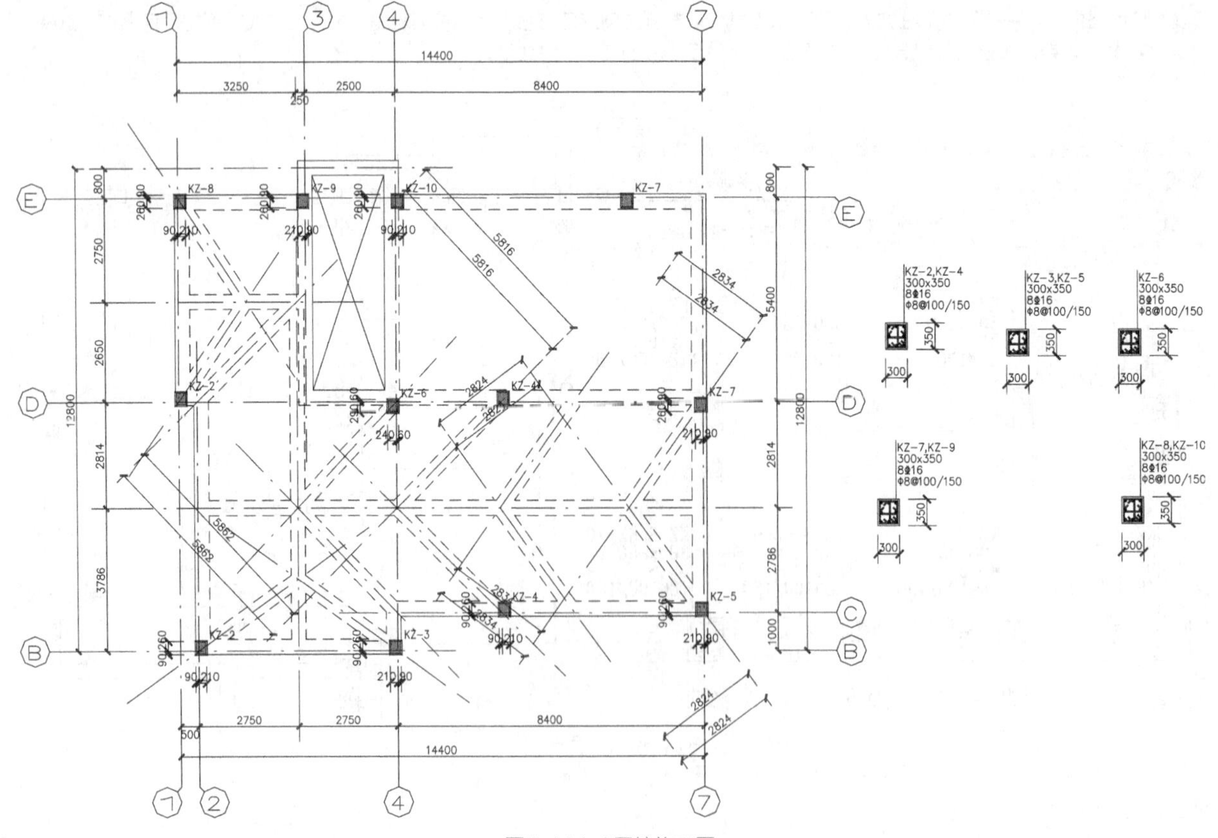

图7-104 2层柱施工图

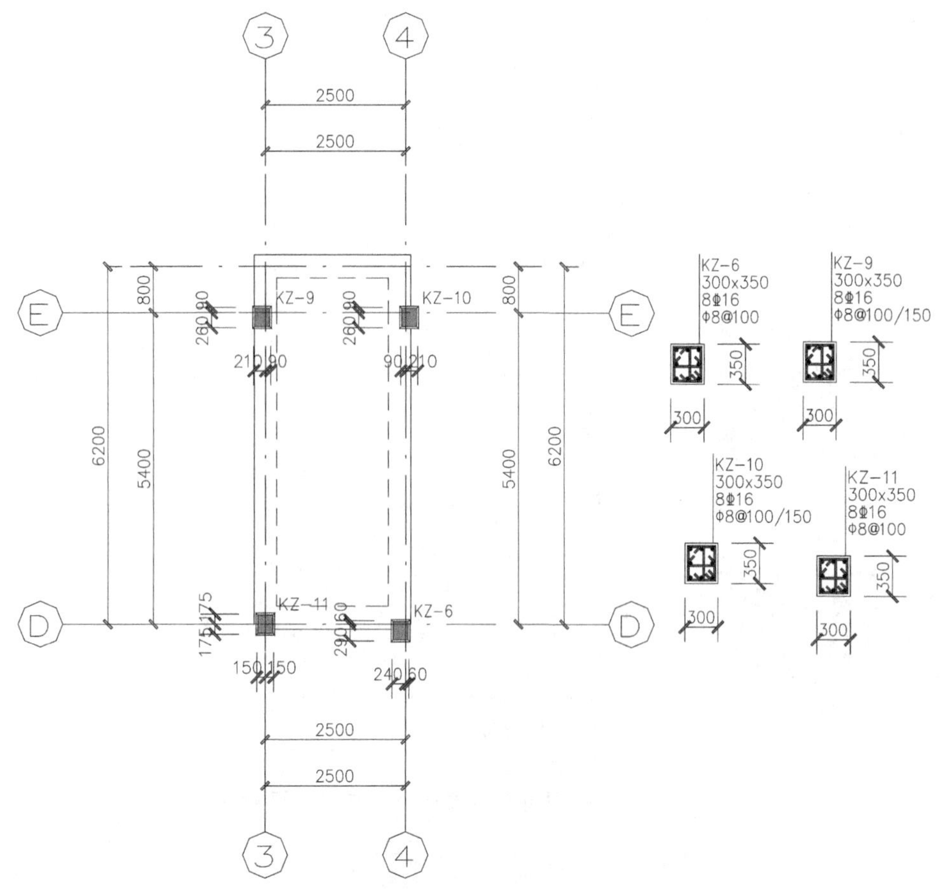

图7-105 3层柱施工图

05 柱平法施工图绘制完成后，“保存”文件后“退出”。

7.2.5 绘板施工图

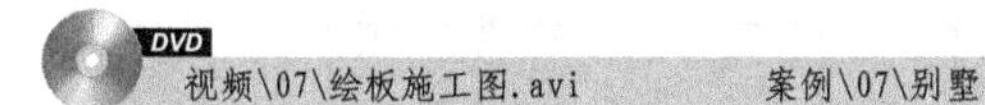

接上，完成SATWE部分后，开始绘制施工图，包括板、梁和柱。

01 选择【PMCAD】|【画结构平面图】菜单，单击“应用”按钮，进入板绘制，如图7-106所示。

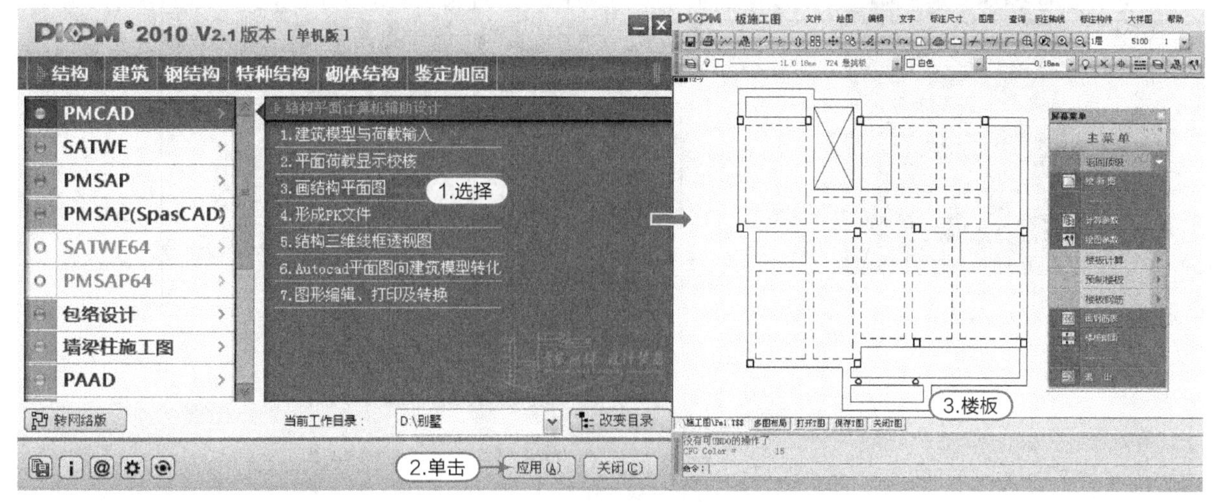

图7-106 进入板绘制

02 执行【计算参数】命令，设置板配筋计算参数，如图7-107所示。

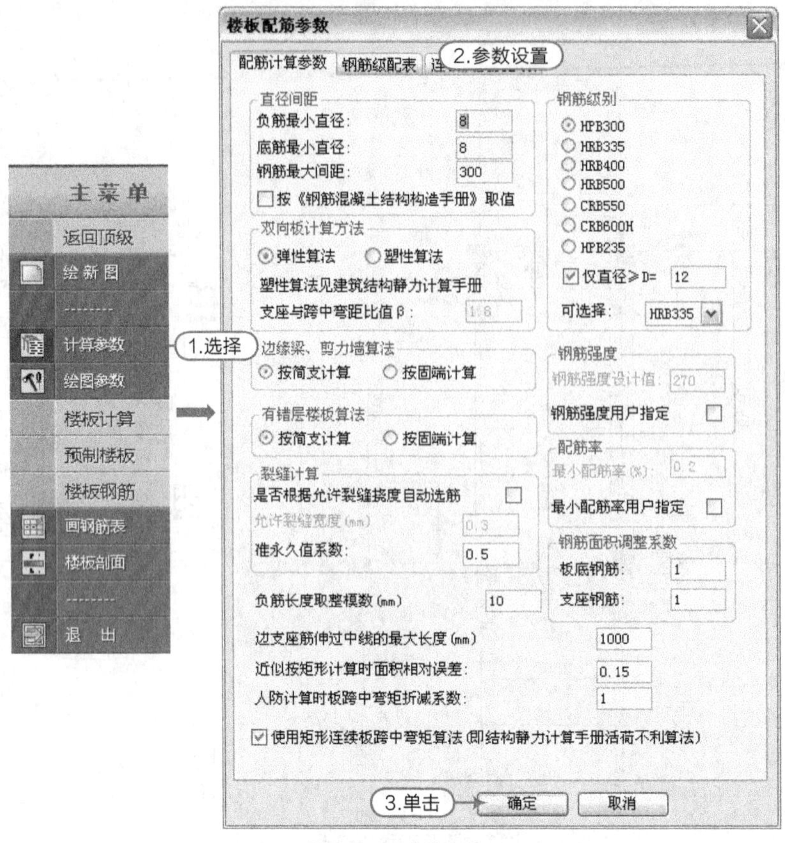

图7-107 计算参数

03 执行【楼板计算】|【自动计算】命令，程序自动计算楼板配筋，如图7-108所示。

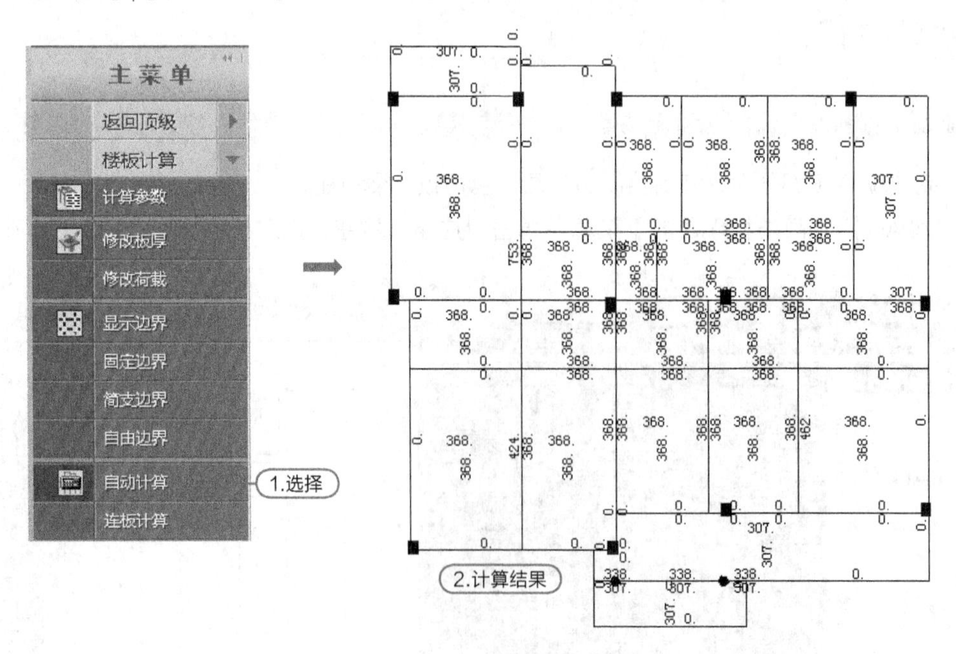

图7-108 自动计算

04 执行【楼板钢筋】|【逐间布筋】命令，以窗选方式框选楼板平面图，如图7-109所示。

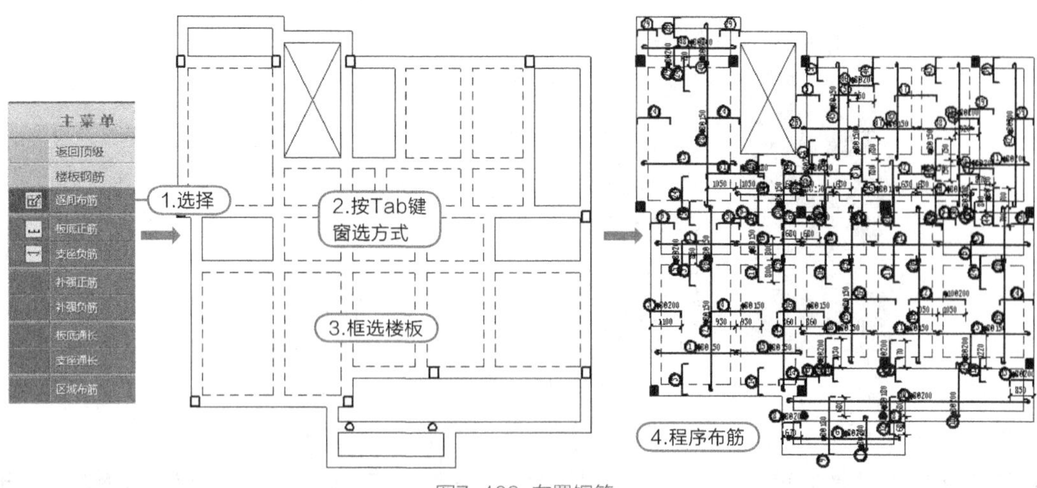

图7-109 布置钢筋

05 执行【楼板钢筋】|【板底通长】命令，根据命令行提示，将板底筋通长处理，操作如图7-110所示。

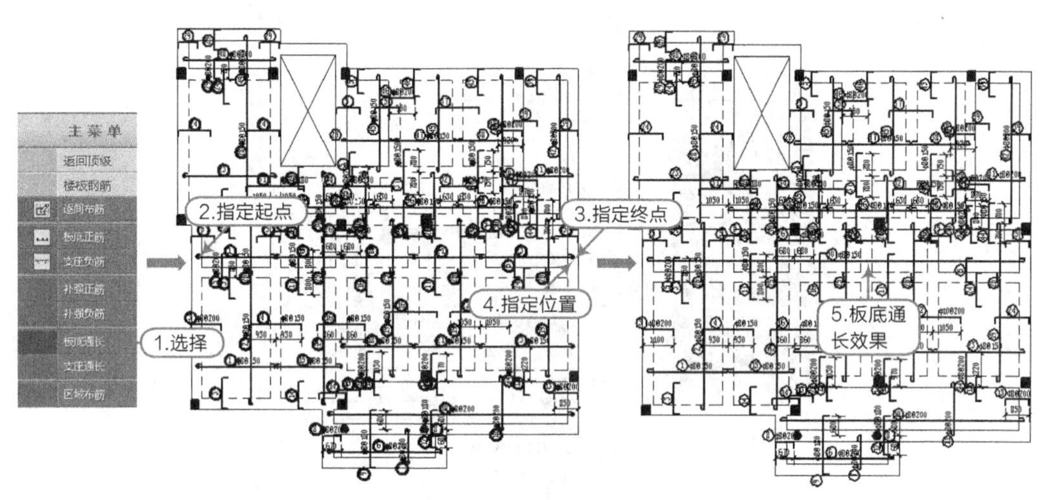

图7-110 板底筋通长

06 重复【板底通长】命令，将其他板底筋同样通长处理，效果如图7-111所示。

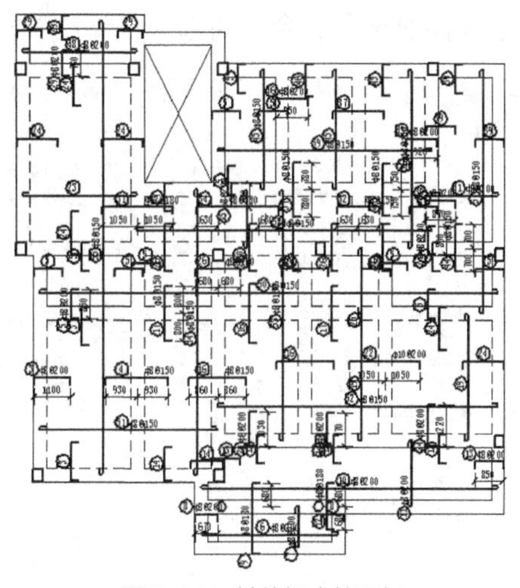

图7-111 其他板底筋通长

07 执行【画钢筋表】命令，程序自动生成钢筋表，在屏幕绘图区指定点插入即可，如图7-112所示。

楼板钢筋表

编号	钢筋简图	规格	最短长度	最长长度	根数	总长度	重量
3	80 1100 105	Φ8@200	1285	1285	57	73245	28.9
4	105 1860 105	Φ8@150	2070	2070	33	68310	27.0
5	105 850 80	Φ8@200	1035	1035	172	178020	70.2
6	4100	Φ8@200	4200	4200	7	28700	11.3
7	1200	Φ8@200	1300	1300	21	25200	9.9
8	80 670 85	Φ8@200	835	835	14	11690	4.6
9	80 2050 85	Φ8@180	2215	2215	24	53160	21.0
10	8401-8891	Φ8@200	8501	8991	11	94861	37.4
[illegible]	910-1910	Φ8@200	1010	2010	45	82937	32.7
12	85 1360 85	Φ8@180	1530	1530	4	6120	2.4

图7-112 钢筋表

提示

“画钢筋表”的操作前提是有板钢筋编号，如果钢筋没有编号，程序将弹出警告：钢筋未编号，无法生成钢筋表！至于检查或修改钢筋编号，则执行【绘图参数】命令，在其弹出的对话框中修改，如图 7-113 所示。

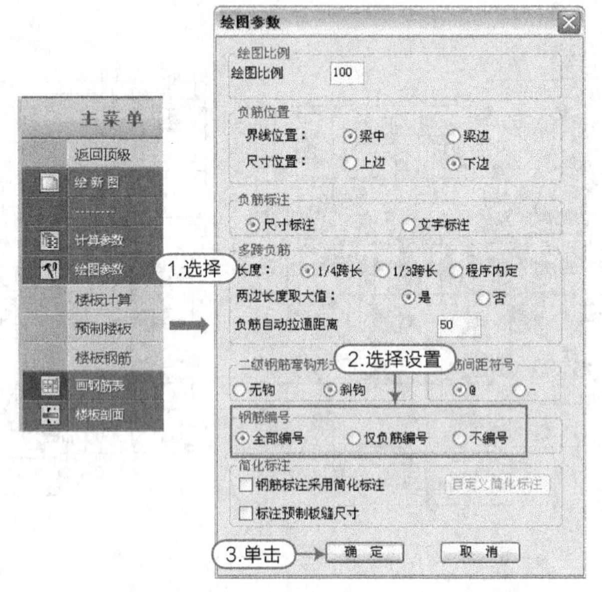

图7-113 钢筋编号

08 在下拉菜单区执行【设置】|【构件显示】命令，勾选“柱涂实”选项，如图7-114所示。

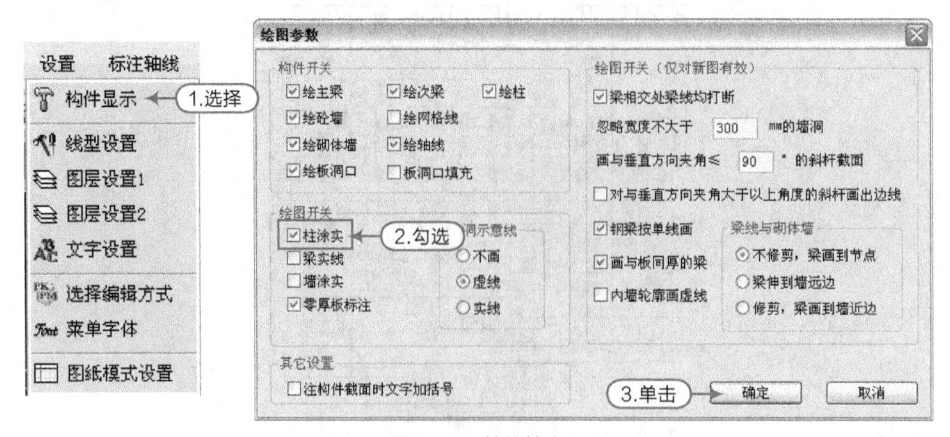

图7-114 柱的填充

09 在下拉菜单区执行【标注轴线】|【自动标注】命令，勾选所有选项，程序自动标注轴线如图7-115所示。

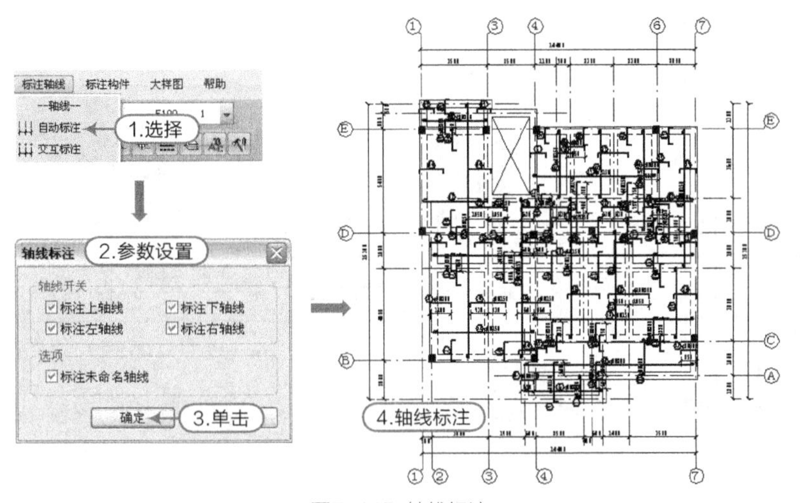

图7-115 轴线标注

提示

如果“自动标注”失败，应返回 PMCAD 对结构平面图正确执行【轴线命名】操作，完成后再进入板施工图绘制。

10 单击工具栏的最右侧倒三角按钮切换楼层，重复上述操作步骤，完成其余自然层的板施工图绘制，结果如图7-116、图7-117所示。

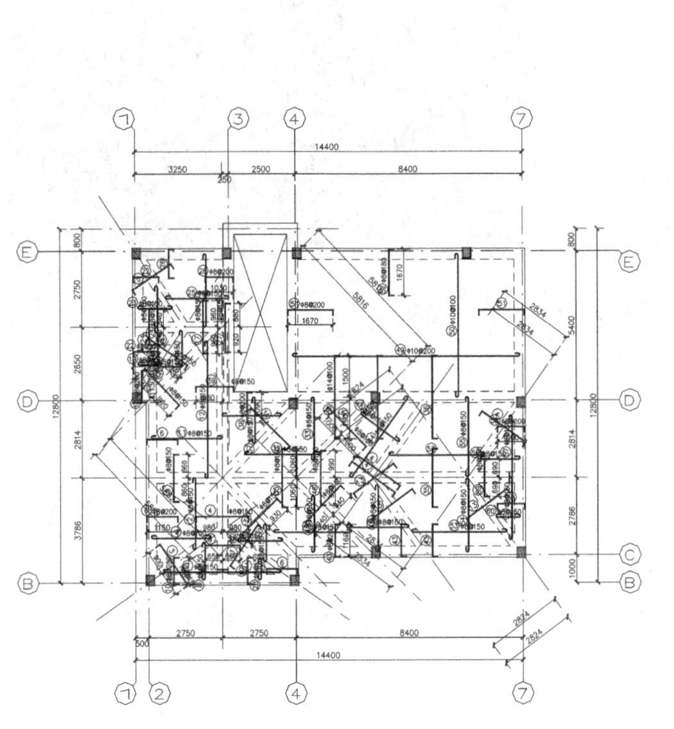

楼板钢筋表

编号	钢筋简图	规格	最短长度	最长长度	根数	总长度	重量
1	72-2639	Φ8@150	172	2739	26	61281	24.2
2	1920-3675	Φ8@150	2020	3775	18	50411	19.9
3	105 1800 105	Φ8@150	2009	2009	46	92414	36.5
4	105 1960 105	Φ8@150	2170	2170	61	132370	52.2
5	105 1720 105	Φ8@150	1929	1930	42	81047	32.0
6	80 1150 105	Φ8@200	1335	1335	41	54735	21.6
7	72-2834	Φ8@150	172	2934	62	64938	25.6
8	97-1755	Φ8@150	197	1855	17	21112	8.3
9	105 1300 105	Φ8@150	1510	1510	13	19630	7.7
10	105 970 80	Φ8@200	1155	1155	30	34650	13.7
11	51-2640	Φ8@150	151	2740	61	132420	52.3
12	2968-5415	Φ8@150	3068	5515	18	75370	29.7
13	105 1840 105	Φ8@150	2049	2050	74	151652	59.8
14	554-1383	Φ8@150	654	1483	18	17727	7.0
15	71-1349	Φ8@150	171	1449	21	19516	7.7
16	105 1760 105	Φ8@150	1969	1969	22	43318	17.1
17	105 1920 105	Φ8@150	2130	2130	10	21300	8.4
18	105 1130 80	Φ8@200	1315	1315	3	3945	1.6
19	139-1705	Φ8@150	239	1805	16	20057	7.9
20	71-2420	Φ8@150	171	2520	12	15020	5.9
21	105 1280 105	Φ8@150	1490	1490	13	19370	7.6
22	80 960 105	Φ8@200	1145	1145	29	33205	13.1
23	91-1706	Φ8@150	191	1806	17	20716	8.2
24	74-2512	Φ8@150	174	2612	12	15596	6.2
25	1683-3392	Φ8@150	1783	3492	18	45730	18.0
26	105 1030 80	Φ8@200	1215	1215	33	40095	15.8
27	105 1780 105	Φ8@150	1990	1990	2	3980	1.6
28	138-1755	Φ8@150	238	1855	17	21991	8.7
29	59-1835	Φ8@150	159	1935	25	30206	11.9
30	1051-1869	Φ8@150	1151	1969	18	26309	10.4
31	105 1860 105	Φ8@150	2070	2070	27	55890	22.1
32	2752-2903	Φ8@150	2852	3003	20	56559	22.3
33	51-2813	Φ8@150	151	2913	38	64364	25.4
34	105 2000 105	Φ8@150	2209	2210	55	121503	47.9
35	105 2120 105	Φ8@150	2330	2330	43	100190	39.5
36	105 3000 105	Φ14@100	3210	3210	84	269640	325.8
37	51-5412	Φ8@150	151	5512	20	35163	13.9
38	80 1090 105	Φ8@200	1275	1275	13	16575	6.5
39	80 1400 105	Φ8@150	1585	1585	37	58645	23.1
40	2752-2891	Φ8@150	2852	2991	19	53554	21.1
41	50-2671	Φ8@150	150	2771	37	58986	23.3
42	105 1880 105	Φ8@150	2089	2090	28	58493	23.1

图7-116 2层板施工图

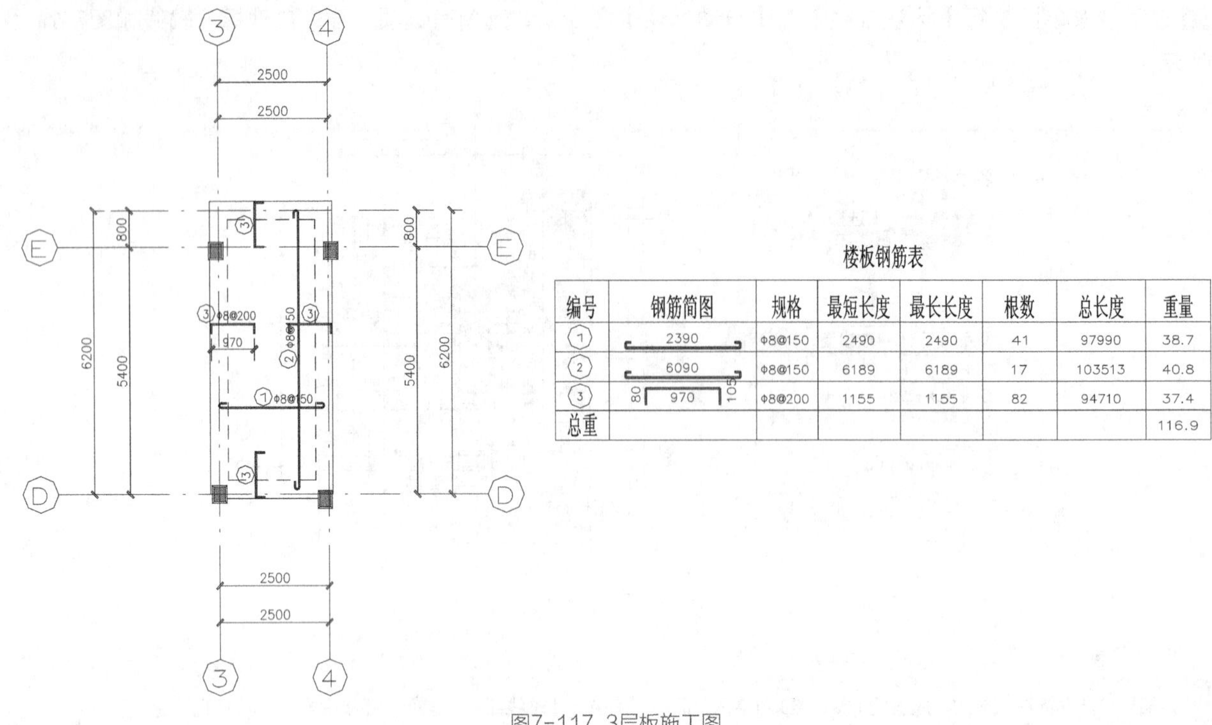

楼板钢筋表

编号	钢筋简图	规格	最短长度	最长长度	根数	总长度	重量
①	2390	Φ8@150	2490	2490	41	97990	38.7
②	6090	Φ8@150	6189	6189	17	103513	40.8
③	80 970 105	Φ8@200	1155	1155	82	94710	37.4
总重							116.9

图7-117 3层板施工图

11 单击“保存”按钮后，在屏幕菜单中选择“退出”菜单命令，返回到PMCAD主菜单界面，如图7-118所示。

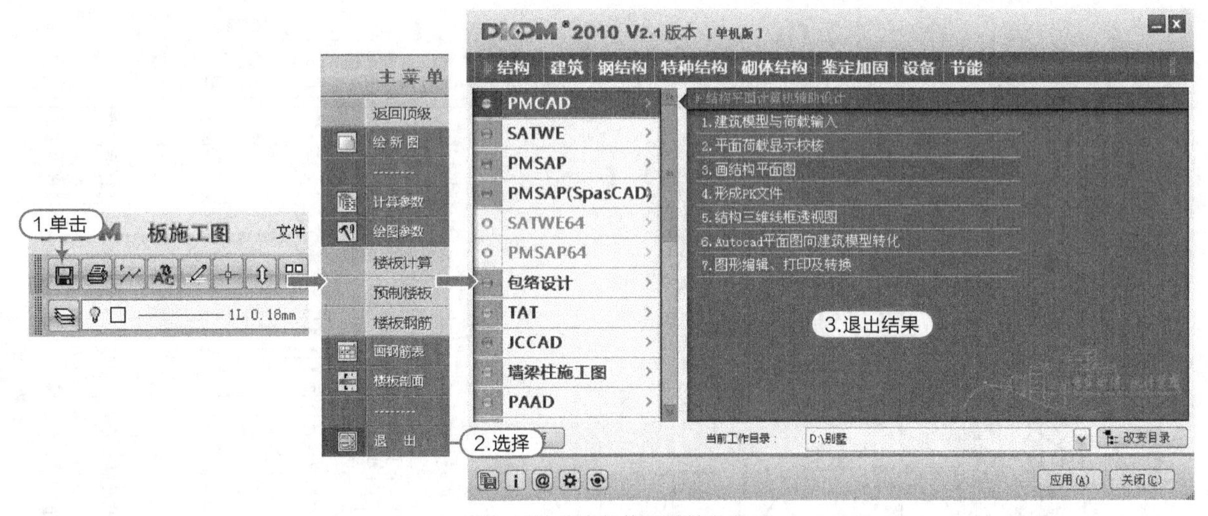

图7-118 保存板施工图并退出

7.2.6 基础设计

接上，完成施工图的绘制后，接下来进行基础的设计。

01 选择【JCCAD】|【基础人机交互输入】菜单，单击“应用”按钮，进入柱下独基的设计绘制，如图7-119所示。

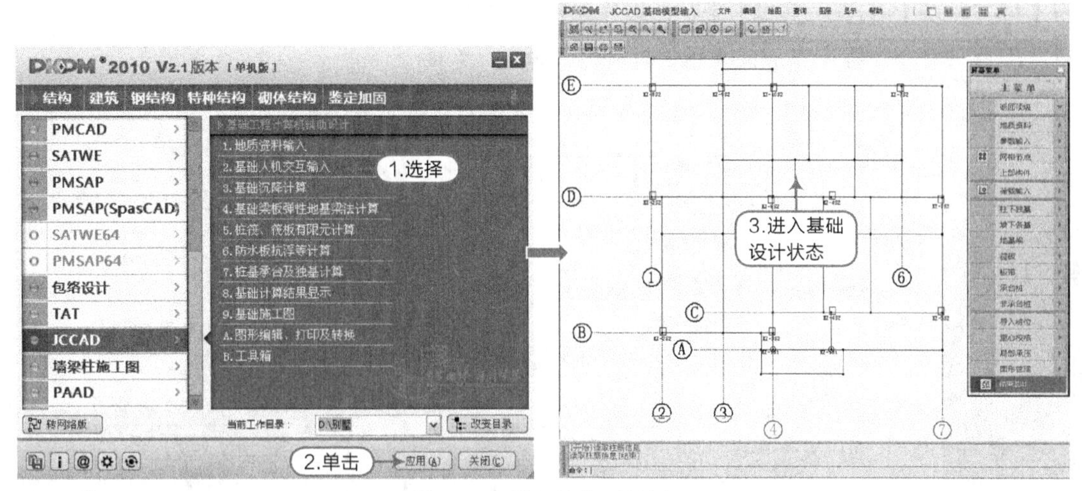

图7-119 进入基础设计状态

02 执行【参数输入】|【基本参数】命令，在弹出的“基本参数”对话框中，设置基础基本参数，如图7-120所示。

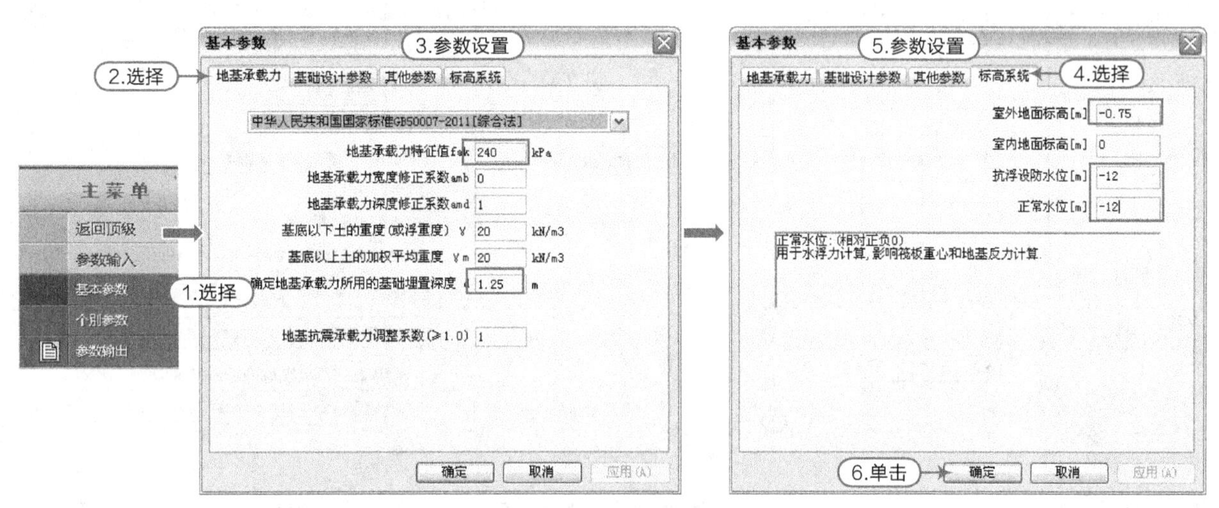

图7-120 基础参数设置

03 执行【荷载输入】|【读取荷载】命令，在左侧点取“SATWE荷载”选项，单击“确定”即可将荷载数据加载到基础上，如图7-121所示。

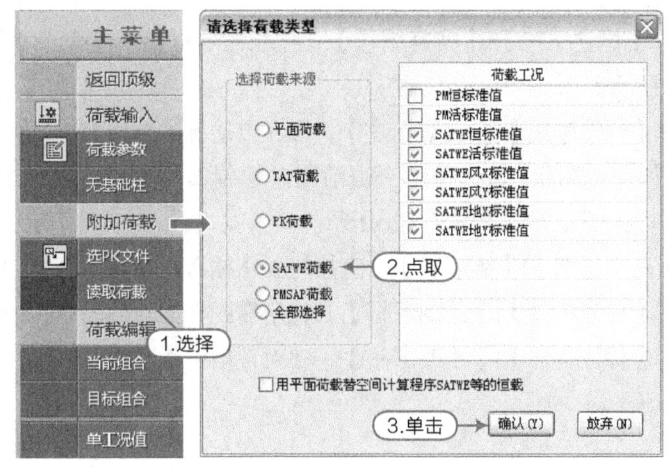

图7-121 读取荷载

04 执行【柱下独基】|【自动生成】命令，操作如图7-122所示。

05 执行“保存”命令，程序完成保存后，再执行“退出”命令。

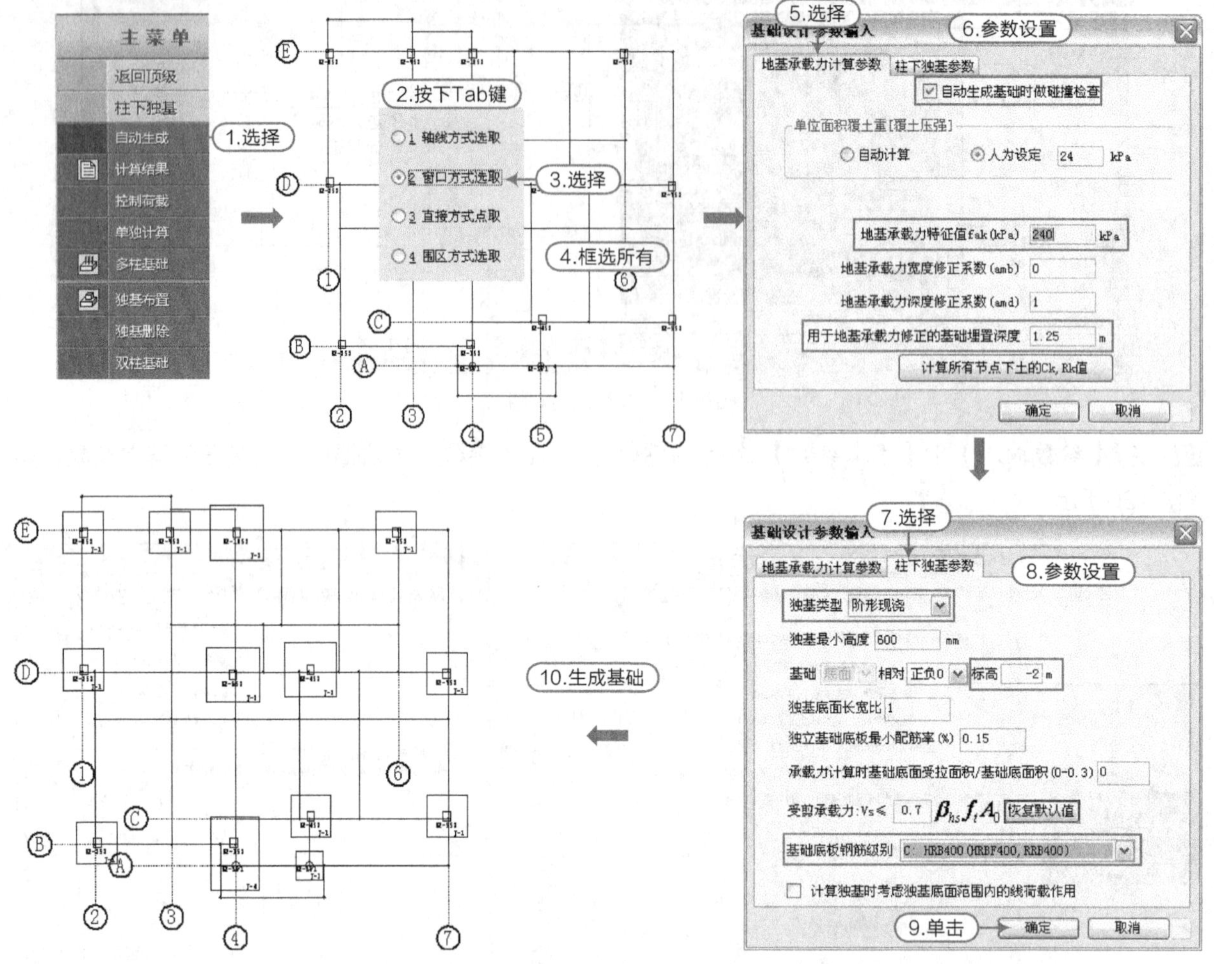

图7-122 自动生成基础

06 选择【JCCAD】|【基础施工图】菜单，单击“应用”按钮，进入柱下独基的施工图绘制，按照如下步骤对基础施工图进行编辑。

- 在下拉菜单区选择【标注构件】|【独基尺寸】，按照命令行提示逐个点取基础，程序自动标注独基尺寸，效果如图7-123所示。
- 在下拉菜单区选择【标注字符】|【独基编号】，按照命令行提示逐个点取基础，程序自动标注独基尺寸，效果如图7-124所示。
- 在下拉菜单区选择【标注轴线】|【自动标注】，程序自动标注柱网尺寸，如图7-125所示。
- 在屏幕菜单单击【基础详图】，选择“在当前图中绘制详图”后，执行【基础详图】|【插入详图】，逐个选择插入图中空白区，效果如图7-126所示。
- 在屏幕菜单执行【基础详图】|【钢筋表】，直接将表格插入图中空白区，如图7-127所示。
- 在下拉菜单区选择【标注构件】|【绘制图框】，将所需图框插入到图中，如图7-128所示。
- 在下拉菜单区选择【标注构件】|【修改图签】，在对话框中修改图签内容，操作如图7-129所示。

07 “保存”文件后“退出”。

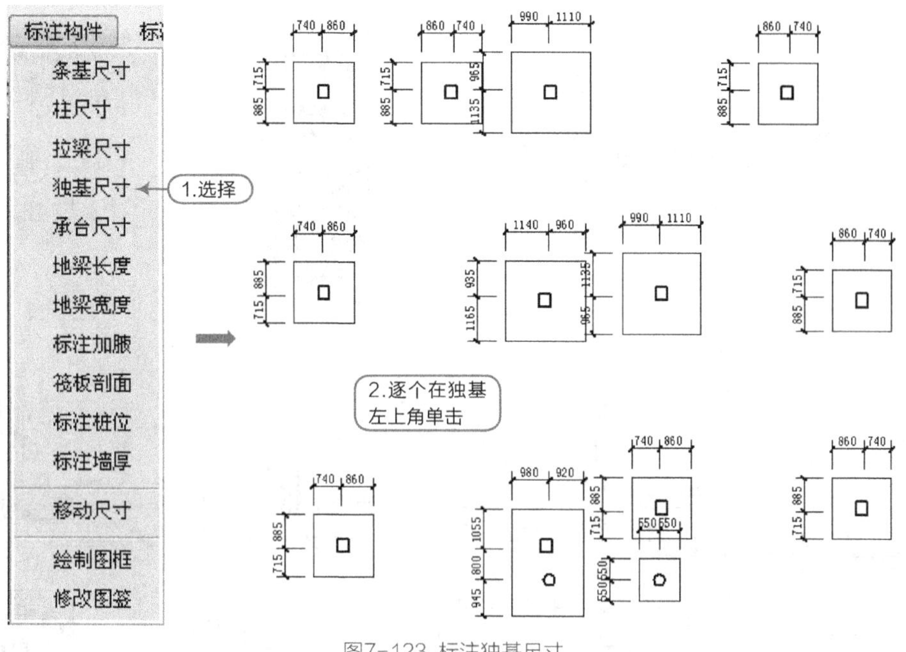

图7-123 标注独基尺寸

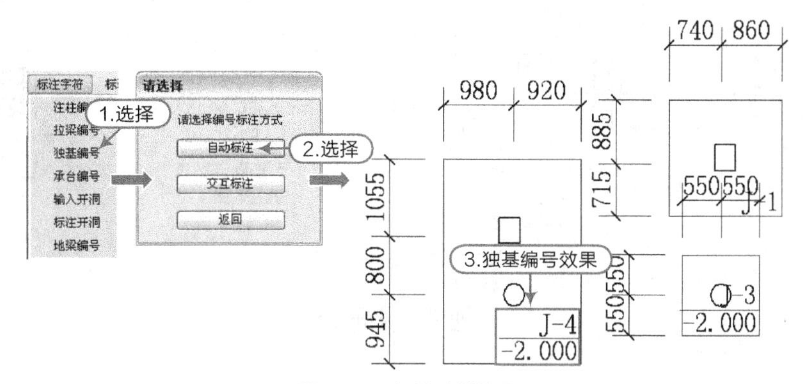

图7-124 标注独基编号

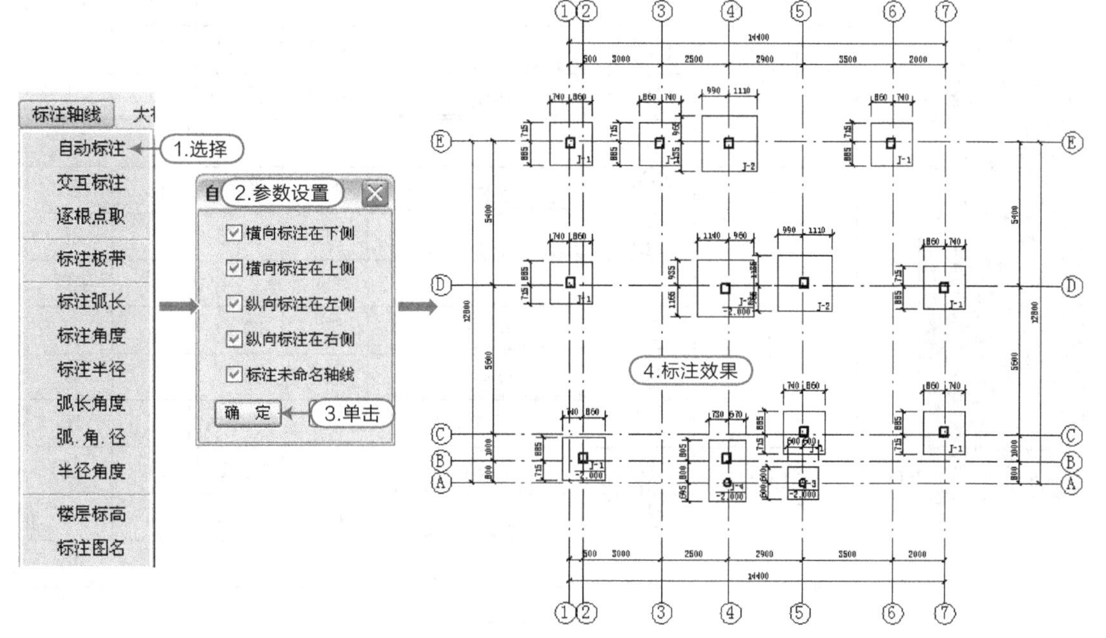

图7-125 轴线标注

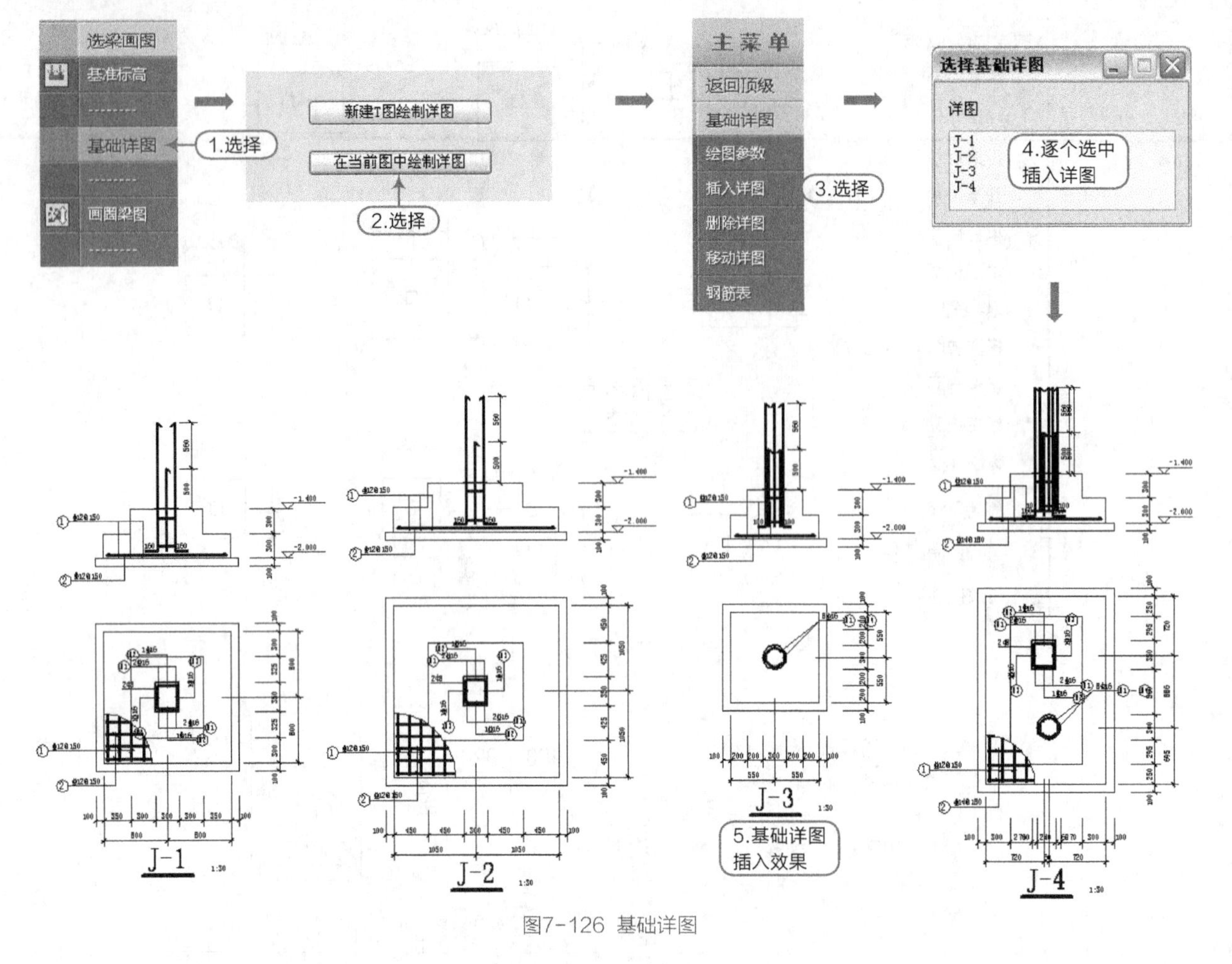

图7-126 基础详图

独基钢筋表

基础名称	编号	钢筋形状	规格	长度	根数	重量
J-1 X8	①	1530	ф12	1530	11	15
	②	1530	ф12	1530	11	15
					小计：	240
J-2 X3	①	2030	ф12	2030	15	28
	②	2030	ф12	2030	15	28
					小计：	163
J-3 X1	①	1030	ф12	1030	8	8
	②	1030	ф12	1030	8	8
					小计：	15
J-4 X1	①	2230	ф12	2230	11	22
	②	1430	ф14	1430	13	23
					小计：	45

图7-127 钢筋表

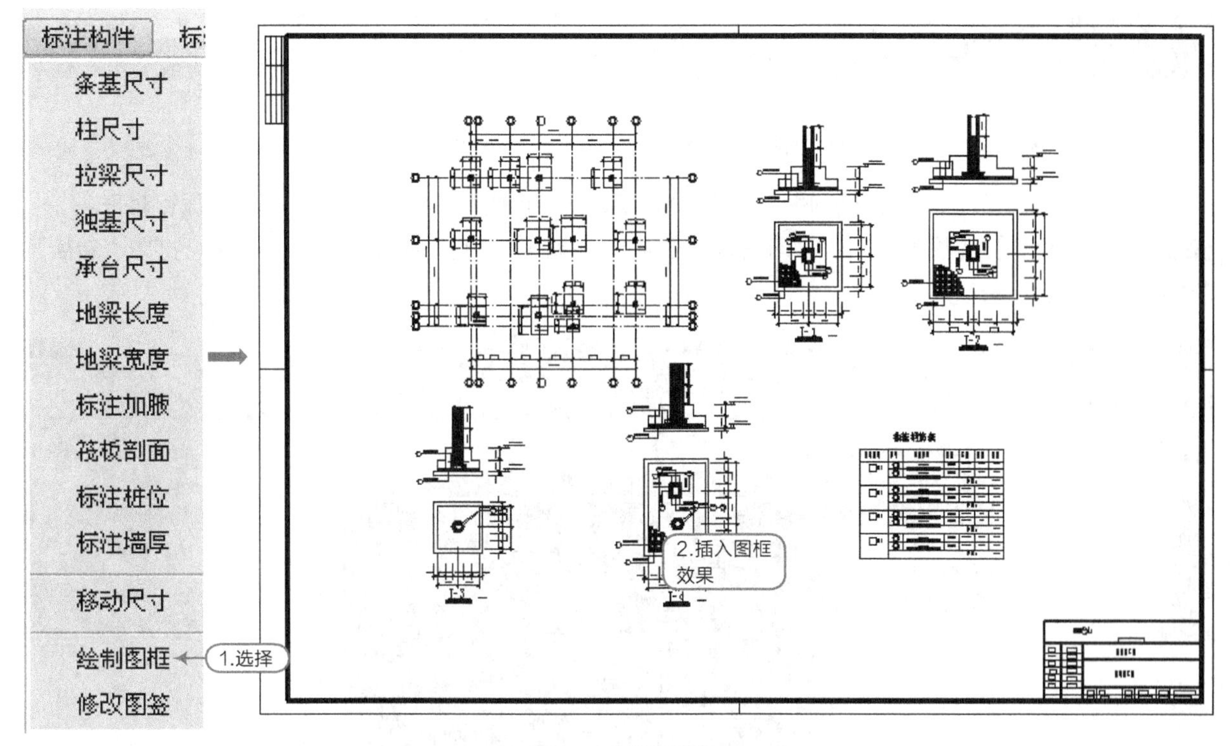

图7-128 插入图框

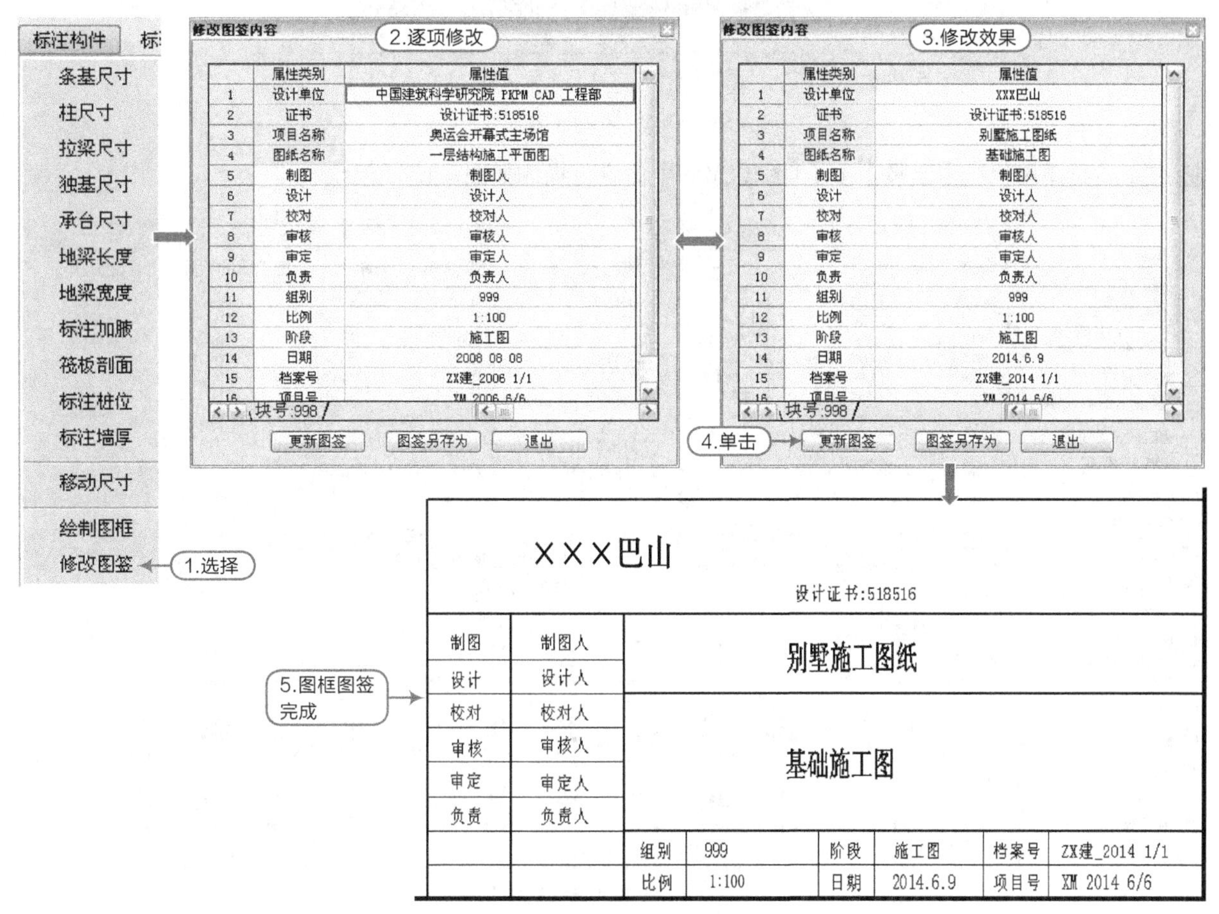

图7-129 修改图签

7.3 T转DWG图

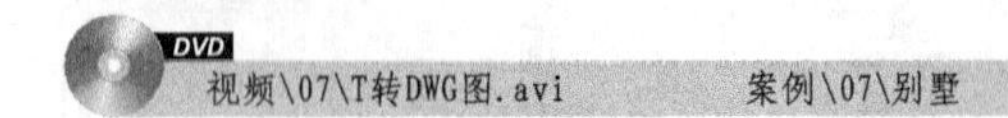

在施工图绘制完成后，将PKPM生成的“XXX施工图.T“转换为“XXX施工图.dwg”，保存起来。

01 选择【PMCAD】|【图形编辑、打印及转换】菜单，单击“应用”按钮，进入“编辑、打印、转换”状态，如图7-130所示。

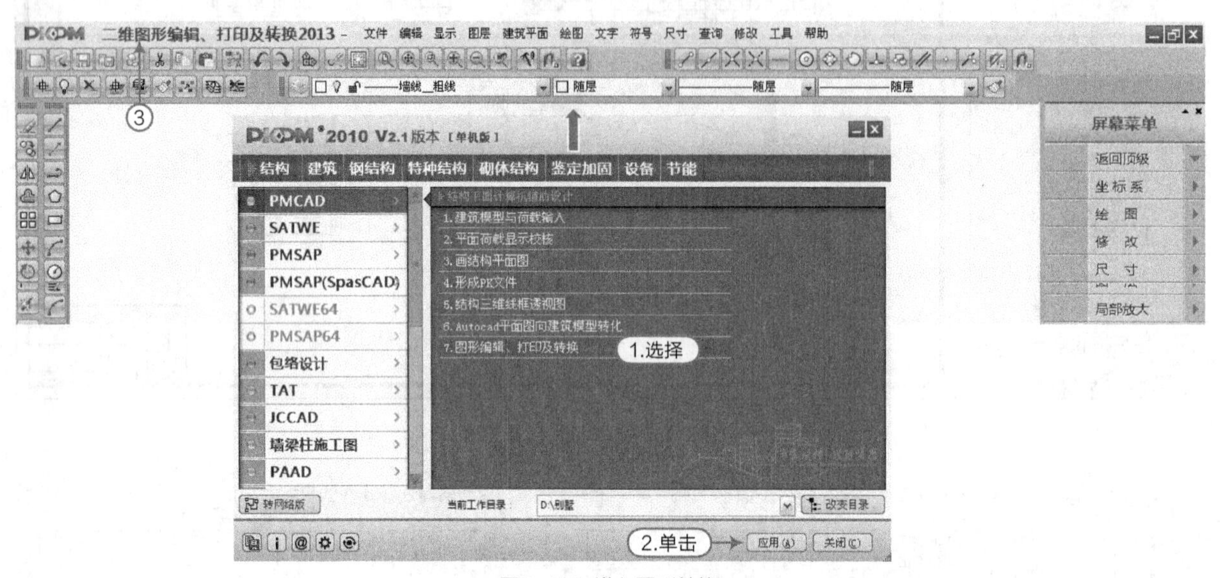

图7-130 进入图形转换

02 在下拉菜单区执行【工具】|【T图转DWG】命令，操作如图7-131所示。

图7-131 图形转换操作

第 08 章

教学楼结构施工图的绘制

现在再以一个例题演示操作结构施工图绘制的详尽全过程，对PKPM的结构施工图绘制从头到尾地串联起来。

8.1 工程概况及建筑图效果

本章以一个幼儿园为例。在做结构工程之前，同样首先要了解工程的具体情况及环境状况。

1. 工程概况

教学楼为三层框架结构，设址于四川省达州市。首层层高为3.6m，二、三层层高为3.3m，平屋顶，女儿墙高度为1.2m，室内外高差为-0.3m。建筑设计使用年限为50年。基础为柱下独立基础。

2. 设计资料

● 工程地质条件。根据《地质勘察报告》，幼儿园所在场地类别为Ⅱ类。场地范围内地下水位为-12.0m，地下水对一般建筑材料无侵蚀作用，不考虑土的液化。土质构成自地表向下见表8-1。

表8-1 土质构成

土质名	厚度（m）	承载力特征值（f_{ak}）（kPa）	天然重度（kN/m^3）
填土层	0.5	80	17.0
黏土	1.5~5	240	18.8
轻亚黏土	3~6	220	18.0
卵石层	2~9	300	20.2

● 气象资料。基本风压：W_0=0.35kN/m^2，地面粗糙度为C类。

基本雪压：无。

● 抗震设防烈度。抗震设防烈度为6°，设计基本地震加速度为0.01g，建筑场地土类别为二类，场地特征周期为0.35，框架抗震等级为二级，因建筑功能为幼儿园，构件抗震等级提高一级，设计地震分组为第一组。

3. 建筑图

给出“建筑设计总说明”如图8-1所示，“一层平面图”如图8-2所示，“二层平面图”如图8-3所示，“三层平面图”如图8-4所示，“屋顶平面图”如图8-5所示，“正立面图”如图8-6所示，“背立面图”如图8-7所示，“右立面图”如图8-8所示，“左立面图”如图8-9所示，“剖面图”如图8-10所示。

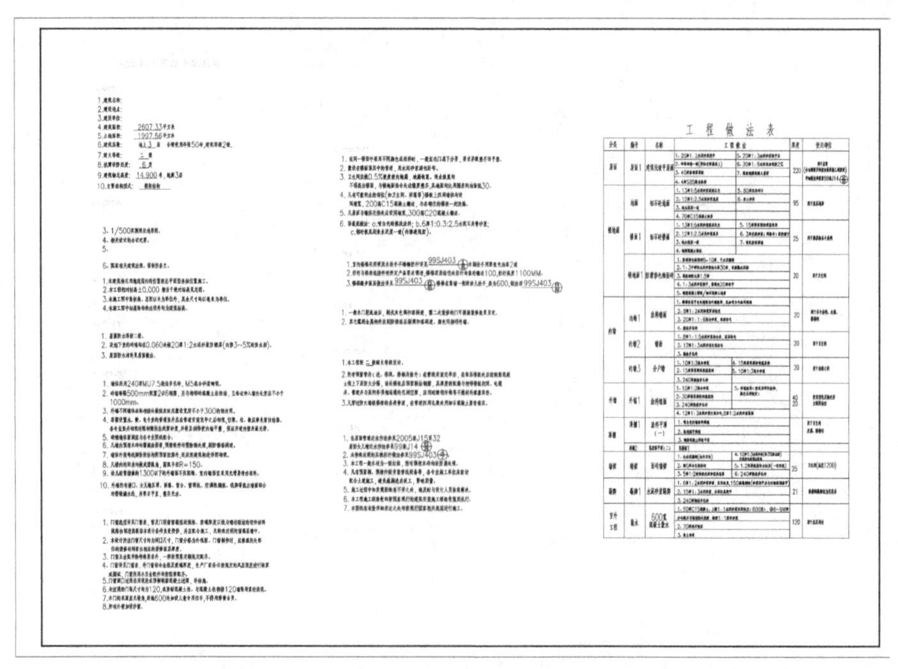

图8-1 建筑设计总说明

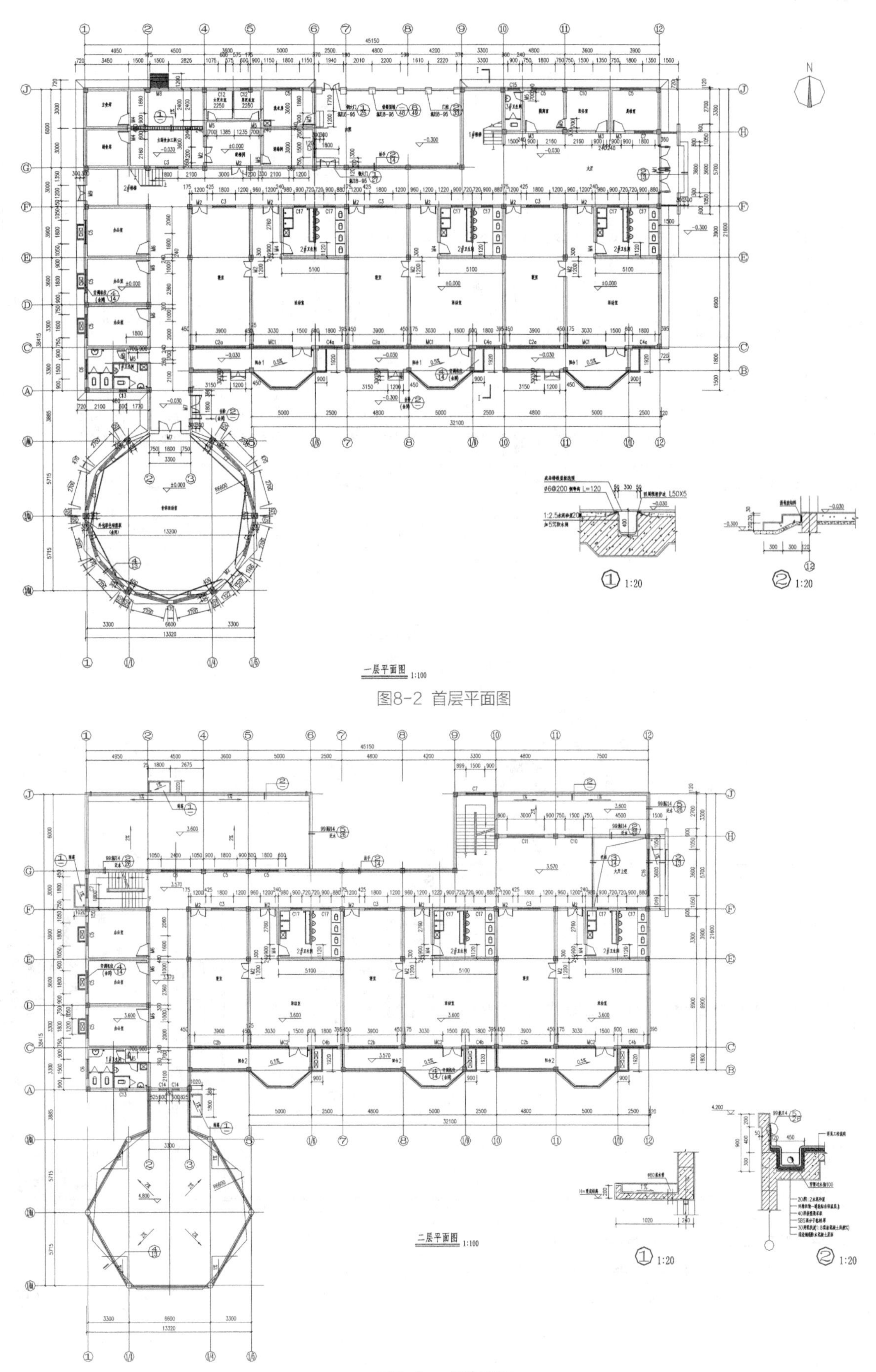

图8-2 首层平面图

图8-3 二层平面图

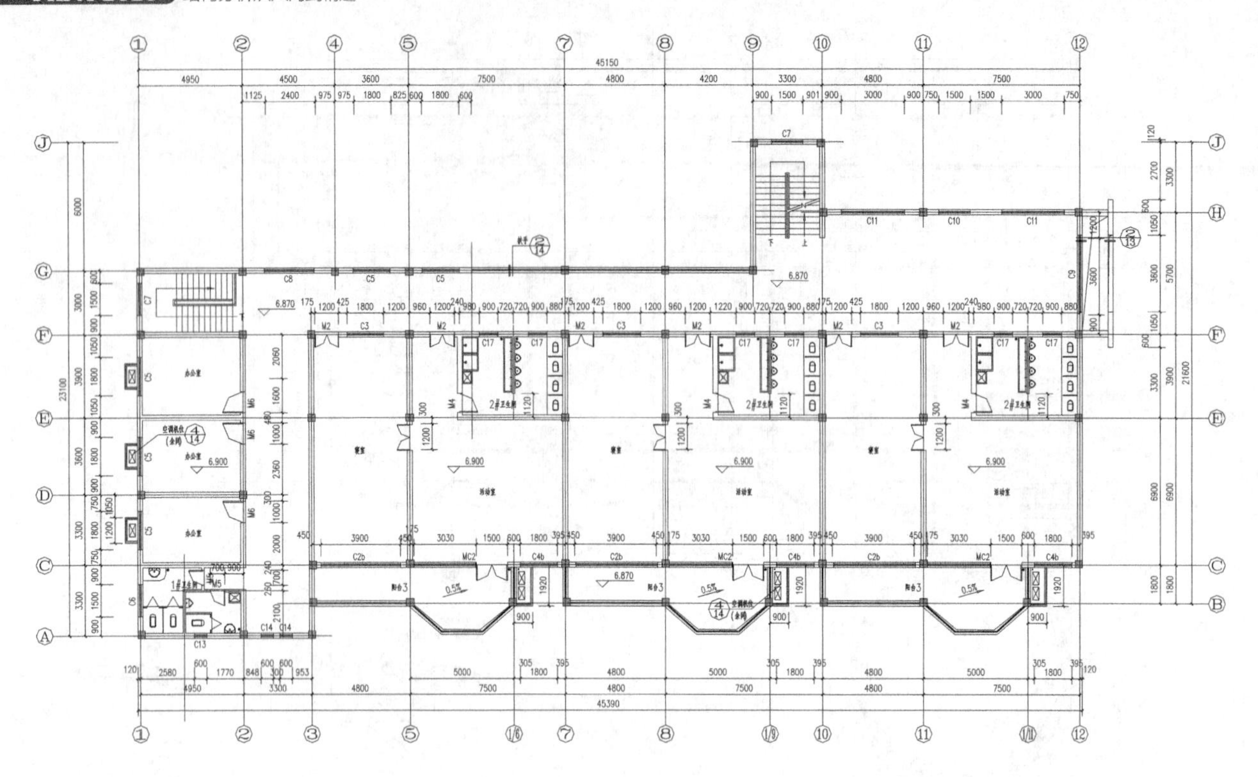

图8-4 三层平面图

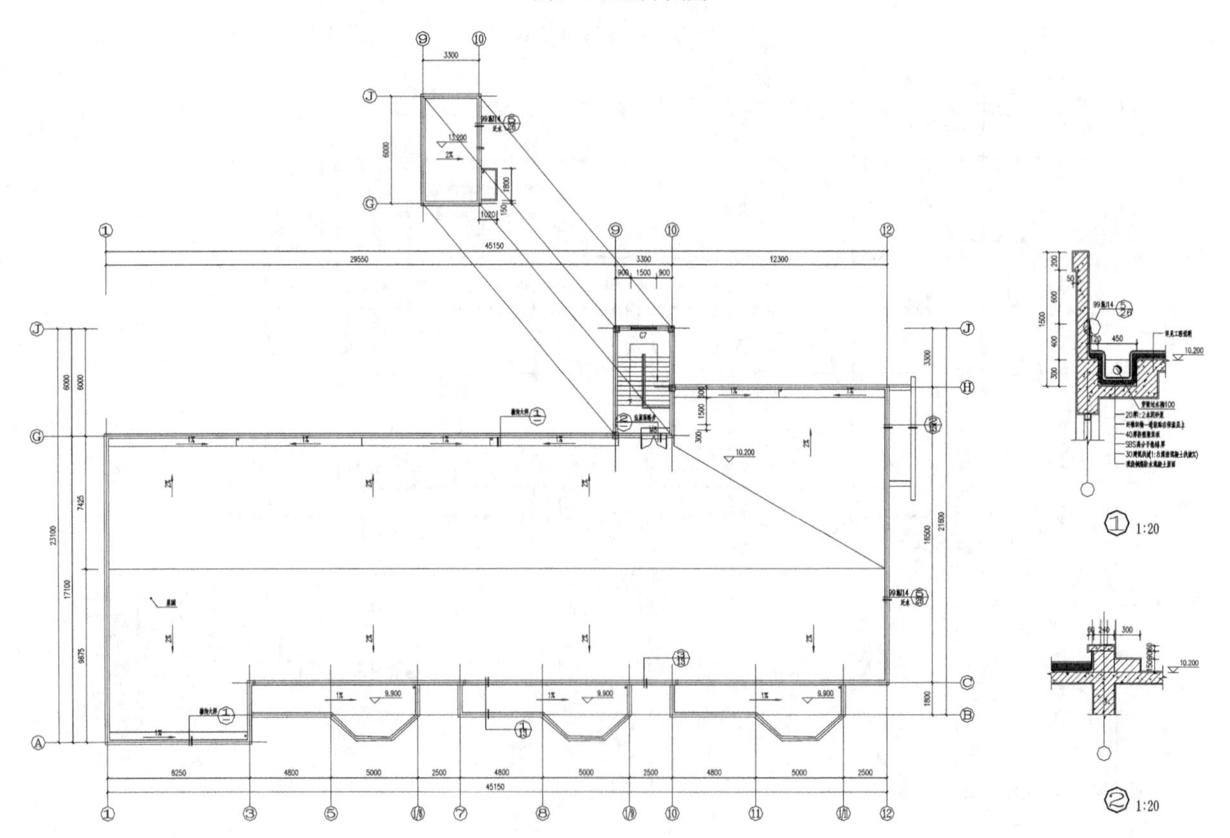

图8-5 屋顶平面图

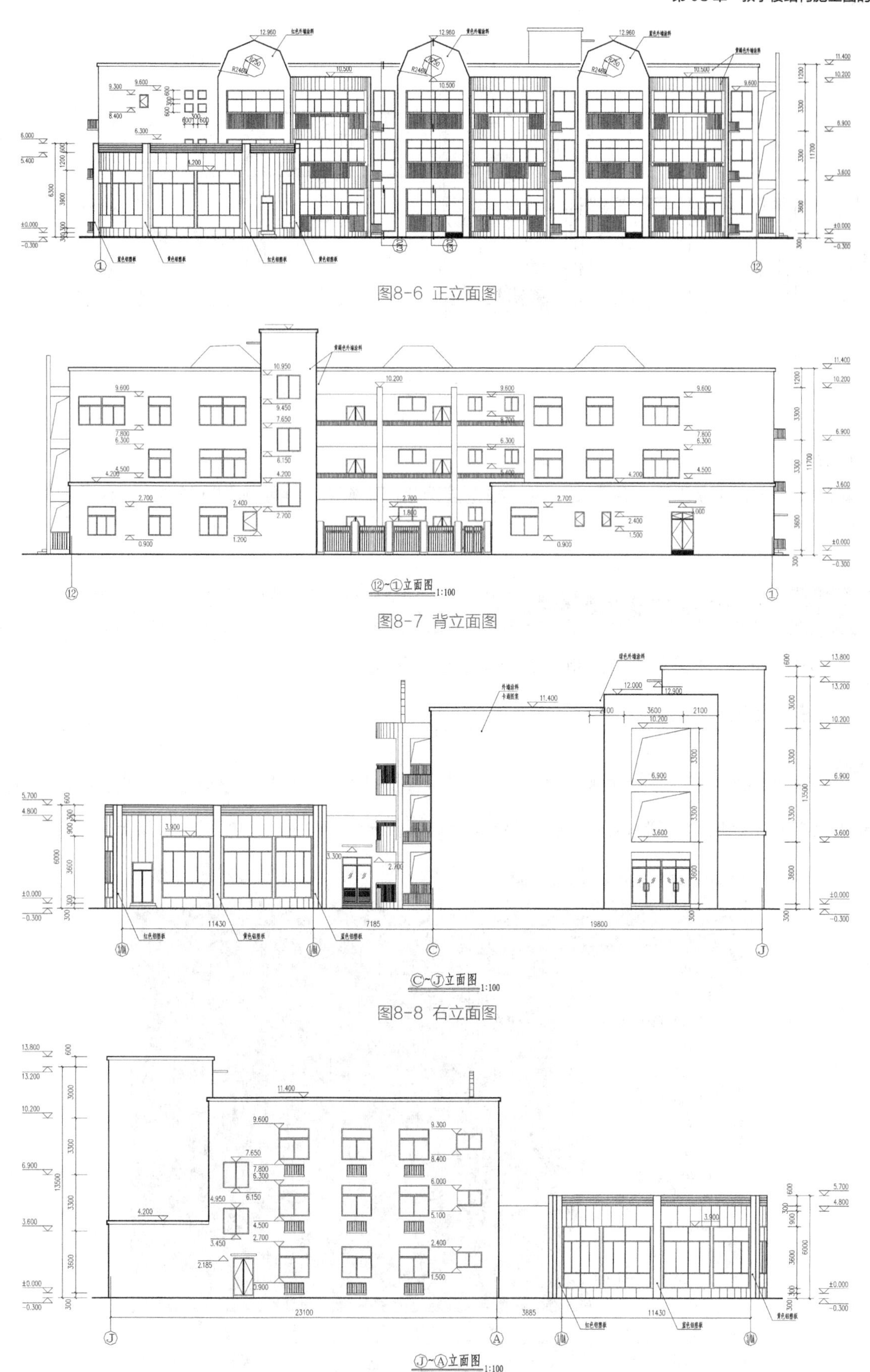

图8-6 正立面图

图8-7 背立面图

图8-8 右立面图

图8-9 左立面图

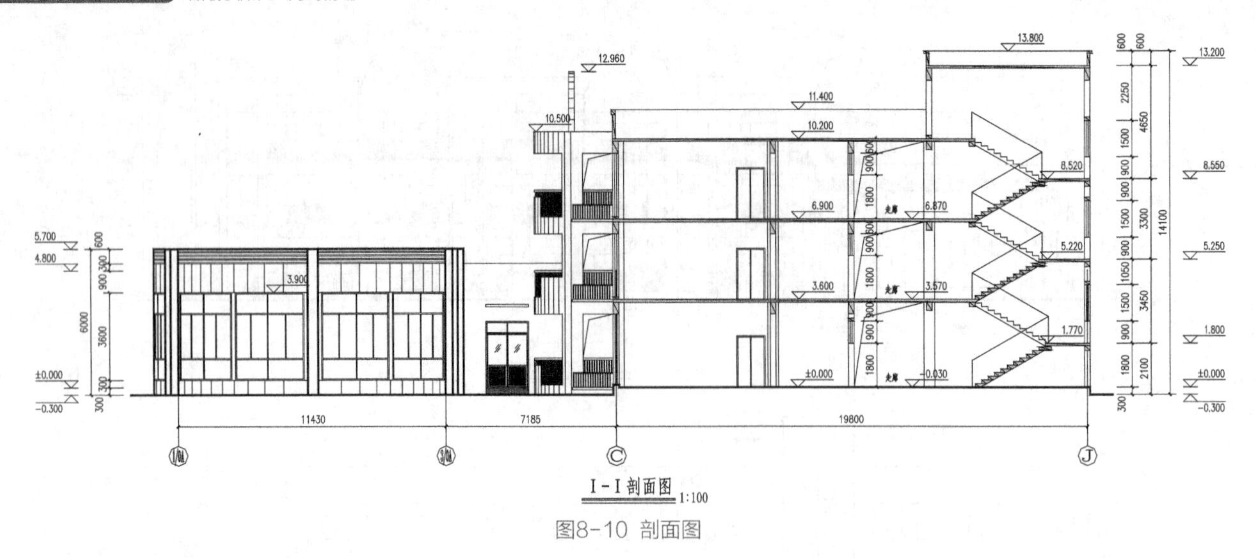

图8-10 剖面图

4. 材料

梁、板、柱的混凝土均选用C30，梁、柱主筋选用HRB400，箍筋选用HPB300，板受力钢筋选用HRB335。

8.2 结构施工图的绘制

现在开始PKPM结构施工图的绘制，首先建立施工图模型。

8.2.1 建立模型

01 双击桌面图标启动PKPM程序，选择“结构”选项，显示软件界面，如图8-11所示。

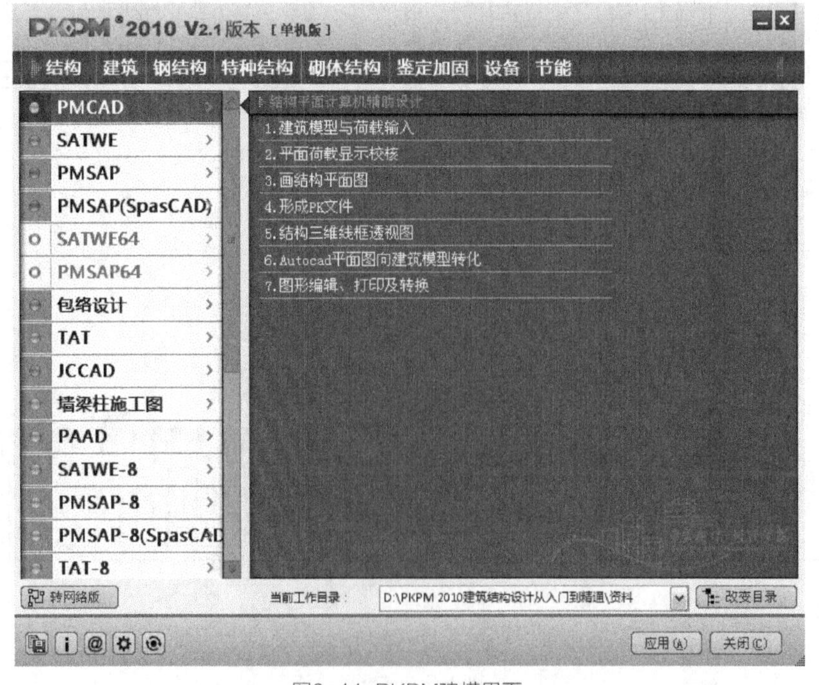

图8-11 PKPM建模界面

02 点取“改变目录”按钮，弹出“选择工作目录”对话框，并“新建”一个新工作目录“教学楼”文件，如图8-12所示。

图8-12 新建工作目录

03 选择【PMCAD】|【建筑模型与荷载输入】菜单，单击“应用”按钮，进入建立工程状态，如图8-13所示。

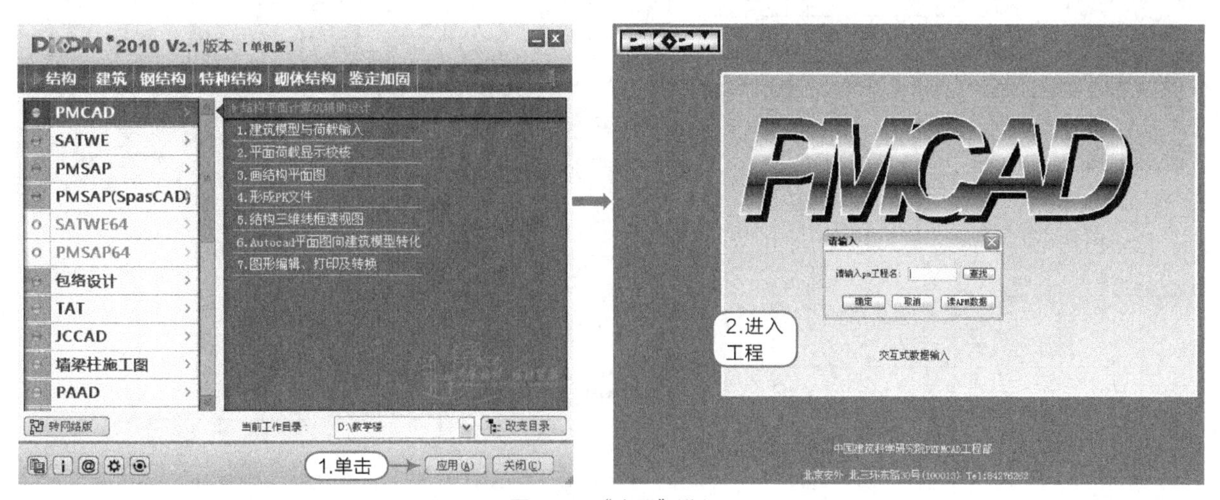

图8-13 “应用”进入

04 在弹出的“请输入”对话框中，输入文件名“幼儿园”，单击“确定”按钮，启动建模程序，如图8-14所示。

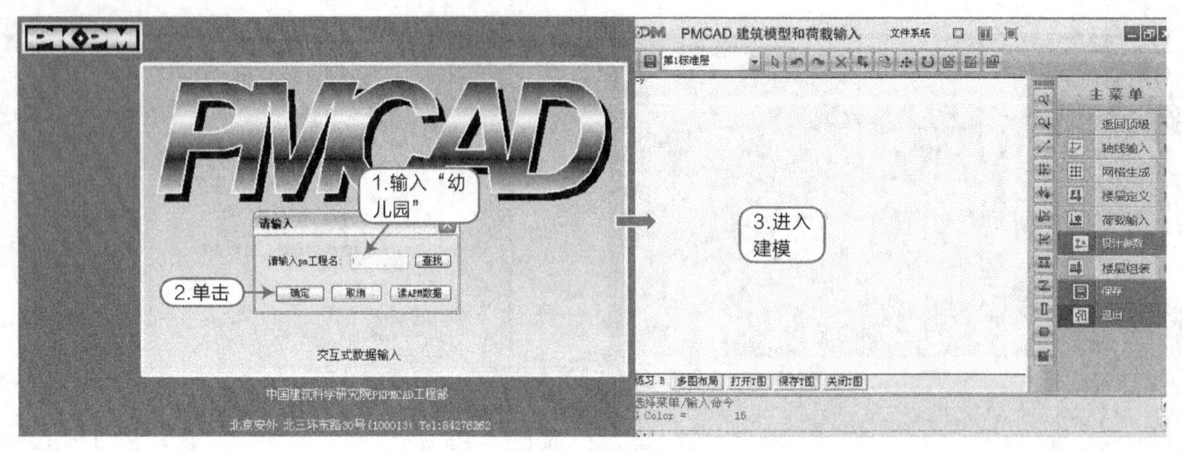

图8-14 新建工程

05 执行【轴线输入】|【正交轴网】命令，然后按照表8-2所示，在对话框中输入正交轴网参数，将正交轴网插入到屏幕绘图区合适位置，效果如图8-15所示。

表8-2 轴网数据

上开间	4950，4500，3600，5000，2500,4800,4200,3300,4800,7500
下开间	4950，3300,4800,,7500,4800,7500,4800,7500
右进深	1500,1800,6900,3900,5700,3300
左进深	3300,3300,3600,3900,3000,6000

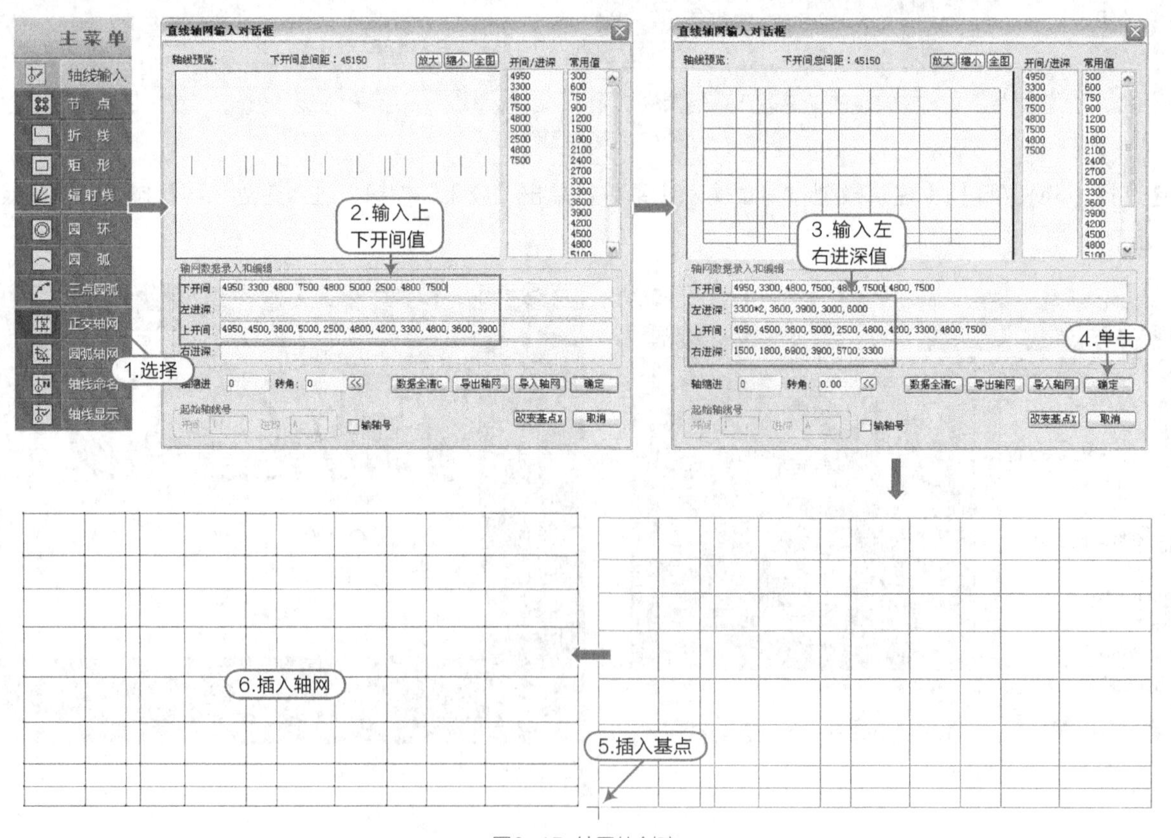

图8-15 轴网的创建

06 执行【网格生成】|【删除节点】命令，删除节点如图8-16所示。

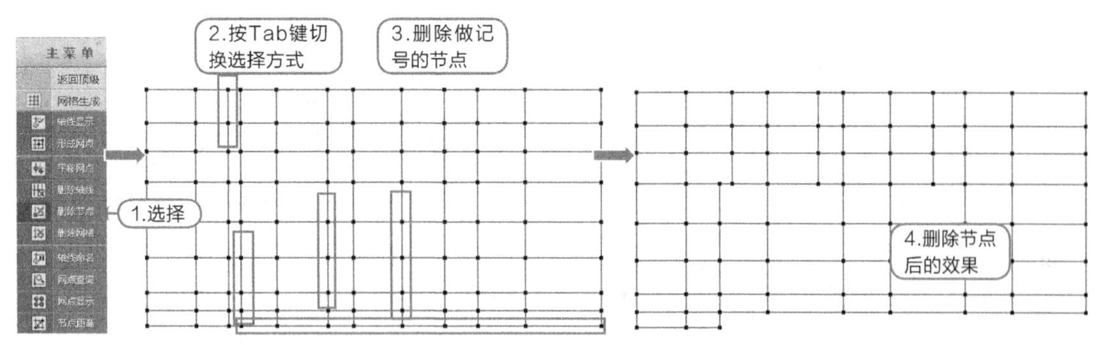

图8-16 删除节点

07 执行【轴线输入】|【两点直线】命令，操作如图8-17所示。

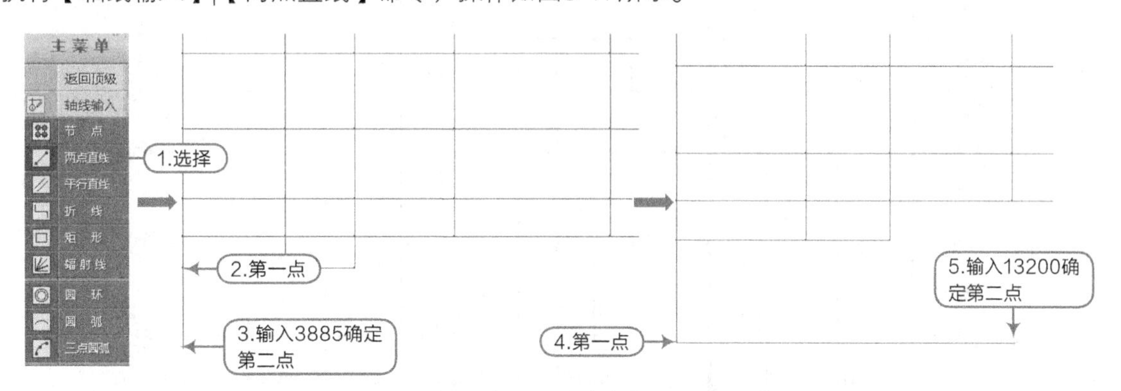

图8-17 两点直线

08 执行【轴线输入】|【平行直线】命令，按照命令行提示操作，如图8-18所示。

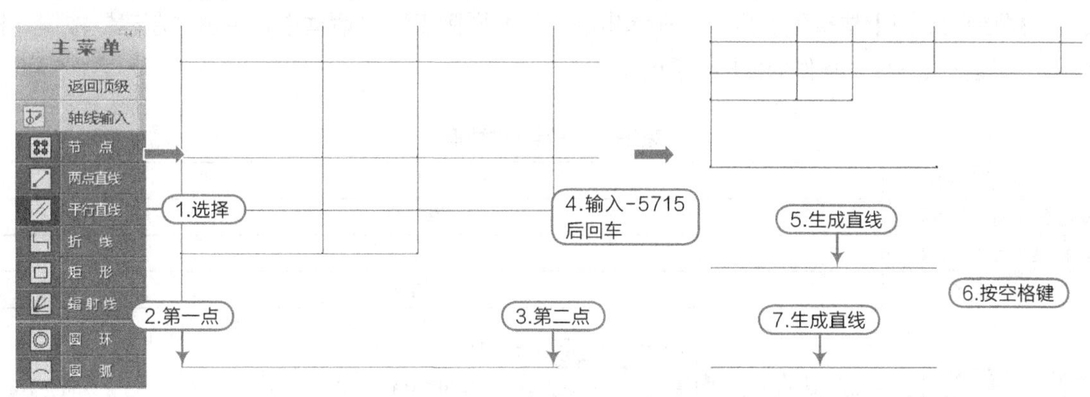

图8-18 平行直线

09 重复执行【轴线输入】|【两点直线】和【平行直线】命令，效果如图8-19所示。

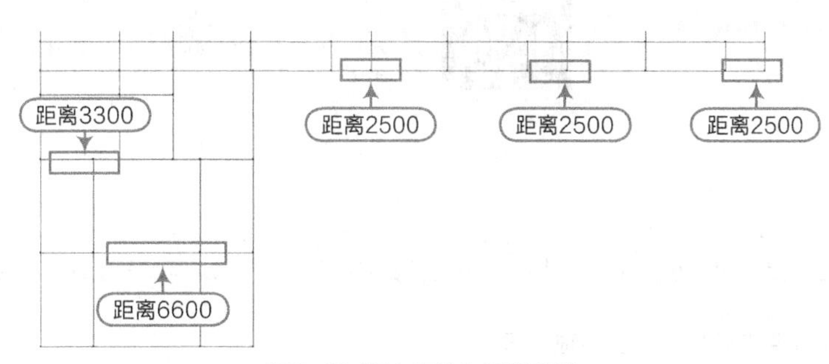

图8-19 两点直线和平行直线

10 执行【轴线输入】|【轴线命名】命令，参照幼儿园建筑轴网标注，按照命令行提示操作，效果如图8-20所示。

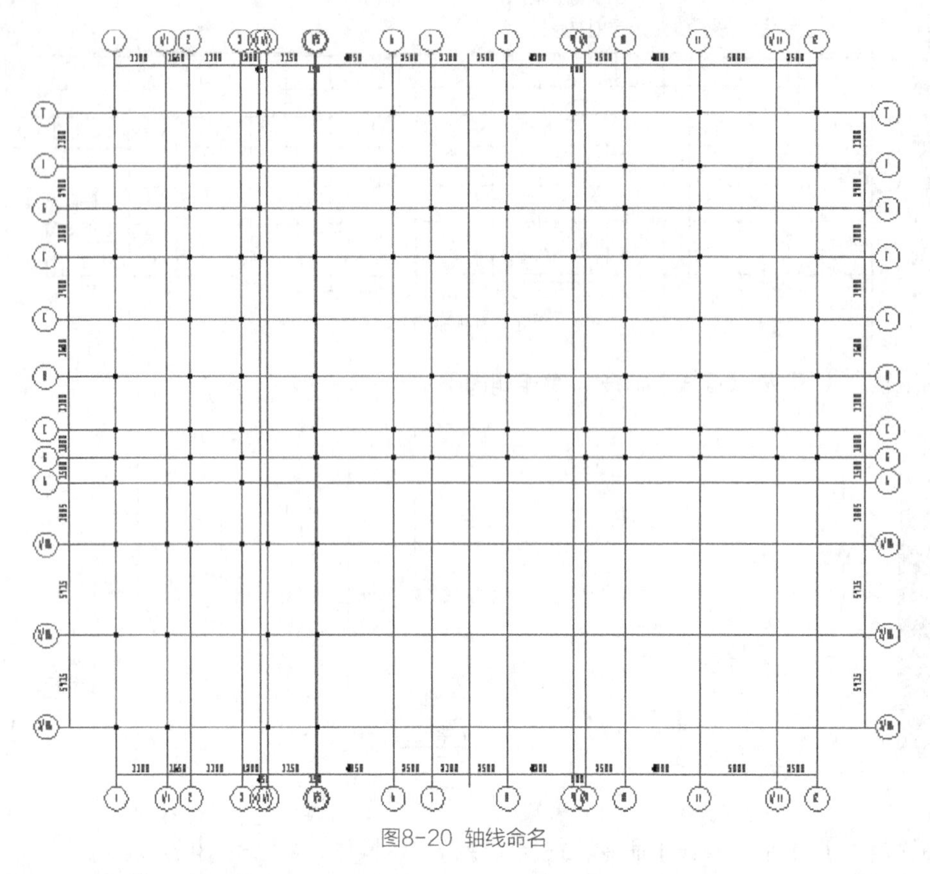

图8-20 轴线命名

11 执行【楼层定义】|【柱布置】命令，在弹出的“柱截面列表”对话框中，单击“新建”按钮，按照表8-3所示创建框架方柱，操作如图8-21所示。

表8-3 框架方柱数据

截面类型	1
矩形截面宽度（mm）	350
矩形截面高度（mm）	350
材料类别	6：混凝土

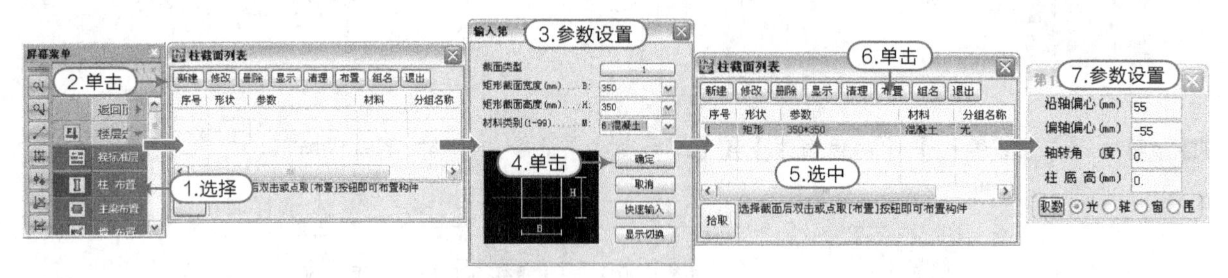

图8-21 柱布置操作

提示

框柱尺寸由建筑平面图上柱的大小得出，其大小不一定符合结构要求，在SATWE验算后，若有不合适的，再返回PMCAD进行调整。

框柱的位置同样根据别墅平面图框柱的位置相应布置。

12 按照同样的方法，设置柱偏心后布置柱效果，如图8-22所示。

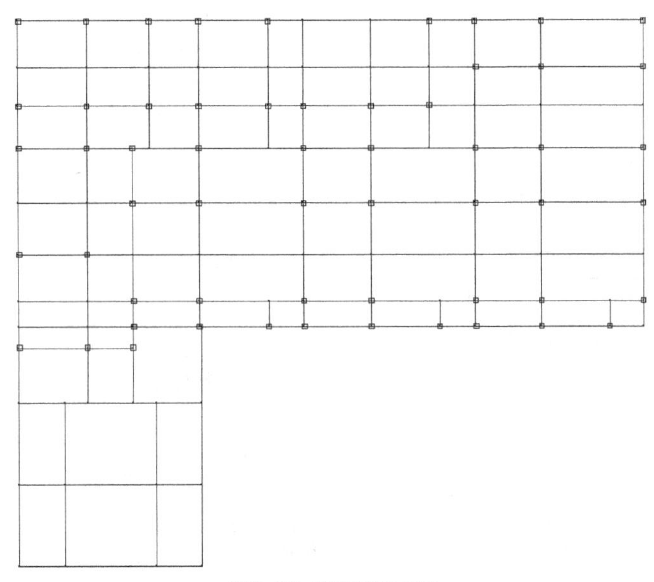

图8-22 布置偏心方柱

13 执行【楼层定义】|【柱布置】命令，在弹出的“柱截面列表”对话框中，单击“新建”按钮，按照表8-4所示创建框架圆柱，如图8- 23所示。

表8-4 框架圆柱数据

截面类型	3
圆形直径（mm）	450
材料类别	6：混凝土

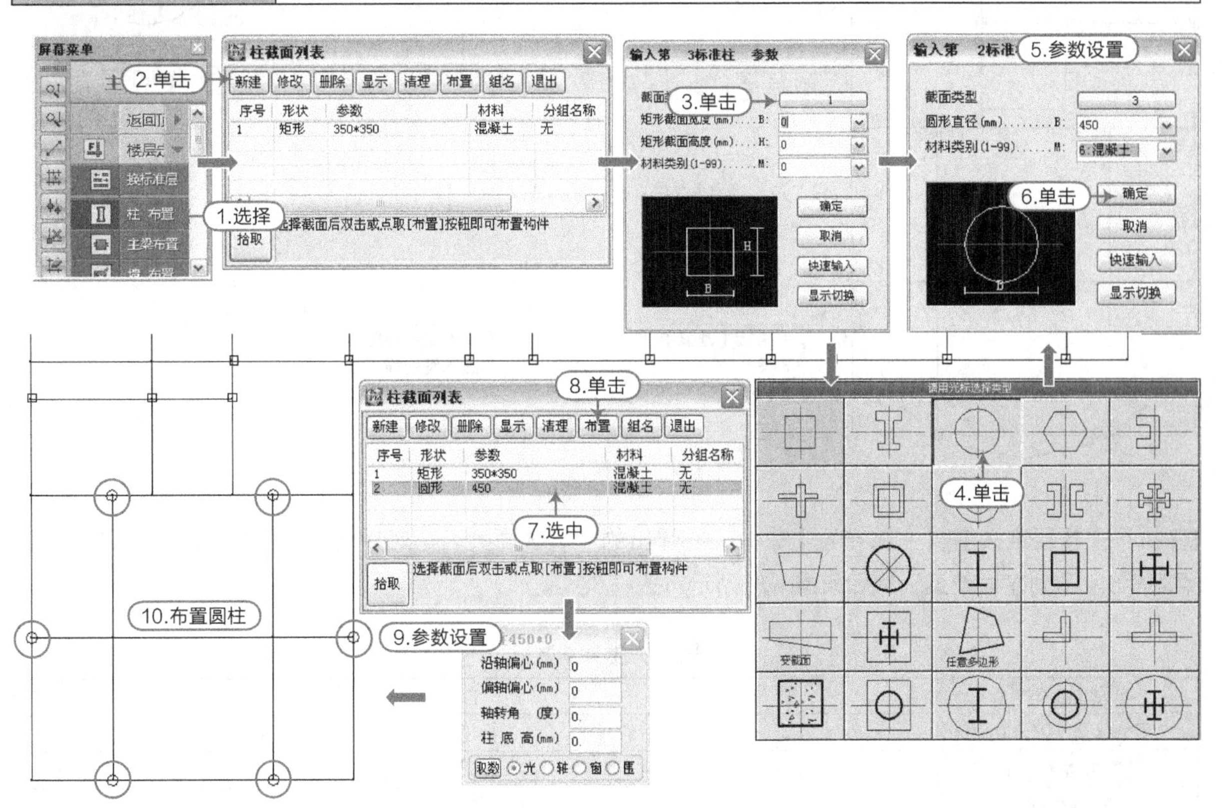

图8-23 布置圆柱

14 执行圆（C）命令，绘制一个半径为6600的圆形，并参照建筑图修剪绘制，如图8-24所示。

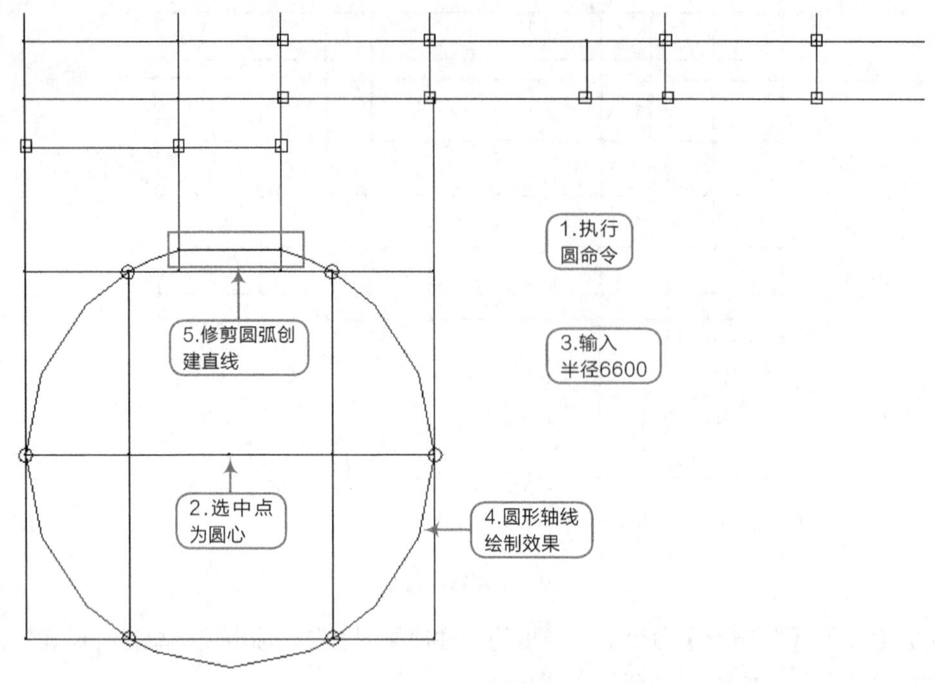

图8-24 绘制圆形轴线

15 执行【轴线输入】|【圆弧】命令，绘制阳台1、2、3处的弧形轴线，如图8-25所示。

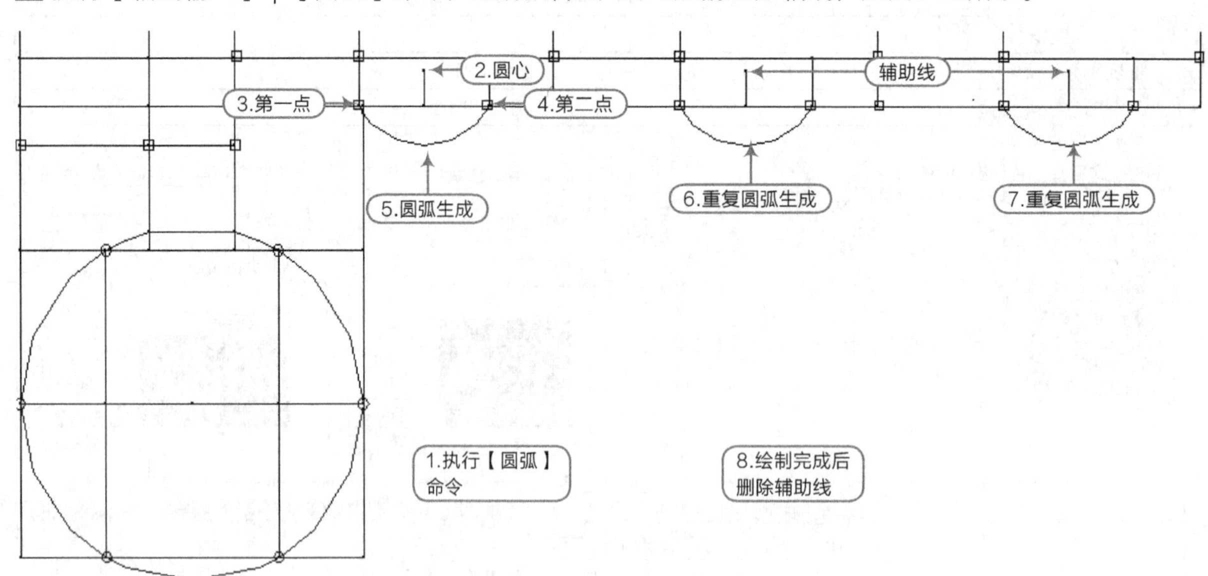

图8-25 绘制圆弧轴线

16 执行【楼层定义】|【主梁布置】命令，在弹出的“梁截面列表”对话框中，单击“新建”按钮，按照表8-5所示创建框架梁，然后如图8-26所示布置框架梁。

表8-5 框架梁数据

截面类型	1
矩形截面宽度（mm）	240
矩形截面高度（mm）	600
材料类别	6：混凝土

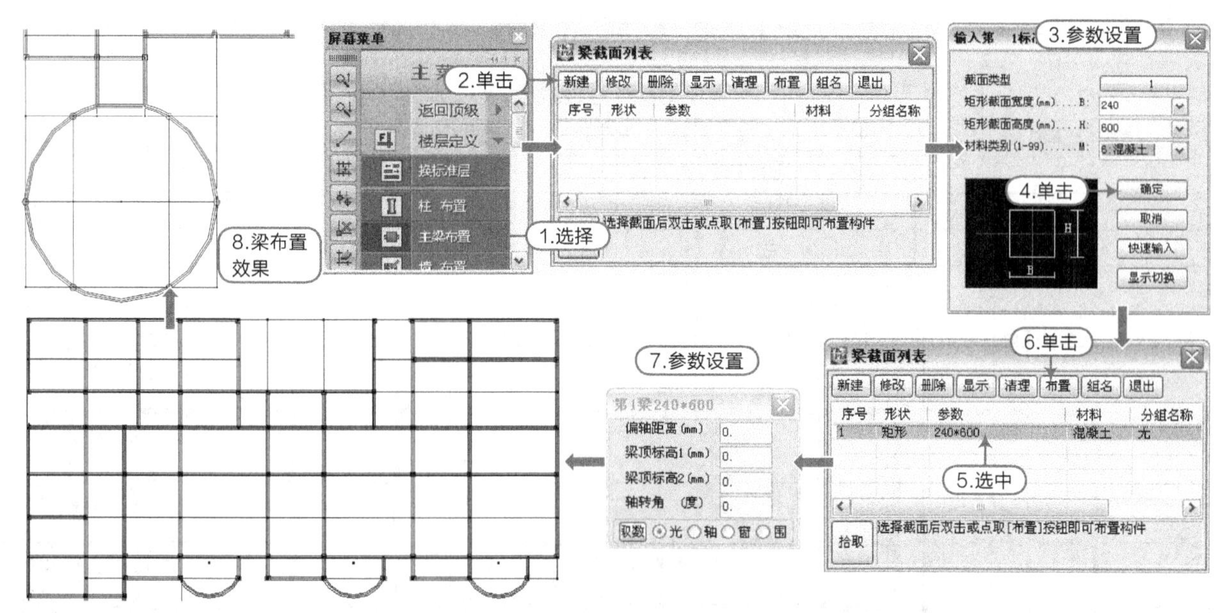

图8-26 框架梁布置

> **提示**
>
> 从幼儿园建筑图剖面图中看出，框架梁的尺寸数据为 240×600，如果以后计算结果表明尺寸不适合，再返回修改。框架梁根据幼儿园二层平面图布置的。

17 在楼梯处布置240×400的层间梁，如图8-27所示。

18 执行【轴线输入】|【平行直线】命令，按照幼儿园二层平面图绘制有墙体处的轴线，如图8-28所示 。

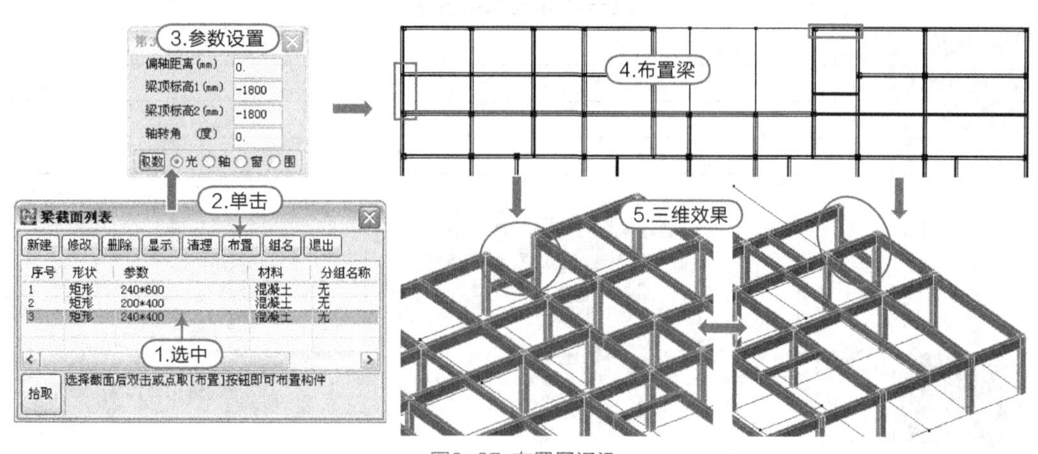

图8-27 布置层间梁

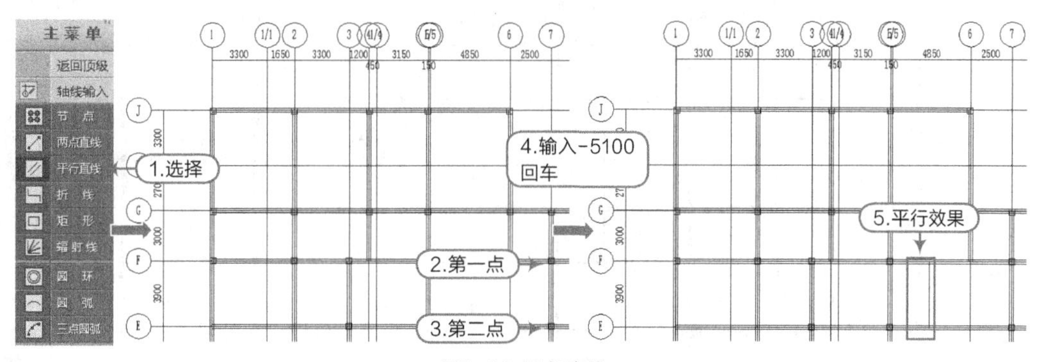

图8-28 平行直线

19 重复执行【轴线输入】|【平行直线】命令，按照表8-6所示，绘制其他的平行直线如图8-29所示。

表8-6 平行直线数据

编号	第一点	第二点	平行距离
1	点1	点2	-5100
2	点3	点4	-5100
3	点5	点3	-4500

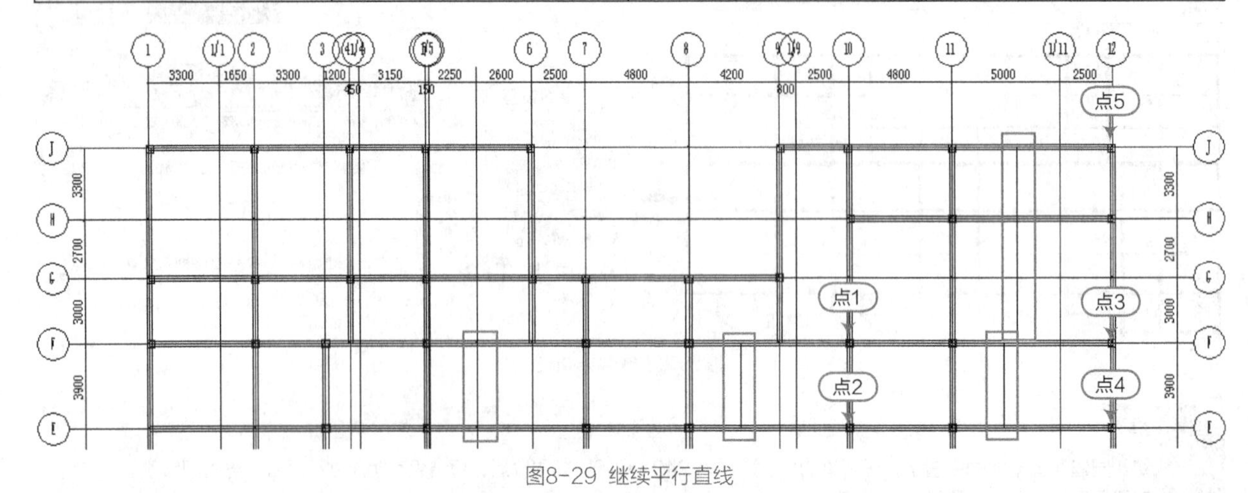

图8-29 继续平行直线

20 重复执行【楼层定义】|【主梁布置】命令，在弹出的“梁截面列表”对话框中，单击“新建”按钮，按照表8-7所示创建非框架梁，然后如图8-30所示布置梁。

表8-7 非框架梁数据

截面类型	1
矩形截面宽度（mm）	200
矩形截面高度（mm）	400
材料类别	6：混凝土

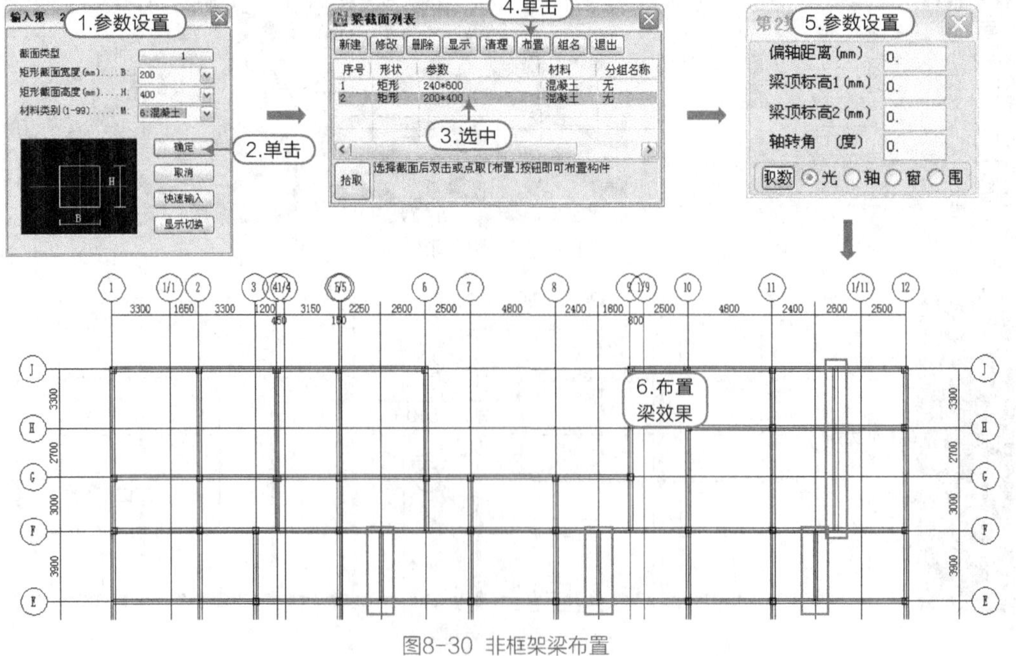

图8-30 非框架梁布置

提示

平面图有墙的地方，在相应位置一定要布置梁。
如果布置了墙下非框架梁之后，围成的楼地板跨度较大，还应再布置次梁以分割板跨。

21 现在，再次布置次梁，按照次梁需要搭在主梁上原则绘制梁轴线，然后布置200×400的梁即可，如图8-31所示。

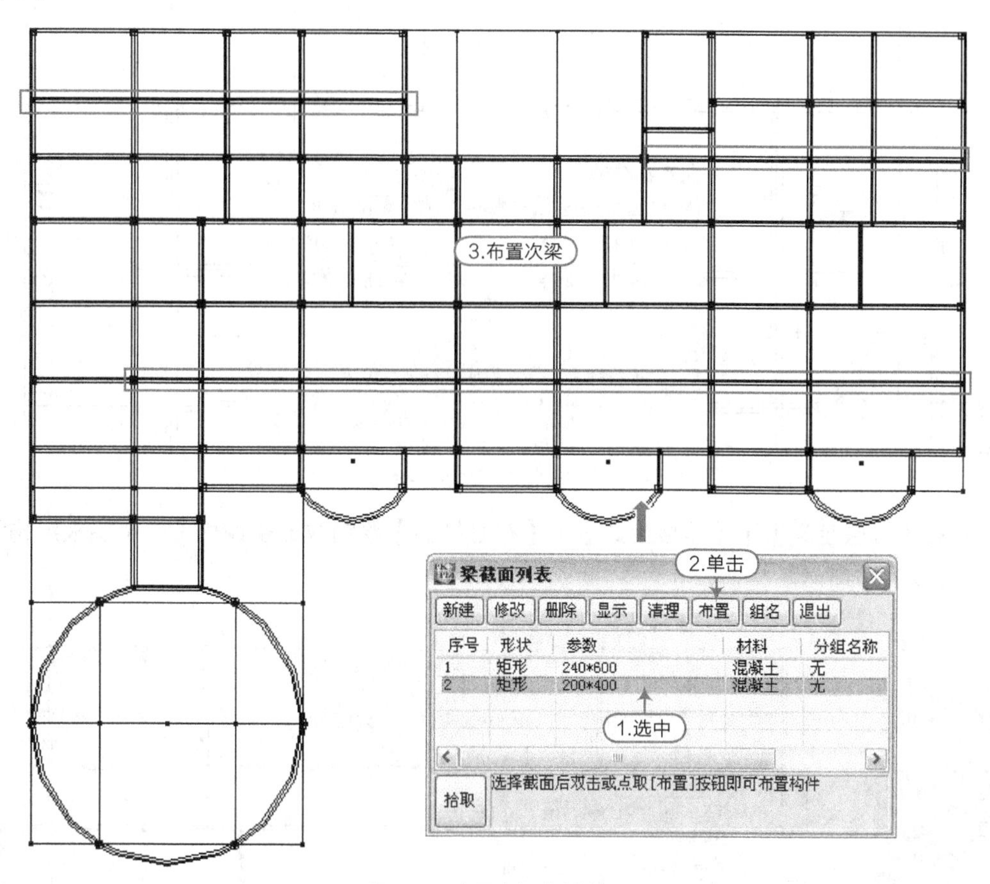

图8-31 布置次梁分割楼板

22 执行【楼层定义】|【本层信息】命令，在弹出的提示框中设置参数，然后单击“确定”按钮，完成本层信息修改，如图8-32所示。

用光标点明要修改的项目 [确定]返回

本标准层信息

板厚 (mm)	120
板混凝土强度等级	30
板钢筋保护层厚度(mm)	15
柱混凝土强度等级	30
梁混凝土强度等级	30
剪力墙混凝土强度等级	25
梁钢筋类别	HRB400
柱钢筋类别	HRB400
墙钢筋类别	HRB335
本标准层层高(mm)	3600

确定　取消　帮助

图8-32 本层信息设置

23 针对楼梯间的处理，绘制与楼板等高的梯梁，如图8-33所示。

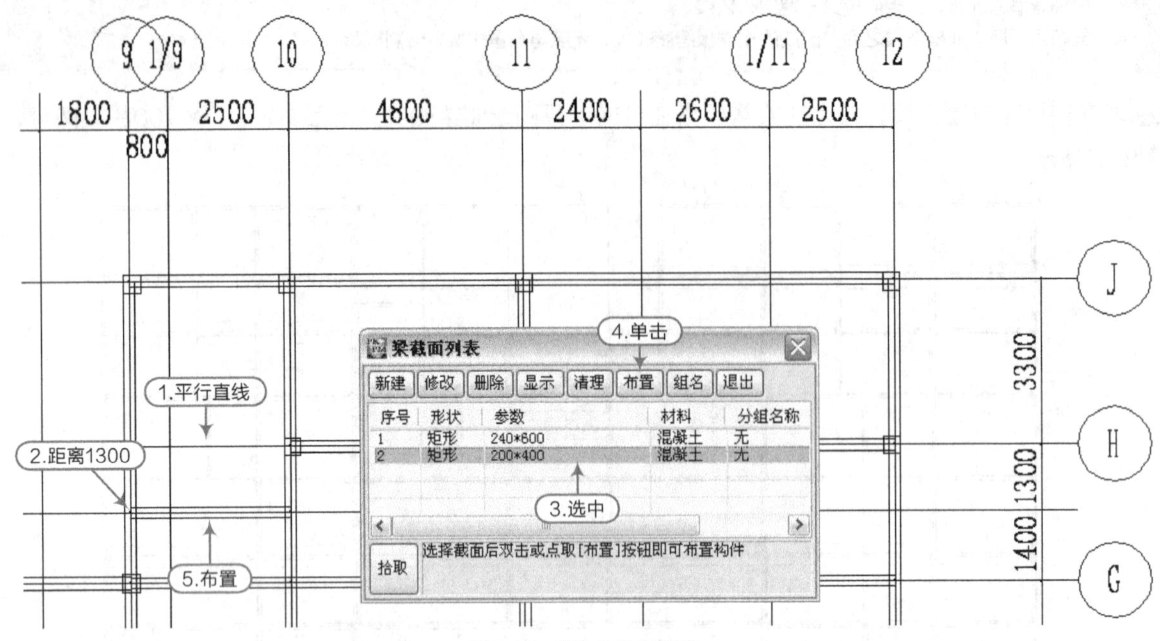

图8-33 楼梯处结构处理

24 现在，执行【楼层定义】|【楼板生成】|【布悬挑板】绘制放置空调机位的悬挑板结构和混凝土雨篷结构，如图8-34所示。

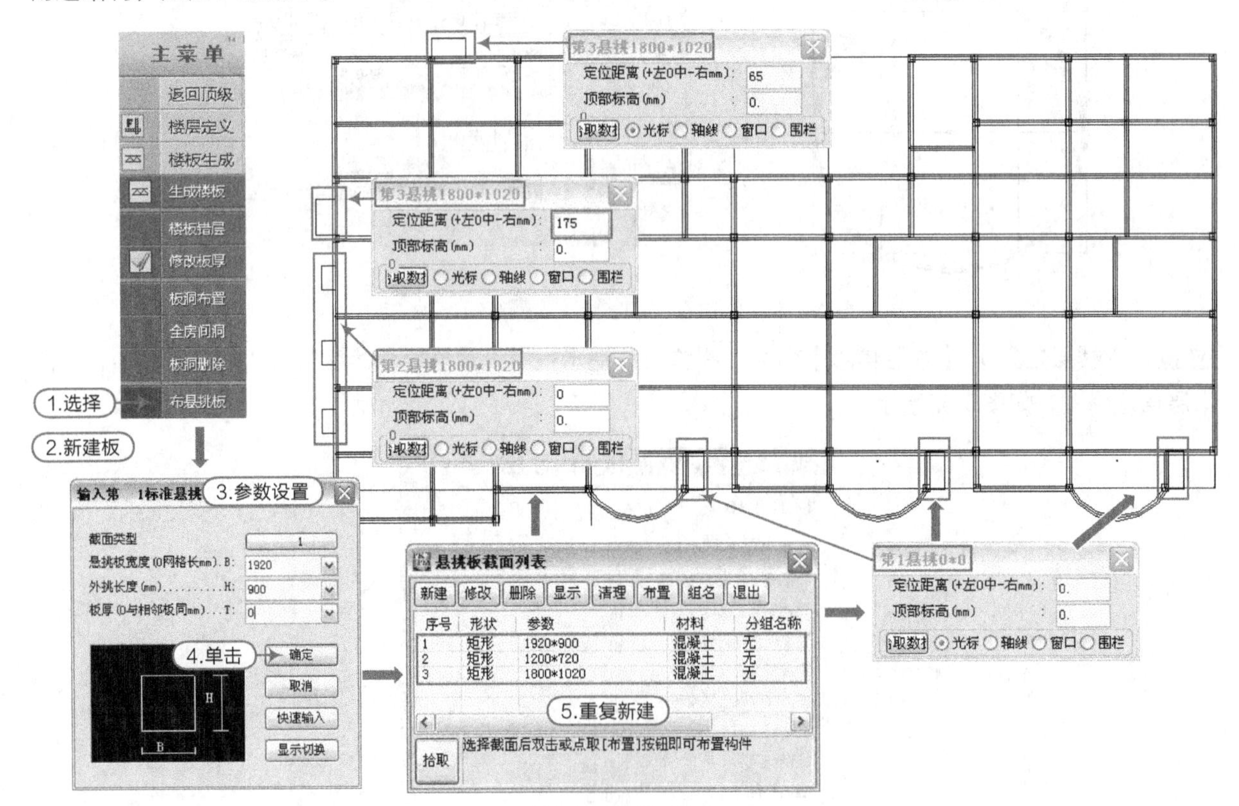

图8-34 悬挑板绘制

25 执行【楼层定义】|【楼板生成】命令，在弹出的提示框中单击"确定"按钮，然后执行【楼板生成】|【生成楼板】命令，如图8-35所示。

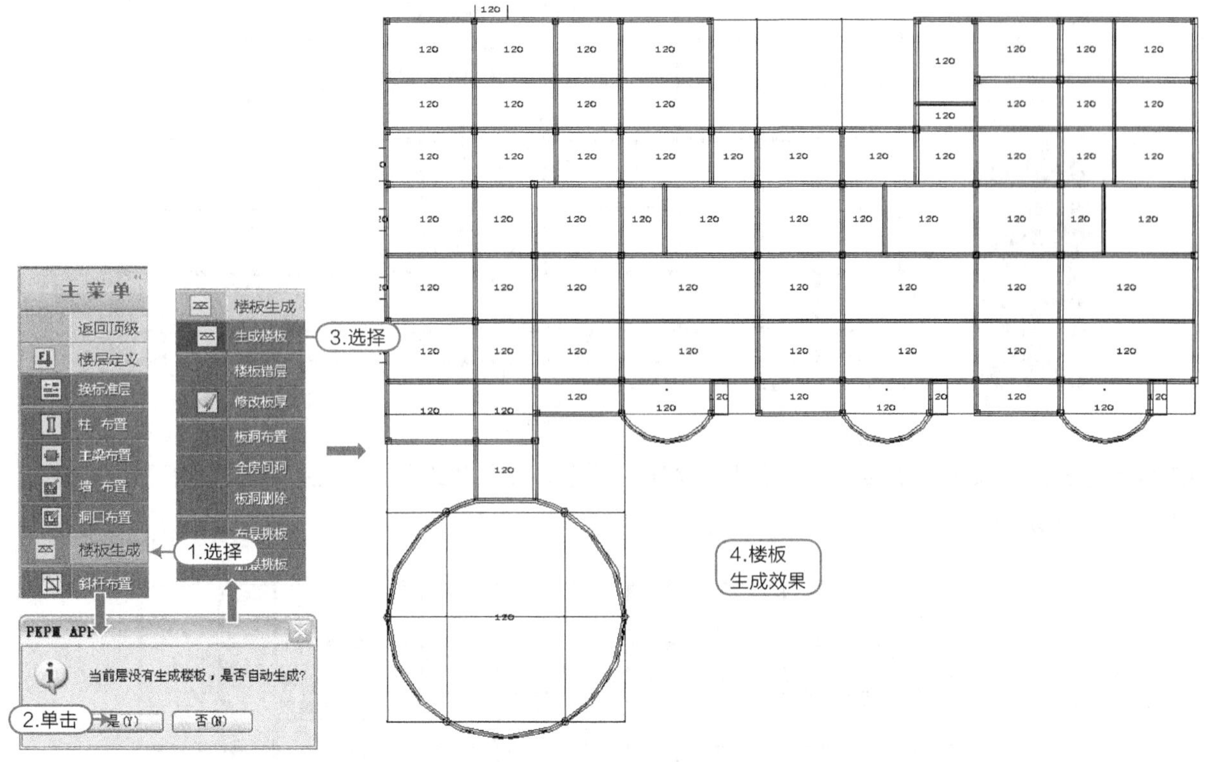

图8-35 生成楼板

26 执行【楼层定义】|【楼板生成】|【修改板厚】命令，在建筑图中楼梯间梯段位置的板厚改为0，如图8-36所示。

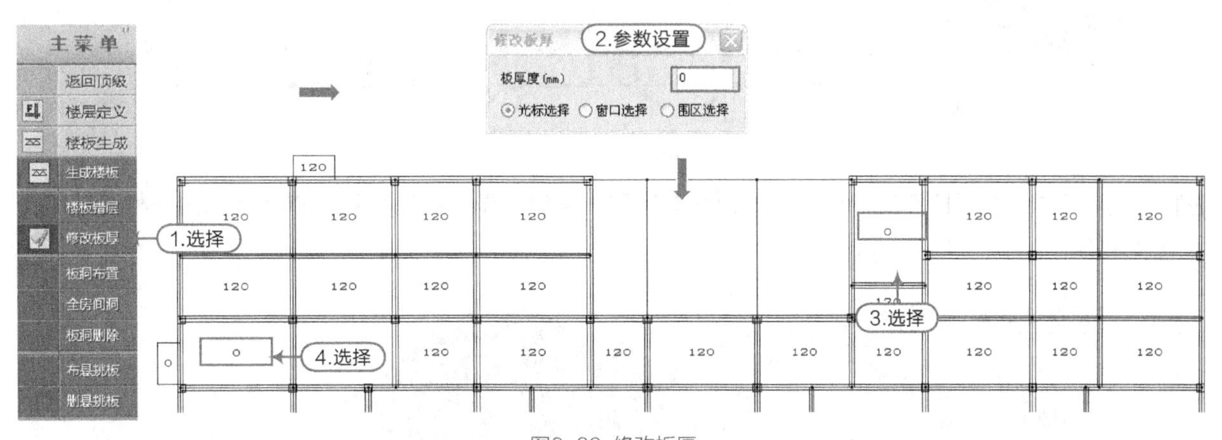

图8-36 修改板厚

> **提示**
>
> 将楼梯板厚修改为 0，主要是考虑楼梯荷载计算时的方便。在楼梯间荷载输入时，可以有两种处理方法，一是将楼梯板厚改为 0，然后将楼梯荷载折算为楼面荷载，在输入楼面荷载时，楼梯间处荷载适当加大即可；二是将楼梯处理为全房间洞，然后将其荷载折算为线荷载作用在梁上，此处采用第一种方法。

27 执行【楼层定义】|【楼板生成】|【楼板错层】命令，使卫生间错层30，如图8-37所示。

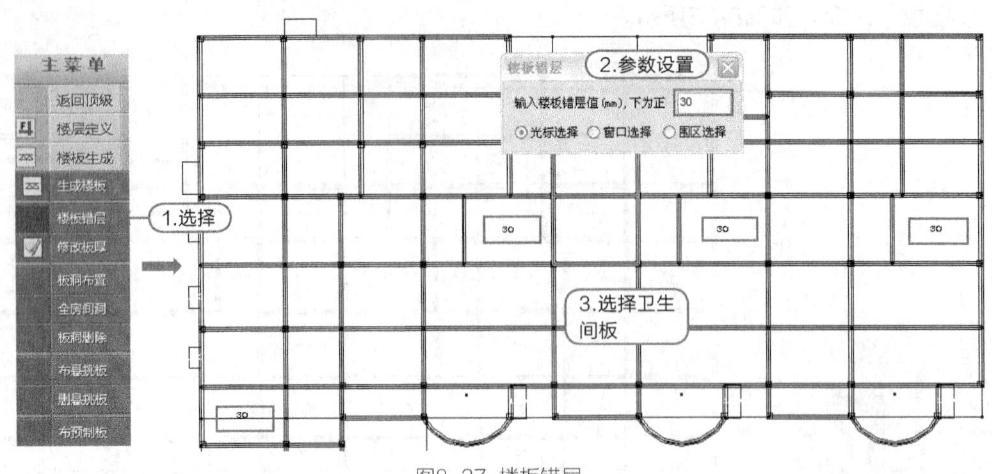

图8-37 楼板错层

28 执行【楼层定义】|【楼板生成】|【全房间洞】，参照建筑平面图在“大厅上空”处布置房间洞，如图8-38所示。

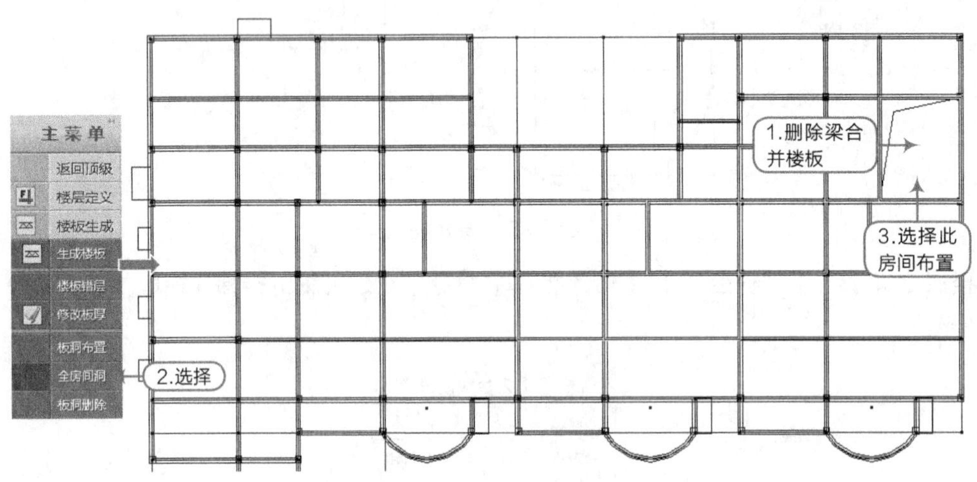

图8-38 全房间洞

29 在工具栏右侧视图控件栏，单击“透视视图”和“实时漫游开关”按钮，查看幼儿园结构三维图，如图8-39所示。

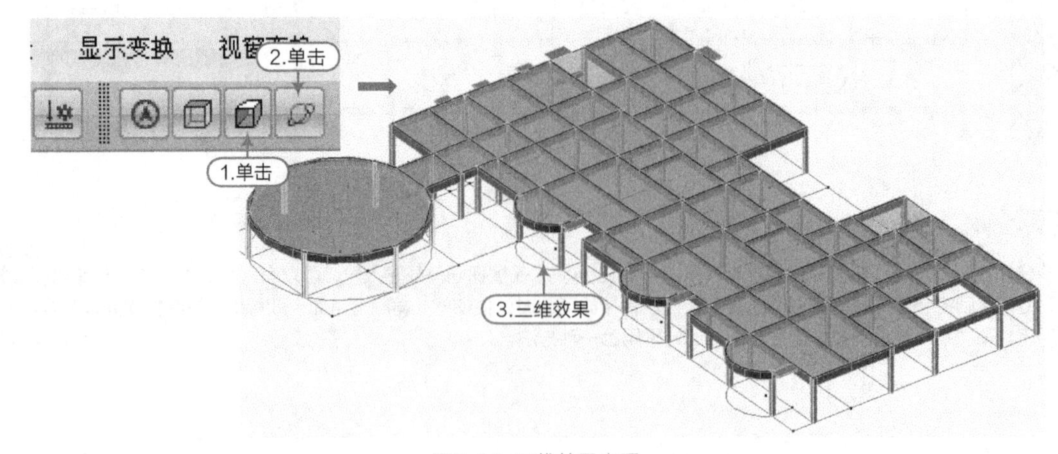

图8-39 三维效果查看

30 执行屏幕菜单→【设计参数】命令，按照如图8-40所示设置参数。

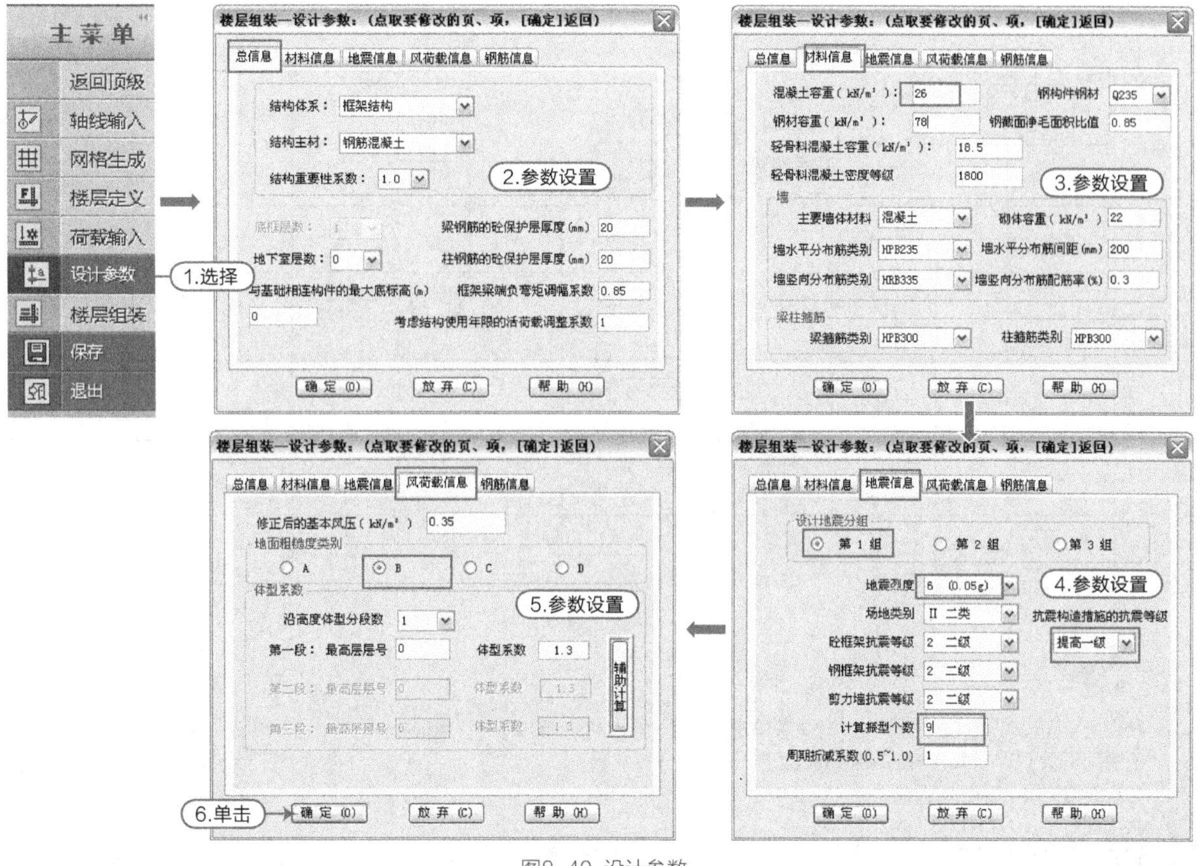

图8-40 设计参数

31 执行【荷载输入】|【恒活设置】命令，然后在弹出的“荷载定义”对话框中，输入恒活数值后单击确定即可，如图8-41所示。

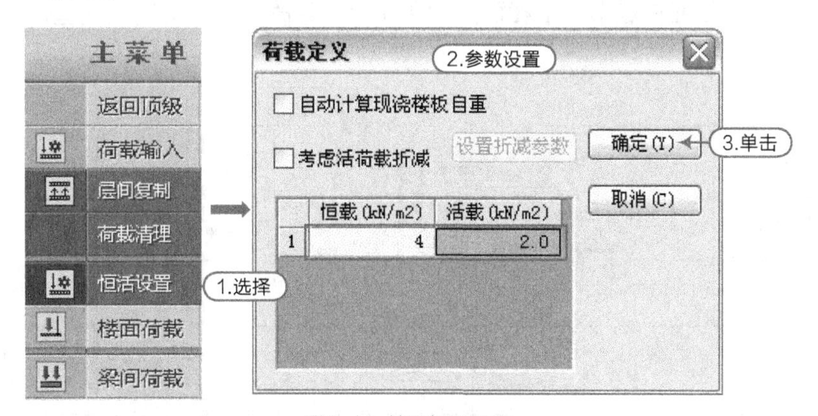

图8-41 楼面恒活设置

提示

楼面恒载（4）计算（楼面做法来自建筑设计总说明）：
120 厚结构层：0.12×25=3；
楼面面层：（0.012+0.013+0.003）×20=0.56；
10 厚抹灰层：0.01×17=0.17；
15 厚保温层：0.015×14.5=0.2175。
楼面活载（2.0）取值：按照《荷载规范》规定。

32 执行【荷载输入】|【楼面荷载】|【楼面恒载】命令，修改楼梯间恒荷载和卫生间楼面恒载，如图8-42所示。

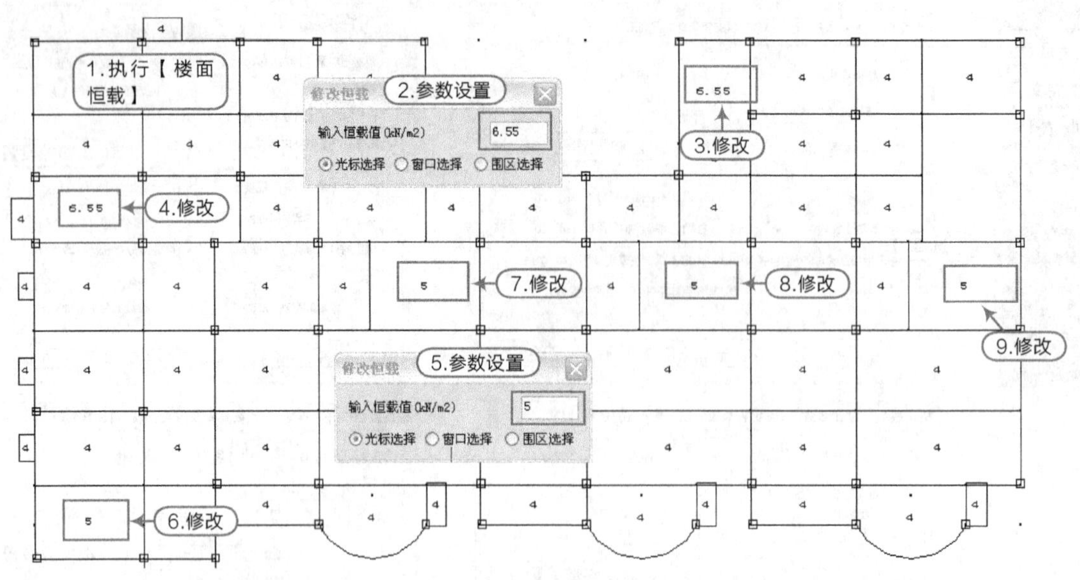

图8-42 修改楼面恒载

> **提示**
>
> 楼梯间楼面恒载（6.55）计算（几何关系确定）: $4/\cos\theta=4/(1650/2700)=6.55$。
> 卫生间恒载（5）计算（做法来自建筑设计总说明）:
> 120 厚结构层：0.12×25=3；
> 楼面面层：（0.02+0.03）×20=1.0；
> 瓷砖：0.01×25=0.25；
> 10 厚抹灰层：0.01×17=0.17；
> 防水层：0.4。

33 执行【荷载输入】|【楼面荷载】|【楼面活载】命令，修改建筑图上不上人屋面对应楼面和雨篷的活载，如图8-43所示。

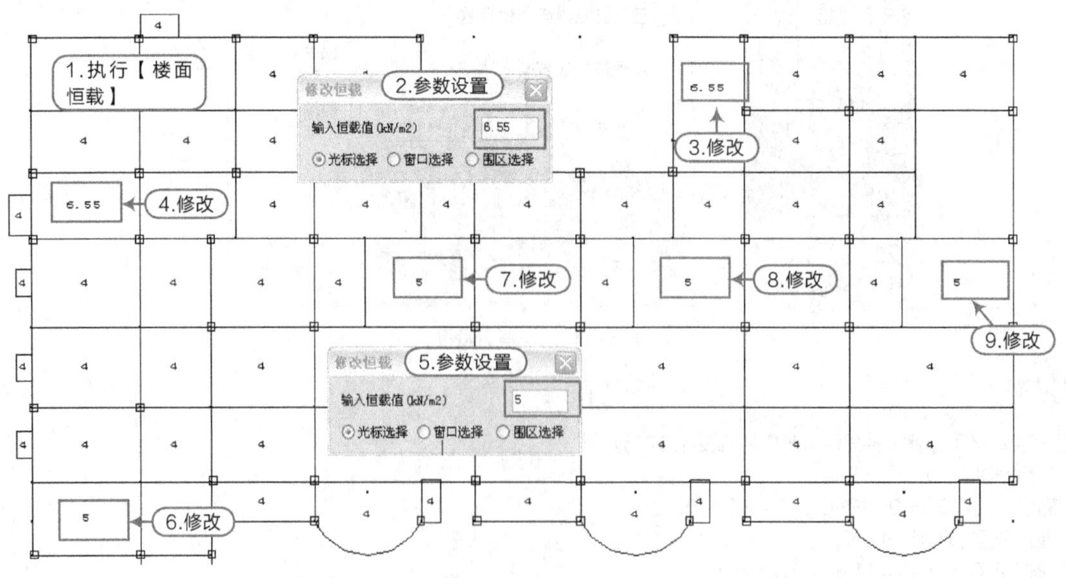

图8-43 修改楼面活载

34 执行【荷载输入】|【梁荷定义】命令，定义梁间恒荷载，如图8-44所示。

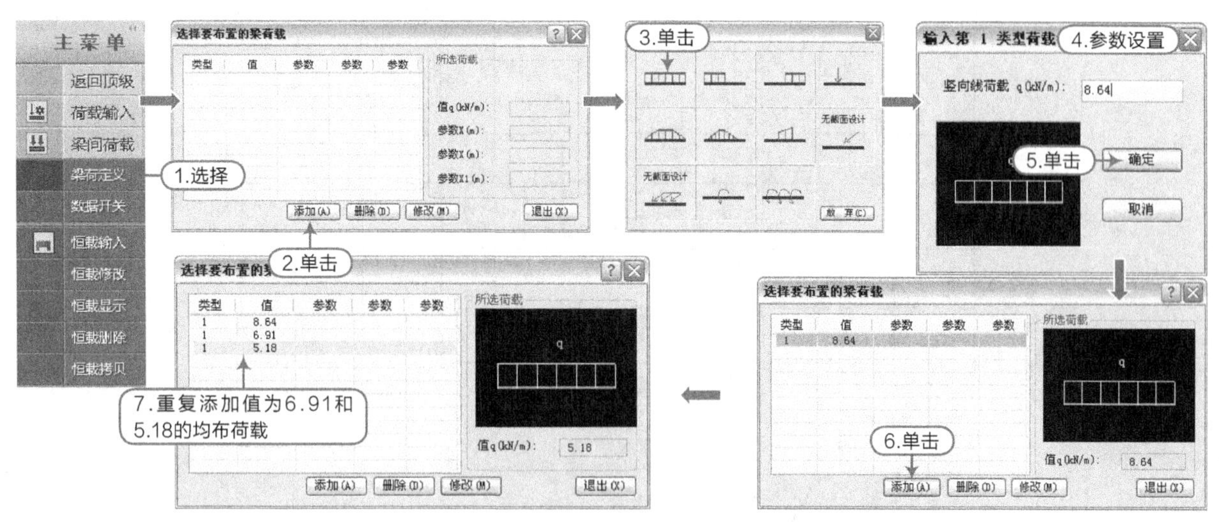

图8-44　梁间恒载定义

提示

梁间线恒载计算：

240 填充墙（无窗）处梁：10×0.24×3.6=8.64；

240 填充墙（有窗）处梁（为简便计算，乘以折减系数）：10×0.24×3.6×0.8 ≈ 6.91；

900 高混凝土墙处梁：26×0.22×0.9=5.148，取值 5.18。

35 执行【荷载输入】|【梁间荷载】命令，布置值为8.64的梁间恒荷载，如图8-45所示。

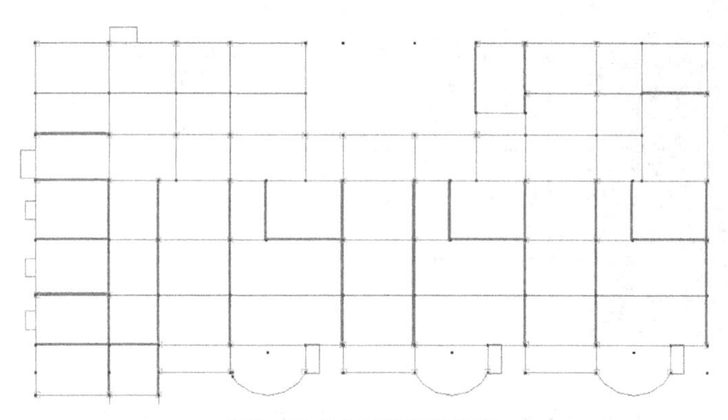

图8-45　8.64梁间恒载布置

36 再次执行【荷载输入】|【梁间荷载】命令，布置值6.91的梁间恒荷载，如图8-46所示。

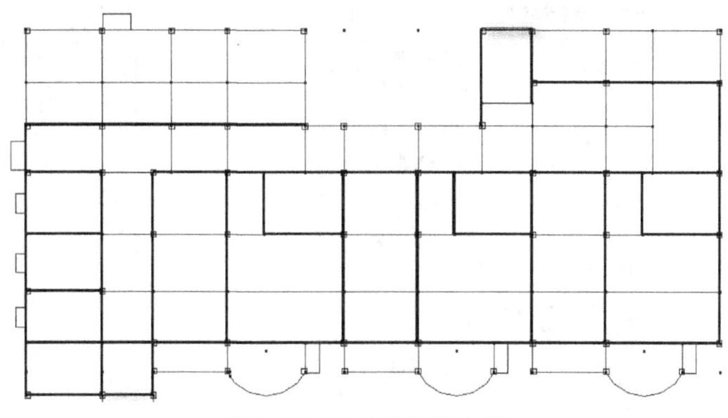

图8-46　6.91梁间恒载布置

37 继续执行【荷载输入】|【梁间荷载】命令，布置为5.18的梁间恒荷载，如图8-47所示。

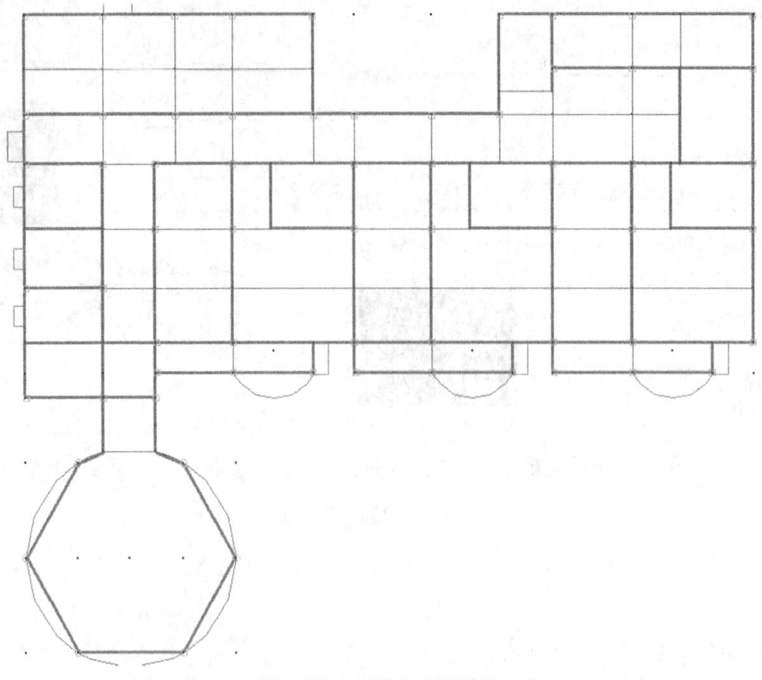

图8-47 5.18梁间恒载布置

38 执行【荷载输入】|【梁间荷载】|【数据开关】命令，操作如图8-48所示。

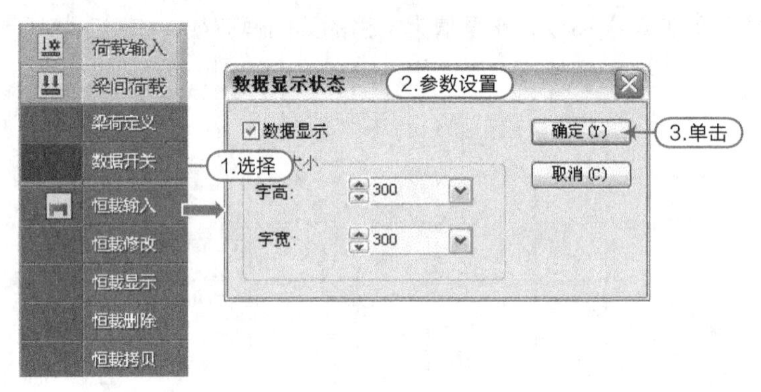

图8-48 数据开关

39 执行【楼层定义】|【换标准层】命令，弹出“选择/添加标准层”对话框，添加标准层，操作如图8-49所示。

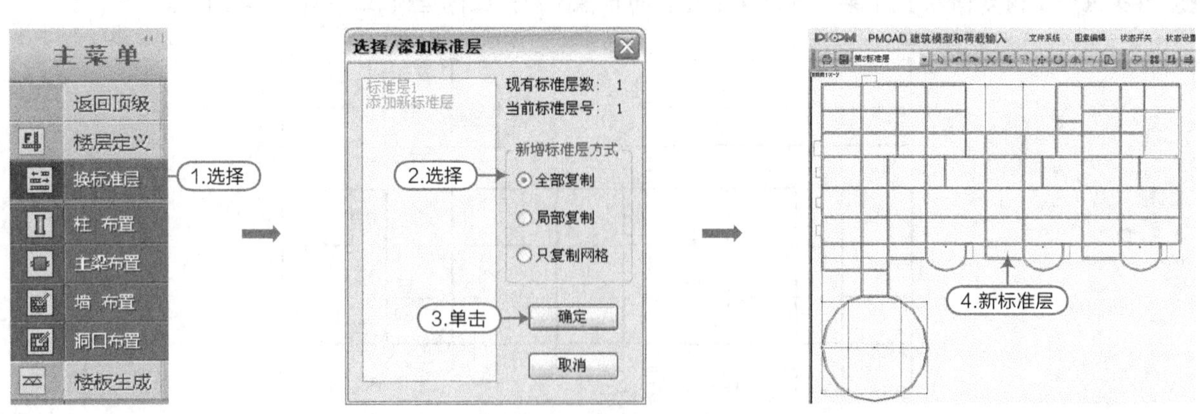

图8-49 添加新标准层

40 执行【构件删除】后执行【主梁布置】命令，布置梁如图8-50所示。

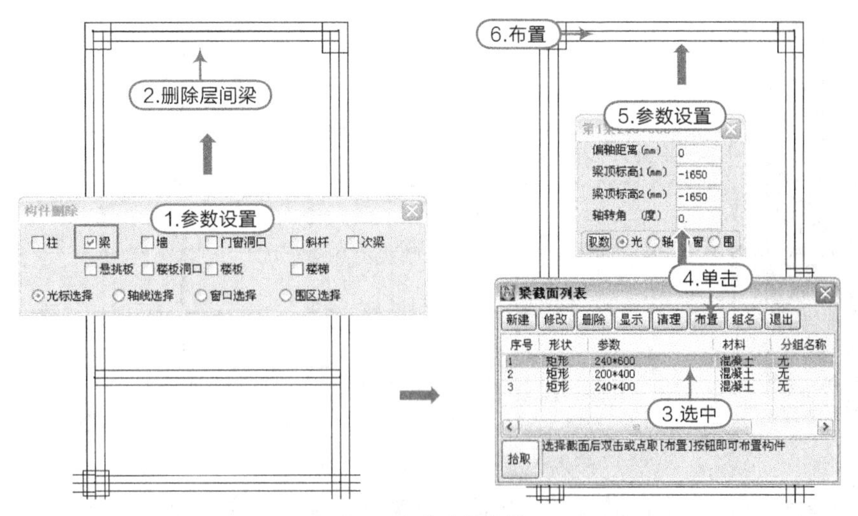

图8-50 修改梁布置

41 对应建筑三层图，执行【网格生成】|【删除节点】命令，删除多余节点，如图8-51所示。

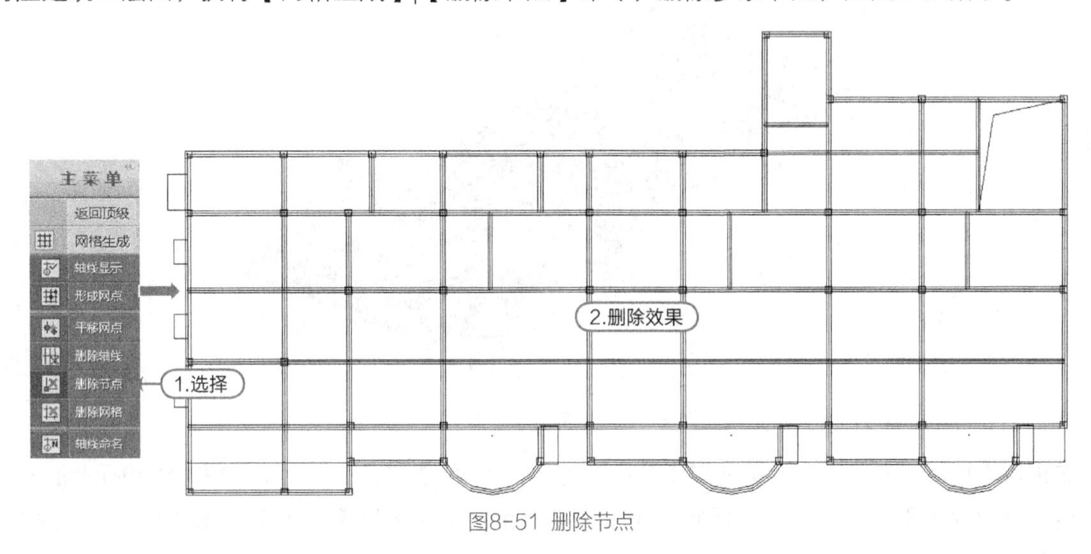

图8-51 删除节点

42 执行【楼层定义】|【楼板生成】|【板洞删除】，删除全房间洞，如图8-52所示。

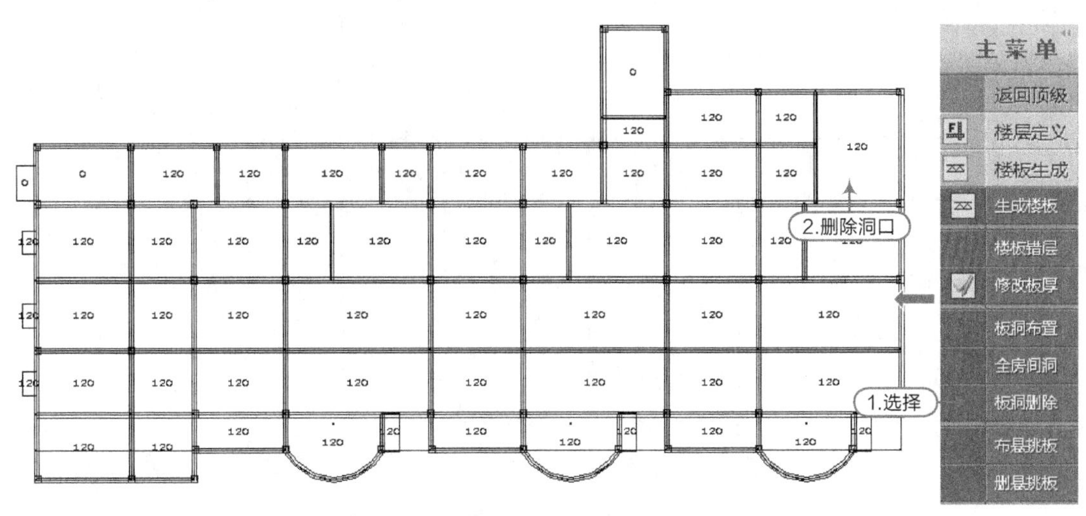

图8-52 删除房间洞

43 执行【楼层定义】|【楼板生成】|【删悬挑板】，删除建筑二层的雨篷，如图8-53所示。

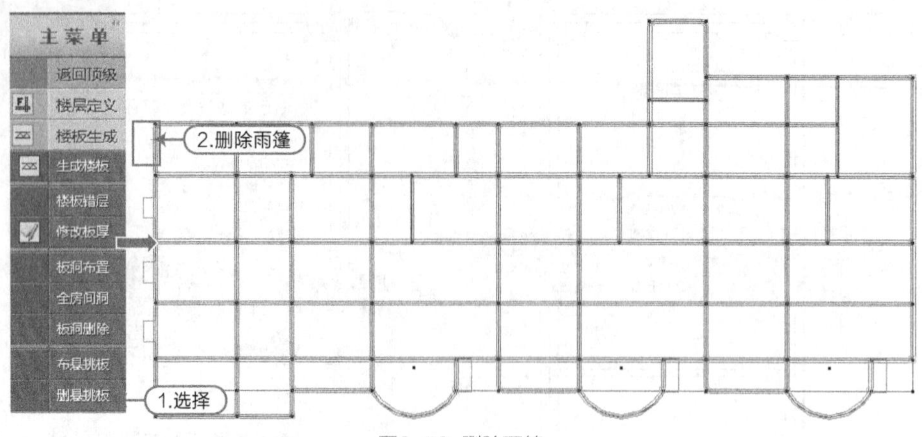

图8-53 删除雨篷

44 对比二、三层建筑图，三层各梁荷载情况同二层对应的梁，查看第2标准层三维效果，如图8-54所示。

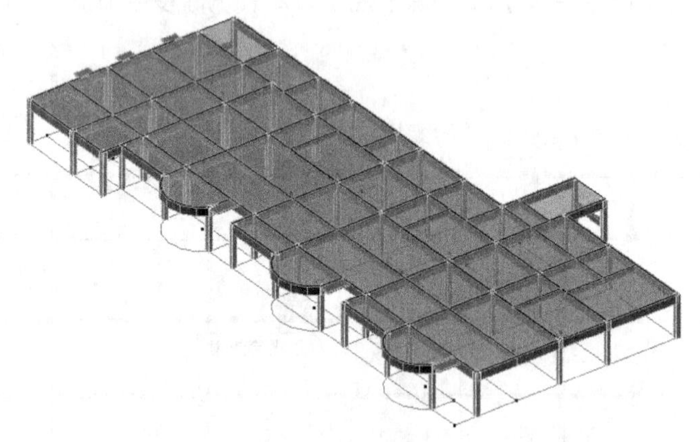

图8-54 三维效果

45 再次执行【楼层定义】|【换标准层】命令，弹出“选择/添加标准层”对话框，添加标准层3。

46 对应建筑屋顶平面图，执行【楼层定义】|【楼板生成】|【删悬挑板】，删除空调板，效果如图8-55所示。

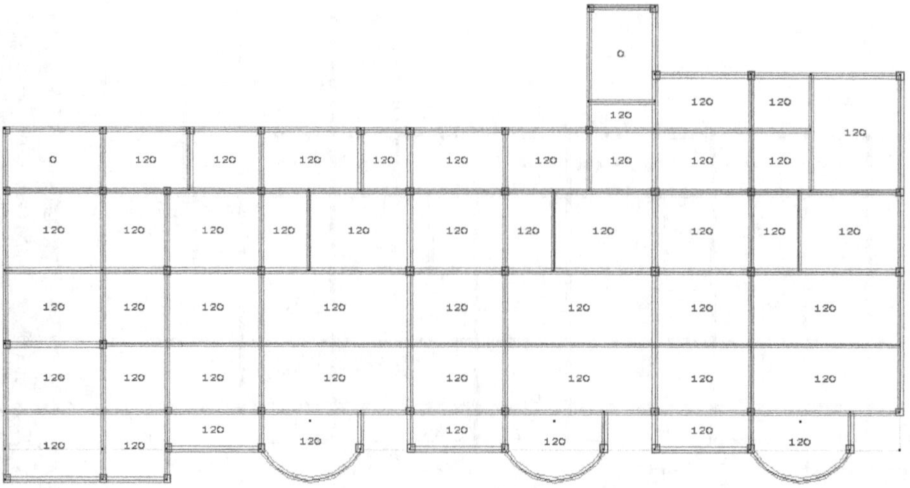

图8-55 删空调板

47 执行【构件删除】命令，删除第3标准层左上方的楼梯层间梁，如图8-56所示。

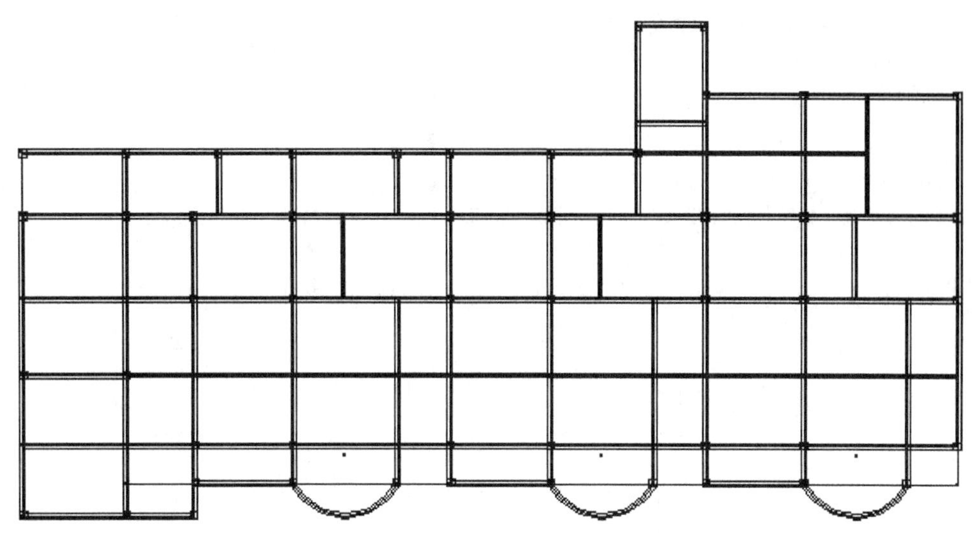

图8-56 删除层间梁

48 执行【主梁布置】命令，重新布置楼梯间处梁，如图8-57所示。

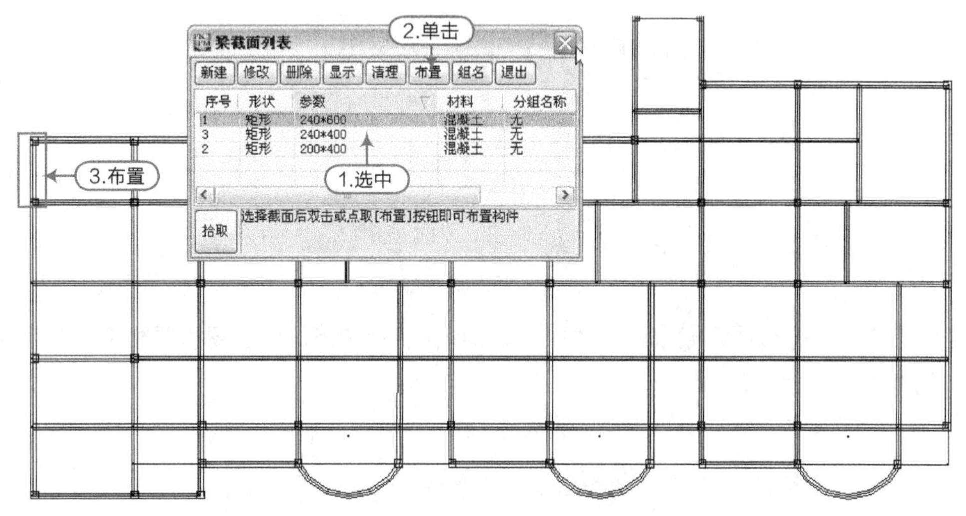

图8-57 重新布置梁

49 执行【楼层定义】|【楼板生成】|【修改板厚】，修改楼梯板厚，如图8-58所示。

50 执行【荷载输入】|【恒活设置】命令，设置屋顶恒活荷载分别为5和2.5，如图8-59所示。

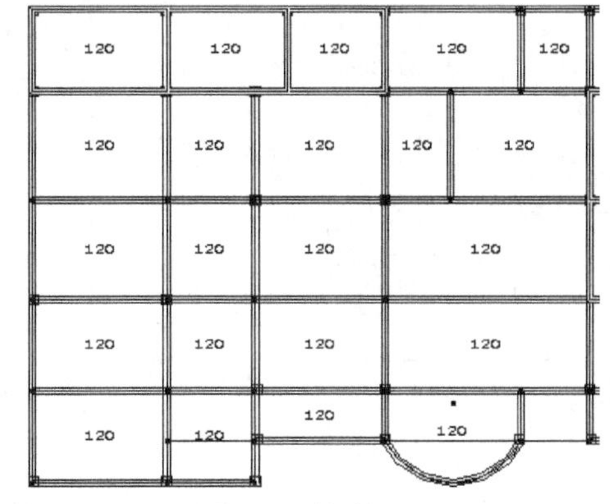

图8-58 修改板厚

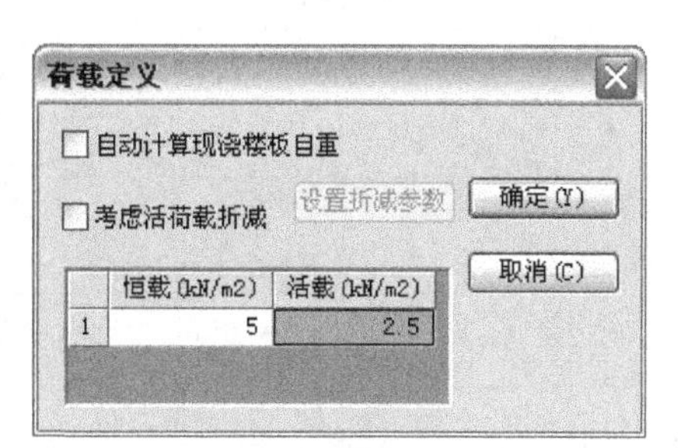

图8-59 恒活设置

提示

屋面恒载（5）计算（屋面做法来自建筑设计总说明）：
120 厚结构层：0.12×25=3；
找坡层：0.03×14=0.42；
找平层：0.02×20=0.4；
防水层：0.4；
保温层：0.04×17=0.68。
楼面活载（2.5）取值：按照荷载规范规定，不上人屋面的活荷载为 0.5，上人屋面的活荷载为 2.5。

51 执行【楼面荷载】|【楼面恒载】，修改封顶处楼梯顶恒载值为5.0，如图8-60所示。

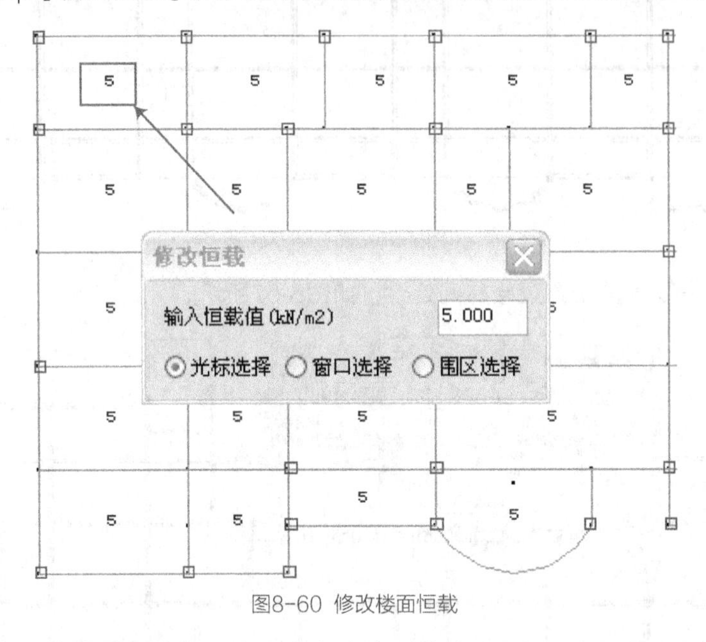

图8-60 修改楼面恒载

52 执行【楼面荷载】|【楼面活载】，修改阳台处的活载值为0.5，对应屋顶层楼梯处的活载为2.0，如图8-61所示。

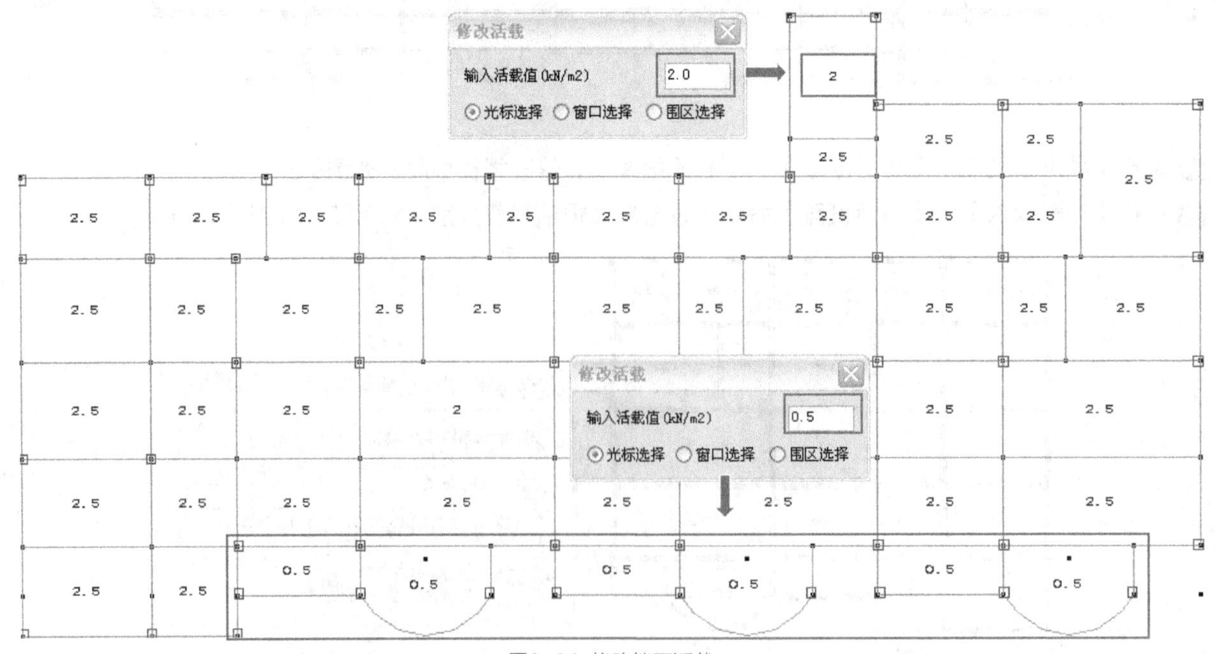

图8-61 修改楼面活载

53 执行【梁间荷载】|【恒载删除】命令，删除梁间恒荷载效果，如图8-62所示。

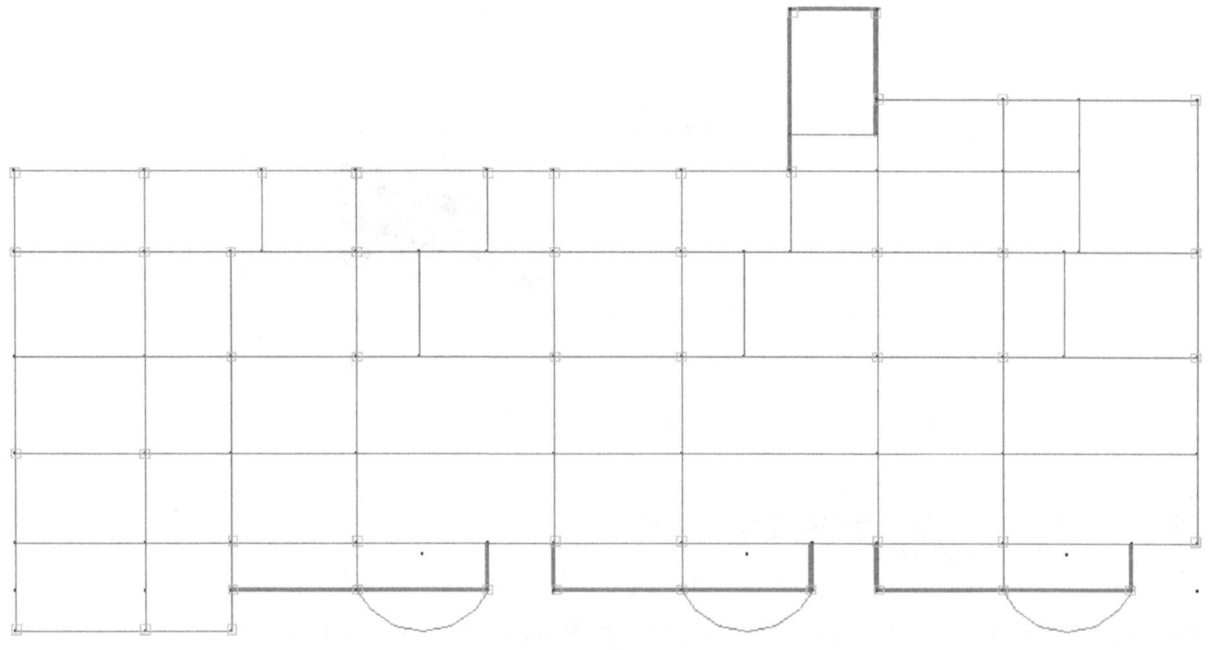

图8-62 删除梁间恒载

54 执行【梁间荷载】|【梁间恒载】命令，新建3.6梁间均布线荷载，布置屋顶女儿墙处的梁恒载，如图8-63所示。

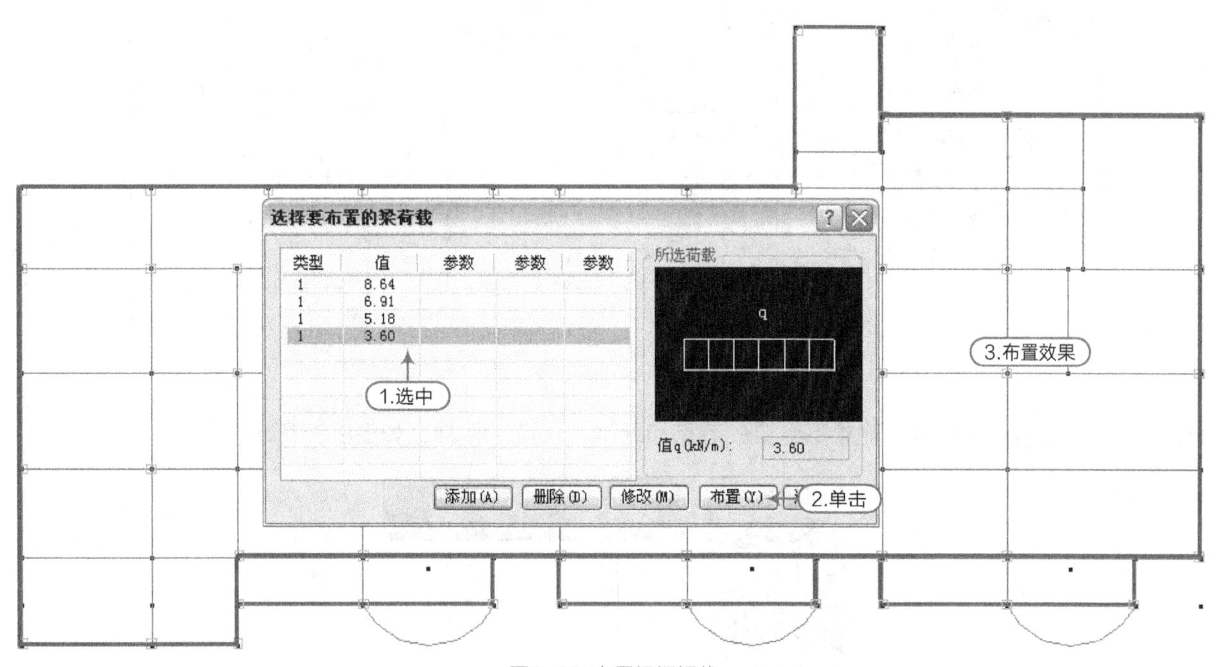

图8-63 布置梁间恒载

提示

上人屋面梁间恒载（3.6）计算（仅四周有女儿墙，墙尺寸来源于屋顶平面图索引）；
240 厚墙：10×0.24×1.5=3.6。

55 执行【梁间荷载】|【梁间恒载】命令，新建5.9梁间均布线荷载，布置梁恒载如图8-64所示。

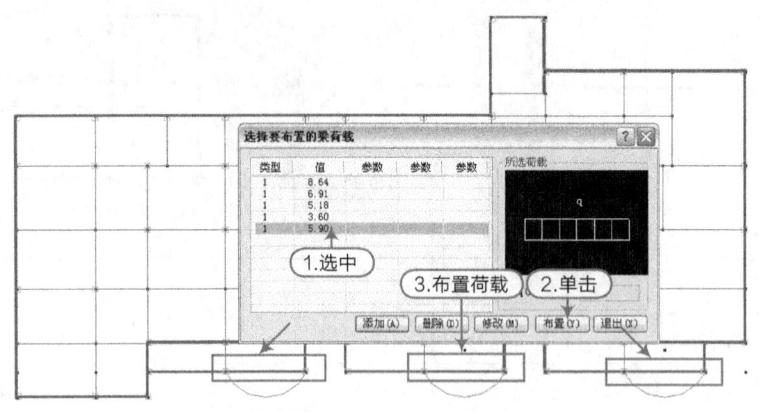

图8-64 再布置梁间恒载

提示

墙体造型处梁荷（5.9）计算（墙尺寸来源于左右立面图）：
240厚墙：$10 \times 0.24 \times 2.46 \approx 5.9$。

56 再次执行【添加标准层】命令，局部复制楼梯间为第4标准层，如图8-65所示。

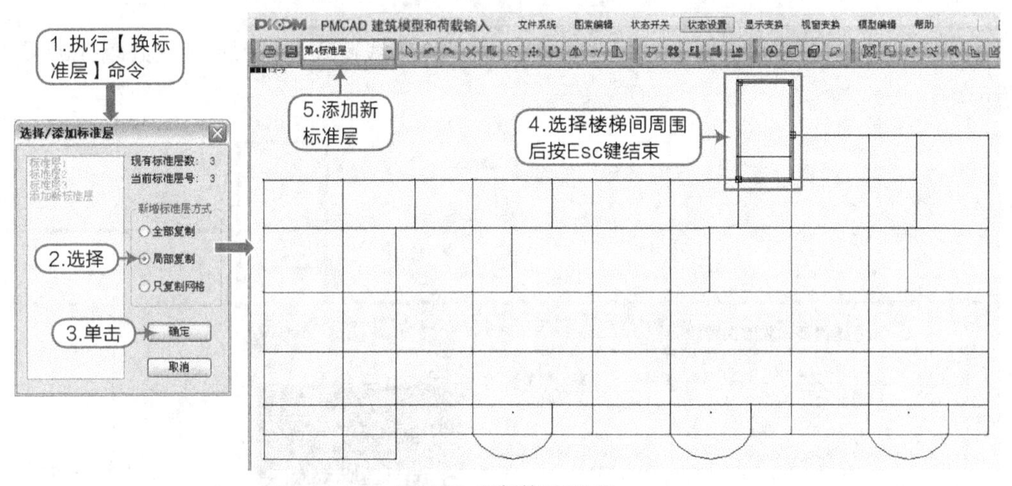

图8-65 添加第4标准层

57 执行【清理网点】命令，删除不必要的节点和网格，仅留下楼梯，如图8-66所示。

图8-66 清理网点

58 执行【布悬挑板】命令，参照建筑平面图，添加绘制雨篷，如图8-67所示。

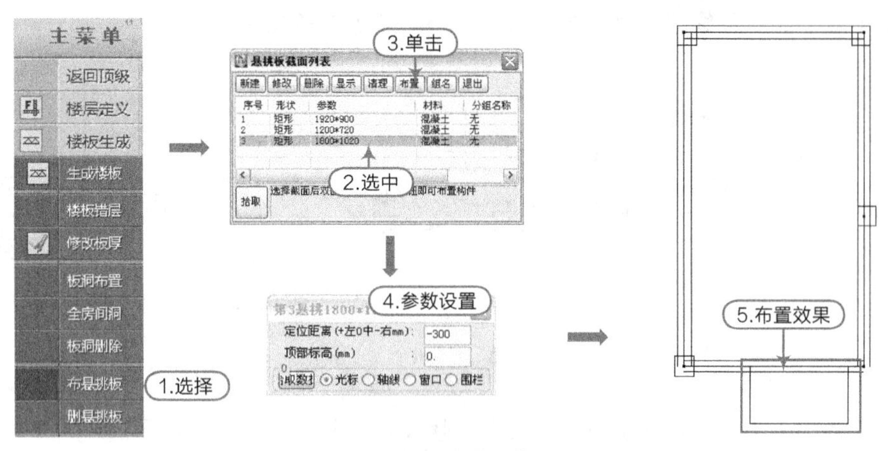

图8-67 布置雨篷

提示

雨篷是在出入口布置的用于遮雨的构件，在给出的建筑平面图中，雨篷布置到了没有门的楼梯的右侧，明显不符合功能要求，故做出修改。

59 执行【楼层定义】|【楼板生成】|【修改板厚】命令，修改梯顶板厚，如图8-68所示。

60 执行【恒活设置】命令，设置梯顶屋顶的恒活荷载值（为不上人屋面），如图8-69所示。

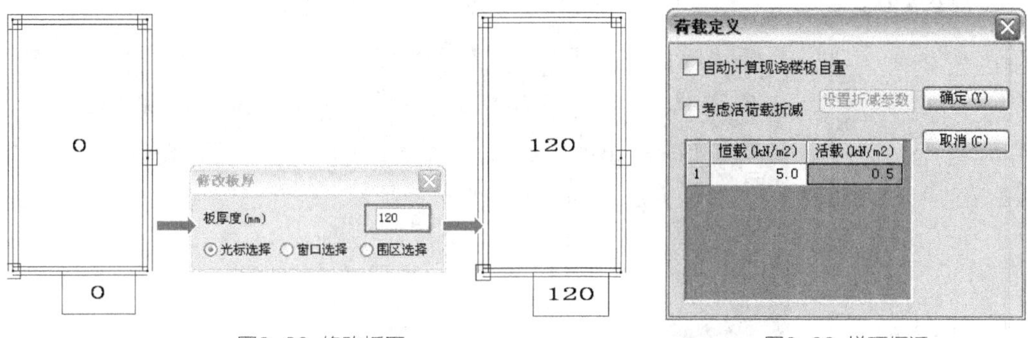

图8-68 修改板厚　　图8-69 梯顶恒活

61 执行【构件删除】后执行【主梁布置】命令，布置梁操作，如图8-70所示。

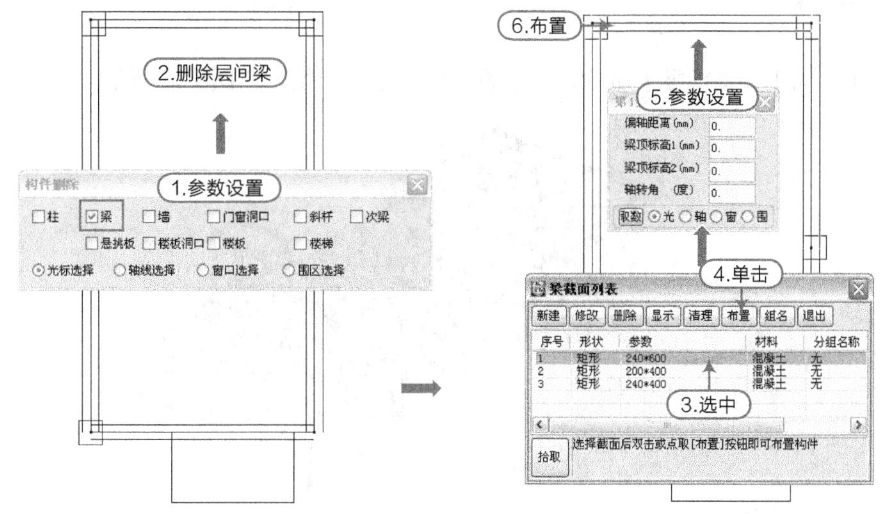

图8-70 修改梁布置

62 执行【楼面恒载】命令，修改原楼梯面恒载6.55为5.0，如图8-71所示。

63 执行【楼面恒载】命令，修改原楼梯面活载2为0.5，如图8-72所示。

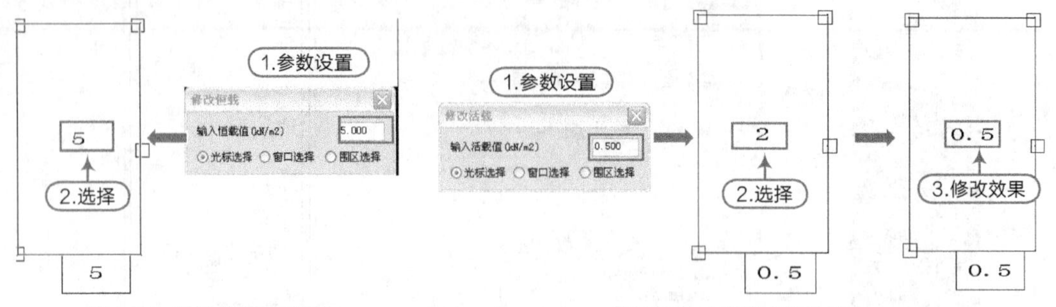

图8-71 原楼梯面恒载修改

图8-72 原楼梯面活载修改

64 执行【梁间荷载】|【恒载输入】命令，修改原楼梯梁恒载，如图8-73所示。

65 执行【楼层组装】|【楼层组装】命令，在弹出“楼层组装”对话框中按照如下步骤组装楼层，如图8-74所示。

- 选择“复制层数”为1，选取“第1标准层”，“层高”为4200。
- 选择“复制层数”为1，选取“第2标准层”，“层高”为3300。
- 选择“复制层数”为1，选取“第3标准层”，“层高”为3300。
- 选择“复制层数”为1，选取“第4标准层”，“层高”为3000。

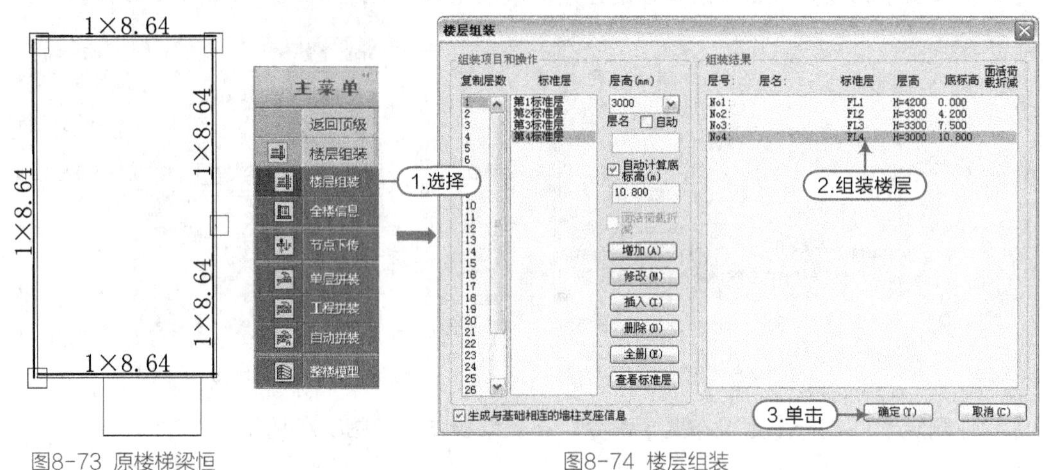

图8-73 原楼梯梁恒载修改

图8-74 楼层组装

66 执行【楼层组装】|【整楼模型】命令，可查看全楼的结构模型，如图8-75所示。

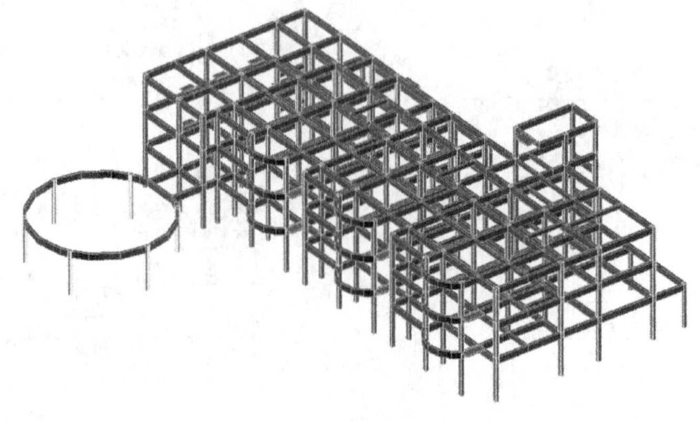

图8-75 整楼模型

67 执行“保存”命令，保存已建立的楼层数据。

68 执行“退出”命令，选择“存盘退出”，再单击“确定”按钮，结果返回到PMCAD界面，如图8-76所示。

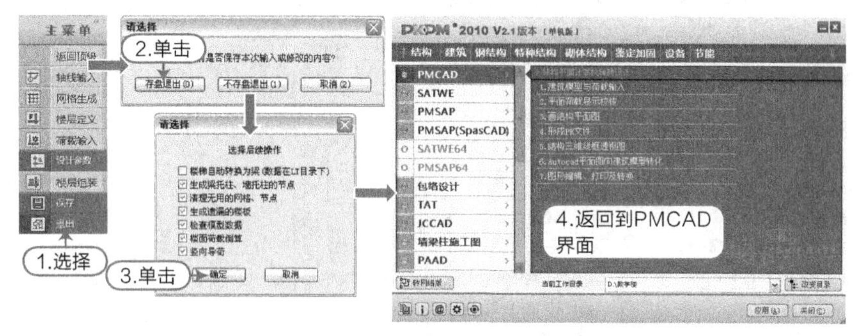

图8-76 存盘退出

8.2.2 计算分析

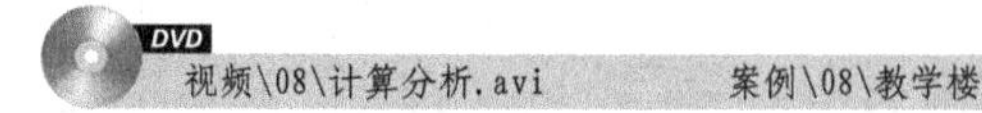

接上，完成PMCAD部分后，进入SATWE计算分析部分。

01 执行【SATWE】|【接PM生成SATWE数据】菜单，单击“应用”按钮，进入计算分析状态，如图8-77所示。

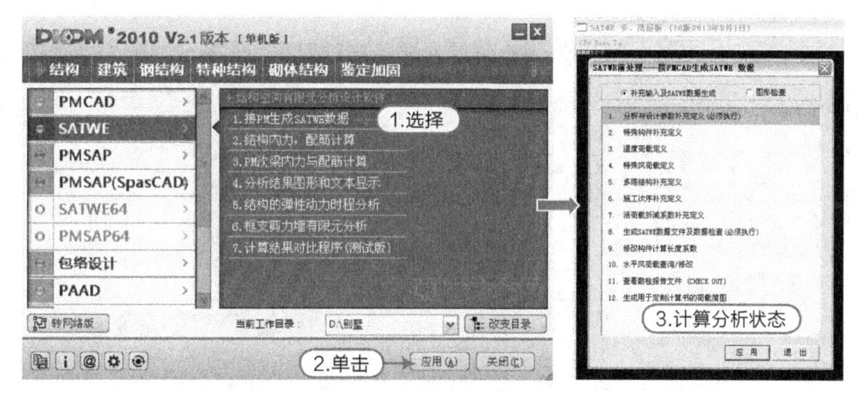

图8-77 进入计算分析状态

02 选择【分析与设计参数补充定义】选项，单击“应用”按钮，在弹出的“分析和设计参数补充定义”对话框中设置参数，每个选项卡下的参数设置完成后单击“确定”按钮即可，如图8-78所示。

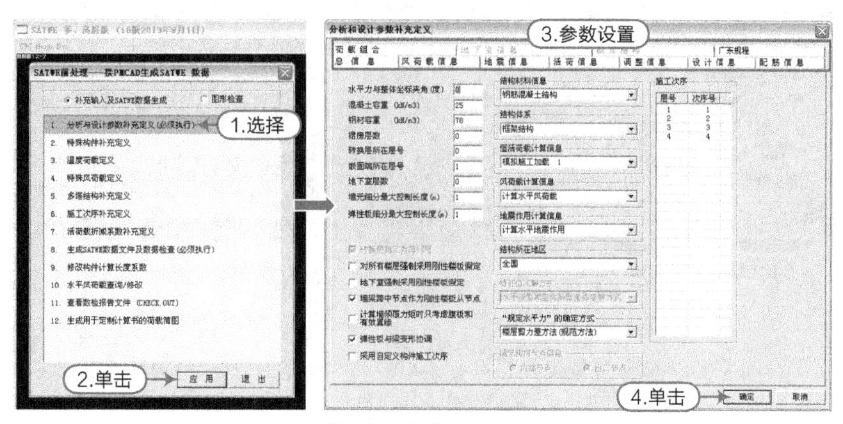

图8-78 参数补充定义

03 在弹出的“分析和设计参数补充定义”对话框中，设置“总信息”参数，如图8-79所示。

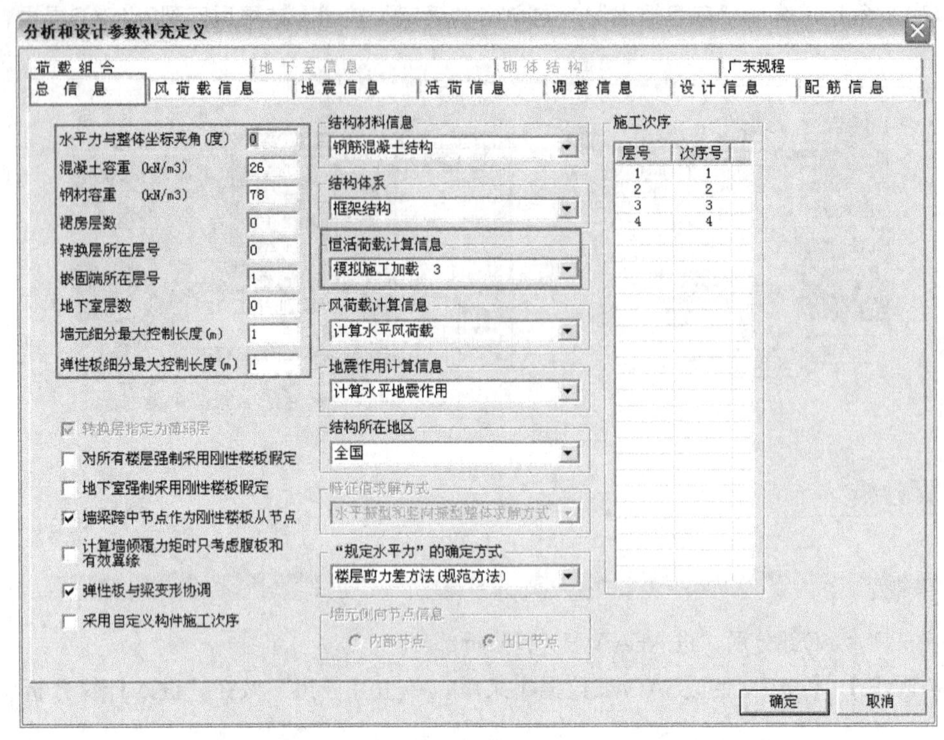

图8-79 总信息

04 在“分析和设计参数补充定义”对话框中，设置“风荷载信息”参数，如图8-80所示。

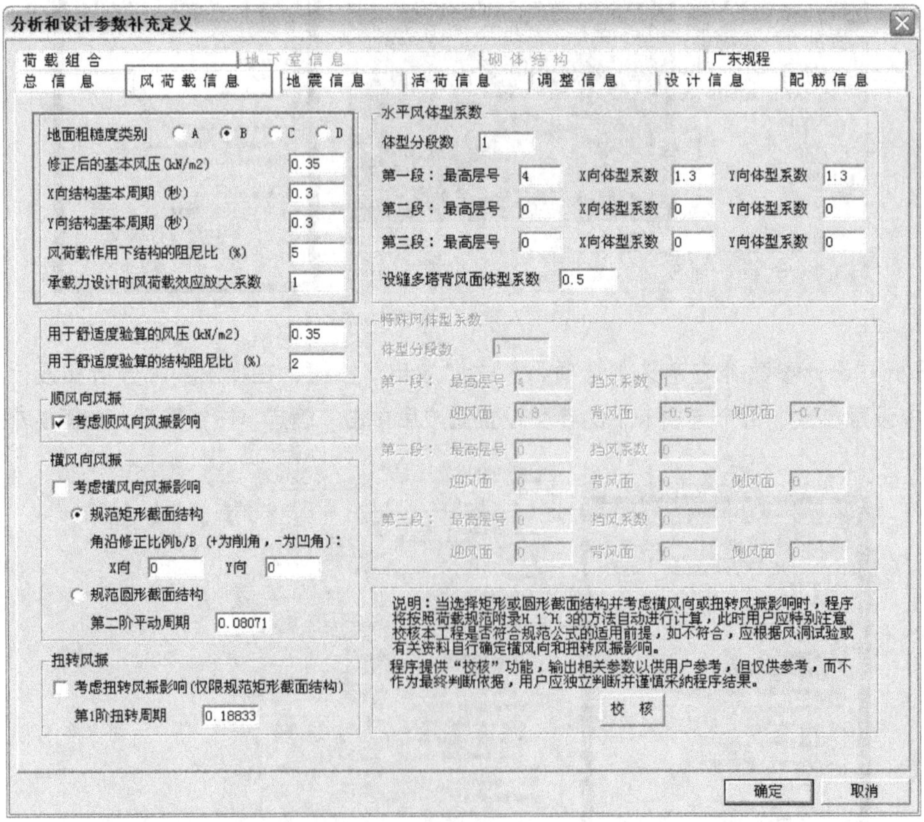

图8-80 风荷载信息

05 在“分析和设计参数补充定义”对话框中，设置“地震信息”参数，如图8-81所示。

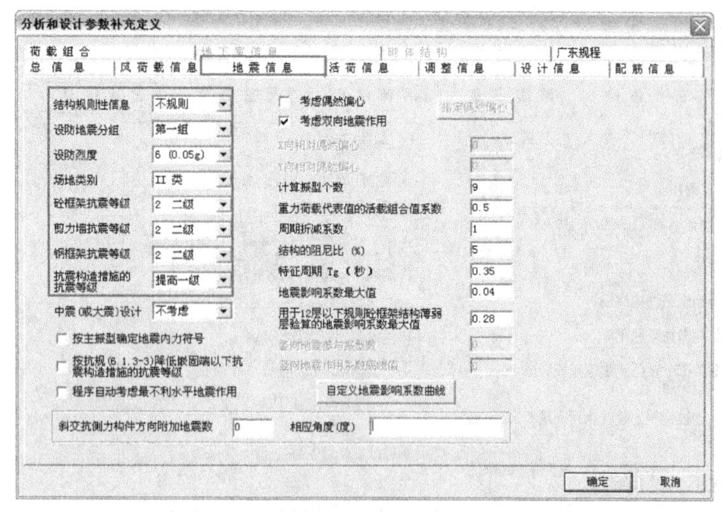

图8-81 地震信息

06 在“分析和设计参数补充定义”对话框中，设置“活荷信息”参数，如图8-82所示。

图8-82 活荷信息

07 在“分析和设计参数补充定义”对话框中，设置“调整信息”参数，如图8-83所示。

图8-83 调整信息

08 在“分析和设计参数补充定义”对话框中，设置“设计信息”参数，如图8-84所示。

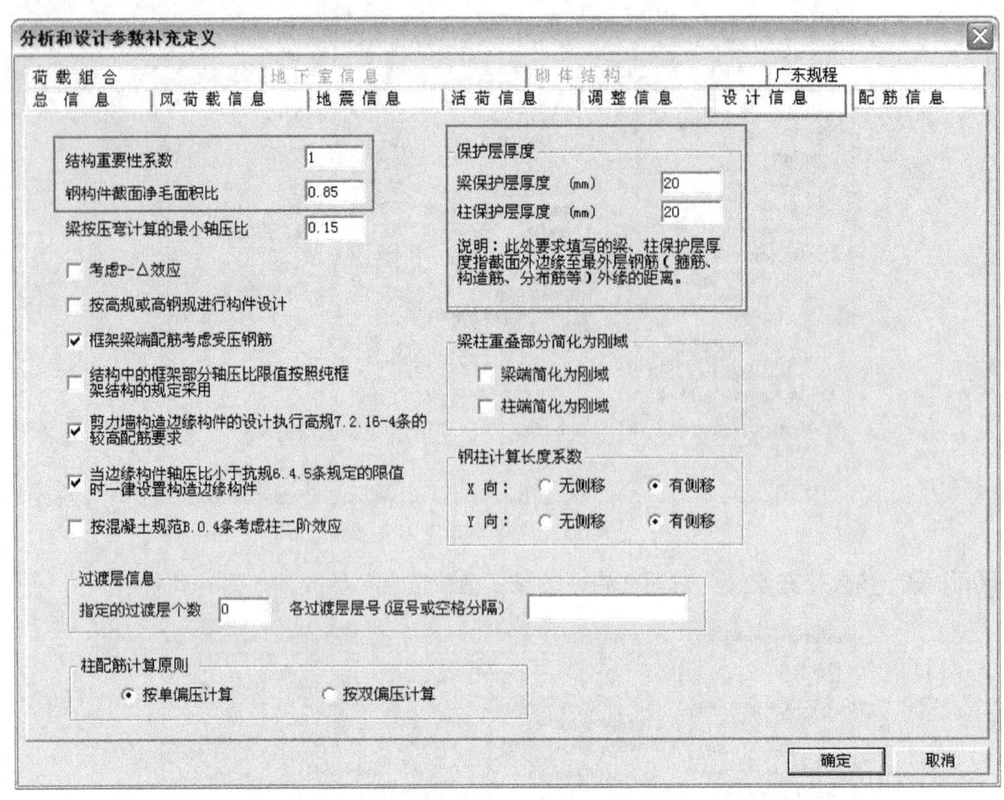

图8-84 设计信息

09 在“分析和设计参数补充定义”对话框中，设置“配筋信息”参数，如图8-85所示。

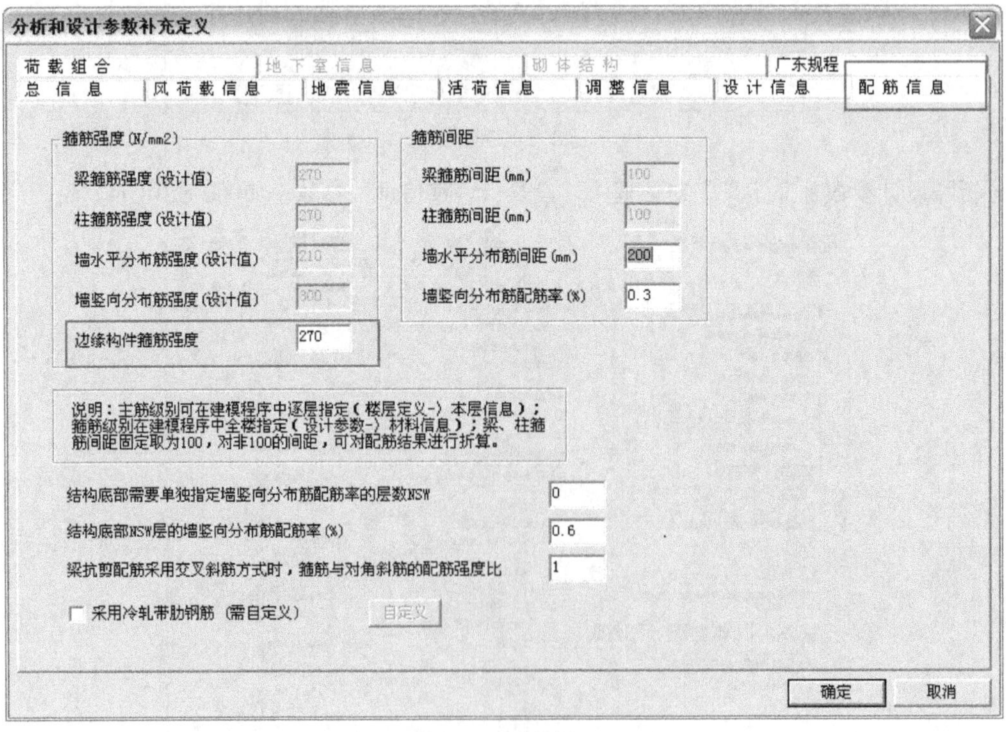

图8-85 配筋信息

10 在“分析和设计参数补充定义”对话框中，设置“荷载组合”参数，如图8-86所示。

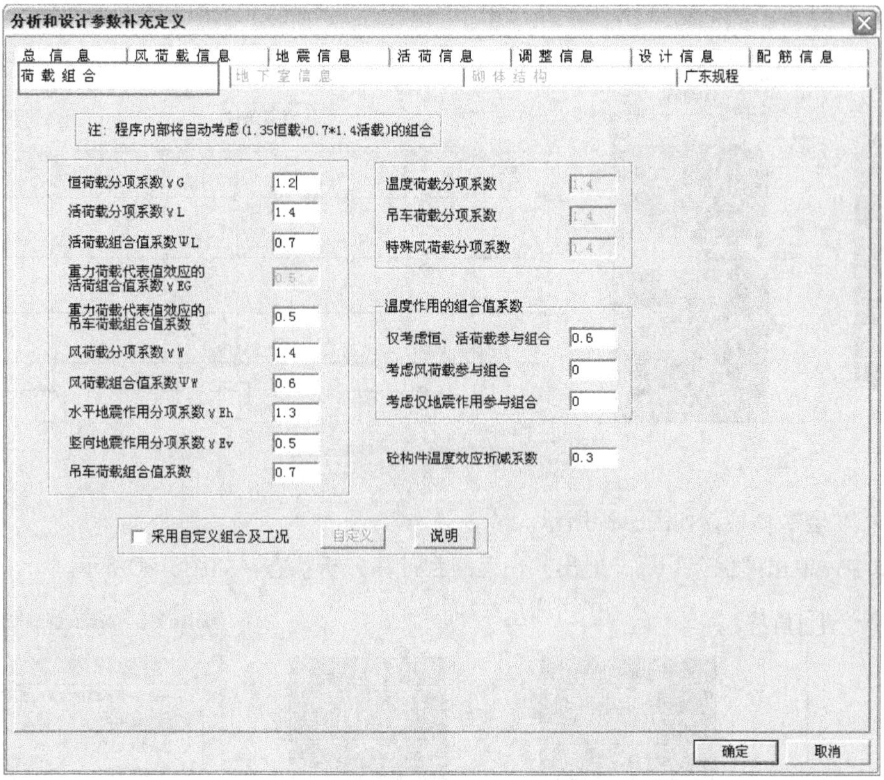

分析和设计参数补充定义
总信息
风荷载信息
地震信息
活荷信息
调整信息
设计信息
配筋信息
荷载组合
地下室信息
砌体结构
广东规程
注：程序内部将自动考虑(1.35恒载+0.7*1.4活载)的组合
恒荷载分项系数γG 1.2
活荷载分项系数γL 1.4
活荷载组合值系数ΨL 0.7
重力荷载代表值效应的活荷组合值系数γEG 0.5
重力荷载代表值效应的吊车荷载组合值系数 0.5
风荷载分项系数γW 1.4
风荷载组合值系数ΨW 0.6
水平地震作用分项系数γEh 1.3
竖向地震作用分项系数γEv 0.5
吊车荷载组合值系数 0.7
温度荷载分项系数 1.4
吊车荷载分项系数 1.4
特殊风荷载分项系数 1.4
温度作用的组合值系数
仅考虑恒、活荷载参与组合 0.6
考虑风荷载参与组合 0
考虑仅地震作用参与组合 0
砼构件温度效应折减系数 0.3
采用自定义组合及工况
自定义
说明
确定
取消

图8-86 荷载组合

11 选择【特殊构件补充定义】选项，单击“应用”按钮，执行【特殊柱】|【角柱】命令，点取结构角柱，如图8-87所示。

主菜单
换标准层
特殊柱
上端铰接
下端铰接
两端铰接
角柱
转换柱
门式钢柱
水平转换
抗震等级
1.选择
2.点取角柱

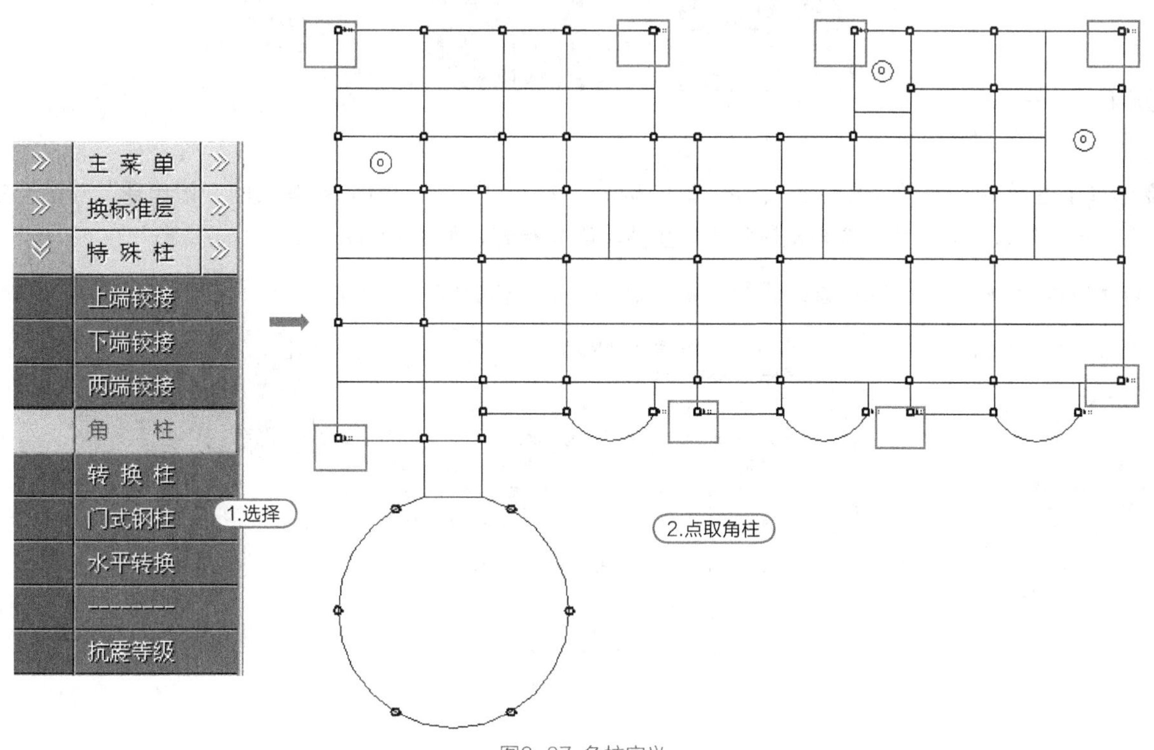

图8-87 角柱定义

12 同样的方法，对第2标准层执行角柱的定义，如图8-88所示，第3标准层的角柱位置同第2标准层，自行定义。

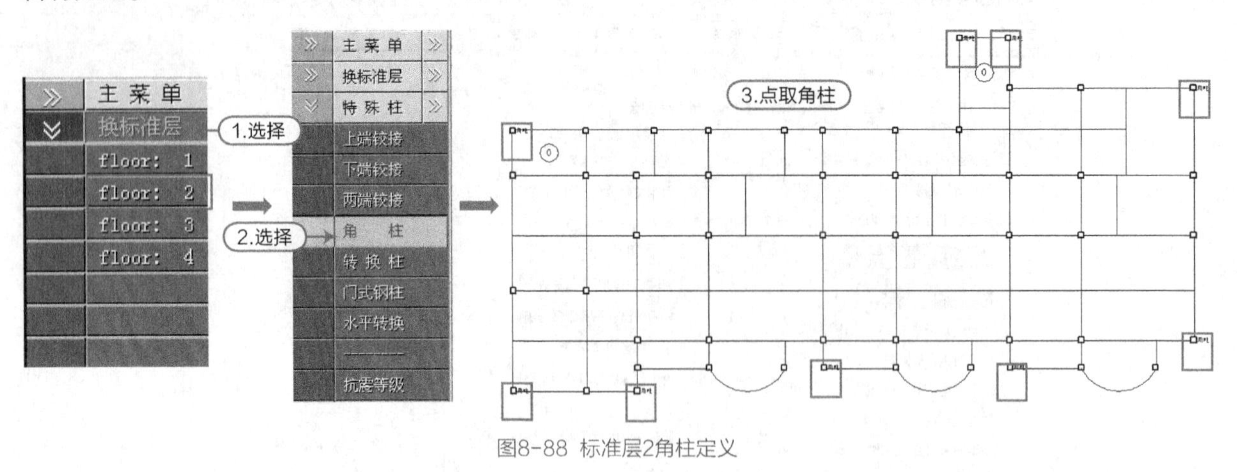

图8-88 标准层2角柱定义

13 再定义第4标准层的角柱，如图8-89所示。

14 在屏幕菜单中，单击“保存”后“退出”，返回到计算分析状态，如图8-90所示。

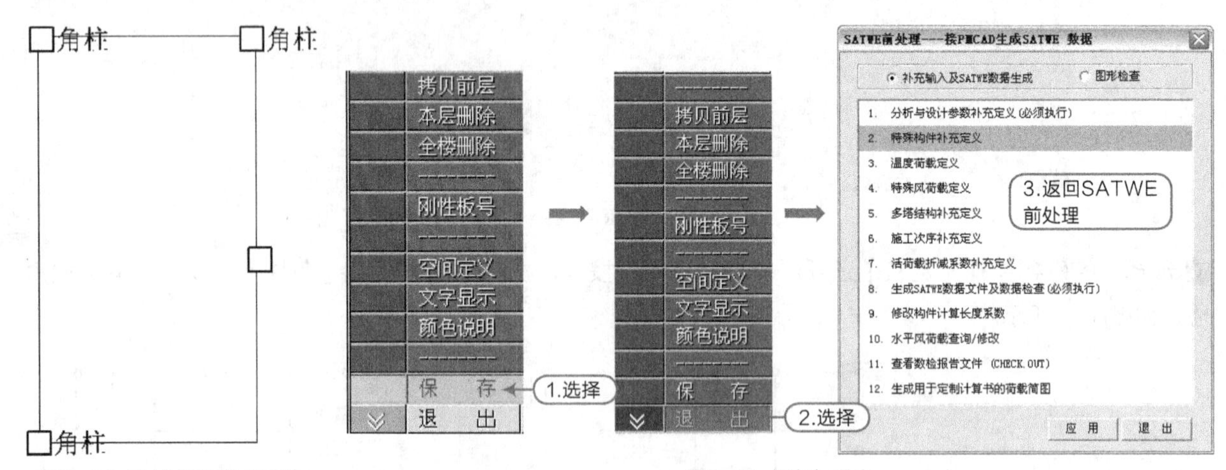

图8-89 第4标准层角柱定义

图8-90 保存与退出

15 选择【生成SATWE数据文件及数据检查】选项，单击“应用”按钮，在弹出的“请选择”对话框中单击“确定”按钮后，程序会自动进行数据生成和数据检查，如图8-91所示。

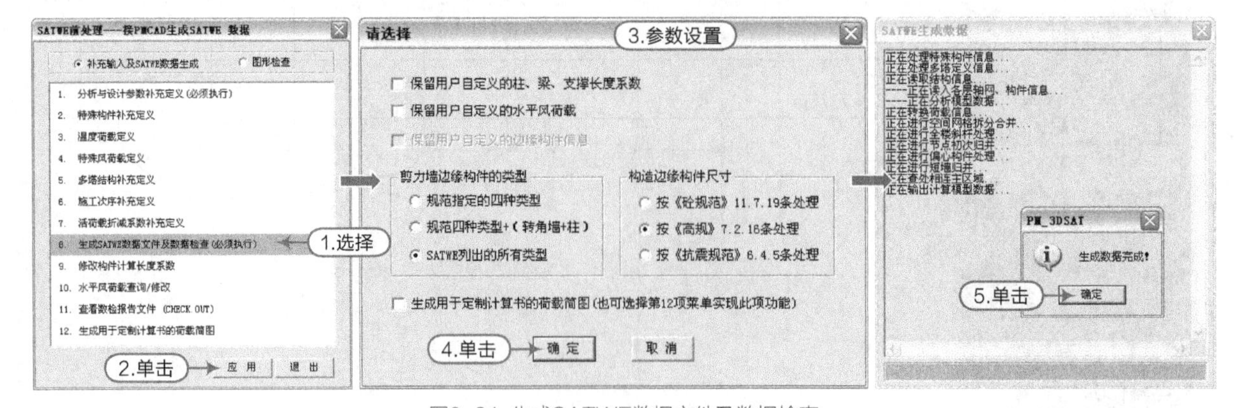

图8-91 生成SATWE数据文件及数据检查

16 执行【SATWE】|【结构内力，配筋计算】菜单，单击“应用”按钮，显示“SATWE计算控制参数”对话框，设置参数后单击“确定”按钮后，程序将自动进行计算，如图8-92所示。

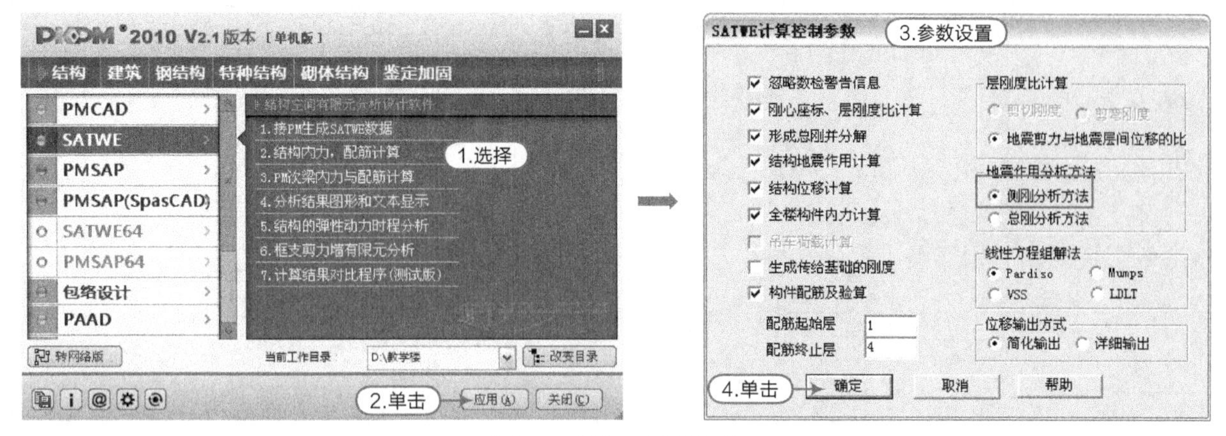

图8-92 结构内力配筋计算

17 选择【分析结果图形和文本显示】选项，单击“应用”按钮，显示“SATWE后处理”对话框，如图8-93所示。

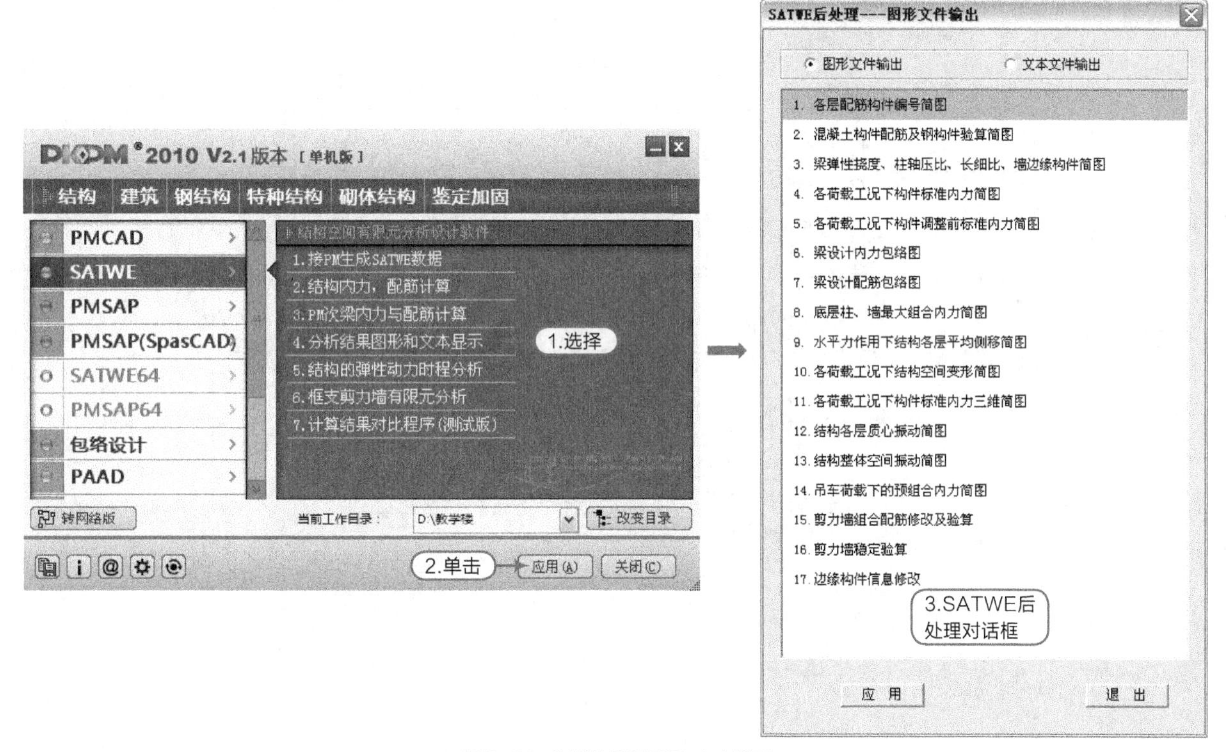

图8-93 分析结果图形和文本显示

18 首先查看“图形文件”中的第3项，选择图形显示其“轴压比”，如图8-94所示，“弹性挠度”如图8-95所示。

提示

如果轴压比显红，说明该处的柱不符合要求，解决方法是“增大该墙、柱截面或提高该楼层墙、柱混凝土强度”。

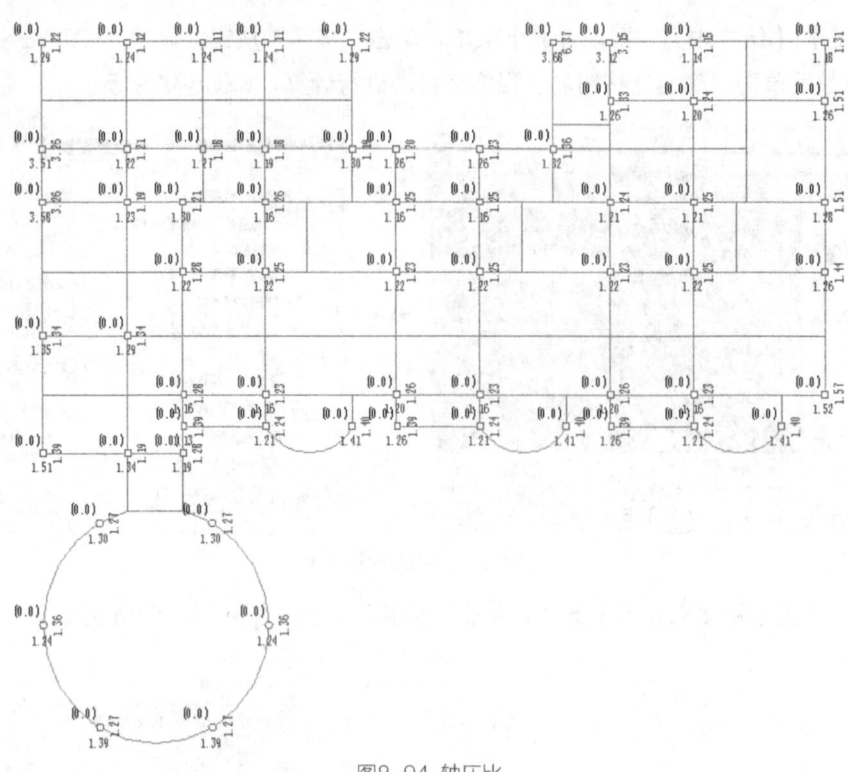

图8-94 轴压比

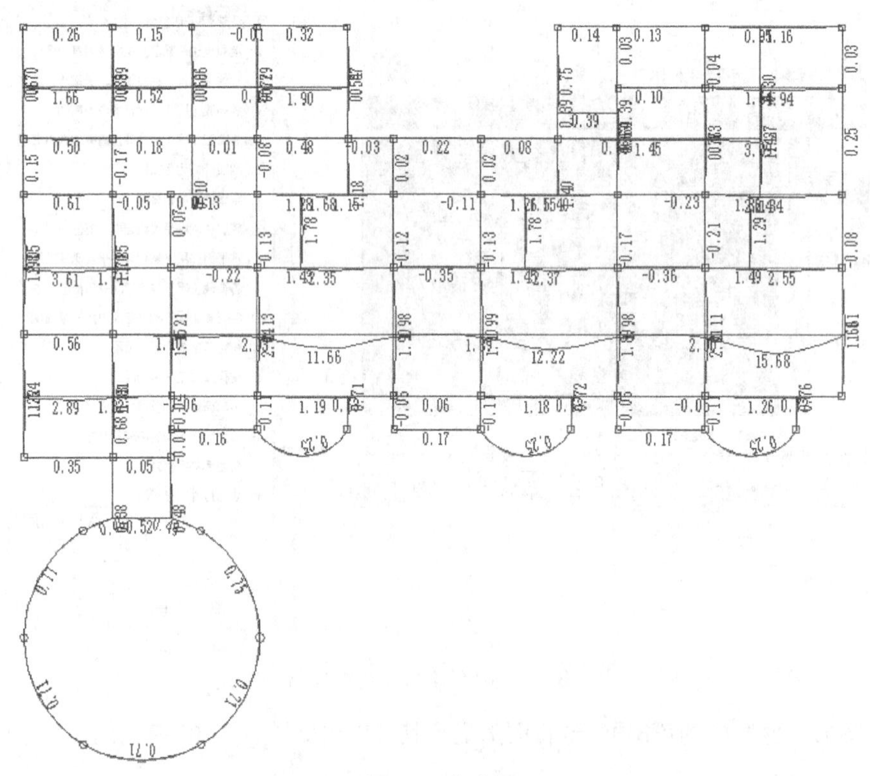

图8-95 挠度图

提示

轴压比主要为限制结构的轴压比，保证结构的延性要求，规范对墙肢和柱均有相应限值要求，见《抗规》6.3.7 和 6.4.6 条，《高规》6.4.2 和 7.2.14 条条文说明。轴压比不满足要求，结构的延性要求无法保证；轴压比过小，则说明结构的经济技术指标较差。

19 然后查看“图形文件”中的第4项，例如，在恒载作用下，图形显示其“梁弯矩”如图8-96所示，“梁剪力”如图8-97所示，“柱底内力”如图8-98所示，“柱顶内力”如图8-99所示。

提示

如果觉得图上数字太小，不易辨认，可在屏幕菜单中执行【改变字高】命令设置字高。

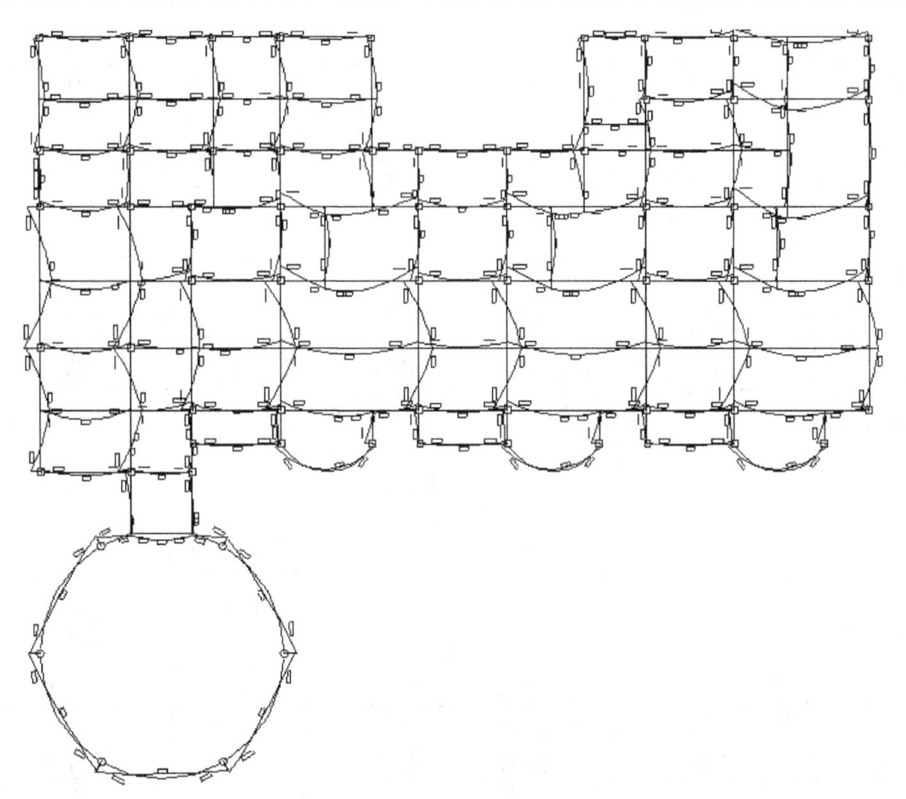

图8-96 梁弯矩

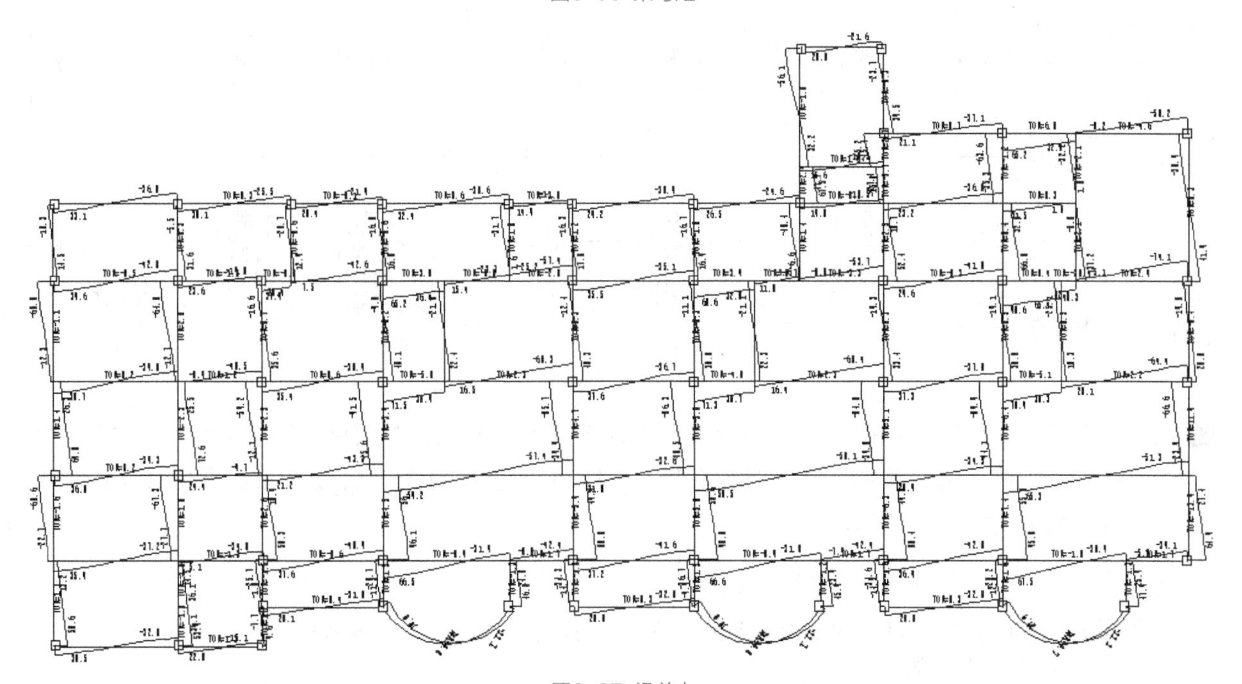

图8-97 梁剪力

图8-98 柱底内力

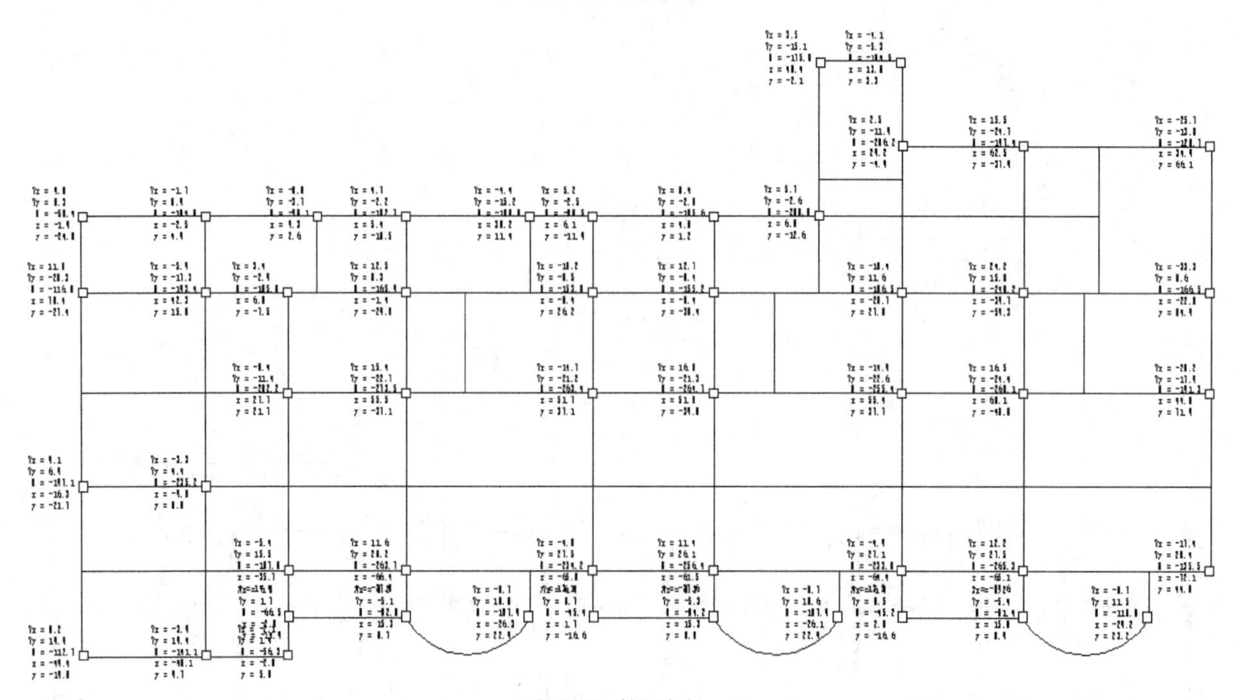

图8-99 柱顶内力

20 然后查看“图形文件”中的第9项，具体可查看地震作用下和风荷载信息下的“层剪力”“倾覆弯矩”“层位移”和“层位移角”，以地震作用为例，给出层剪力图、层位移图及层位移角图如图8-100、图8-101、图8-102所示。

提示

《建筑抗震设计规范》规定，框架结构最大层间位移角限值弹性层间为1/550，由层间位移角图，1/5082和1/4082均小于1/550，所以层间位移角满足要求。

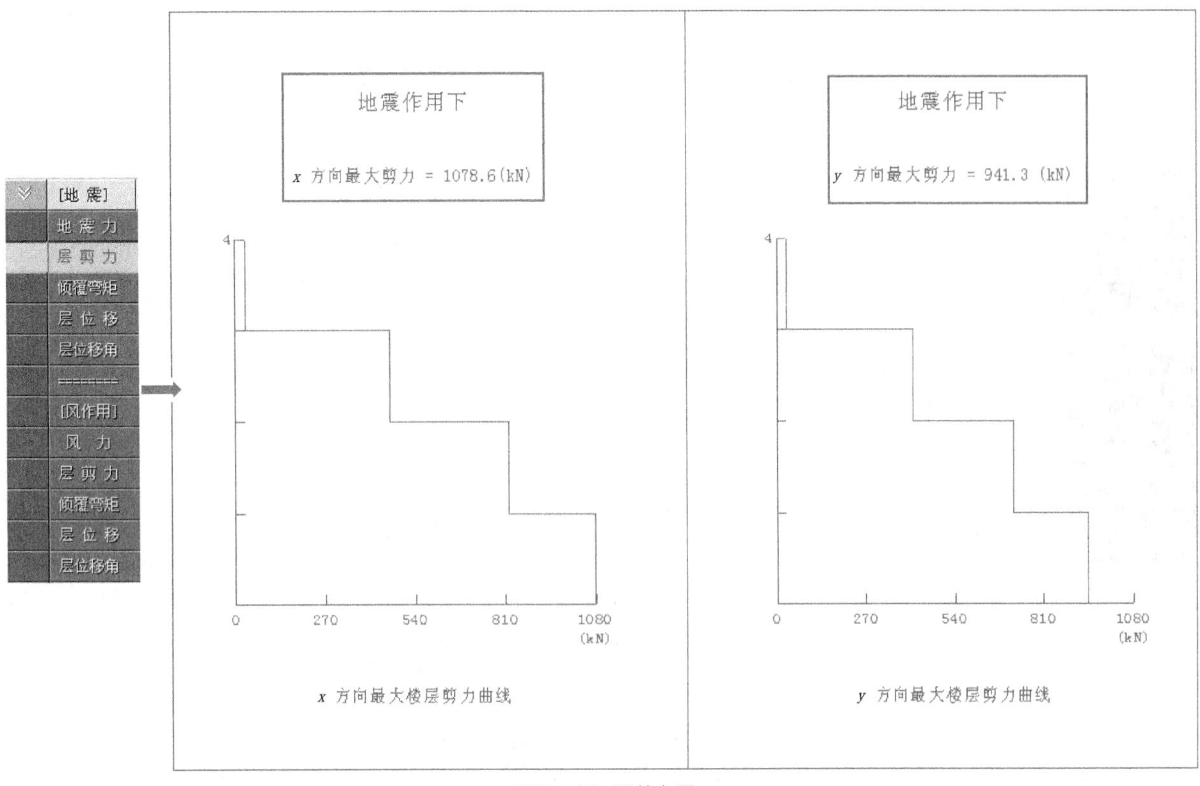

图8-100 层剪力图

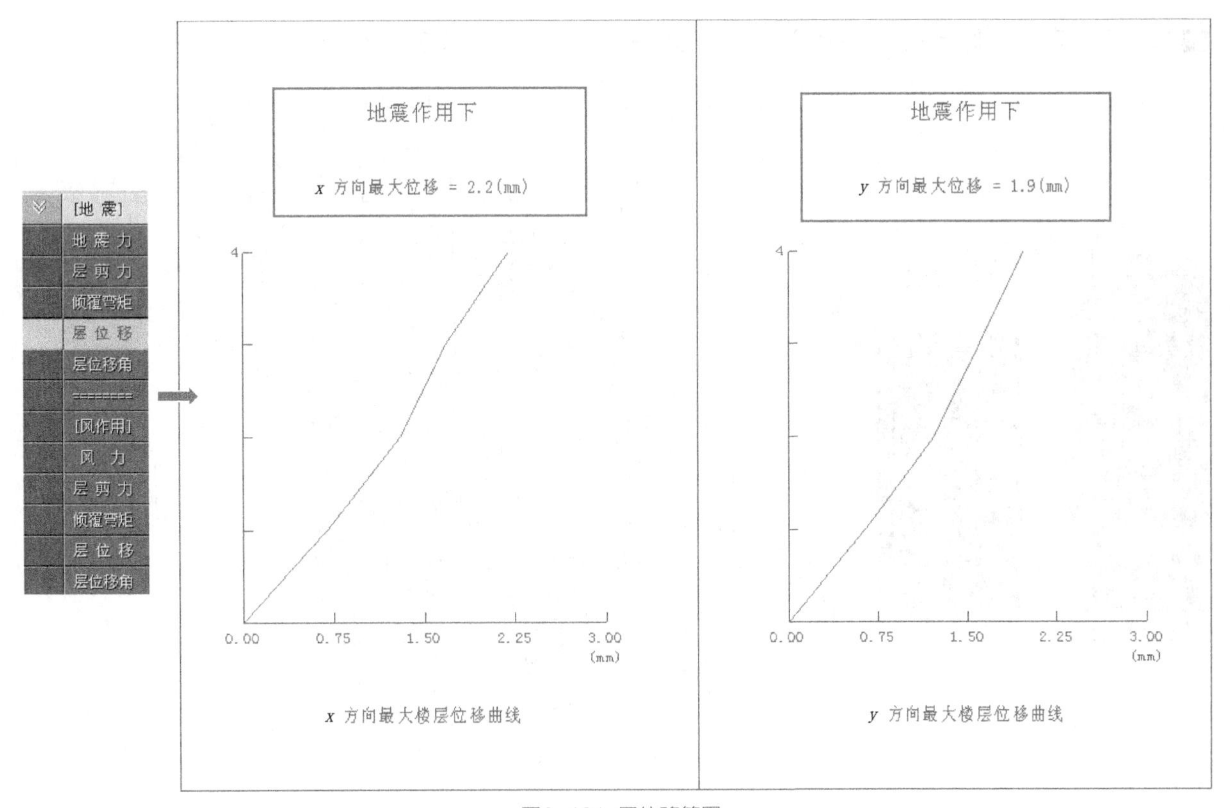

图8-101 层位移简图

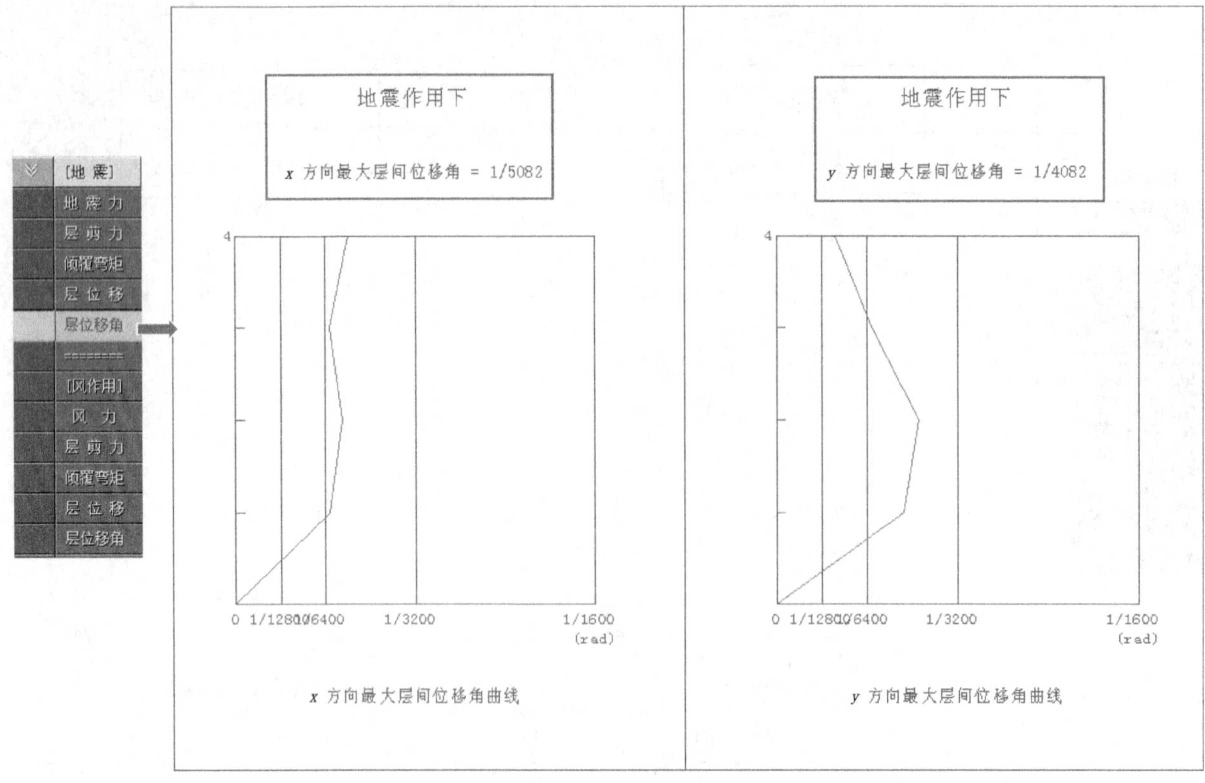

图8-102 层位移角图

21 然后还应查看“图形文件”中的第13项，选择振型图观察，如图8-103所示。

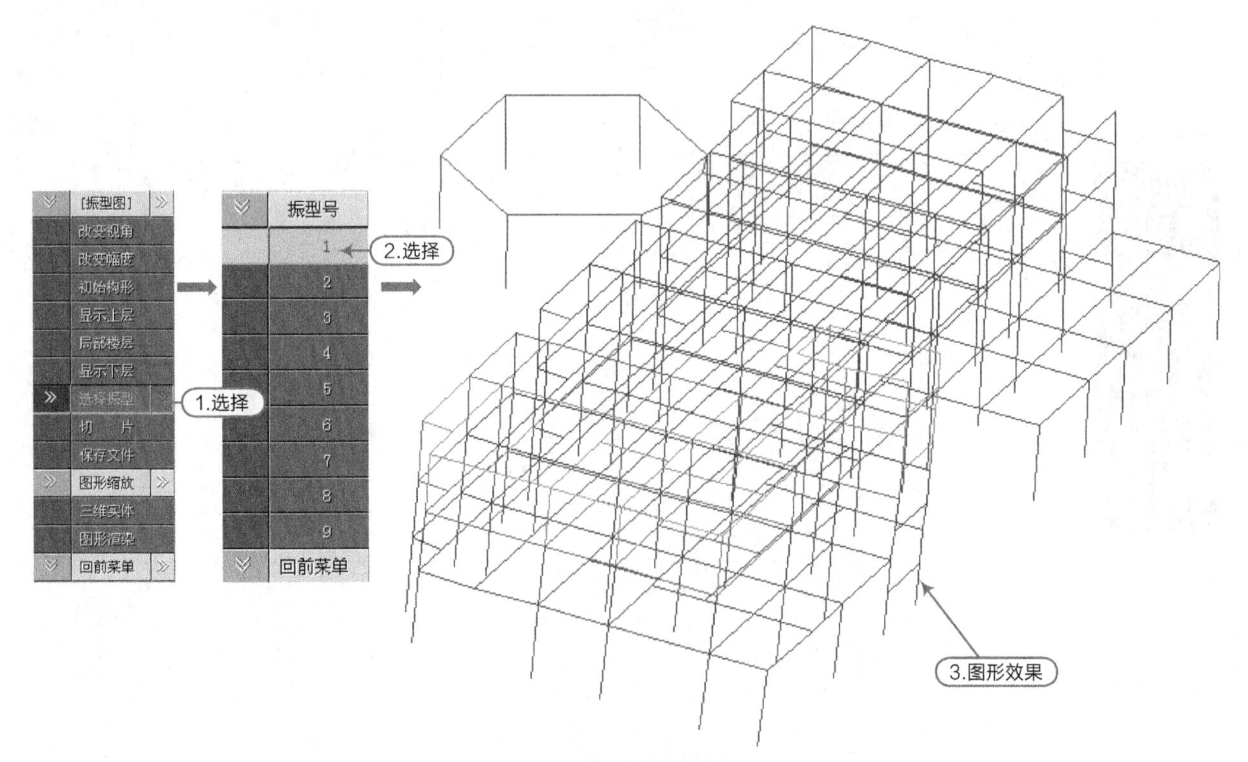

图8-103 振型图查看

22 在“文本文件输出”中，应首先要查看第2项，应注意的项如图8-104所示

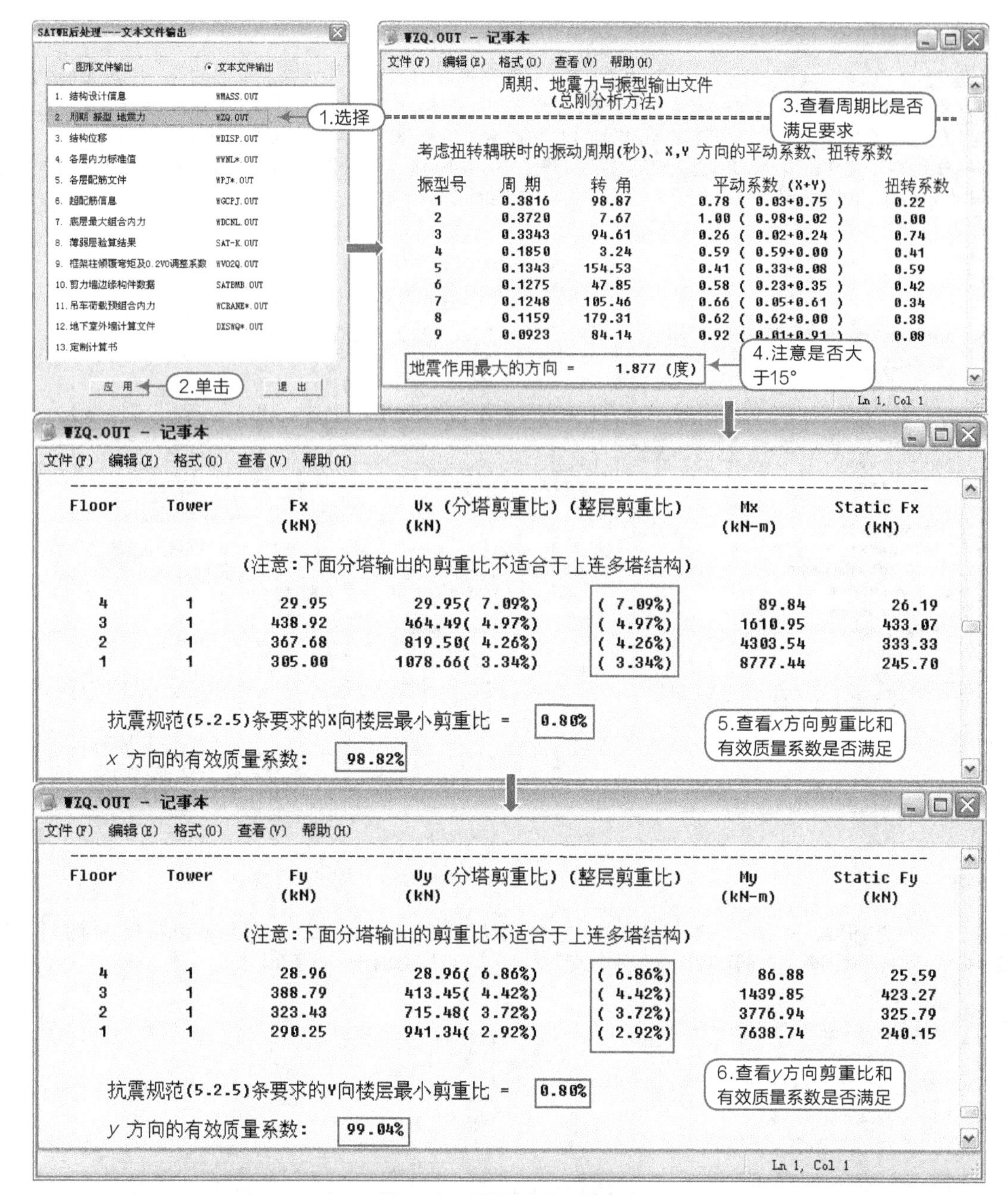

图8-104　周期、振型、地震力

提示

《高规》3.4.5 条规定，结构扭转为主的第一自振周期 T_t 与平动为主的第一自振周期 T_1 之比为周期比，A 级高度建筑不应大于 0.9s，B 级高度建筑、混合结构建筑不应大于 0.85s。本别墅中，T_t=0.3343s，T_1=0.3720s，则 T_t/ $T1$=0.8986。

地震作用最大的方向:这项系数关系到 SATWE 主菜单 1 中第一项“总信息”选项卡中“水平力与整体坐标夹角”参数的设置。

剪重比主要为限制各楼层的最小水平地震剪力，确保周期较长的结构的安全。《抗规》5.2.5 条和《高规》3.3.13 条有规定（图示），易得出：1、2、3 层 x、y 向水平地震作用下，剪重比均符合要求。

如果计算时只取了几个振型，那么这几个振型的有效质量之和与总质量之比即为有效质量系数。此系数是判断结构振型数取得够不够的重要指标，当此系数大于 90% 时，表示振型数、地震作用满足规范要求，否则应增加振型数直到满足此系数大于 90%。

23 在“文本文件输出”中，之后要查看第3项，应注意的项如图8-105所示。

提示

新《高规》(2010) 的 3.4.5 条规定，在水平地震力下，楼层竖向构件的最大水平位移和层间位移，A、B 级高度高层建筑均不宜大于该楼层平均值的 1.2 倍；且 A 级高度高层建筑不应大于该楼层平均值的 1.5 倍，B 级高度高层建筑、混合结构高层建筑及复杂高层建筑，不应大于该楼层平均值的 1.4 倍；若位移角比较大，则可适量放宽限值。

如果不符合要求，需要调整：人工调整改变结构平面布置，减小结构刚心与形心的偏心距；加强位移最大的节点对应的墙、柱等构件的刚度；也可找出位移最小的节点削弱其刚度，直到位移比满足要求。

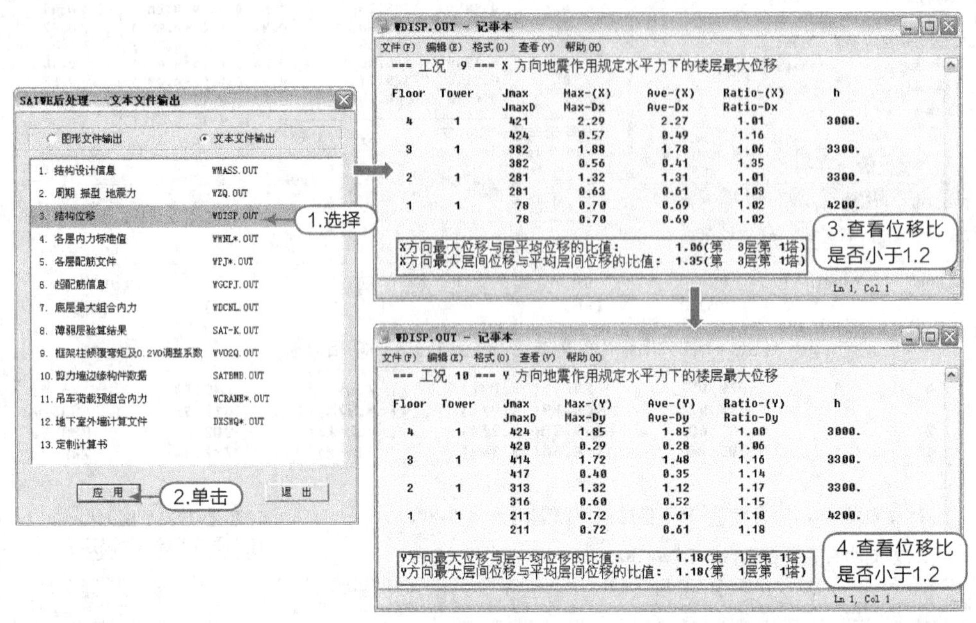

图8-105 结构位移

提示

选择 SATWE“分析结果图形和文本显示”主菜单中的“各层配筋构件编号简图”项，在屏幕菜单中执行【构件搜索】|【节点】命令，可快速找到最大位移节点和最大层间位移节点，如“386”，如图 8-106 所示。

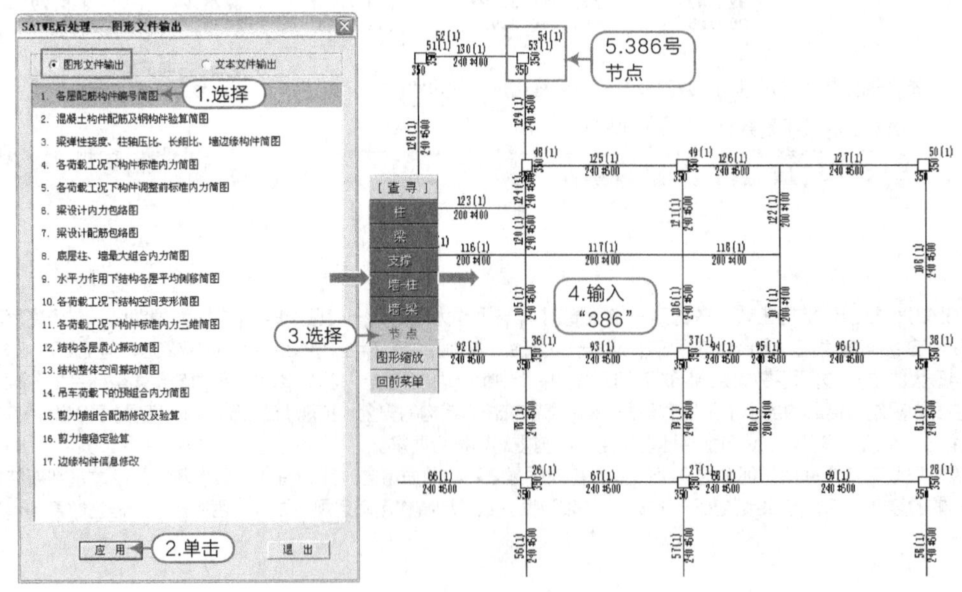

图8-106 搜索节点

24 查看完之后，单击“退出”按钮回到PKPM主菜单界面，此时，有错的地方返回相应位置修改，没错则开始绘制施工图。

8.2.3 绘梁施工图

视频\08\绘梁施工图.avi　　　　案例\08\教学楼

01 选择【墙梁柱施工图】|【梁平法施工图】主菜单，单击“应用”按钮后，程序自动弹出“定义钢筋标准层”对话框，单击“确定”按钮，进入梁平法绘制，如图8-107所示。

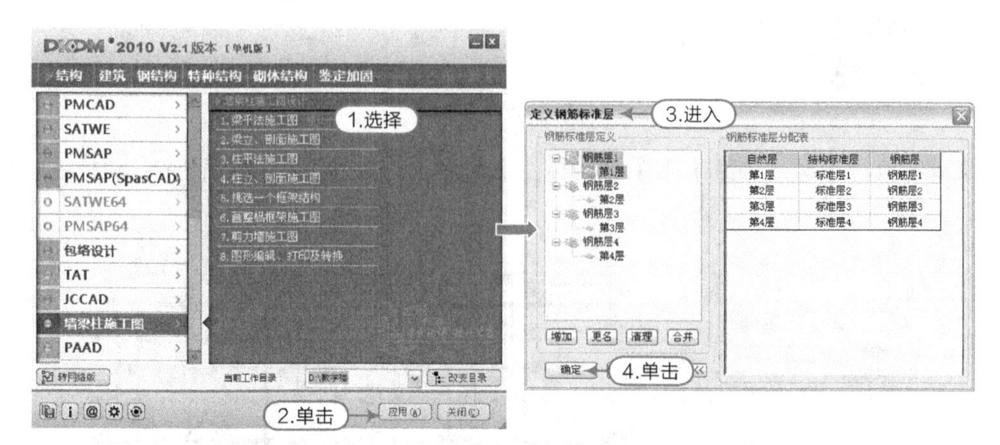

图8-107 设置钢筋层

02 设置钢筋层后，程序自动绘制出梁的平法施工图，如图8-108所示。

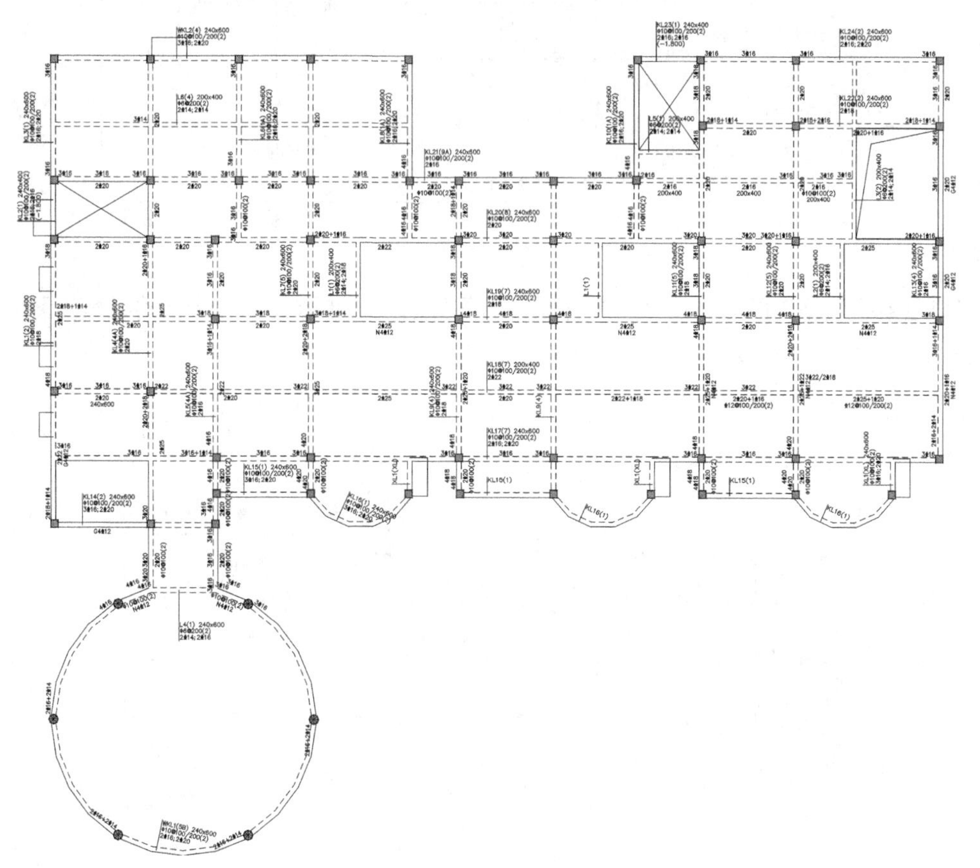

图8-108 生成梁施工图

03 执行【次梁加筋】|【箍筋开关】命令，程序自动在平法施工图上需要的地方按构造要求绘制出箍。

04 执行【移动标注】命令，将重叠的钢筋标注移开，如图8-109所示。

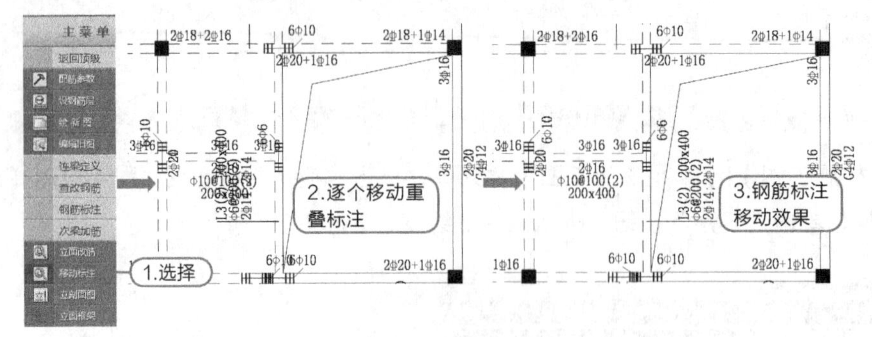

图8-109 移动标注

05 在下拉菜单区执行【标注轴线】|【自动标注】命令，勾选所有选项，程序自动标注轴线，如图8-110所示。

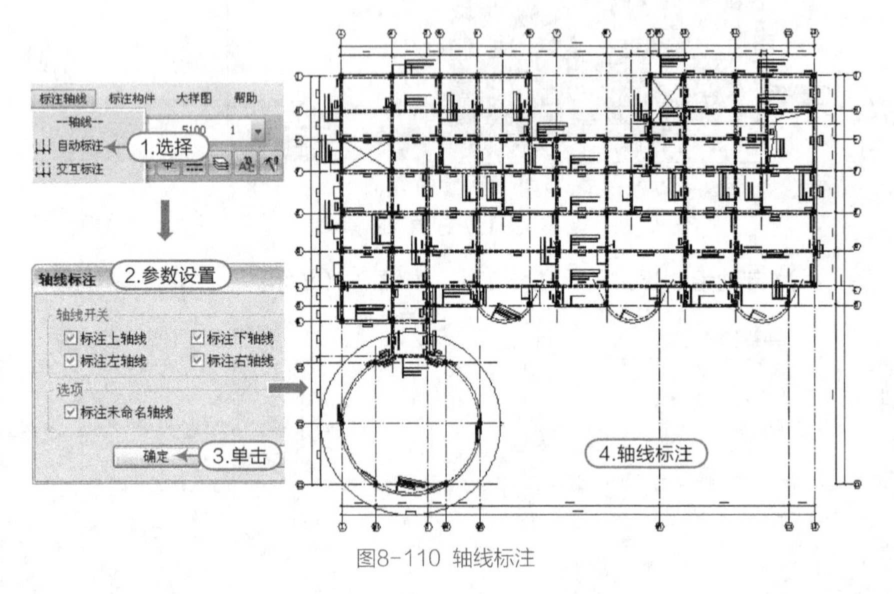

图8-110 轴线标注

06 “保存”1层梁平法施工图后，切换至其他层，用同样的方法步骤绘制其余层的梁施工图，结果如图8-111、图8-112、图8-113所示。

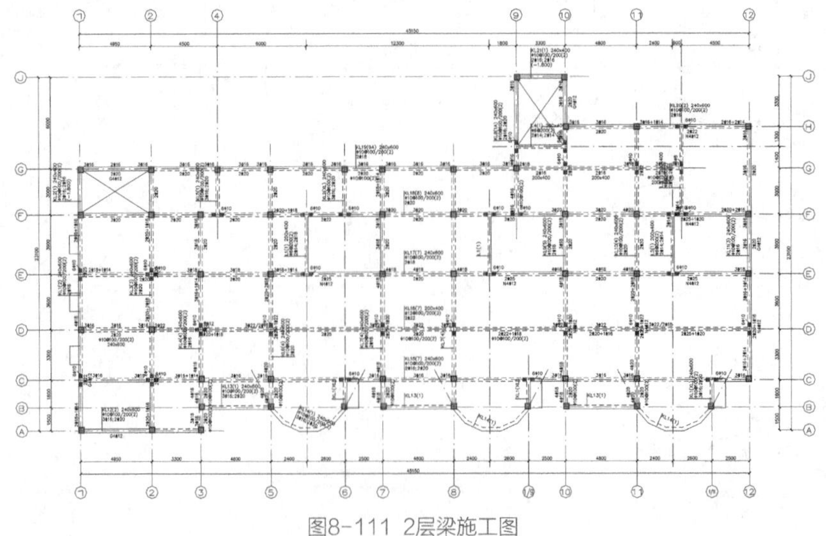

图8-111 2层梁施工图

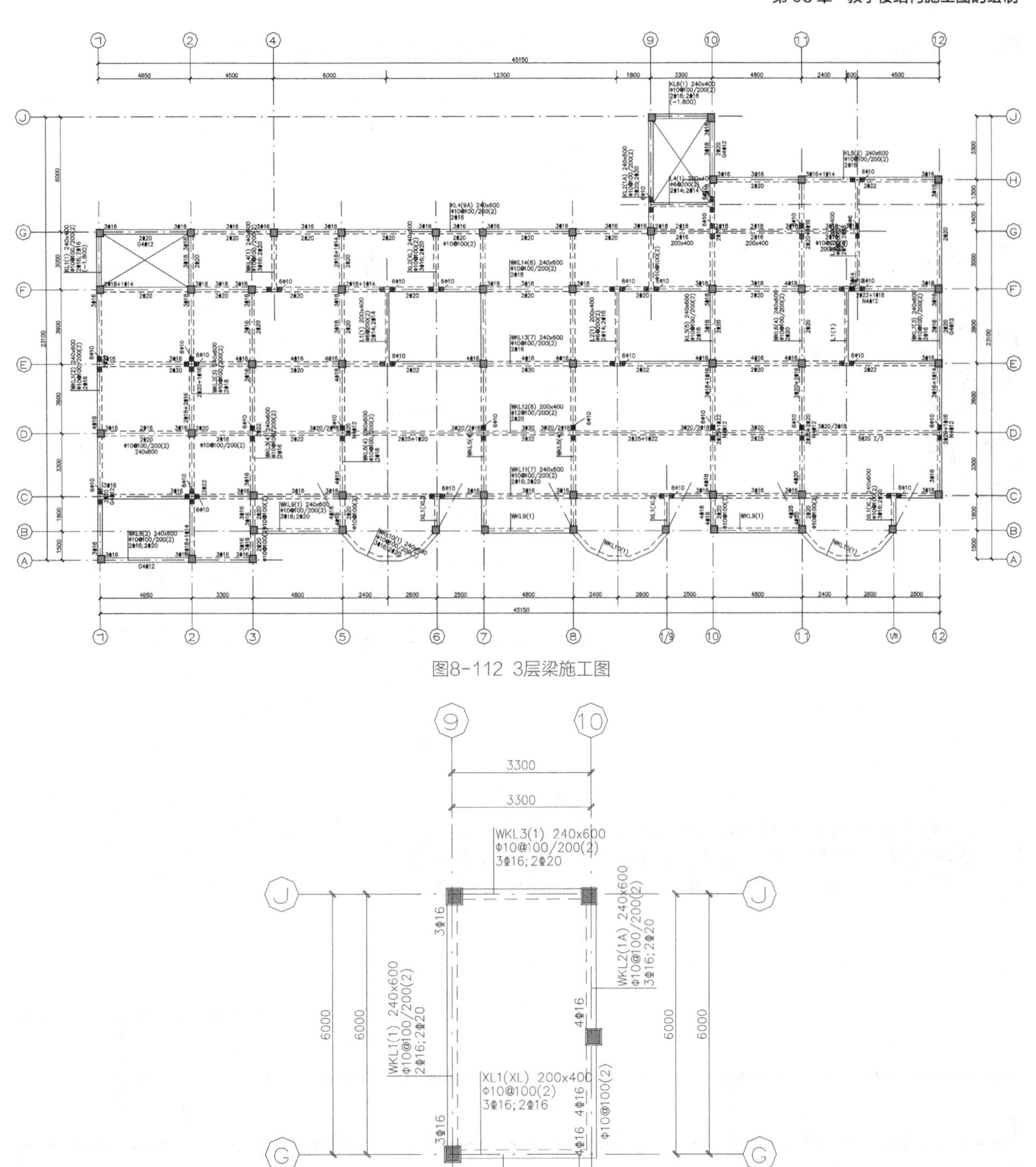

图8-112 3层梁施工图

图8-113 4层梁施工图

提示

在顶层梁平面图中，柱应是不显示填充的。

07 执行【挠度图】命令，查看各层梁施工图的挠度。图8-114所示为1层部分挠度图。

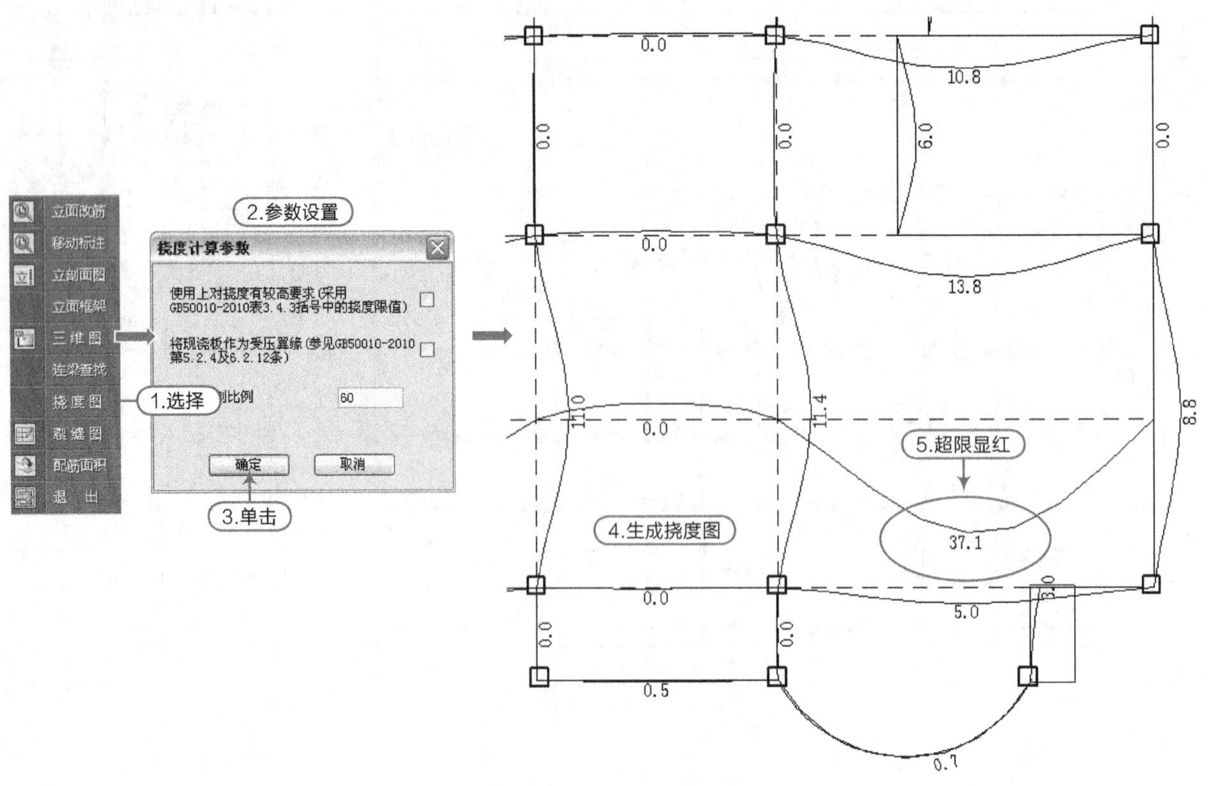

图8-114 1层部分梁挠度图

提示

挠度超限，程序将显红超限的数值。处理挠度超限的方法是：
结构图处理：加大梁的截面；梁加柱子或加梁，把跨度降下来，如图 8-115 所示；
施工处理：增加配筋；采用预先起拱的施工方法，挠度可以按照扣除起拱值来计算。

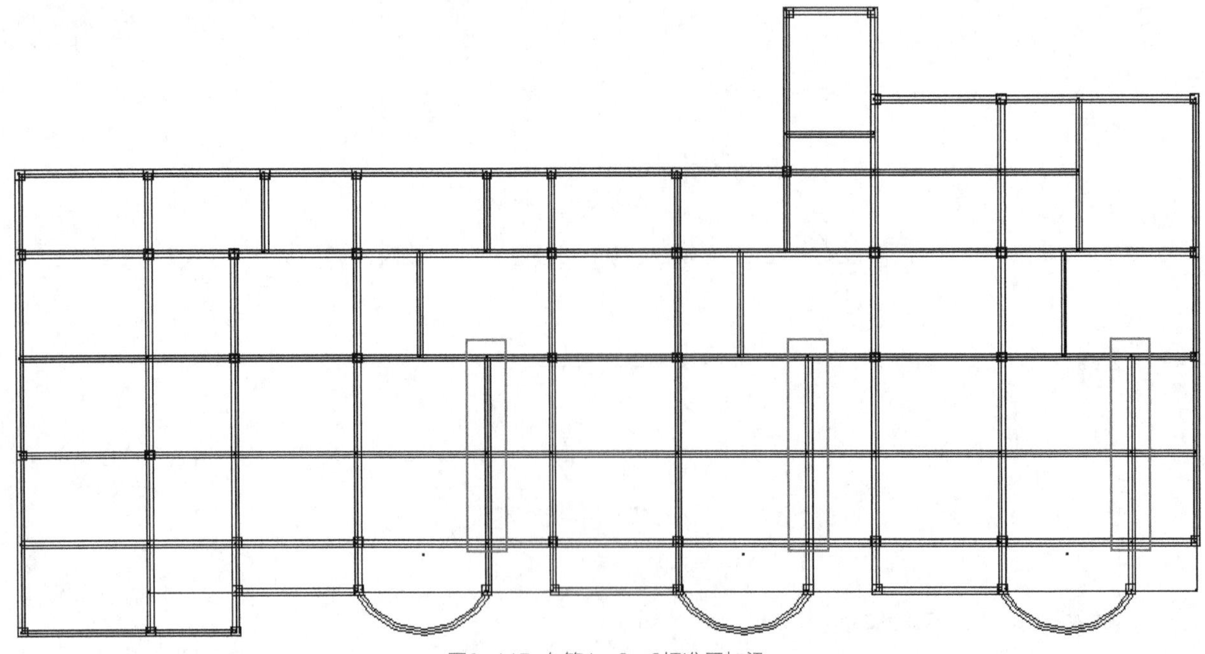

图8-115 在第1、2、3标准层加梁

08 执行【裂缝图】命令，查看各层梁施工图的裂缝。图8-116所示为1层部分梁裂缝图。

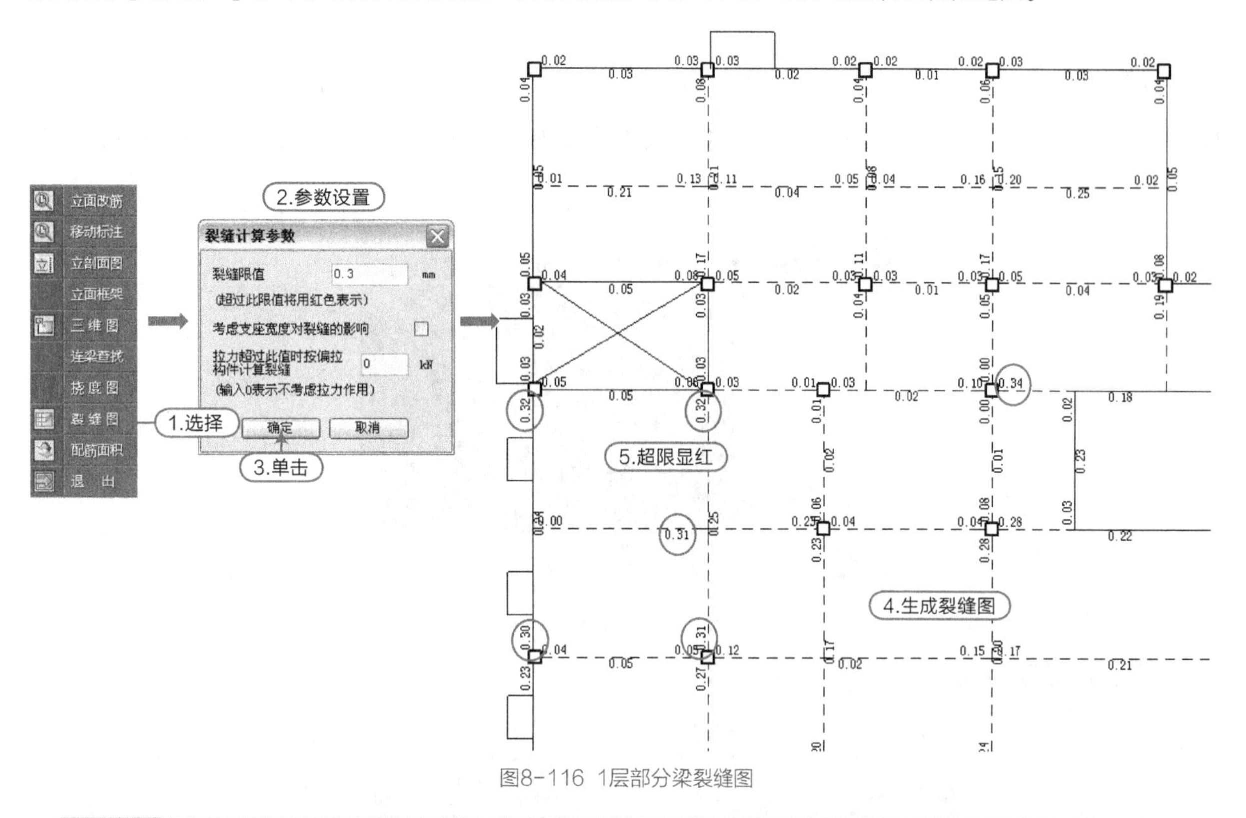

图8-116　1层部分梁裂缝图

提示

裂缝值超限处理如下所述。

程序调整：在【裂缝计算参数】命令弹出的对话框中勾选“考虑支座宽度对裂缝的影响”项。

人工调整：减小钢筋直径，增加钢筋根数，增加钢筋与混凝土的受力接触面积，可执行【查改钢筋】|【表式改筋】命令，如图 8-117 所示，选择裂缝超限的梁后，在表格中对应修改钢筋信息；调整钢筋强度；增大梁截面；增大保护层厚度也是行之有效的解决办法。

如果调整后裂缝还超限的话，看看超过多少，因为 PKPM 的裂缝计算不太准确，是从柱中算的，实际应该从柱边，所以可先看裂缝超多少，如果在 10% 以内就不用理会，例如，限值 0.3mm，实际 0.33mm 是符合要求的。

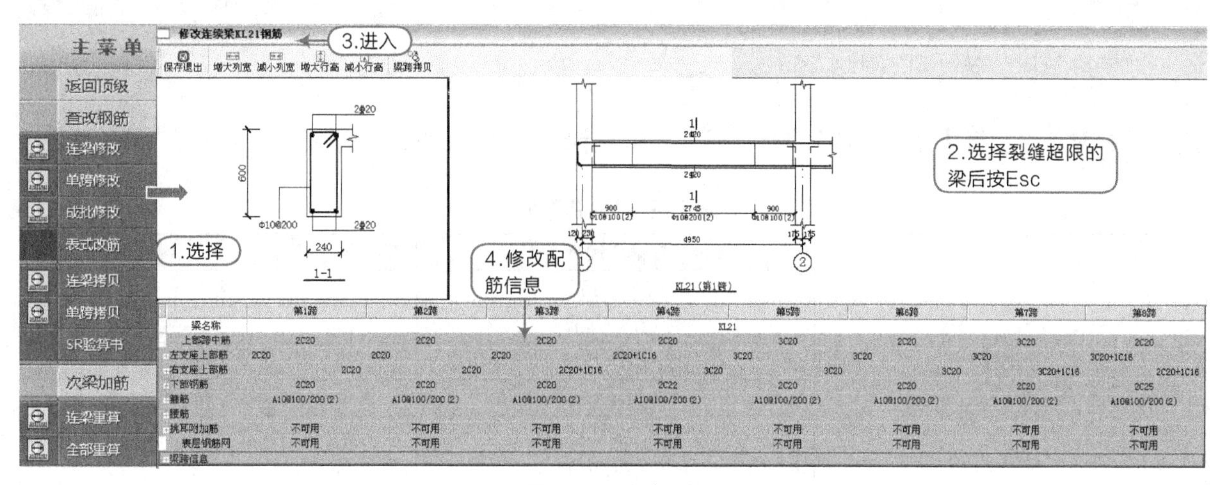

图8-117　表式改筋

8.2.4 绘柱施工图

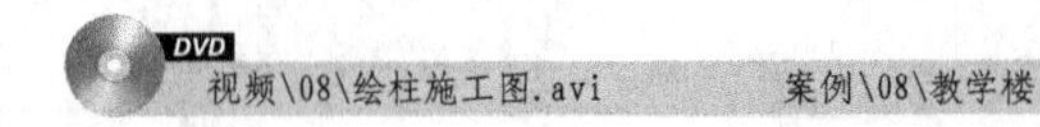

01 “退出”绘制梁后，选择【墙梁柱施工图】|【柱平法施工图】菜单，开始柱施工图的绘制，如图8-118所示。

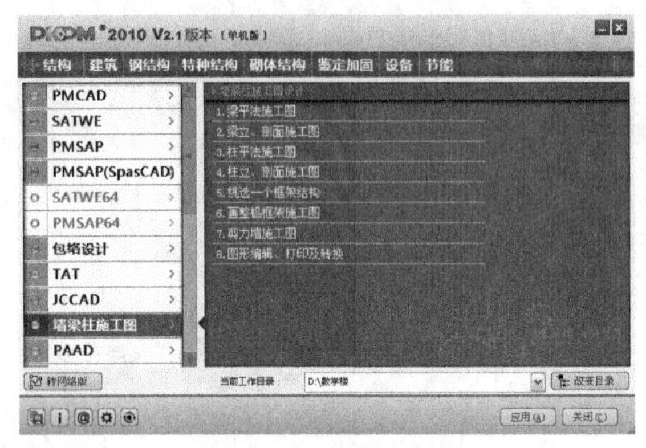

图8-118 进入柱平法施工

02 执行【设钢筋层】命令，设置钢筋层如图8-119所示。

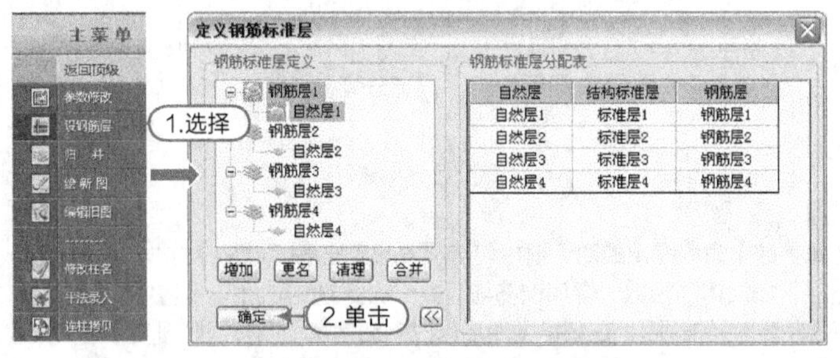

图8-119 1层柱平法施工

03 执行【归并】命令，程序自动将柱按照设计的归并参数进行归并。

> **提示**
>
> 程序自动“归并”失败，现在实行人工归并。

04 在屏幕菜单中执行【修改柱名】命令，按照表8-8所示，将柱以“KZ-”命名，效果如图8-120所示。

表8-8 柱命名数据

	柱偏心尺寸	柱命名
矩形柱	（55，55）	KZ-1
	（0，55）	KZ-2
	（-55，55）	KZ-3
	（55，0）	KZ-4
	（0，0）	KZ-5
	（-55，0）	KZ-6
圆形柱	（55，-55）	KZ-7
	（0，55）	KZ-8
	（-55，-55）	KZ-9
	（0，0）	KZ-10

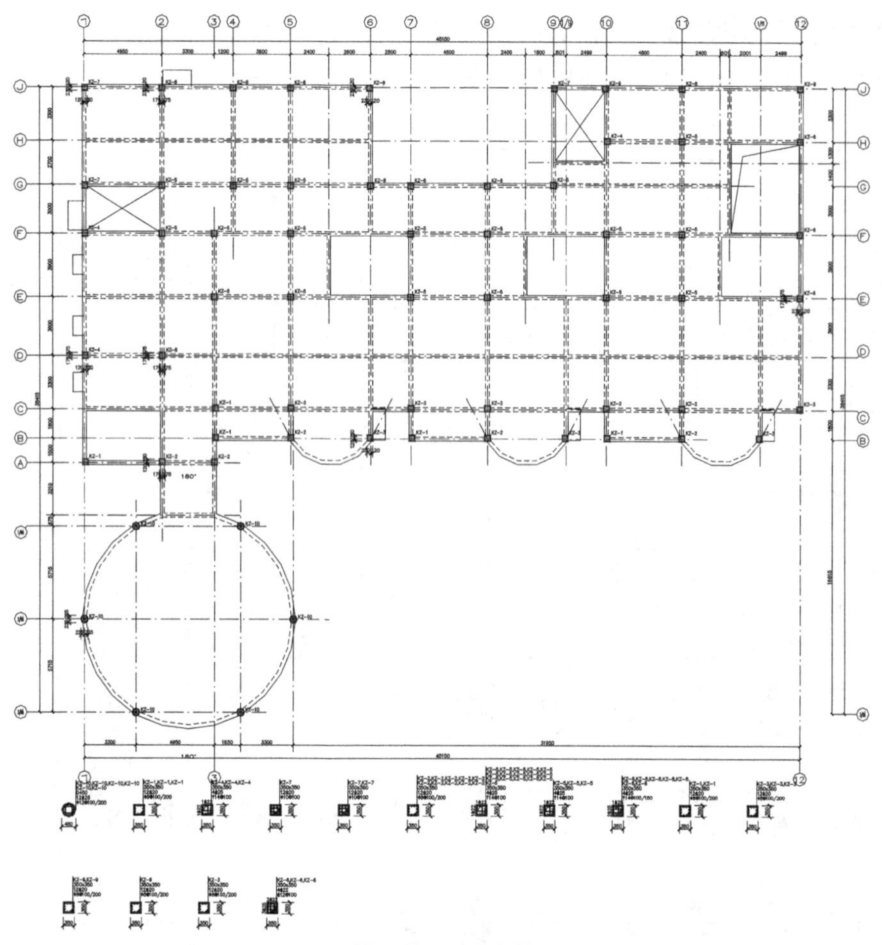

图8-120 人工归并

05 执行【配筋面积】菜单，先后查看【计算面积】和【实配面积】，程序提示“有不满足要求的柱”时，执行【校核配筋】命令，程序自动校核柱配筋，如图8-121所示。

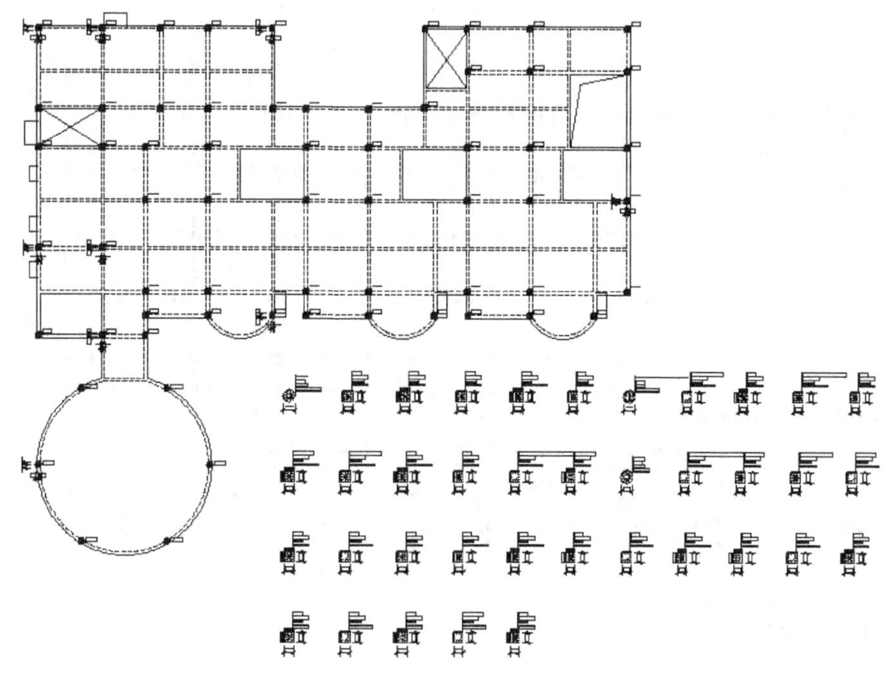

图8-121 校核配筋

06 在下拉菜单中执行【标注轴线】|【自动标注】命令，标注1层柱施工图。

07 同样绘制出其他层柱的施工图，如图8-122、图8-123、图8-124所示

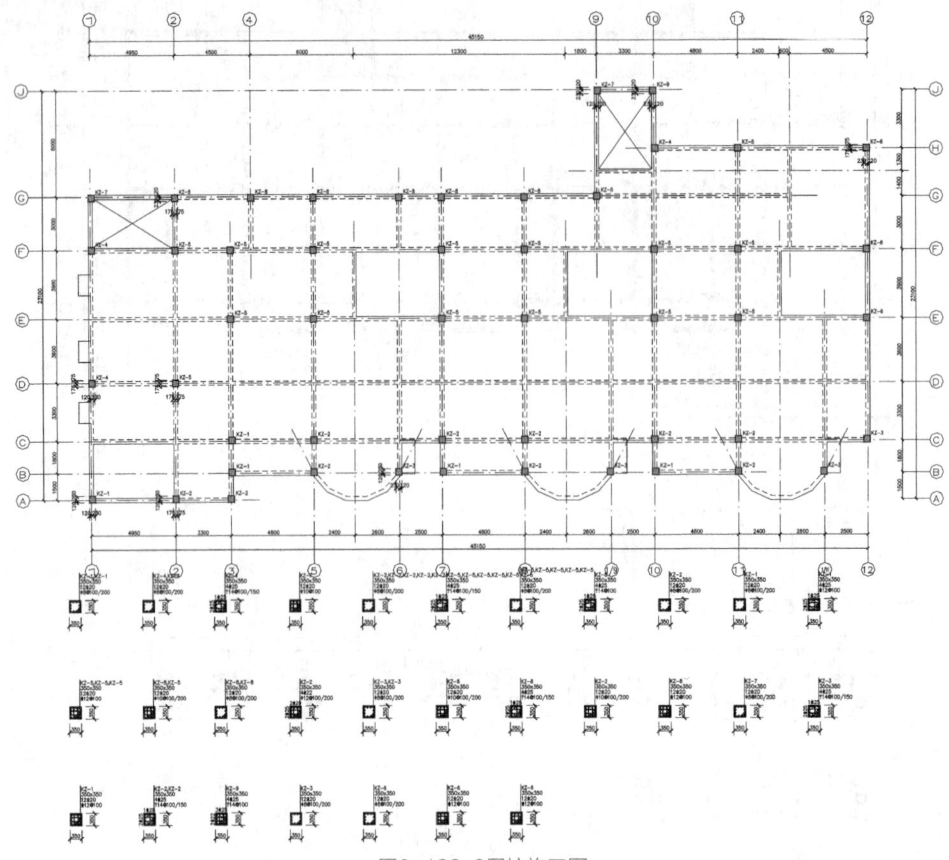

图8-122 2层柱施工图

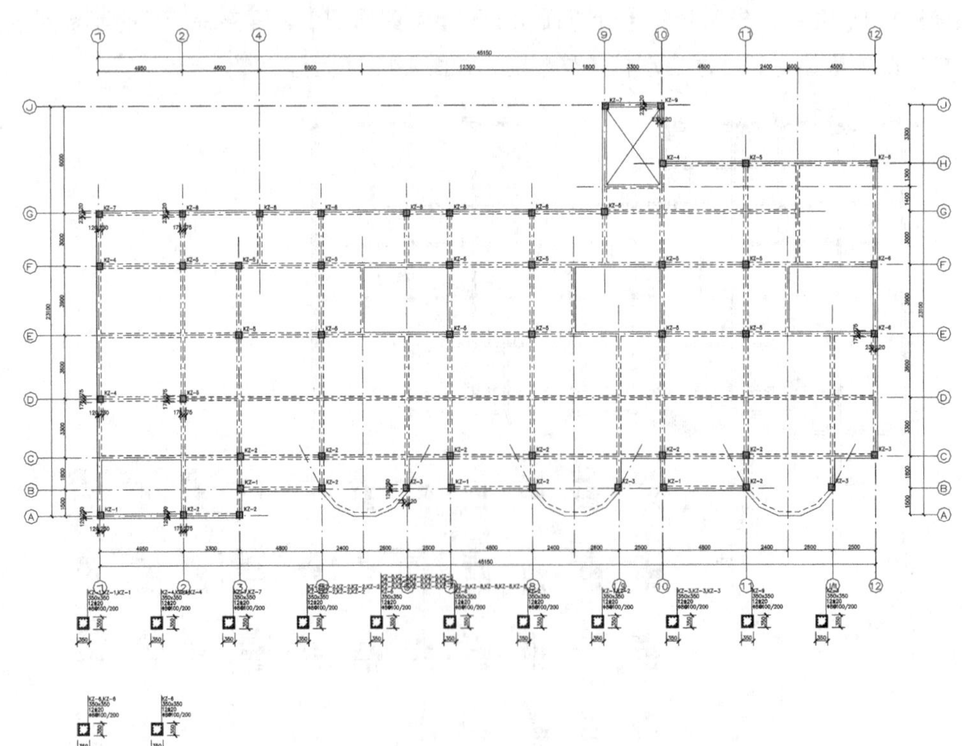

图8-123 3层柱施工图

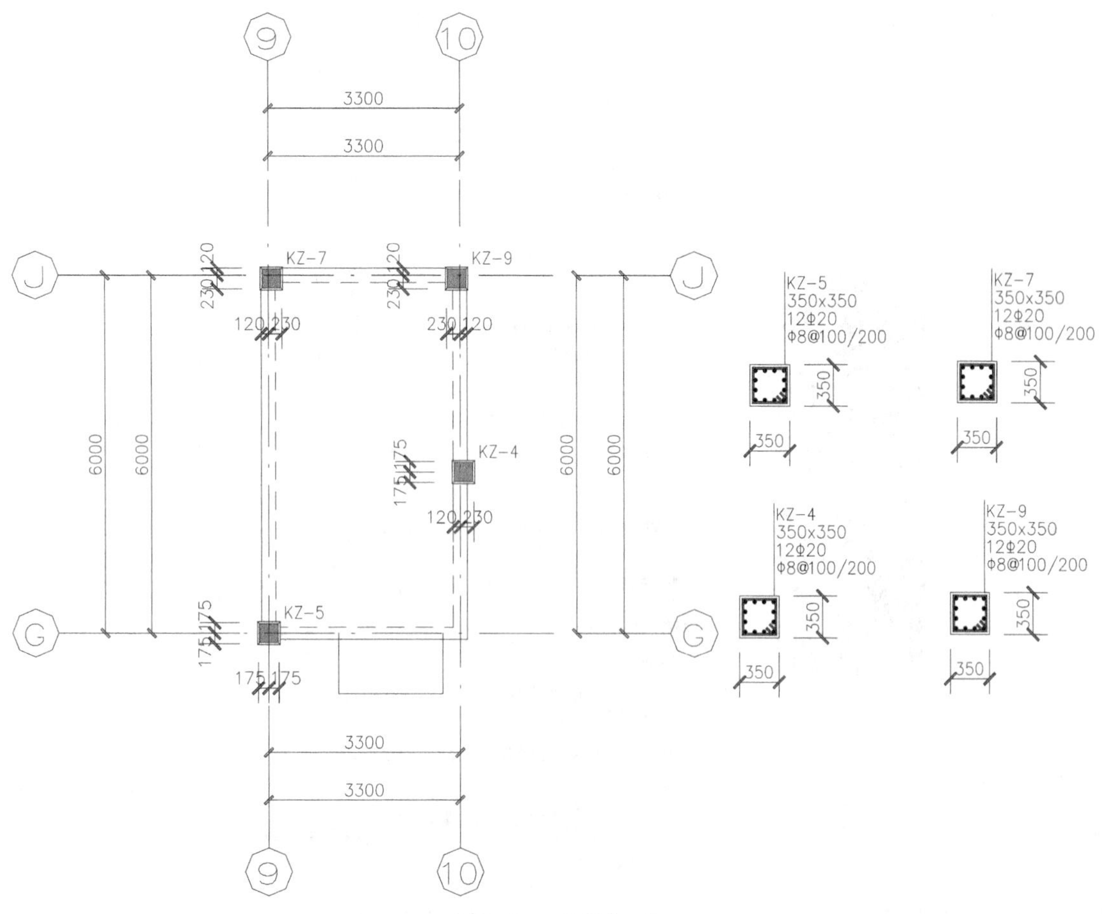

图8-124　4层柱施工图

08 柱平法施工图绘制完成后，“保存”文件后“退出”。

8.2.5 绘板施工图

接上，完成SATWE部分后，开始绘制施工图，包括板、梁和柱。

01 选择【PMCAD】|【画结构平面图】菜单，单击“应用”按钮，进入板绘制，如图8-125所示。

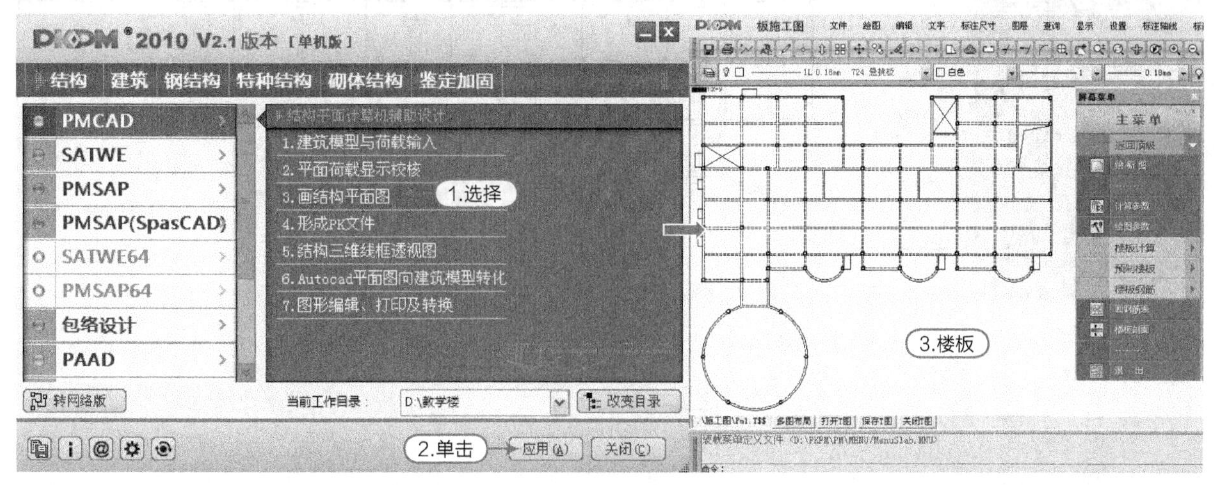

图8-125　进入板绘制

02 执行【计算参数】命令，设置板配筋计算参数，如图8-126所示。

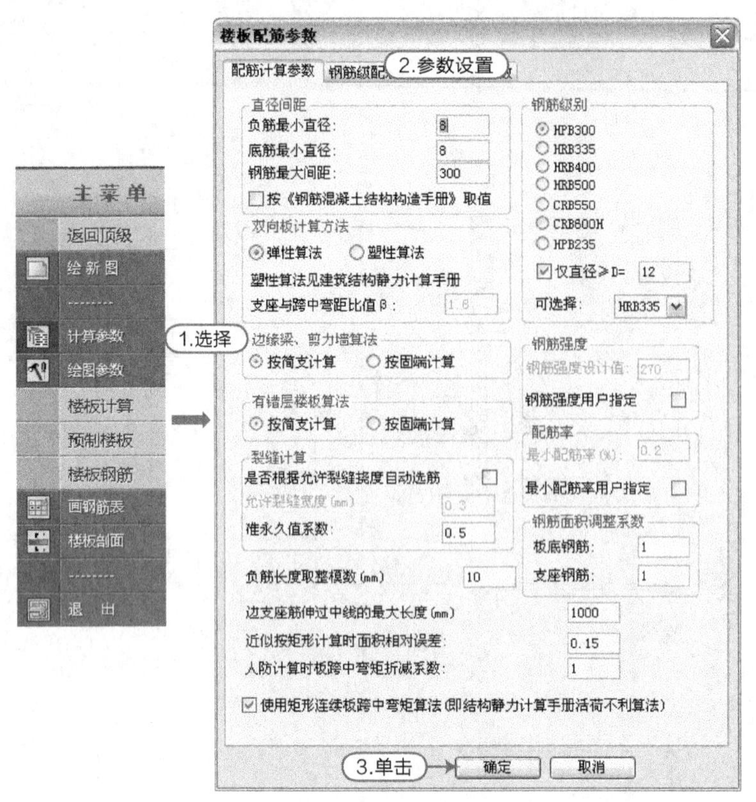

图8-126 计算参数

03 执行【楼板计算】|【自动计算】命令，程序自动计算楼板配筋，如图8-127所示。

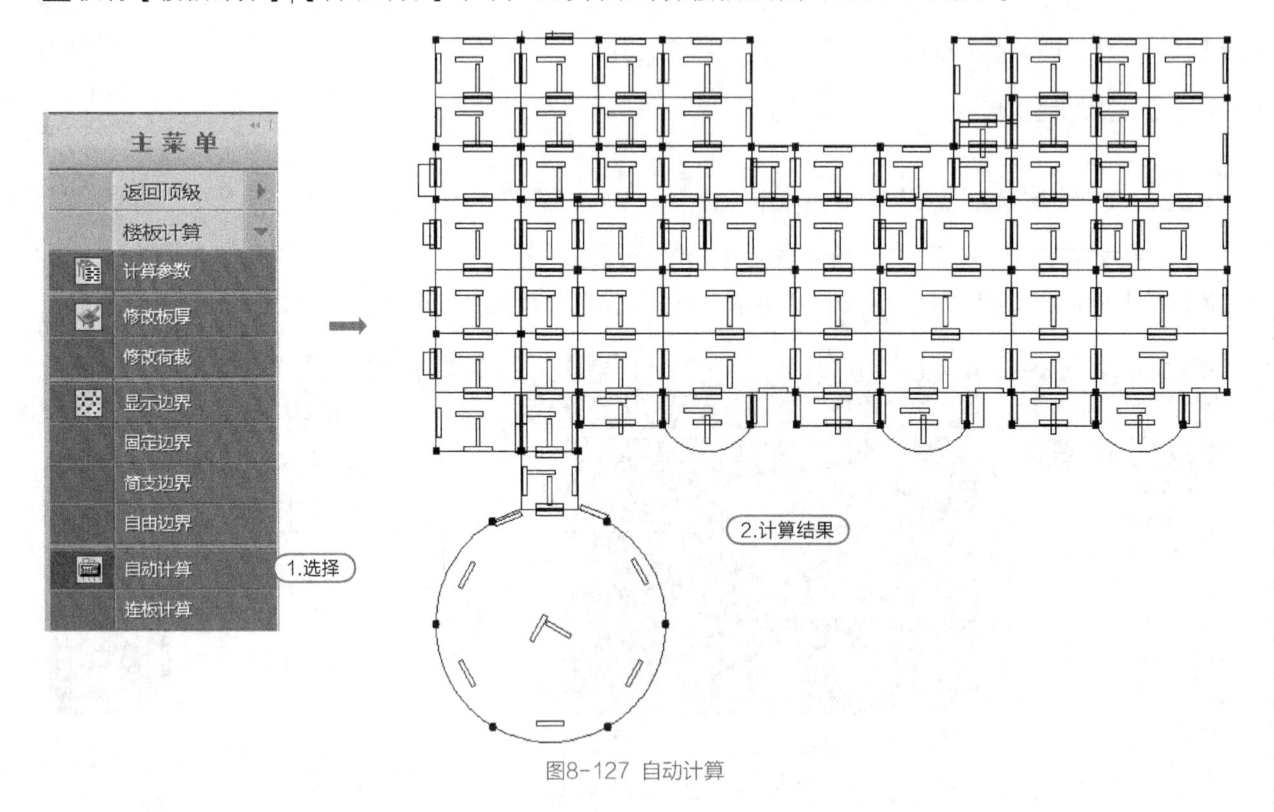

图8-127 自动计算

04 执行【楼板钢筋】|【逐间布筋】命令，以窗选方式框选楼板平面图，如图8-128所示。

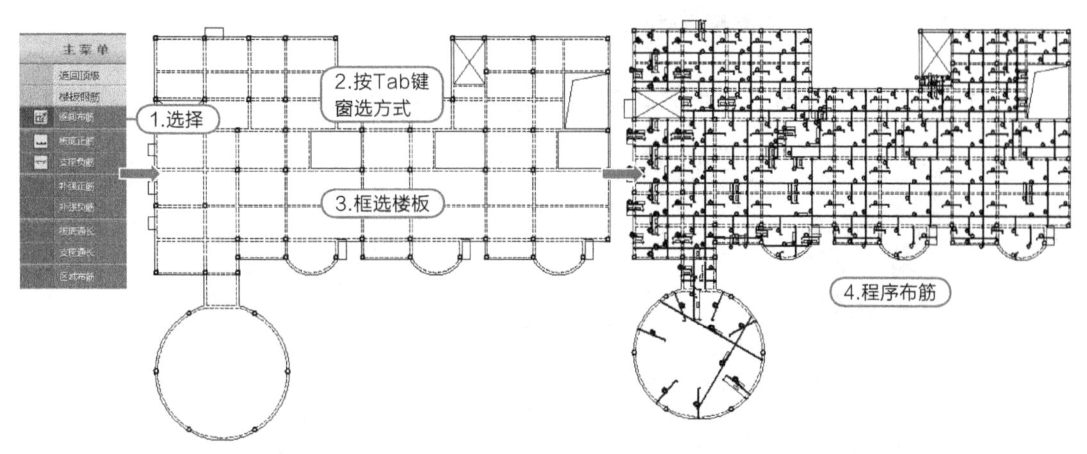

图8-128 布置钢筋

05 执行【楼板钢筋】|【板底通长】命令，根据命令行提示，将板底筋通长处理，操作如图8-129所示。

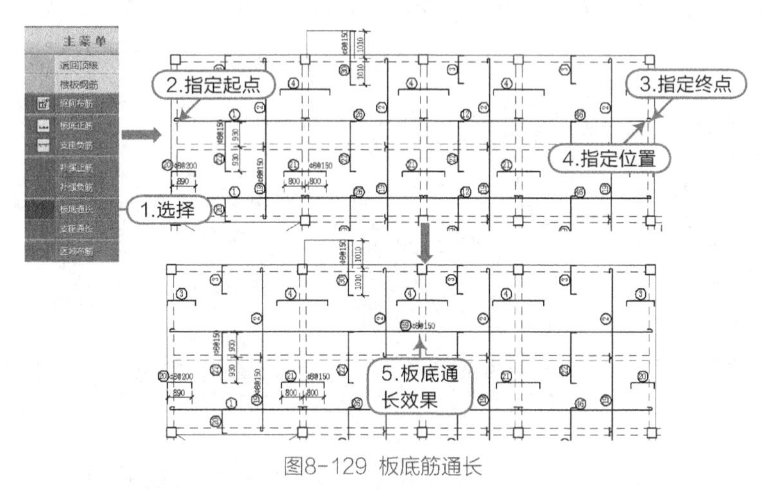

图8-129 板底筋通长

06 重复【板底通长】命令，将其他板底筋同样通长处理，效果如图8-130所示。

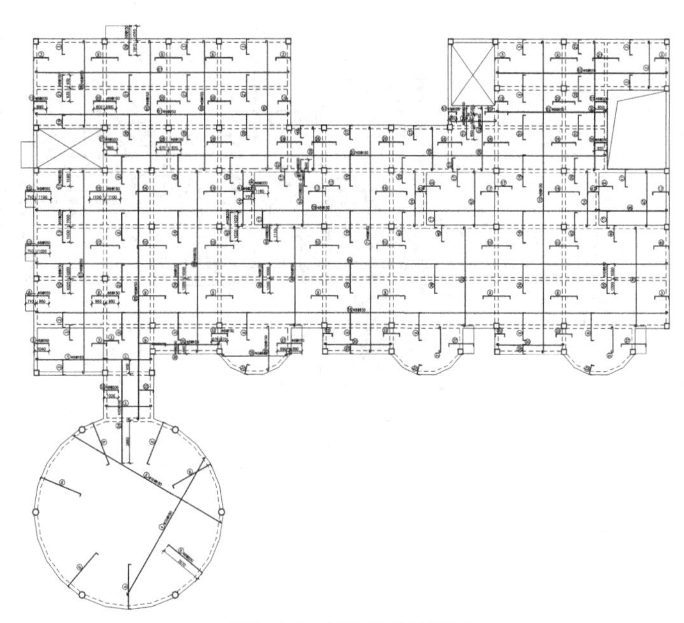

图8-130 其他板底筋通长

> **提示**
>
> 板底通长时，注意不要把错层钢筋与楼板钢筋通长了。

07 执行【画钢筋表】命令，程序自动生成钢筋表，在屏幕绘图区指定点插入即可，如图8-131所示。

楼板钢筋表

编号	钢筋简图	规格	最短长度	最长长度	根数	总长度	重量
1	17309	Φ8@150	17409	17409	23	398107	157.1
2	3300	Φ8@150	3400	3400	97	320100	126.3
3	105 1040 105	Φ8@200	1305	1305	270	352350	139.0
4	105 1900 105	Φ8@150	2110	2110	582	1228020	484.6
5	105 1900 105	Φ10@200	2110	2110	26	54860	33.8
6	1525-13177	Φ16@180	1525	13177	74	734684	1159.6
7	848-13190	Φ16@180	848	13190	74	734199	1158.8
	105 3070 160	Φ8@200	3334	3335	188	626964	247.4
10	105 1660 105	Φ8@150	1870	1870	23	43010	17.0

图8-131 钢筋表

08 在下拉菜单区执行【设置】|【构件显示】命令，勾选“柱涂实”选项，如图8-132所示。

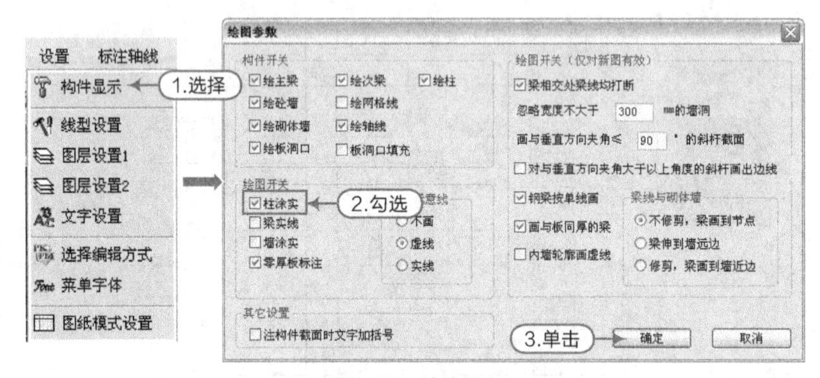

图8-132 柱的填充

09 在下拉菜单区执行【标注轴线】|【自动标注】命令，勾选所有选项，程序自动标注轴线，如图8-133所示。

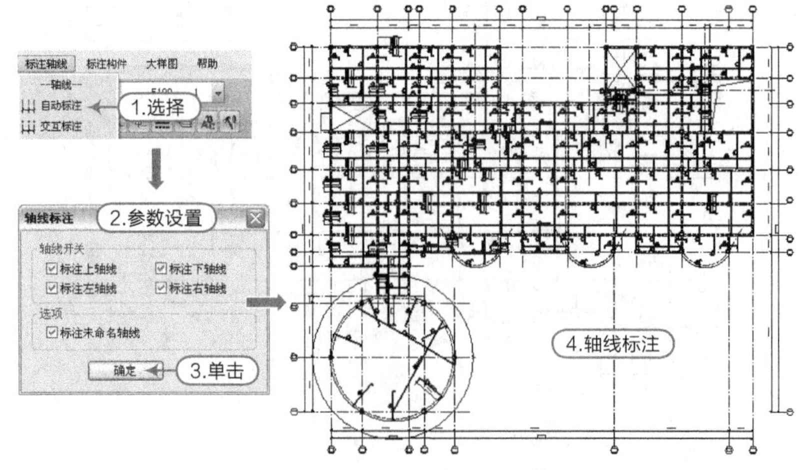

图8-133 轴线标注

提示

如果“自动标注”失败，应返回 PMCAD 对结构平面图正确执行【轴线命名】操作，完成后再进入板施工图绘制。

10 单击工具栏的最右侧倒三角按钮切换楼层，重复上述操作步骤，完成其余自然层的板施工图绘制，结果如图8-134、图8-135、图8-136所示。

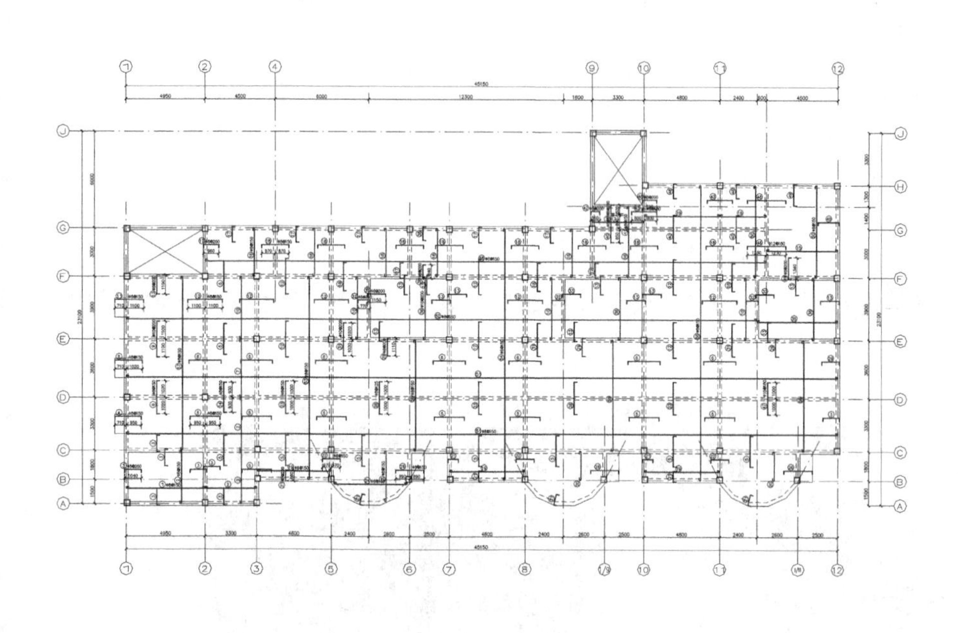

楼板钢筋表

编号	钢筋简图	规格	最短长度	最长长度	根数	总长度	重量
1	4950	Φ8@150	5050	5050	23	113850	44.9
2	3300	Φ8@150	3400	3400	113	372900	147.1
3	1040	Φ8@200	1305	1305	149	194445	76.7
4	1660	Φ8@150	1870	1870	23	43010	17.0
5	1900	Φ8@150	2110	2110	444	936840	369.7
6	2040	Φ8@150	2250	2250	209	470250	185.6
7	3600	Φ8@150	3700	3700	23	82800	32.7
8	1730	Φ8@150	1940	1940	25	48500	19.1
9	2200	Φ10@200	2410	2410	26	62660	38.6
10	3900	Φ8@150	4000	4000	74	288600	113.9
11	1810	Φ8@150	2020	2020	27	54540	21.5
12	2200	Φ8@150	2410	2410	325	783250	309.1
13	1190	Φ8@200	1455	1455	271	394305	155.6
14	1860	Φ8@150	2070	2070	23	47610	18.8
15	4500	Φ8@150	4600	4600	39	175500	69.2
16	3000	Φ8@150	3099	3100	178	533997	210.7
17	960	Φ8@200	1225	1225	162	198450	78.3
18	1740	Φ8@150	1950	1950	219	427050	168.5
19	4800	Φ8@150	4900	4900	56	278400	109.9
20	1800	Φ8@150	1900	1900	66	122400	48.3
21	660	Φ8@200	925	925	170	157250	62.0
22	1140	Φ8@150	1350	1350	39	52650	20.8
23	2000	Φ8@150	2210	2210	99	218790	86.3
24	1029~5000	Φ8@150	1129	5100	23	99838	39.4
25	1880~3298	Φ8@150	1980	3398	34	96732	38.2
26	1780	Φ8@150	1990	1990	39	77610	30.6
28	2000	Φ8@125	2210	2210	122	269620	106.4
29	1110	Φ8@200	1375	1375	97	133375	52.6
31	2040	Φ10@200	2250	2250	39	87750	54.1
32	770	Φ8@200	1055	1055	60	63300	25.0
33	1150	Φ8@200	1435	1435	60	86100	34.0
35	5100	Φ8@150	5200	5200	27	137700	54.3
36	3900	Φ10@200	4024	4025	76	304199	187.6
38	840	Φ8@200	1105	1105	26	28730	11.3
40	1700	Φ8@150	1909	1910	77	147068	58.0
41	1400	Φ8@150	1499	1500	23	32196	12.7
42	560	Φ8@200	825	825	8	6600	2.6
43	1600	Φ8@150	1810	1810	29	52490	20.7
44	520	Φ8@200	805	805	17	13685	5.4
46	890	Φ8@200	1155	1155	48	55440	21.9
47	2000	Φ10@180	2210	2210	43	95030	58.6
48	2460	Φ12@180	2670	2670	34	90780	80.6
49	1340	Φ8@200	1605	1605	75	120375	47.5
50	5700	Φ8@150	5800	5800	52	296400	117.0
51	45150	Φ8@150	45250	45250	48	2167200	855.1
52	40050	Φ8@150	40150	40150	27	1081350	426.7
53	12600	Φ8@150	12699	12700	33	415796	164.1
54	15600	Φ8@150	15700	15700	33	514800	203.1
55	6900	Φ8@150	7000	7000	153	1055700	416.6
56	18300	Φ8@150	18400	18400	33	603900	238.3
57	10800	Φ8@150	10900	10900	34	367200	144.9
58	35700	Φ8@150	35800	35800	21	749700	295.8
总重							6207.3

图8-134 2层板施工图

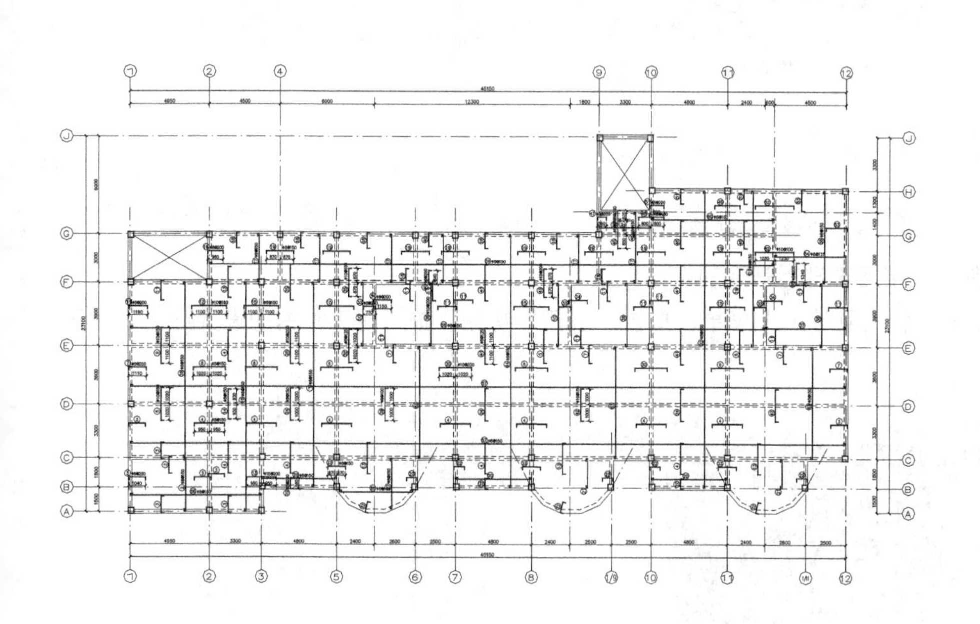

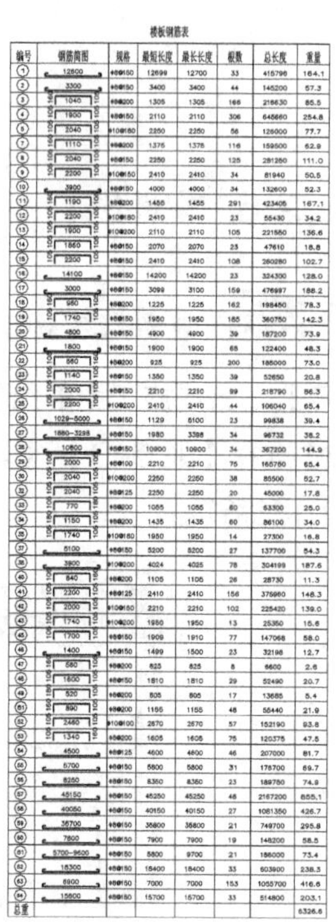

楼板钢筋表

编号	钢筋简图	规格	最短长度	最长长度	根数	总长度	重量
1	12600	Φ8@150	12699	12700	33	415796	164.1
2	3300	Φ8@150	3400	3400	44	145200	57.3
3	1040	Φ8@200	1305	1305	166	216630	85.5
4	1900	Φ8@150	2110	2110	306	645660	254.8
5	2040	Φ10@180	2250	2250	56	126000	77.7
7	1110	Φ8@200	1375	1375	116	159500	62.9
8	2040	Φ8@150	2250	2250	125	281250	111.0
9	2200	Φ10@150	2410	2410	34	81940	50.5
10	3900	Φ8@150	4000	4000	34	132600	52.3
11	1190	Φ8@200	1455	1455	291	423405	167.1
12	2200	Φ10@180	2410	2410	23	55430	34.2
13	1900	Φ10@200	2110	2110	105	221550	136.6
14	1860	Φ8@150	2070	2070	23	47610	18.8
15	2200	Φ8@150	2410	2410	108	260280	102.7
16	14100	Φ8@150	14200	14200	23	324300	128.0
17	3000	Φ8@150	3099	3100	159	476997	188.2
18	960	Φ8@200	1225	1225	162	198450	78.3
19	1740	Φ8@150	1950	1950	185	360750	142.3
20	4800	Φ8@150	4900	4900	39	187200	73.9
21	1800	Φ8@150	1900	1900	66	122400	48.3
22	660	Φ8@200	925	925	200	185000	73.0
23	1140	Φ8@150	1350	1350	39	52650	20.8
24	2000	Φ8@150	2210	2210	99	218790	86.3
25	2200	Φ10@200	2410	2410	44	106040	65.4
26	1029~5000	Φ8@150	1129	5100	23	99838	39.4
27	1880~3298	Φ8@150	1980	3398	34	96732	38.2
28	10800	Φ8@150	10900	10900	34	367200	144.9
29	2000	Φ8@100	2210	2210	75	165750	65.4
30	2040	Φ10@200	2250	2250	38	85500	52.7
32	2040	Φ8@125	2250	2250	20	45000	17.8
33	770	Φ8@200	1055	1055	60	63300	25.0
34	1150	Φ8@200	1435	1435	60	86100	34.0
35	1740	Φ10@180	1950	1950	14	27300	16.8
37	5100	Φ8@150	5200	5200	27	137700	54.3
38	3900	Φ10@200	4024	4025	76	304199	187.6
40	840	Φ8@200	1105	1105	26	28730	11.3
41	2200	Φ8@125	2410	2410	156	375960	148.3
42	2000	Φ10@180	2210	2210	102	225420	139.0
43	1740	Φ10@200	1950	1950	13	25350	15.6
45	1700	Φ8@150	1909	1910	77	147068	58.0
46	1400	Φ8@150	1499	1500	23	32198	12.7
47	560	Φ8@200	825	825	8	6600	2.6
48	1600	Φ8@150	1810	1810	29	52490	20.7
49	520	Φ8@200	805	805	17	13685	5.4
51	890	Φ8@200	1155	1155	48	55440	21.9
52	2460	Φ10@100	2670	2670	57	152190	93.8
53	1340	Φ8@200	1605	1605	75	120375	47.5
54	4500	Φ8@125	4600	4600	46	207000	81.7
55	5700	Φ8@150	5800	5800	31	178700	69.7
56	8250	Φ8@150	8350	8350	23	189750	74.9
57	45150	Φ8@150	45250	45250	48	2167200	855.1
58	40050	Φ8@150	40150	40150	27	1081350	426.7
59	35700	Φ8@150	35800	35800	21	749700	295.8
60	7800	Φ8@150	7900	7900	19	148200	58.5
61	5700~9600	Φ8@150	5800	9700	21	186000	73.4
62	18300	Φ8@150	18400	18400	33	603900	238.3
63	6900	Φ8@150	7000	7000	153	1055700	416.6
64	15600	Φ8@150	15700	15700	33	514800	203.1
总重							6326.6

图8-135 3层板施工图

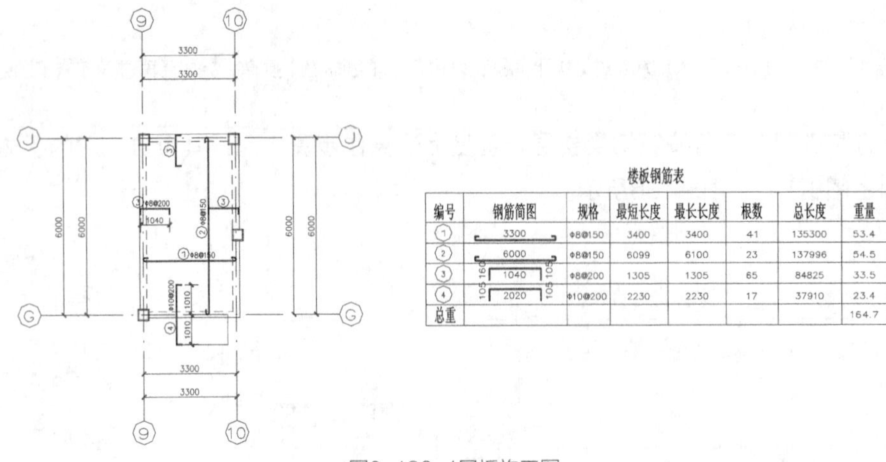

楼板钢筋表

编号	钢筋简图	规格	最短长度	最长长度	根数	总长度	重量
①	3300	Φ8@150	3400	3400	41	135300	53.4
②	6000	Φ8@150	6099	6100	23	137996	54.5
③	105 160 1040 105	Φ8@200	1305	1305	65	84825	33.5
④	105 2020 105	Φ10@200	2230	2230	17	37910	23.4
总重							164.7

图8-136 4层板施工图

11 单击“保存”按钮后，在屏幕菜单中选择“退出”菜单命令，返回到PMCAD主菜单界面，如图8-137所示。

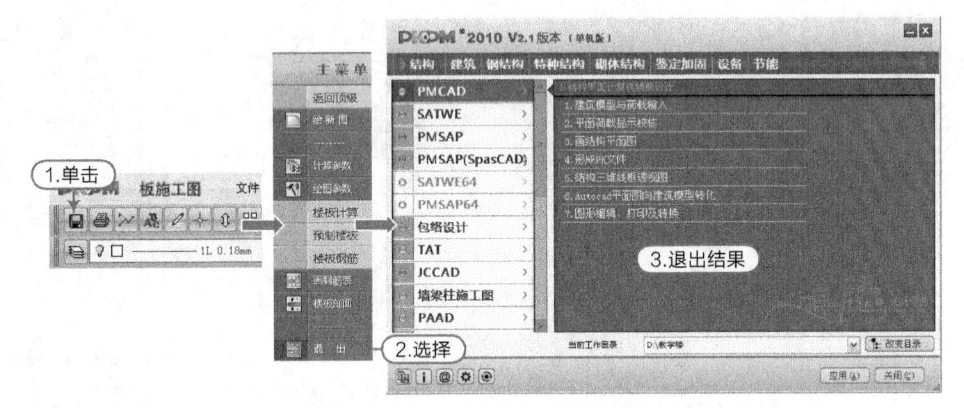

图8-137 保存板施工图并退出

8.2.6 基础设计

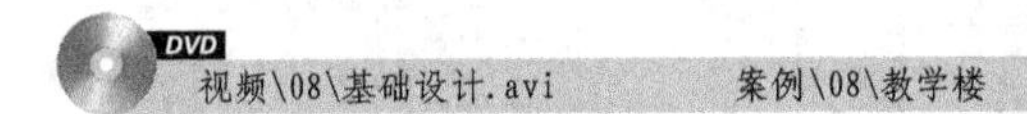

接上，完成施工图的绘制后，接下来进行基础的设计。

01 选择【JCCAD】|【基础人机交互输入】菜单，单击“应用”按钮，进入柱下独基的设计绘制，如图8-138所示。

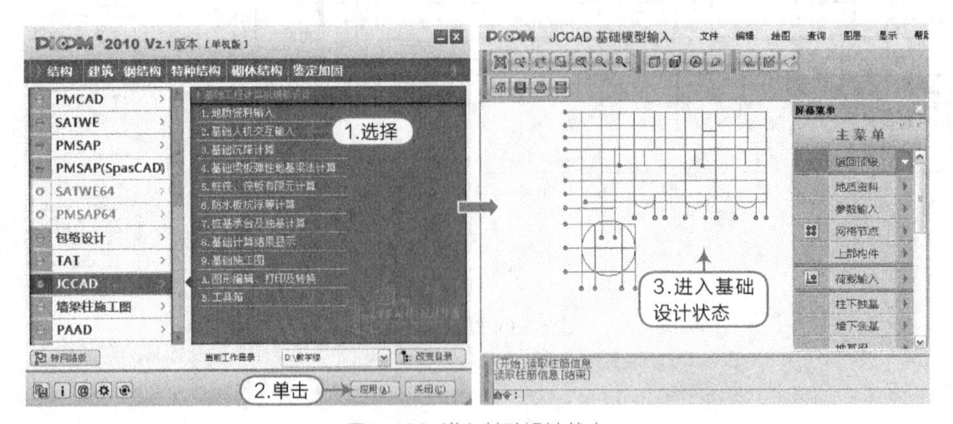

图8-138 进入基础设计状态

02 执行【参数输入】|【基本参数】命令，设置基础基本参数如图8-139所示。

03 执行【荷载输入】|【读取荷载】命令，在左侧点取“SATWE荷载”选项，单击“确定”即可将荷载数据加载到基础上，如图8-140所示。

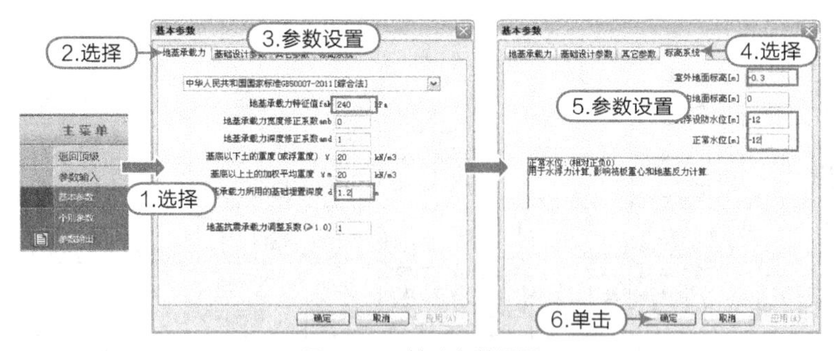

图8-139 基础参数设置

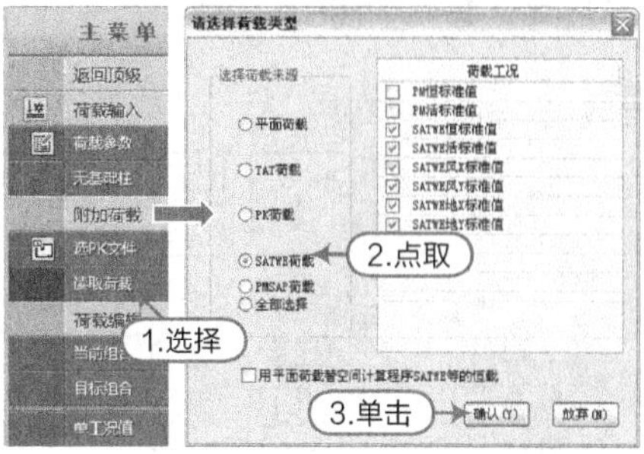

图8-140 读取荷载

04 执行【柱下独基】|【自动生成】命令，操作如图8-141所示。

05 “保存”文件后“退出”。

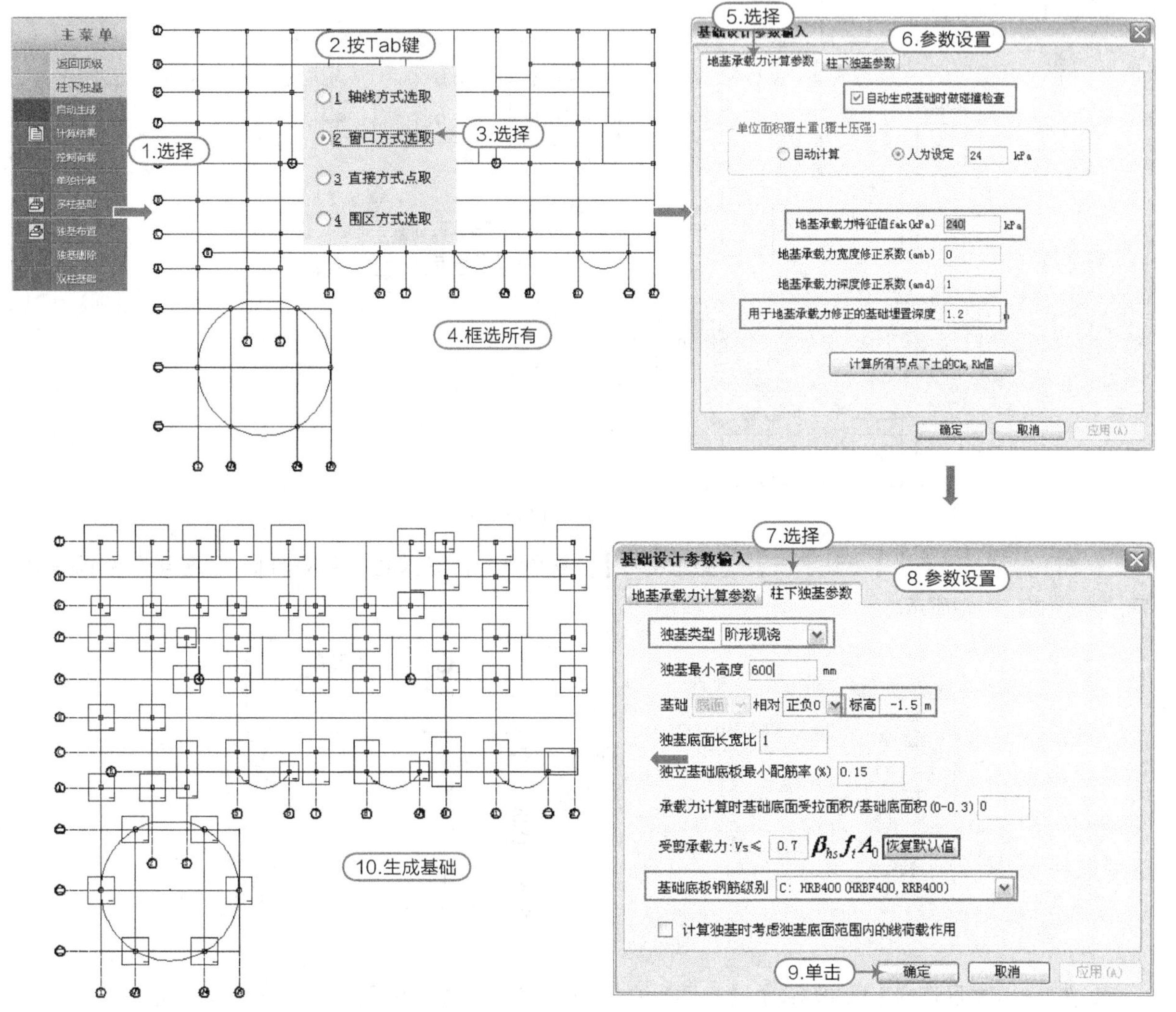

图8-141 自动生成基础

06 选择【JCCAD】|【基础施工图】菜单，单击“应用”按钮，进入柱下独基的施工图绘制，按照如下步骤对基础施工图进行编辑。

● 在下拉菜单区选择【标注构件】|【独基尺寸】，按照命令行提示逐个点取基础，程序自动标注独基尺寸，效果如图8-142所示。

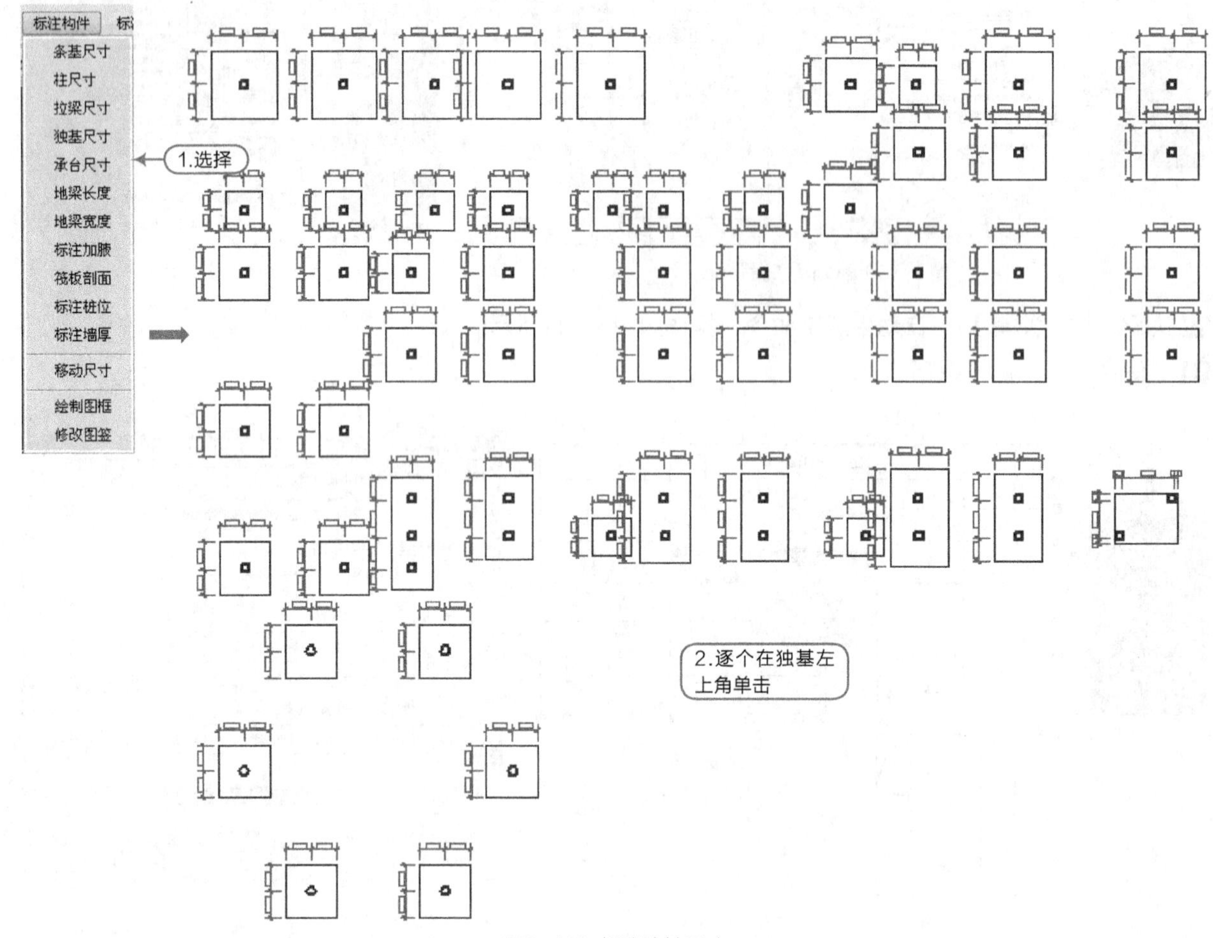

图8-142 标注独基尺寸

● 在下拉菜单区选择【标注字符】|【独基编号】，按照命令行提示逐个点取基础，程序自动标注独基编号，效果如图8-143所示。

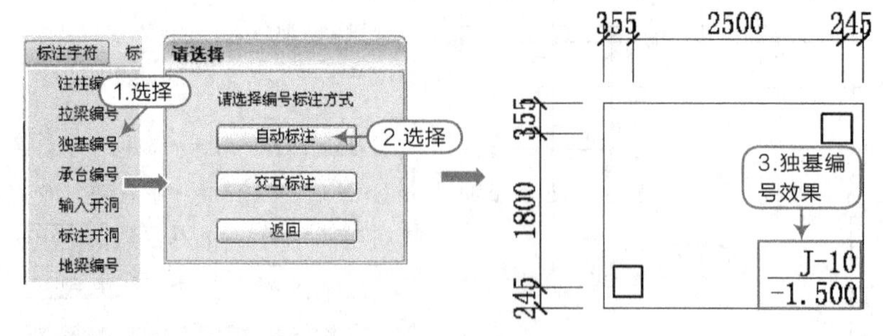

图8-143 标注独基编号

● 在下拉菜单区选择【标注轴线】|【自动标注】，程序自动标注柱网尺寸，如图8-144所示。

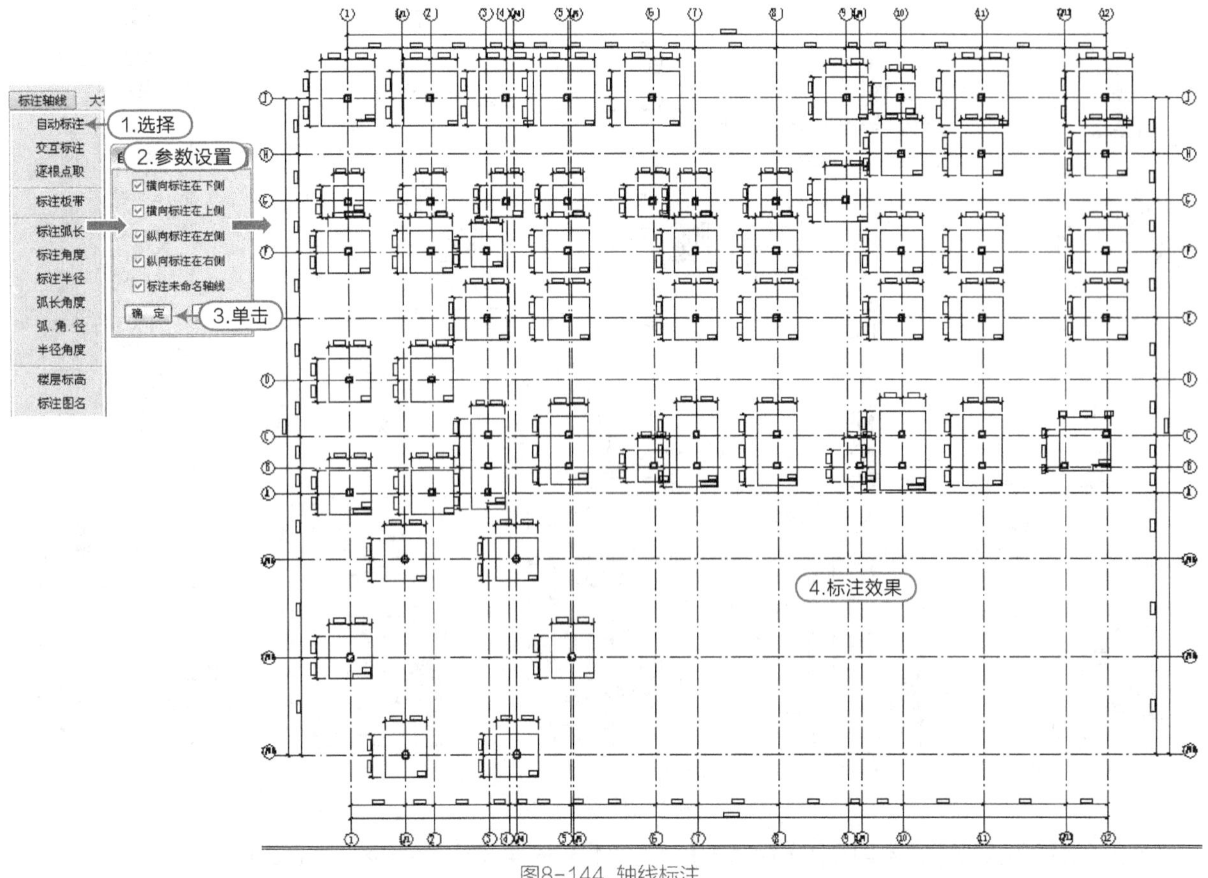

图8-144 轴线标注

● 在屏幕菜单单击【基础详图】，选择“在当前图中绘制详图”后，执行【基础详图】|【插入详图】，逐个选择插入图中空白区，操作如图8-145所示，效果如图8-146所示。

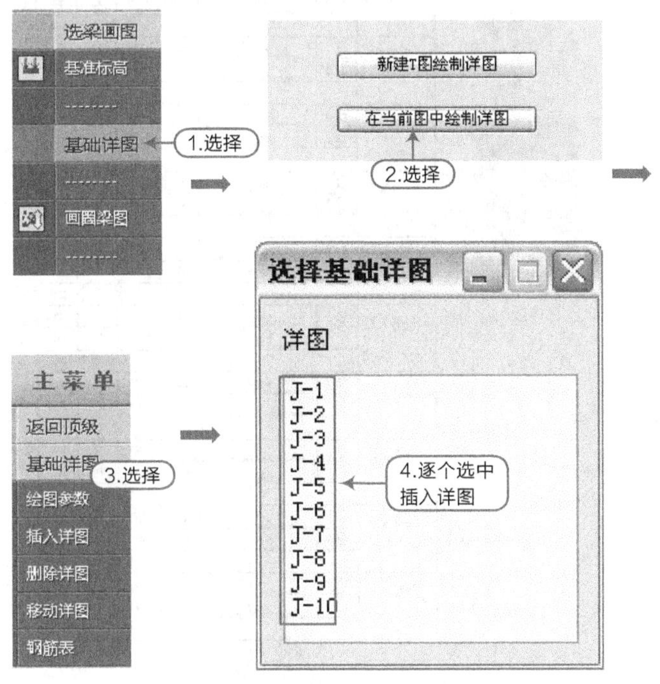

图8-145 基础详图操作

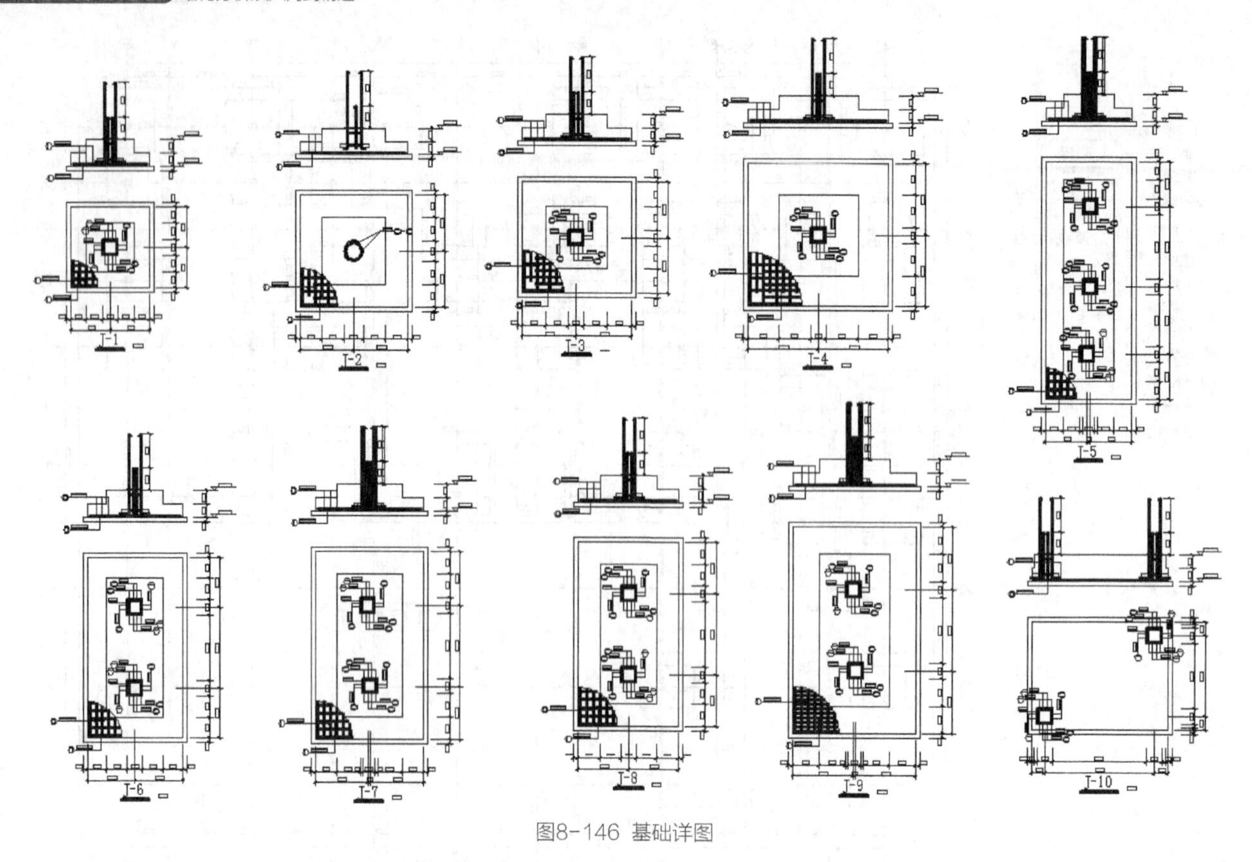

图8-146 基础详图

● 在屏幕菜单执行【基础详图】|【钢筋表】，直接将表格插入图中空白区，如图8-147所示。

独基钢筋表

2.插入点

主菜单
返回顶级
基础详图
绘图参数
插入详图
删除详图
移动详图
钢筋表
1.选择

基础名称	编号	钢筋形状	规格	长度	根数	重量
J-1×11	①	1730	Φ12	1730	13	20
	②	1730	Φ12	1730	13	20
					小计:	440
J-2×6	①	2187	Φ12	2187	17	34
	②	2187	Φ12	2187	17	34
					小计:	397
J-3×24	①	2187	Φ12	2187	17	34
	②	2187	Φ12	2187	17	34
					小计:	1585
J-4×7	①	2817	Φ12	2817	22	56
	②	2817	Φ12	2817	22	56
					小计:	771
J-5×1	①	4707	Φ12	4707	14	59
	②	1930	Φ14	1930	30	70
					小计:	129
J-6×1	①	3537	Φ12	3537	15	48
	②	2130	Φ14	2130	23	60
					小计:	107
J-7×1	①	3717	Φ12	3717	17	57
	②	2187	Φ14	2187	24	64
					小计:	120
J-8×2	①	3627	Φ12	3627	16	52
	②	2230	Φ14	2230	23	62
					小计:	227
J-9×1	①	4077	Φ12	4077	19	69
	②	2457	Φ10	2457	46	70
					小计:	139
J-10×1	①	2330	Φ16	2330	16	59
	②	2727	Φ16	2727	13	56
					小计:	115

图8-147 钢筋表

● 在下拉菜单区选择【标注构件】|【绘制图框】，将所需图框插入到图中，如图8-148所示。

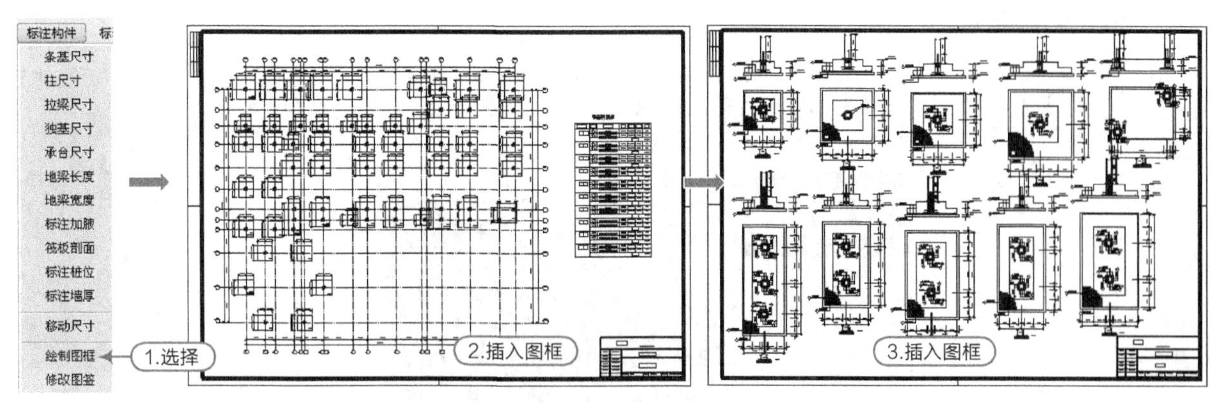

图8-148 插入图框

● 在下拉菜单区选择【标注构件】|【修改图签】，在对话框中修改图签内容，操作如图8-149所示。

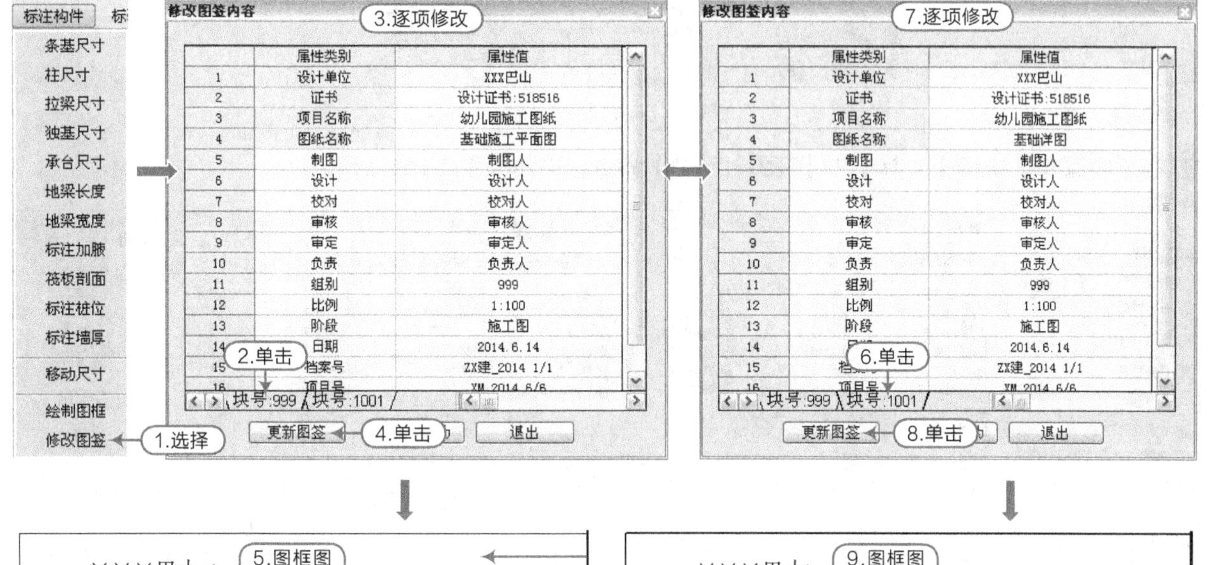

	属性类别	属性值
1	设计单位	XXX巴山
2	证书	设计证书:518516
3	项目名称	幼儿园施工图纸
4	图纸名称	基础施工平面图
5	制图	制图人
6	设计	设计人
7	校对	校对人
8	审核	审核人
9	审定	审定人
10	负责	负责人
11	组别	999
12	比例	1:100
13	阶段	施工图
14	日期	2014.6.14
15	档案号	ZX建_2014 1/1
16	项目号	XM 2014 6/6

	属性类别	属性值
1	设计单位	XXX巴山
2	证书	设计证书:518516
3	项目名称	幼儿园施工图纸
4	图纸名称	基础详图
5	制图	制图人
6	设计	设计人
7	校对	校对人
8	审核	审核人
9	审定	审定人
10	负责	负责人
11	组别	999
12	比例	1:100
13	阶段	施工图
14	日期	2014.6.14
15	档案号	ZX建_2014 1/1
16	项目号	XM 2014 6/6

图8-149 修改图签

07 执行“保存”命令，程序将文件保存后，执行“退出”命令。

8.3 T转DWG图

视频\08\T转DWG图.avi　　案例\08\教学楼

在施工图绘制完成后，将PKPM生成的“XXX施工图T。”转换为“XXX施工图.dwg”，保存起来。

01 选择【PMCAD】|【图形编辑、打印及转换】菜单，单击“应用”按钮，进入“编辑、打印、转换”状态，如图8-150所示。

图8- 150 进入图形转换

02 在下拉菜单区执行【工具】|【T图转DWG】命令，操作如图8-151所示。

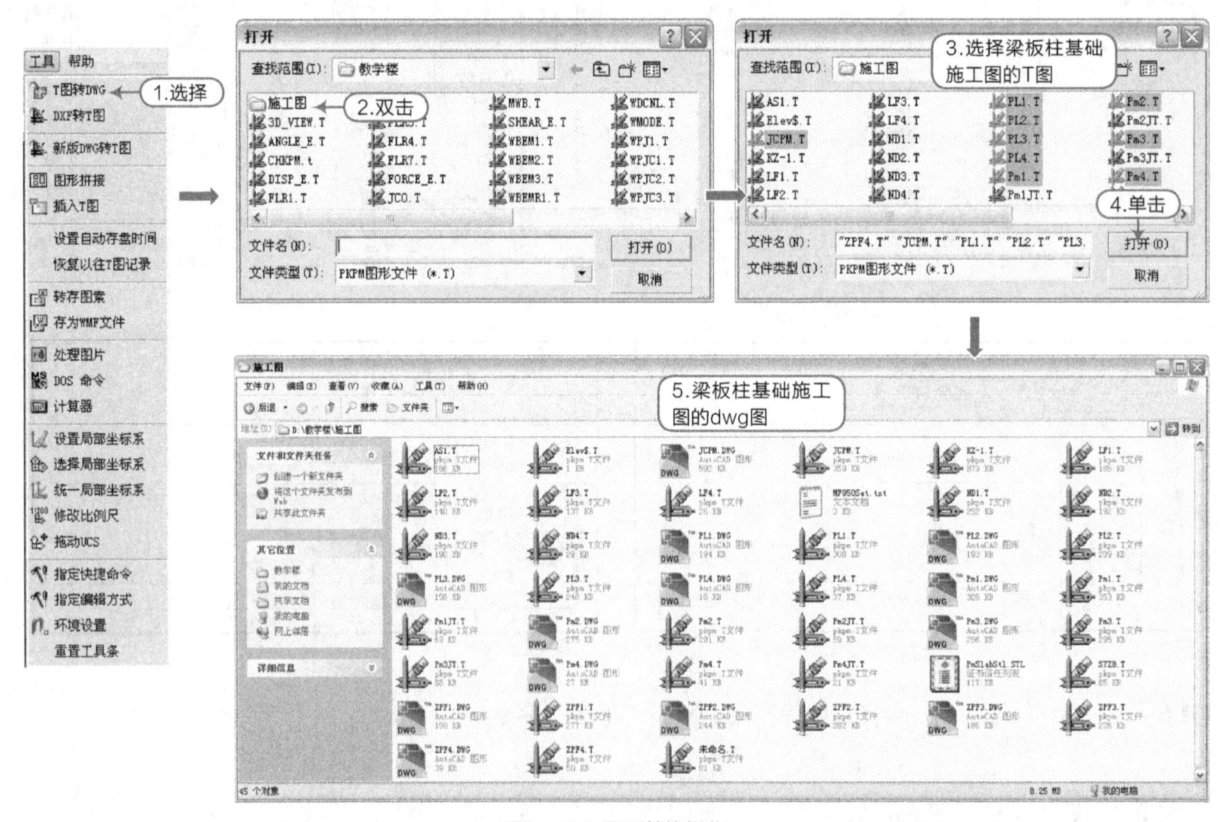

图8- 151 图形转换操作

第 09 章

厂房结构施工图的绘制

现在再以一个例题演示操作结构施工图绘制的详尽全过程，对PKPM的结构施工图绘制从头到尾地串联起来。

9.1 工程概况及建筑图效果

本章以一个幼儿园为例。在做结构工程之前，同样首先要了解工程的的具体情况及环境状况。

1. 工程概况

厂房为二层框架结构，设址于四川省达州市。首层层高为6.0m，二层高为4.2m，屋顶平屋顶，屋顶外围墙高度为2.4m，室内外高差为-0.2m。建筑设计使用年限为50年。基础为柱下独立基础。

2. 设计资料

● 工程地质条件。根据《地质勘察报告》，厂房所在场地类别为Ⅱ类。场地范围内地下水位为-40.3m，地下水对一般建筑材料无侵蚀作用，不考虑土的液化。土质构成自地表向下见表9-1。

表9-1 土质构成

土质名	厚度（m）	承载力特征值（f_{ak}）（kPa）	天然重度（kN/m³）
填土层	0.5	80	17.0
黏土	1.5~5	240	18.8
轻亚黏土	3~6	220	18.0
卵石层	2~9	300	20.2

● 气象资料。基本风压：W_0=0.35kN/m²，地面粗糙度为C类。

基本雪压：无。

● 抗震设防烈度。抗震设防烈度为6度，设计基本地震加速度为0.01g，建筑场地土类别为二类，场地特征周期为0.35，框架抗震等级为二级，设计地震分组为第一组。

3. 建筑图

各建筑图的效果如图9-1~图9-10所示。

图9-1 建筑设计总说明

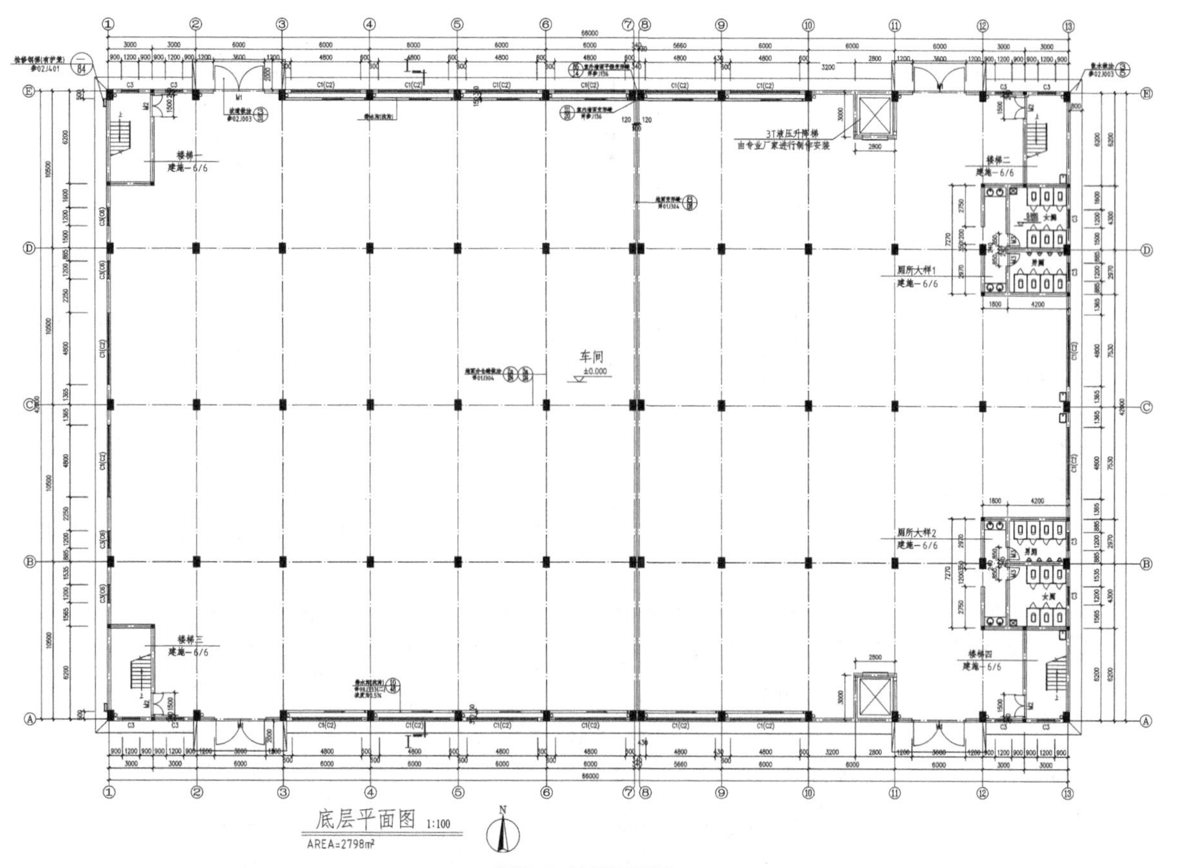

图9-2 首层平面图

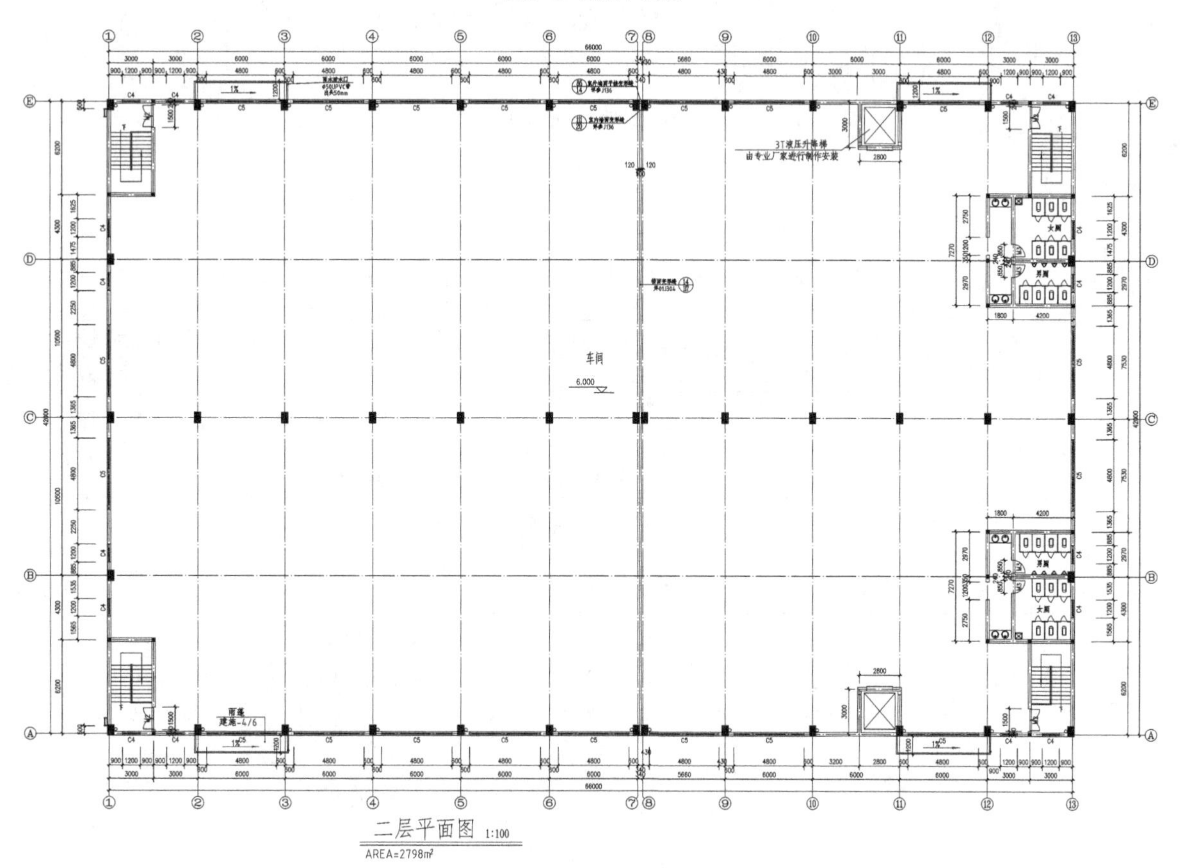

图9-3 二层平面图

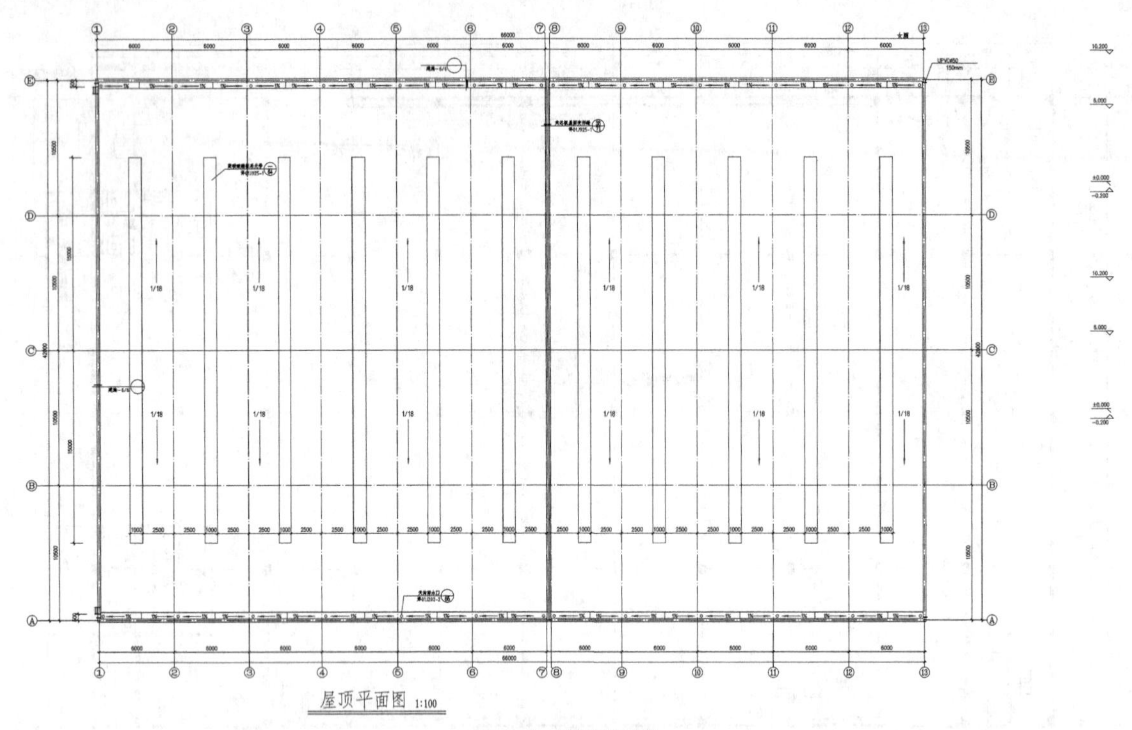

图9-4 屋顶平面图

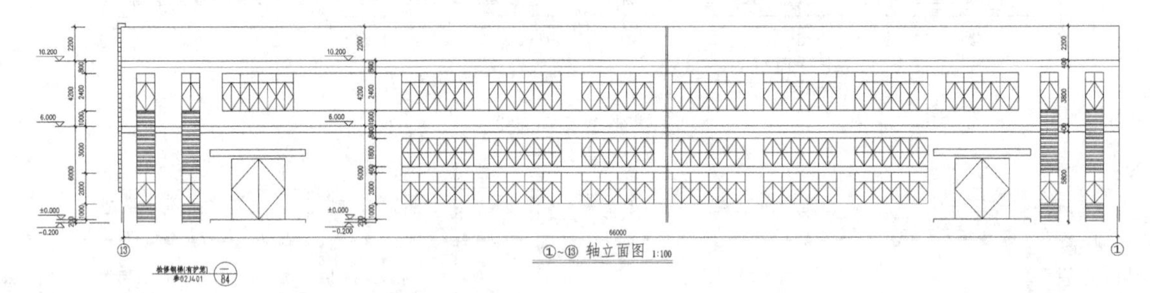

图9-5 正立面图

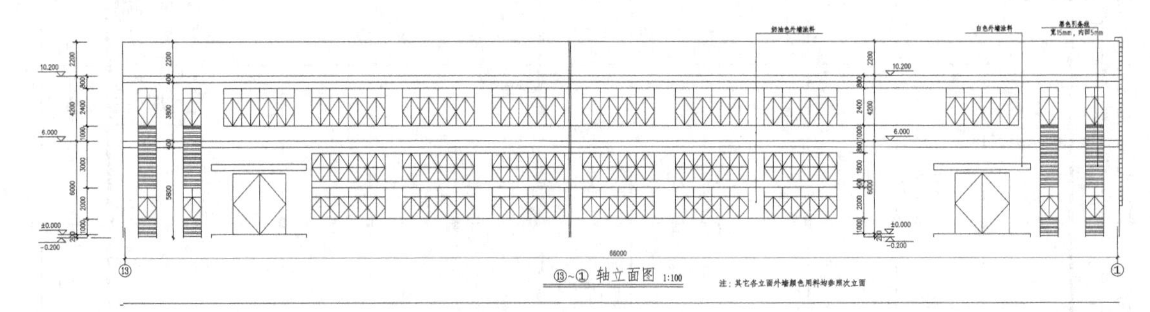

图9-6 背立面图

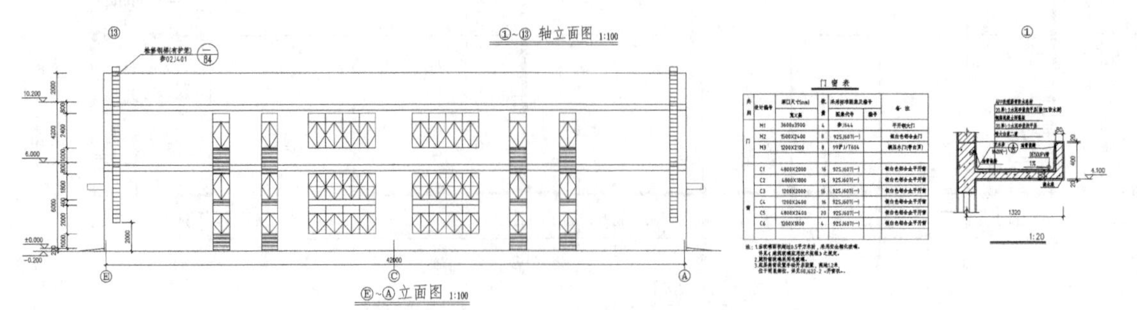

图9-7 右立面图

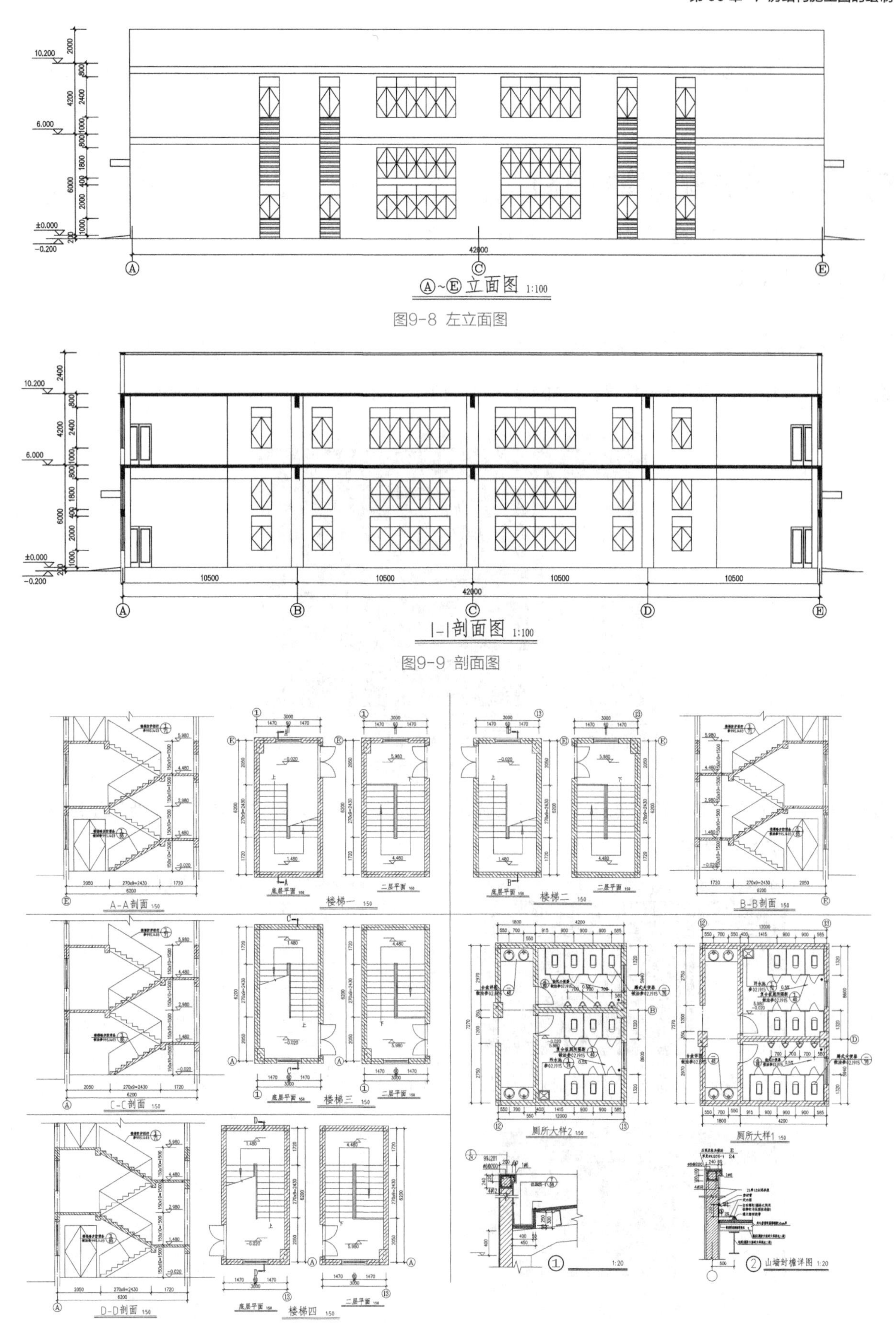

图9-8 左立面图

图9-9 剖面图

图9-10 楼梯卫生间详图

4. 材料

梁、板、柱的混凝土均选用C30，梁、柱主筋选用HRB400，箍筋选用HPB300，板受力钢筋选用HRB335。

9.2 结构施工图的绘制

现在开始PKPM结构施工图的绘制，首先建立施工图模型。

9.2.1 建立模型

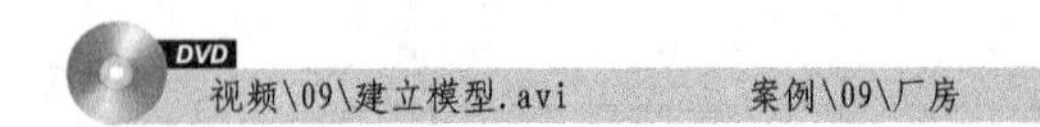

01 双击桌面图标启动PKPM程序，选择“结构”选项，显示软件界面，如图9-11所示。

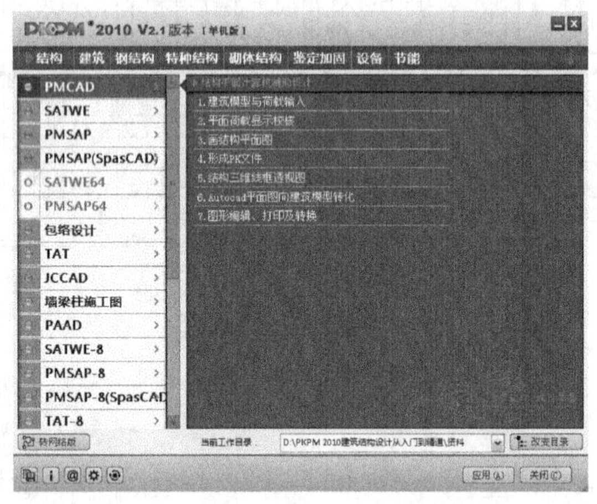

图9-11 PKPM建模界面

02 点取“改变目录”按钮，弹出“选择工作目录”对话框，并“新建”一个新工作目录“厂房”文件，如图9-12所示。

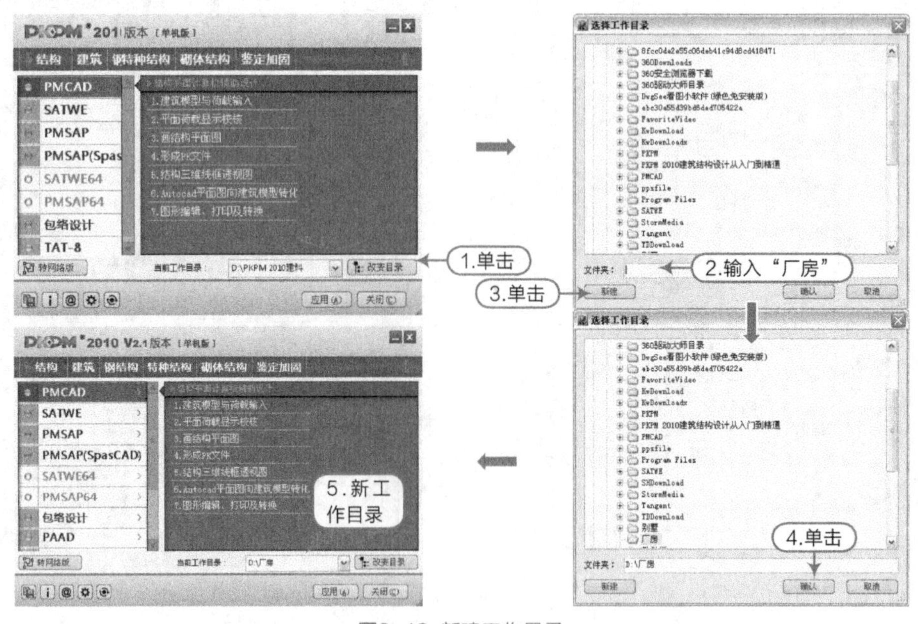

图9-12 新建工作目录

03 选择【PMCAD】|【建筑模型与荷载输入】菜单，单击“应用”按钮，进入建立工程状态，如图9-13所示。

图9-13 “应用”进入

04 在弹出的“请输入”对话框中，输入文件名“厂房”，单击“确定”按钮，启动建模程序，如图9-14所示。

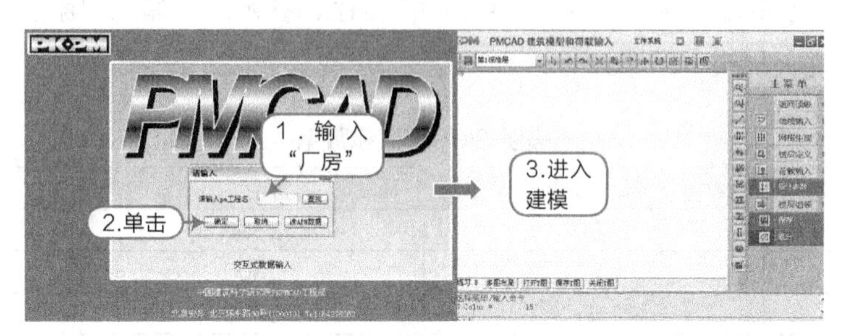

图9-14 新建工程

05 执行【轴线输入】|【正交轴网】命令，然后按照表9-2所示，在对话框中输入正交轴网参数，将正交轴网插入到屏幕绘图区合适位置，效果如图9-15所示。

表9-2 轴网数据

上/下开间	6000×6,340,5660,6000×4
右/左进深	10500×4

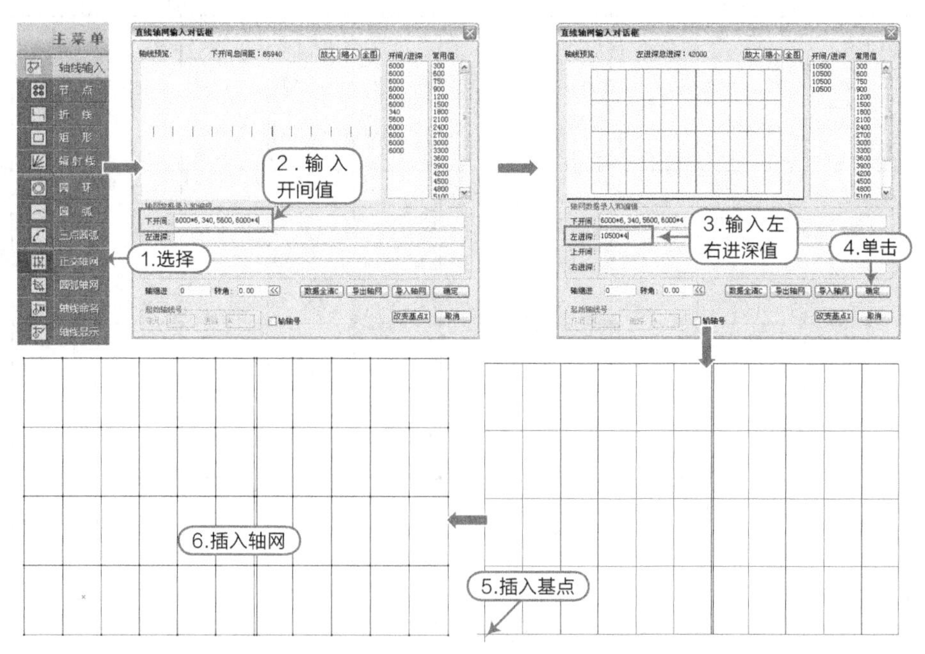

图9-15 轴网的创建

06 执行【轴线输入】|【平行直线】命令，操作如图9-16所示。

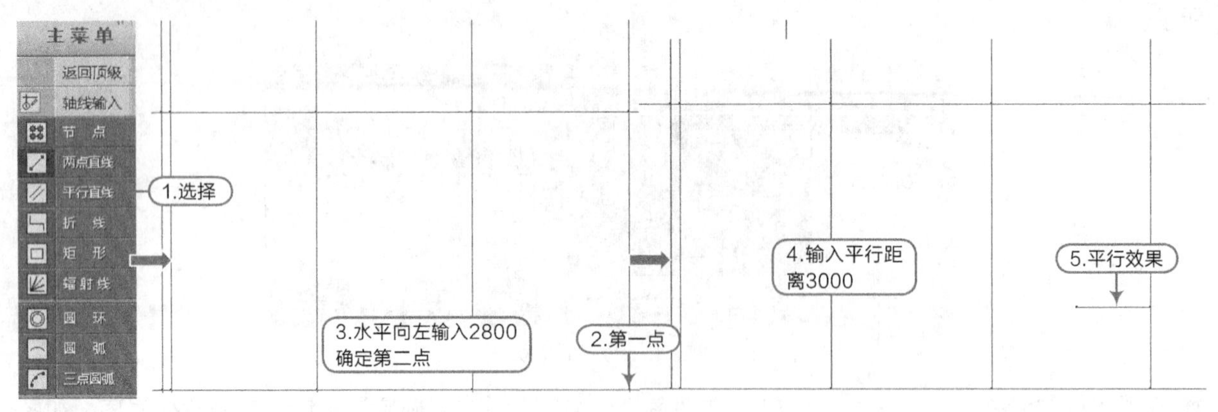

图9-16 平行直线

07 执行【轴线输入】|【平行直线】命令，按照表9-3所述，参照二层建筑图添加楼梯、卫生间和升降梯轴线，最后效果如图9-17所示。

表9-3 平行直线数据

第一点	第二点方向	第二点	平行距离
点1	左	2800	-3000
点2	左	2800	3000
点3	左	3000	6200
点4	/	点3	6200、4300、2970
点5	/	点6	1800
点7	左	3000	-6200
点8	/	点7	-6200、-4300、-2970
点9	/	点10	1800
点11	上	6200	3000
点12	下	6200	3000

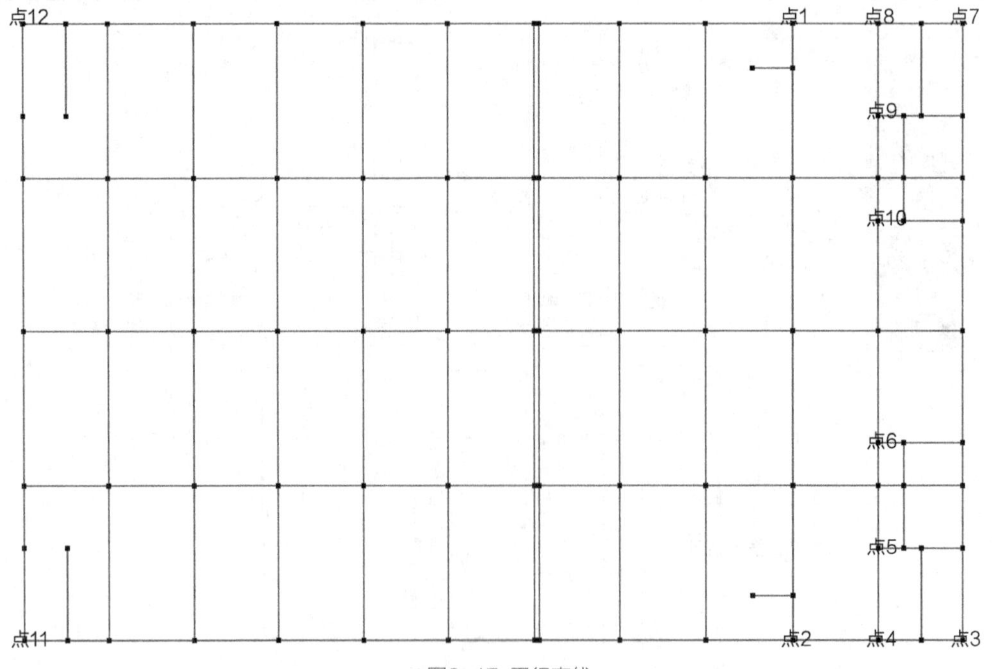

图9-17 平行直线

08 执行【轴线输入】|【两点直线】命令，效果如图9-18所示。

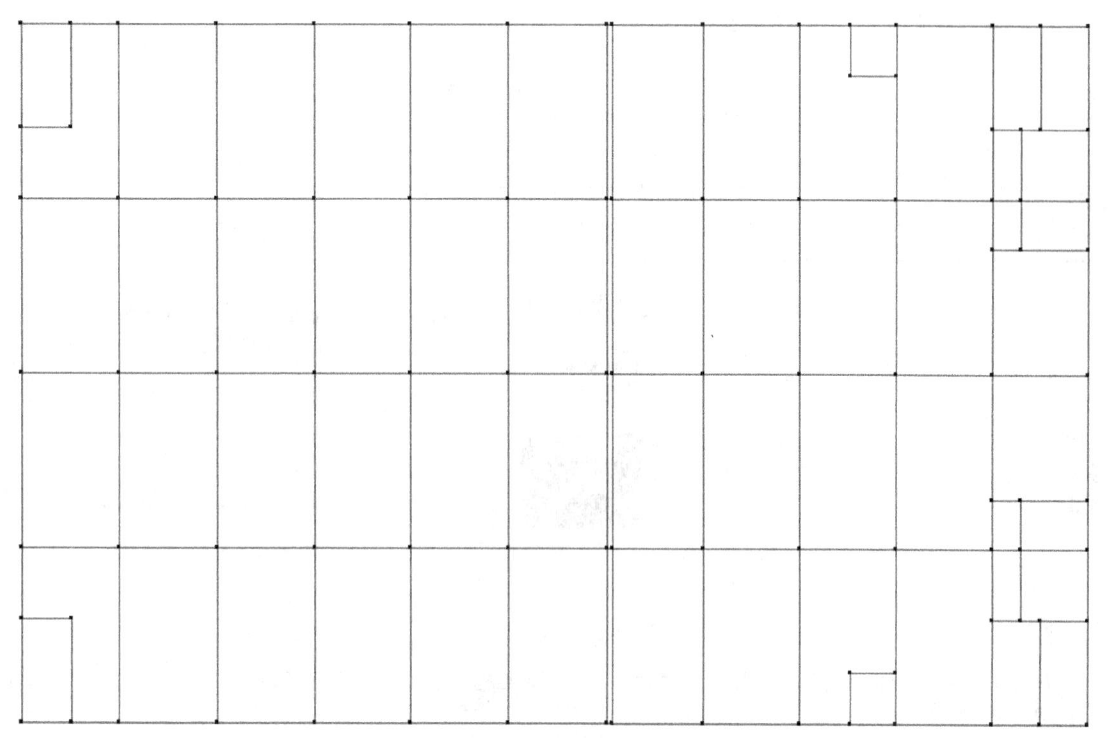

图9-18 两点直线

09 执行【轴线输入】|【轴线命名】命令，参照厂房建筑轴网标注，按照命令行提示操作，命名完成后执行【轴线显示】，效果如图9-19所示。

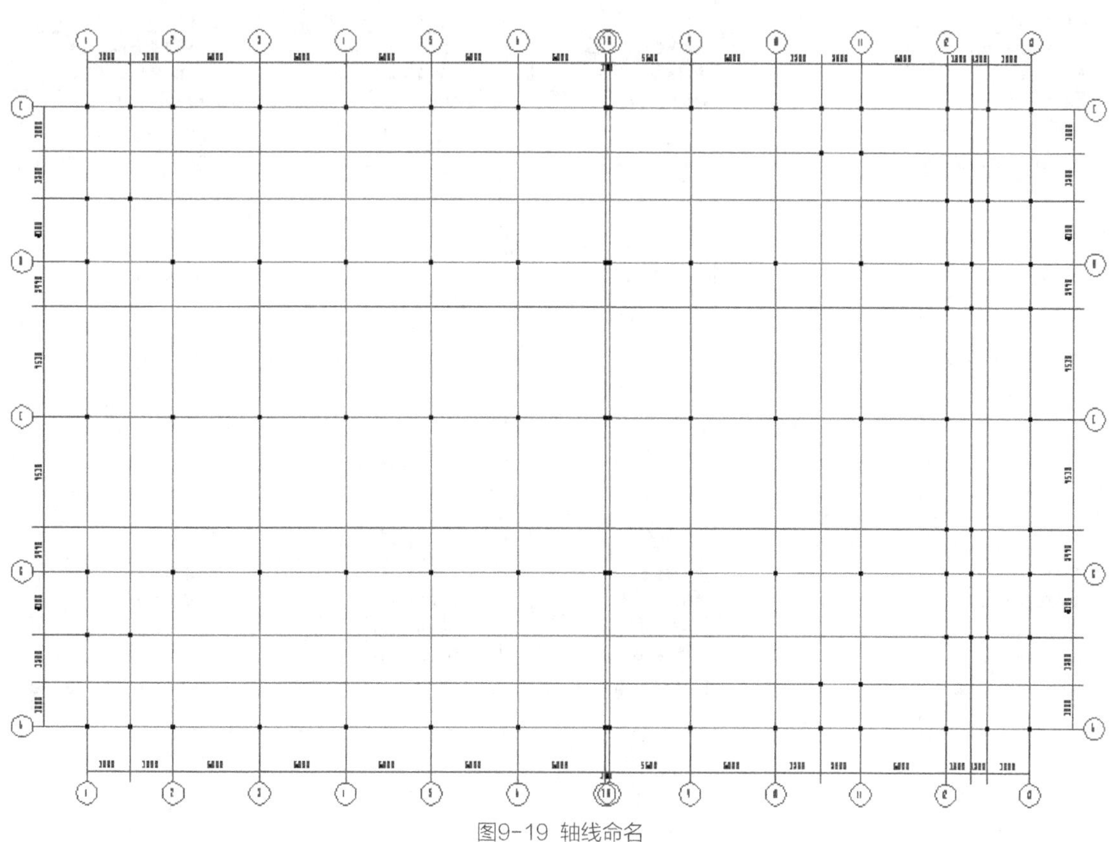

图9-19 轴线命名

10 执行【楼层定义】|【柱布置】命令，在弹出的“柱截面列表”对话框中，单击“新建”按钮，按照表9-4所示创建框架柱，操作如图9-20所示。

表9-4 框架方柱数据

截面类型	1
矩形截面宽度（mm）	450
矩形截面高度（mm）	700
材料类别	6：混凝土

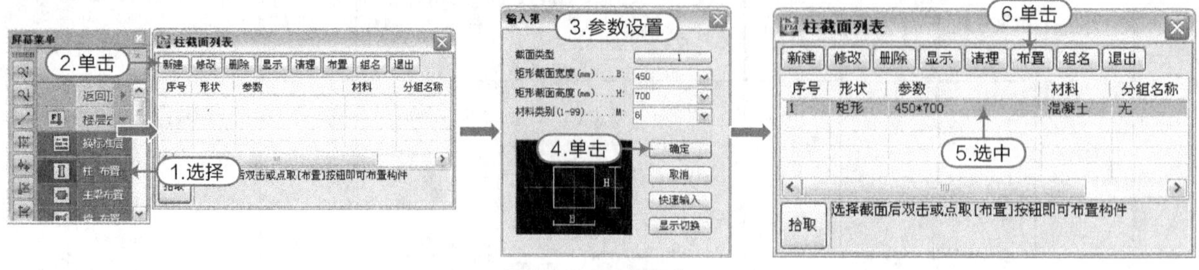

图9-20 柱布置操作

提示

框柱尺寸由建筑平面图上柱的大小得出，其大小不一定符合结构要求，在SATWE验算后，若有不合适的，再返回PMCAD进行调整。

11 按照同样的方法，设置柱偏心后布置柱效果，如图9-21所示。

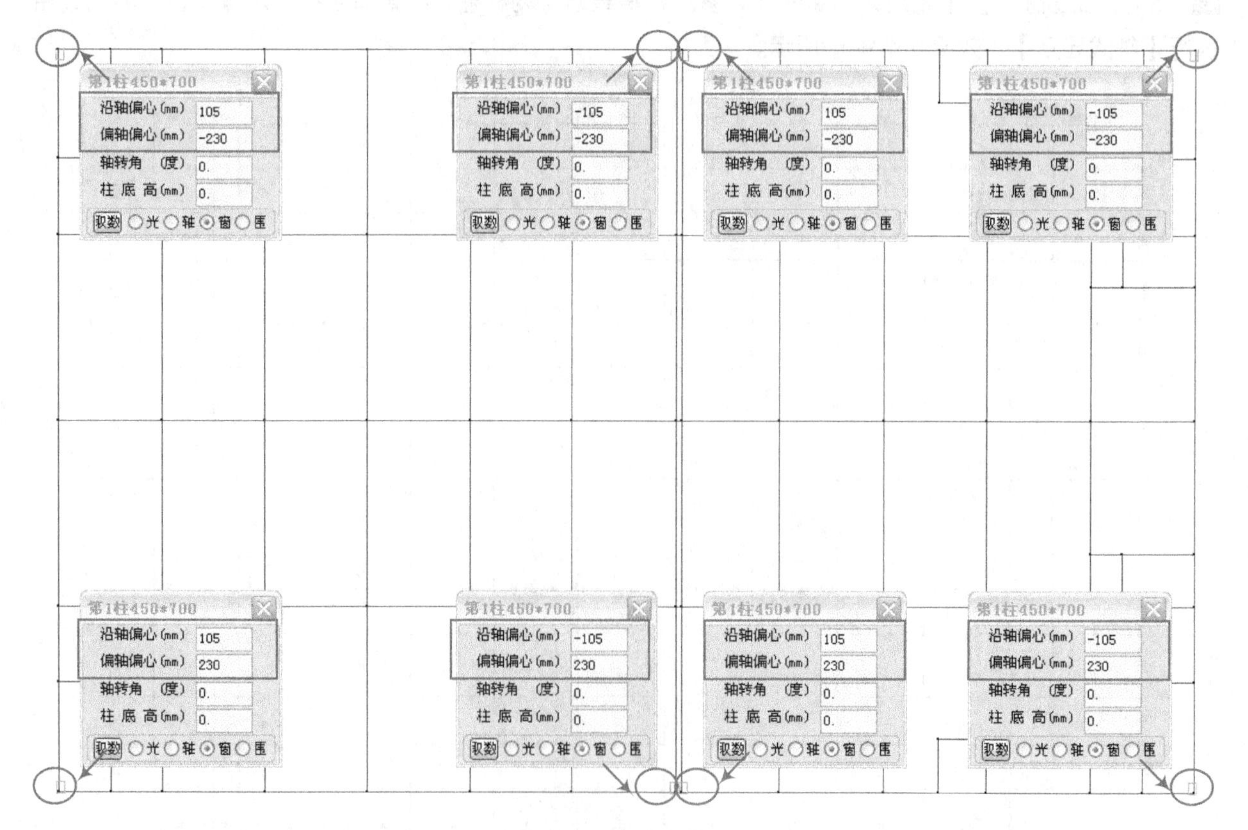

图9-21 布置偏心方柱

12 执行【柱布置】命令，按照不偏心布置柱，如图9-22所示。

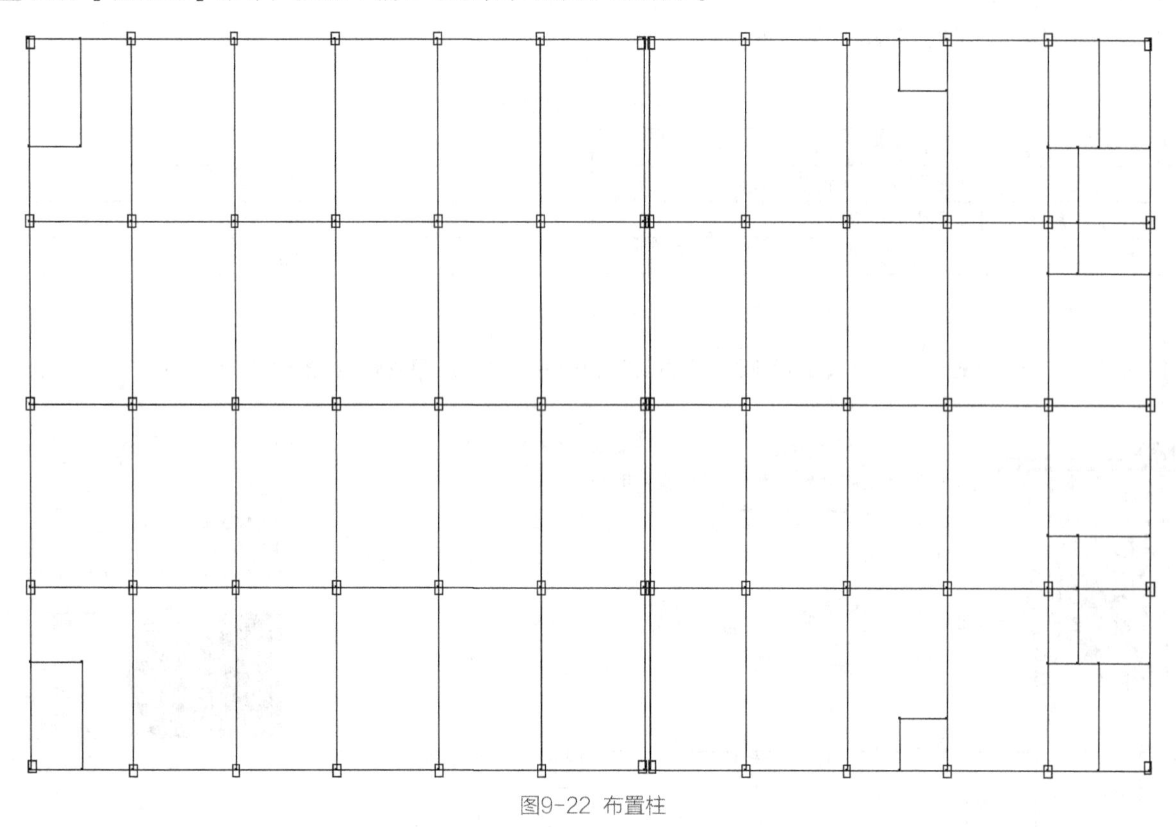

图9-22 布置柱

13 执行【楼层定义】|【偏心对齐】｜【柱与柱齐】命令，按照建筑图上柱的偏心效果，与之前布置的偏心柱边对齐，如图9-23所示。

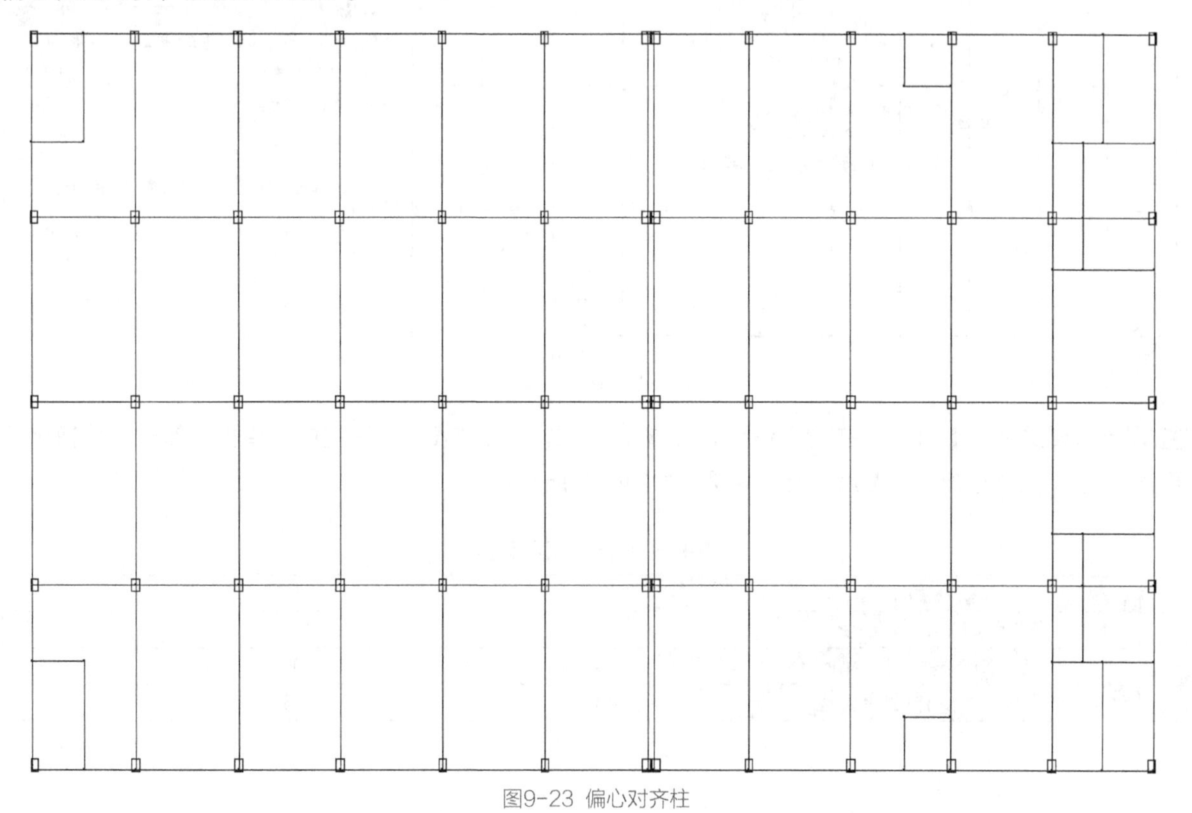

图9-23 偏心对齐柱

14 执行【楼层定义】|【柱布置】命令，在弹出的“柱截面列表”对话框中，单击“新建”按钮，按照表9-5所示创建构造柱，如图9-24所示。

表9-5 构造柱数据

截面类型	1
矩形截面宽度（mm）	240
矩形截面高度（mm）	240
材料类别	1：砌体

提示

第1标准层的柱布置是按照第一层建筑平面图布置的，而轴线定的房间布局则是按照二层建筑平面图绘制的。

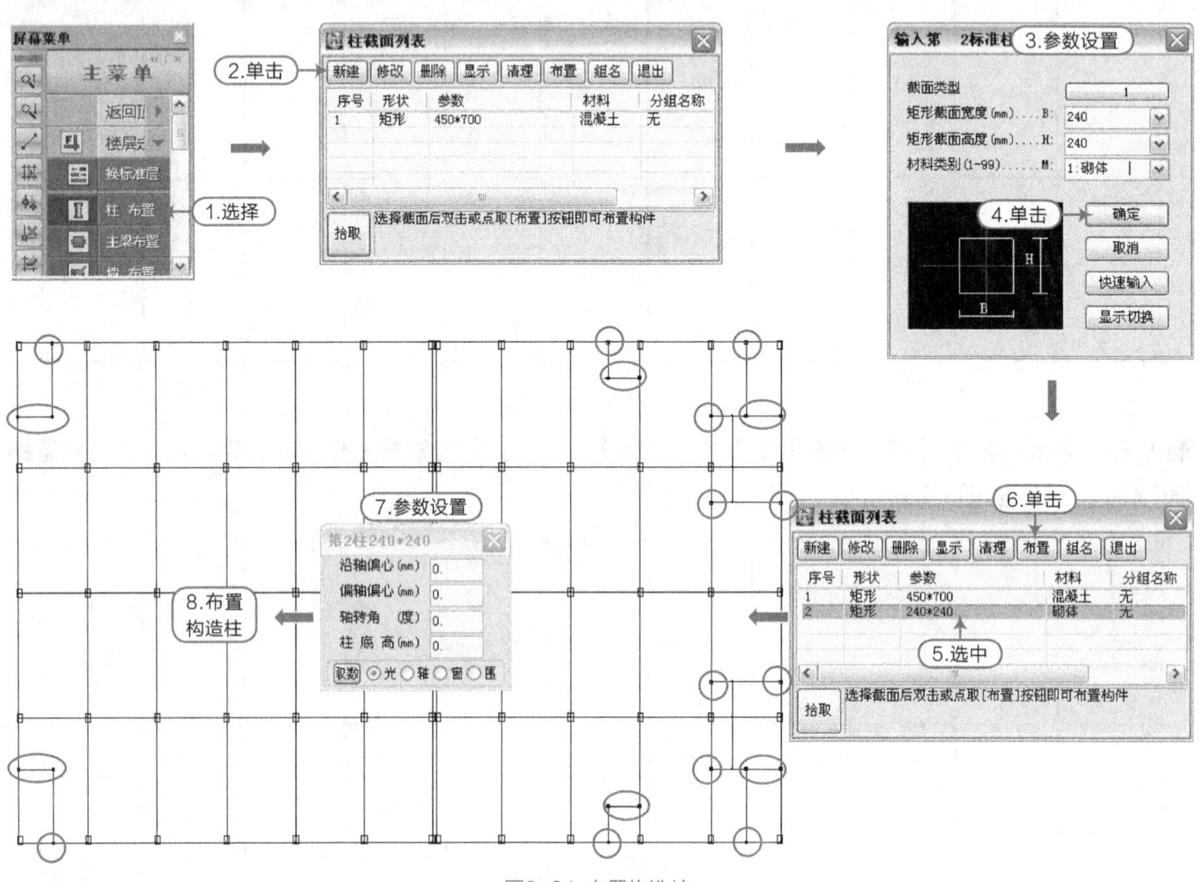

图9-24 布置构造柱

15 执行【楼层定义】|【主梁布置】命令，在弹出的“梁截面列表”对话框中，单击“新建”按钮，按照表9-6所示创建框架梁，然后布置框架梁，如图9-25所示。

表9-6 横向框架梁数据

截面类型	1
矩形截面宽度（mm）	240
矩形截面高度（mm）	800
材料类别	6：混凝土

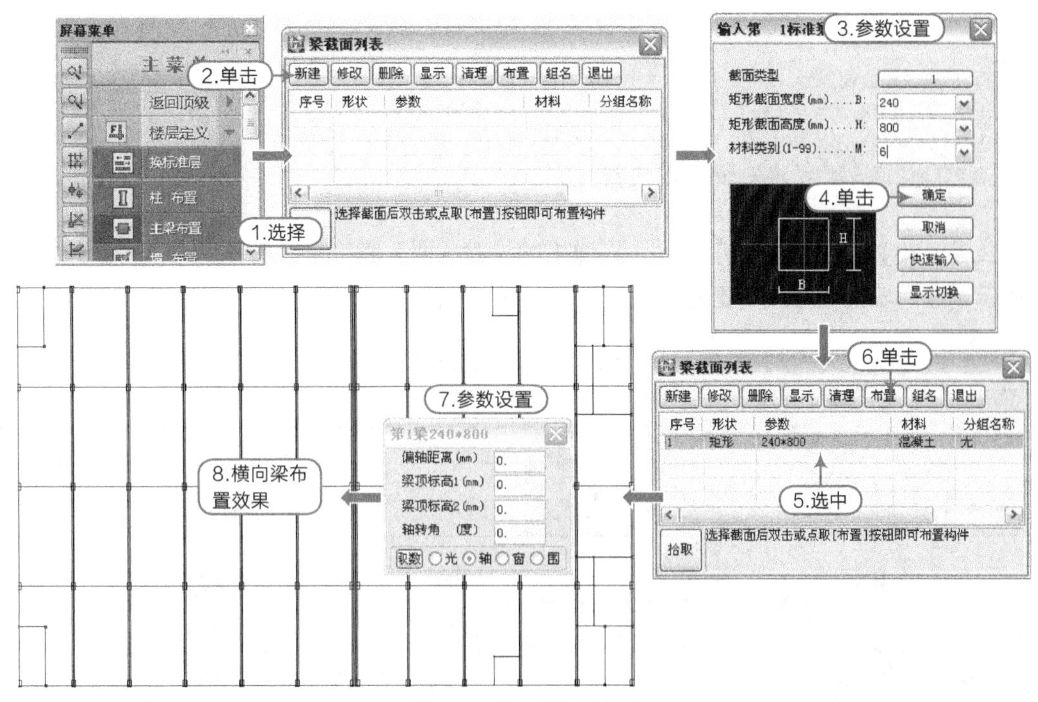

图9-25　横向框架梁布置

16 执行【楼层定义】|【主梁布置】命令，在弹出的“梁截面列表”对话框中，单击“新建”按钮，按照表9-7所示创建框架梁，然后布置框架梁，如图9-26所示。

表9-7　纵向框架梁数据

截面类型	1
矩形截面宽度（mm）	240
矩形截面高度（mm）	500
材料类别	6：混凝土

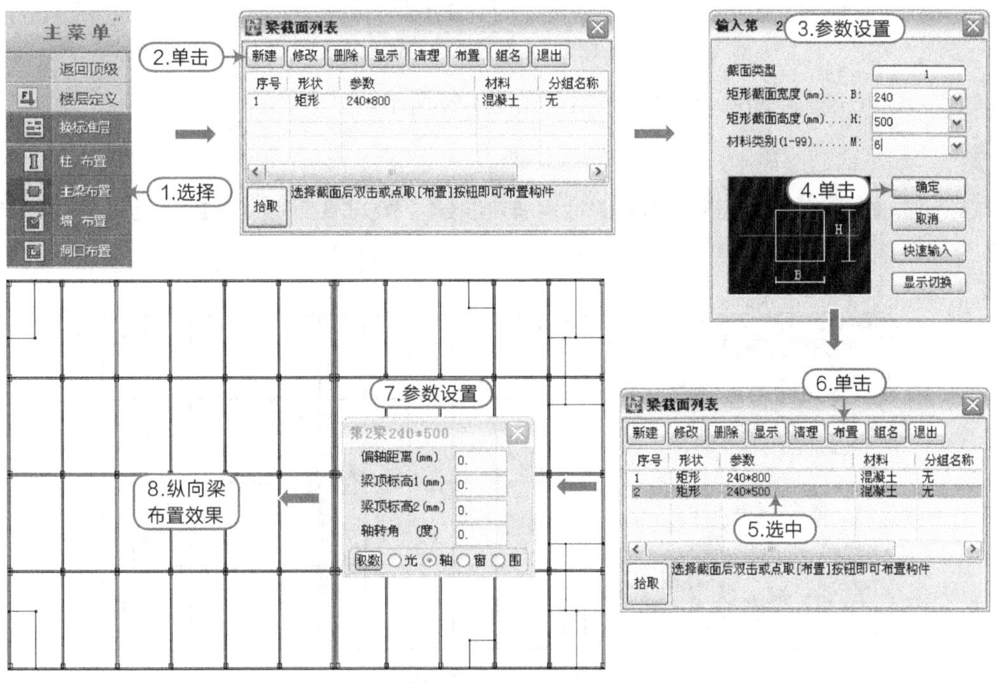

图9-26　纵向框架梁布置

提示

主梁尺寸，根据经验公式：b=（1/10~1/15）×l_0；h=（1/2~1/3）×b：
b=（1/10~1/15）×10500=（700~1050），h=（1/2~1/3）×（700~1050）=（233~525），取b=800，h取240；
b=（1/10~1/15）×6000=（400~600），h=（1/2~1/3）×（400~600）=（133~300），取b=500，h取240；
注意：8轴与9轴之间没有梁，将在此处设置变形缝。

17 执行【楼层定义】|【主梁布置】命令，在弹出的“梁截面列表”对话框中，单击“新建”按钮，按照表9-8所示创建内墙梁，然后布置内墙梁，如图9-27所示。

表9-8 有内墙梁数据

截面类型	1
矩形截面宽度（mm）	240
矩形截面高度（mm）	400
材料类别	6：混凝土

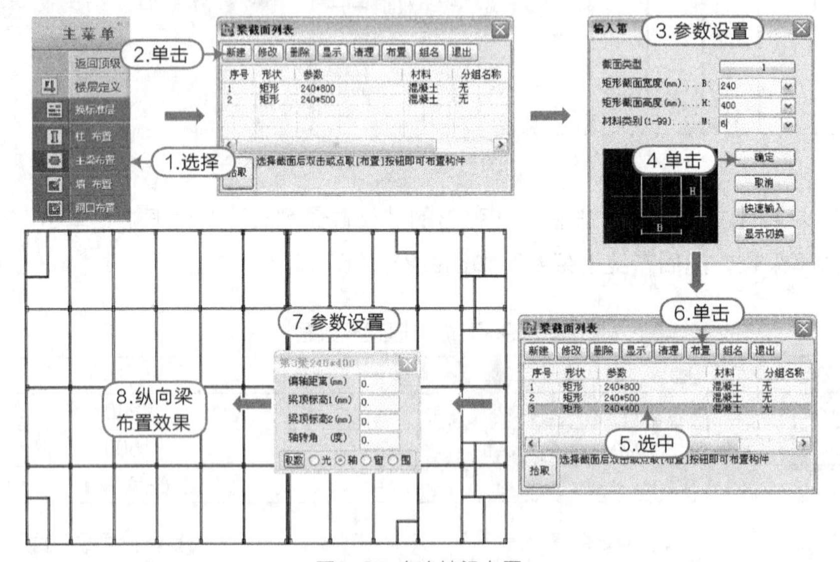

图9-27 有内墙梁布置

18 在楼梯处布置240×500的层间梁替换原梁，如图9-28所示。

提示

由建筑剖面图知道，从建筑一层到建筑二层的楼梯为4折双跑楼梯，故应布置层间梁距楼面分别为-1500和-4500的两根梁。

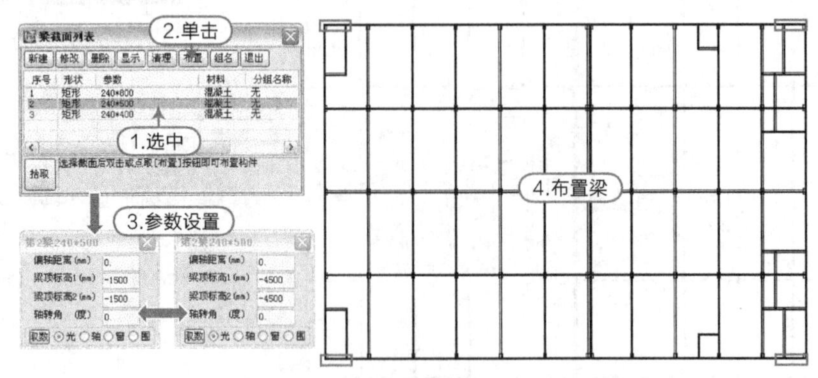

图9-28 布置层间梁

19 观察层间梁三维效果图，如图9-29所示。

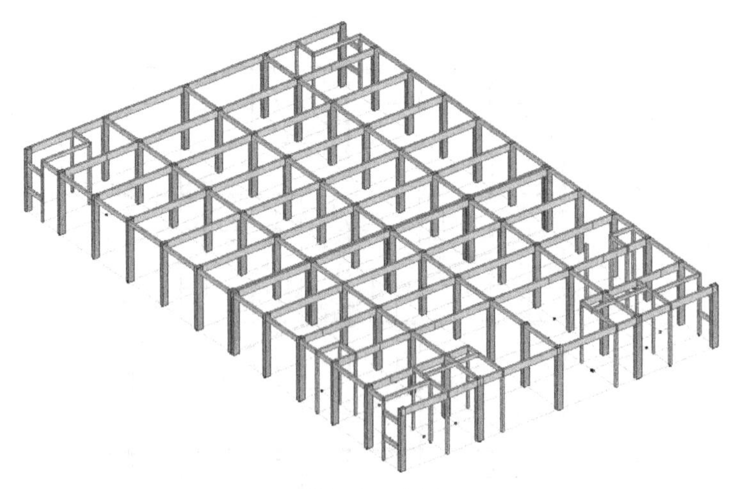

图9-29 层间梁

20 执行【轴线输入】|【平行直线】命令，绘制次梁以减小梁跨和板跨，如图9-30所示。

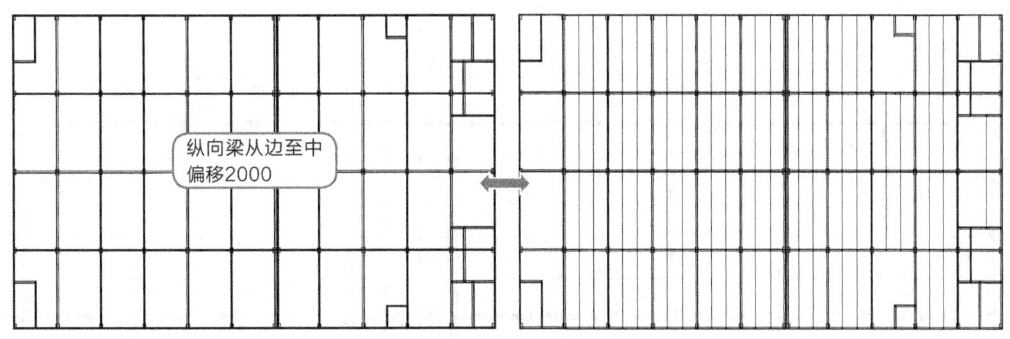

图9-30 平行直线

21 执行【轴线输入】|【两点直线】命令，绘制如图9-31所示。

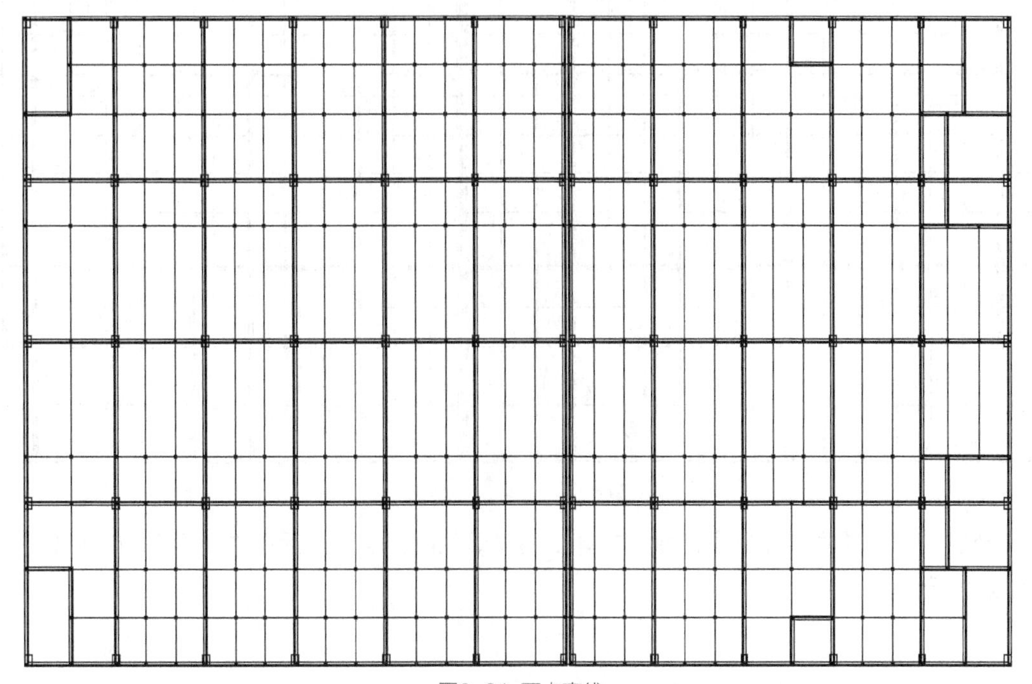

图9-31 两点直线

22 执行【楼层定义】|【主梁布置】命令，在弹出的“梁截面列表”对话框中，选择240×500的梁，布置梁如图9-32所示。

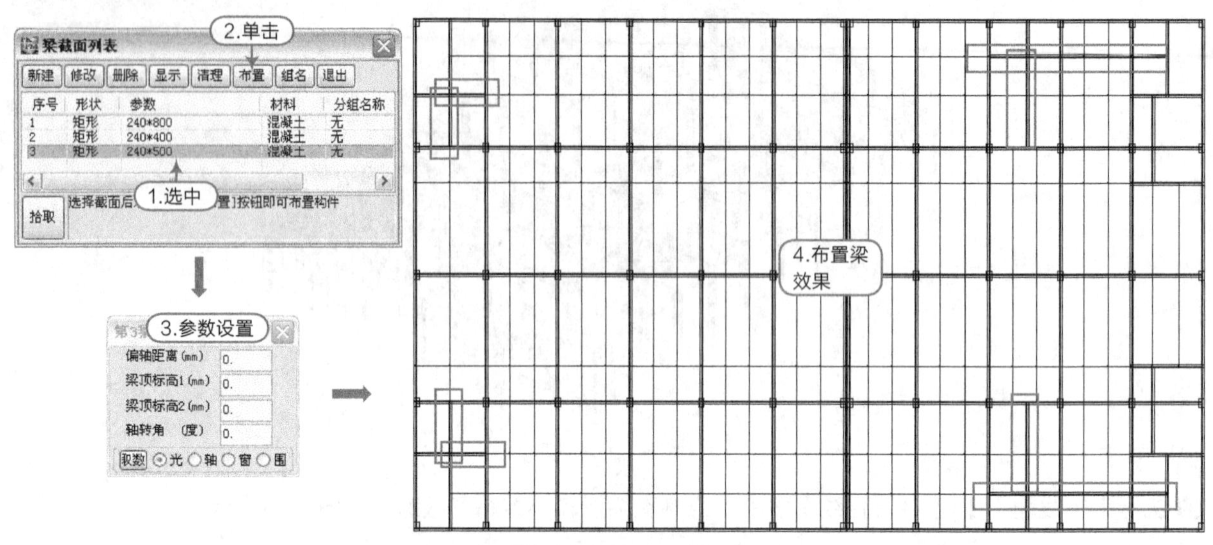

图9-32 240×500梁

23 再执行【轴线输入】|【平行直线】命令，偏移是以2100为距离，效果如图9-33所示。

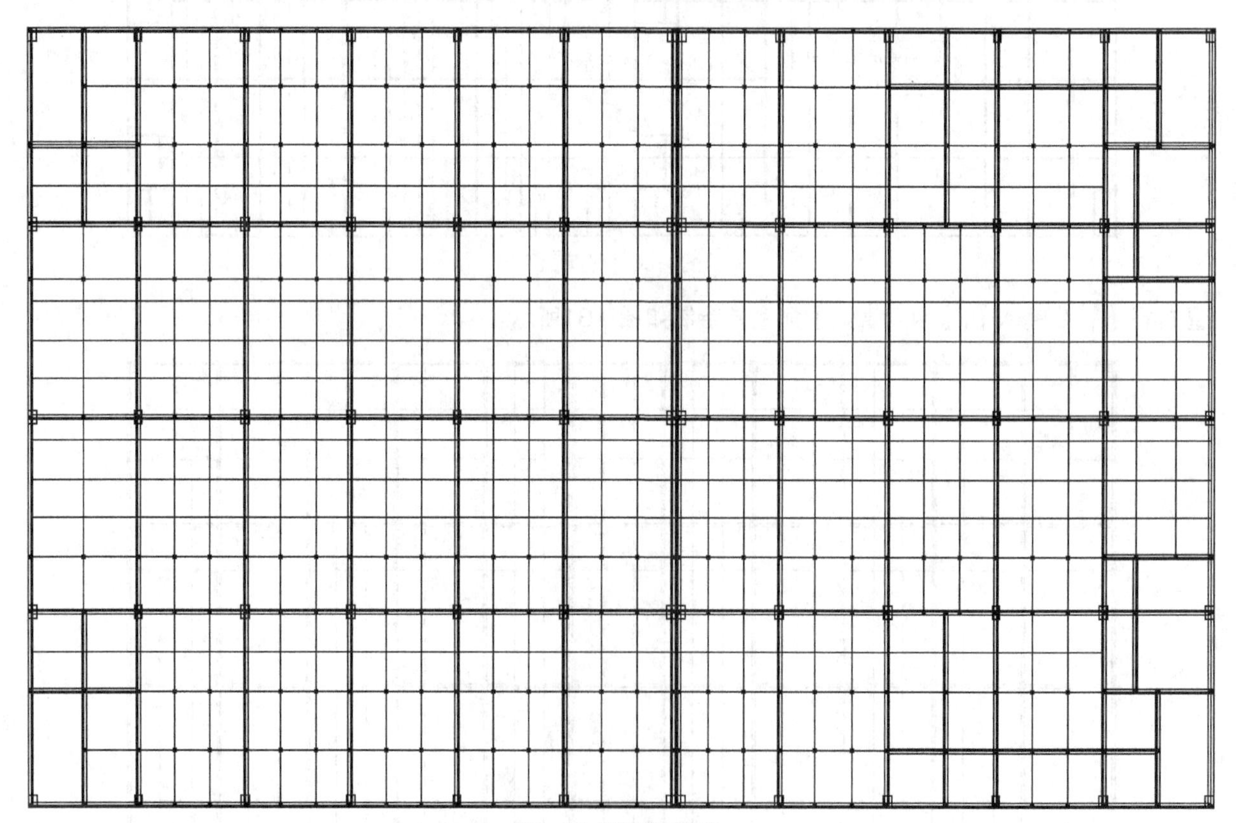

图9-33 继续平行直线

24 执行【楼层定义】|【主梁布置】命令，在弹出的“梁截面列表”对话框中，选择240×400的梁，布置梁如图9-34所示。

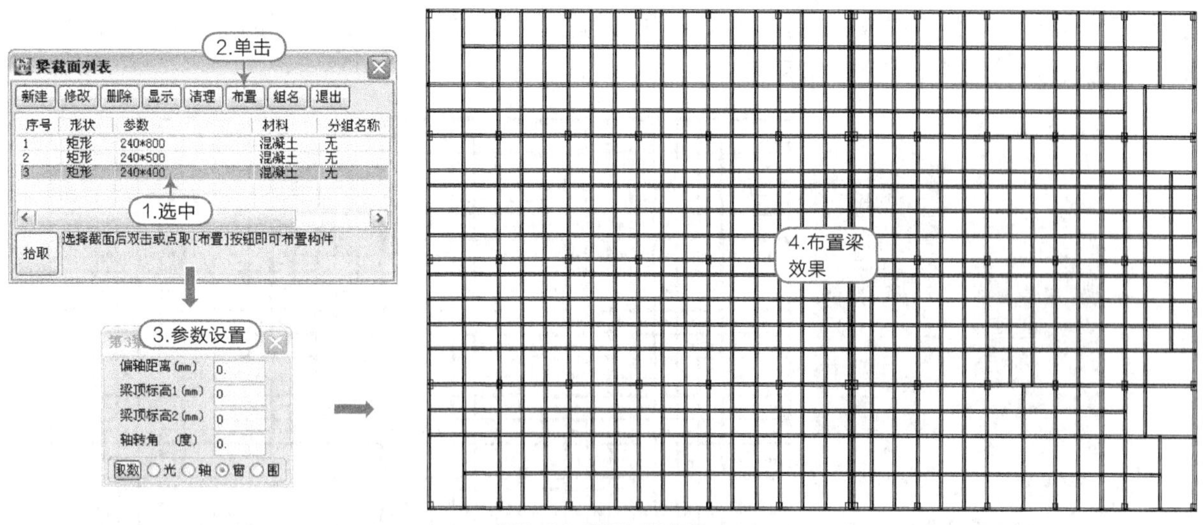

图9-34　非框架梁布置

提示

现在布置的在结构意义上来说应该是次梁，只是当作主梁来布置。

25 执行【楼层定义】|【本层信息】命令，在弹出的提示框中设置参数，然后单击"确定"按钮，完成本层信息修改，如图9-35所示。

图9-35　本层信息设置

26 针对楼梯间的处理，绘制与楼板等高的梯梁，如图9-36所示。

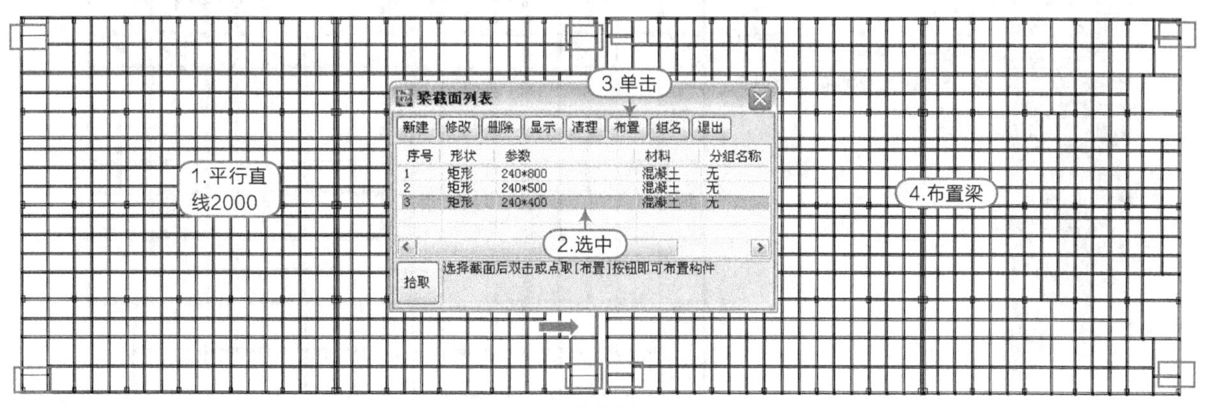

图9-36　楼梯处结构处理

27 执行【楼层定义】|【楼板生成】命令，在弹出的提示框中单击“确定”按钮，然后执行【楼板生成】|【生成楼板】命令，如图9-37所示。

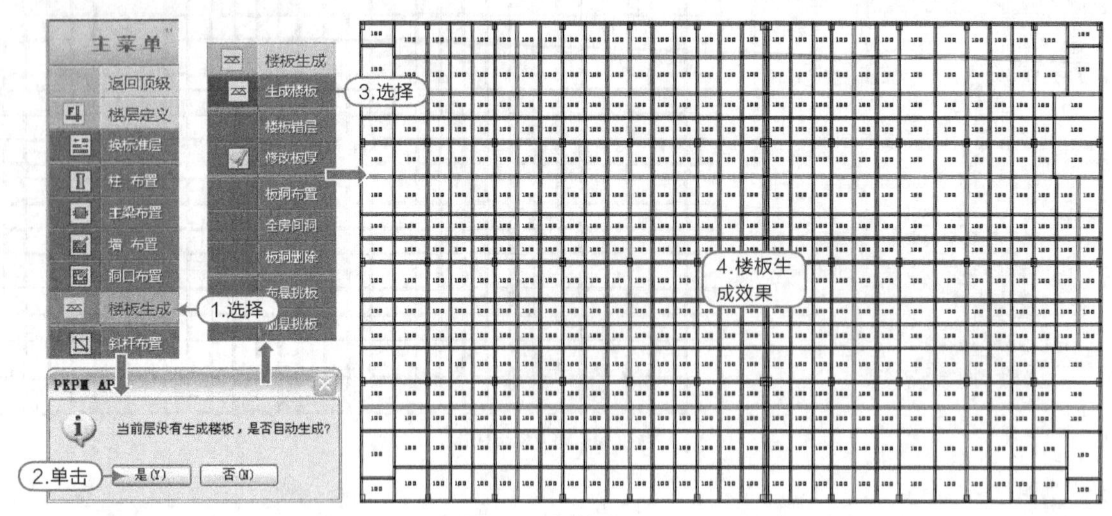

图9-37 生成楼板

28 执行【楼层定义】|【楼板生成】|【修改板厚】命令，在建筑图中楼梯间梯段位置的板和升降电梯处的板厚改为0，如图9-38所示。

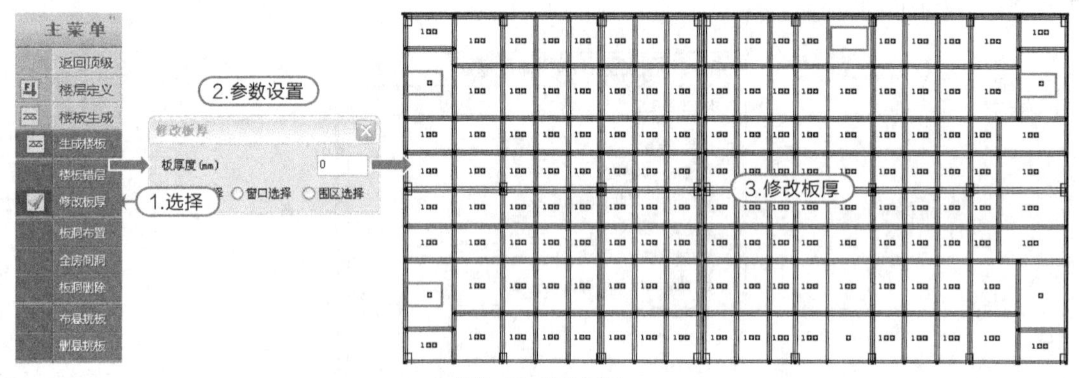

图9-38 修改板厚

29 执行【楼层定义】|【楼板生成】|【楼板错层】命令，使卫生间楼板向下错层20，如图9-39所示。

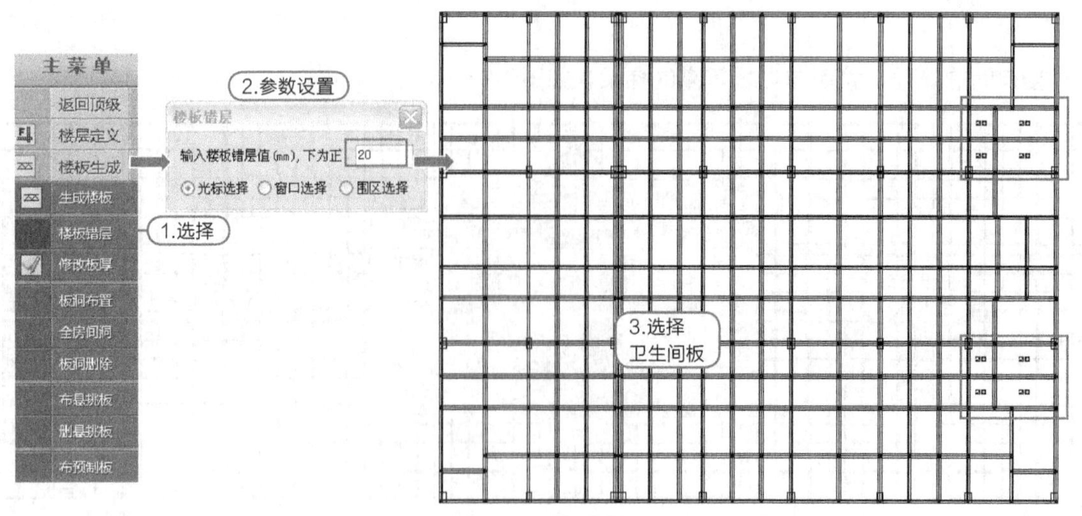

图9-39 楼板错层

30 在工具栏右侧视图控件栏，单击“透视视图”和“实时漫游开关”按钮，查看厂房结构三维图，如图9-40所示。

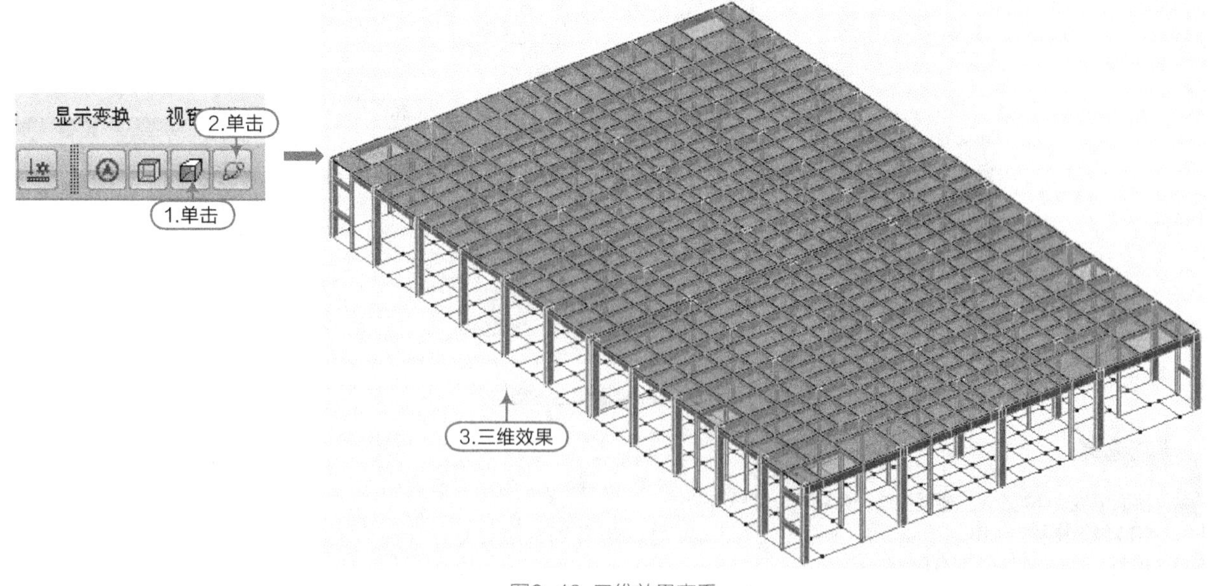

图9-40　三维效果查看

31 执行屏幕菜单→【设计参数】命令，按照如图9-41所示设置参数。

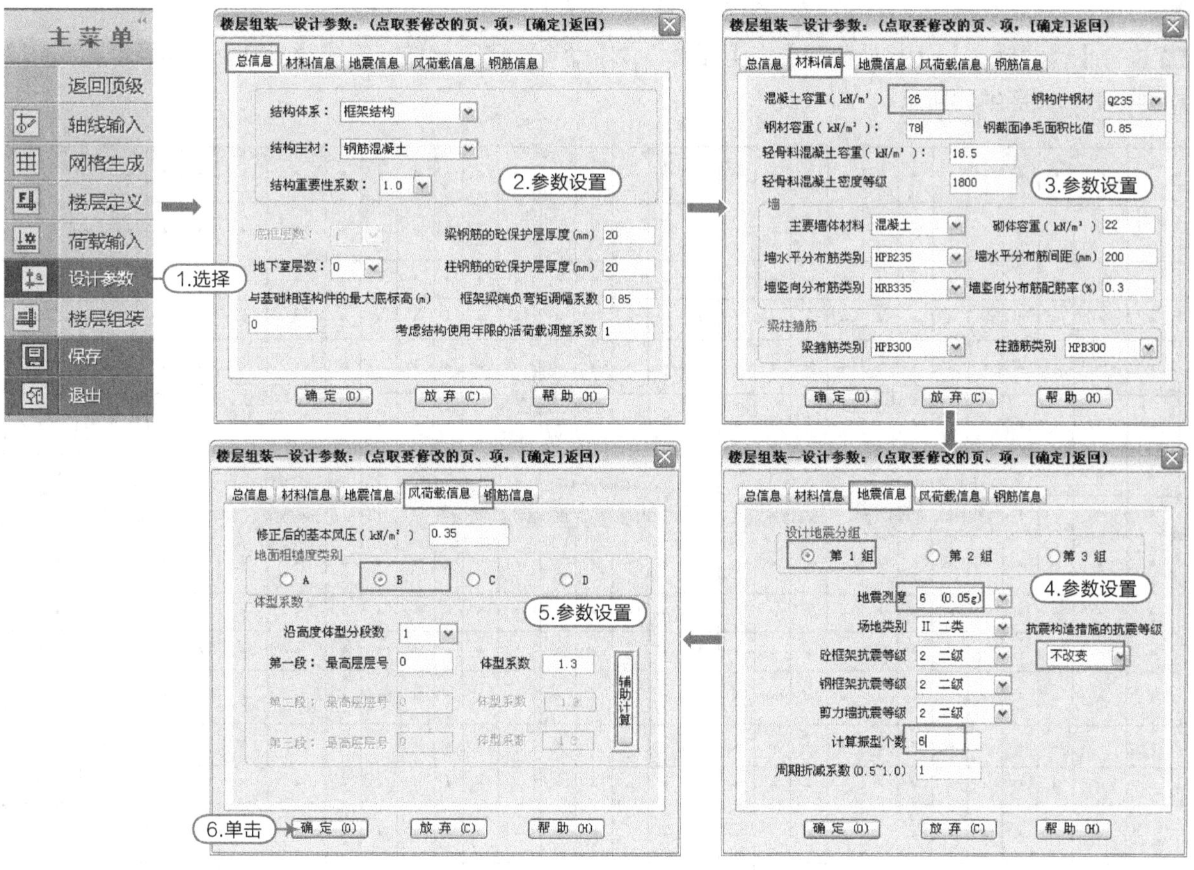

图9-41　设计参数

32 执行【荷载输入】|【恒活设置】命令，然后在弹出的“荷载定义”对话框中，输入恒活数值后单击确定即可，如图9-42所示。

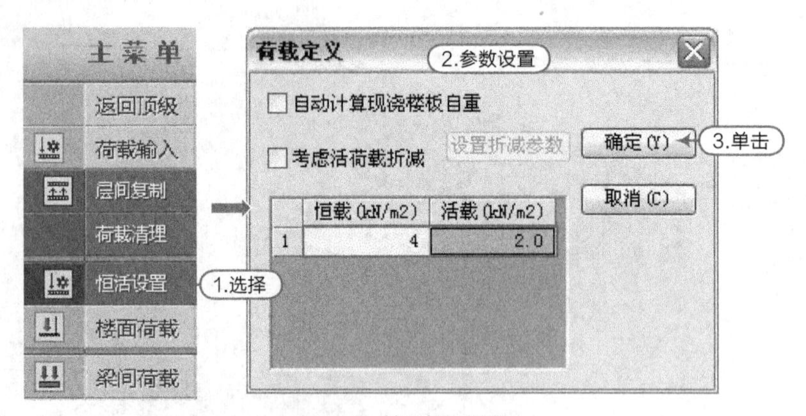

图9-42 楼面恒活设置

提示

楼面恒载（4）计算（楼面做法来自建筑设计总说明）：

100 厚结构层：0.10×25=2.5；

楼面面层：0.03×20=0.6；

10 厚抹灰层：0.01×17=0.17；

15 厚保温层：0.015×14.5=0.2175。

楼面活载（2.0）取值：按照《荷载规范》规定。

33 执行【荷载输入】|【楼面荷载】 | 【楼面恒载】命令，修改楼梯间恒荷载、卫生间楼面恒载及升降电梯恒载，如图9-43所示。

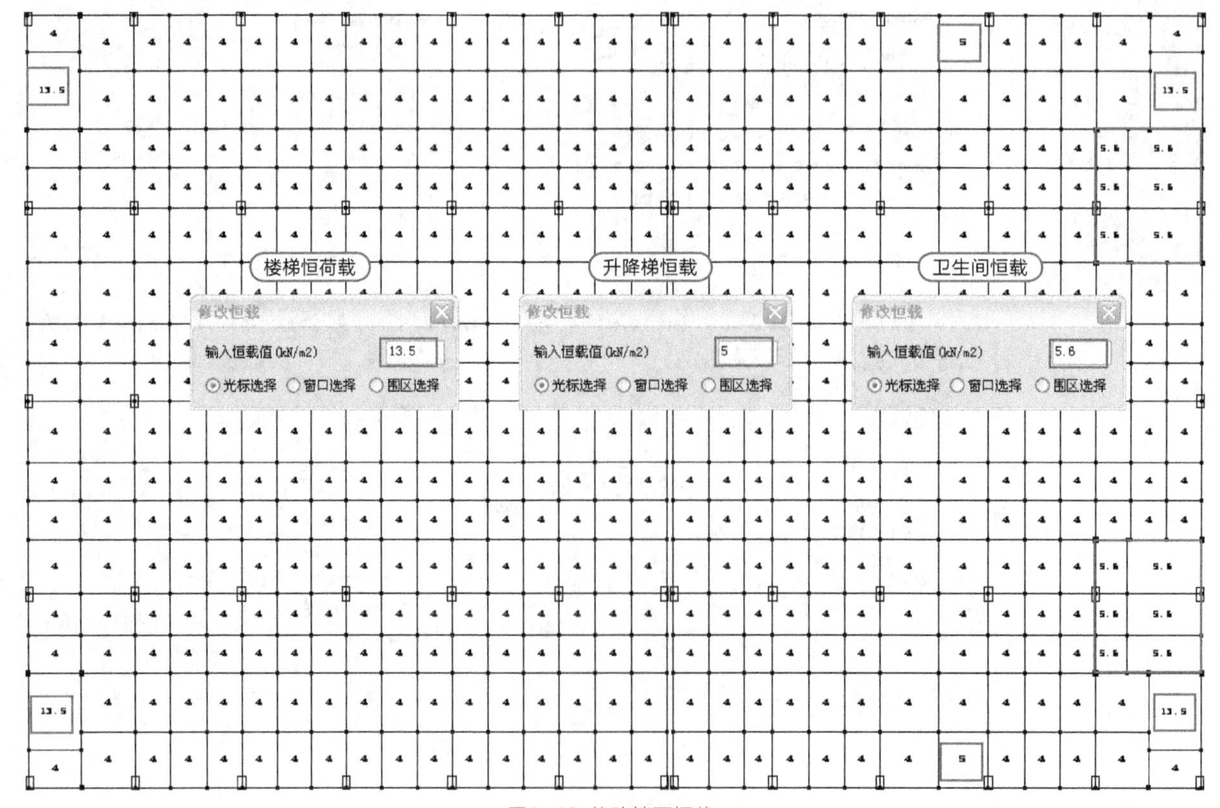

图9-43 修改楼面恒载

提示

楼梯间楼面恒载（13.5）计算（几何关系确定）：$2\times4/\cos\theta=2\times4/(3000/5000)=13.33$。
卫生间恒载（5.6）计算（做法来自建筑设计总说明）：
100 厚结构层：$0.10\times25=2.5$；
地砖：$0.01\times25=0.25$；
混凝土找坡层：$(4.2\times0.005/2)\times25=2.6$
10 厚抹灰层：$0.01\times17=0.17$；
防水层：0.4；
升降电梯恒载（5）计算：120 厚电梯板（3）+2=5。

34【荷载输入】|【楼面荷载】|【楼面活载】命令，修改升降电梯活载，如图9-44所示。

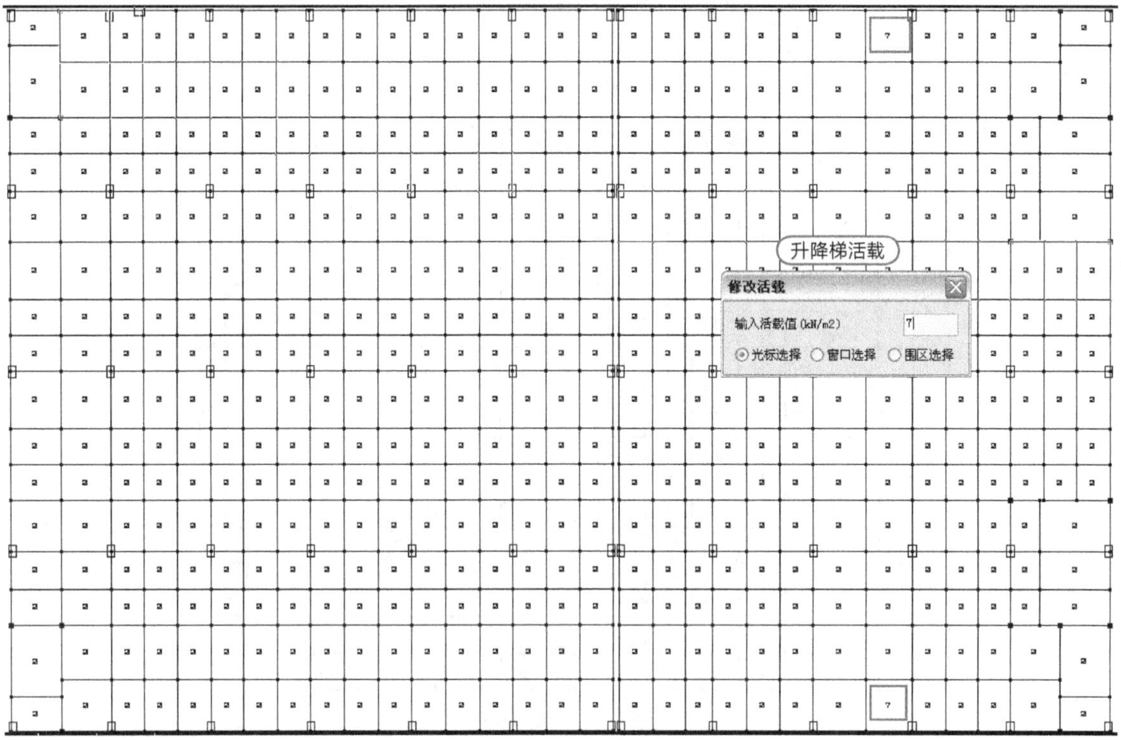

图9-44 修改楼面活载

35 执行【荷载输入】|【梁荷定义】命令，定义梁间恒荷载如图9-45所示。

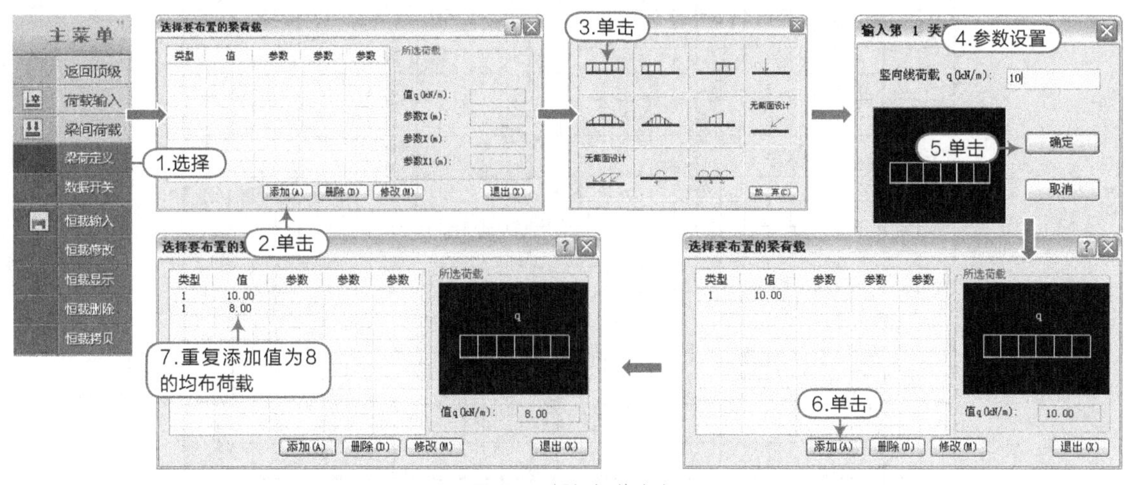

图9-45 梁间恒载定义

提示

梁间线恒载计算：

240 填充墙（无窗）处梁：10×0.24×4.2=10.08，取10；

240 填充墙（有窗）处梁（为简便计算，乘以折减系数）：10×0.24×4.2×0.8=8.064，取8。

36 执行【荷载输入】|【梁间荷载】|【数据开关】命令，操作如图9-46所示。

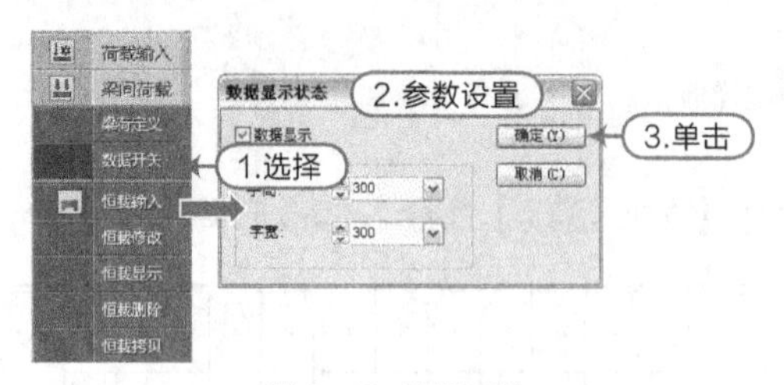

图9-46 数据开关

37 执行【荷载输入】|【梁间荷载】命令，布置值为10的梁间恒荷载，如图9-47所示。

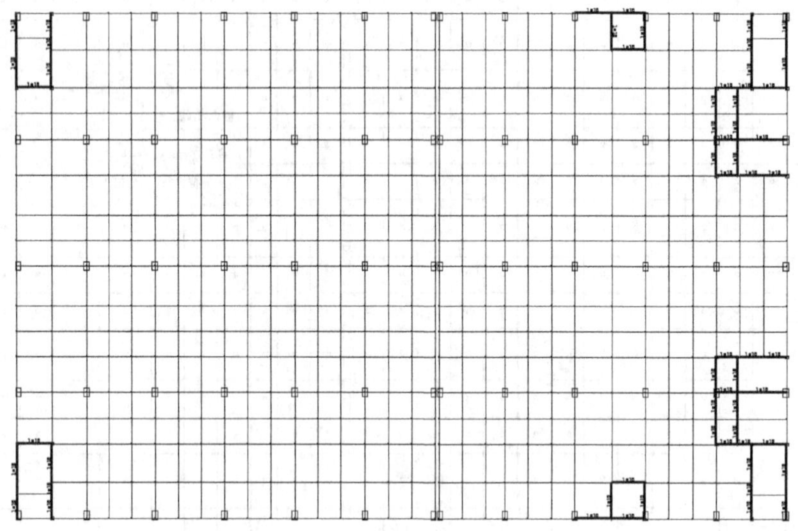

图9-47 10梁间恒载布置

38 再次执行【荷载输入】|【梁间荷载】命令，布置值为8的梁间恒荷载，如图9-48所示。

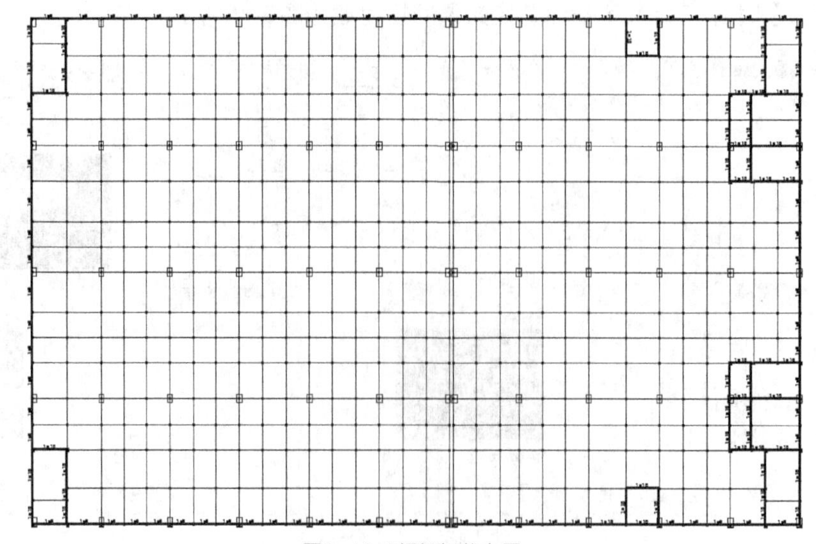

图9-48 8梁间恒载布置

39 执行【楼层定义】|【换标准层】命令，弹出“选择/添加标准层”对话框，添加标准层，操作如图9-49所示。

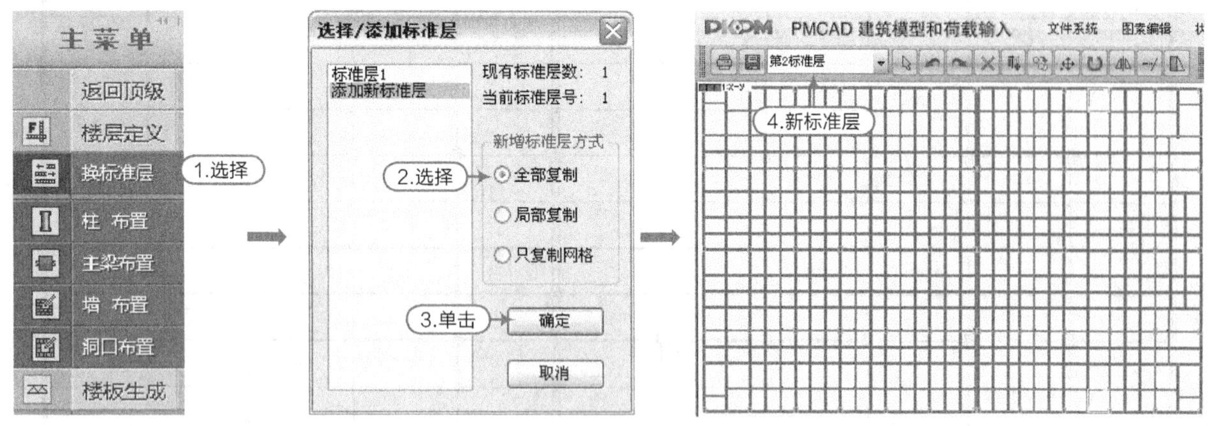

图9-49 添加新标准层

40 执行【楼层定义】|【构件删除】命令，删除梁，如图9-50所示。

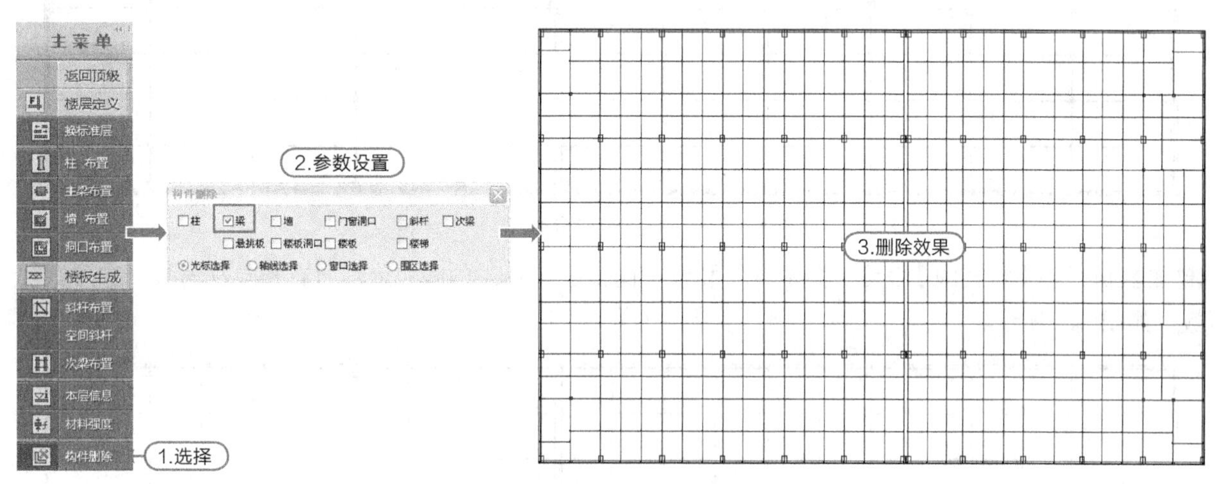

图9-50 删除梁

41 执行【删除节点】命令，删除效果如图9-51所示。

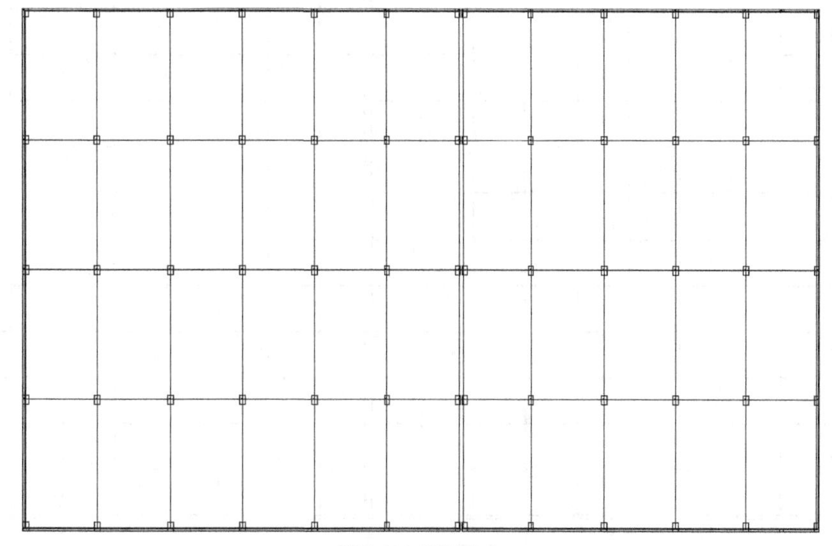

图9-51 删除节点

42 执行【平行直线】命令，将最下侧轴线以2625的间距向上偏移15次分割楼板，如图9-52所示。

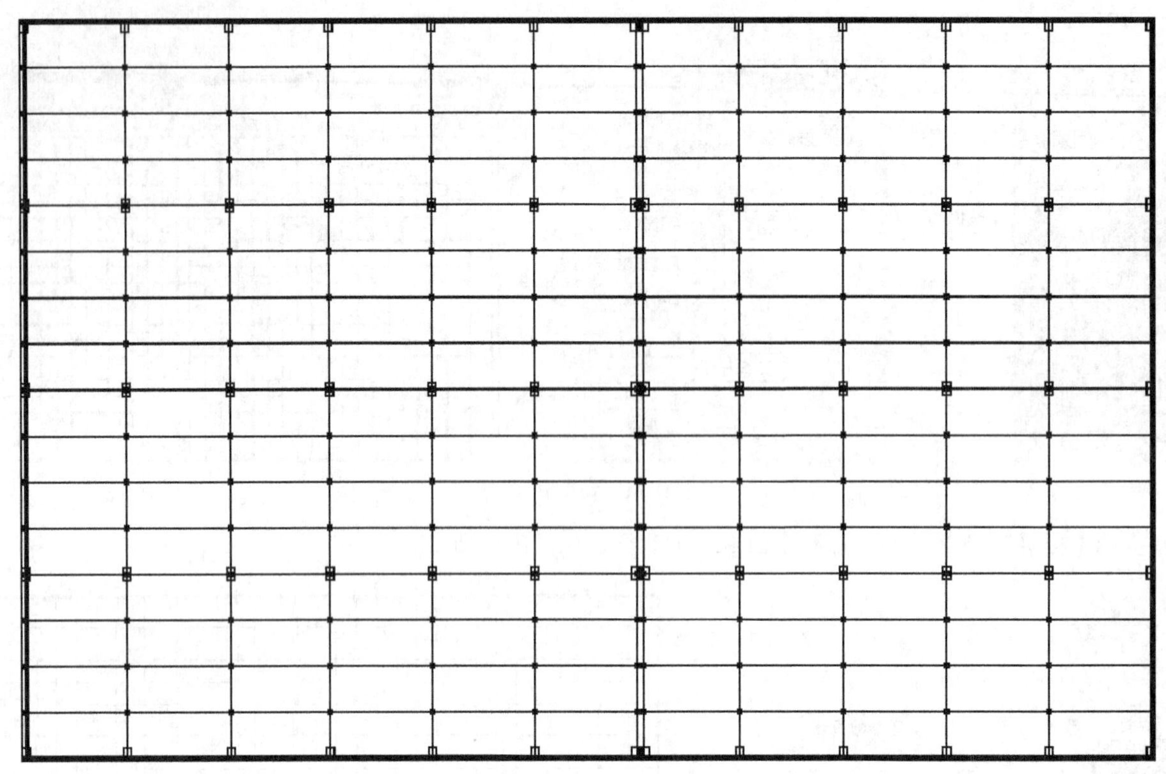

图9-52 平行直线

43 重复执行【平行直线】命令，将最左侧和最右侧轴线以3000的间距分别向右和向左偏移11次分割楼板，如图9-53所示。

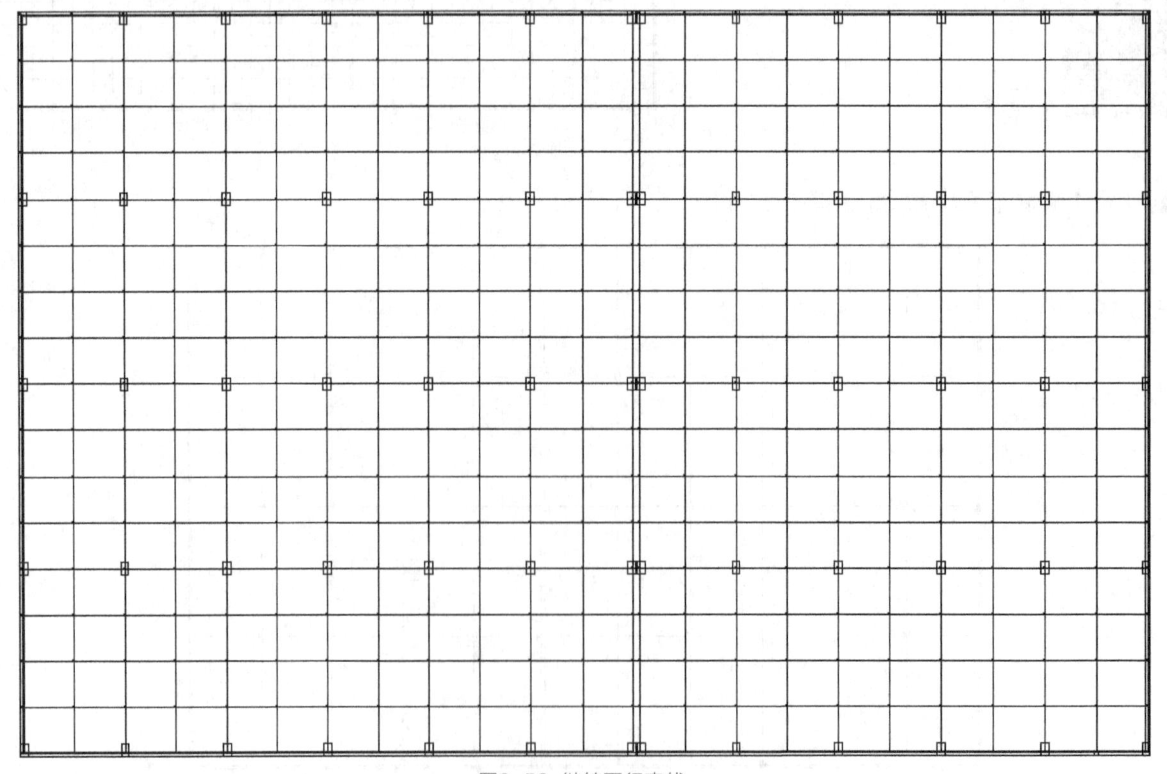

图9-53 继续平行直线

44 执行【构件删除】命令，删除楼梯层间梁，如图9-54所示。

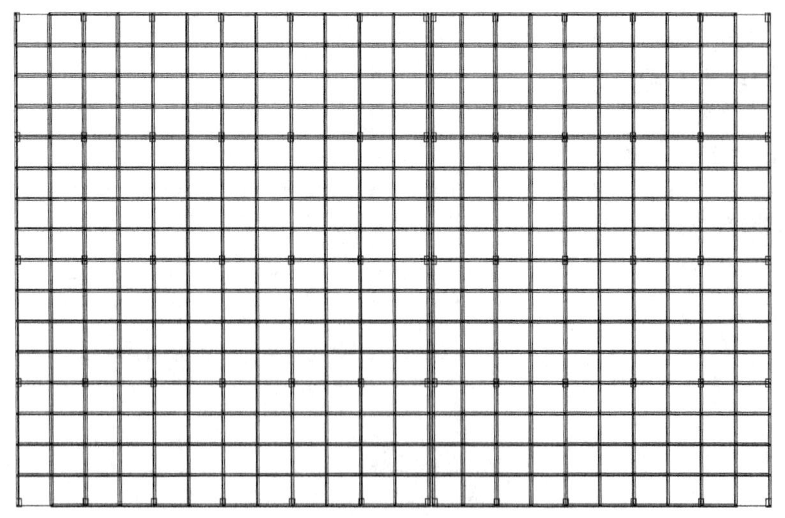

图9-54 删除层间梁

45 执行【主梁布置】命令，布置纵向屋框梁，如图9-55所示。

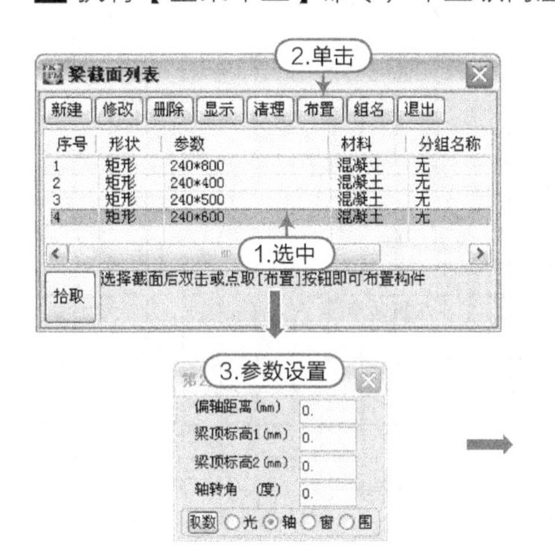

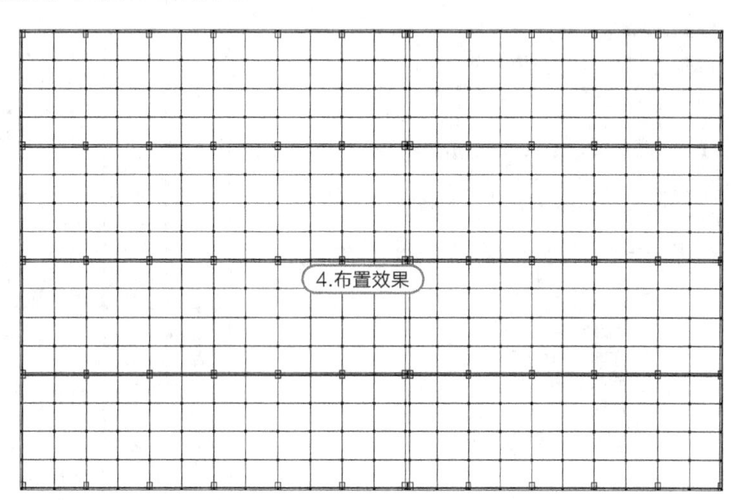

图9-55 纵向屋框梁布置

46 重复执行【主梁布置】命令，布置横向屋框梁，如图9-56所示。

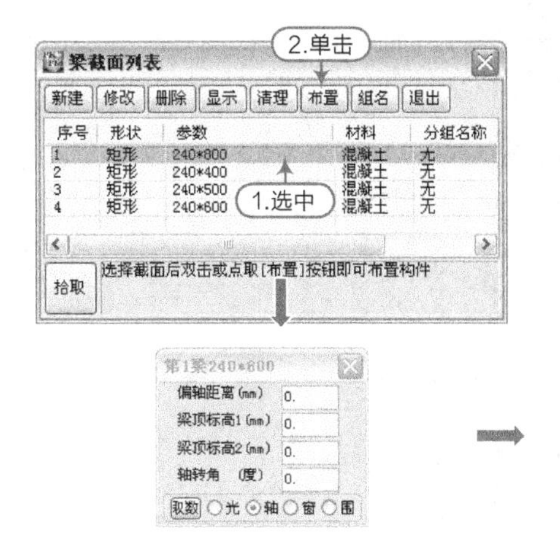

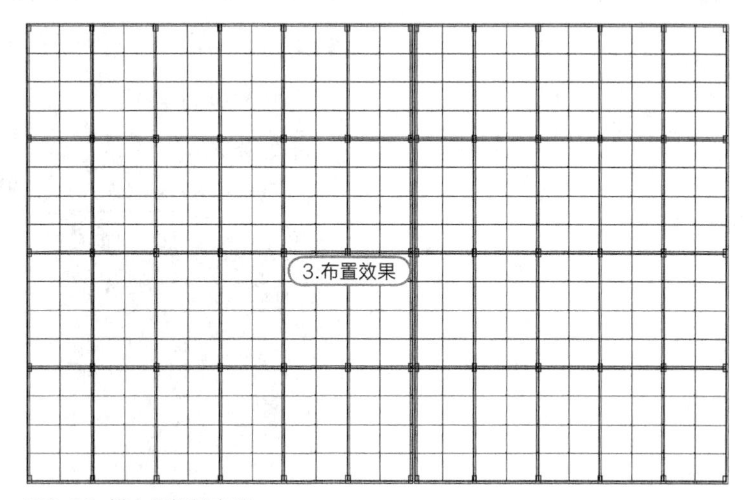

图9-56 横向屋框梁布置

47 重复执行【主梁布置】命令，布置纵向屋次梁，如图9-57所示。

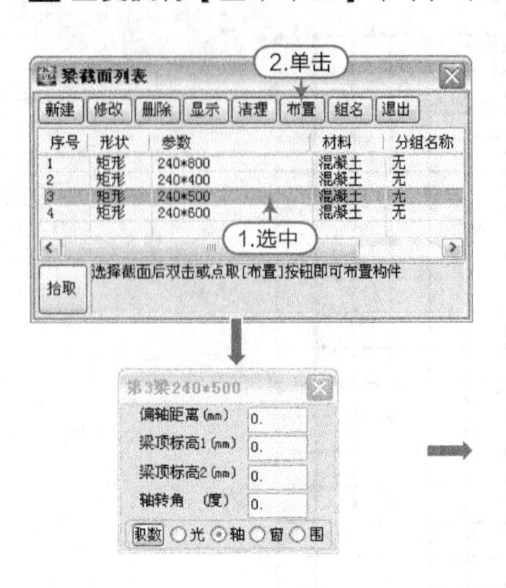

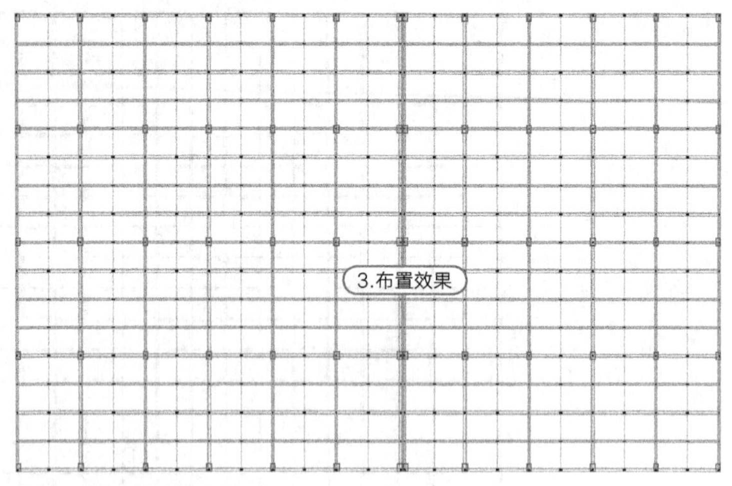

图9-57 纵向屋次梁布置

48 再执行【主梁布置】，布置横向屋次梁，如图9-58所示。

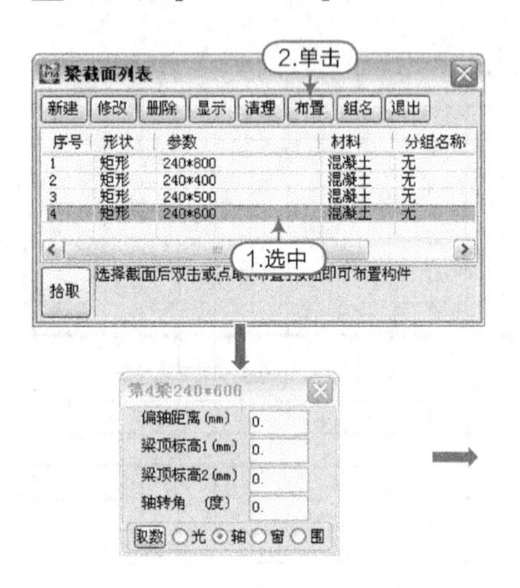

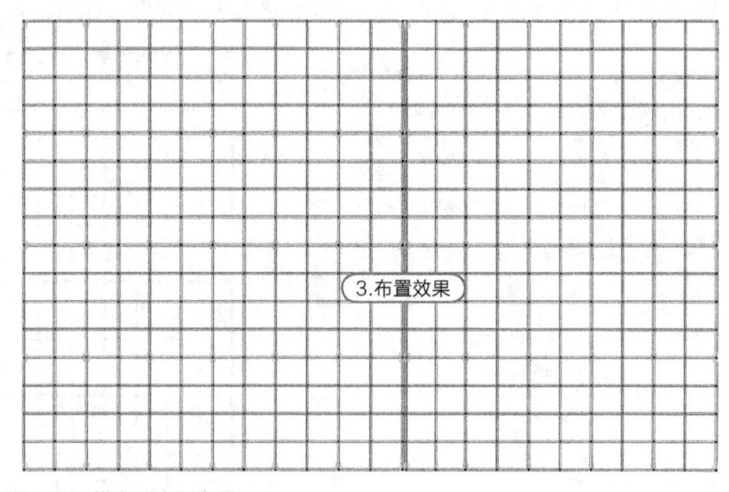

图9-58 横向屋次梁布置

49 执行【楼层定义】|【生成楼板】命令，生成100屋顶面板。

50 执行【楼面荷载】|【恒活设置】，设置屋面恒活荷载，如图9-59所示。

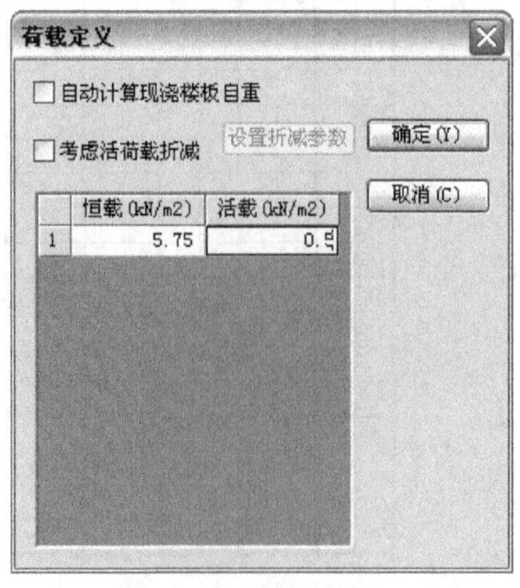

图9-59 恒活设置

提示

屋面恒载（5.75）= 保护层（0.4）+ 防水层（0.4）+ 找平层（0.020×20）+ 找坡层（0.040×18）+ 保温层（0.080×14.5）+ 结构层（0.1×25）+ 抹灰层（0.010×17）。

51 执行【梁间荷载】|【恒载删除】命令，将原荷载删除，效果如图9-60所示。

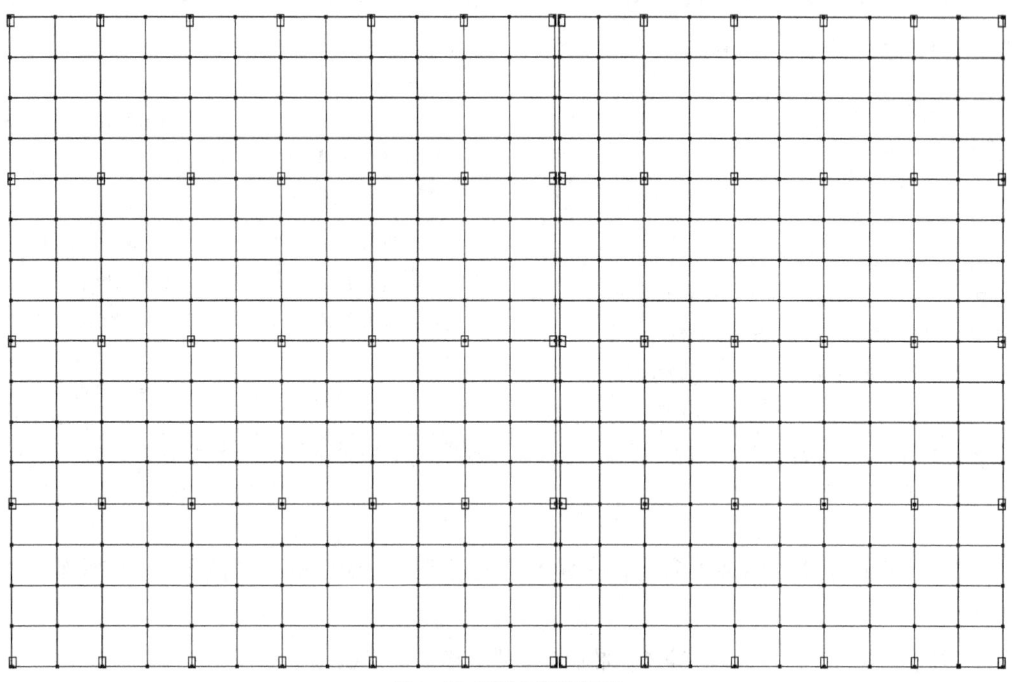

图9-60 删除原梁间恒载

52 执行【梁间荷载】|【恒载输入】命令，将事先新建好的荷载值4.5布置在外墙处梁上，效果如图9-61所示。

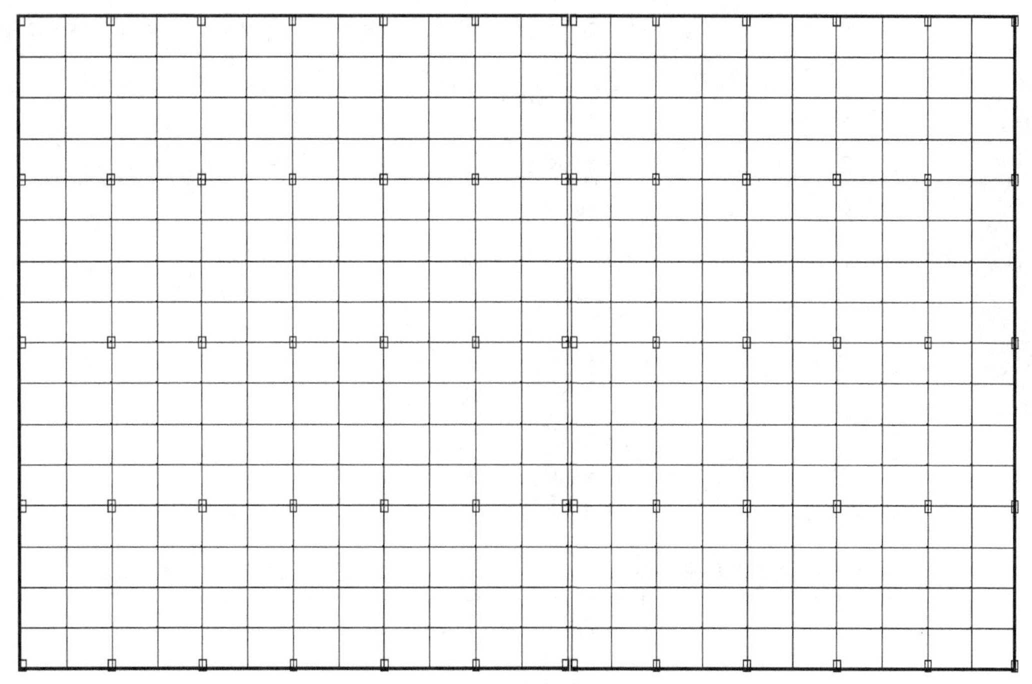

图9-61 梁间恒载布置

提示

外墙梁荷载：挑檐墙重（2.4×0.24×7.5）=4.32，取4.5。

53 执行【设计参数】命令，设置厂房参数，如图9-62所示。

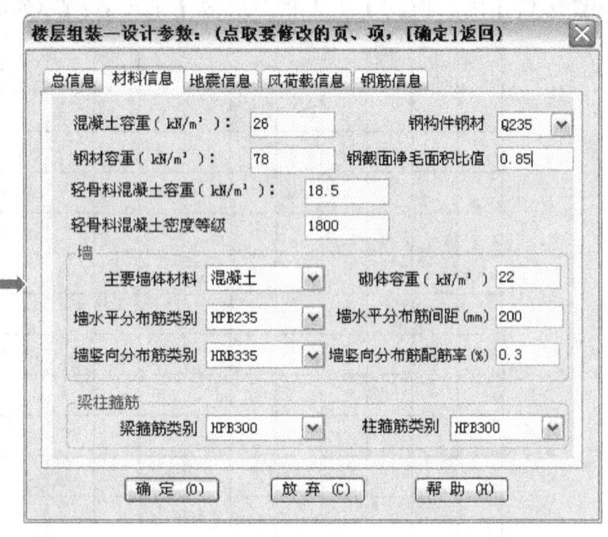

图9-62 设计参数

54 执行【楼层组装】|【楼层组装】命令，在弹出“楼层组装”对话框中，按照如下步骤组装楼层，如图9-63所示。

- 选择“复制层数”为1，选取“第1标准层”，“层高”为7500。
- 选择“复制层数”为1，选取“第2标准层”，“层高”为4200。

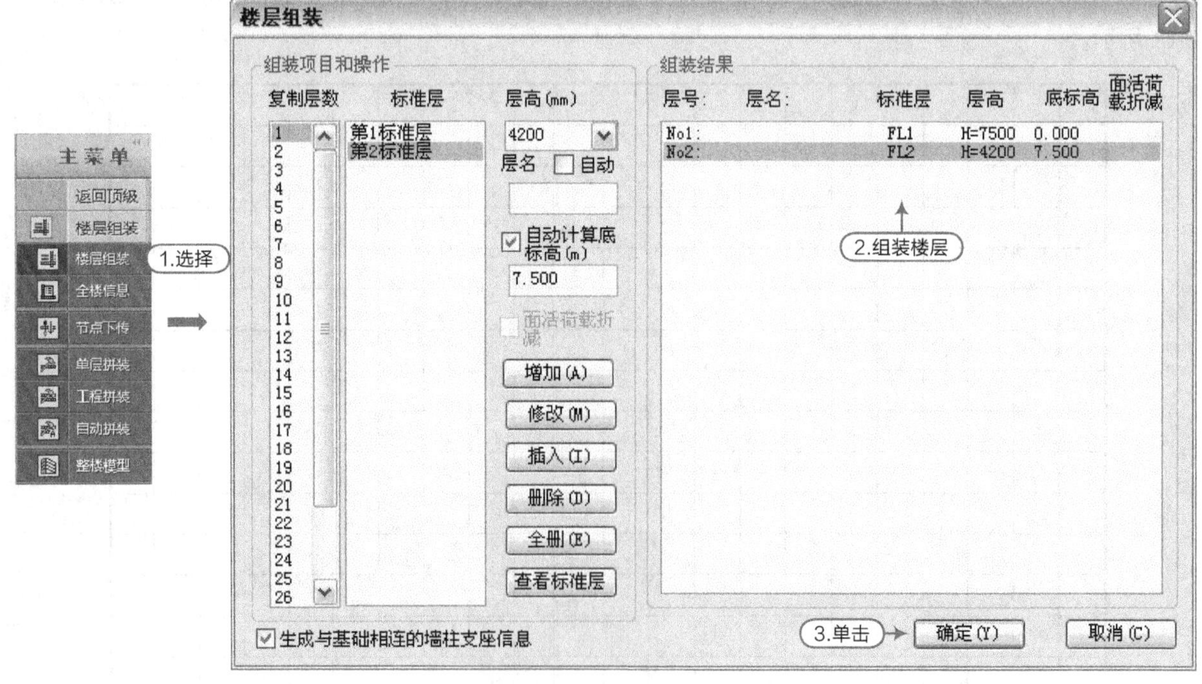

图9-63 楼层组装

55 执行【楼层组装】|【整楼模型】命令，可查看全楼的结构模型，如图9-64所示。

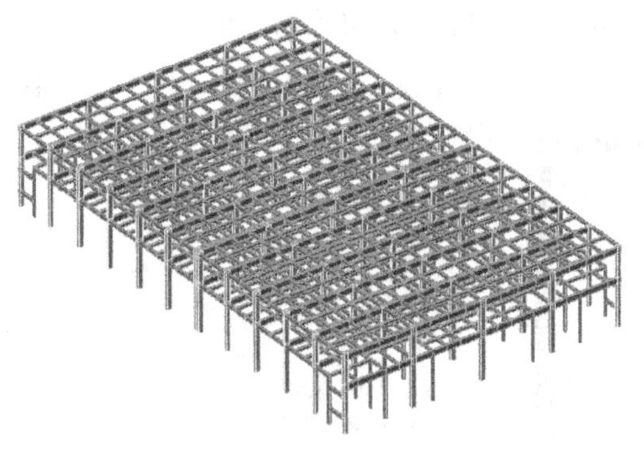

图9-64 整楼模型

56 执行“保存”命令，保存已建立的楼层数据。

57 执行“退出”命令，选择“存盘退出”，再单击“确定”按钮，结果返回到PMCAD界面，如图9-65所示。

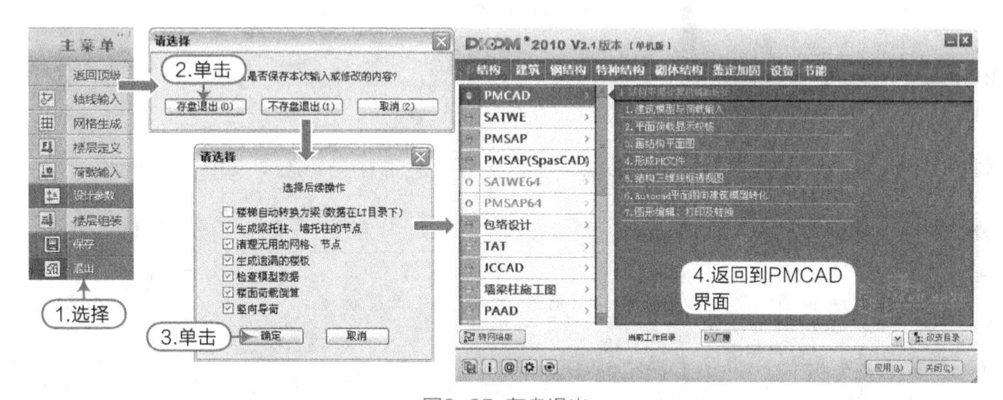

图9-65 存盘退出

9.2.2 计算分析

接上，完成PMCAD部分后，进入SATWE计算分析部分。

01 执行【SATWE】|【接PM生成SATWE数据】菜单，单击“应用”按钮，进入计算分析状态，如图9-66所示。

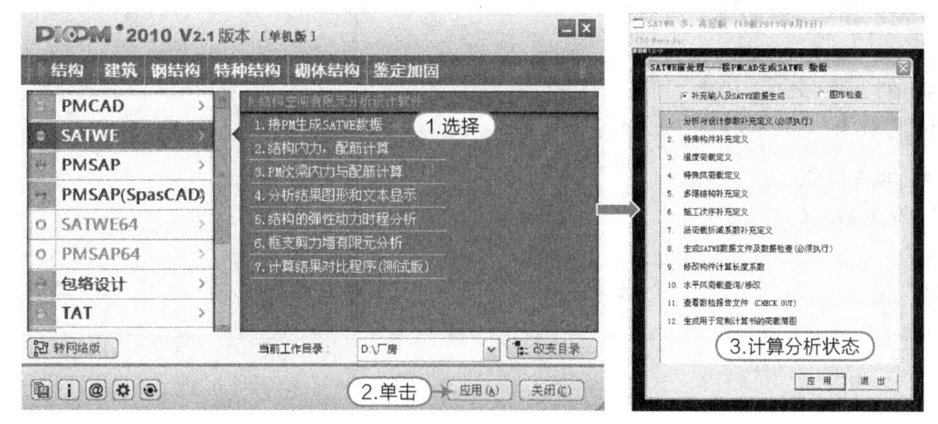

图9-66 进入计算分析状态

02 选择【分析与设计参数补充定义】选项，单击“应用”按钮，在弹出的“分析和设计参数补充定义”对话框中设置参数，每个选项卡下的参数设置完成后单击“确定”按钮即可，如图9-67所示。

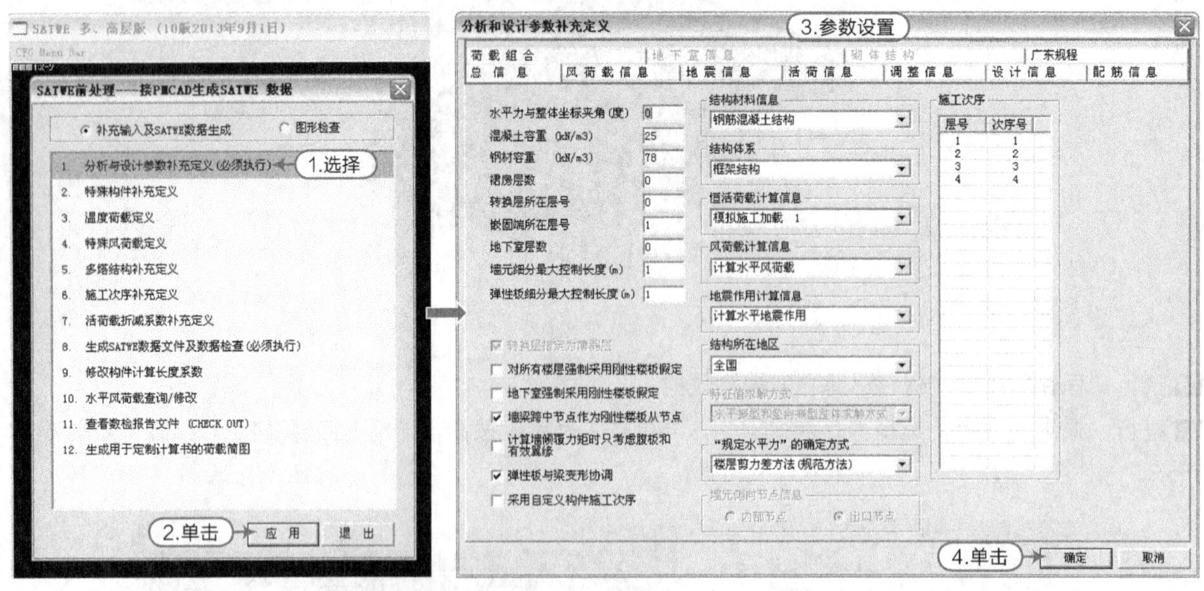

图9-67 参数补充定义

03 在弹出的“分析和设计参数补充定义”对话框中设置“总信息”参数，如图9-68所示。

图9-68 总信息

04 在“分析和设计参数补充定义”对话框中，设置“风荷载信息”参数，如图9-69所示。

图9-69 风荷载信息

05 在“分析和设计参数补充定义”对话框中，设置“地震信息”参数，如图9-70所示。

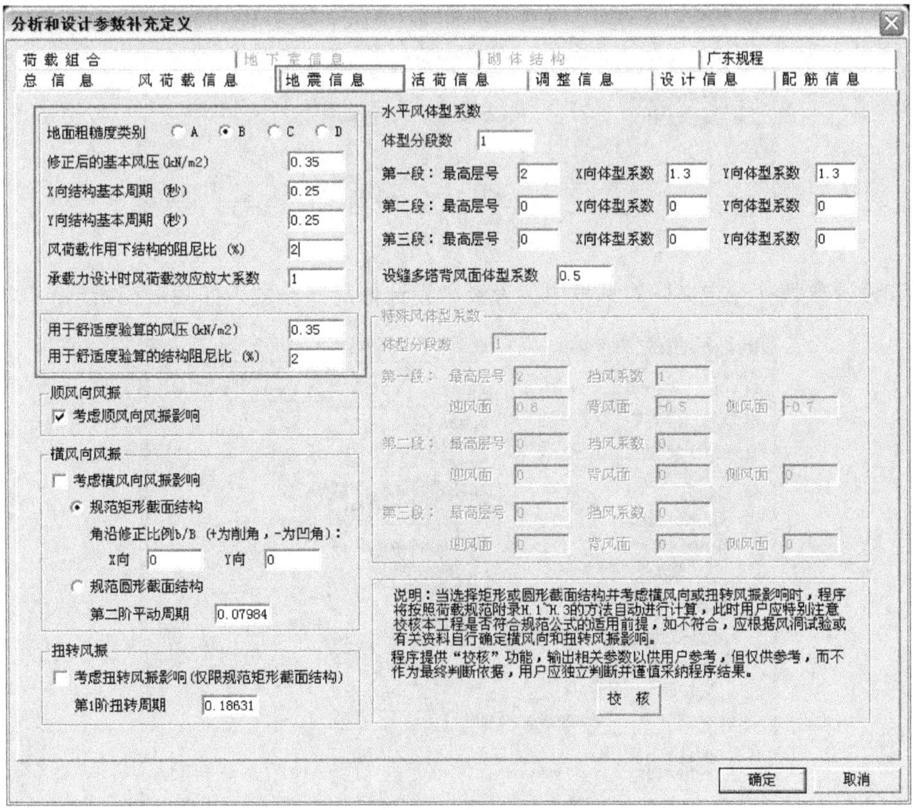

图9-70 地震信息

06 在“分析和设计参数补充定义”对话框中，设置“活荷信息”参数，如图9-71所示。

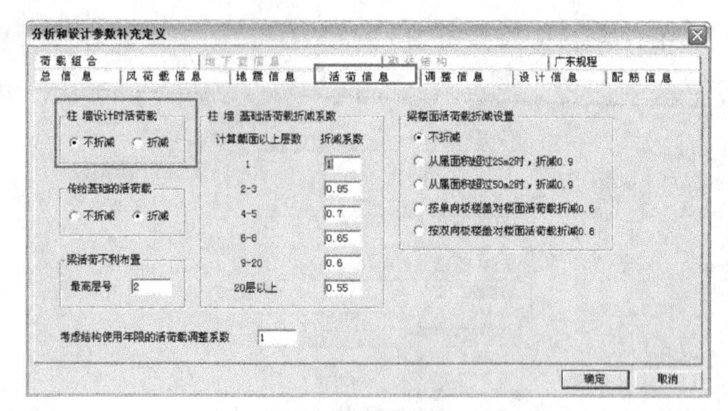

图9-71 活荷信息

07 在“分析和设计参数补充定义”对话框中，设置“调整信息”参数，如图9-72所示。

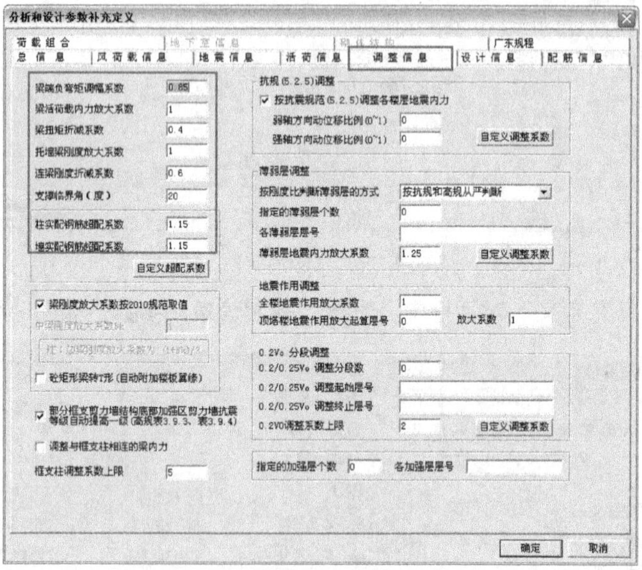

分析和设计参数补充定义
荷载组合
广东规程
总信息
风荷载信息
地震信息
活荷信息
调整信息
设计信息
配筋信息
梁端负弯矩调幅系数 0.85
梁活荷载内力放大系数 1
梁扭矩折减系数 0.4
托墙梁刚度放大系数 1
连梁刚度折减系数 0.6
支撑临界角（度） 20
柱实配钢筋超配系数 1.15
墙实配钢筋超配系数 1.15
自定义超配系数
梁刚度放大系数按2010规范取值
砼矩形梁转T形（自动附加楼板翼缘）
部分框支剪力墙结构底部加强区剪力墙抗震等级自动提高一级（高规表3.9.3、表3.9.4）
调整与框支柱相连的梁内力
框支柱调整系数上限 5
抗规(5.2.5)调整
按抗震规范(5.2.5)调整各楼层地震内力
弱轴方向动位移比例(0~1) 0
强轴方向动位移比例(0~1) 0
自定义调整系数
薄弱层调整
按刚度比判断薄弱层的方式 按抗规和高规从严判断
指定的薄弱层个数 0
各薄弱层层号
薄弱层地震内力放大系数 1.25
自定义调整系数
地震作用调整
全楼地震作用放大系数 1
顶塔楼地震作用放大起算层号 0
放大系数 1
0.2V₀ 分段调整
0.2/0.25V₀ 调整分段数 0
0.2/0.25V₀ 调整起始层号
0.2/0.25V₀ 调整终止层号
0.2V0调整系数上限 2
自定义调整系数
指定的加强层个数 0
各加强层层号
确定
取消

图9-72 调整信息

08 在“分析和设计参数补充定义”对话框中，设置“设计信息”参数，如图9-73所示。

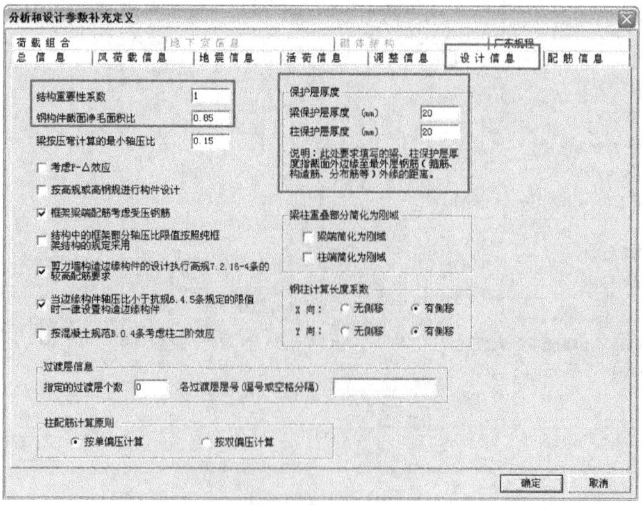

分析和设计参数补充定义
荷载组合
广东规程
总信息
风荷载信息
地震信息
活荷信息
调整信息
设计信息
配筋信息
结构重要性系数 1
钢构件截面净毛面积比 0.85
梁按压弯计算的最小轴压比 0.15
考虑P-Δ效应
按高规或高钢规进行构件设计
框架梁端配筋考虑受压钢筋
结构中的框架部分轴压比限值按照纯框架结构的规定采用
剪力墙构造边缘构件的设计执行高规7.2.16-4条的较高配筋要求
当边缘构件轴压比小于抗规6.4.5条规定的限值时一律设置构造边缘构件
按混凝土规范B.0.4条考虑柱二阶效应
保护层厚度
梁保护层厚度 (mm) 20
柱保护层厚度 (mm) 20
说明：此处要求填写的梁、柱保护层厚度指截面外边缘至最外层钢筋（箍筋、构造筋、分布筋等）外缘的距离。
梁柱重叠部分简化为刚域
梁端简化为刚域
柱端简化为刚域
钢柱计算长度系数
X 向：无侧移 有侧移
Y 向：无侧移 有侧移
过渡层信息
指定的过渡层个数 0
各过渡层层号（逗号或空格分隔）
柱配筋计算原则
按单偏压计算
按双偏压计算
确定
取消

图9-73 设计信息

09 在“分析和设计参数补充定义”对话框中，设置“配筋信息”参数，如图9-74所示。

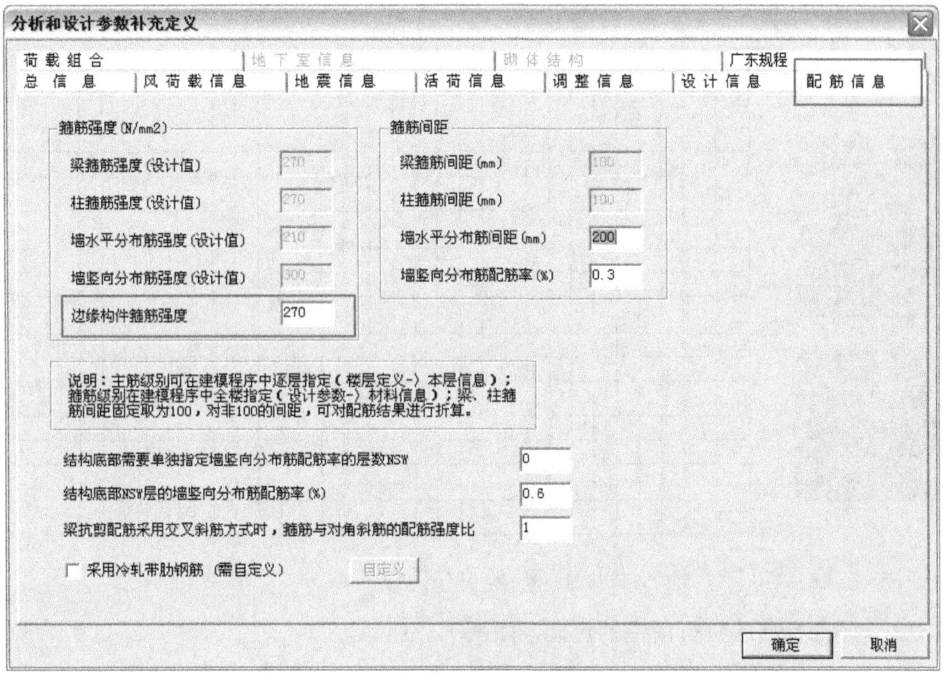

分析和设计参数补充定义

荷载组合 | 地下室信息 | 砌体结构 | 广东规程
总信息 | 风荷载信息 | 地震信息 | 活荷信息 | 调整信息 | 设计信息 | 配筋信息

箍筋强度(N/mm2)
梁箍筋强度(设计值) 270
柱箍筋强度(设计值) 270
墙水平分布筋强度(设计值) 210
墙竖向分布筋强度(设计值) 300
边缘构件箍筋强度 270

箍筋间距
梁箍筋间距(mm) 100
柱箍筋间距(mm) 100
墙水平分布筋间距(mm) 200
墙竖向分布筋配筋率(%) 0.3

说明：主筋级别可在建模程序中逐层指定(楼层定义->本层信息)；箍筋级别在建模程序中全楼指定(设计参数->材料信息)；梁、柱箍筋间距固定取为100，对非100的间距，可对配筋结果进行折算。

结构底部需要单独指定墙竖向分布筋配筋率的层数NSW 0
结构底部NSW层的墙竖向分布筋配筋率(%) 0.6
梁抗剪配筋采用交叉斜筋方式时，箍筋与对角斜筋的配筋强度比 1
采用冷轧带肋钢筋 (需自定义) 自定义

确定 取消

图9-74 配筋信息

10 在“分析和设计参数补充定义”对话框中，设置“荷载组合”参数，如图9-75所示。

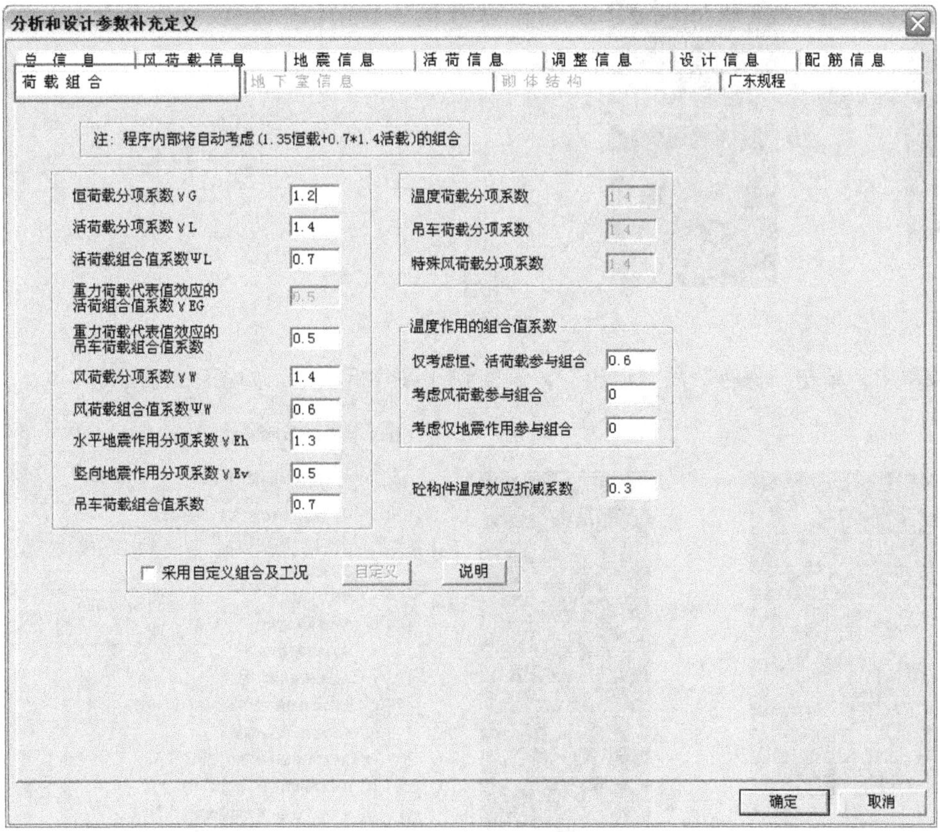

分析和设计参数补充定义

总信息 | 风荷载信息 | 地震信息 | 活荷信息 | 调整信息 | 设计信息 | 配筋信息
荷载组合 | 地下室信息 | 砌体结构 | 广东规程

注：程序内部将自动考虑(1.35恒载+0.7*1.4活载)的组合

恒荷载分项系数γG 1.2
活荷载分项系数γL 1.4
活荷载组合值系数ΨL 0.7
重力荷载代表值效应的活荷组合值系数γEG 0.5
重力荷载代表值效应的吊车荷载组合值系数 0.5
风荷载分项系数γW 1.4
风荷载组合值系数ΨW 0.6
水平地震作用分项系数γEh 1.3
竖向地震作用分项系数γEv 0.5
吊车荷载组合值系数 0.7

温度荷载分项系数 1.4
吊车荷载分项系数 1.4
特殊风荷载分项系数 1.4

温度作用的组合值系数
仅考虑恒、活荷载参与组合 0.6
考虑风荷载参与组合 0
考虑仅地震作用参与组合 0

砼构件温度效应折减系数 0.3

采用自定义组合及工况 自定义 说明

确定 取消

图9-75 荷载组合

11 选择【特殊构件补充定义】选项，单击“应用”按钮，执行【特殊柱】|【角柱】命令，点取结构角柱，如图9-76所示。

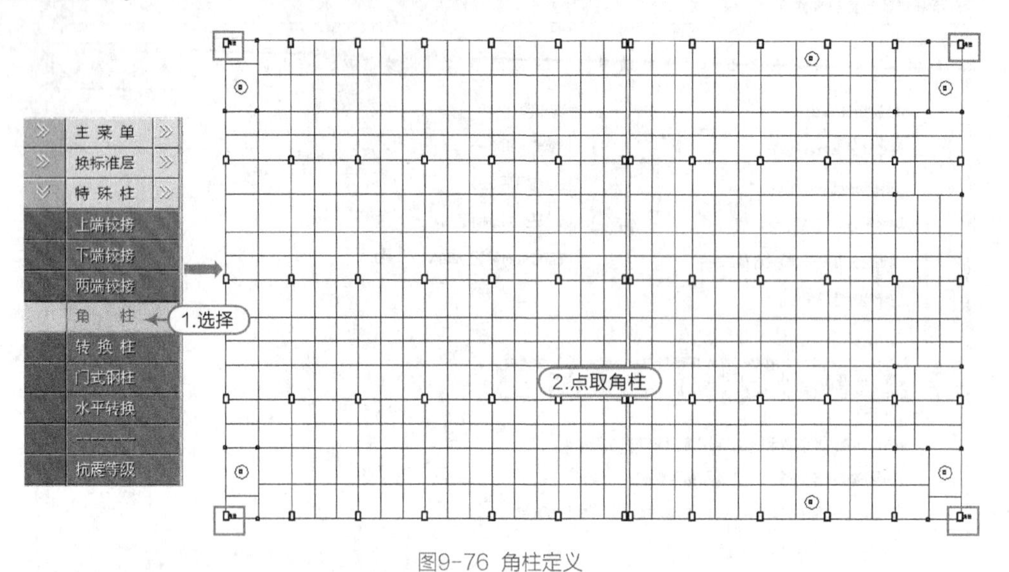

图9-76 角柱定义

12 同样的方法，对第2标准层执行角柱的定义，如图9-77所示。

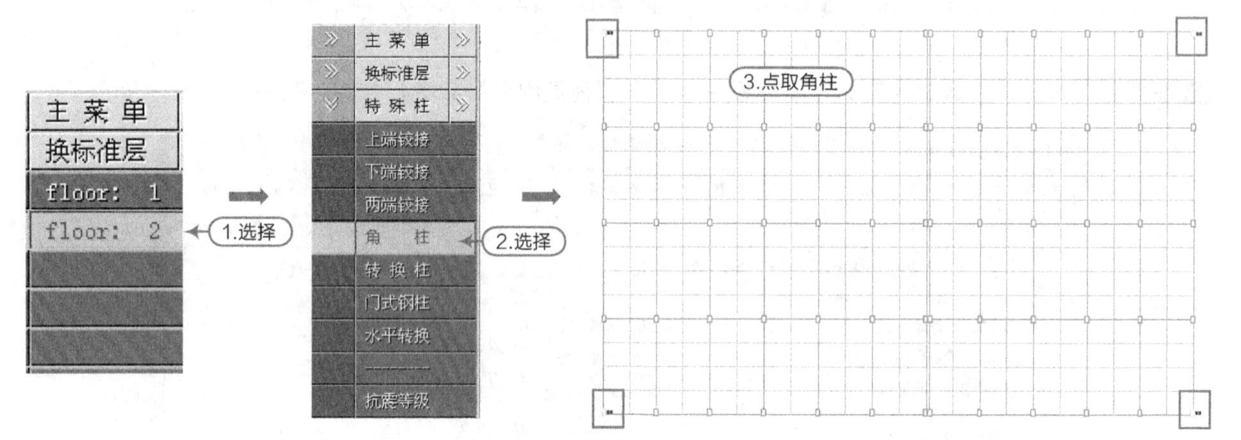

图9-77 标准层2角柱定义

13 在屏幕菜单中，单击“保存”后“退出”，返回到计算分析状态，如图9-78所示。

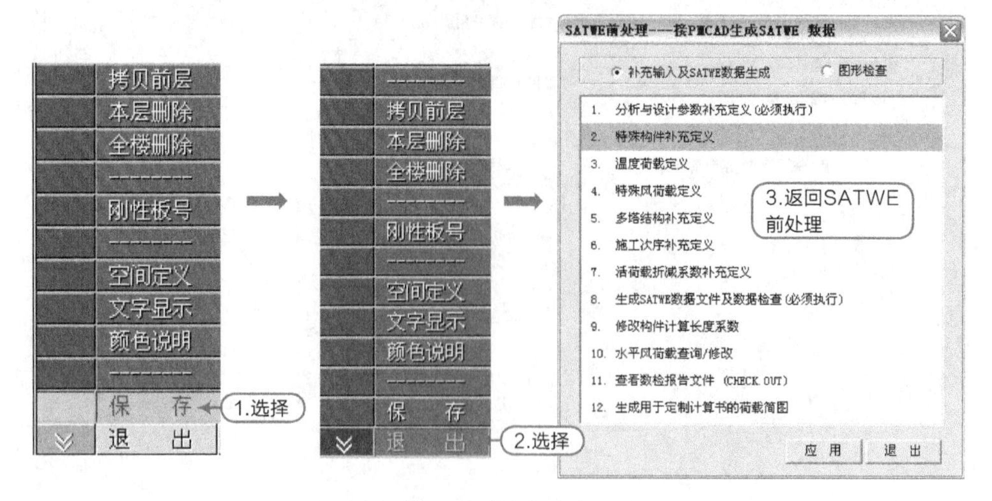

图9-78 保存与退出

14 选择【生成SATWE数据文件及数据检查】选项，单击“应用”按钮，在弹出的“请选择”对话框中单击“确定”按钮后，程序会自动进行数据生成和数据检查，如图9-79所示。

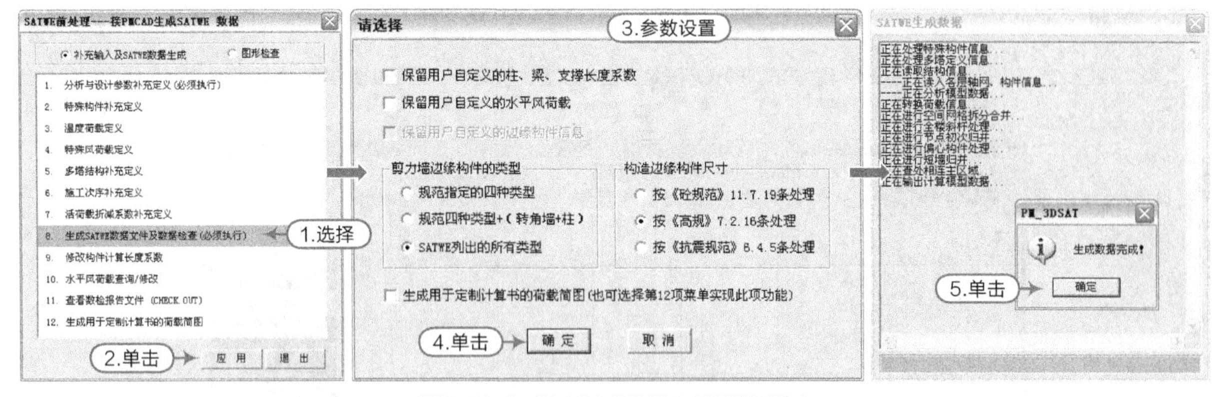

图9-79 生成SATWE数据文件及数据检查

15 执行【SATWE】|【结构内力，配筋计算】菜单，单击“应用”按钮，显示“计算控制参数”对话框，设置参数后单击“确定”按钮后，程序将自动进行计算，如图9-80所示。

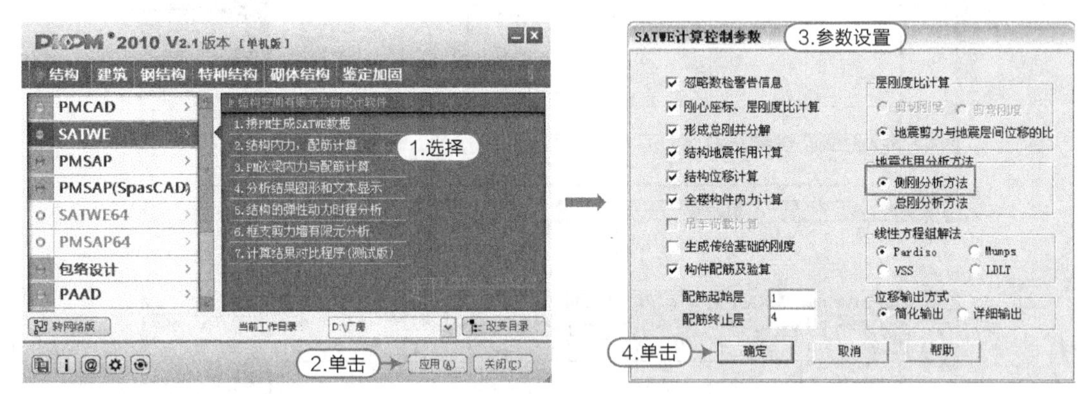

图9-80 结构内力配筋计算

16 选择【分析结果图形和文本显示】选项，单击“应用”按钮，显示“SATWE后处理”对话框，如图9-81所示。

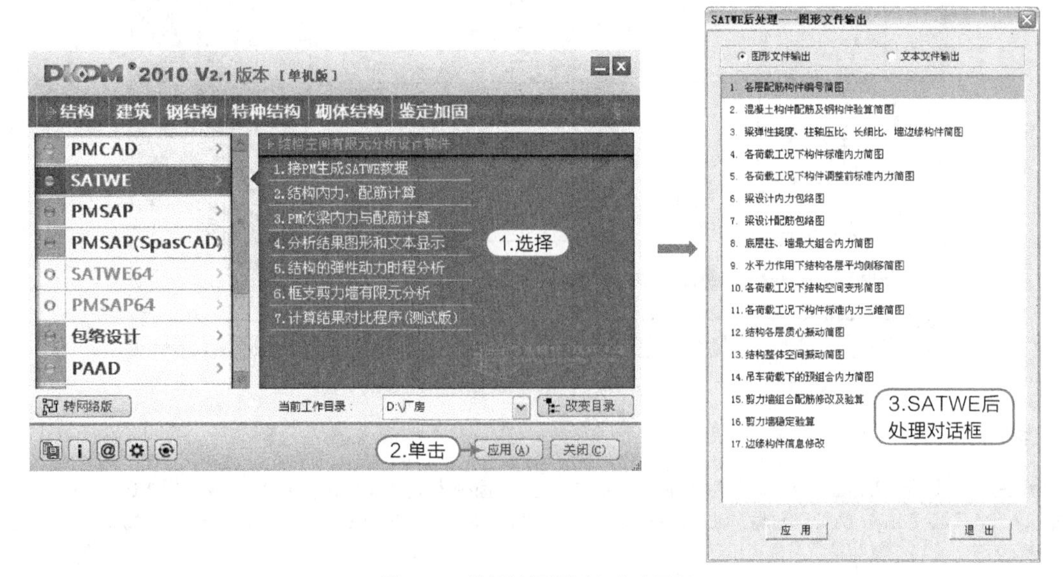

图9-81 分析结果图形和文本显示

17 首先查看“图形文件”中的第3项，图形显示其“轴压比”，如图9-82所示，“弹性挠度”如图9-83所示。

> **提示**
>
> 如果轴压比显红，说明该处的柱不符合要求，解决方法是“增大该墙、柱截面或提高该楼层墙、柱混凝土强度”。

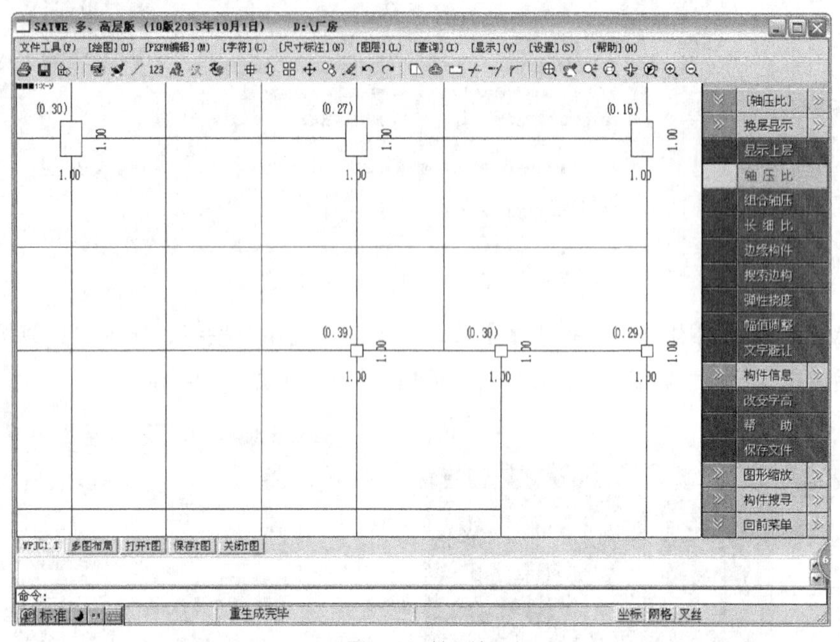

图9-82 轴压比

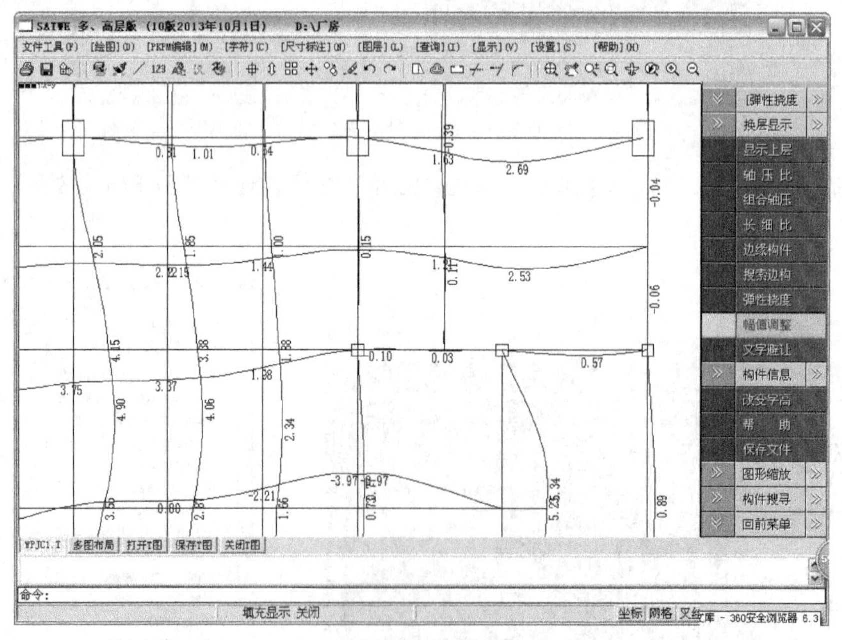

图9-83 挠度图

> **提示**
>
> 轴压比主要为限制结构的轴压比，保证结构的延性要求，规范对墙肢和柱均有相应限值要求，见《抗规》6.3.7和6.4.6条，《高规》6.4.2和7.2.14条条文说明。轴压比不满足要求，结构的延性要求无法保证；轴压比过小，则说明结构的经济技术指标较差。

18 然后查看“图形文件”中的第4项，例如，在恒载作用下，图形显示其“梁弯矩”如图9-84所示，“梁剪力”如图9-85所示；“柱底内力”如图9-86所示，“柱顶内力”如图9-87所示。

提示

如果觉得图上数字太小，不易辨认，可在屏幕菜单中执行【改变字高】命令设置字高。

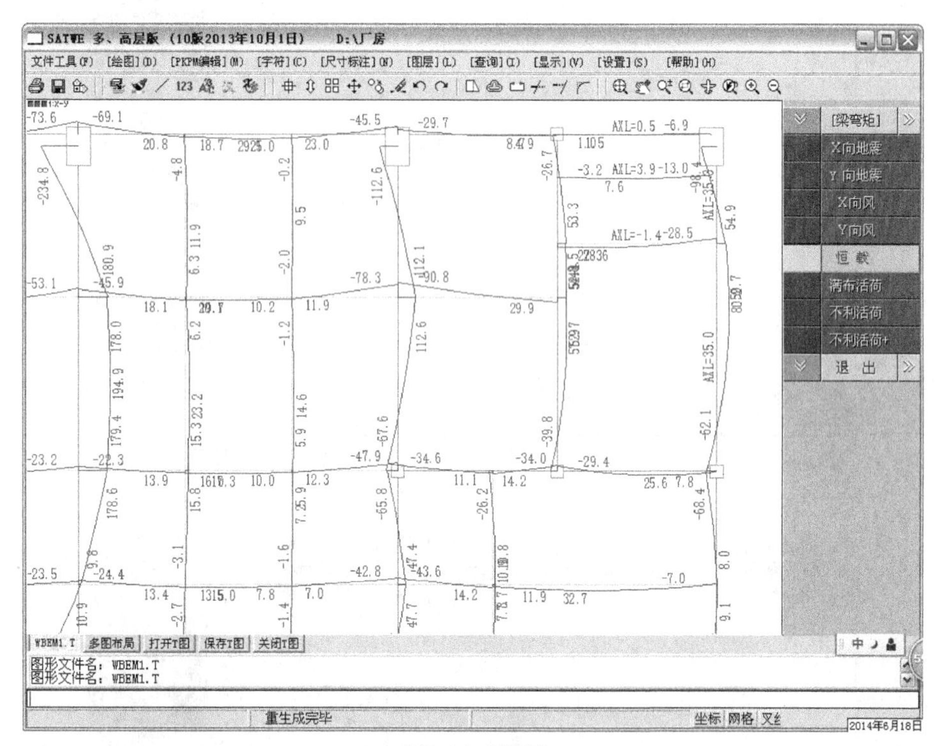

图9-84 梁弯矩

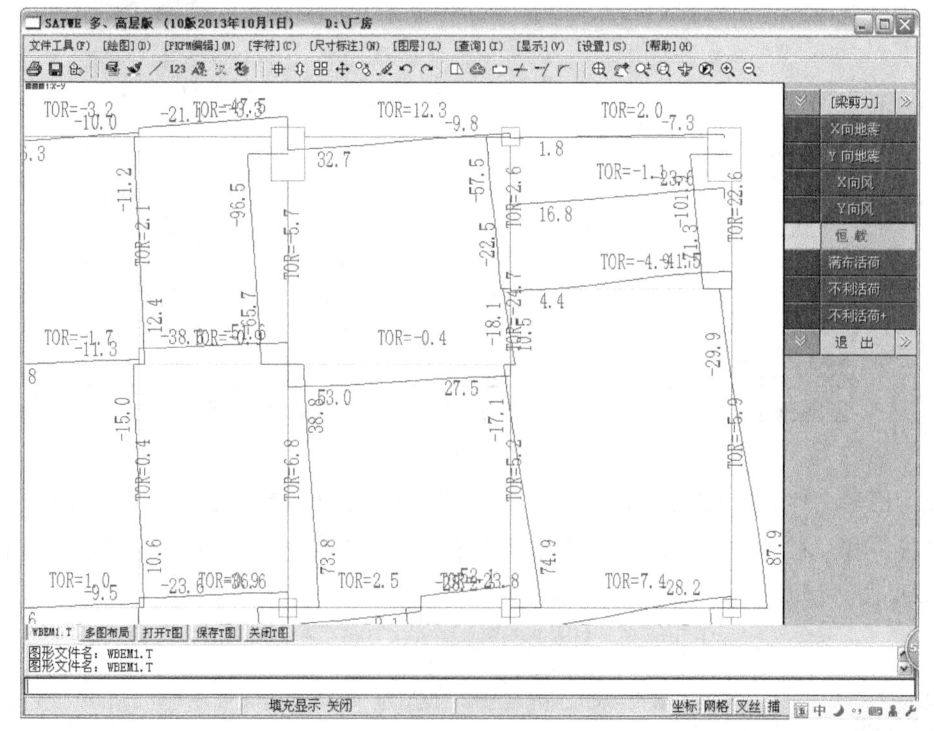

图9-85 梁剪力

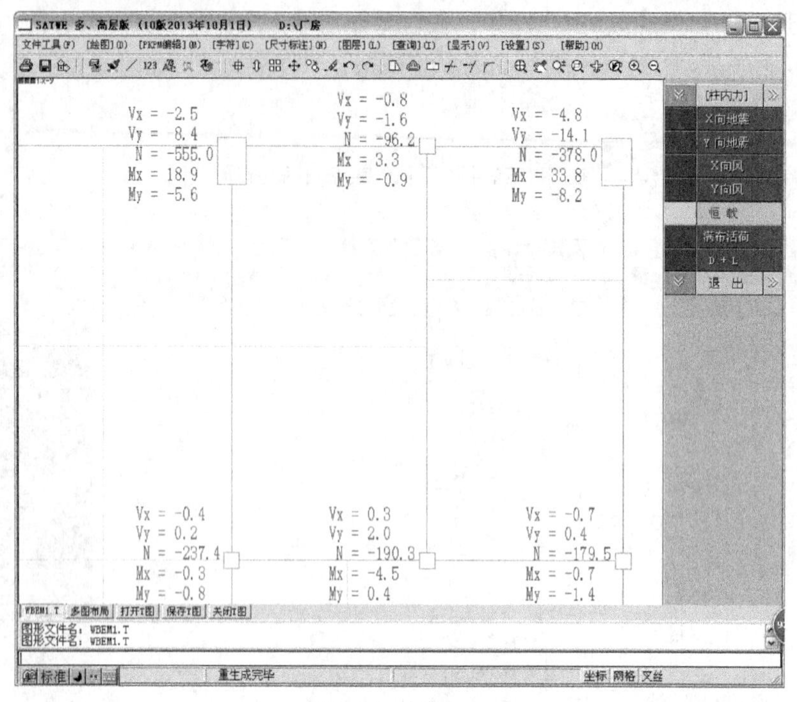

图9-86 柱底内力

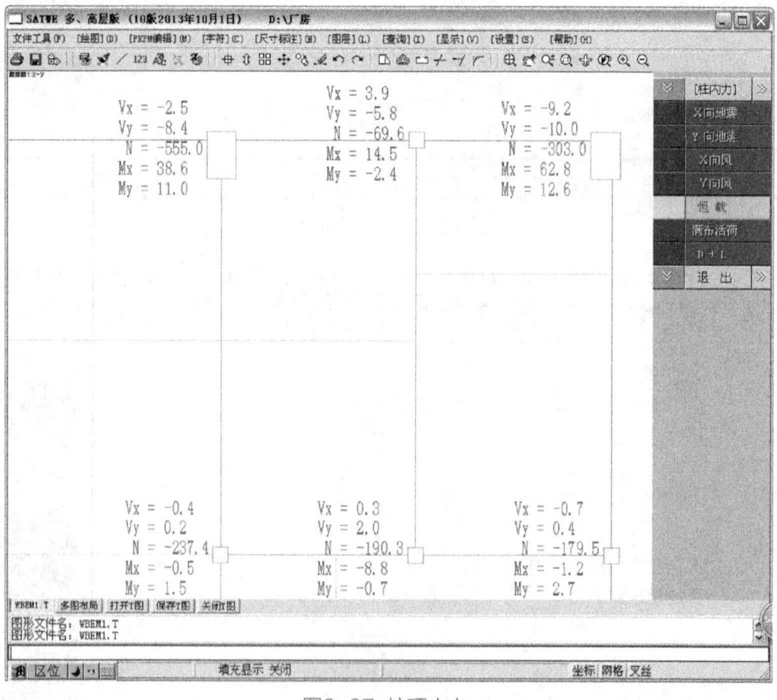

图9-87 柱顶内力

19 然后查看“图形文件”中的第9项，具体可查看地震作用下和风荷载信息下的“层剪力”“倾覆弯矩”“层位移”和“层位移角”。以地震作用为例，给出层剪力图、层位移图及层位移角图如图9-88、图9-89、图9-90所示。

提示

《建筑抗震设计规范》规定，框架结构最大层间位移角限值弹性层间为 1/550，由层间位移角图，1/2097 和 1/3038 均小于 1/550，所以层间位移角满足要求。

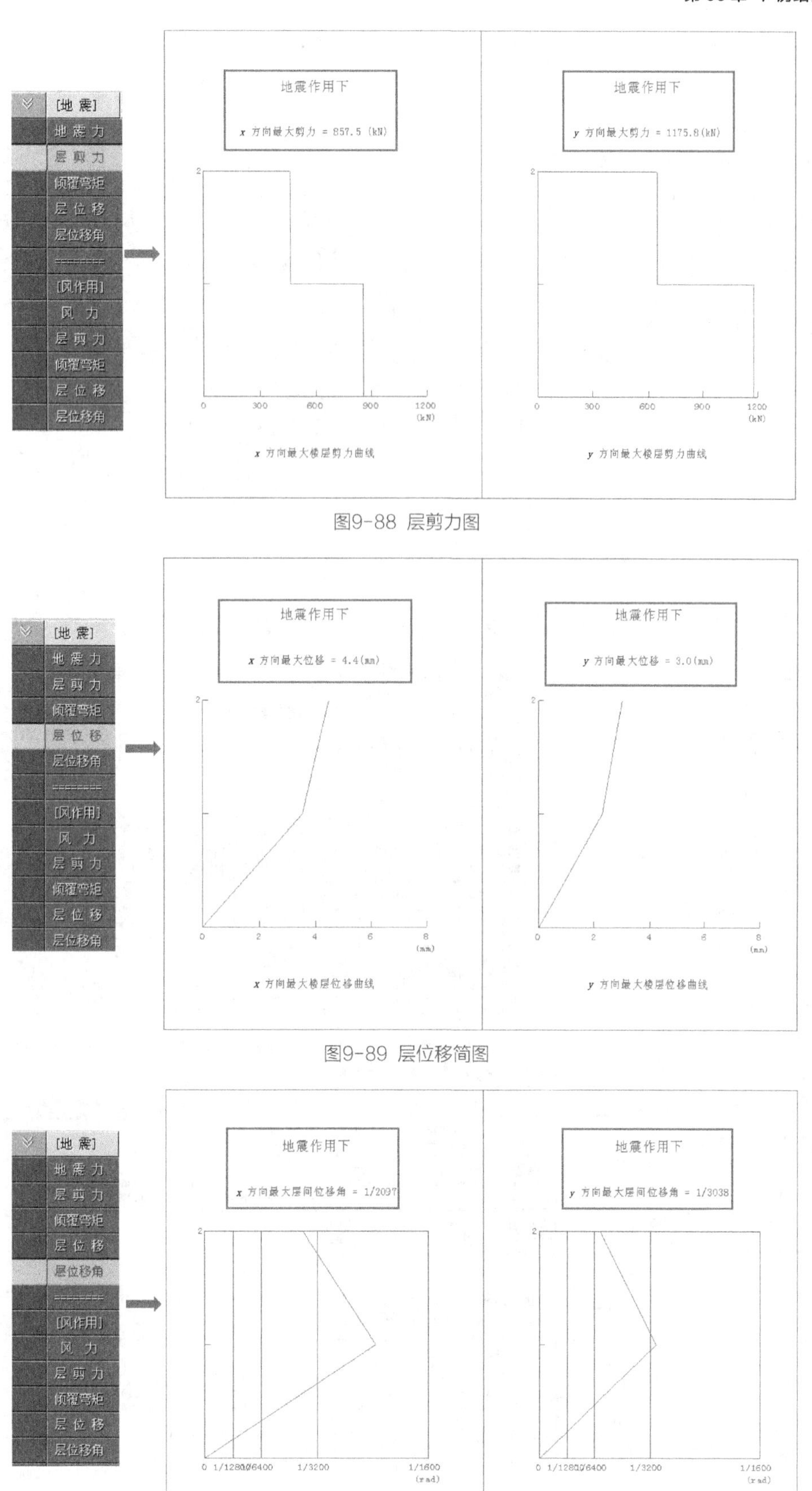

图9-88 层剪力图

图9-89 层位移简图

图9-90 层位移角图

20 然后还应查看“图形文件”中的第13项，选择振型图观察，如图9-91所示。

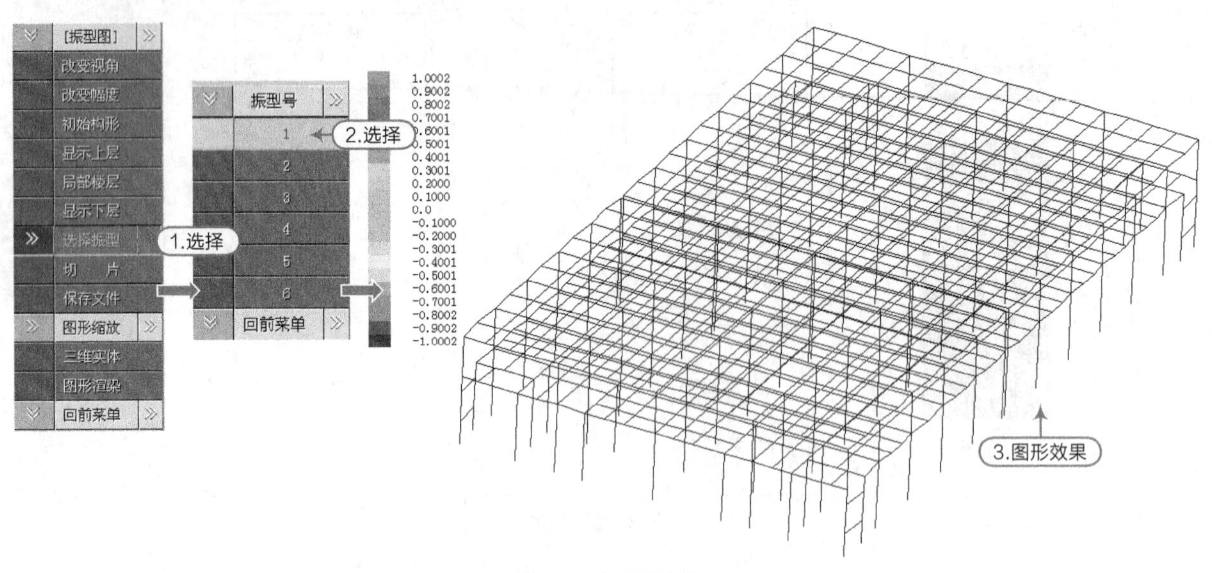

图9-91 振型图查看

21 在“文本文件输出”中，应首先要查看第1项，应注意的数值如图9-92所示。

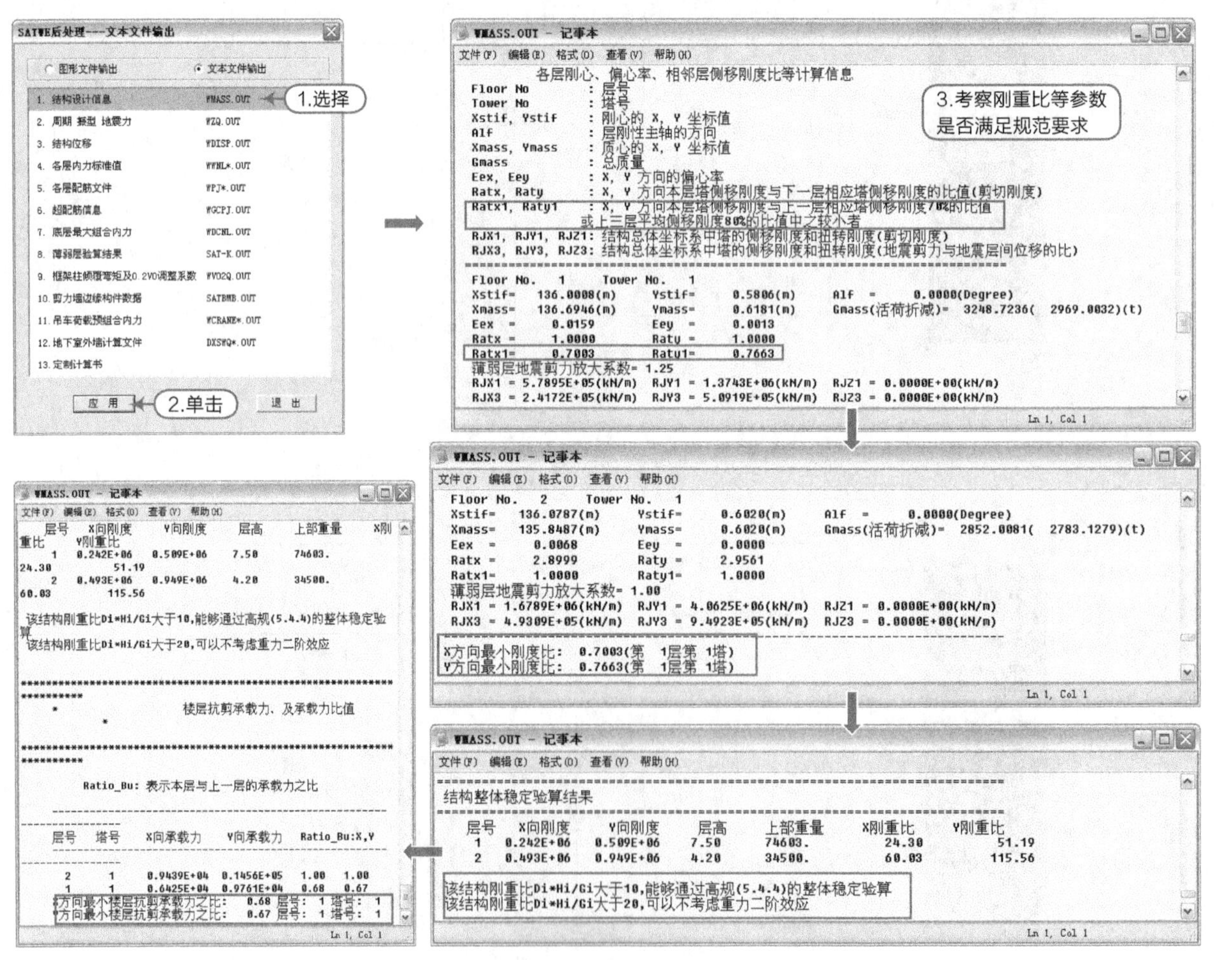

图9-92 刚重比等

22 在“文本文件输出”中，再要查看第2项，应注意的项如图9-93所示。

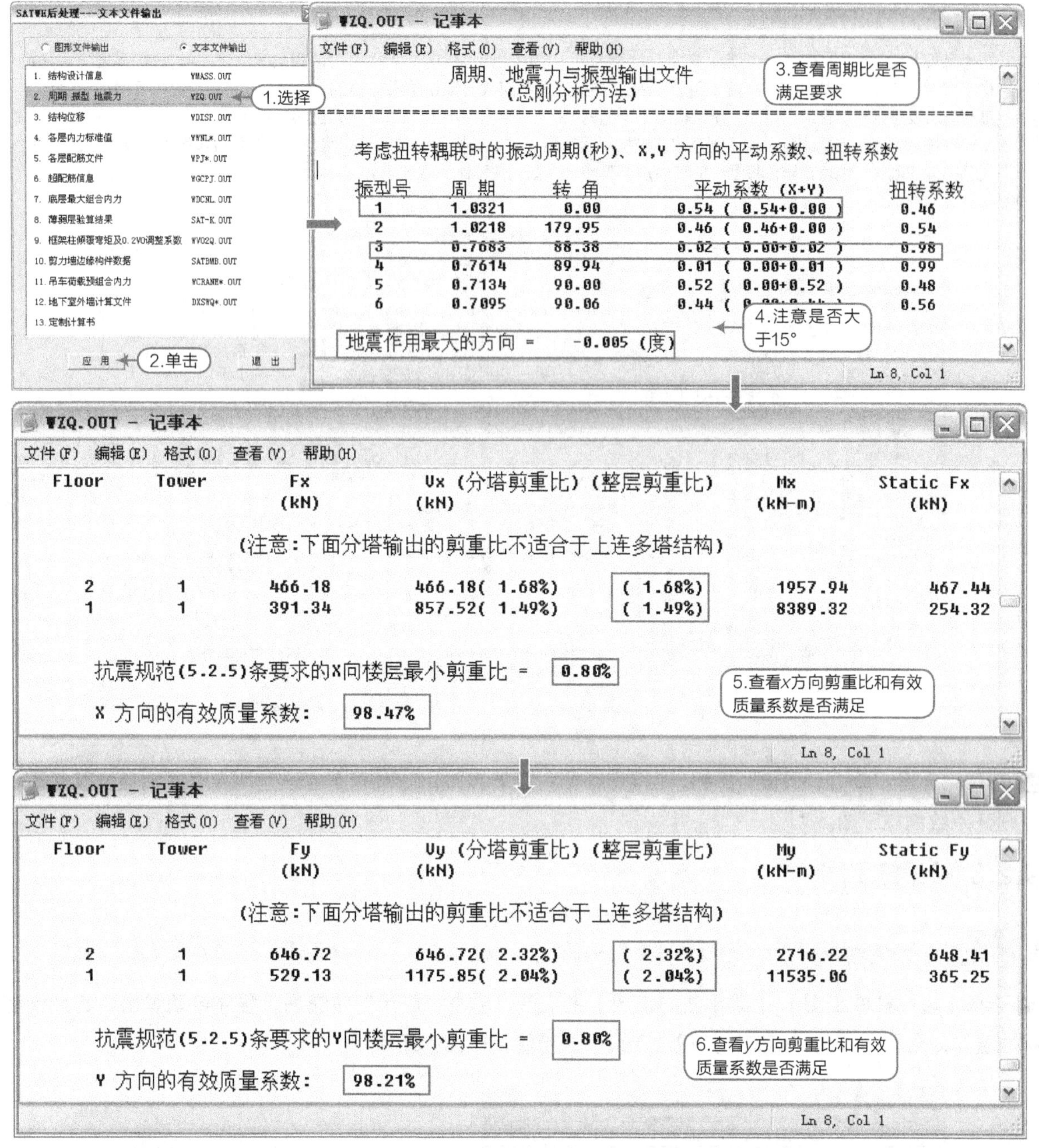

图9-93 周期、振型、地震力

提示

《高规》3.4.5 条规定，结构扭转为主的第一自振周期 *Tt* 与平动为主的第一自振周期 *T1* 之比为周期比，A 级高度建筑不应大于 0.9s，B 级高度建筑、混合结构建筑不应大于 0.85s。本例题中，*Tt*=0.7683s，*T1*=1.0321s，则 *Tt*/ *T1*=0.7444。

地震作用最大的方向：这项系数关系到 SATWE 主菜单 1 中第一项“总信息”选项卡中“水平力与整体坐标夹角”参数的设置。

剪重比主要为限制各楼层的最小水平地震剪力，确保周期较长的结构的安全，《抗规》5.2.5 条和《高规》3.3.13 条有规定（图示），易得出：1、2、3 层 *x*、*y* 向水平地震作用下，剪重比均符合要求；

如果计算时只取了几个振型，那么这几个振型的有效质量之和与总质量之比即为有效质量系数。此系数是判断结构振型数取得够不够的重要指标，当此系数大于 90% 时，表示振型数、地震作用满足规范要求，否则应增加振型数直到满足此系数大于 90%。

23 在“文本文件输出”中，之后要查看第3项，应注意的数值如图9-94所示。

> **提示**
>
> 新《高规》(2010) 的 3.4.5 条规定，在水平地震力下，楼层竖向构件的最大水平位移和层间位移，A、B 级高度高层建筑均不宜大于该楼层平均值的 1.2 倍；且 A 级高度高层建筑不应大于该楼层平均值的 1.5 倍，B 级高度高层建筑、混合结构高层建筑及复杂高层建筑，不应大于该楼层平均值的 1.4 倍；若位移角比较大，则可适量放宽限值。
>
> 如果不符合要求，需要调整：人工调整改变结构平面布置，减小结构刚心与形心的偏心距；加强位移最大的节点对应的墙、柱等构件的刚度；也可找出位移最小的节点削弱其刚度，直到位移比满足要求。

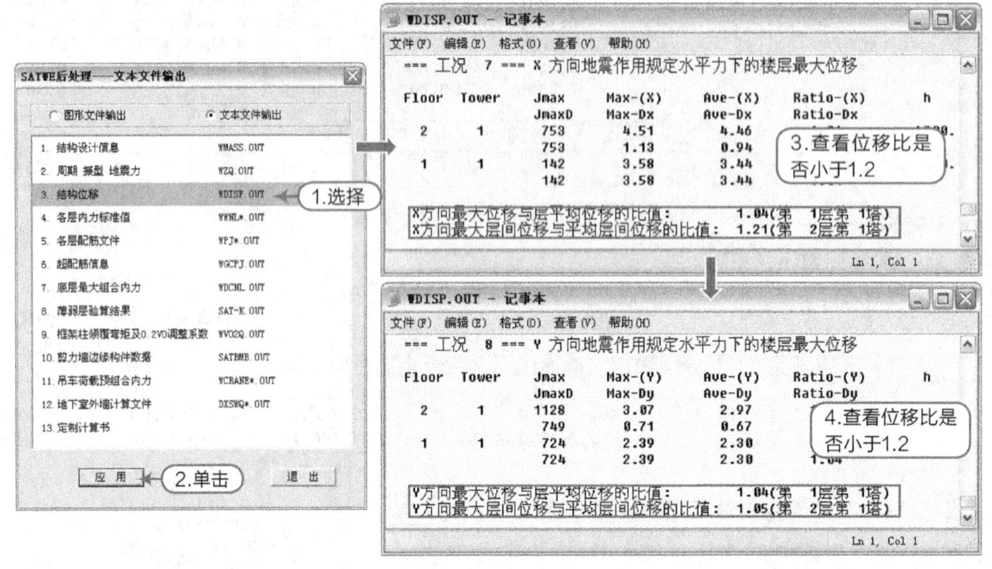

图9-94 结构位移

24 查看完之后，单击“退出”按钮，回到PKPM主菜单界面，此时有不合理的地方返回相应位置修改，否则开始绘制施工图。

9.2.3 绘梁施工图

01 选择【墙梁柱施工图】|【梁平法施工图】主菜单，单击“应用”按钮后，程序自动弹出“定义钢筋标准层”对话框，单击“确定”按钮进入梁平法绘制，如图9-95所示。

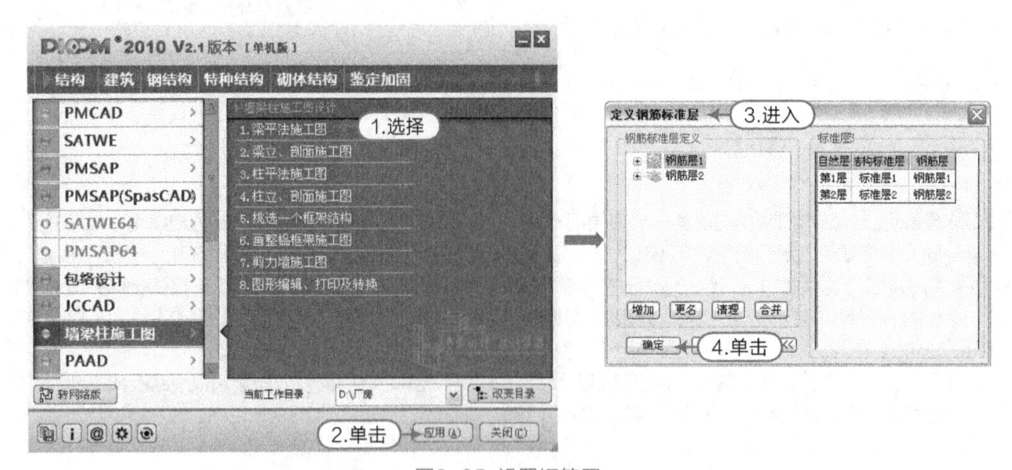

图9-95 设置钢筋层

02 设置钢筋层后，程序自动绘制出梁的平法施工图，如图9-96所示。

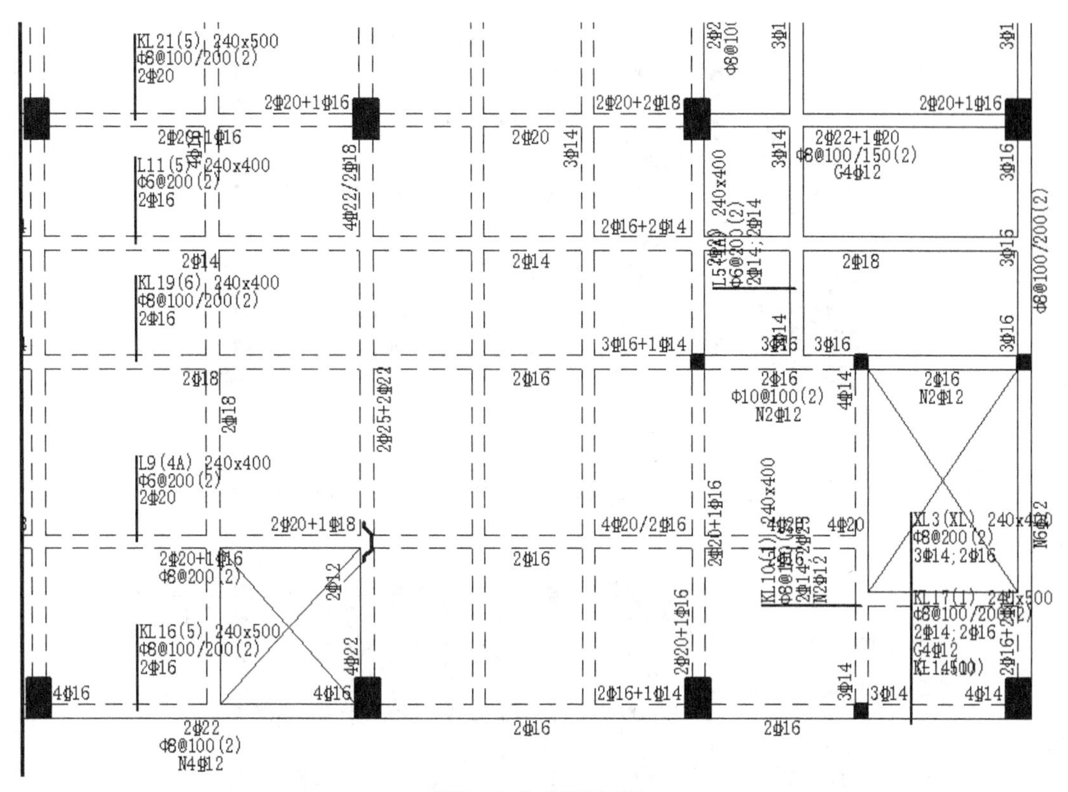

图9-96 生成梁施工图

03 执行【次梁加筋】|【箍筋开关】命令，程序自动在平法施工图上需要的地方按构造要求绘制出箍筋，如图9-97所示。

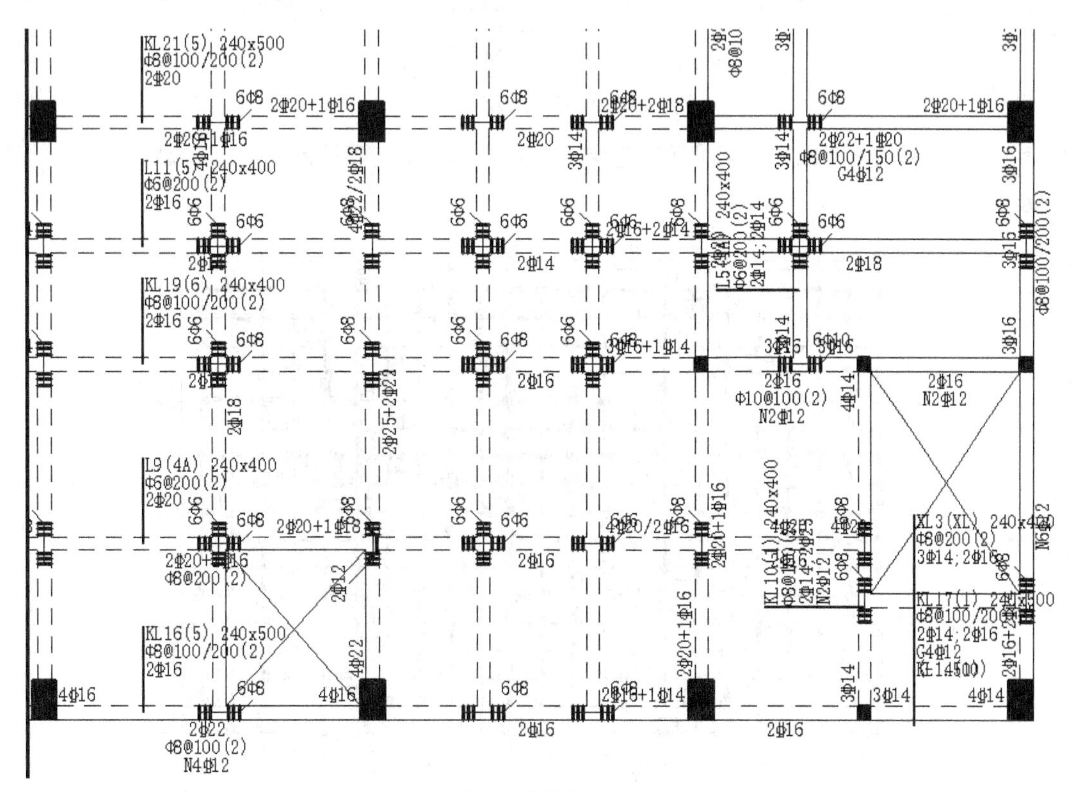

图9-97 箍筋显示

04 执行【移动标注】命令，将重叠的钢筋标注移开，如图9-98所示。

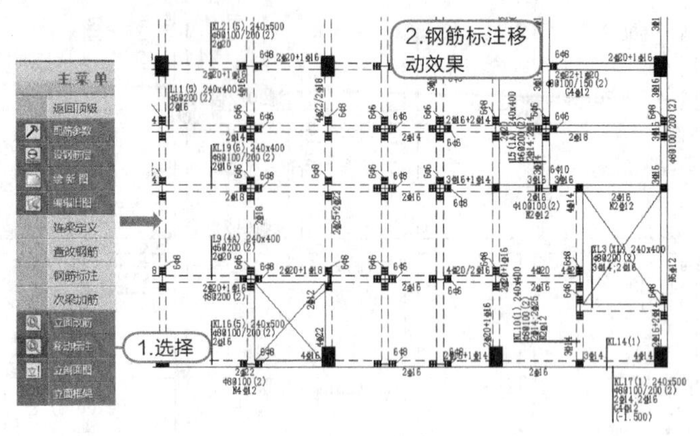

图9-98 移动标注

05 在下拉菜单区执行【标注轴线】|【自动标注】命令，勾选所有选项，程序自动标注轴线，如图9-99所示。

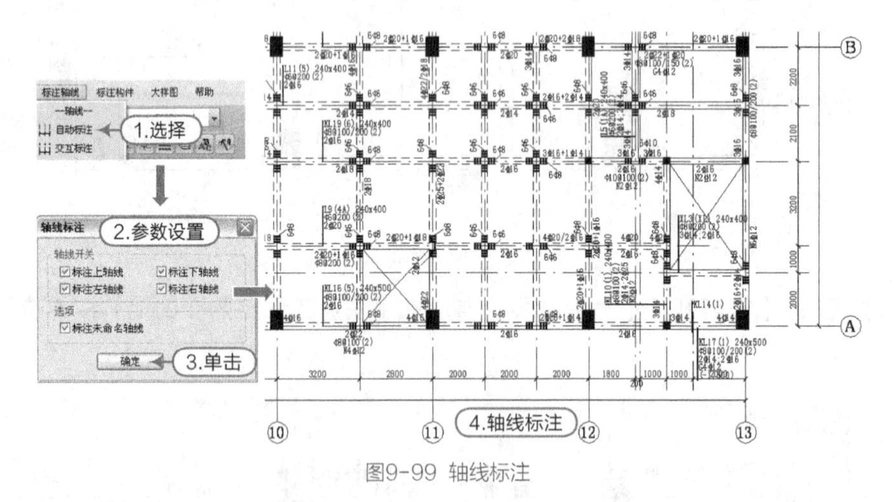

图9-99 轴线标注

06 "保存"1层梁平法施工图后，切换至其他层，用同样的方法步骤绘制其余层的梁施工图，结果如图9-100所示。

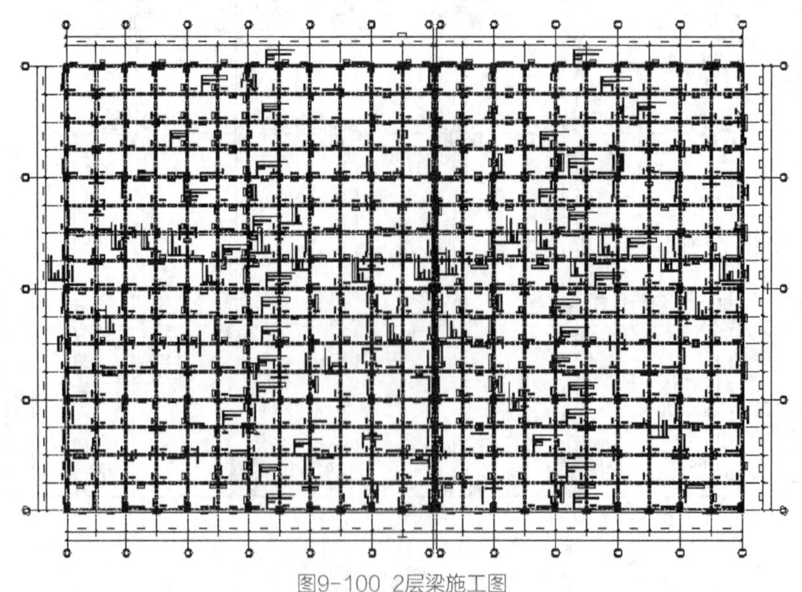

图9-100 2层梁施工图

提示

在顶层梁平面图中，柱应是不显示填充的。

07 执行【挠度图】命令，查看各层梁施工图的挠度。图9-101所示为1层梁挠度图。

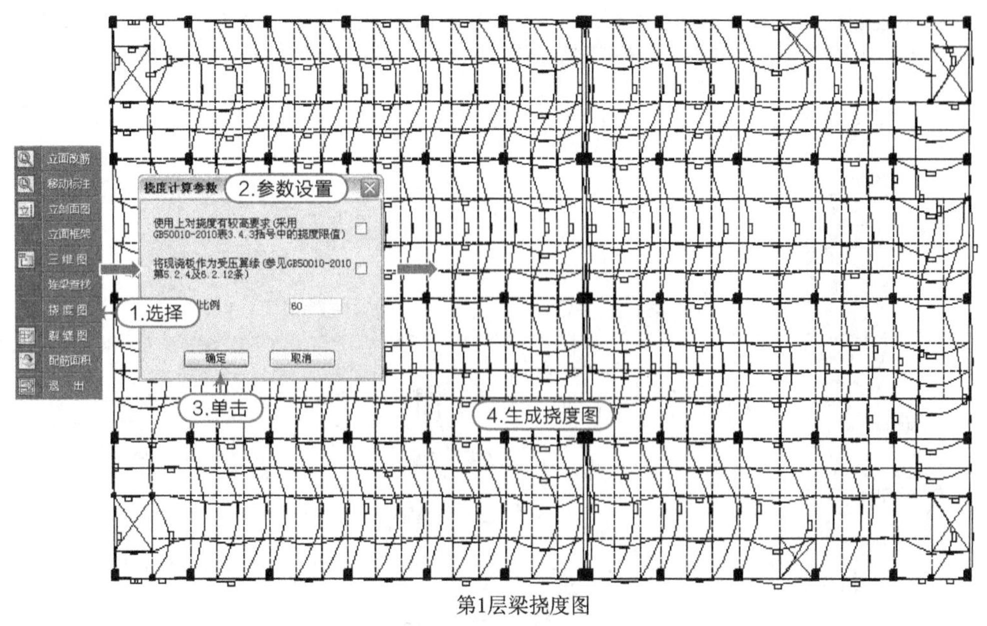

图9-101　1层梁挠度图

提示

如果梁挠度超限，程序将显红超限的数值。处理挠度超限的方法是：

结构图处理：加大梁的截面；梁加柱子，把跨度降下来；

施工处理：增加配筋；采用预先起拱的施工方法，挠度可以按照扣除起拱值来计算。

08 执行【裂缝图】命令，查看各层梁施工图的裂缝。图9-102所示为1层部分裂缝图。

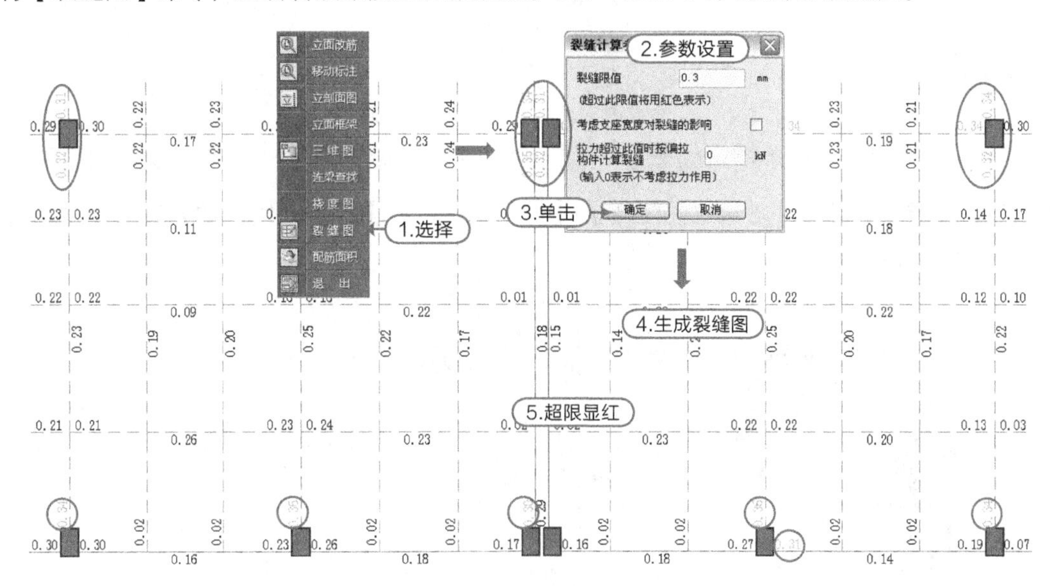

图9-102　1层部分梁裂缝图

提示

裂缝值超限处理如下所述。

程序调整：在【裂缝计算参数】命令弹出的对话框中，勾选“考虑支座宽度对裂缝的影响”项。

人工调整：减小钢筋直径，增加钢筋根数，增加钢筋与混凝土的受力接触面积，调整钢筋强度；增大梁截面；增大保护层厚度也是行之有效的解决办法。

如果调整后裂缝还超限的话，看看超过多少，因为 PKPM 的裂缝计算不太准确，是从柱中算的，实际应该从柱边，所以可先看裂缝超多少，如果在 10% 以内就不用理会，例如，限值 0.3mm，实际 0.33mm 是符合要求的。

09 首先试试程序调整梁裂缝，如图9-103所示。

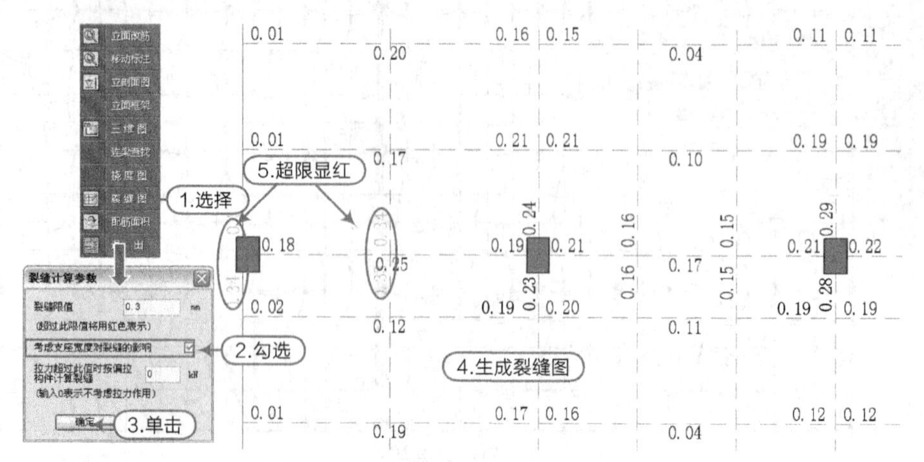

图9-103 1层程序调整梁裂缝图

10 同样的方法还应查看第2标准层的梁的挠度和裂缝。

提示

梁裂缝宽度限制限定：

环境类别一类，裂缝控制等级三级，最大裂缝宽度限值 0.3mm 或 0.4mm；

环境类别二类，裂缝控制等级三级，最大裂缝宽度限值 0.2mm；

环境类别三类，裂缝控制等级三级，最大裂缝宽度限值 0.2mm。

9.2.4 绘柱施工图

视频\09\绘梁施工图.avi　　　案例\09\厂房

01 “退出”绘制梁后，选择【墙梁柱施工图】|【柱平法施工图】菜单，同样的方法绘制出1层柱的平法施工图，如图9-104所示。

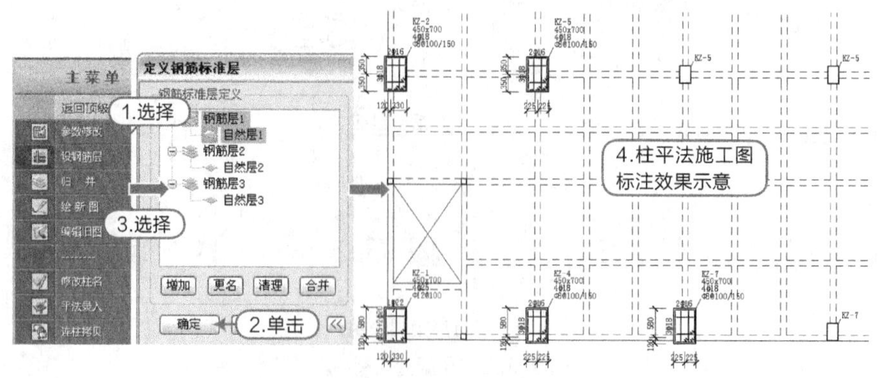

图9-104 1层柱平法施工

02 切换柱标注方式为集中标注，标注1层柱施工图如图9-105所示。

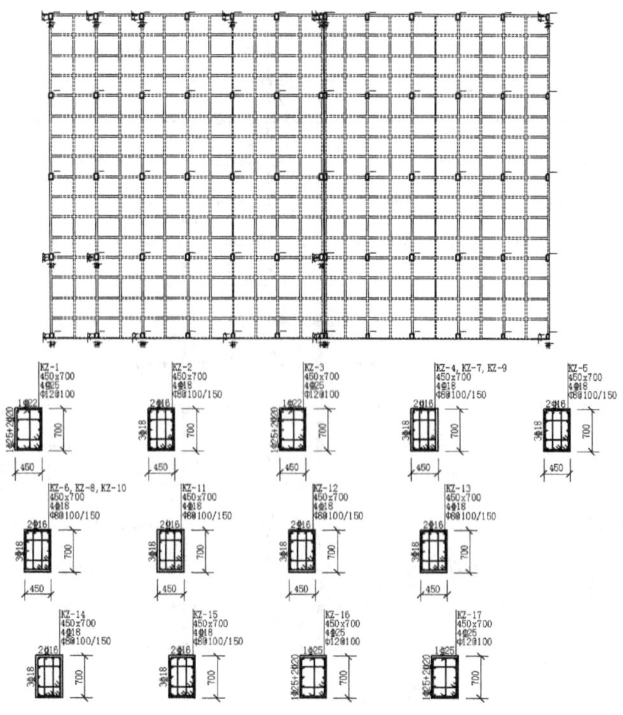

图9-105　1层柱施工图集中标注

03 下拉菜单中执行【标注轴线】|【自动标注】命令，标注1层柱施工图如图9-106所示。

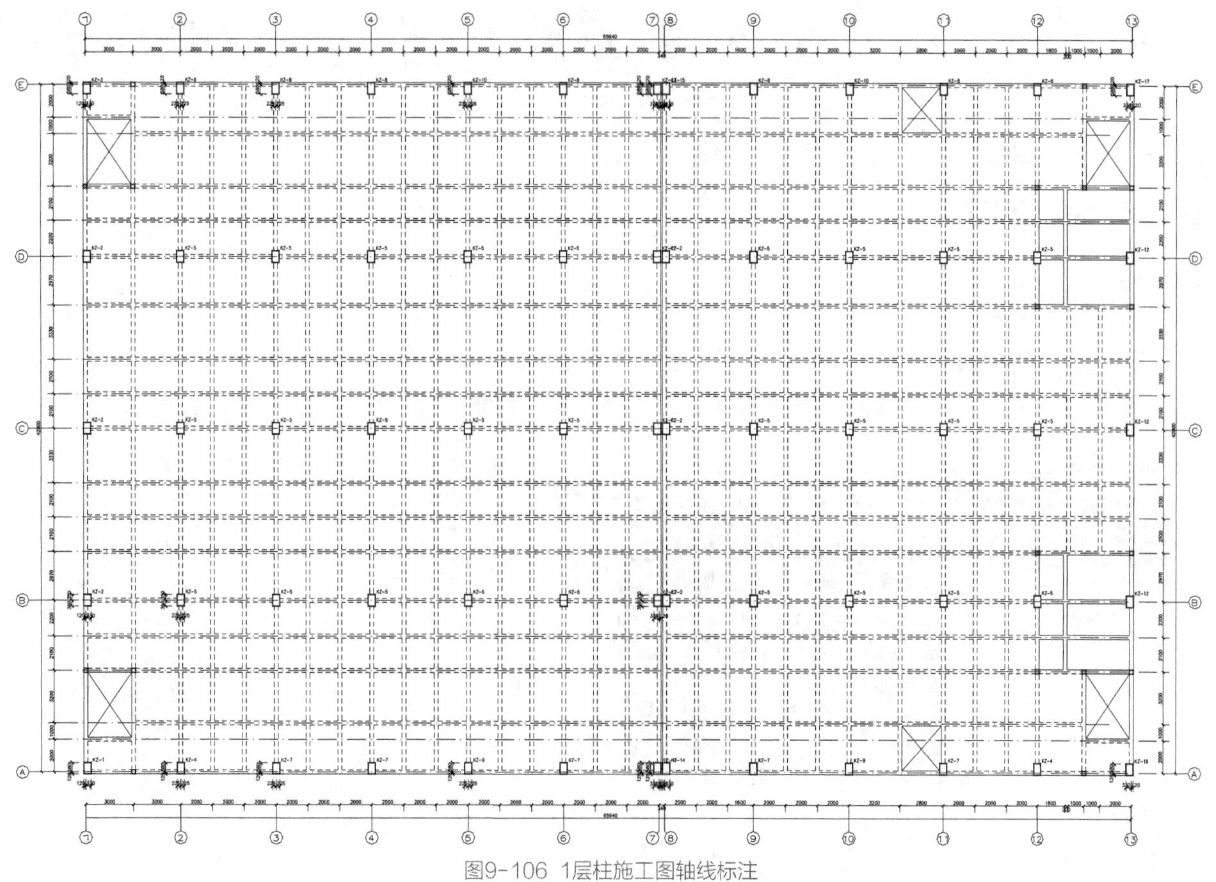

图9-106　1层柱施工图轴线标注

04 同样绘制出其他层柱的施工图，如图9-107所示。

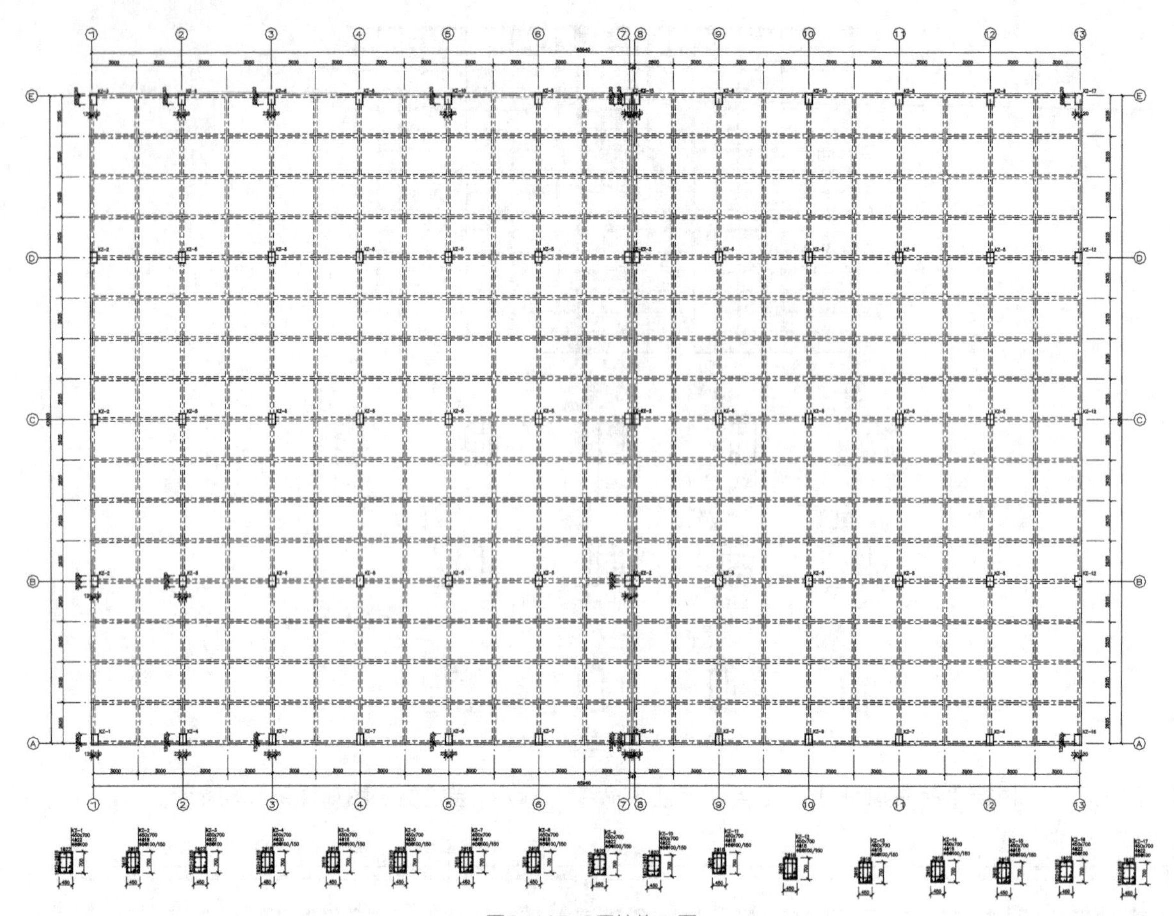

图9-107 2层柱施工图

05 柱平法施工图绘制完成后，“保存”文件后“退出”。

9.2.5 绘板施工图

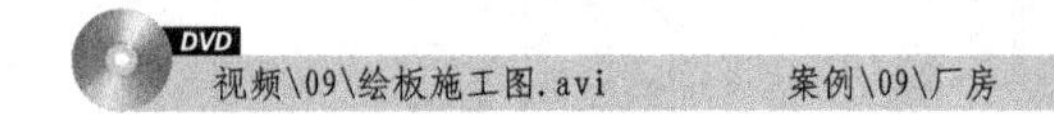

接上，完成SATWE部分后，开始绘制施工图，包括板、梁和柱。

01 选择【PMCAD】|【画结构平面图】菜单，单击“应用”按钮，进入板绘制，如图9-108所示。

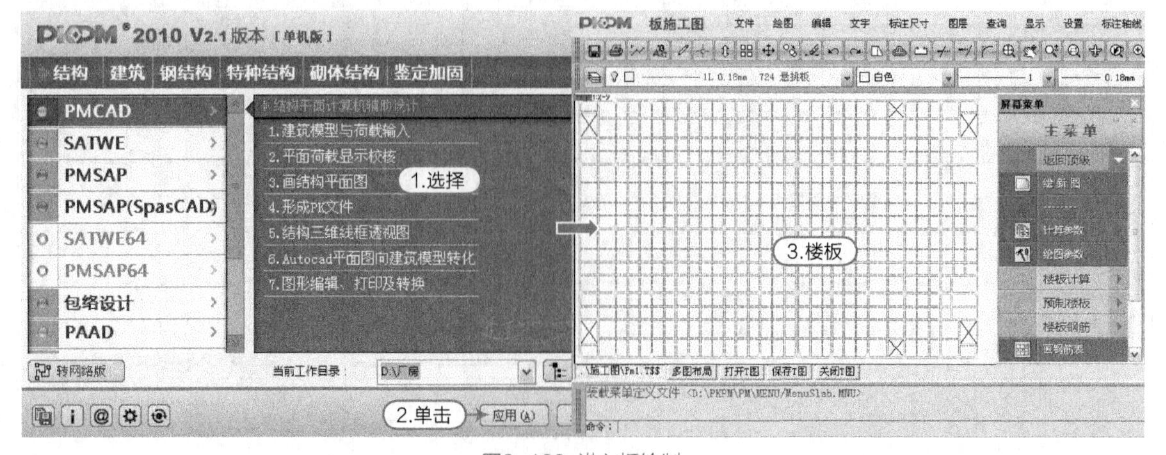

图9-108 进入板绘制

02 执行【计算参数】命令，设置板配筋计算参数，如图9-109所示。

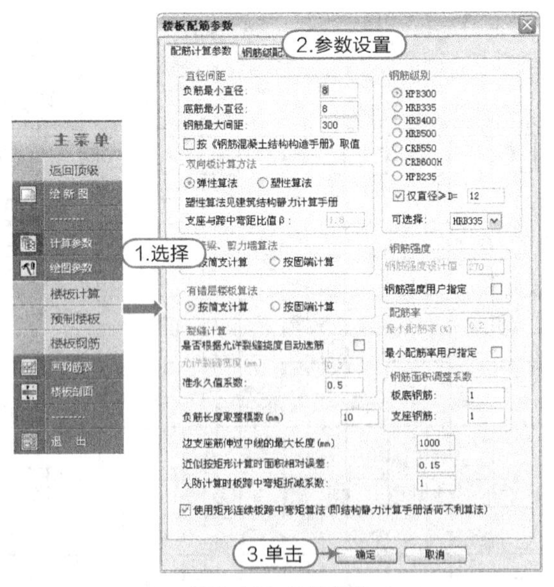

图9-109　计算参数

03 执行【楼板计算】|【自动计算】命令，程序自动计算楼板配筋，如图9-110所示。

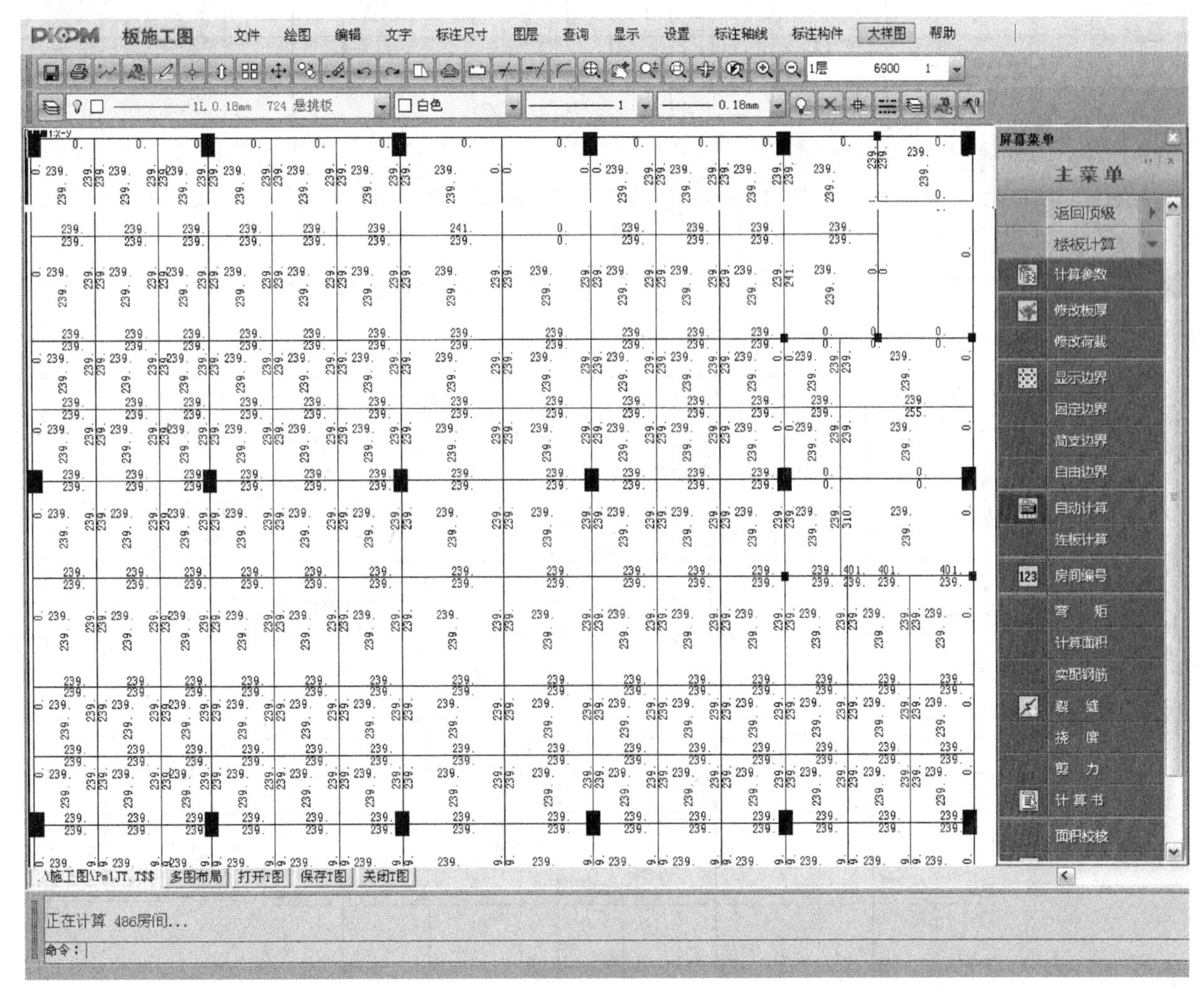

图9-110　自动计算

04 执行【楼板钢筋】|【逐间布筋】命令，以窗选方式框选楼板平面图，如图9-111所示。

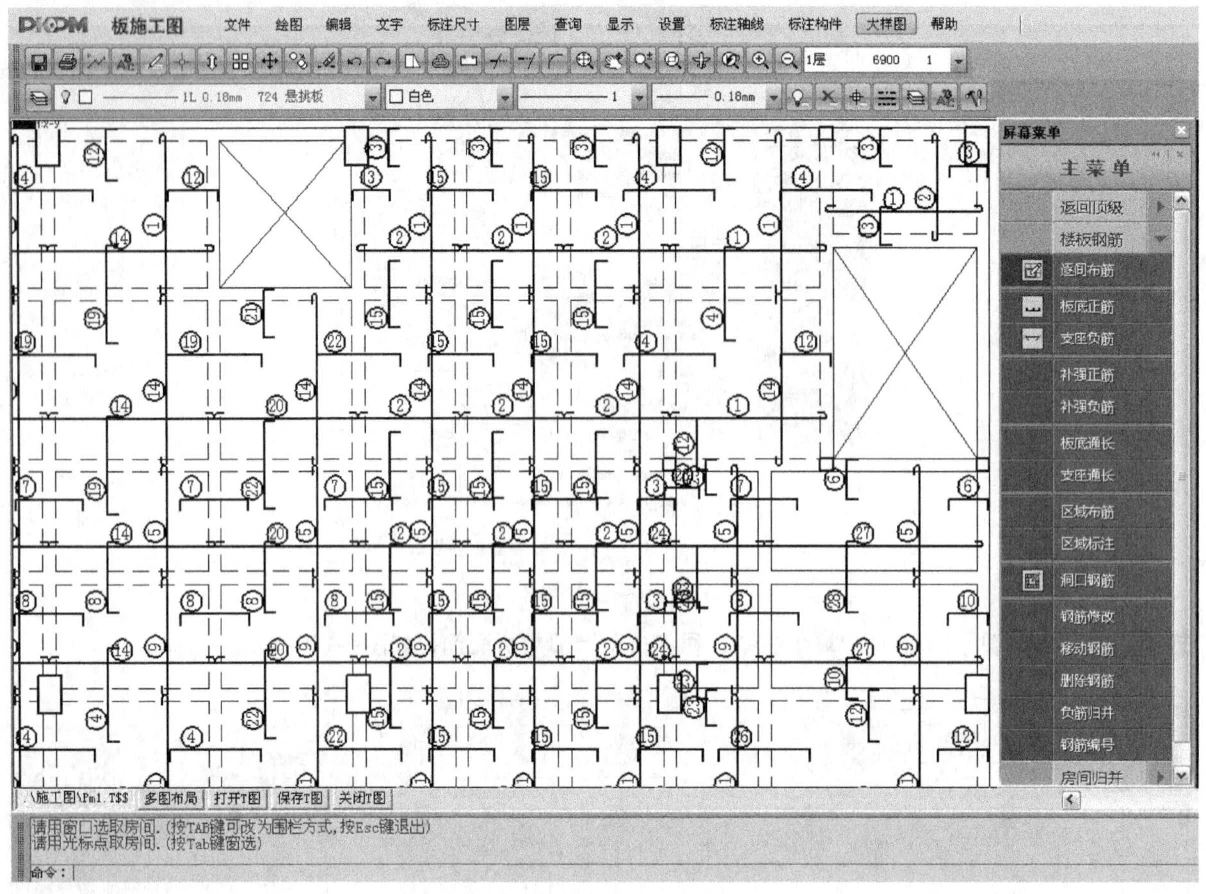

图9-111 布置钢筋

05 执行【楼板钢筋】|【板底通长】命令，根据命令行提示，将板底筋通长处理，操作如图9-112所示。

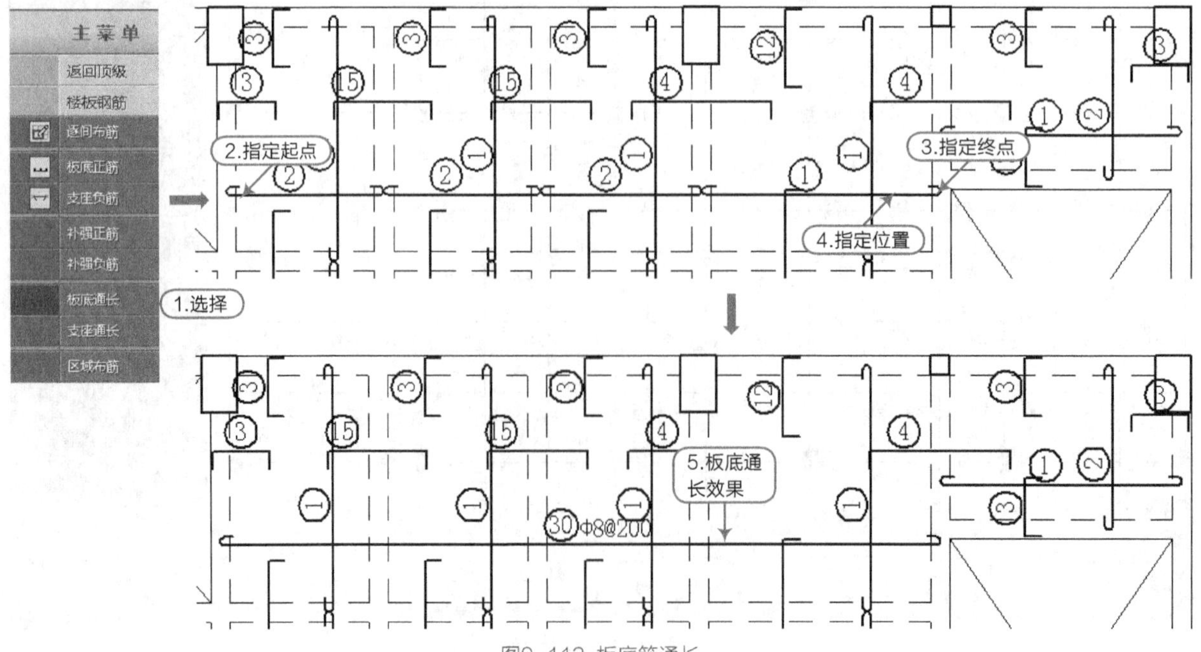

图9-112 板底筋通长

06 重复【板底通长】命令，将其他板底筋同样通长处理，效果如图9-113所示。

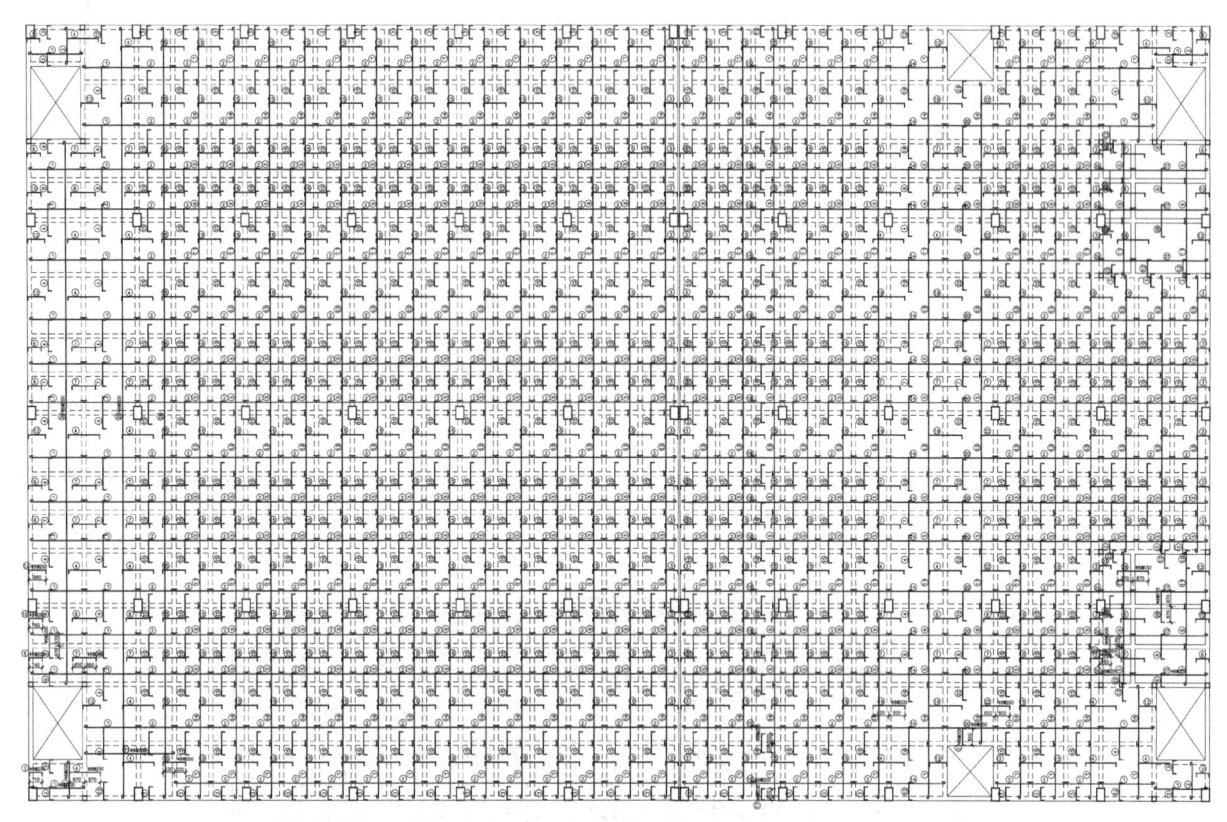

图9-113 其他板底筋通长

> **提示**
>
> 板底通长时，注意不要把错层钢筋与楼板钢筋通长了。

07 执行【画钢筋表】命令，程序自动生成钢筋表，在屏幕绘图区指定点插入即可，如图9-114所示。

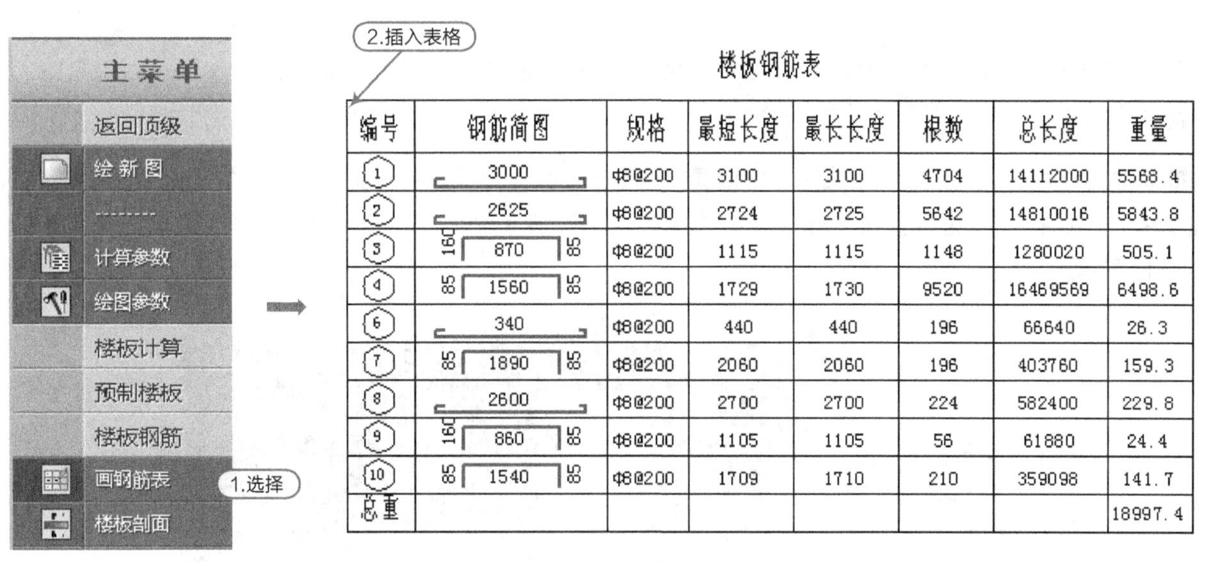

楼板钢筋表

编号	钢筋简图	规格	最短长度	最长长度	根数	总长度	重量
1	3000	Φ8@200	3100	3100	4704	14112000	5568.4
2	2625	Φ8@200	2724	2725	5642	14810016	5843.8
3	160 870 85	Φ8@200	1115	1115	1148	1280020	505.1
4	85 1560 85	Φ8@200	1729	1730	9520	16469569	6498.6
6	340	Φ8@200	440	440	196	66640	26.3
7	85 1890 85	Φ8@200	2060	2060	196	403760	159.3
8	2600	Φ8@200	2700	2700	224	582400	229.8
9	160 860 85	Φ8@200	1105	1105	56	61880	24.4
10	85 1540 85	Φ8@200	1709	1710	210	359098	141.7
总重							18997.4

图9-114 钢筋表

08 下拉菜单区执行【设置】|【构件显示】命令，勾选“柱涂实”选项，如图9-115所示。

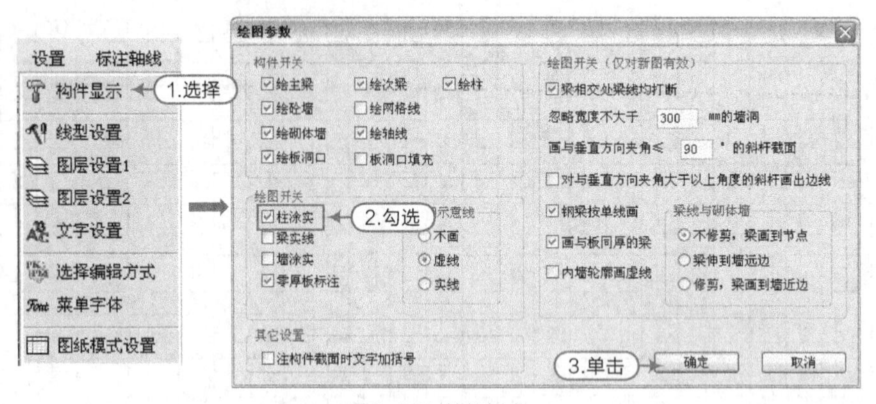

图9-115 柱的填充

09 在下拉菜单区执行【标注轴线】|【自动标注】命令，勾选所有选项，程序自动标注轴线，如图9-116所示。

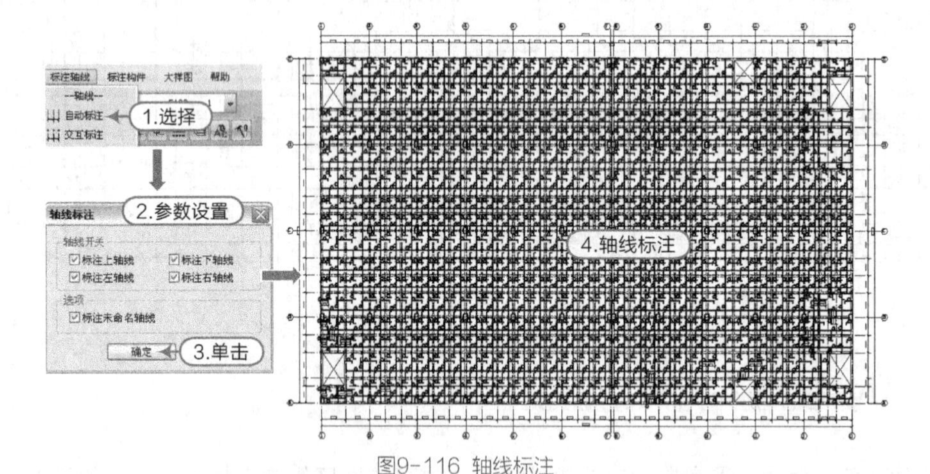

图9-116 轴线标注

提示

如果“自动标注”失败，应返回PMCAD对结构平面图正确执行【轴线命名】操作，完成后再进入板施工图绘制；或者使用【交互标注】，按照命令行提示标注轴线。

10 单击工具栏的最右侧倒三角按钮切换楼层，重复上述操作步骤，完成其余自然层的板施工图绘制。

11 单击“保存”按钮后，在屏幕菜单中选择“退出”菜单命令，返回到PMCAD主菜单界面，如图9-117所示。

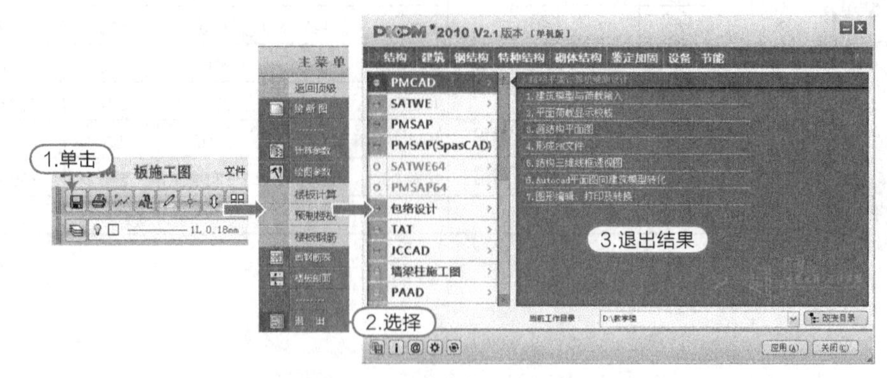

图9-117 保存板施工图并退出

9.2.6 基础设计

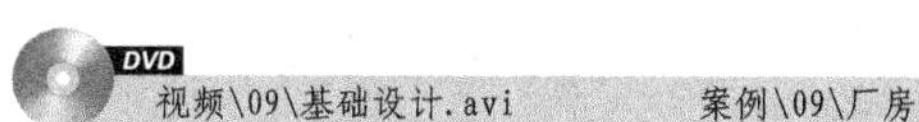

接上，完成施工图的绘制后，接下来进行基础的设计。

01 选择【JCCAD】|【基础人机交互输入】菜单，单击“应用”按钮，进入柱下独基的设计绘制，如图9-118所示。

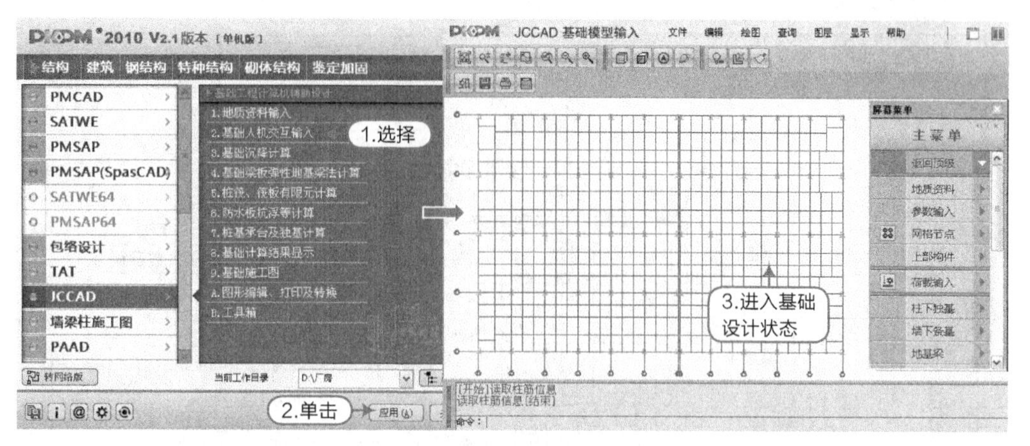

图9-118　进入基础设计状态

02 执行【参数输入】|【基本参数】命令，设置基本参数如图9-119所示。

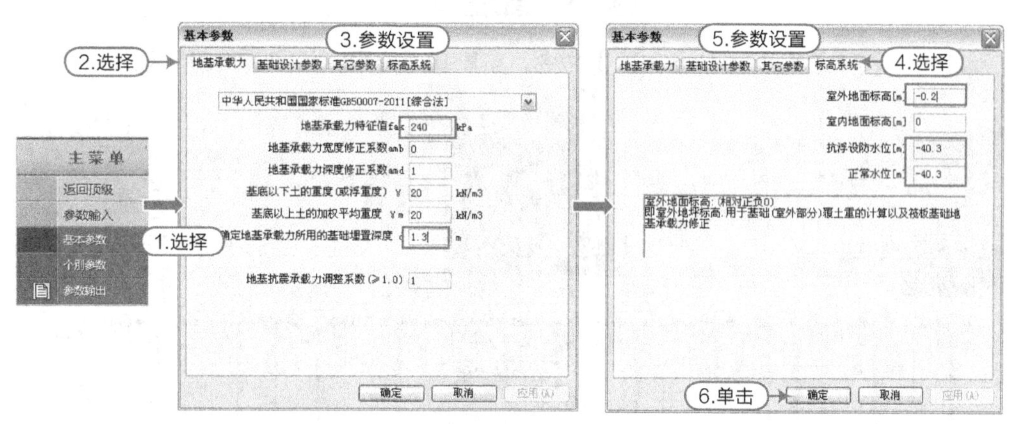

图9-119　基本参数设置

03 执行【荷载输入】|【读取荷载】命令，在左侧点取“SATWE荷载”选项，单击“确定”即可将荷载数据加载到基础上，如图9-120所示。

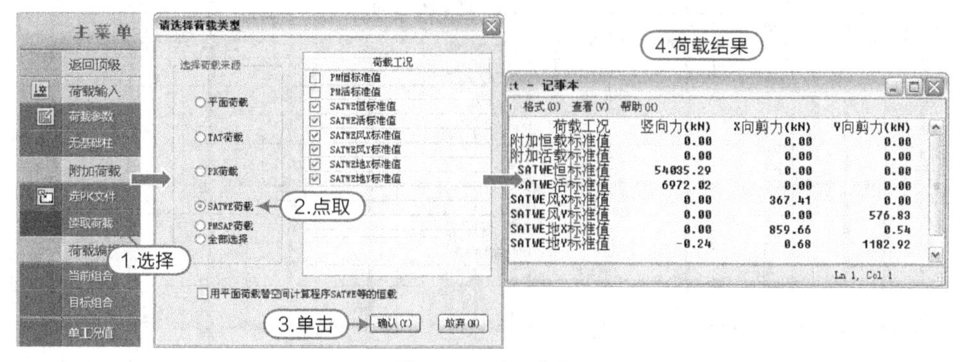

图9-120　读取荷载

04 执行【柱下独基】|【自动生成】命令，操作如图9-121所示。

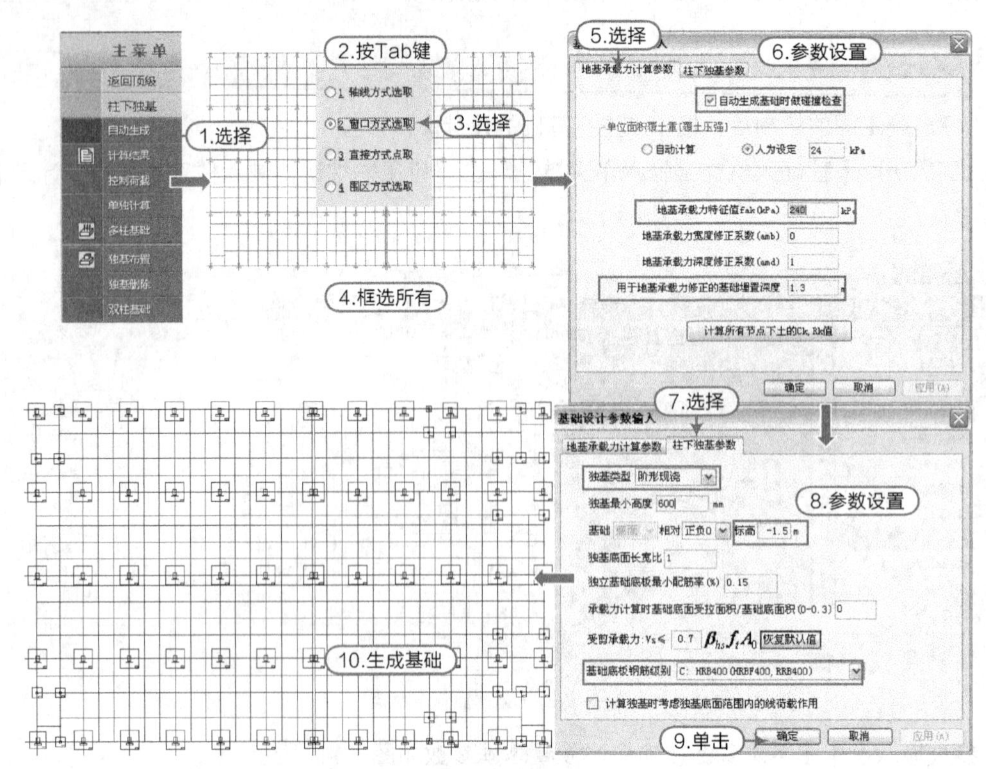

图9-121 自动生成基础

05 执行【上部构件】|【拉梁】|【拉梁布置】命令，布置基础拉梁，如图9-122所示。

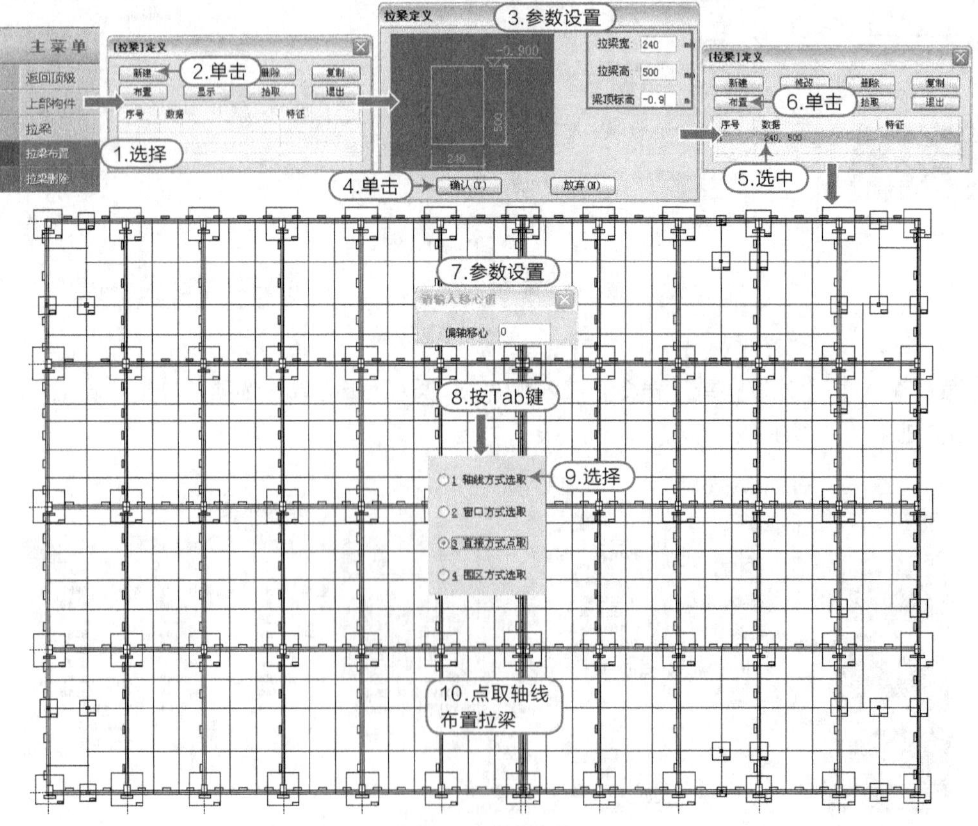

图9-122 拉梁布置

06 执行【结束退出】命令，退出“基础人机交互输入”主菜单，进入“基础施工图”主菜单，如图9-123所示。

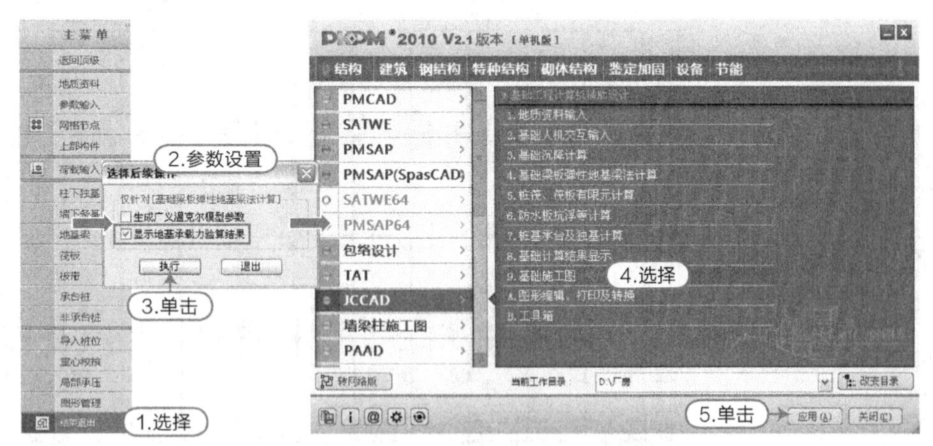

图9-123 进入基础施工图

07 进入柱下独基的施工图绘制，按照如下步骤对基础施工图进行编辑。

● 在下拉菜单区选择【标注构件】|【独基尺寸】，按照命令行提示逐个点取基础，程序自动标注独基尺寸，效果如图9-124所示。

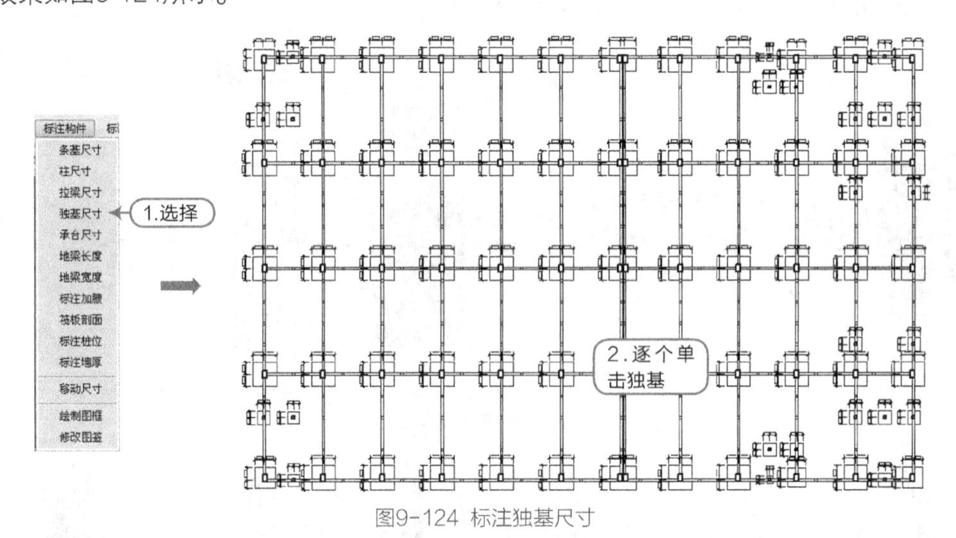

图9-124 标注独基尺寸

● 在下拉菜单区选择【标注字符】|【独基编号】，按照命令行提示逐个点取基础，程序自动标注独基编号，效果如图9-125所示。

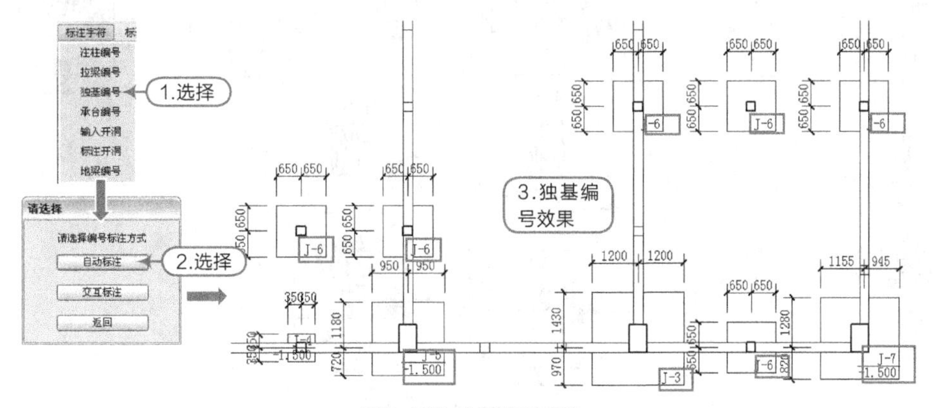

图9-125 独基编号标注

● 在下拉菜单区选择【标注轴线】|【自动标注】，程序自动标注柱网尺寸，如图9-126所示。

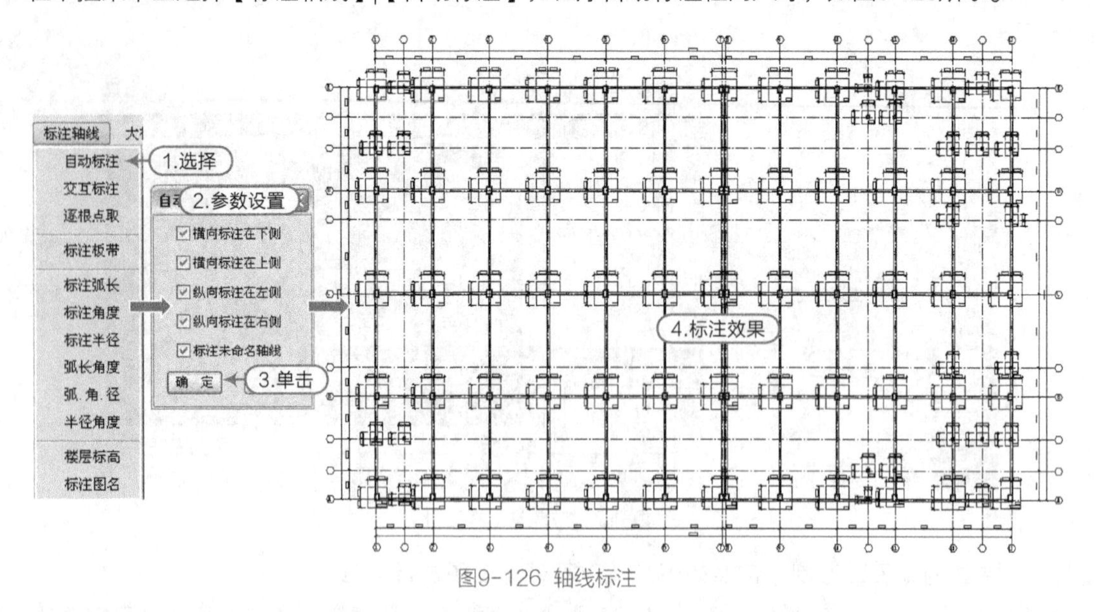

图9-126 轴线标注

● 在屏幕菜单单击【基础详图】，选择“在当前图中绘制详图”后，执行【基础详图】|【插入详图】，逐个选择插入图中空白区，操作如图9-127所示，效果如图9-128所示。

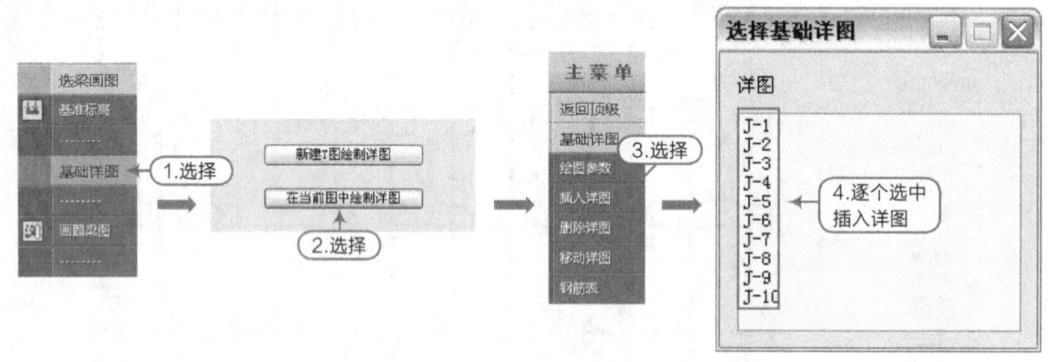

图9-127 基础详图操作

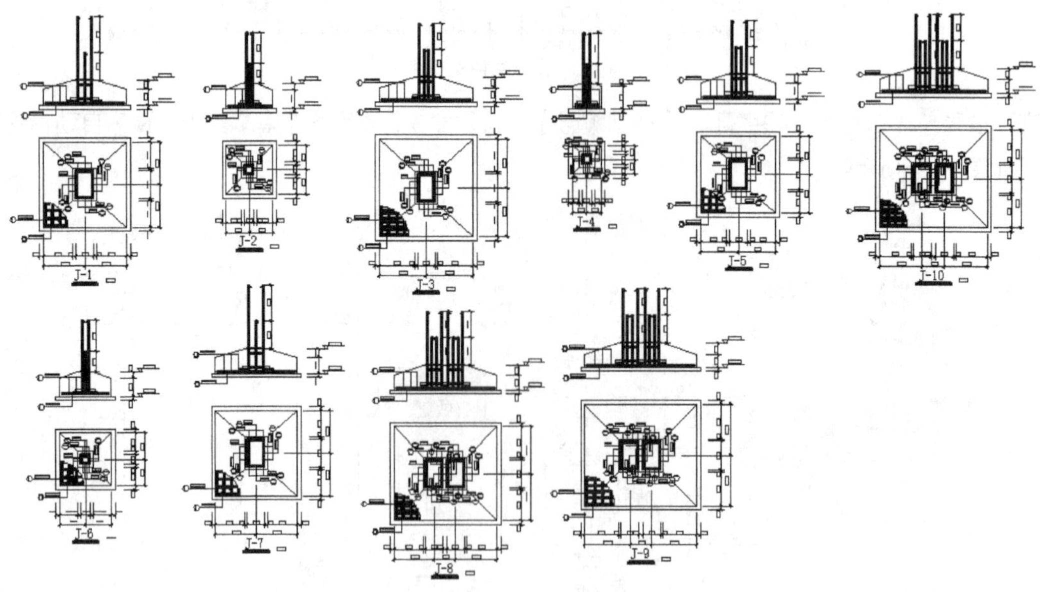

图9-128 基础详图

● 在屏幕菜单执行【基础详图】|【钢筋表】，直接将表格插入图中空白区，如图9-129所示。

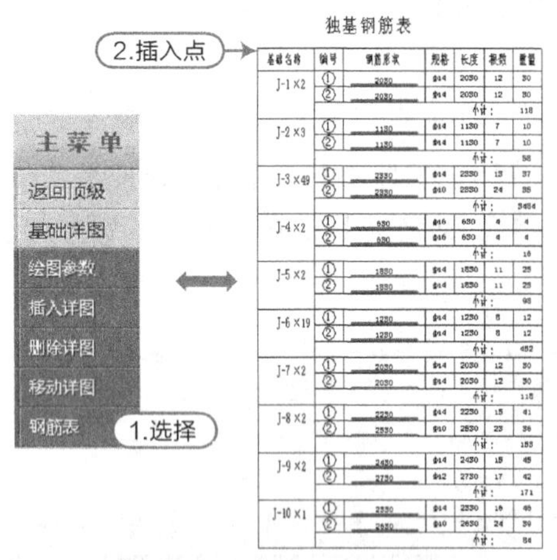

图9-129 钢筋表

● 在下拉菜单区选择【标注构件】|【绘制图框】，将所需图框插入到图中，如图9-130所示。

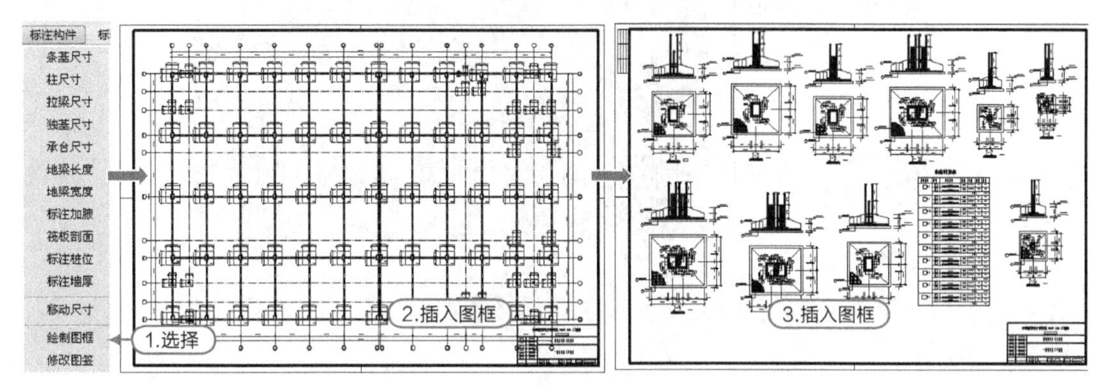

图9-130 插入图框

● 在下拉菜单区选择【标注构件】|【修改图签】，在对话框中修改图签内容，操作如图9-131所示。

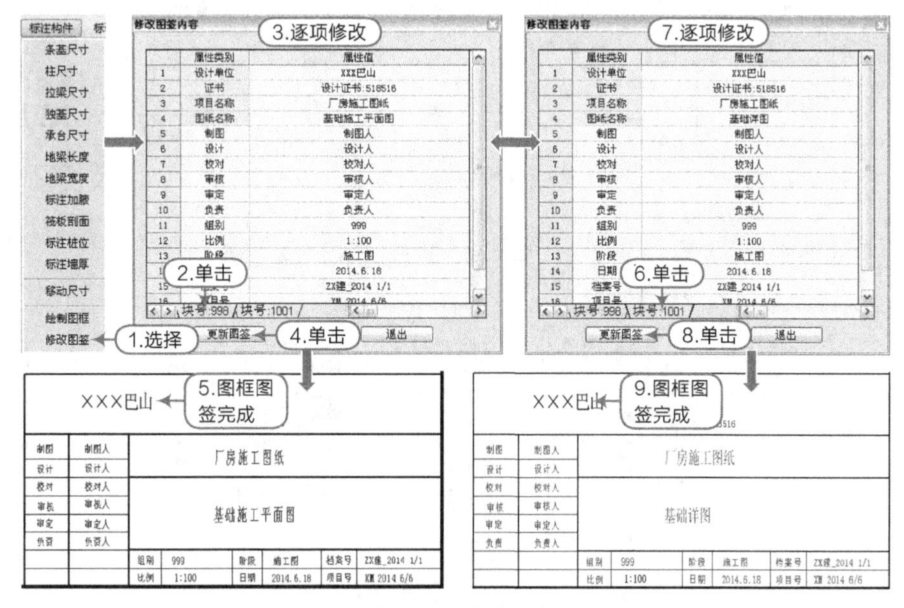

图9-131 修改图签

08 “保存”文件后“退出”。

9.3 T转DWG图

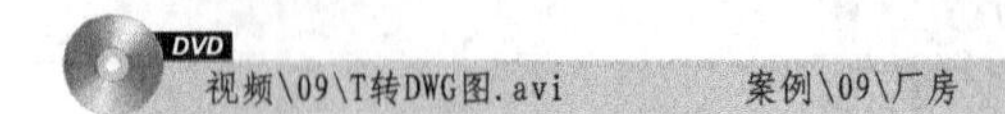

在施工图绘制完成后，将PKPM生成的“XXX施工图.T.”转换为“XXX施工图.dwg”，保存起来。

01 选择【PMCAD】|【图形编辑、打印及转换】菜单，单击“应用”按钮，进入“编辑、打印、转换”状态，如图9-132所示。

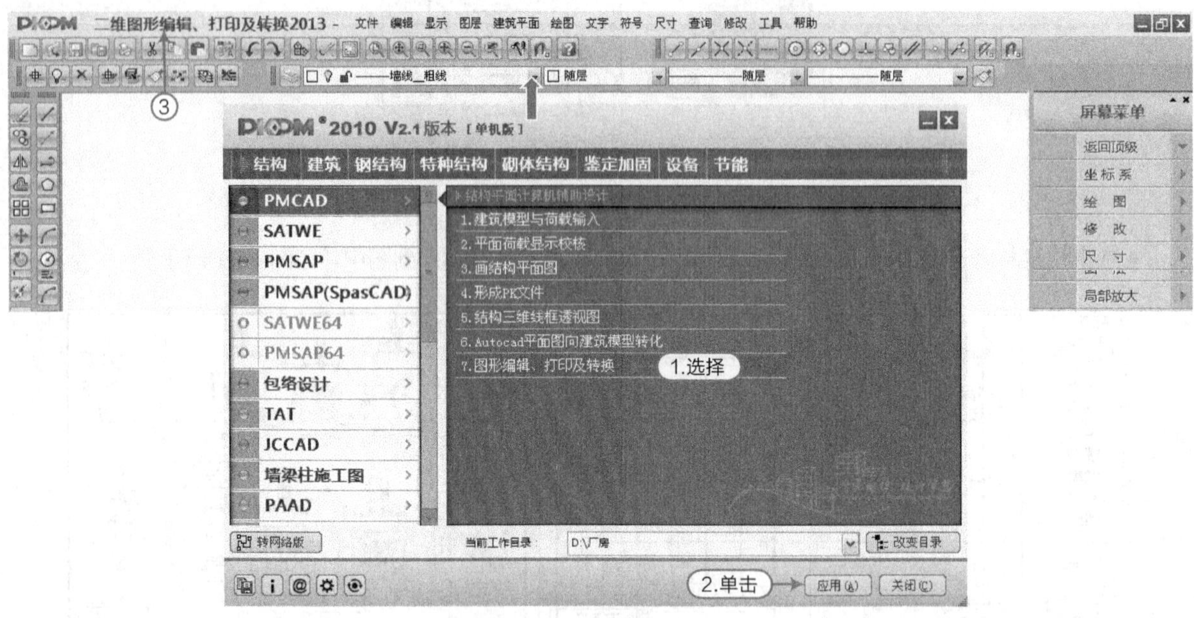

图9-132 进入图形转换

02 在下拉菜单区执行【工具】|【T图转DWG】命令，操作如图9-133所示。

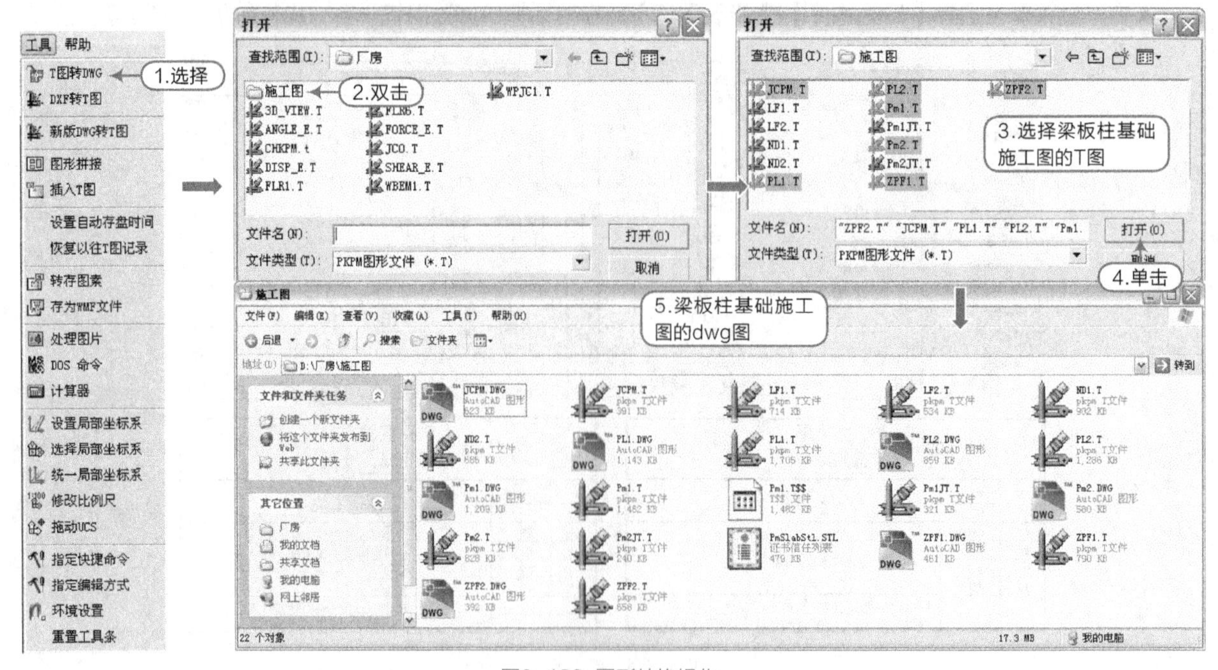

图9-133 图形转换操作

第10章

四层钢—框架结构设计实例

现以一个四层钢-框架结构给予详细设计步骤的介绍，此案例仅以某钢框架的结构布置图为例来进行设计。

10.1 三维模型与荷载输入

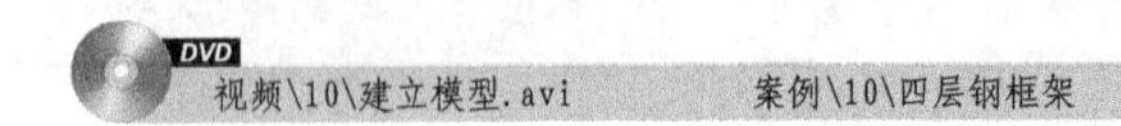

在PKPM软件主界面“钢结构”页中选择“框架”的第一项“三维模型与荷载输入”，进入三维钢框架结构设计状态，钢框架模版见“案例\10\四层钢框架结构布置.dwg”。

10.1.1 三维模型创建

三维模型的创建包括各标准层的轴网、柱、梁、支撑的布置。

1. 新工程创建

01 创建“c:\四层钢框架”为当前工作目录，如图10-1所示。

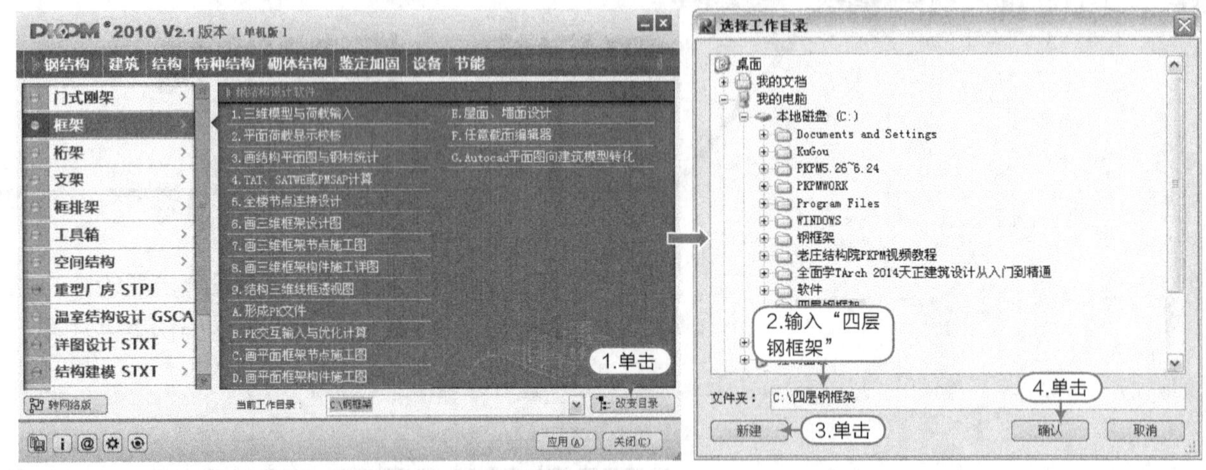

图10-1 新建工作目录

02 单击“应用”按钮，在随后弹出的“钢结构”界面中，输入“STSKJ”为新建工程，如图10-2所示。

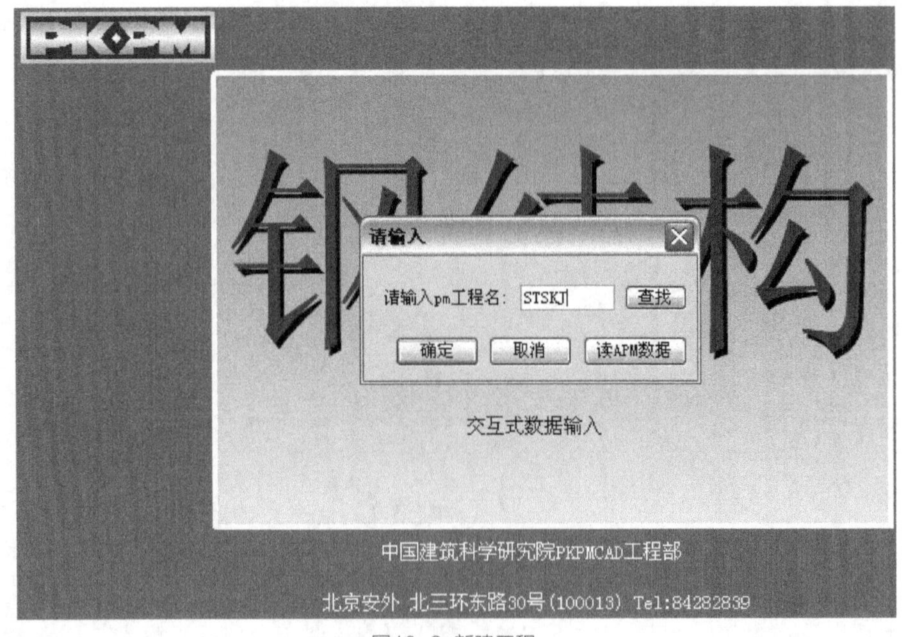

图10-2 新建工程

03 单击“确定”按钮，进入交互式数据输入主界面，如图10-3所示。

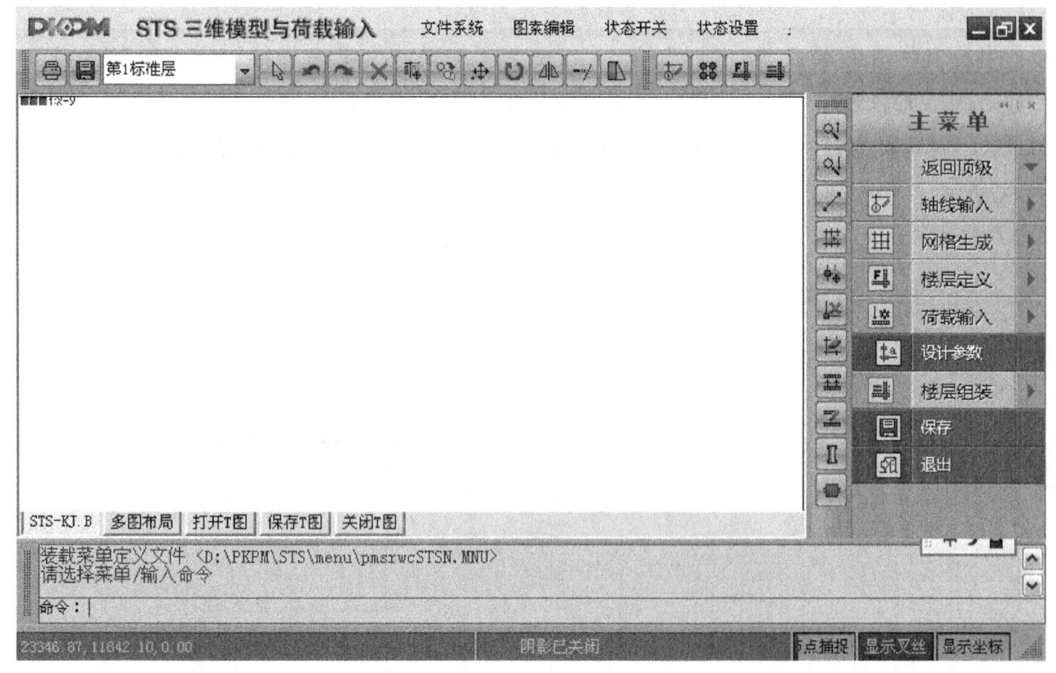

图10-3 交互式数据输入主界面

2. 轴网创建

01 执行【轴网输入】|【正交轴网】”菜单命令，进入“直线轴网输入”对话框，如图10-4所示，按照建筑平面图输入轴网。

提示

轴网数据为：上下开间为 2400，6000×2，左右进深为 6000×4。

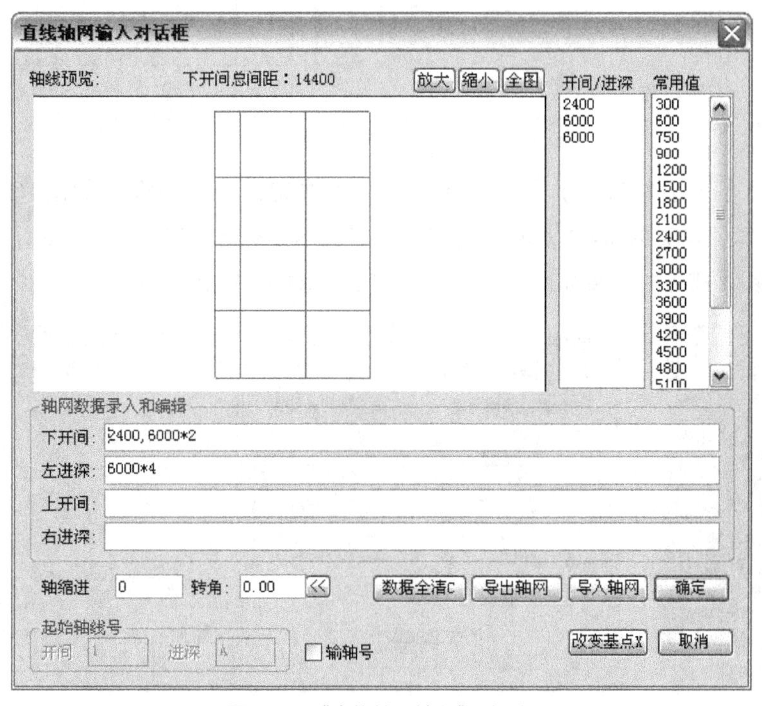

图10-4 “直线轴网输入”对话框

02 执行【轴线命名】菜单命令，效果如图10-5所示。

03 执行【轴线显示】命令，将轴号在显示与隐藏之间切换。

04 执行【平行直线】菜单命令，以A轴与1、2轴之间的轴线为参考轴线，向上平行距依次输入：1955，1045，1500×2，1075，4150，775，1075，4150，775，1630，720，1600；以A轴与2、3轴之间的轴线为参考轴线，向上平行距依次输入：1955，2023，2022，2000×6，1975×2，平行效果如图10-6所示。

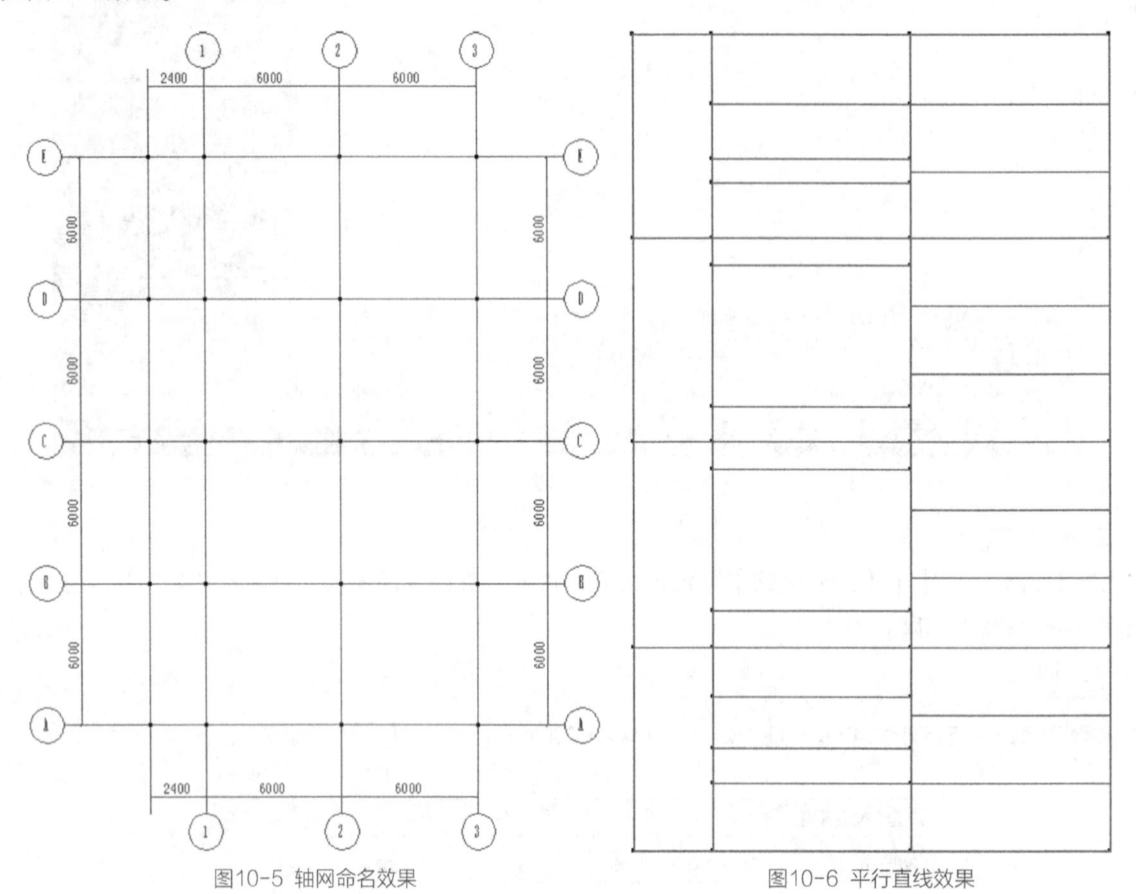

图10-5 轴网命名效果　　图10-6 平行直线效果

3. 构件布置

01 执行【楼层定义】|【柱布置】命令，弹出“柱截面定义”对话框，如图10-7所示，定义钢柱H400×350×8×16、H400×350×8×14及H550×400×8×16，如图10-8所示，依次选中钢柱，然后单击“布置”按钮，布置柱效果如图10-9、图10-10、图10-11所示。

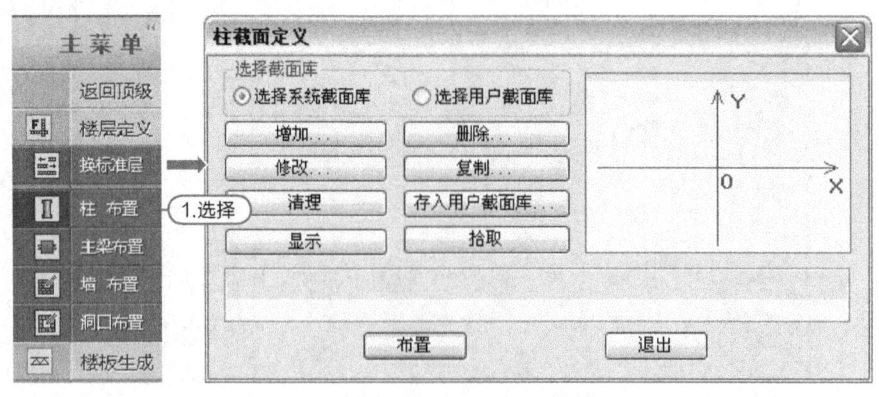

图10-7 “柱截面定义”对话框

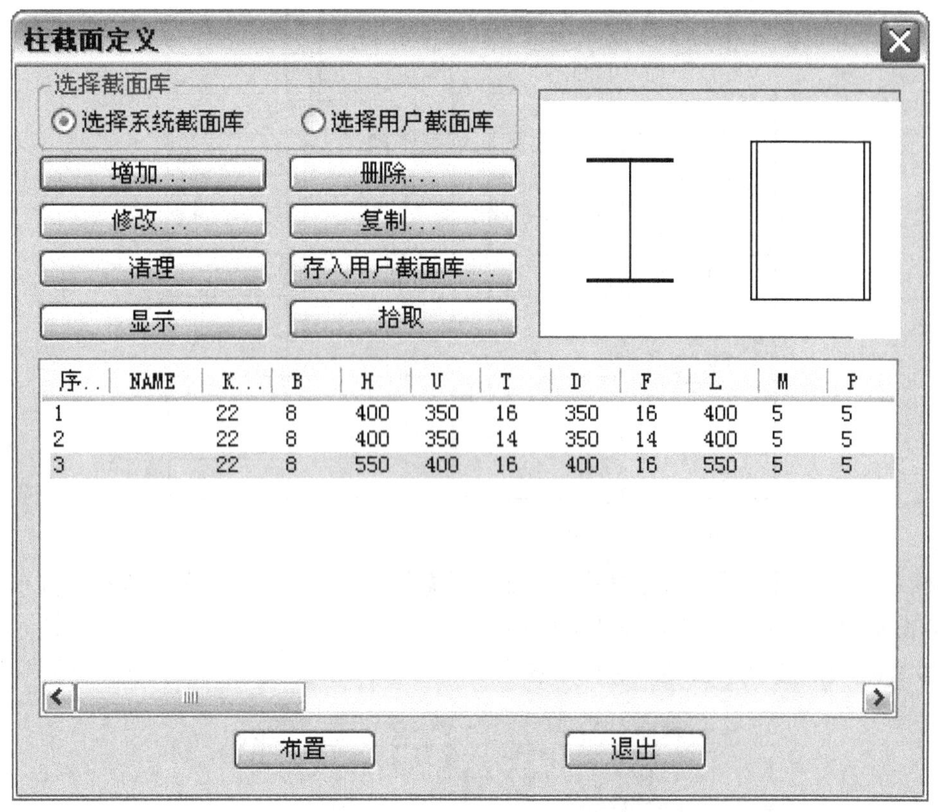

图10-8 柱定义效果

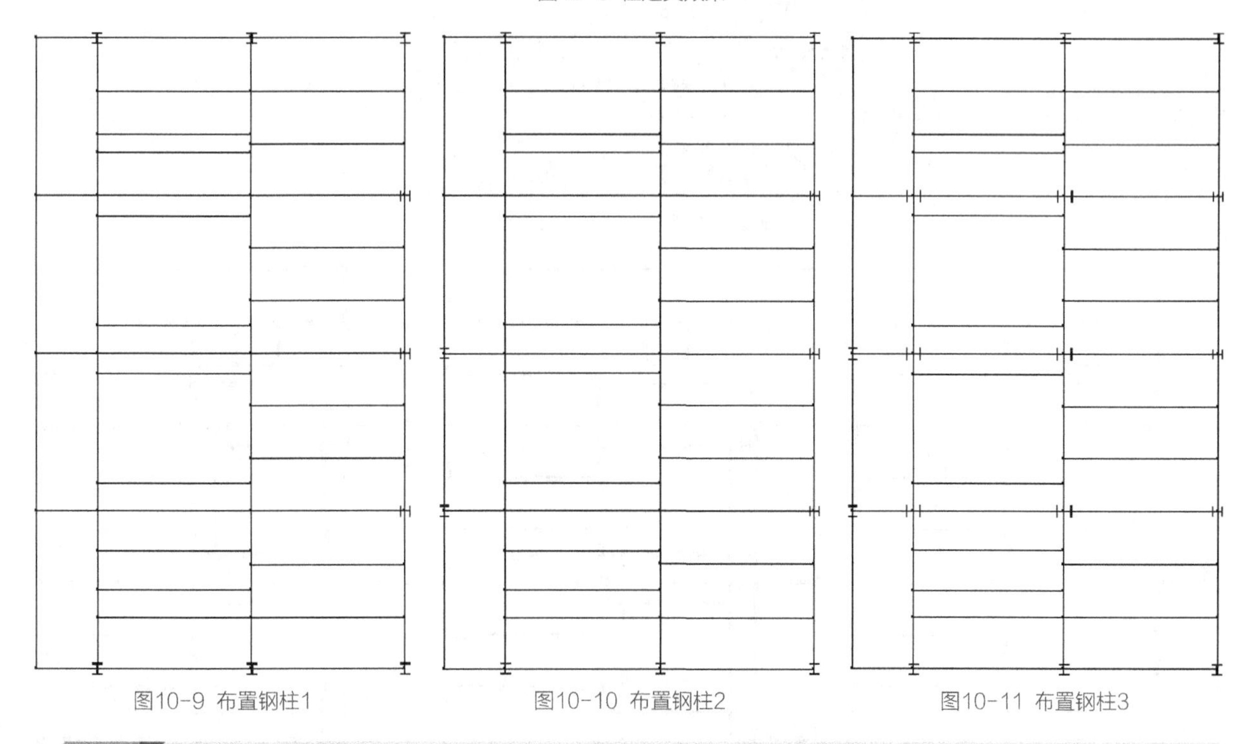

图10-9 布置钢柱1　　图10-10 布置钢柱2　　图10-11 布置钢柱3

提示

H 型钢的标记表示为：H 高度 × 宽度 × 腹板厚度 × 翼缘厚度。

02 再次执行【平行直线】命令，以B、D轴与2轴之间轴线为参考，输入平行距离：-925，-4150，如图10-12所示；以点1和点2之间轴线为参考，输入平行距离为：-1720，-1600，如图10-13所示。

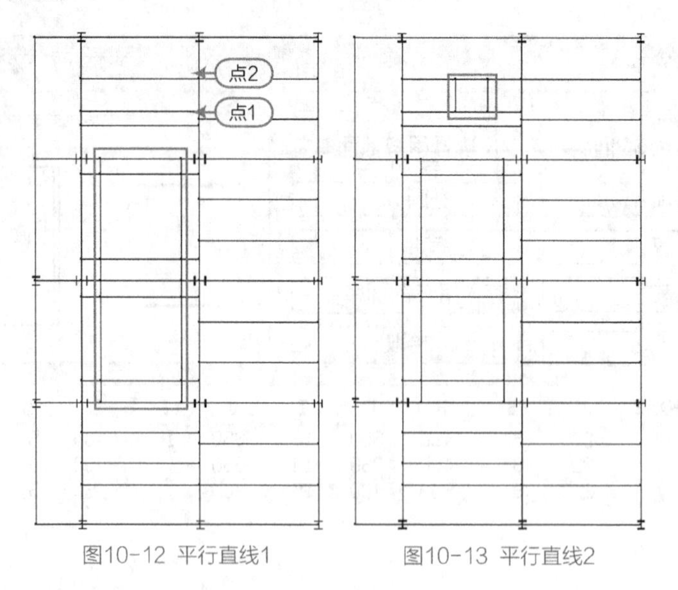

图10-12 平行直线1　　图10-13 平行直线2

03 执行【楼层定义】|【主梁布置】命令，弹出“梁截面定义”对话框，其操作和“柱布置”相同，定义钢梁H400×200×6×10、H400×150×6×8及H500×200×8×16，如图10-14所示，布置钢梁1、2、3，如图10-15、图10-16、图10-17所示。

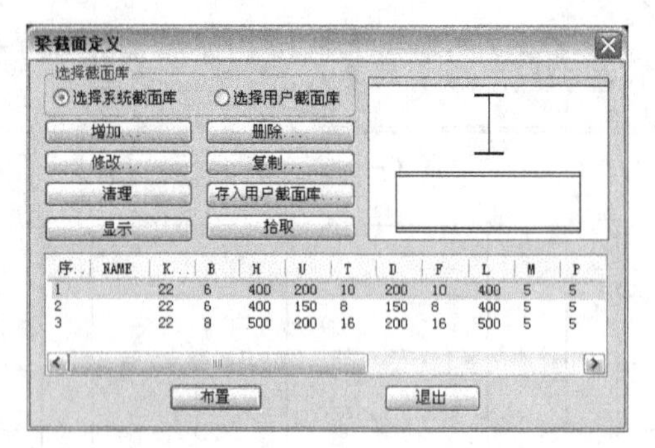

图10-14 “梁截面定义”对话框

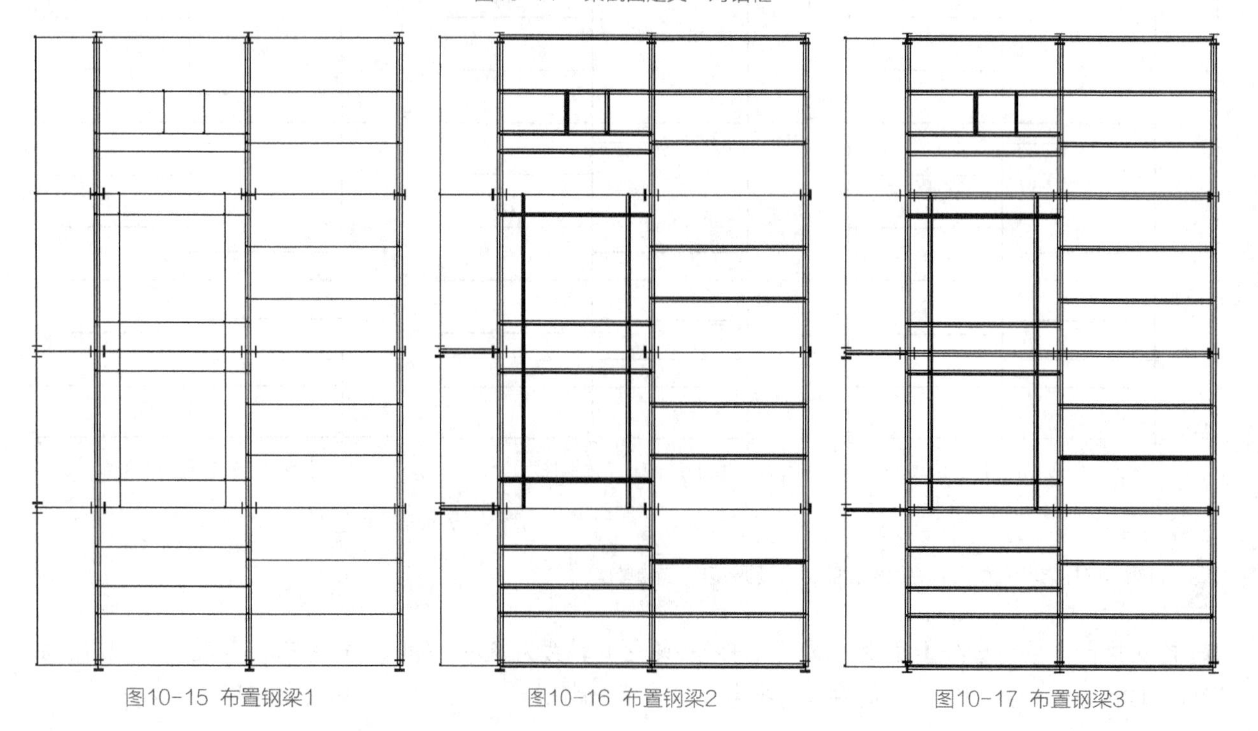

图10-15 布置钢梁1　　图10-16 布置钢梁2　　图10-17 布置钢梁3

04 执行【楼层定义】|【斜杆布置】命令，弹出“斜杆截面定义”对话框，定义支撑“圆管159×5”，布置在2轴与B、C轴之间，如图10-18所示。

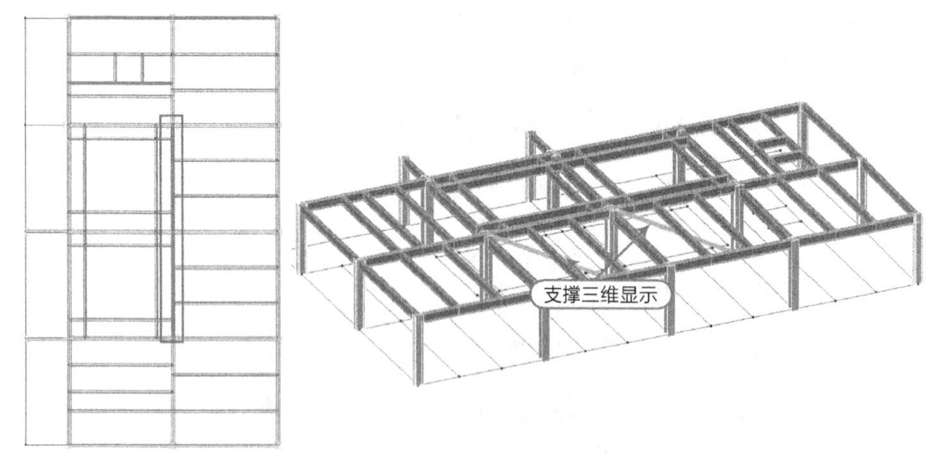

图10-18 支撑布置1

05 再次执行【楼层定义】|【斜杆布置】命令，弹出“斜杆截面定义”对话框，定义支撑“短2L110×70×8”，布置在A、B、C、D、E轴与1、2、3轴之间，如图10-19所示。

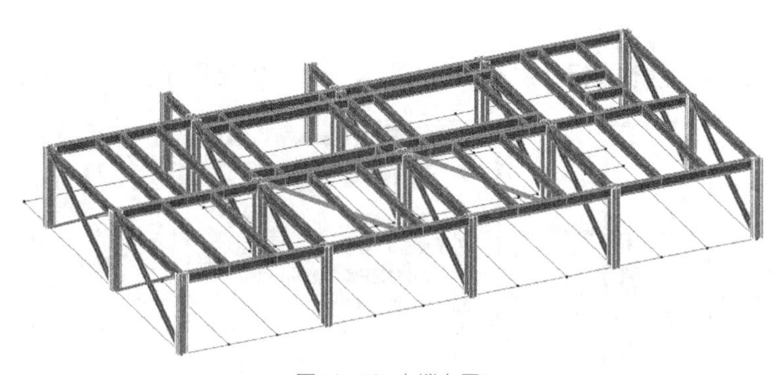

图10-19 支撑布置2

06 执行【楼层定义】|【本层信息】命令，弹出对话框，在“本标准层信息”选项卡，如图10-20所示，设置板厚为120，板混凝土强度等级为30，本标准层高为8000。

07 在下拉菜单区，执行【模型编辑】|【清理网点】命令和【删除网点】命令，完成第1标准层模型，如图10-21所示。

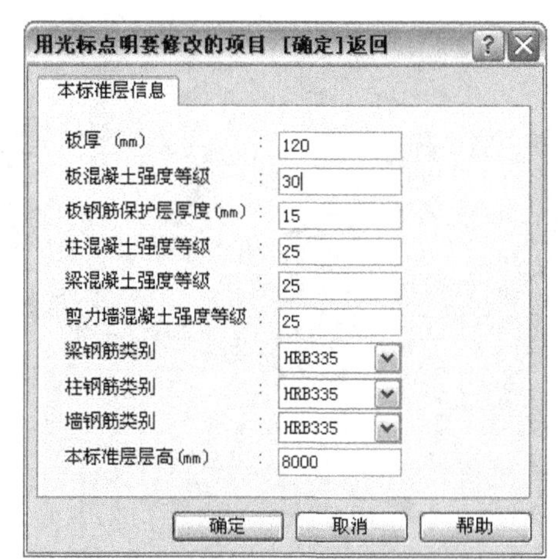

图10-20 本层信息

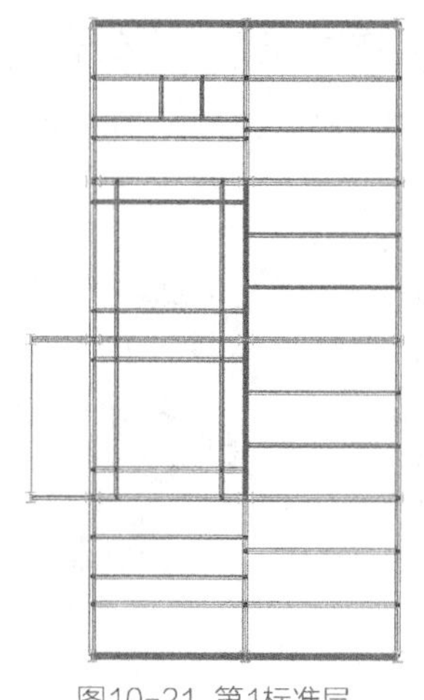

图10-21 第1标准层

4. 第2标准层

01 “第1标准层”轴网定义完成后，执行【楼层定义】|【换标准层】命令，在弹出的“选择/添加标准层”对话框中，如图10-22所示，在右侧选择“添加新标准层”，此时对话框右侧的“新增标准层方式”显亮，选择“局部复制”，复制出“第2标准层”，如图10-23所示。

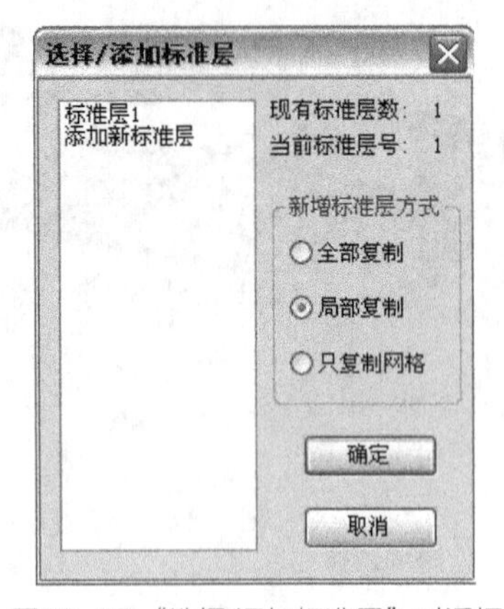

图10-22 “选择/添加标准层”对话框

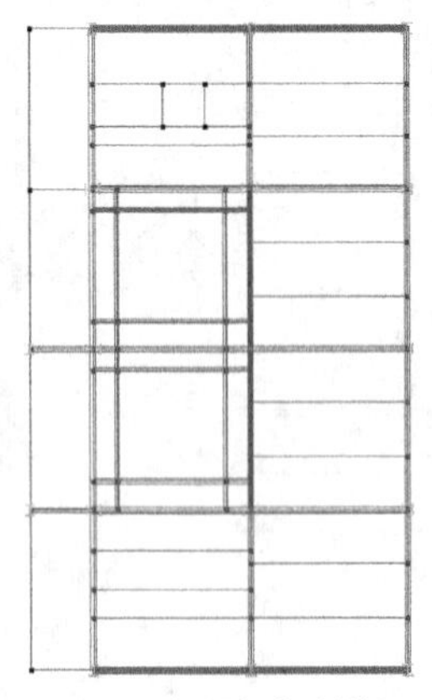
图10-23 局部复制效果

02 在下拉菜单区，执行【模型编辑】|【清理网点】命令和【删除网点】命令，完成第2标准层模型，如图10-24所示。

03 执行【本层信息】命令，修改本标准层层高为4000，如图10-25所示。

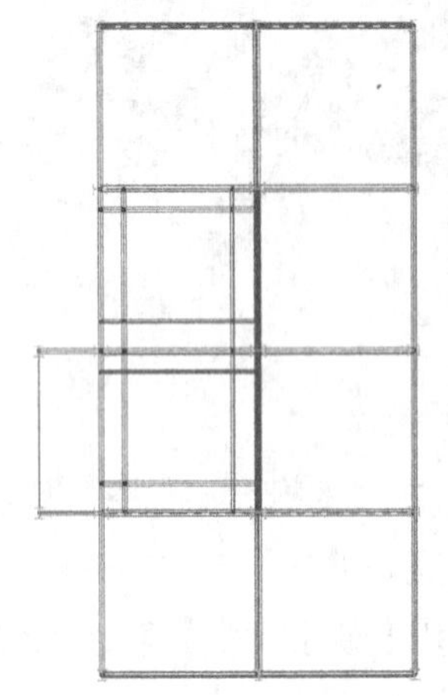
图10-24 第2标准层

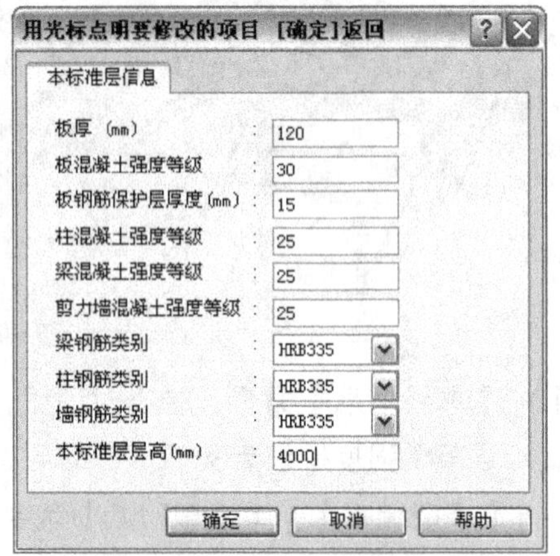

图10-25 本层信息修改

04 补充支撑的布置，布置圆管159×5支撑，如图10-26所示。

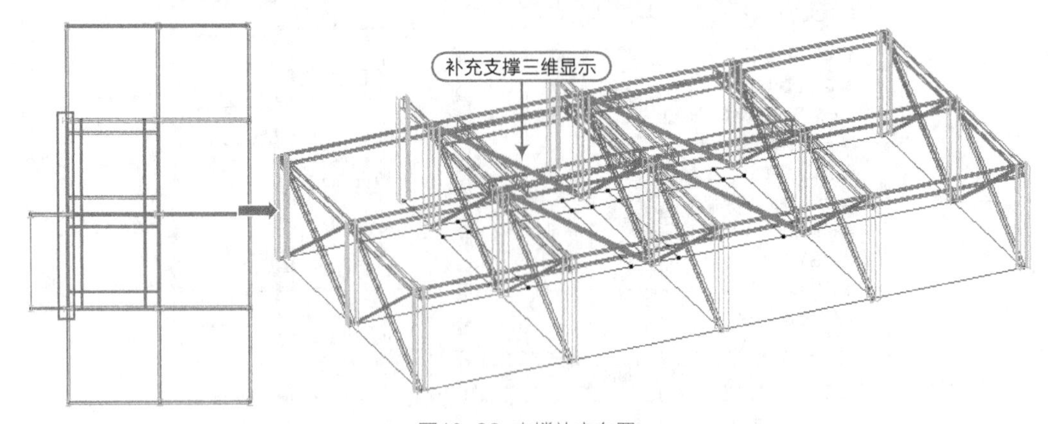

图10-26 支撑补充布置

5. 第3标准层

01 再次执行【换标准层】命令，选择“局部复制”，复制“第2标准层”，得到“第3标准层”，如图10-27所示。

02 执行【删除网点】命令，完成第3标准层模型，如图10-28所示。

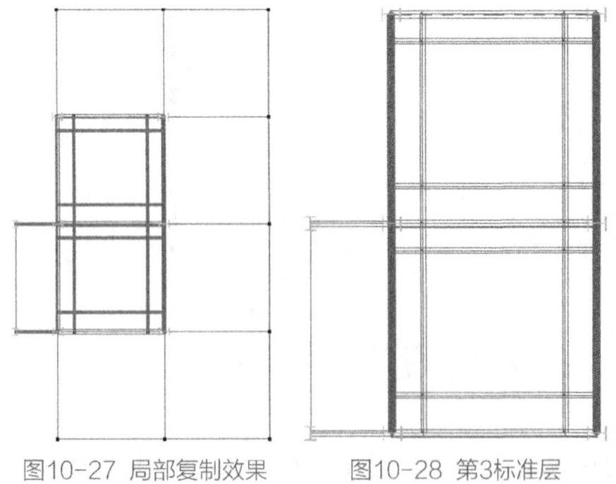

图10-27　局部复制效果　　图10-28　第3标准层

03 执行【斜杆布置】命令，布置圆管159×5，如图10-29所示。

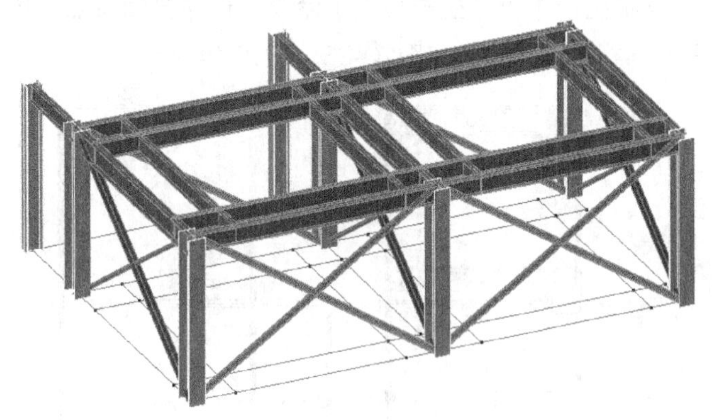

图10-29　圆管支撑布置

6. 第4标准层

01 再次执行【换标准层】命令，选择“局部复制”，复制“第3标准层”，得到“第4标准层”，如图10-30所示。

02 执行【删除网点】命令，完成第4标准层模型，如图10-31所示。

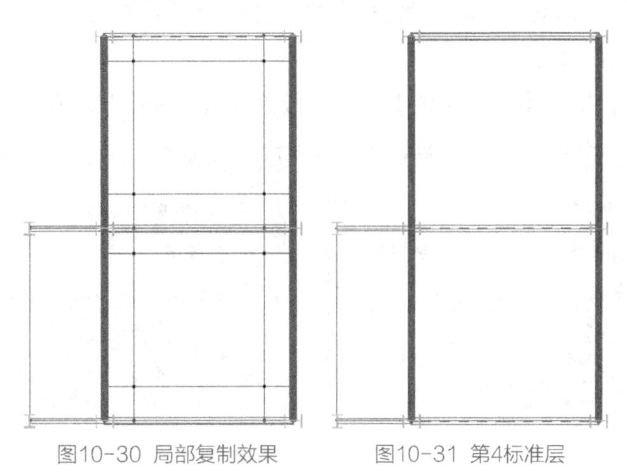

图10-30　局部复制效果　　图10-31　第4标准层

03 执行【主梁布置】命令，布置钢梁H400×150×6×8，如图10-32所示。

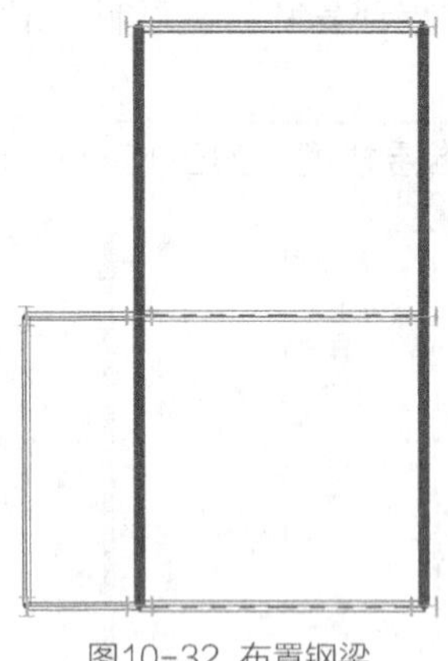

图10-32 布置钢梁

04 执行【本层信息】命令，设置此标准层层高为3000。

7.生成楼板

01 执行【楼层定义】|【楼板生成】命令，弹出“提示：是否生成楼板”对话框，单击“是”按钮，然后程序展开【楼板生成】的下级菜单。

02 执行【楼层定义】|【楼板生成】|【生成楼板】命令，程序自动按照菜单【本层信息】设置的参数进行楼板的生成，以第3、4标准层为例，如图10-33、图10-34所示。

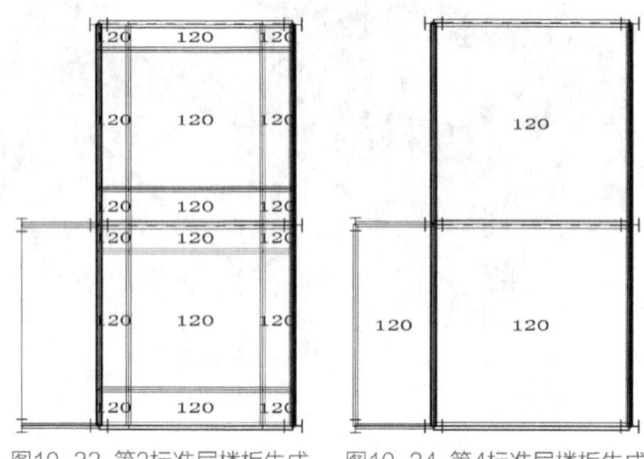

图10-33 第3标准层楼板生成　图10-34 第4标准层楼板生成

10.1.2 荷载输入

01 输入“第1标准层”“第2标准层”和“第3标准层”楼板的恒活荷载，执行此命令，在“荷载定义”对话框中设置数值，如图10-35所示。

02 切换至“第3标准层”，执行【恒活设置】命令，设置荷载，如图10-36所示。

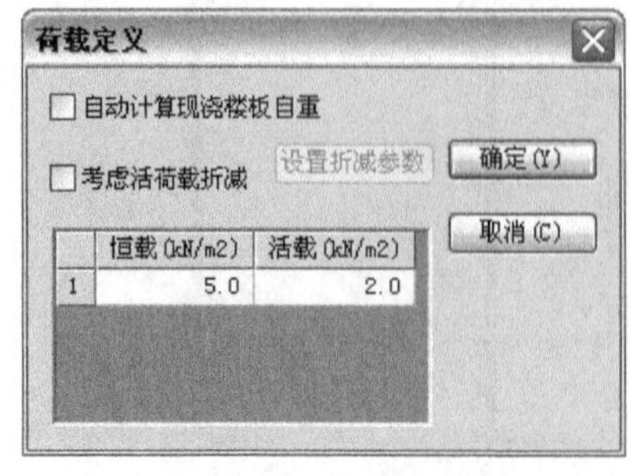

图10-35 第1~3标准层荷载定义

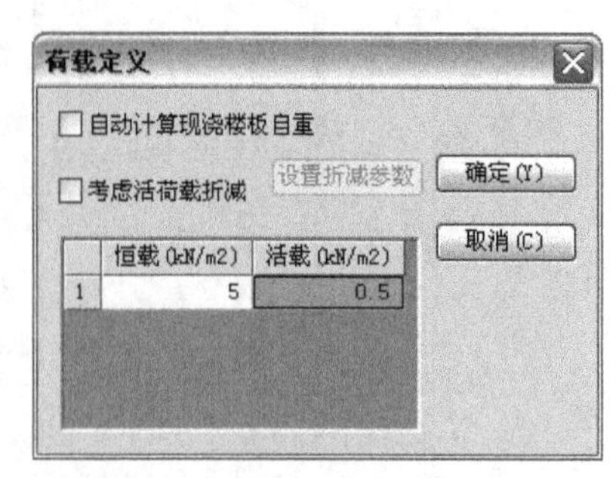

图10-36 第4标准层荷载定义

本例采用现浇混凝土楼板，楼面为不上人屋面。

10.1.3 楼层组装

01 执行【设计参数】命令，弹出“楼层组装—设计参数”对话框，如图10-37所示，在“设计参数”对话框中，有5页选项卡内容供设置，其内容同结构一样，不再重复介绍。

提示

在此处，“结构主材”选择“钢和混凝土”，“结构体系”选择“框架结构”，抗震设防烈度为 7 度，设计地震分组为一组，混凝土容重设置为 26，地面粗糙度类别为 B 类。

02 执行【楼层组装】|【楼层组装】命令，弹出“楼层组装”对话框，输入各楼层组装信息，组装成4层楼，如图10-38所示。

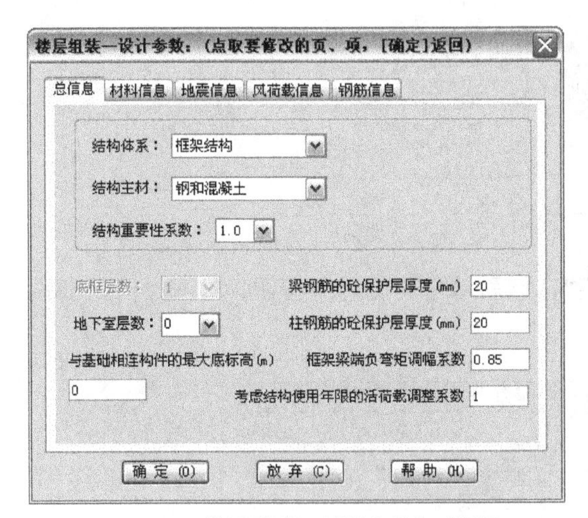

图10-37 “楼层组装—设计参数”对话框

图10-38 楼层组装

03 执行【楼层组装】|【整楼模型】命令观察楼层组装效果。

10.1.4 保存与退出

完成建模和荷载输入后，执行【保存】命令后，程序自动保存文件，再执行【退出】命令，操作如图10-39所示。

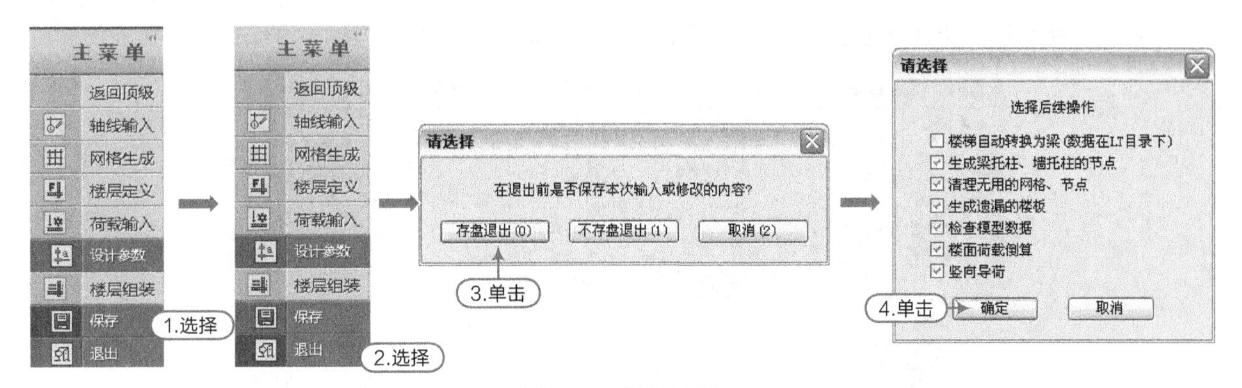

图10-39 保存与退出

10.2 分析计算

执行钢框架结构分析计算，选择“结构”页面的“SATWE”，用SATWE软件进行计算，如图10-40所示。

01 执行“1.接PM生成SATWE数据”主菜单，单击“应用”按钮，进入“SATWE前处理”对话框，如图10-41所示。

图10-40 “结构”页面“SATWE”

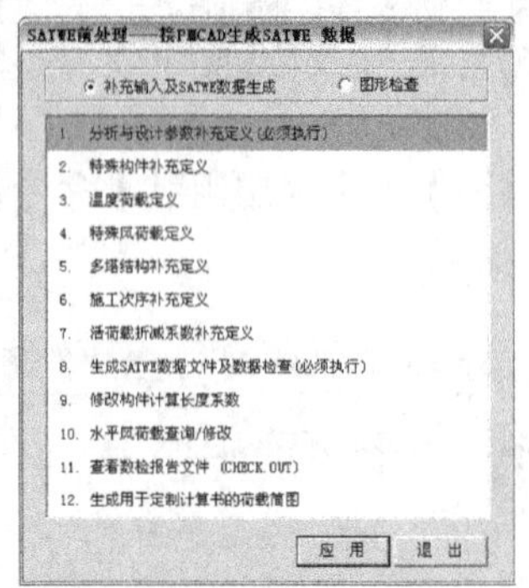
图10-41 “SATWE前处理”对话框

02 选中“1.分析与设计参数补充定义（必须执行）”选项，然后单击“应用”按钮，进入“分析和设计参数补充定义”对话框，如图10-42所示。

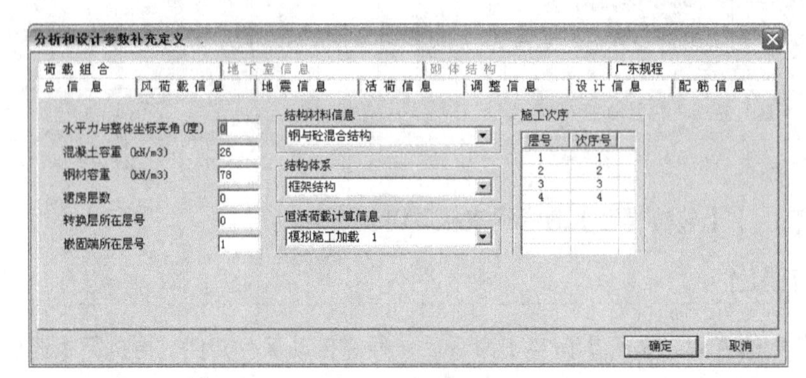
图10-42 “分析和设计参数补充定义”对话框

● 在“分析和设计参数补充定义”对话框中，设置“总信息”参数，如图10-43所示。

图10-43 “总信息”参数设置

● 设置“风荷载信息”参数，如图10-44所示。

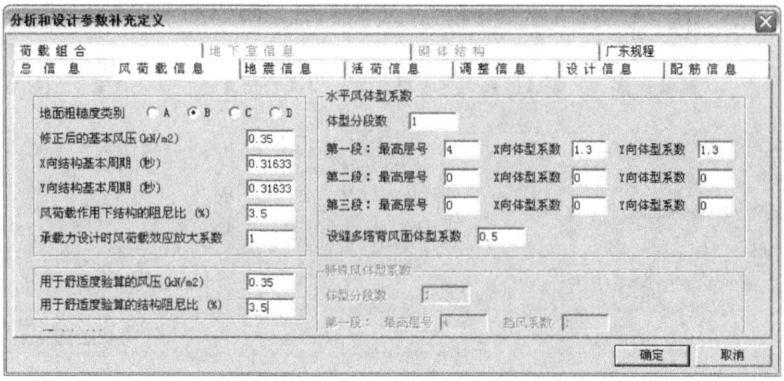

图10-44　“风荷载信息”参数设置

● 设置“地震信息”参数，如图10-45所示。

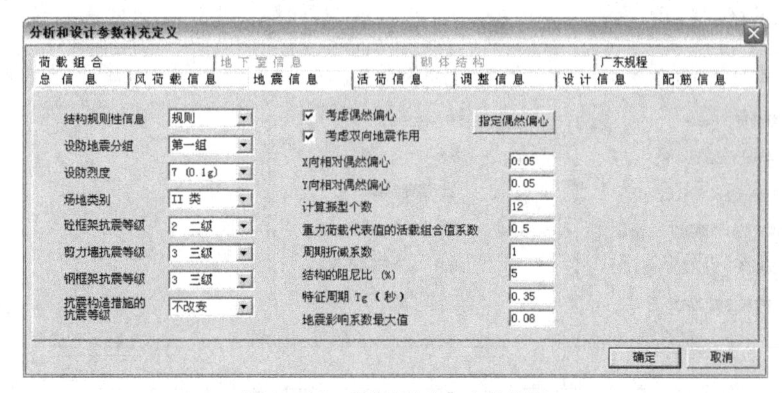

图10-45　“地震信息”参数设置

● 设置“活荷信息”参数，如图10-46所示。

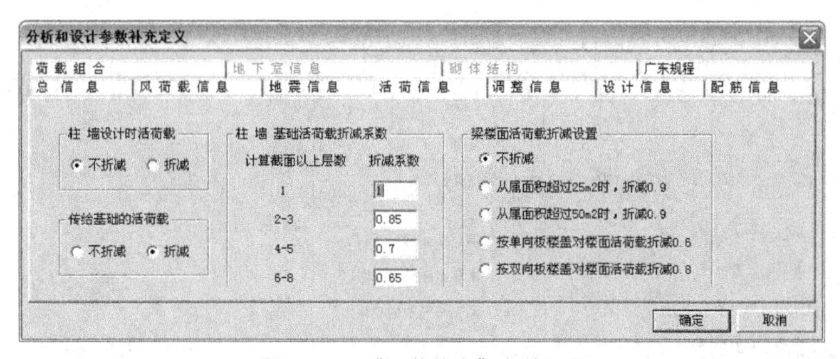

图10-46　“活荷信息”参数设置

● 设置“调整信息”参数，如图10-47所示。

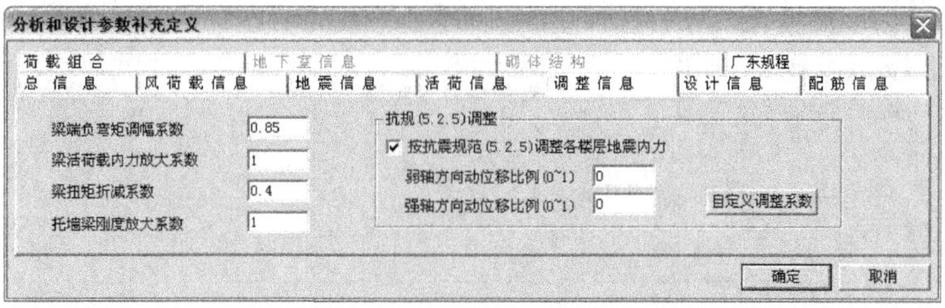

图10-47　“调整信息”参数设置

● 设置“设计信息”参数，如图10-48所示。

分析和设计参数补充定义
荷 载 组 合
地 下 室 信 息
砌 体 结 构
广东规程
总 信 息
风 荷 载 信 息
地 震 信 息
活 荷 信 息
调 整 信 息
设 计 信 息
配 筋 信 息
结构重要性系数
1
钢构件截面净毛面积比
0.85
梁按压弯计算的最小轴压比
0.15
考虑P-Δ效应
按高规或高钢规进行构件设计
保护层厚度
梁保护层厚度 (mm)
20
柱保护层厚度 (mm)
20
说明：此处要求填写的梁、柱保护层厚度指截面外边缘至最外层钢筋（箍筋、构造筋、分布筋等）外缘的距离。
确定
取消

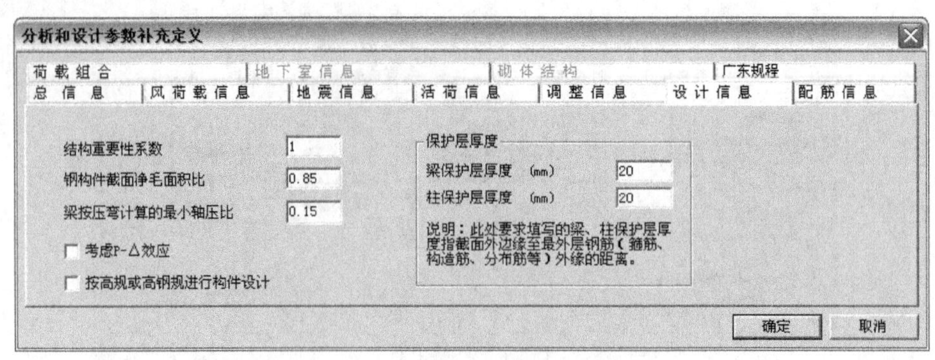

图10-48 “设计信息”参数设置

● 设置“配筋信息”参数，如图10-49所示。

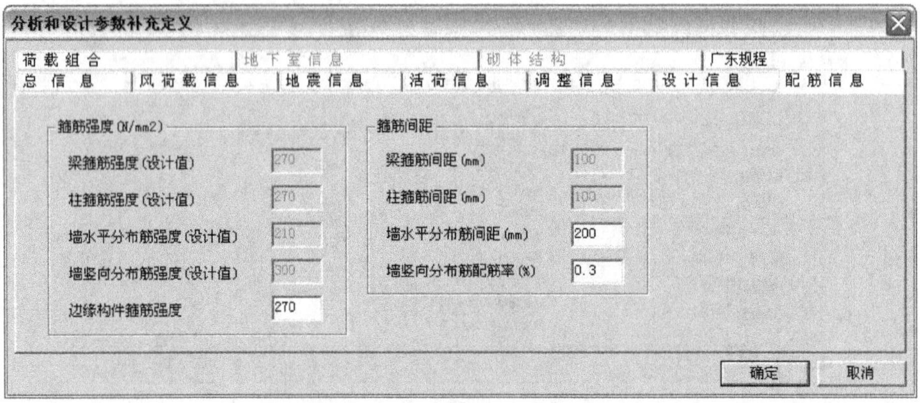

分析和设计参数补充定义
荷 载 组 合
地 下 室 信 息
砌 体 结 构
广东规程
总 信 息
风 荷 载 信 息
地 震 信 息
活 荷 信 息
调 整 信 息
设 计 信 息
配 筋 信 息
箍筋强度 (N/mm2)
梁箍筋强度（设计值）
270
柱箍筋强度（设计值）
270
墙水平分布筋强度（设计值）
210
墙竖向分布筋强度（设计值）
300
边缘构件箍筋强度
270
箍筋间距
梁箍筋间距 (mm)
100
柱箍筋间距 (mm)
100
墙水平分布筋间距 (mm)
200
墙竖向分布筋配筋率 (%)
0.3
确定
取消

图10-49 “配筋信息”参数设置

● 设置“荷载组合”参数，如图10-50所示。

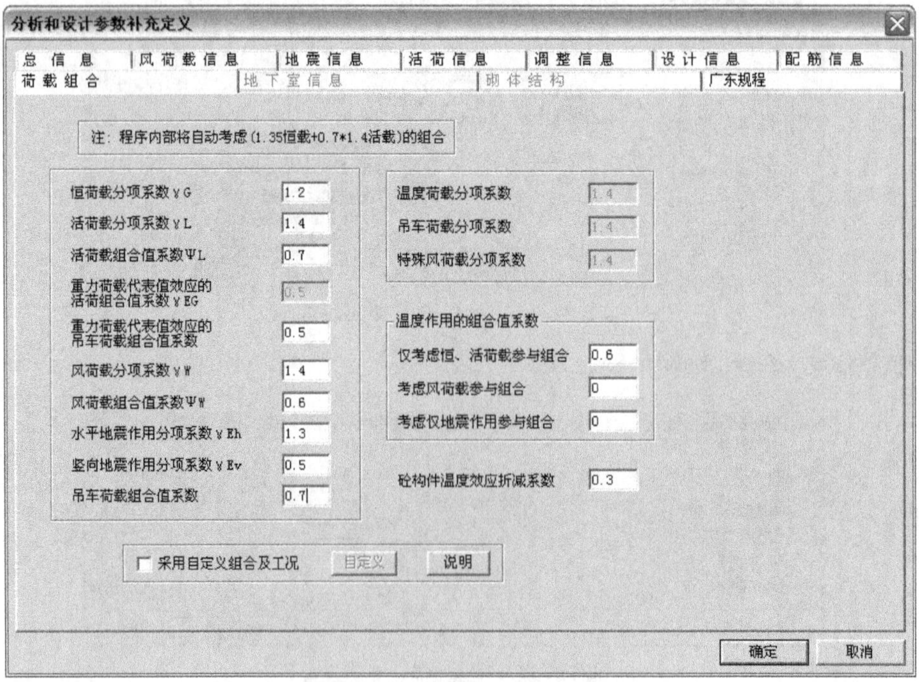

分析和设计参数补充定义
总 信 息
风 荷 载 信 息
地 震 信 息
活 荷 信 息
调 整 信 息
设 计 信 息
配 筋 信 息
荷 载 组 合
地 下 室 信 息
砌 体 结 构
广东规程
注：程序内部将自动考虑(1.35恒载+0.7*1.4活载)的组合
恒荷载分项系数γG
1.2
活荷载分项系数γL
1.4
活荷载组合值系数ΨL
0.7
重力荷载代表值效应的活荷组合值系数γEG
0.5
重力荷载代表值效应的吊车荷载组合值系数
0.5
风荷载分项系数γW
1.4
风荷载组合值系数ΨW
0.6
水平地震作用分项系数γEh
1.3
竖向地震作用分项系数γEv
0.5
吊车荷载组合值系数
0.7
温度荷载分项系数
1.4
吊车荷载分项系数
1.4
特殊风荷载分项系数
1.4
温度作用的组合值系数
仅考虑恒、活荷载参与组合
0.6
考虑风荷载参与组合
0
考虑仅地震作用参与组合
0
砼构件温度效应折减系数
0.3
采用自定义组合及工况
自定义
说明
确定
取消

图10-50 “荷载组合”参数设置

03 选中“生成SATWE数据文件及数据检查”选项，单击“应用”按钮，在随后弹出的“请选择”对话框中，单击“确定”按钮后，程序会自动进行数据生成和数据检查，如图10-51所示。

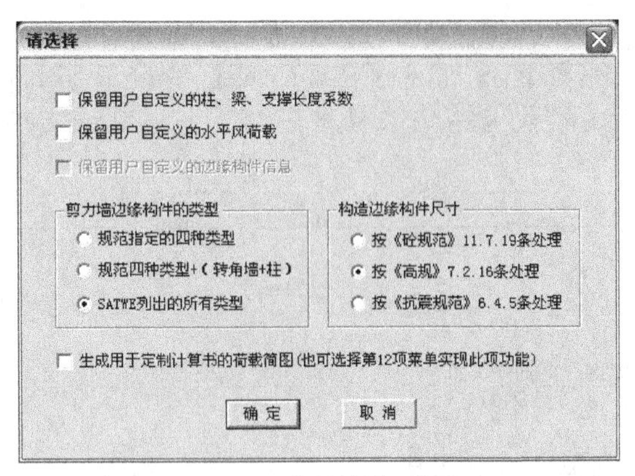

图10-51　“请选择”对话框

04 执行“2.结构内力，配筋计算”主菜单，单击“应用”按钮，如图10-52所示，随后弹出“SATWE计算控制参数”对话框，在其中选择“侧刚分析方法”对结构进行分析，单击“确定”按钮，如图10-53所示。

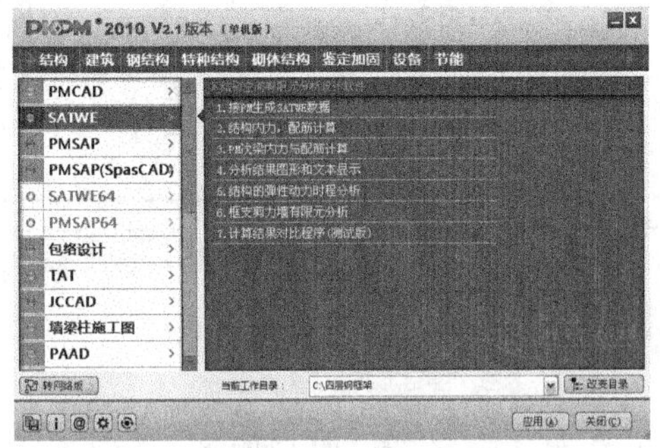

图10-52　“SATWE”计算

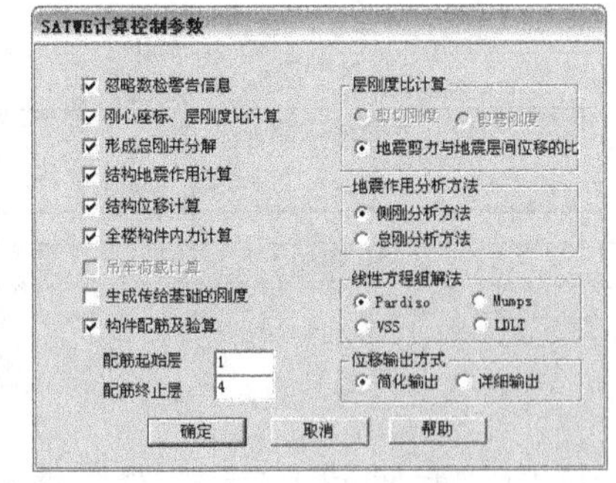

图10-53　“SATWE计算控制参数”对话框

05 执行“4.分析结果图形和文本显示”主菜单，单击“应用”按钮，显示“SATWE后处理”对话框，如图10-54所示。

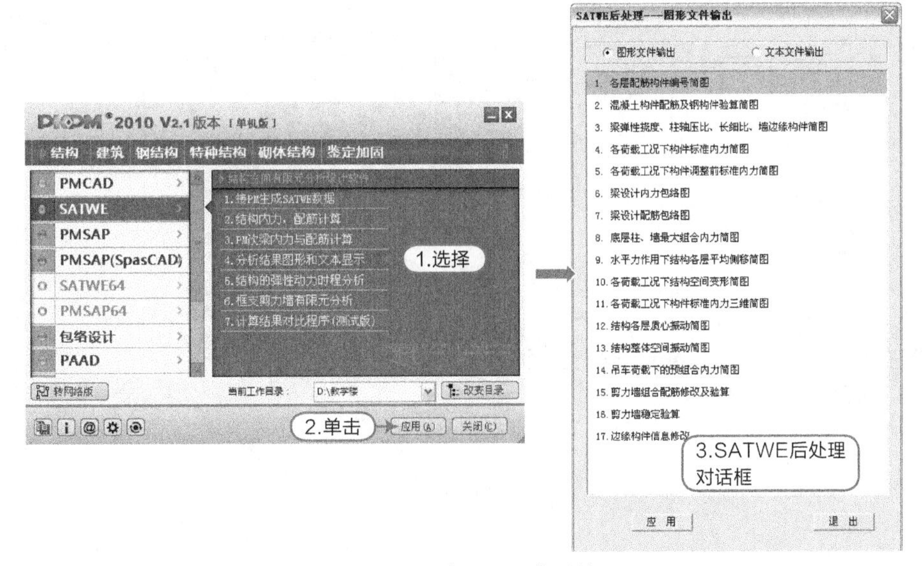

图10-54　“SATWE”计算

06 在“图形文件”选项卡下，选择第2项：混凝土构件配筋及钢构件验算简图，单击“应用”按钮，程序自动显示楼层的配筋信息，执行“显示上层”菜单命令，查看其他层信息，如图10-55所示。

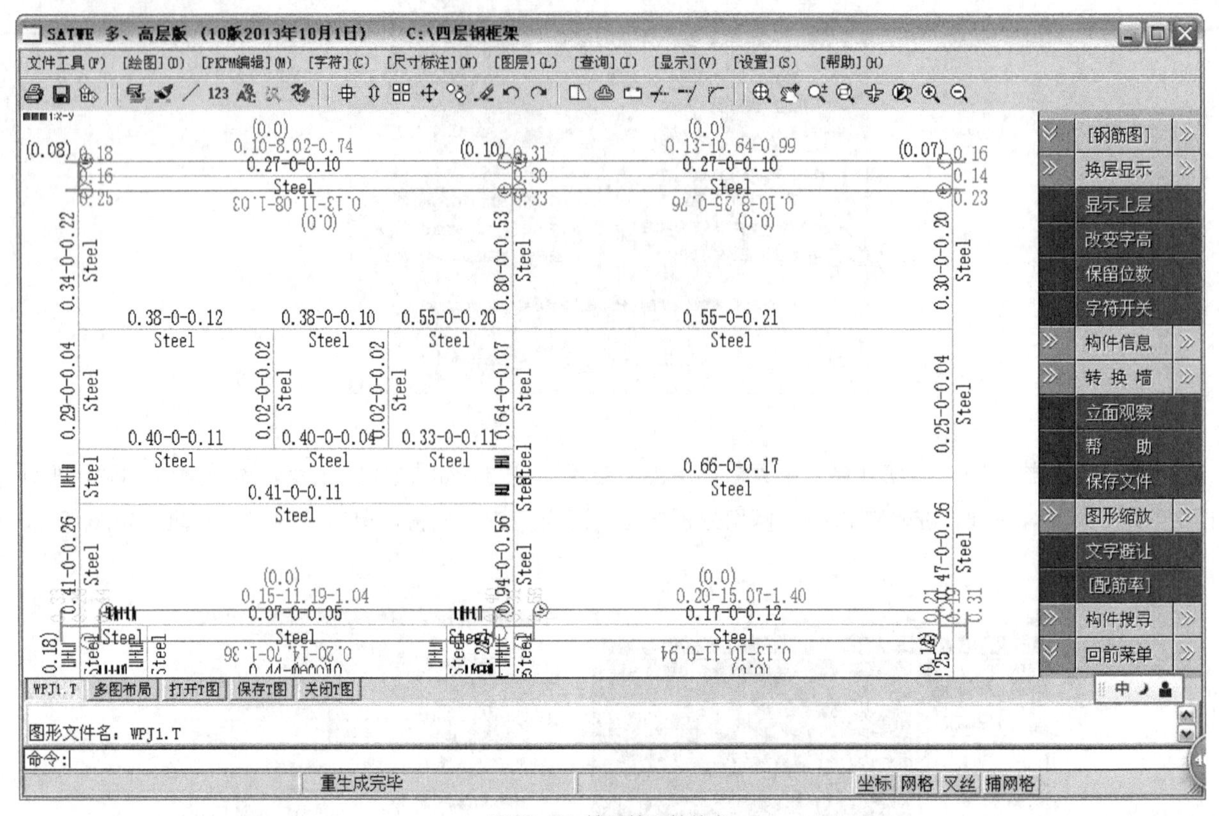

图10-55 楼层的配筋信息

> **提示**
>
> 图形中有显红的数值显示，表示配筋有超限，修改后效果见“案例\10\（已修改）四层钢框架*.*”。

07 然后查看“图形文件”中的第9项：水平力作用下结构各层平均侧移简图。以地震作用为例，给出层剪力图、倾覆弯矩、层位移图及层位移角图如图10-56、图10-57、图10-58、图10-59所示。

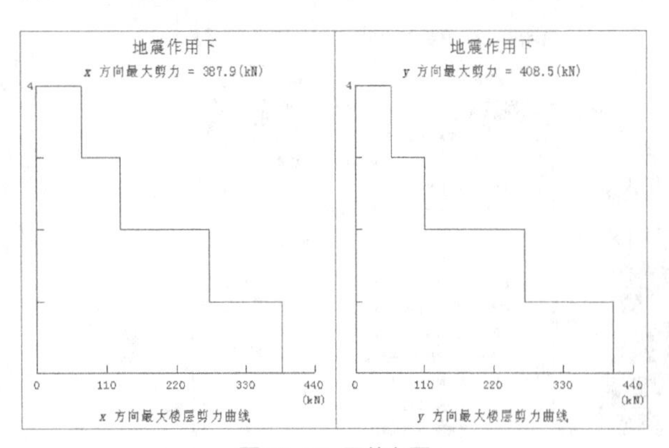

图10-56 层剪力图

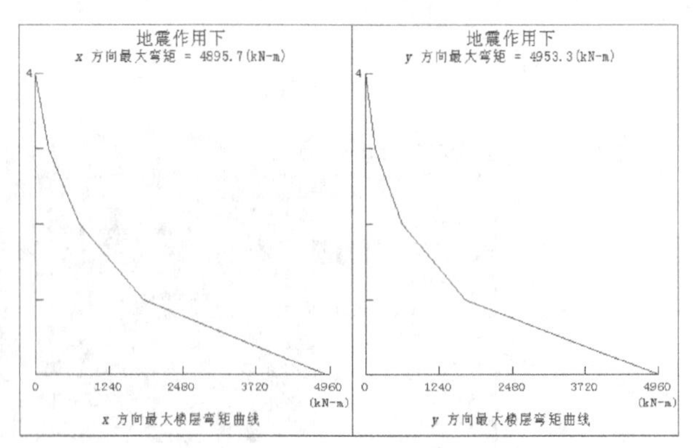

图10-57 倾覆弯矩

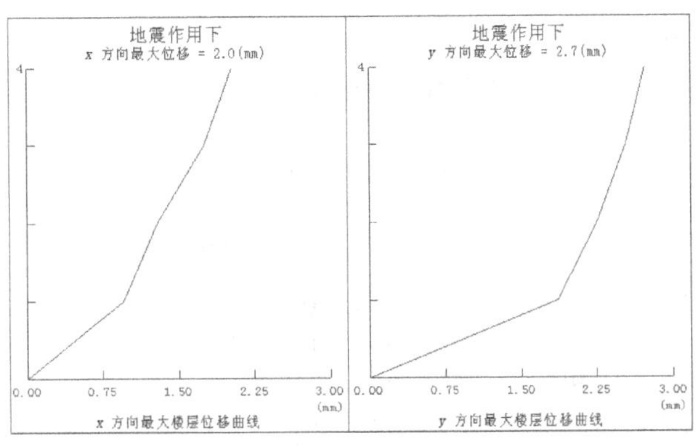

图10-58 层位移图

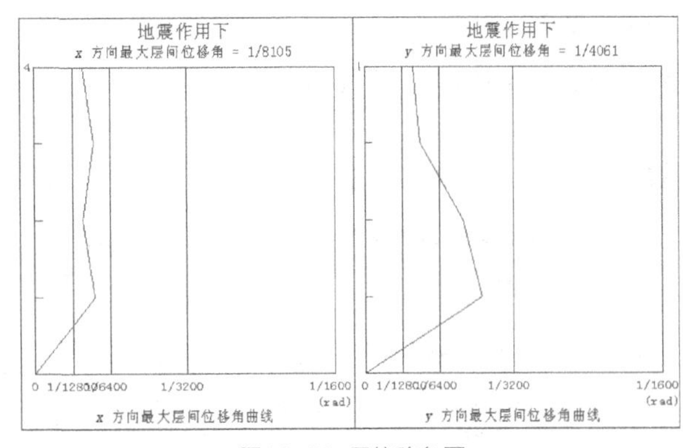

图10-59 层位移角图

08 然后还应查看“图形文件”中的第13项：结构整体空间振动简图，选择第1、2和3振型图进行观察，如图10-60所示。

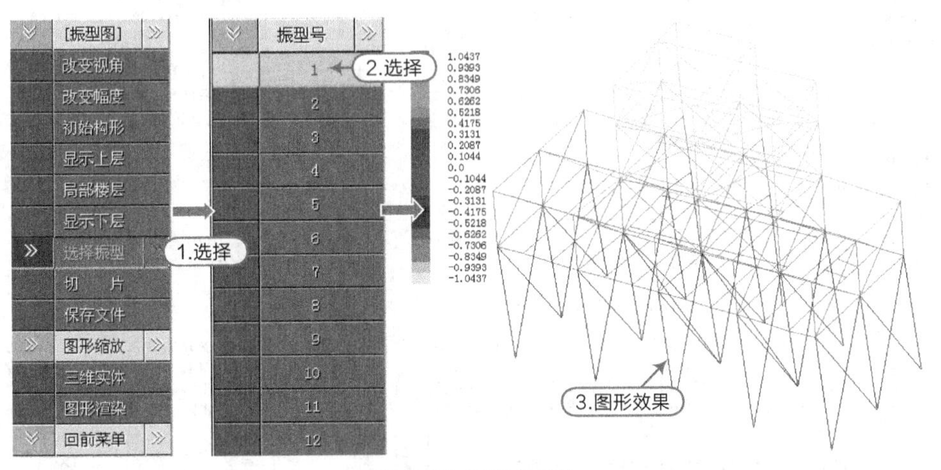

图10-60 振型图查看

09 在“文本文件输出”中，应首先要查看第1项：结构设计信息，应注意的项如图10-61所示。

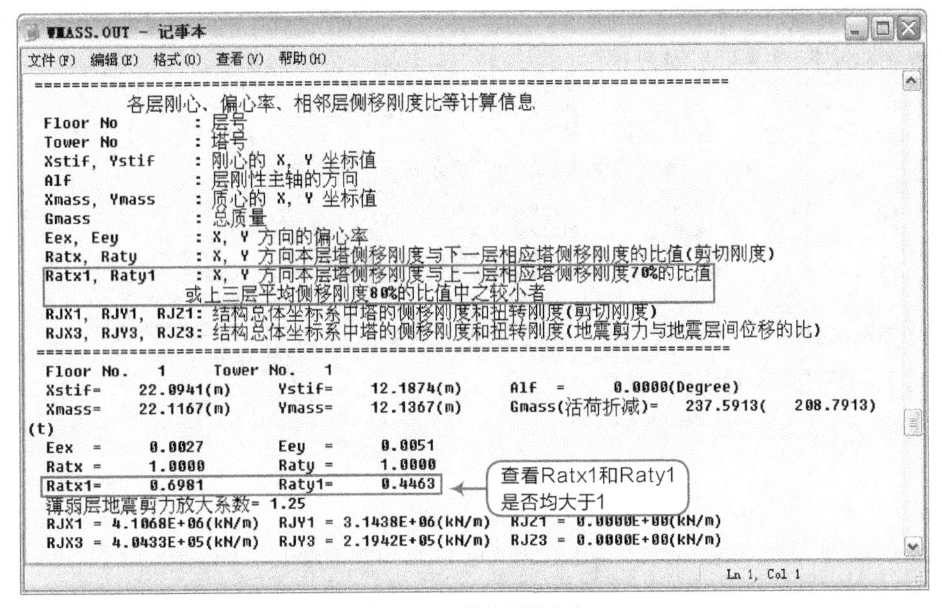

图10-61 结构设计信息

提示

在第 1 层楼的第 1 塔，x、y 方向的侧移刚度不符合，修改后效果见“案例 \10\（已修改）四层钢框架 *.*”。

10 在“文本文件输出”中，应要查看第2项：周期 振型 地震力，应注意的项如图10-62所示。

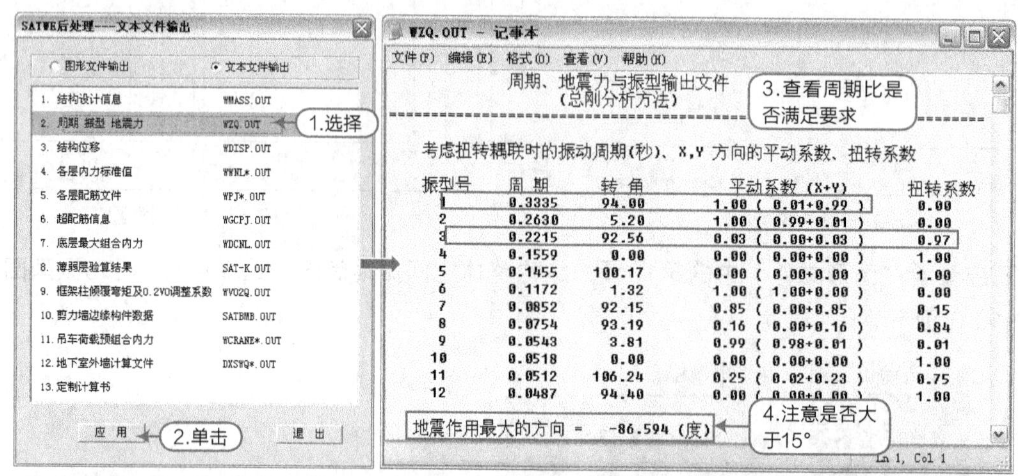

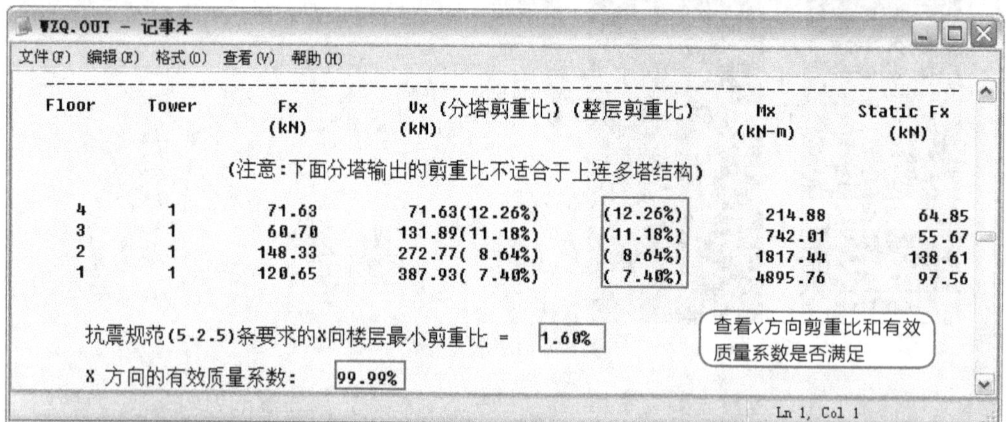

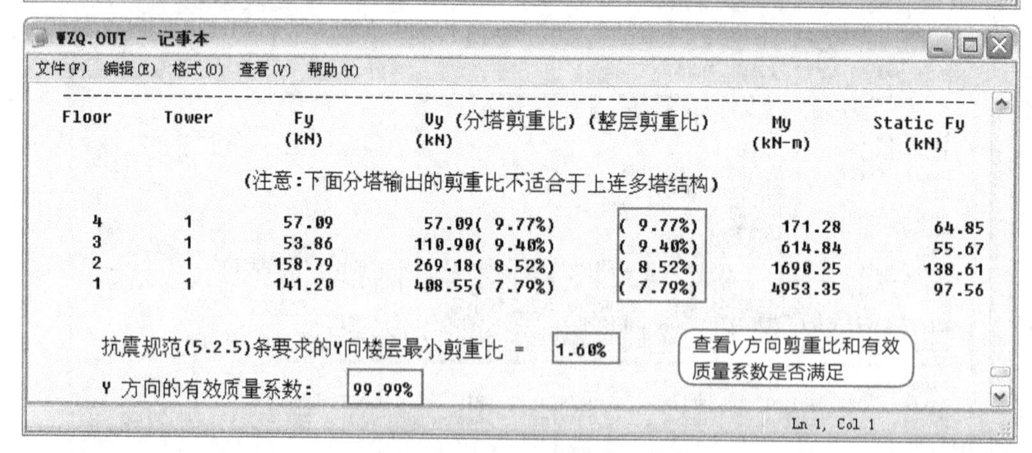

图10-62 周期 振型 地震力

提示

地震作用最大方向大于 15°，应在 SATWE 中处理，处理见“案例 \10\（已修改）四层钢框架 *.*”。

11 在“文本文件输出”中，应要查看第3项：结构位移，应注意的项如图10-63所示。

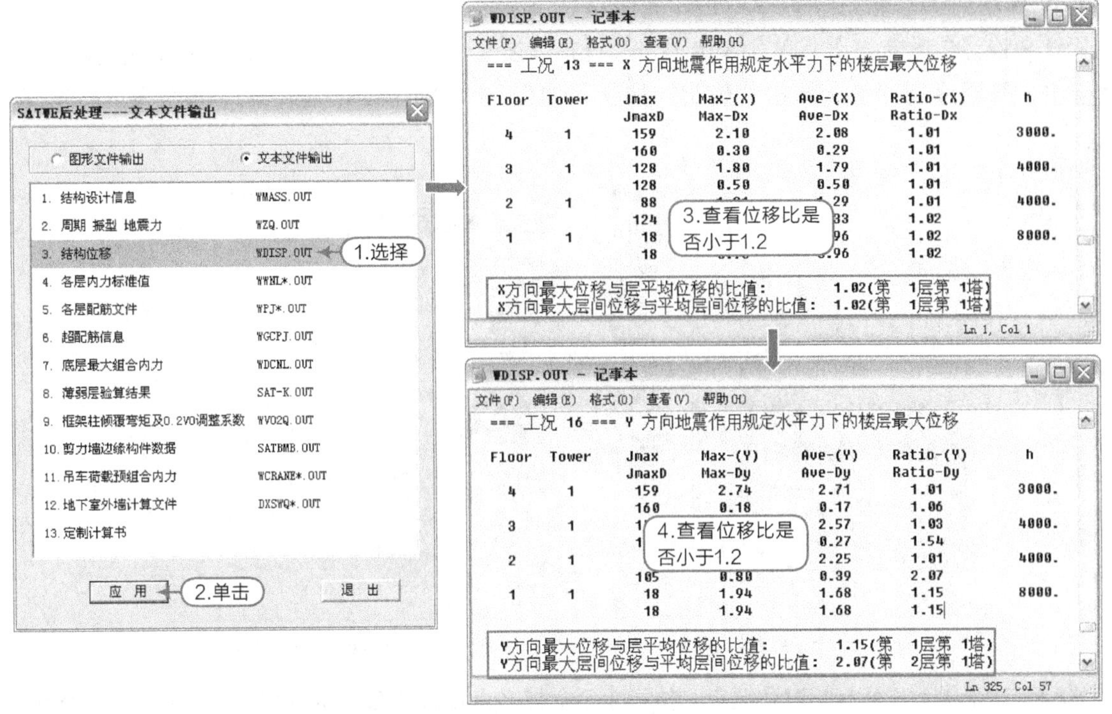

图10-63 结构位移

12 在“文本文件输出”中，应要查看第6项：超配筋信息，如图10-64所示。

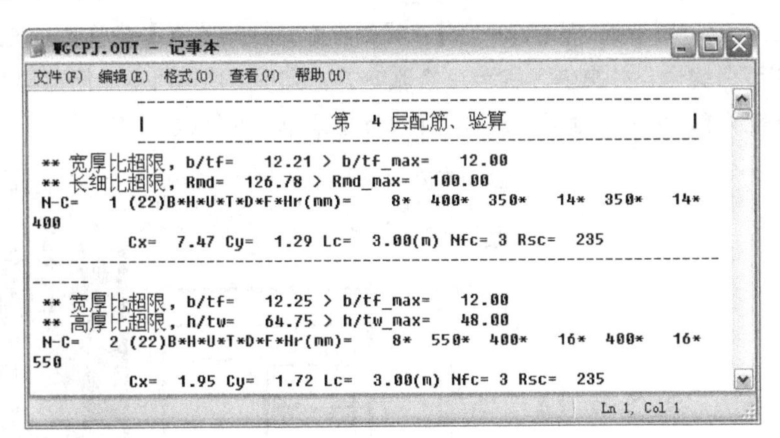

图10-64 超配筋信息

10.3 绘制施工图

DVD 视频\10\绘制施工图.avi　　案例\10\四层钢框架

绘制钢框架结构施工图，需要进行节点的设计与出图、构件的设计与出图及构件施工图。

10.3.1 节点设计

执行“钢结构”页面的“框架”下的【5.全楼节点连接设计】，进行节点设计。

01 选择“5.全楼节点连接设计”主菜单，单击“应用”按钮，弹出的“STS连接设计主菜单”对话框，如图10-65所示。

02 执行【2.设计参数定义】菜单命令选项，进行参数设置，在随后弹出的“设置节点连接设计参数”对话框中，取程序初始值，单击“确定”按钮，如图10-66所示，返回“STS连接设计主菜单”对话框。

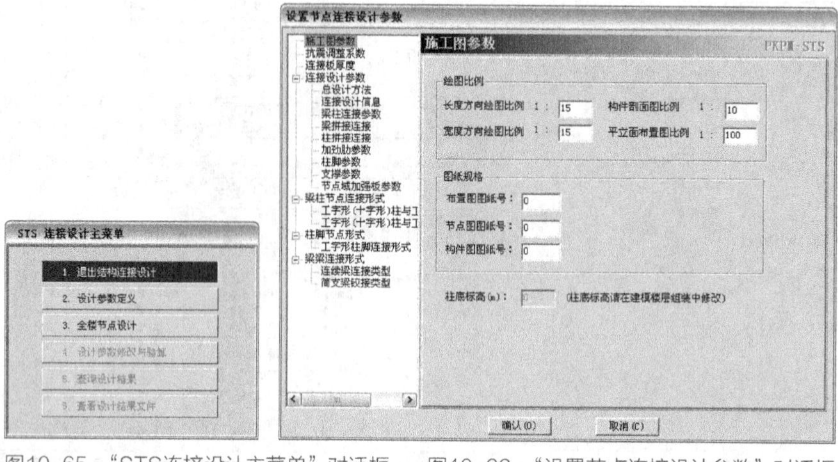

图10-65 “STS连接设计主菜单”对话框　　图10-66 “设置节点连接设计参数”对话框

03 在“STS连接设计主菜单”对话框中，执行【3.全楼节点设计】菜单选项按钮，程序自动对全楼节点进行计算和归并，计算完成后，“STS连接设计主菜单”对话框中的全部菜单都显示出来，如图10-67所示。

04 在“STS连接设计主菜单”对话框中，执行【4.设计参数修改与验算】菜单选项按钮，程序以平面图的形式显示构件和节点编号，并提供多种节点修改方式，如图10-68所示。因篇幅所限，本例不做修改，直接执行“回前菜单”命令，返回“STS连接设计主菜单”对话框。

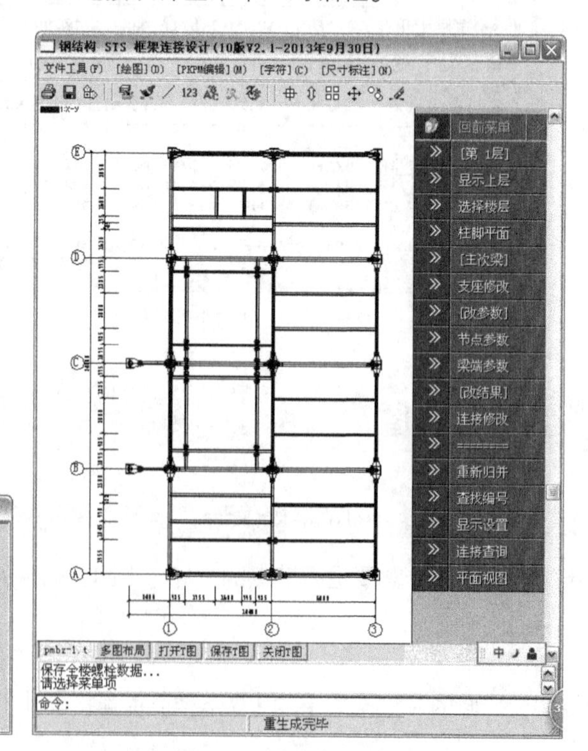

图10-67 全楼节点设计后　　图10-68 节点修改平面图

05 在“STS连接设计主菜单”对话框中，第5、6项为计算书查询显示，可自行查看。

06 在“STS连接设计主菜单”对话框中单击“1.退出结构连接设计”选项按钮，返回到“钢结构-框架”主界面。

10.3.2 节点施工图出图

01 选择“7.画三维框架节点施工图”主菜单，单击“应用”按钮，随后弹出“绘制三维钢框架节点施工图”菜单列表框，如图10-69所示。

02 执行【2.参数输入与修改】菜单命令选项，随后弹出“定义绘图参数”对话框，直接单击“确定”按钮取程序初始值即可，如图10-70所示，完成后程序将“绘制三维钢框架节点施工图”列表中其他菜单选项显示出来，即可以进行相应操作，如图10-71所示。

图10-69 节点施工图菜单框

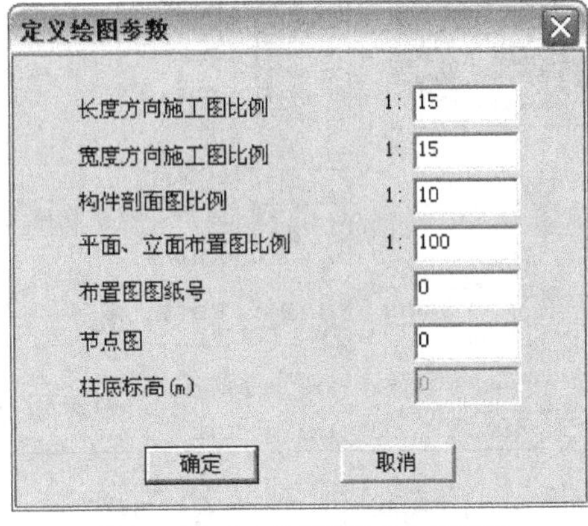

图10-70 “定义绘图参数”对话框

图10-71 设置参数后效果

03 在“绘制三维钢框架节点施工图”中，执行【3.画全楼节点施工图】菜单命令，在弹出的“施工图出图选择”对话框中，单击“确定”按钮，如图10-72所示，然后程序自动进行节点施工图的绘制。

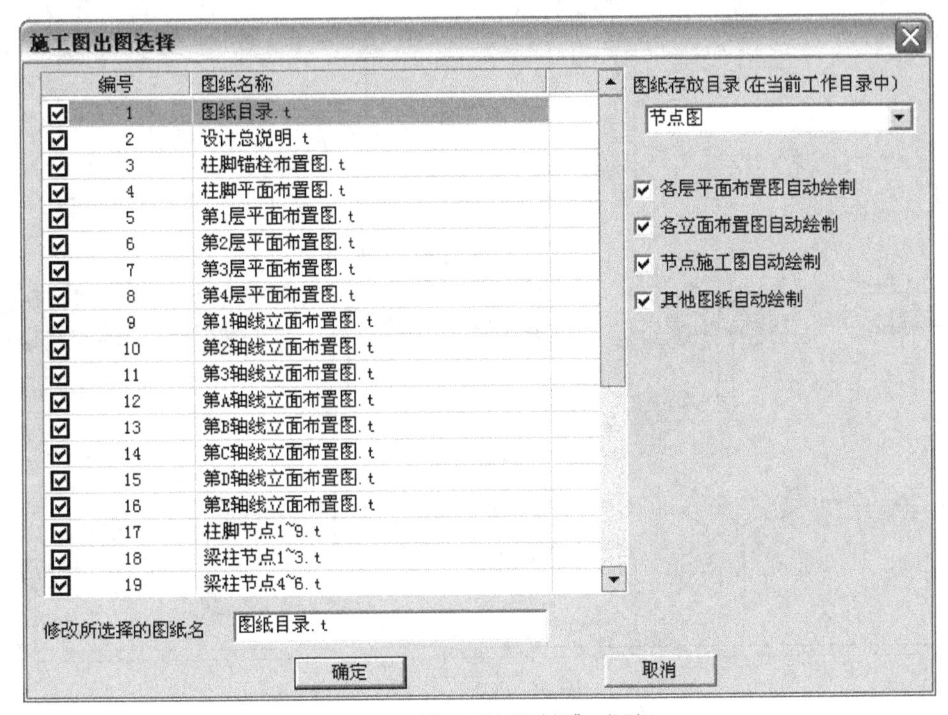

图10-72 “施工图出图选择”对话框

04 程序自动生成施工图纸后，呈现节点施工图的操作界面，在其左侧的菜单中，执行【选择图纸】命令，弹出“选择图纸”对话框，如图10-73所示，选择对话框中第27项，程序自动显示此平面图，如图10-74所示。

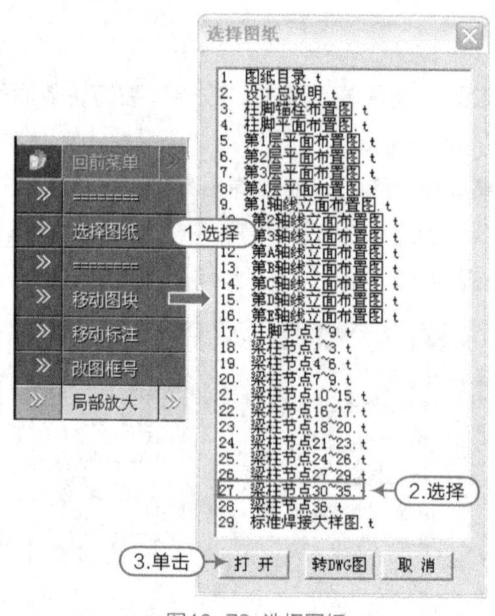

图10-73 选择图纸

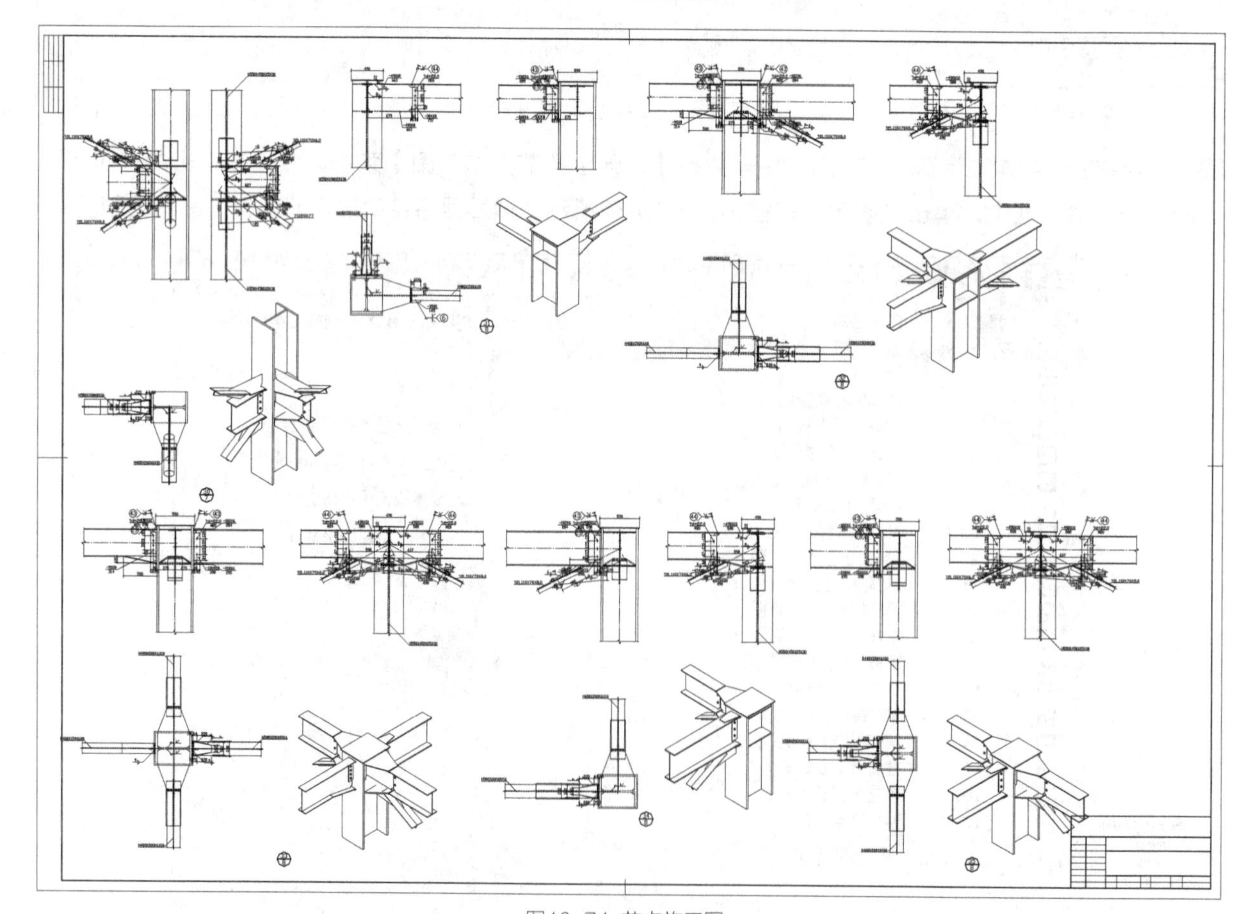
图10-74 节点施工图

05 选择其他施工平面图，生成节点施工图。

10.3.3 框架设计和施工出图

01 执行“6.画三维框架设计图”主菜单，操作步骤同“5.全楼节点连接设计”主菜单，生成构件框架图，如图10-75所示。

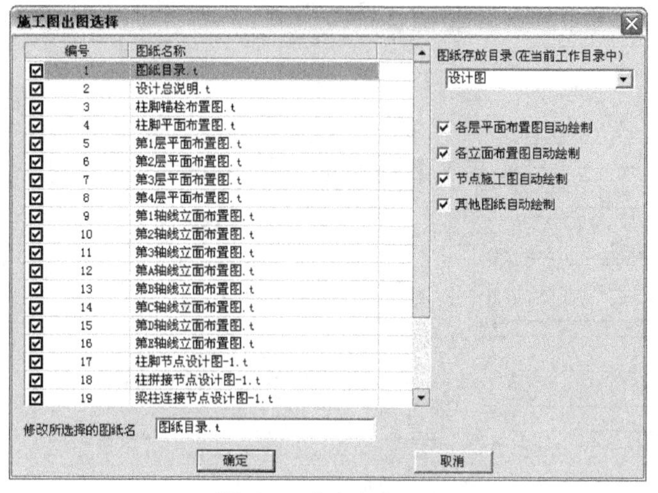

图10-75 钢框架立面图

02 选择“8. 画三维框架构件施工详图”主菜单，单击“应用”按钮，开始三维框架构件施工详图的绘制，操作与“7. 画三维框架节点施工图”大同小异，下面给出几张施工图，如图10-76、图10-77、图10-78所示。

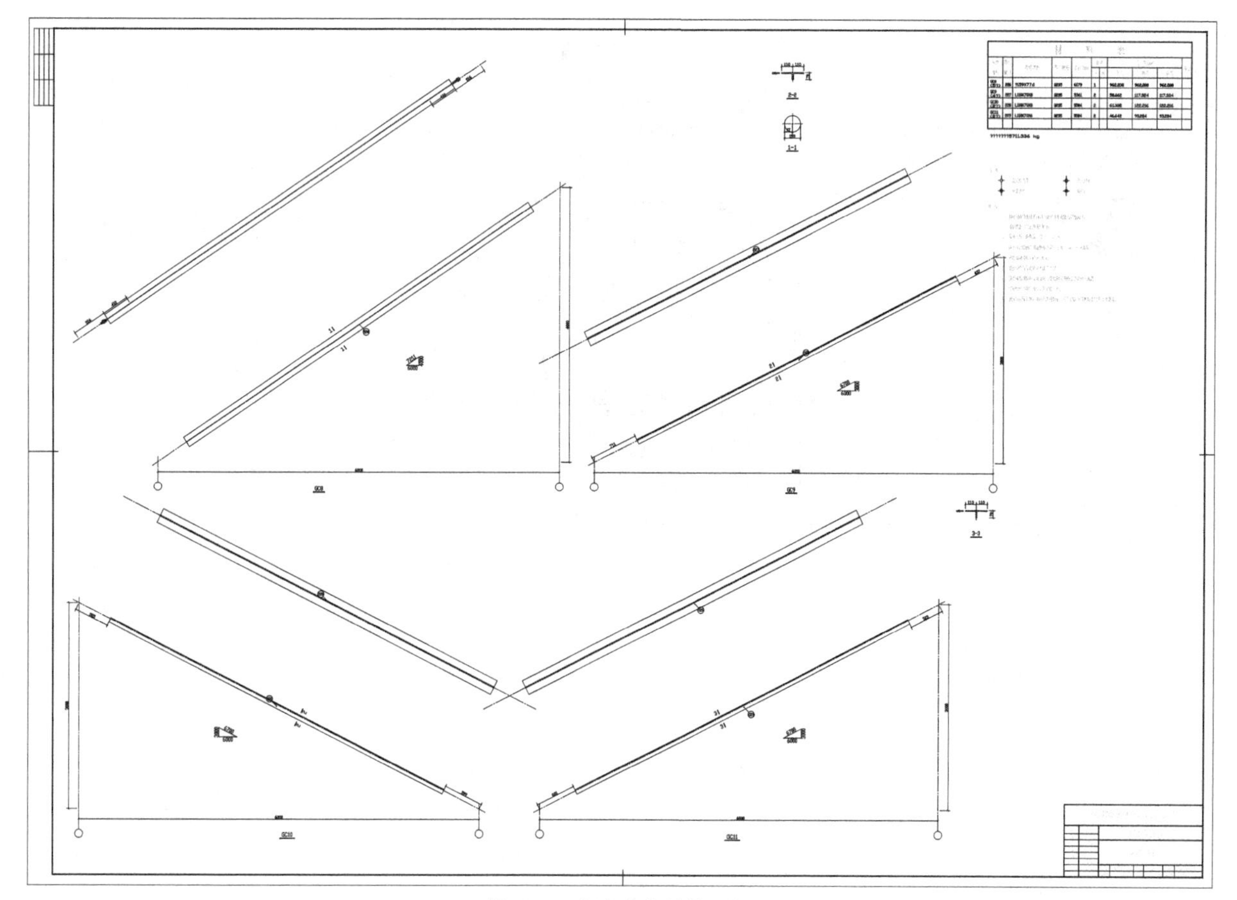

图10-76 钢框架构件施工图1

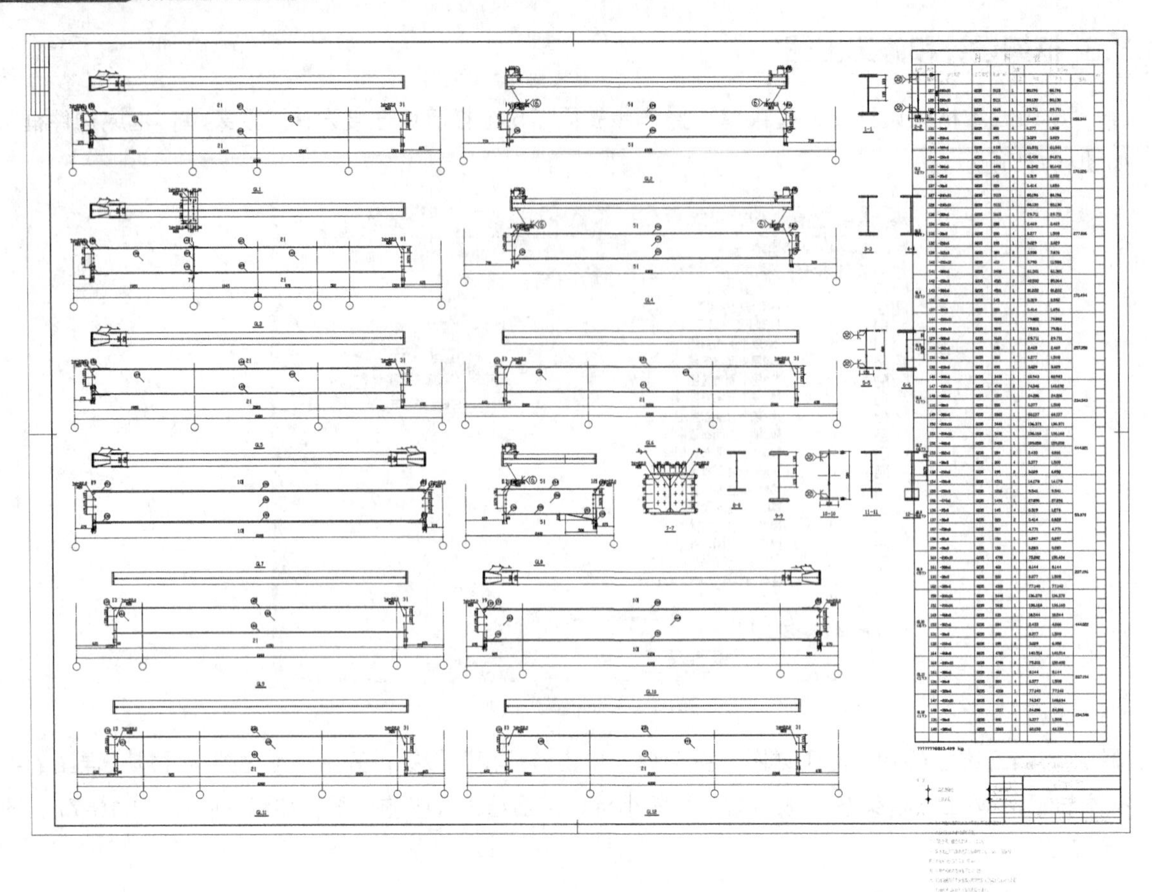

图10-77 钢框架构件施工图2

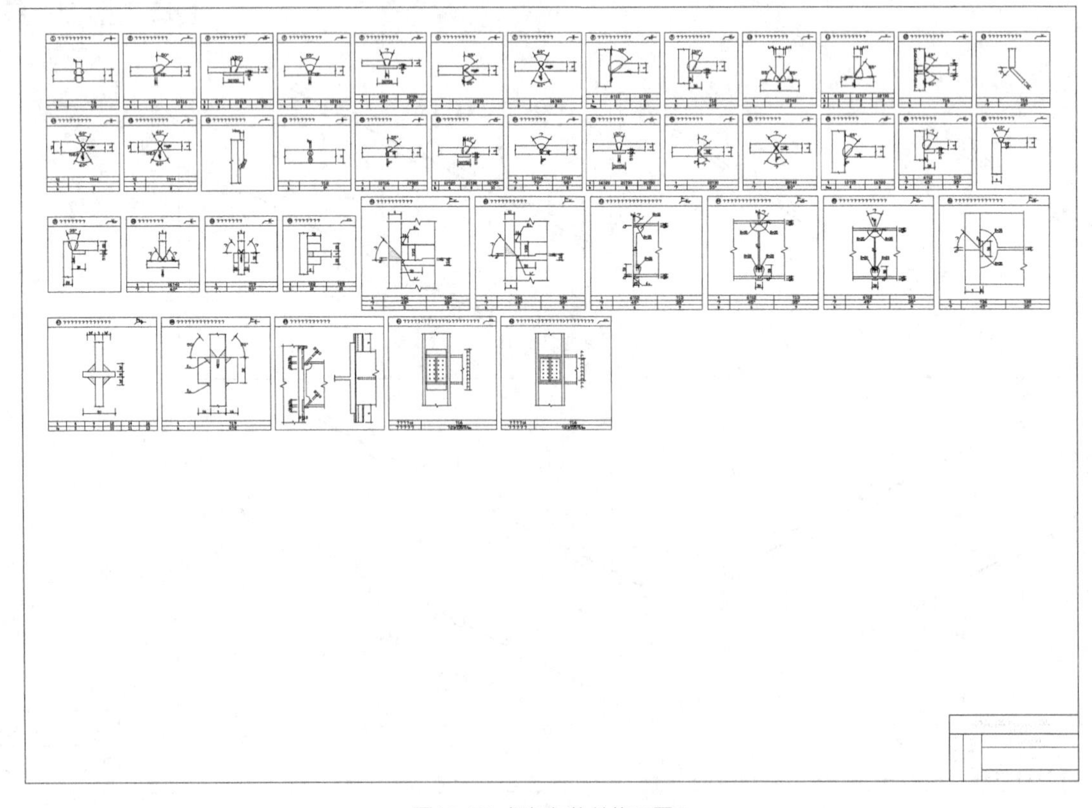

图10-78 钢框架构件施工图3